U0223767

国家出版基金资助项目
现代数学中的著名定理纵横谈丛书
丛书主编 王梓坤

NEUBERG-PEDOE THEOREM
—GUIDE OF DISTANCE GEOMETRIC ANALYSIS

Neuberg-Pedoe定理
——距离几何分析导引

张晗方 著

哈爾濱工業大學出版社
HARBIN INSTITUTE OF TECHNOLOGY PRESS

内容简介

本书主要介绍了20世纪80年代至本世纪初距离几何中的一些经典结论，系统地论述了距离几何中的一些重要问题. 全书共分8章，其中第0章为平面上的几个经典不等式，第1章介绍重心坐标系，第2章至第6章主要是研究n维常曲率空间中的一些距离几何问题，最后一章(即第7章)是研究n维常曲率空间中的一些几何不等式的稳定性问题.

本书可作为距离几何(或凸几何)方向的研究生教材或教学参考书，也适合高等院校数学专业的师生和数学爱好者阅读与欣赏.

图书在版编目(CIP)数据

Neuberg-Pedoe定理：距离几何分析导引/张晗方著. —哈尔滨：哈尔滨工业大学出版社，2018.3

(现代数学中的著名定理纵横谈丛书)

ISBN 978-7-5603-6680-7

Ⅰ. ①N… Ⅱ. ①张… Ⅲ. ①几何—数学分析 Ⅳ. ①O18

中国版本图书馆CIP数据核字(2017)第132292号

策划编辑 刘培杰 张永芹

责任编辑 张永芹 李 欣

封面设计 孙茵艾

出版发行 哈尔滨工业大学出版社

社 址 哈尔滨市南岗区复华四道街10号 邮编150006

传 真 0451-86414749

网 址 http://hitpress.hit.edu.cn

印 刷 黑龙江艺德印刷有限责任公司

开 本 787mm×960mm 1/16 印张40.5 字数432千字

版 次 2018年3月第1版 2018年3月第1次印刷

书 号 ISBN 978-7-5603-6680-7

定 价 68.00元

⊙代

读书的乐趣

你最喜爱什么——书籍.

你经常去哪里——书店.

你最大的乐趣是什么——读书.

这是友人提出的问题和我的回答.真的,我这一辈子算是和书籍,特别是好书结下了不解之缘.有人说,读书要费那么大的劲,又发不了财,读它做什么?我却至今不悔,不仅不悔,反而情趣越来越浓.想当年,我也曾爱打球,也曾爱下棋,对操琴也有兴趣,还登台伴奏过.但后来却都一一断交,“终身不复鼓琴”.那原因便是怕花费时间,玩物丧志,误了我的大事——求学.这当然过激了一些.剩下来唯有读书一事,自幼至今,无日少废,谓之书痴也可,谓之书橱也可,管它呢,人各有志,不可相强.我的一生大志,便是教书,而当教师,不多读书是不行的.

读好书是一种乐趣,一种情操;一种向全世界古往今来的伟人和名人求教的方法,一种和他们展开讨论的方式;一封出席各种活动、体验各种生活、结识各种人物的邀请信;一张迈进科学宫殿和未知世界的入场券;一股改造自己、丰富自己的强大力量.书籍是全人类有史以来共同创造的财富,是永不枯竭的智慧的源泉.失意时读书,可以使人重整旗鼓;得意时读书,可以使人头脑清醒;疑难时读书,可以得到解答或启示;年轻人读书,可明奋进之道;年老人读书,能知健神之理.浩浩乎!洋洋乎!如临大海,或波涛汹涌,或清风微拂,取之不尽,用之不竭.吾于读书,无疑义矣,三日不读,则头脑麻木,心摇摇无主.

潜能需要激发

我和书籍结缘,开始于一次非常偶然的机会.大概是八九岁吧,家里穷得揭不开锅,我每天从早到晚都要去田园里帮工.一天,偶然从旧木柜阴湿的角落里,找到一本蜡光纸的小书,自然很破了.屋内光线暗淡,又是黄昏时分,只好拿到大门外去看.封面已经脱落,扉页上写的是《薛仁贵征东》.管它呢,且往下看.第一回的标题已忘记,只是那首开卷诗不知为什么至今仍记忆犹新:

日出遥遥一点红,飘飘四海影无踪.

三岁孩童千两价,保主跨海去征东.

第一句指山东,二、三两句分别点出薛仁贵(雪、人贵).那时识字很少,半看半猜,居然引起了我极大的兴趣,同时也教我认识了许多生字.这是我有生以来独立看的第一本书.尝到甜头以后,我便千方百计去找书,向小朋友借,到亲友家找,居然断断续续看了《薛丁山征西》《彭公案》《二度梅》等,樊梨花便成了我心中的女英雄.我真入迷了.从此,放牛也罢,车水也罢,我总要带一本书,还练出了边走田间小路边读书的本领,读得津津有味,不知人间别有他事.

当我们安静下来回想往事时,往往会发现一些偶然的小事却影响了自己的一生.如果不是找到那本《薛仁贵征东》,我的好学心也许激发不起来.我这一生,也许会走另一条路.人的潜能,好比一座汽油库,星星之火,可以使它雷声隆隆、光照天地;但若少了这粒火星,它便会成为一潭死水,永归沉寂.

抄,总抄得起

好不容易上了中学,做完功课还有点时间,便常光顾图书馆.好书借了实在舍不得还,但买不到也买不起,便下决心动手抄书.抄,总抄得起.我抄过林语堂写的《高级英文法》,抄过英文的《英文典大全》,还抄过《孙子兵法》,这本书实在爱得狠了,竟一口气抄了两份.人们虽知抄书之苦,未知抄书之益,抄完毫末俱见,一览无余,胜读十遍.

始于精于一,返于精于博

关于康有为的教学法,他的弟子梁启超说:“康先生之教,专标专精、涉猎二条,无专精则不能成,无涉猎则不能通也.”可见康有为强烈要求学生把专精和广博(即“涉猎”)相结合.

在先后次序上,我认为要从精于一开始.首先应集中精力学好专业,并在专业的科研中做出成绩,然后逐步扩大领域,力求多方面的精.年轻时,我曾精读杜布(J. L. Doob)的《随机过程论》,哈尔莫斯(P. R. Halmos)的《测度论》等世界数学名著,使我终身受益.简言之,即“始于精于一,返于精于博”.正如中国革命一样,必须先有一块根据地,站稳后再开创几块,最后连成一片.

丰富我文采,澡雪我精神

辛苦了一周,人相当疲劳了,每到星期六,我便到旧书店走走,这已成为生活中的一部分,多年如此.一次,偶然看到一套《纲鉴易知录》,编者之一便是选编《古文观止》的吴楚材.这部书提纲挈领地讲中国历史,上自盘古氏,直到明末,记事简明,文字古雅,又富于故事性,便把这部书从头到尾读了一遍.从此启发了我读史书的兴趣.

我爱读中国的古典小说,例如《三国演义》和《东周列国志》.我常对人说,这两部书简直是世界上政治阴谋诡计大全.即以近年来极时髦的人质问题(伊朗人质、劫机人质等),这些书中早就有了,秦始皇的父亲便是受害者,堪称“人质之父”.

《庄子》超尘绝俗,不屑于名利.其中“秋水”“解牛”诸篇,诚绝唱也.《论语》束身严谨,勇于面世,“己所不欲,勿施于人”,有长者之风.司马迁的《报任少卿书》,读之我心两伤,既伤少卿,又伤司马;我不知道少卿是否收到这封信,希望有人做点研究.我也爱读鲁迅的杂文,果戈理、梅里美的小说.我非常敬重文天祥、秋瑾的人品,常记他们的诗句:“人生自古谁无死,留取丹心照汗青”“休言女子非英物,夜夜龙泉壁上鸣”.唐诗、宋词、《西厢记》《牡丹亭》,丰富我文采,澡雪我精神,其中精粹,实是人间神品.

读了邓拓的《燕山夜话》,既叹服其广博,也使我动了写《科学发现纵横谈》的心.不料这本小册子竟给我招来了上千封鼓励信.以后人们便写出了许许多多的“纵横谈”.

从学生时代起,我就喜读方法论方面的论著.我想,做什么事情都要讲究方法,追求效率、效果和效益,方法好能事半而功倍.我很留心一些著名科学家、文学家写的心得体会和经验.我曾惊讶为什么巴尔扎克在51年短短的一生中能写出上百本书,并从他的传记中去寻找答案.文史哲和科学的海洋无边无际,先哲们的明智之光沐浴着人们的心灵,我衷心感谢他们的恩惠.

读书的另一面

以上我谈了读书的好处,现在要回过头来说说事情的另一面.

读书要选择.世上有各种各样的书:有的不值一看,有的只值看20分钟,有的可看5年,有的可保存一辈子,有的将永远不朽.即使是不朽的超级名著,由于我们的精力与时间有限,也必须加以选择.决不要看坏书,对一般书,要学会速读.

读书要多思考.应该想想,作者说得对吗?完全吗?适合今天的情况吗?从书本中迅速获得效果的好办法是有的放矢地读书,带着问题去读,或偏重某一方面去读.这时我们的思维处于主动寻找的地位,就像猎人追找猎物一样主动,很快就能找到答案,或者发现书中的问题.

有的书浏览即止,有的要读出声来,有的要心头记住,有的要笔头记录.对重要的专业书或名著,要勤做笔记,“不动笔墨不读书”.动脑加动手,手脑并用,既可加深理解,又可避忘备查,特别是自己的灵感,更要及时抓住.清代章学诚在《文史通义》中说:“札记之功必不可少,如不札记,则无穷妙绪如雨珠落大海矣.”

许多大事业、大作品，都是长期积累和短期突击相结合的产物. 涓涓不息，将成江河；无此涓涓，何来江河？

爱好读书是许多伟人的共同特性，不仅学者专家如此，一些大政治家、大军事家也如此. 曹操、康熙、拿破仑、毛泽东都是手不释卷，嗜书如命的人. 他们的巨大成就与毕生刻苦自学密切相关.

王梓坤

前　言

我们知道, 距离几何 (Distance Geometry) 是几何学的一个重要分支, 它所形成的真正基础是由 Menger K. 于 1928 年到 1931 年间的四篇论文而奠定的, 1953 年英国牛津大学出版社出版了 Blumenthal L. M. 的一本经典学术专著 *Theory and Applications of Distance Geometry*, 该书问世至今对于研究距离几何方面的一些问题来说仍是一本难得的资料, 到 2013 年, 由 Antonio Mucherino • Carlile Lavor 和 Leo Liberti • Nelson Maculan 又主编出版了 *Distance Geometry* (*Theory, Methods, and Applications*). 但是在国内至今没有一本真正距离几何方面的专著供这个方向的研究生教学使用, 为了弥补这方面的空缺, 同时也是为了自己在教学上的方便, 特撰写这本《距离几何分析导引》, 希望此书能够起到抛砖引玉的作用, 引起广大距离几何爱好者的关注, 激发大家对距离几何的兴趣, 更进一步推动我国对距离几何方面的研究工作.

为了撰写这本书, 作者几经努力搜集素材, 但在国内又找不到这样的书可供参考, 因此, 只好依据自己的《几何不等式导引》一书作为依托, 在此基础上经过较大幅度地添加与删除一些内容而形成现在的这本书. 本书中关于等式部分的内容比《几何不等式导引》一书中等式部分的内容相对来说多了许多, 所以现在的书名如果仍取为原来的名称似乎就有点不妥了.

本书的主要特点之一是第 7 章的内容, 在这一章中, 我们将凸体几何中的“稳定性”这一重要内容引进到距离几何里面来, 讨论了常曲率空间中关于单形的一些几何不等式的稳定性. 正因为如此, 在这一章中同时又引进了不等式的“亏量”(有的书上也把它称为“亏格”) 概念, 并且还用到了数学分析里面通常所说的任给 $\varepsilon > 0$, 存在 $\delta > 0$ 等这样的语言, 所以综合起来考虑, 作者就这么轻易地把这本书叫作《Neuberg-Pedoe定理: 距离几何分析导引》了.

由于本书是“现代数学中的著名定理纵横谈”丛书之一, 所以, 本书在《距离几何分析导引》的基础上, 又增加了第0章的引导内容: 平面上的几个经典不等式. 书中第1章是研究距离几何的基础内容, 从第2章至第5章的内容是研究 n 维欧氏空间中的距离几何问题, 第6章与第7章则是研究 n 维常曲率空间中的一些距离几何问题. 而在本书的第6章中, 作者还第一次提出了利用指标为 k 的伪欧空间来研究双曲空间中的一些相关问题. 除此之外, 本书借再版之际还较《距离几何分析导引》增加了如下的一些内容: §3.1 中定理 5 及其后面的内容; §3.3 中关于垂对偶单形方面的内容; 对于 §6.1 中 (6.1.2) 所定义的球面距离与 §6.2 中 (6.2.1) 所定义的双曲距离, 它们均可以构成度量空间的证明, 便放在附录一“非欧距离可以构成度量空间”中给出了.

另外, 在第6章中, 关于非欧空间中单形的内切球半径公式 (6.1.20) 与 (6.2.14), 使用起来计算量比较大, 为了解决这一问题, 本书的附录二所给出的定理 1 与定理 2 中的表达式计算起来相对来说要简单些, 而附录二中的定理 3, 主要是统一了在常曲率空间中关于单形的棱顶角的“常曲体积”的一个公式. 还有, 由于书中需要使用一些基本不等式, 为解决这一问题, 还增加了附录三, 即“一些常用的不等式”的内容. 在这一版中, 为了方便部分读者查找相关名词, 本书在最后还添加了“名词索引”.

在使用本书对研究生进行教学的过程中, 每次都会发现一些大小不等的问题存在. 其中, 大到内容不妥甚至是错误的, 小到表达式以及标点符号的排版不理想等. 因此, 对于本书来说, 我边教学边修改边用 CTeX 排版软件进行重新排版, 就这样反复折腾了若干次才定稿. 由于本人的水平所限, 我深信, 现在呈现给大家的这本拙著里面, 肯定还会存在诸多不妥与错误之处, 所以, 敬请广大读者不吝指正.

本书的这次再版, 我仍然是使用 CTeX 软件来排版的, 但是, 这次出版社要求版心是 $85\,\mathrm{mm}\times 150\,\mathrm{mm}$, 而本书的第一版的版心则是 $130\,\mathrm{mm}\times 193\,\mathrm{mm}$. 因此, 在第一版中的好多数学式子其中包括一些矩阵与行列式等, 在这一版中不得不将它们截断, 同样, 好多一些数学式中的省略号与等号也只能无奈地排在行的左端, 这样一来, 相对来说就没有第一版中的那么美观漂亮了. 只有在 §3.7 中的方程组实在不方便将其截断, 我才使用旋转 90° 的方法来进行排版. 另外, 这次排版, 书中矩阵与向量的字母, 仍然没有将其排成斜黑体, 还是使用通常数学状态下的斜体.

最后, 借本书再版之际, 作者衷心感谢: 哈尔滨工业大学出版社副社长刘培杰老师 (他主动为本书撰写

了 §0.1 中的内容) 与责任编辑张永芹同志; 中国科学院成都分院计算机研究所杨路研究员; 上海大学冷岗松教授; 合肥师范学院杨世国教授等人对本书出版的大力帮助. 另外, 我要特别感谢我的家人杨柏华、张杨, 在我完成本书的整个过程中, 他们给予了我精神上莫大的鼓励以及生活上悉心的照顾. 对于其他同仁们的关心与帮助, 在此一并表示感谢!

张 晗 方

2018 年 3 月 18 日

目　录

第 0 章　平面上的几个经典不等式

不论是 2 维欧氏平面或者是 n 维欧氏空间, 距离几何主要包括几何恒等式与几何不等式两方面的内容, 为了让读者更好地了解 n 维欧氏空间 $\mathbf{E}^n$ 中的距离几何, 本书在这一章中, 专门来讲述 2 维欧氏平面上的几个经典不等式, 至于几何恒等式方面的内容, 我们将在以后各章里面讲述. 如下, 我们就从一个具体的中学数学竞赛的例子开始谈起.

§0.1　从一道科索沃奥赛试题谈起

科索沃是一个小国家, 人口接近两百万. 科索沃于 2008 年 2 月 17 日通过独立宣言, 宣布脱离塞尔维亚, 现时获得 108 个国家承认.

2010 年 7 月 22 日, 国际法院判定科索沃宣布脱离塞尔维亚独立, 并不违反国际法.

在刚刚获得独立之后的 2011 年, 科索沃就举行了数学奥林匹克竞赛, 其中的一道试题是:

问题　(2011 年科索沃数学奥林匹克竞赛试题) 设 $\triangle ABC$ 的三边长分别为 a, b, c, 记 $\triangle ABC$ 的面积为 S, 则

$$a^2 + b^2 + c^2 \geqslant 4\sqrt{3}S. \tag{0.1.1}$$

广东省珠海市实验中学的王恒亮、李一淳两位老师给出了简捷的几何证明.

证　在 $\triangle ABC$ 中以 BC 为边构造等边 $\triangle A'BC$, 如图 1, 记 $AA' = d$, 则 $\angle ABA' = \angle B - \frac{\pi}{3}$, 故在 $\triangle AA'B$

中由余弦定理有

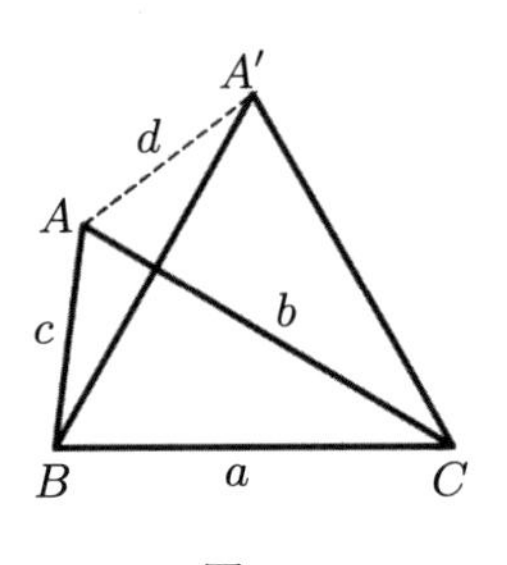

图 1

$$\begin{aligned} d^2 &= a^2 + c^2 - 2ac \cdot \cos\left(B - \frac{\pi}{3}\right) \\ &= a^2 + c^2 - 2ac \cdot \left(\cos B \cos\frac{\pi}{3} + \sin B \sin\frac{\pi}{3}\right) \\ &= a^2 + c^2 - ac \cdot \cos B - 2\sqrt{3} \cdot \left(\frac{1}{2}ac\sin B\right) \\ &= a^2 + c^2 - ac \cdot \frac{a^2 + c^2 - b^2}{2ac} - 2\sqrt{3}S \\ &= \frac{1}{2}(a^2 + b^2 + c^2) - 2\sqrt{3}S. \end{aligned}$$

由于 $d^2 \geqslant 0$, 故 $a^2 + b^2 + c^2 \geqslant 4\sqrt{3}S$, 其中等号成立当且仅当 A 与 A' 重合. □

事实上, 对于不等式 (0.1.1), 他们还得到如下一个十分美观的不等式链:

定理 设 $\triangle ABC$ 的三边长分别为 a, b, c, 边 a, b, c 上的中线长分别为 m_a, m_b, m_c, 边 a, b, c 上的高分别为 h_a, h_b, h_c, 记 $k = \max\{\frac{m_a}{h_a}, \frac{m_b}{h_b}, \frac{m_c}{h_c}\}, k' = \min\{\frac{m_a}{h_a}, \frac{m_b}{h_b}, \frac{m_c}{h_c}\}$, 则

$$a^2 + b^2 + c^2 \geqslant 4\sqrt{3}kS \geqslant 4\sqrt{3}k'S \geqslant 4\sqrt{3}S. \quad (0.1.2)$$

证 因为 $m_a = \frac{1}{2}\sqrt{2b^2 + 2c^2 - a^2}$, 而 $S = \frac{1}{2}ah_a$,

故

$$\frac{m_a}{h_a} \leqslant \frac{a^2+b^2+c^2}{4\sqrt{3}S}, \Longleftrightarrow$$

$$a\sqrt{2b^2+2c^2-a^2} \leqslant \frac{a^2+b^2+c^2}{\sqrt{3}}, \Longleftrightarrow$$

$$3a^2(2b^2+2c^2-a^2) \leqslant (a^2+b^2+c^2)^2, \Longleftrightarrow$$

$$4a^4+b^4+c^4-4a^2b^2-4a^2c^2+2b^2c^2 \geqslant 0,$$

$$(b^2+c^2-2a^2)^2 \geqslant 0,$$

故

$$\frac{m_a}{h_a} \leqslant \frac{a^2+b^2+c^2}{4\sqrt{3}S},$$

同理有

$$\frac{m_b}{h_b} \leqslant \frac{a^2+b^2+c^2}{4\sqrt{3}S}, \quad \frac{m_c}{h_c} \leqslant \frac{a^2+b^2+c^2}{4\sqrt{3}S},$$

故 $a^2+b^2+c^2 \geqslant 4\sqrt{3}Sk$, 且 $a^2+b^2+c^2 \geqslant 4\sqrt{3}Sk'$, 对于 $\triangle ABC$, 由几何意义易知 $\frac{m_a}{h_a} \geqslant 1$, 故 $\max\{\frac{m_a}{h_a}, \frac{m_b}{h_b}, \frac{m_c}{h_c}\} \geqslant \min\{\frac{m_a}{h_a}, \frac{m_b}{h_b}, \frac{m_c}{h_c}\} \geqslant 1$, 即 $k \geqslant k'$, 故 $4\sqrt{3}kS \geqslant 4\sqrt{3}k'S \geqslant 4\sqrt{3}S$.

综上可得 $a^2+b^2+c^2 \geqslant 4\sqrt{3}kS \geqslant 4\sqrt{3}k'S \geqslant 4\sqrt{3}S$.

对于一个局势动荡、战乱不断的欧洲小国来说, 在如此短的时间内能命出如此高质量的试题吗? 果然这是成题早在 1961 年第 3 届 IMO 中就已经由波兰人提供过, 作为当年的第 2 题, 经过 50 多年来竞赛选手及教练员们不断地研究, 现在已有多种不同的证法, 这里就不再一一赘述了.

§0.2　Weitzenböck 不等式的等价形式

其实, 不论是科索沃的试题还是国际数学奥林匹克 (IMO) 的试题, 它都是源自于一个著名的不等式, 这就是著名的 Weitzenböck 不等式. 宁波大学的陈计老师与吉林前郭五中的陈炆老师先后证明了如下的结论:

定理 1　在 $\triangle ABC$ 中, Weitzenböck 不等式等价于如下的三角不等式:

$$\cot A + \cot B + \cot C \geqslant \sqrt{3}, \tag{0.2.1}$$

当且仅当 $A = B = C$ 时等号成立.

证　只需再证明如下的恒等式:

$$\cot A + \cot B + \cot C = \frac{a^2 + b^2 + c^2}{4S}, \tag{0.2.2}$$

即可.

实际上, 由三角形中的余弦定理与面积公式可得

$$\begin{aligned}\frac{a^2 + b^2 + c^2}{4S} &= \frac{2ab \cdot \cos C + 2bc \cdot \cos B + 2ca \cdot \cos A}{4S} \\ &= \frac{bc\cos A}{bc\sin A} + \frac{ac\cos B}{ac\sin B} + \frac{ab\cos C}{ab\sin C} \\ &= \cot A + \cot B + \cot C.\end{aligned}$$

所以不等式 (0.2.1) 与 Weitzenböck 不等式 (0.1.1) 是等价的. □

其实, 也可以利用别的方法来证明不等式 (0.2.1) 的正确性, 例如:

因为 $\cot A \cot B + \cot B \cot C + \cot C \cot A = 1$, 以及 $a^2 + b^2 + c^2 \geqslant ab + bc + ca$ (当且仅当 $a = b = c$ 时

等号成立). 所以有

$$\begin{aligned}
&(\cot A+\cot B+\cot C)^2\\
&=\cot^2 A+\cot^2 B+\cot^2 C+\\
&\quad 2(\cot A\cot B+\cot B\cot C+\cot C\cot A)\\
&\geqslant (\cot A\cot B+\cot B\cot C+\cot C\cot A)+\\
&\quad 2(\cot A\cot B+\cot B\cot C+\cot C\cot A)\\
&=3(\cot A\cot B+\cot B\cot C+\cot C\cot A)=3,
\end{aligned}$$

即

$$\cot A+\cot B+\cot C\geqslant\sqrt{3}.$$

这就证明了不等式 (0.2.1), 至于等号成立的充要条件是不难看出的.

这里需要说明的是, 由于 Weitzenböck 不等式的正确性在 §0.1 中已经证得, 所以只需说明 (0.2.2) 成立就足以说明 (0.2.1) 与 Weitzenböck 不等式是等价的了.

定理 2 设 $\triangle ABC$ 三边 a,b,c 上的中线长依次是 m_a,m_b,m_c, 面积为 S, 则 Weitzenböck 不等式与如下的不等式等价:

$$m_a^2+m_b^2+m_c^2\geqslant 3\sqrt{3}S, \tag{0.2.3}$$

当且仅当 $\triangle ABC$ 为正三角形时等号成立.

实际上, 只需利用关系式

$$m_a^2+m_b^2+m_c^2=\frac{3}{4}\left(a^2+b^2+c^2\right), \tag{0.2.4}$$

即可.

当然, Weitzenböck 不等式的等价形式还有数种, 这里就不再一一列举了.

§0.3　Finsler - Hadwiger 不等式

在前面两节中, 我们讲述了著名的 Weitzenböck 不等式, 那么是否可以将其作某种加强呢? 我们说这一想法是完全可以实现的.

定理　设 $\triangle ABC$ 的三边长分别为 a, b, c, 其面积为 S, 则有

$$a^2+b^2+c^2 \geqslant 4\sqrt{3}S+(a-b)^2+(b-c)^2+(c-a)^2, \tag{0.3.1}$$

当且仅当 $\triangle ABC$ 为正三角形时等号成立.

证　实际上, 不等式 (0.3.1) 等价于如下的不等式

$$2ab+2bc+2ca-(a^2+b^2+c^2) \geqslant 4\sqrt{3}S, \tag{0.3.2}$$

当且仅当 $\triangle ABC$ 为正三角形时等号成立.

所以, 只需证明 (0.3.2) 成立即可.

利用余弦定理

$$a^2+b^2+c^2 = 2bc\cos A+2ca\cos B+2ab\cos C,$$

将此代入 (0.3.2) 的左端并利用三角形的面积公式可得

$$\begin{aligned}
&2ab+2bc+2ca-(a^2+b^2+c^2)\\
&=2bc(1-\cos A)+2ca(1-\cos B)+2ab(1-\cos C)\\
&=4bc\sin^2\frac{A}{2}+4ca\sin^2\frac{B}{2}+4ab\sin^2\frac{C}{2}\\
&=8S\left(\frac{\sin^2\frac{A}{2}}{\sin A}+\frac{\sin^2\frac{B}{2}}{\sin B}+\frac{\sin^2\frac{C}{2}}{\sin C}\right)\\
&=4S\left(\tan\frac{A}{2}+\tan\frac{B}{2}+\tan\frac{C}{2}\right),
\end{aligned}$$

即

$$
\begin{aligned}
&2ab+2bc+2ca-(a^2+b^2+c^2)\\
&=4S\left(\tan\frac{A}{2}+\tan\frac{B}{2}+\tan\frac{C}{2}\right). \qquad (0.3.3)
\end{aligned}
$$

因为

$$
\begin{aligned}
&\left(\tan\frac{A}{2}+\tan\frac{B}{2}+\tan\frac{C}{2}\right)^2\\
\geqslant\ &3\left(\tan\frac{A}{2}\tan\frac{B}{2}+\tan\frac{B}{2}\tan\frac{C}{2}+\tan\frac{C}{2}\tan\frac{A}{2}\right),
\end{aligned}
$$

当且仅当 $\triangle ABC$ 为正三角形时等号成立.

又因为在 $\triangle ABC$ 中有恒等式

$$\tan\frac{A}{2}\tan\frac{B}{2}+\tan\frac{B}{2}\tan\frac{C}{2}+\tan\frac{C}{2}\tan\frac{A}{2}=1, \qquad (0.3.4)$$

所以有

$$\tan\frac{A}{2}+\tan\frac{B}{2}+\tan\frac{C}{2}\geqslant\sqrt{3}, \qquad (0.3.5)$$

当且仅当 $\triangle ABC$ 为正三角形时等号成立.

由 (0.3.3) 与 (0.3.5) 立即可得 (0.3.2), 等号成立的充要条件是不难看出的. □

不等式 (0.3.1) 通常称为 Finsler - Hadwiger 不等式.

Finsler - Hadwiger 不等式犹如 Weitzenböck 不等式一样, 它的证明方法也有多种, 同样这里也不再给出其他的证明方法了.

推论 1 设 $\triangle ABC$ 的三边长分别为 a, b, c, 其面积为 S, 正 $\triangle DEF$ 的边长为 $p_0=\frac{1}{3}(a+b+c)$, 若设

$\triangle ABC$ 与正 $\triangle DEF$ 分别为 T 与 T_0, 并且记 $\delta(T,T_0)=(a-p_0)^2+(b-p_0)^2+(c-p_0)^2$, 则有

$$a^2+b^2+c^2-4\sqrt{3}S\geqslant 3\delta(T,T_0), \tag{0.3.6}$$

当且仅当 $\triangle ABC$ 为正三角形时等号成立.

证 由 (0.3.1) 可知, 只需证明

$$3\delta(T,T_0)=(a-b)^2+(b-c)^2+(c-a)^2, \tag{0.3.7}$$

即可.

实际上, 利用恒等式:

$$\begin{aligned}&\left(a_1^2+a_2^2+a_3^2\right)\left(b_1^2+b_2^2+b_3^2\right)\\&=(a_1b_1+a_2b_2+a_3b_3)^2+(a_1b_2-a_2b_1)^2\\&\quad+(a_1b_3-a_3b_1)^2+(a_2b_3-a_3b_2)^2,\end{aligned} \tag{0.3.8}$$

可得

$$\begin{aligned}&(a-b)^2+(b-c)^2+(c-a)^2\\&=\left[(a+b+c)-3p_0\right]^2+(a-b)^2+(b-c)^2+(c-a)^2\\&=\left[1\cdot(a-p_0)+1\cdot(b-p_0)+1\cdot(c-p_0)\right]^2\\&\quad+(a-b)^2+(b-c)^2+(c-a)^2\\&=\left[1^2+1^2+1^2\right]\left[(a-p_0)^2+(b-p_0)^2+(c-p_0)^2\right]\\&=3\delta(T,T_0).\end{aligned}$$

从而由 (0.3.1) 可得

$$\begin{aligned}a^2+b^2+c^2&\geqslant 4\sqrt{3}S+(a-b)^2+(b-c)^2+(c-a)^2\\&=4\sqrt{3}S+3\delta(T,T_0),\end{aligned}$$

亦即

$$a^2+b^2+c^2-4\sqrt{3}S \geqslant 3\delta(T,T_0). \qquad \square$$

从 (0.3.1) 可以看出, 当 $\triangle ABC$ 越接近正三角形时, 不论是其左端或是其右端都越来越小, 所以, 对于给定任意小的 $\varepsilon>0$, 当

$$a^2+b^2+c^2-4\sqrt{3}S \leqslant \varepsilon$$

时, 就必然有

$$\delta(T,T_0) \leqslant \frac{1}{3}\varepsilon$$

成立. 特别地, 在 (0.3.6) 式右端的 $\delta(T,T_0)$, 它揭示了 $\triangle ABC$ 的边长与正 $\triangle DEF$ 的边长之间的方差也就越来越小, 这一现象更反映出 $\triangle ABC$ 的边长与正 $\triangle DEF$ 的边长之间的偏差问题. 当 $\triangle ABC$ 越接近正 $\triangle DEF$ 时, 这种偏差也就越小, 从而就体现出 $\triangle ABC$ 所具有的这种稳定性. 关于这方面的内容, 在第 7 章中将作具体研究.

推论 2 设 $\triangle ABC$ 的面积为 S, 且三边 a,b,c 上旁切圆的半径依次是 r_a,r_b,r_c, 则有

$$\frac{1}{r_ar_b}+\frac{1}{r_br_c}+\frac{1}{r_cr_a} \geqslant \frac{\sqrt{3}}{S}, \qquad (0.3.9)$$

当且仅当 $\triangle ABC$ 为正三角形时等号成立.

证 实际上, Finsler - Hadwiger 不等式 (0.3.1) 也可以表示为

$$a(-a+b+c)+b(a-b+c)+c(a+b-c) \geqslant 4\sqrt{3}S, \quad (0.3.10)$$

当且仅当 $\triangle ABC$ 为正三角形时等号成立.

因为

$$r_a=\frac{2S}{-a+b+c};\ r_b=\frac{2S}{a-b+c};\ r_c=\frac{2S}{a+b-c},$$

故 (0.3.10) 又可表示为

$$\frac{a}{r_a}+\frac{b}{r_b}+\frac{c}{r_c}\geqslant 2\sqrt{3},\tag{0.3.11}$$

当且仅当 $\triangle ABC$ 为正三角形时等号成立.

若设 r 为 $\triangle ABC$ 的内切圆半径, 则利用 r_a,r_b,r_c 的表达式容易得到

$$\begin{aligned}2S\left(\frac{1}{r_a}+\frac{1}{r_b}+\frac{1}{r_c}\right)&=a+b+c\\&=\frac{2S}{r},\end{aligned}$$

即

$$\frac{1}{r_a}+\frac{1}{r_b}+\frac{1}{r_c}=\frac{1}{r}.\tag{0.3.12}$$

由 r_a,r_b,r_c 的表达式以及 (0.3.12) 可以得到

$$a=S\left(\frac{1}{r}-\frac{1}{r_a}\right);\ b=S\left(\frac{1}{r}-\frac{1}{r_b}\right);\ c=S\left(\frac{1}{r}-\frac{1}{r_c}\right),$$

于是利用 (0.3.12) 可得

$$\begin{aligned}&\frac{a}{r_a}+\frac{b}{r_b}+\frac{c}{r_c}\\&=\frac{S}{r_a}\left(\frac{1}{r}-\frac{1}{r_a}\right)+\frac{S}{r_b}\left(\frac{1}{r}-\frac{1}{r_b}\right)+\frac{S}{r_c}\left(\frac{1}{r}-\frac{1}{r_c}\right)\\&=S\left[\frac{1}{r}\left(\frac{1}{r_a}+\frac{1}{r_b}+\frac{1}{r_c}\right)-\left(\frac{1}{r_a^2}+\frac{1}{r_b^2}+\frac{1}{r_c^2}\right)\right]\\&=S\left[\left(\frac{1}{r_a}+\frac{1}{r_b}+\frac{1}{r_c}\right)^2-\left(\frac{1}{r_a^2}+\frac{1}{r_b^2}+\frac{1}{r_c^2}\right)\right]\\&=2S\left(\frac{1}{r_ar_b}+\frac{1}{r_br_c}+\frac{1}{r_cr_a}\right),\end{aligned}$$

即

$$\frac{a}{r_a}+\frac{b}{r_b}+\frac{c}{r_c}=2S\left(\frac{1}{r_ar_b}+\frac{1}{r_br_c}+\frac{1}{r_cr_a}\right),\quad(0.3.13)$$

将 (0.3.13) 代入 (0.3.11) 内立即可得 (0.3.9). □

定义 设 $\triangle ABC$ 的三个旁心分别为 D,E,F, 则称 $\triangle DEF$ 为 $\triangle ABC$ 的旁心三角形.

如下我们将揭示这样一个结论: $\triangle ABC$ 的 Finsler-Hadwiger 不等式就是它的旁心 $\triangle DEF$ 的 Weitzenböck 不等式.

引理 1 设 $\triangle ABC$ 的三边 a,b,c 的旁切圆半径分别为 r_a,r_b,r_c, 且 $\triangle ABC$ 的面积为 S, 外接圆与内切圆的半径为 R 与 r, 又 $\triangle ABC$ 的旁心 $\triangle DEF$ 的三边依次是 a_0,b_0,c_0, 则有

$$a_0^2=\frac{4SR}{r}\cdot\frac{a}{r_a};\ b_0^2=\frac{4SR}{r}\cdot\frac{b}{r_b};\ c_0^2=\frac{4SR}{r}\cdot\frac{c}{r_c}.\quad(0.3.14)$$

证 如图 2 所示, $DG\perp BC, EH\perp AC$, 且 $DG=r_a$, $EH=r_b$, 故在 Rt$\triangle DGC$ 与 Rt$\triangle EHC$ 中, $DC=\frac{r_a}{\cos\frac{C}{2}}$, $CE=\frac{r_b}{\cos\frac{C}{2}}$, 故有 $c_0=DE=DC+CE=\frac{r_a+r_b}{\cos\frac{C}{2}}$. 即

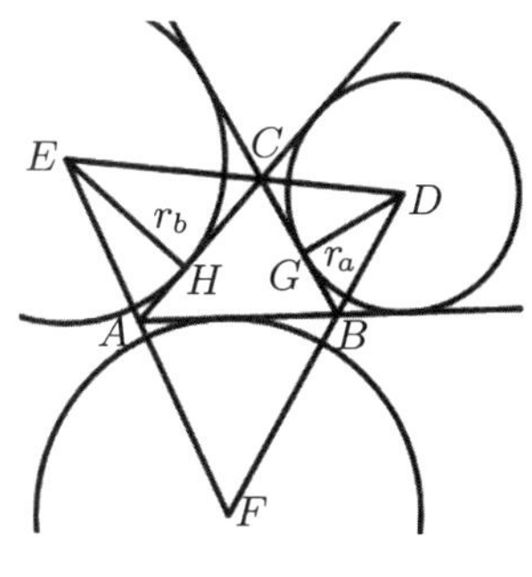

图 2

$$c_0=\frac{r_a+r_b}{\cos\frac{C}{2}}.\tag{0.3.15}$$

另外, 由旁切圆半径公式以及余弦定理可得

$$\begin{aligned}c_0^2&=\frac{(r_a+r_b)^2}{\cos^2\frac{C}{2}}\\&=\frac{2(r_a+r_b)^2}{1+\cos C}\\&=\frac{4ab}{(a+b+c)(a+b-c)}\cdot\left(\frac{2S}{-a+b+c}+\frac{2S}{a-b+c}\right)^2\\&=\frac{4ab}{(a+b+c)(a+b-c)}\cdot\frac{(4Sc)^2}{(-a+b+c)^2(a-b+c)^2}\\&=\frac{4abc^2\cdot(4S)^2\cdot(a+b+c)(a+b-c)}{[(a+b+c)(a+b-c)(-a+b+c)(a-b+c)]^2}\\&=\frac{4abc^2\cdot(4S)^2\cdot(a+b+c)(a+b-c)}{(16S^2)^2}\\&=\frac{4abc(a+b+c)}{16S^2}\cdot c(a+b-c)\\&=\frac{16SR\cdot 2S}{16S^2r}\cdot\frac{2Sc}{r_c}\\&=\frac{4SR}{r}\cdot\frac{c}{r_c}.\end{aligned}$$

同理可证得 $a_0^2=\frac{4SR}{r}\cdot\frac{a}{r_a}$ 与 $b_0^2=\frac{4SR}{r}\cdot\frac{b}{r_b}$. □

引理 2 设 $\triangle ABC$ 的面积为 S, 外接圆半径与内切圆半径分别为 R 与 r, 又 S_0 为 $\triangle ABC$ 的旁心三角形的面积, 则有

$$S_0=\frac{2SR}{r}.\tag{0.3.16}$$

证 由图 2 可知

$$S_0=S_{\triangle ABC}+S_{\triangle BDC}+S_{\triangle CEA}+S_{\triangle AFB},$$

所以, 由三角形的面积公式与旁切圆半径公式可得

$$\begin{aligned}S_0 &= S + \frac{1}{2}ar_a + \frac{1}{2}br_b + \frac{1}{2}cr_c \\ &= S + \frac{Sa}{-a+b+c} + \frac{Sb}{a-b+c} + \frac{Sc}{a+b-c} \\ &= S\left(1 + \frac{a}{-a+b+c} + \frac{b}{a-b+c} + \frac{c}{a+b-c}\right) \\ &= \frac{4Sabc}{(-a+b+c)(a-b+c)(a+b-c)} \\ &= \frac{4Sabc(a+b+c)}{(a+b+c)(-a+b+c)(a-b+c)(a+b-c)} \\ &= \frac{4S\cdot 4SR\cdot(a+b+c)}{16S^2} \\ &= R(a+b+c) = \frac{2SR}{r}.\end{aligned}$$

实际上, 这已经是所要证明的结论了. □

推论 3 设 $\triangle DEF$ 是 $\triangle ABC$ 的旁心三角形, 它的三边长分别为 a_0, b_0, c_0, 面积为 S_0, 则 $\triangle ABC$ 的 Finsler - Hadwiger 不等式 (0.3.1) 成立等价于它的旁心三角形的 Weitzenböck 不等式

$$a_0^2 + b_0^2 + c_0^2 \geqslant 4\sqrt{3}S_0, \tag{0.3.17}$$

成立 (当且仅当 $\triangle DEF$ 为正三角形时等号成立).

证 由引理 1 与引理 2 知

$$\begin{cases} a_0^2 = \dfrac{4SR}{r}\cdot\dfrac{a}{r_a} \\ S_0 = \dfrac{2SR}{r} \end{cases}, \Longrightarrow \frac{a}{r_a} = \frac{a_0^2}{2S_0},$$

同样可以得到另外两个式子, 于是我们有

$$\frac{a}{r_a} = \frac{a_0^2}{2S_0};\ \frac{b}{r_b} = \frac{b_0^2}{2S_0};\ \frac{c}{r_c} = \frac{c_0^2}{2S_0}. \tag{0.3.18}$$

将 (0.3.18) 代入 (0.3.11) 内立即可得 (0.3.17), 故 (0.3.11) 与 (0.3.17) 是等价的.

又因为 $\triangle ABC$ 的 Finsler - Hadwiger 不等式 (0.3.1) 与 (0.3.11) 是等价的, 所以 $\triangle ABC$ 的 Finsler - Hadwiger 不等式 (0.3.1) 成立等价于 $\triangle ABC$ 的旁心 $\triangle DEF$ 的 Weitzenböck 不等式 (0.3.17) 成立. □

§0.4 平面上的 Neuberg - Pedoe 不等式

在 §0.3 中, 我们讨论了 Finsler - Hadwiger 不等式, 并且还给出了它的等价形式 (0.3.10). 如果把 (0.3.10) 左端关于三角形的边长改为边长平方的话, 则有

$$a^2(-a^2+b^2+c^2)+b^2(a^2-b^2+c^2)+c^2(a^2+b^2-c^2)=16S^2. \tag{0.4.1}$$

由 (0.3.10) 与 (0.4.1) 的结构形式, 德国著名数学家 J.Neuberg 与美国著名几何学家 D.Pedoe 提出并证明了如下涉及两个任意三角形的边长与面积的一个不等式.

定理 1 设 $\triangle ABC$ 与 $\triangle A'B'C'$ 的边长分别为 a,b,c 和 a',b',c', 它们的面积分别是 $\triangle$ 和 $\triangle'$, 则

$$a^2(-a'^2+b'^2+c'^2)+b^2(a'^2-b'^2+c'^2)+c^2(a'^2+b'^2-c'^2)$$
$$\geqslant 16\triangle\triangle', \tag{0.4.2}$$

当且仅当 $\triangle ABC \backsim \triangle A'B'C'$ 时等号成立.

不等式 (0.4.2) 通常称为 Neuberg - Pedoe 不等式, 它的证明方法已有多种, 不过我们不打算去罗列它们了. 关于 Neuberg - Pedoe 不等式的更多内容, 我们将

在第 2 章中作进一步介绍. 如下首先给出它的一种证明方法, 其次将对它进行一种加强.

证 在 $\triangle ABC$ 的边 BC 上, 向点 A 所在的一侧作 $\triangle A''BC$, 如图 3 所示, 使得 $\triangle A''BC \backsim \triangle A'B'C'$.

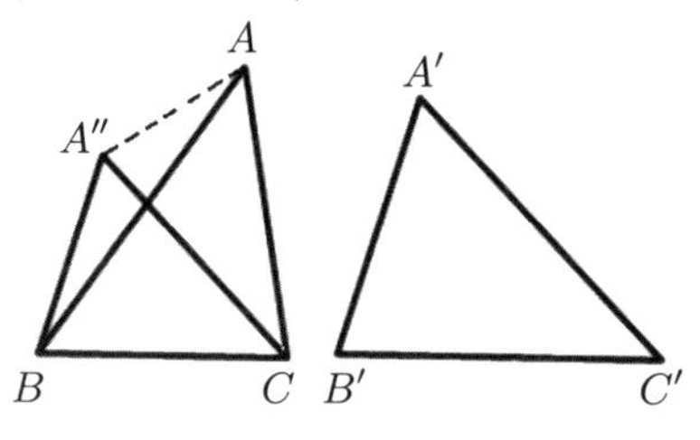

图 3

在 $\triangle ACA''$ 中, 根据余弦定理可得

$$A''A^2 = AC^2 + A''C^2 - 2AC \cdot A''C \cdot \cos \angle ACA''.$$

因为 $AC = b$, $A''C = a \cdot \frac{b'}{a'}$, $\angle ACA'' = |\angle C - \angle C'|$, 所以有

$$\begin{aligned} A''A^2 &= AC^2 + A''C^2 - 2AC \cdot A''C \cdot \cos \angle ACA'' \\ &= b^2 + \left(a \cdot \frac{b'}{a'}\right)^2 - 2b\left(a \cdot \frac{b'}{a'}\right) \cdot \cos(C - C') \end{aligned}$$

若记 $A''A = d_A$, 则利用余弦定理与三角形的面积公式, 由上式可得

$$\begin{aligned} &a'^2 d_A^2 \\ &= a^2b'^2 + a'^2b^2 - 2aba'b' \cdot \cos(C - C') \\ &= a^2b'^2 + a'^2b^2 - 2aba'b' \cdot (\cos C \cos C' + \sin C \sin C') \\ &= a^2b'^2 + a'^2b^2 - 2aba'b' \cdot \cos C \cos C' - 8\triangle\triangle' \\ &= a^2b'^2 + a'^2b^2 - \frac{1}{2}(a^2 + b^2 - c^2)(a'^2 + b'^2 - c'^2) - 8\triangle\triangle', \end{aligned}$$

即

$$\begin{aligned}2a'^2d_A^2 &= a^2(-a'^2+b'^2+c'^2)+b^2(a'^2-b'^2+c'^2)\\&\quad+c^2(a'^2+b'^2-c'^2)-16\triangle\triangle',\end{aligned}\qquad(0.4.3)$$

显然有 $2a'^2d_A^2 \geqslant 0$, 所以不等式 (0.4.2) 成立.

当 $\triangle ABC \backsim \triangle A'B'C'$ 时, (0.4.2) 中的等号显然成立, 反之, 若 (0.4.2) 中取等号, 则由 (0.4.3) 知 $d_A^2=0$, 即 A 与 A'' 重合, 故有 $\triangle ABC \backsim \triangle A'B'C'$. □

推论 1 在定理 1 的条件下, 当 $\triangle A'B'C'$ 为正三角形时, 则有

$$a^2+b^2+c^2 \geqslant 4\sqrt{3}\triangle,\qquad(0.4.4)$$

当且仅当 $\triangle ABC$ 为正三角形时等号成立.

显然 (0.4.4) 就是 §0.1 中的 Weitzenböck 不等式.

定理 2 设 $\triangle ABC$ 与 $\triangle A'B'C'$ 的边长分别为 a,b,c 和 a',b',c', 它们的面积分别是 $\triangle$ 和 $\triangle'$, 则有

$$\begin{aligned}&a^2(-a'^2+b'^2+c'^2)+b^2(a'^2-b'^2+c'^2)+c^2(a'^2+b'^2-c'^2)\\&\geqslant 16\triangle\triangle'+\frac{2}{3}\left[\left(ab'-a'b\right)^2+(ac'-a'c)^2+(bc'-b'c)^2\right],\end{aligned}\qquad(0.4.5)$$

当且仅当 $\triangle ABC \backsim \triangle A'B'C'$ 时等号成立.

证 在 $\triangle ABC$ 与 $\triangle A'B'C'$ 中利用余弦定理及三角形的面积公式可得

$$\begin{aligned}&a^2(-a'^2+b'^2+c'^2)+b^2(a'^2-b'^2+c'^2)\\&\quad+c^2(a'^2+b'^2-c'^2)-16\triangle\triangle'\\&=a^2(2b'^2-2a'b'\cos C')+b^2(2a'^2-2a'b'\cos C')+(a^2\\&\quad+b^2-2ab\cos C)\cdot 2a'b'\cos C'-4aba'b'\sin C\sin C'\end{aligned}$$

$$= 2\left(a^2b'^2 + a'^2b^2\right) - 4aba'b'\cos(C - C')$$
$$= 2\left(ab' - a'b\right)^2 + 4aba'b'\left[1 - \cos(C - C')\right]$$
$$\geqslant 2\left(ab' - a'b\right)^2,$$

即

$$a^2(-a'^2+b'^2+c'^2)+b^2(a'^2-b'^2+c'^2)+c^2(a'^2+b'^2-c'^2)$$
$$\geqslant 16\triangle\triangle' + 2\left(ab' - a'b\right)^2, \tag{0.4.6}$$

同理可得

$$a^2(-a'^2+b'^2+c'^2)+b^2(a'^2-b'^2+c'^2)+c^2(a'^2+b'^2-c'^2)$$
$$\geqslant 16\triangle\triangle' + 2\left(ac' - a'c\right)^2, \tag{0.4.7}$$
$$a^2(-a'^2+b'^2+c'^2)+b^2(a'^2-b'^2+c'^2)+c^2(a'^2+b'^2-c'^2)$$
$$\geqslant 16\triangle\triangle' + 2\left(bc' - b'c\right)^2, \tag{0.4.8}$$

由此可知: $\frac{1}{3}$ [(0.4.6) + (0.4.7) + (0.4.8)] 即为 (0.4.5), 至于等号成立的充要条件是容易看出的. □

推论 2 在定理 2 的题设下, 当 $\triangle A'B'C'$ 为正三角形时, 有

$$a^2+b^2+c^2 \geqslant 4\sqrt{3}\triangle + \frac{2}{3}\left[(a-b)^2 + (a-c)^2 + (b-c)^2\right], \tag{0.4.9}$$

当且仅当 $\triangle ABC$ 为正三角形时等号成立.

不等式 (0.4.9) 显然比 Finsler-Hadwiger 不等式 (0.3.1) 要弱.

第 1 章　重心坐标系

大家都十分熟悉直角坐标系, 并且我们通常都是用它来讨论或研究一些数学问题的. 然而, 在某些方面为了使得所研究的问题更为简单且使用更为方便, 有时也会采用其他坐标系, 如极坐标系、仿射坐标系等. 在研究距离几何时常常需要使用重心坐标系, 在这种坐标系下, 可以把某些几何度量问题化为十分简单的问题. 本章我们将研究在重心坐标系下的有关问题, 它在后面几章中将起着重要的作用.

§1.1　单形的体积公式

在研究重心坐标系之前, 我们首先来研究单形的体积公式.

零维空间的单形就是一个点, 一维空间的单形就是一条线段, 即联结两个点的一条线段的图形, 在二维空间 (即平面) 中的单形就是三角形, 亦即平面上由不共线的三点和这三个点所连成的三条线段所围成的图形, 而对于一般的 n 维欧氏空间 $\mathbf{E}^n$ (Euclidean space), 我们有如下的定义:

定义 1　设 $A_1, A_2, \cdots, A_{k+1}$ $(1 \leqslant k \leqslant n)$ 是 n 维欧氏空间 $\mathbf{E}^n$ 中无关的 $k+1$ 个点 (即 $\overrightarrow{A_{k+1}A_1}, \overrightarrow{A_{k+1}A_2}, \cdots, \overrightarrow{A_{k+1}A_k}$ 是线性无关的 k 个向量), 则点集

$$\left\{X \,\middle|\, X = \sum_{i=1}^{k+1} \lambda_i A_i,\ \ \lambda_i \geqslant 0,\ \ \sum_{i=1}^{k+1} \lambda_i = 1\right\}$$

称为以 $A_1, A_2, \cdots, A_{k+1}$ $(1 \leqslant k \leqslant n)$ 为顶点的 k 维单形.

显然, 二维单形就是熟知的三角形, 三维单形就是通常的四面体, 并且 n 维单形有 $n+1$ 个顶点 $A_1, A_2, \cdots, A_{n+1}$ 和 $\binom{n+1}{2}=\frac{n(n+1)}{2}$ 条棱以及 $n+1$ 个 $n-1$ 维界面.

定义 2 所有 k 维界面的 k 维体积都相等的单形叫作 k 维等面单形, 当 $k=1$ 时, 即所有棱长都相等的单形叫作正则单形.

需要指出的是, 本书从第 2 章到第 6 章中有部分不等式中等号成立的充要条件标出的是正则单形, 但是, 实际上有可能是 k 维等面单形.

定义 3 设 $\mathscr{A}$ 为 n 维欧氏空间 $\mathbf{E}^n$ 中的单形, 其顶点集为 $\{A_1, A_2, \cdots, A_{n+1}\}$, 顶点 A_i 与 A_j 之间的距离为 a_{ij}, 即 $|A_iA_j|=a_{ij}$, 记

$$D=\begin{vmatrix} 0 & 1 & 1 & \cdots & 1 \\ 1 & 0 & a_{12}^2 & \cdots & a_{1,n+1}^2 \\ 1 & a_{21}^2 & 0 & \cdots & a_{2,n+1}^2 \\ \cdots & \cdots & \cdots & \cdots & \cdots \\ 1 & a_{n+1,1}^2 & a_{n+1,2}^2 & \cdots & 0 \end{vmatrix},$$

则称 D 为 $\mathscr{A}$ 的 Cayley-Menger 行列式.

定理 1 设 $\mathscr{A}$ 为 n 维欧氏空间 $\mathbf{E}^n$ 中的单形, V 为 $\mathscr{A}$ 的 n 维体积, 则

$$V^2=\frac{(-1)^{n+1}D}{2^n \cdot n!^2}. \tag{1.1.1}$$

证 设 n 维欧氏空间 $\mathbf{E}^n$ 中单形 $\mathscr{A}$ 的顶点 A_i 在直角坐标系中的坐标为

$$A_i(x_{i1}, x_{i2}, \cdots, x_{in}),\ (1 \leqslant i \leqslant n+1),$$

则由解析几何知

$$V=\frac{1}{n!}\cdot\left|\det\begin{pmatrix} x_{11} & x_{12} & \cdots & x_{1n} & 1\\ x_{21} & x_{22} & \cdots & x_{2n} & 1\\ \cdots & \cdots & \cdots & \cdots & \cdots\\ x_{n+1,1} & x_{n+1,2} & \cdots & x_{n+1,n} & 1\end{pmatrix}\right|,$$

其中 $|\det(X)|$ 表示矩阵 X 的行列式的绝对值. 若记 $x_i=(x_{i1},x_{i2},\cdots,\ x_{in})$ 为过原点 O 至单形 $\mathscr{A}$ 的顶点 A_i $(1\leqslant i\leqslant n+1)$ 的向量, 并且本书约定使用 $x_i\cdot x_j$ 或 x_ix_j 或 $(x_i,\ x_j)$ 表示二向量 x_i 与 x_j 的内积, 则利用 n 维欧氏空间 $\mathbf{E}^n$ (或 n 维实向量空间 $\mathbf{R}^n$) 中任意 $n+1$ 个向量必线性相关的原理, 便得到

$$\begin{vmatrix} x_1\cdot x_1 & x_1\cdot x_2 & \cdots & x_1\cdot x_{n+1}\\ x_2\cdot x_1 & x_2\cdot x_2 & \cdots & x_2\cdot x_{n+1}\\ \cdots & \cdots & \cdots & \cdots\\ x_{n+1}\cdot x_1 & x_{n+1}\cdot x_2 & \cdots & x_{n+1}\cdot x_{n+1}\end{vmatrix}$$

$$=\left|\begin{pmatrix} x_1\\ x_2\\ \vdots\\ x_{n+1}\end{pmatrix}\begin{pmatrix} x_1, & x_2, & \cdots, & x_{n+1}\end{pmatrix}\right|=0,$$

故有

$$n!^2\cdot V^2=\begin{vmatrix} x_{11} & x_{12} & \cdots & x_{1n} & 1\\ x_{21} & x_{22} & \cdots & x_{2n} & 1\\ \cdots & \cdots & \cdots & \cdots & \cdots\\ x_{n+1,1} & x_{n+1,2} & \cdots & x_{n+1,n} & 1\end{vmatrix}$$

$$
\times \begin{vmatrix} x_{11} & x_{21} & \cdots & x_{n+1,1} \\ x_{12} & x_{22} & \cdots & x_{n+1,2} \\ \cdots & \cdots & \cdots & \cdots \\ x_{1n} & x_{2n} & \cdots & x_{n+1,n} \\ 1 & 1 & \cdots & 1 \end{vmatrix}
$$

$$
= \begin{vmatrix} x_1 \cdot x_1 + 1 & x_1 \cdot x_2 + 1 & \cdots & x_1 \cdot x_{n+1} + 1 \\ x_2 \cdot x_1 + 1 & x_2 \cdot x_2 + 1 & \cdots & x_2 \cdot x_{n+1} + 1 \\ \cdots & \cdots & \cdots & \cdots \\ x_{n+1} \cdot x_1 + 1 & x_{n+1} \cdot x_2 + 1 & \cdots & x_{n+1} \cdot x_{n+1} + 1 \end{vmatrix}
$$

$$
= \begin{vmatrix} 1 & -1 & -1 & \cdots & -1 \\ 1 & x_1 \cdot x_1 & x_1 \cdot x_2 & \cdots & x_1 \cdot x_{n+1} \\ 1 & x_2 \cdot x_1 & x_2 \cdot x_2 & \cdots & x_2 \cdot x_{n+1} \\ \cdots & \cdots & \cdots & \cdots & \cdots \\ 1 & x_{n+1} \cdot x_1 & x_{n+1} \cdot x_2 & \cdots & x_{n+1} \cdot x_{n+1} \end{vmatrix}
$$

$$
= \begin{vmatrix} 0 & -1 & -1 & \cdots & -1 \\ 1 & x_1 \cdot x_1 & x_1 \cdot x_2 & \cdots & x_1 \cdot x_{n+1} \\ 1 & x_2 \cdot x_1 & x_2 \cdot x_2 & \cdots & x_2 \cdot x_{n+1} \\ \cdots & \cdots & \cdots & \cdots & \cdots \\ 1 & x_{n+1} \cdot x_1 & x_{n+1} \cdot x_2 & \cdots & x_{n+1} \cdot x_{n+1} \end{vmatrix}
$$

$$
+ \begin{vmatrix} 1 & -1 & -1 & \cdots & -1 \\ 0 & x_1 \cdot x_1 & x_1 \cdot x_2 & \cdots & x_1 \cdot x_{n+1} \\ 0 & x_2 \cdot x_1 & x_2 \cdot x_2 & \cdots & x_2 \cdot x_{n+1} \\ \cdots & \cdots & \cdots & \cdots & \cdots \\ 0 & x_{n+1} \cdot x_1 & x_{n+1} \cdot x_2 & \cdots & x_{n+1} \cdot x_{n+1} \end{vmatrix}
$$

$$= -\begin{vmatrix} 0 & 1 & 1 & \cdots & 1 \\ 1 & & & & \\ 1 & & x_i \cdot x_j & & \\ \vdots & & & & \\ 1 & & & & \end{vmatrix}$$

$$= -\begin{vmatrix} 0 & 1 & 1 & \cdots & 1 \\ 1 & & & & \\ 1 & & \frac{1}{2} \cdot \left(|x_i|^2 + |x_j|^2 - a_{ij}^2\right) & & \\ \vdots & & & & \\ 1 & & & & \end{vmatrix}$$

$$= -\begin{vmatrix} 0 & 1 & 1 & \cdots & 1 \\ 1 & & & & \\ 1 & & -\frac{1}{2}a_{ij}^2 & & \\ \vdots & & & & \\ 1 & & & & \end{vmatrix}$$

$$= \frac{(-1)^{n+1}D}{2^n}.$$

这样一来我们便证明了定理 1. □

定理 1 给出了 n 维欧氏空间 $\mathbf{E}^n$ 中已知单形的 $\frac{n(n+1)}{2}$ 条棱长求体积 V 的公式.

推论 1 设 $\mathscr{A}$ 为 n 维欧氏空间 $\mathbf{E}^n$ 中的单形, 过顶点 A_{n+1} 的 n 条棱的棱长分别为 $a_1, a_2, \cdots, a_n$, 又 $\mathscr{A}$ 的 n 维体积为 V, 则

$$V = \frac{1}{n!} \cdot \left(\prod_{i=1}^{n} a_i\right) \cdot \sqrt{Q_n}, \tag{1.1.2}$$

其中

$$Q_n = \begin{vmatrix} 1 & \cos\alpha_{12} & \cdots & \cos\alpha_{1n} \\ \cos\alpha_{21} & 1 & \cdots & \cos\alpha_{2n} \\ \cdots & \cdots & \cdots & \cdots \\ \cos\alpha_{n1} & \cos\alpha_{n2} & \cdots & 1 \end{vmatrix},$$

$$(\alpha_{ij} = \angle A_i A_{n+1} A_j).$$

证 由题设知 $a_{n+1,i} = a_i\ (1 \leqslant i \leqslant n)$, 在 $\mathscr{A}$ 中的 $\triangle A_i A_{n+1} A_j$ 里应用余弦定理可得

$$a_{i,n+1}^2 + a_{n+1,j}^2 - a_{ij}^2 = 2a_{i,n+1}a_{n+1,j}\cos\alpha_{ij}.$$

若设 Cayley - Menger 行列式的行与列都是从 0 开始的, 现将 D 的第 $i\ (1 \leqslant i \leqslant n)$ 行减去第 $n+1$ 行, 同样, 再将 D 的第 $j\ (1 \leqslant j \leqslant n)$ 列减去第 $n+1$ 列, 则利用上述的余弦定理容易得到

$$D = (-1)^{n+1} \cdot 2^n \cdot \left(\prod_{i=1}^{n} a_i\right)^2 \cdot Q_n,$$

将此式代入 (1.1.1) 内立即可得 (1.1.2). □

定理 2 设 $\mathscr{A}$ 为 n 维欧氏空间 $\mathbf{E}^n$ 中的单形, 其顶点集为 $\{A_1, A_2, \cdots, A_{n+1}\}$, 又 $\mathscr{A}$ 的 n 维体积为 V, 顶点 A_{n+1} 到 $n-1$ 维界面 $\{A_1, A_2, \cdots, A_n\}$ 的距离为 h, 且该界面的 $n-1$ 维体积为 S, 则

$$V = \frac{1}{n}Sh. \tag{1.1.3}$$

证 设 $a_{ij} = |A_iA_j|$, 如下首先证明一个关于行列

式的恒等式:

$$\begin{vmatrix} 0 & 1 & 1 & \cdots & 1 & 0 \\ 1 & 0 & -\frac{1}{2}a_{12}^2 & \cdots & -\frac{1}{2}a_{1,n+1}^2 & 0 \\ 1 & -\frac{1}{2}a_{21}^2 & 0 & \cdots & -\frac{1}{2}a_{2,n+1}^2 & 0 \\ \cdots & \cdots & \cdots & \cdots & \cdots & \cdots \\ 1 & -\frac{1}{2}a_{n+1,1}^2 & -\frac{1}{2}a_{n+1,2}^2 & \cdots & 0 & h \\ 0 & 0 & 0 & \cdots & h & 1 \end{vmatrix} = 0.$$

设 $\mathscr{A}$ 的顶点 A_{n+1} 为 n 维欧氏空间 $\mathbf{E}^n$ 中直角坐标系的原点, 顶点 A_{n+1} 至顶点 $A_1, A_2, \cdots, A_n, A_{n+1}$ 的向量为 $a_1, a_2, \cdots, a_n, a_{n+1}$, A_{n+1} 至 $n-1$ 维超平面 $\{A_1, A_2, \cdots, A_n\}$ 的垂直向量为 b, 超平面 $\{A_1, A_2, \cdots, A_n\}$ 的单位法向量为 e, 则易知 $a_{ij}^2 = (a_j - a_i)^2$, 且顶点 A_i 到超平面 $\{A_1, A_2, \cdots, A_n\}$ 的距离为 $(a_i - b)\cdot e$ $(1 \leqslant i \leqslant n+1)$, 显然当 $i = 1, 2, \cdots, n$ 时, $(a_i - b)\cdot e = 0$, 当 $i = n+1$ 时, $(a_i - b)\cdot e = h$, 则有

$$\begin{vmatrix} 0 & 1 & \cdots & 1 & 0 \\ 1 & & & & (a_1 - b)\cdot e \\ \vdots & & -\frac{1}{2}(a_j - a_i)^2 & & \vdots \\ 1 & & & & (a_{n+1} - b)\cdot e \\ 0 & e\cdot(a_1 - b) & \cdots & e\cdot(a_{n+1} - b) & e\cdot e \end{vmatrix}$$

$$= \begin{vmatrix} 0 & 1 & \cdots & 1 & 1 & 0 \\ 1 & a_1a_1 & \cdots & a_1a_n & a_1a_{n+1} & a_1e \\ \cdots & \cdots & \cdots & \cdots & \cdots & \cdots \\ 1 & a_na_1 & \cdots & a_na_n & a_na_{n+1} & a_ne \\ 1 & a_{n+1}a_1 & \cdots & a_{n+1}a_n & a_{n+1}a_{n+1} & a_{n+1}e \\ 0 & ea_1 & \cdots & ea_n & ea_{n+1} & ee \end{vmatrix}$$

$$= \begin{vmatrix} a_1a_1 & a_1a_2 & \cdots & a_1a_n & a_1e \\ a_2a_1 & a_2a_2 & \cdots & a_2a_n & a_2e \\ \cdots & \cdots & \cdots & \cdots & \cdots \\ a_na_1 & a_na_2 & \cdots & a_na_n & a_ne \\ ea_1 & ea_2 & \cdots & ea_n & ee \end{vmatrix}$$

$$= \left| \begin{pmatrix} a_1 \\ a_2 \\ \vdots \\ a_n \\ e \end{pmatrix} \begin{pmatrix} a_1, & a_2, & \cdots, & a_n, & e \end{pmatrix} \right| = 0.$$

按行列式的展开法则, 对上述所证得的行列式的最后一行与最后一列展开, 则容易得到

$$\begin{vmatrix} 0 & 1 & 1 & \cdots & 1 \\ 1 & 0 & -\frac{1}{2}a_{12}^2 & \cdots & -\frac{1}{2}a_{1,n+1}^2 \\ 1 & -\frac{1}{2}a_{21}^2 & 0 & \cdots & -\frac{1}{2}a_{2,n+1}^2 \\ \cdots & \cdots & \cdots & \cdots & \cdots \\ 1 & -\frac{1}{2}a_{n+1,1}^2 & -\frac{1}{2}a_{n+1,2}^2 & \cdots & 0 \end{vmatrix}$$

$$-h^2 \cdot \begin{vmatrix} 0 & 1 & 1 & \cdots & 1 \\ 1 & 0 & -\frac{1}{2}a_{12}^2 & \cdots & -\frac{1}{2}a_{1n}^2 \\ 1 & -\frac{1}{2}a_{21}^2 & 0 & \cdots & -\frac{1}{2}a_{2n}^2 \\ \cdots & \cdots & \cdots & \cdots & \cdots \\ 1 & -\frac{1}{2}a_{n1}^2 & -\frac{1}{2}a_{n2}^2 & \cdots & 0 \end{vmatrix} = 0,$$

则由定理 1 可得 $V = \frac{1}{n}Sh$. □

推论 2 设 V 为 n 维欧氏空间 $\mathbf{E}^n$ 中的单形 $\mathscr{A}$ 的 n 维体积, 其顶点集为 $\{A_1, A_2, \cdots, A_{n+1}\}$, 又顶点 A_i

所对的 $n-1$ 维界面的 $n-1$ 维体积为 S_i $(1 \leqslant i \leqslant n+1)$, $\mathscr{A}$ 的内切球半径为 r, 则

$$V = \frac{1}{n} \cdot \left(\sum_{i=1}^{n+1} S_i \right) \cdot r. \tag{1.1.4}$$

证 设 I 为单形 $\mathscr{A}$ 的内心, 由顶点集 $\{A_1, A_2, \cdots, A_{i-1}, I, A_{i+1}, \cdots, A_{n+1}\}$ 所支撑的单形的 n 维体积为 V_i $(1 \leqslant i \leqslant n+1)$, 则由定理 2 可得

$$V_i = \frac{1}{n} S_i r, (1 \leqslant i \leqslant n+1),$$

由此可得

$$V = \sum_{i=1}^{n+1} V_i = \sum_{i=1}^{n+1} \frac{1}{n} S_i r = \frac{1}{n} \cdot \left(\sum_{i=1}^{n+1} S_i \right) \cdot r,$$

这样我们便证得了 (1.1.4). □

定理 3 设 $A_1, A_2, \cdots, A_N$ $(N > n+1)$ 为 n 维欧氏空间 $\mathbf{E}^n$ 中的 N 个点, 记 $|A_iA_j| = a_{ij}$, D 为由点集 $\{A_1, A_2, \cdots, A_N\}$ $(N > n+1)$ 所构成的 Cayley-Menger 矩阵, 则 $\det D = 0$, 即当 $N > n+1$ 时, 有

$$\det D = \begin{vmatrix} 0 & 1 & 1 & \cdots & 1 \\ 1 & 0 & a_{12}^2 & \cdots & a_{1N}^2 \\ 1 & a_{21}^2 & 0 & \cdots & a_{2N}^2 \\ \cdots & \cdots & \cdots & \cdots & \cdots \\ 1 & a_{N1}^2 & a_{N2}^2 & \cdots & 0 \end{vmatrix} = 0. \tag{1.1.5}$$

证 由定理 2 的证明过程可知, 不妨设 O 为 n 维欧氏空间 $\mathbf{E}^n$ 中的原点, 记向量 $\overrightarrow{OA_i} = a_i$, 则

$$|A_iA_j|^2 = a_{ij}^2 = (a_j - a_i)^2,$$

故

$$\det D = \begin{vmatrix} 0 & 1 & 1 & \cdots & 1 \\ 1 & 0 & a_{12}^2 & \cdots & a_{1N}^2 \\ 1 & a_{21}^2 & 0 & \cdots & a_{2N}^2 \\ \cdots & \cdots & \cdots & \cdots & \cdots \\ 1 & a_{N1}^2 & a_{N2}^2 & \cdots & 0 \end{vmatrix}$$

$$= \begin{vmatrix} 0 & 1 & \cdots & 1 \\ 1 & & & \\ \vdots & & (a_j - a_i)^2 & \\ 1 & & & \end{vmatrix}$$

$$= (-2)^{N-1} \cdot \begin{vmatrix} 0 & 1 & \cdots & 1 \\ 1 & & & \\ \vdots & & a_i a_j & \\ 1 & & & \end{vmatrix}.$$

若设 $A = (a_1, a_2, \cdots, a_N)$, 记 $A_i = (a_1, a_2, \cdots, a_{i-1}, a_{i+1}, \cdots, a_N)$, A_i^τ 表示 A_i 的转置, 则

$$\begin{vmatrix} 0 & 1 & \cdots & 1 \\ 1 & & & \\ \vdots & & a_i a_j & \\ 1 & & & \end{vmatrix}$$

$$= \sum_{i=1}^{N} \sum_{j=1}^{N} (-1)^{i+j} \det(A_i^\tau A_j)$$

$$= \sum_{i=1}^{N} \sum_{j=1}^{N} (-1)^{i+j}.$$

$$\left|\begin{pmatrix} a_1 \\ \vdots \\ a_{i-1} \\ a_{i+1} \\ \vdots \\ a_N \end{pmatrix}\begin{pmatrix} a_1, & \cdots, & a_{j-1}, & a_{j+1}, & \cdots, & a_N \end{pmatrix}\right|.$$

由于 $\operatorname{rank} A_i = n$, 所以当 $N-1>n$ 时, 有 $\det A_i = 0\ (1 \leqslant i \leqslant N)$, 从而 $\det D = 0$. □

另证 设 $A_1, A_2, \cdots, A_N\ (N>n+1)$ 为 $N-1$ 维欧氏空间 $\mathbf{E}^{N-1}$ 中单形 $\mathscr{A}$ 的顶点, 但是这个单形的 $N-1$ 个顶点 $A_1, A_2, \cdots, A_{N-1}$ 均落在 n 维欧氏空间中的 n 维超平面上, 而顶点 A_N 也落在该超平面上, 所以单形 $\mathscr{A}$ 的任意一个 $N-1$ 维界面上的高均为零, 即 $h_i = 0\ (1 \leqslant i \leqslant N)$, 由 (1.1.3) 知单形 $\mathscr{A}$ 的体积 $V=0$, 故再由 (1.1.1) 知 $\det D = 0$, 即

$$\det D = \begin{vmatrix} 0 & 1 & 1 & \cdots & 1 \\ 1 & 0 & a_{12}^2 & \cdots & a_{1N}^2 \\ 1 & a_{21}^2 & 0 & \cdots & a_{2N}^2 \\ \cdots & \cdots & \cdots & \cdots & \cdots \\ 1 & a_{N1}^2 & a_{N2}^2 & \cdots & 0 \end{vmatrix} = 0,$$

于是, 我们同样证得了定理 3. □

推论 3 设 $\mathscr{A}$ 为 n 维欧氏空间 $\mathbf{E}^n$ 中的单形, R 为 $\mathscr{A}$ 的外接球半径, V 为 $\mathscr{A}$ 的 n 维体积, 则有

$$V^2R^2 = \frac{(-1)^n D_0}{2^{n+1}\cdot n!^2}, \tag{1.1.6}$$

其中

$$D_0 = \begin{vmatrix} 0 & a_{12}^2 & \cdots & a_{1,n+1}^2 \\ a_{21}^2 & 0 & \cdots & a_{2,n+1}^2 \\ \cdots & \cdots & \cdots & \cdots \\ a_{n+1,1}^2 & a_{n+1,2}^2 & \cdots & 0 \end{vmatrix}.$$

证 设 $\{A_1, A_2, \cdots, A_{n+1}\}$ 为 n 维欧氏空间 $\mathbf{E}^n$ 中单形 $\mathscr{A}$ 的顶点集, O 为 $\mathscr{A}$ 的外心 (即 $\mathscr{A}$ 的外接球球心), 并设 $|OA_i| = R$, 则对于 n 维欧氏空间 $\mathbf{E}^n$ 中的一个有限点集 $\{A_1, A_2, \cdots, A_{n+1}, O\}$ 应用定理 3 可得

$$Q = \begin{vmatrix} 0 & 1 & 1 & \cdots & 1 & 1 \\ 1 & 0 & a_{12}^2 & \cdots & a_{1,n+1}^2 & R^2 \\ 1 & a_{21}^2 & 0 & \cdots & a_{2,n+1}^2 & R^2 \\ \cdots & \cdots & \cdots & \cdots & \cdots & \cdots \\ 1 & a_{n+1,1}^2 & a_{n+1,2}^2 & \cdots & 0 & R^2 \\ 1 & R^2 & R^2 & \cdots & R^2 & 0 \end{vmatrix} = 0.$$

将此行列式的最后一列减去第一列的 R^2 倍, 并且最后一行也减去第一行的 R^2 倍, 这样一来便得

$$\begin{vmatrix} 0 & 1 & 1 & \cdots & 1 & 1 \\ 1 & 0 & a_{12}^2 & \cdots & a_{1,n+1}^2 & 0 \\ 1 & a_{21}^2 & 0 & \cdots & a_{2,n+1}^2 & 0 \\ \cdots & \cdots & \cdots & \cdots & \cdots & \cdots \\ 1 & a_{n+1,1}^2 & a_{n+1,2}^2 & \cdots & 0 & 0 \\ 1 & 0 & 0 & \cdots & 0 & -2R^2 \end{vmatrix} = 0,$$

对此行列式按照最后一列展开, 便可得

$$(-1)^{1+(n+3)}(-1)^{(n+2)+1}\begin{vmatrix} 0 & a_{12}^2 & \cdots & a_{1,n+1}^2 \\ a_{21}^2 & 0 & \cdots & a_{2,n+1}^2 \\ \cdots & \cdots & \cdots & \cdots \\ a_{n+1,1}^2 & a_{n+1,2}^2 & \cdots & 0 \end{vmatrix}$$

$$-2R^2 \cdot \begin{vmatrix} 0 & 1 & 1 & \cdots & 1 \\ 1 & 0 & a_{12}^2 & \cdots & a_{1,n+1}^2 \\ 1 & a_{21}^2 & 0 & \cdots & a_{2,n+1}^2 \\ \cdots & \cdots & \cdots & \cdots & \cdots \\ 1 & a_{n+1,1}^2 & a_{n+1,2}^2 & \cdots & 0 \end{vmatrix} = 0,$$

即

$$D_0 + 2R^2 D = 0, \tag{1.1.7}$$

由此利用 (1.1.1) 便立即可得 (1.1.6). □

对于单形 $\mathscr{A}$ 的 n 维体积的其他表达式, 此处我们就不再一一叙述了, 以后再逐一介绍.

§1.2 重心坐标系与 Menelaus 定理

我们知道, 直角坐标系是由垂直相交于原点的数轴所构成的, 例如平面直角坐标系是由两条互相垂直相交于原点 O 的数轴所构成的, 3 维空间的直角坐标系是由 3 条互相垂直相交于原点 O 的数轴所构成的, 等等. 对于重心坐标系我们是这样给出它的定义的:

定义 设 $\mathscr{A}$ 为 n 维欧氏空间 $\mathbf{E}^n$ 中的单形, 其顶点集为 $\{A_1, A_2, \cdots, A_{n+1}\}$, M 为 $\mathbf{E}^n$ 空间中的任意一

点, 记单形 $\{A_1,\cdots,A_{i-1},M,A_{i+1},\cdots,A_{n+1}\}$ 的 n 维带号体积为 V_i $(1\leqslant i\leqslant n+1)$, 则把 $n+1$ 个单形的带号体积之比

$$V_1:V_2:\cdots:V_{n+1}=\mu_1:\mu_2:\cdots:\mu_{n+1}, \qquad (1.2.1)$$

叫作点 M 的重心坐标 (或点 M 的体积坐标), $\mathscr{A}$ 叫作坐标单形, 坐标单形连同重心坐标称为重心坐标系, 并且把点 M 的重心坐标记为 $M(\mu_1:\mu_2:\cdots:\mu_{n+1})$.

设 $\{i_1,i_2,\cdots,i_n,i_{n+1}\}$ 为 $\{1,2,\cdots,n,n+1\}$ 的一个排列, 则 $\{i_1,i_2,\cdots,i_n\}$ 为 $\{i_1,i_2,\cdots,i_n,i_{n+1}\}$ 的一个子集, $\mathscr{A}_{M\,i_1i_2\cdots i_n}$ 为由顶点 $M,A_{i_1},A_{i_2},\cdots,A_{i_n}$ 所构成的单形, 我们再用记号 $\dim\mathscr{A}_{M\,i_1i_2\cdots i_n}$ 表示单形 $\mathscr{A}_{M\,i_1i_2\cdots i_n}$ 所占有空间的维数, 且记 $\mathscr{A}_{Mi_1i_2\cdots i_n}\bigcap\mathscr{A}=\mathscr{B}_{Mi_1i_2\cdots i_n}$, 我们规定

$$\mu_i\begin{cases}>0,\ \dim\mathscr{A}_{Mi_1i_2\cdots i_n}=n,\ \dim\mathscr{B}_{Mi_1i_2\cdots i_n}=n\,;\\=0,\ \dim\mathscr{A}_{Mi_1i_2\cdots i_n}=n-1\,;\\<0,\ \dim\mathscr{A}_{Mi_1i_2\cdots i_n}=n,\ \dim\mathscr{B}_{Mi_1i_2\cdots i_n}=n-1.\end{cases}$$

不难知道, 当点 M 在单形 $\mathscr{A}$ 的内部时, 则点 M 的重心坐标 $\mu_i>0$ $(1\leqslant i\leqslant n+1)$; 当点 M 在 $\mathscr{A}$ 的顶点 A_i 所对的 $n-1$ 维超平面上时, $\mu_i=0$; 当点 M 在 $\mathscr{A}$ 的顶点 A_i 所对的 $n-1$ 维超平面的外侧时, $\mu_i<0$. 容易看出, 点 M 的重心坐标具有齐次性, 即对于任一非零常数 k, $(\mu_1:\mu_2:\cdots:\mu_{n+1})$ 与 $(k\mu_1:k\mu_2:\cdots:k\mu_{n+1})$ 表示同一个点的坐标.

重心坐标的几何意义是将单形 $\mathscr{A}$ 的顶点 A_i 赋上质量是 μ_i 的物体 (当然这里的质量是广义的, 是可正

可负可为零的), 则这 $n+1$ 个质点的重心位置恰好在点 $M(\mu_1:\mu_2:\cdots:\mu_{n+1})$ 处, 由此几何意义, 根据重心的性质可知点 M 的型函数是

$$\left(\sum_{i=1}^{n+1}\mu_i\right)M=\sum_{i=1}^{n+1}\mu_i A_i. \tag{1.2.2}$$

设点 M 的直角坐标为 $M(x_1,x_2,\cdots,x_n)$, 单形 $\mathscr{A}$ 的顶点 A_i 的直角坐标为 $A_i(x_{i1},x_{i2},\cdots,x_{in})$, 则由 (1.2.2) 知

$$x_j=\frac{\mu_1x_{1j}+\mu_2x_{2j}+\cdots+\mu_{n+1}x_{n+1,j}}{\mu_1+\mu_2+\cdots+\mu_{n+1}},\ (1\leqslant j\leqslant n), \tag{1.2.3}$$

我们把 (1.2.3) 称为重心坐标系与直角坐标系之间的变换关系式.

若令

$$\lambda_i=\frac{\mu_i}{\sum\limits_{j=1}^{n+1}\mu_j},\ (1\leqslant i\leqslant n+1),$$

则显然有如下的关系

$$\lambda_1+\lambda_2+\cdots+\lambda_{n+1}=1, \tag{1.2.4}$$

如同上面称 $M(\mu_1:\mu_2:\cdots:\mu_{n+1})$ 为点 M 的重心坐标一样, 今后我们同样称 $M(\lambda_1,\lambda_2,\cdots,\lambda_{n+1})$ 为点 M 的重心坐标 (有时也称为点 M 的规范重心坐标). 在重心坐标的情况下, (1.2.3) 可表为

$$x_j=\lambda_1x_{1j}+\lambda_2x_{2j}+\cdots+\lambda_{n+1}x_{n+1,j},\ (1\leqslant j\leqslant n). \tag{1.2.5}$$

由重心坐标的定义可知, 若设 V 为坐标单形 $\mathscr{A}$ 的 n 维体积, 由顶点集 $\{A_1, \cdots, A_{i-1}, M, A_{i+1}, \cdots, A_{n+1}\}$ 所支撑的单形的 n 维带号体积为 V_i, 则有

$$\lambda_i = \frac{V_i}{V}, \ (1 \leqslant i \leqslant n+1). \tag{1.2.6}$$

由 (1.2.6) 知, 设 M 为坐标单形 $\mathscr{A}$ 所在空间的任意一点, d_i 为点 M 到 $\mathscr{A}$ 的顶点 A_i 所对的界面的有向距离 (即带号距离), 又 A_i 所对的界面上的高为 h_i $(1 \leqslant i \leqslant n+1)$, 则点 M 的重心坐标为

$$M\left(\frac{d_1}{h_1}, \frac{d_2}{h_2}, \cdots, \frac{d_{n+1}}{h_{n+1}}\right). \tag{1.2.7}$$

下面我们应用重心坐标与直角坐标之间的变换关系式 (1.2.5) 来研究著名的 Menelaus 定理的推广问题.

首先从平面上众所周知的 Menelaus 定理来入手, 我们知道 Menelaus 定理的内容是:

设有一条直线交 $\triangle ABC$ 的三边 (或其延长线) 于 D, E, F 三点, 其中 D 在 BC 的延长线上, E 在 AC 上, F 在 AB 上, 则有

$$\frac{AF}{FB} \cdot \frac{BD}{DC} \cdot \frac{CE}{EA} = -1. \tag{1.2.8}$$

根据重心坐标的定义知, 点 D 的重心坐标为 $D(0, \lambda_{12}, \lambda_{13})$, 点 E 的重心坐标为 $E(\lambda_{21}, 0, \lambda_{23})$, 同样有点 F 的重心坐标为 $F(\lambda_{31}, \lambda_{32}, 0)$, 则有

$$\frac{BD}{DC} = \frac{\frac{1}{2} \cdot BD \cdot h_a}{\frac{1}{2} \cdot DC \cdot h_a} = \frac{S_{\Delta ABD}}{S_{\Delta ADC}} = \frac{\frac{S_{\Delta ABD}}{S_{\Delta ABC}}}{\frac{S_{\Delta ADC}}{S_{\Delta ABC}}} = \frac{\lambda_{13}}{\lambda_{12}},$$

同理有

$$\frac{CE}{EA}=\frac{\lambda_{21}}{\lambda_{23}};\quad \frac{AF}{FB}=\frac{\lambda_{32}}{\lambda_{31}},$$

则 (1.2.8) 可表示为

$$\frac{\lambda_{32}}{\lambda_{31}}\cdot\frac{\lambda_{13}}{\lambda_{12}}\cdot\frac{\lambda_{21}}{\lambda_{23}}=-1.$$

此式也可表示为 $\lambda_{13}\lambda_{21}\lambda_{32}+\lambda_{12}\lambda_{23}\lambda_{31}=0$, 当然也可以将此式表示为行列式的形式, 即

$$\begin{vmatrix} 0 & \lambda_{12} & \lambda_{13} \\ \lambda_{21} & 0 & \lambda_{23} \\ \lambda_{31} & \lambda_{32} & 0 \end{vmatrix}=0. \tag{1.2.9}$$

(1.2.9) 为 Menelaus 定理的行列式形式, 而对于 n 维欧氏空间 $\mathbf{E}^n$ 中是否也有类似于 (1.2.9) 的 Menelaus 定理成立呢? 我们的回答是肯定的, 且有:

定理 1[3] 设 $\{A_1,A_2,\cdots,A_{n+1}\}$ 为 n 维欧氏空间 $\mathbf{E}^n$ 中单形 $\mathscr{A}$ 的顶点集, B_i 为 $n-1$ 维超平面 $\{A_1,\cdots,A_{i-1},A_{i+1},\cdots,A_{n+1}\}$ 上 (或其延展超平面) 的一点, 且点 B_i 的重心坐标为 $B_i(\lambda_{i1},\cdots,\lambda_{i,i-1},0,\lambda_{i,i+1},\cdots,\lambda_{i,n+1})$, 则 $n+1$ 个点 $B_1,B_2,\cdots,B_{n+1}$ 共 $n-1$ 维超平面的充要条件是

$$\begin{vmatrix} 0 & \lambda_{12} & \cdots & \lambda_{1,n+1} \\ \lambda_{21} & 0 & \cdots & \lambda_{2,n+1} \\ \cdots & \cdots & \cdots & \cdots \\ \lambda_{n+1,1} & \lambda_{n+1,2} & \cdots & 0 \end{vmatrix}=0. \tag{1.2.10}$$

证 设 $\mathscr{A}$ 为坐标单形, 且 $\mathscr{A}$ 的顶点 A_i 的直角坐标为 $A_i(x_{i1},x_{i2},\cdots,x_{in})$ $(1\leqslant i\leqslant n+1)$, 由已知条件

知点 B_i 的重心坐标为 $B_i(\lambda_{i1},\cdots,\lambda_{i,i-1},0,\ \lambda_{i,i+1},\cdots,\lambda_{i,n+1})$ $(1\leqslant i\leqslant n+1)$, 由 (1.2.5) 知, 若设点 B_i 的直角坐标为 $B_i(u_{i1},u_{i2},\cdots,u_{in})$ $(1\leqslant i\leqslant n+1)$, 则

$$u_{ij}=\sum_{k=1}^{n+1}\lambda_{ik}x_{kj},\ (1\leqslant i\leqslant n+1,1\leqslant j\leqslant n).$$

再设由顶点 $B_1,B_2,\cdots,B_{n+1}$ 所支撑的单形 $\mathscr{B}$ 的 n 维体积为 V_0, 单形 $\mathscr{A}$ 的 n 维体积为 V, 则我们有

$$\begin{aligned}
n!\cdot V_0&=\begin{vmatrix} u_{11} & u_{12} & \cdots & u_{1n} & 1\\ u_{21} & u_{22} & \cdots & u_{2n} & 1\\ \cdots & \cdots & \cdots & \cdots & \cdots\\ u_{n+1,1} & u_{n+1,2} & \cdots & u_{n+1,n} & 1\end{vmatrix}\\
&=\begin{vmatrix} \sum\limits_{k=1}^{n+1}\lambda_{1k}x_{k1} & \cdots & \sum\limits_{k=1}^{n+1}\lambda_{1k}x_{kn} & 1\\ \sum\limits_{k=1}^{n+1}\lambda_{2k}x_{k1} & \cdots & \sum\limits_{k=1}^{n+1}\lambda_{2k}x_{kn} & 1\\ \cdots & \cdots & \cdots & \cdots\\ \sum\limits_{k=1}^{n+1}\lambda_{n+1,k}x_{k1} & \cdots & \sum\limits_{k=1}^{n+1}\lambda_{n+1,k}x_{kn} & 1\end{vmatrix}\\
&=\begin{vmatrix} 0 & \lambda_{12} & \cdots & \lambda_{1,n+1}\\ \lambda_{21} & 0 & \cdots & \lambda_{2,n+1}\\ \cdots & \cdots & \cdots & \cdots\\ \lambda_{n+1,1} & \lambda_{n+1,2} & \cdots & 0\end{vmatrix}\\
&\quad\times\begin{vmatrix} x_{11} & x_{12} & \cdots & x_{1n} & 1\\ x_{21} & x_{22} & \cdots & x_{2n} & 1\\ \cdots & \cdots & \cdots & \cdots & \cdots\\ x_{n+1,1} & x_{n+1,2} & \cdots & x_{n+1,n} & 1\end{vmatrix}
\end{aligned}$$

$$= n! \cdot V \cdot \begin{vmatrix} 0 & \lambda_{12} & \cdots & \lambda_{1,n+1} \\ \lambda_{21} & 0 & \cdots & \lambda_{2,n+1} \\ \cdots & \cdots & \cdots & \cdots \\ \lambda_{n+1,1} & \lambda_{n+1,2} & \cdots & 0 \end{vmatrix},$$

若记

$$\begin{vmatrix} 0 & \lambda_{12} & \cdots & \lambda_{1,n+1} \\ \lambda_{21} & 0 & \cdots & \lambda_{2,n+1} \\ \cdots & \cdots & \cdots & \cdots \\ \lambda_{n+1,1} & \lambda_{n+1,2} & \cdots & 0 \end{vmatrix} = \Lambda,$$

则我们已得到了如下的关系

$$\frac{V_0}{V} = \Lambda. \tag{1.2.11}$$

若点 $B_1, B_2, \cdots, B_{n+1}$ 共某一 $n-1$ 维超平面, 则 $V_0 = 0$. 由 (1.2.11) 知, 由于 $V \neq 0$, 故此时必有 $\Lambda = 0$.

反之, 若 $V \neq 0$, 则此时必有 $V_0 = 0$. 又点 $B_1, B_2, \cdots, B_{n+1}$ 分别在单形 $\mathscr{A}$ 的顶点 $A_1, A_2, \cdots, A_{n+1}$ 所对的 $n-1$ 维超平面 $S_1, S_2, \cdots, S_{n+1}$ (或某延展超平面) 上, 亦即 $B_1, B_2, \cdots, B_{n+1}$ 是 $n+1$ 个相互不重合的点, 故 $n+1$ 个点 $B_1, B_2, \cdots, B_{n+1}$ 共某一 $n-1$ 维超平面. □

推论 1 设 n 维欧氏空间 $\mathbf{E}^n$ 中的单形 $\mathscr{A}$ 的 n 维体积为 V, 由 $\mathscr{A}$ 的 $n+1$ 个界面的 $n+1$ 个重心所构成的单形的 n 维体积为 V_0, 则有

$$V_0 = \frac{1}{n^n} \cdot V. \tag{1.2.12}$$

实际上, 此时对于所有的 $\lambda_{ij} = \frac{1}{n}$ $(1 \leqslant i, j \leqslant n +$

$1, i \neq j$), 将此代入行列式 Λ 中便得 $\Lambda = \frac{1}{n^n}$, 从而由 (1.2.11) 立即可得 (1.2.12).

(1.2.10) 可视为平面上 Menelaus 定理在 n 维欧氏空间 $\mathbf{E}^n$ 中的一种推广, 如果我们去掉 $n+1$ 个点 $B_1, B_2, \cdots, B_{n+1}$ 在单形 $\mathscr{A}$ 的 $n+1$ 个界面 (或其延展面) 上这一条件, 而把它改换为 $\mathbf{E}^n$ 空间中的任意位置, 则我们可以运用定理中的证明手法, 同样可得类似于 (1.2.10) 以及 (1.2.11) 的结论, 即:

定理 2 设 $\mathscr{A}$ 为 n 维欧氏空间 $\mathbf{E}^n$ 中的坐标单形, 它的 n 维体积为 V, $B_1, B_2, \cdots, B_{n+1}$ 为 $\mathbf{E}^n$ 空间中的任意 $n+1$ 个点, 并且点 B_i 关于坐标单形 $\mathscr{A}$ 的重心坐标为 $B_i(\lambda_{i1}, \lambda_{i2}, \cdots, \lambda_{i,n+1})$ $(1 \leqslant i \leqslant n+1)$, 由 $n+1$ 个点 $B_1, B_2, \cdots, B_{n+1}$ 所支撑的单形 $\mathscr{B}$ 的 n 维体积为 $V(\mathscr{B})$, 则有

$$\frac{V(\mathscr{B})}{V} = \det(\lambda_{ij}). \tag{1.2.13}$$

推论 2 设 $B_1, B_2, \cdots, B_{n+1}$ 为 $\mathbf{E}^n$ 空间中相互不同的 $n+1$ 个点, 并且点 B_i 关于坐标单形 $\mathscr{A}$ 的重心坐标为 $B_i(\lambda_{i1}, \lambda_{i2}, \cdots, \lambda_{i,n+1})$ $(1 \leqslant i \leqslant n+1)$, 则这 $n+1$ 个点 $B_1, B_2, \cdots, B_{n+1}$ 共某一 $n-1$ 维超平面的充要条件是

$$\begin{vmatrix} \lambda_{11} & \lambda_{12} & \cdots & \lambda_{1,n+1} \\ \lambda_{21} & \lambda_{22} & \cdots & \lambda_{2,n+1} \\ \cdots & \cdots & \cdots & \cdots \\ \lambda_{n+1,1} & \lambda_{n+1,2} & \cdots & \lambda_{n+1,n+1} \end{vmatrix} = 0. \tag{1.2.14}$$

由 (1.2.14) 我们可以得到如下的论断:

定理 3 设 $\{A_1, A_2, \cdots, A_{n+1}\}$ 为 n 维欧氏空间 $\mathbf{E}^n$ 中单形 $\mathscr{A}$ 的顶点集, 棱 A_iA_j 的中点为 M, $\mathscr{A}$ 的重心为 G, 则 $n+1$ 个点 $A_1, \cdots, A_{i-1}, M, A_{i+1}, \cdots, A_{j-1}, G, A_{j+1}, \cdots, A_{n+1}$ 共 $n-1$ 维超平面.

证 我们知道重心 G 的重心坐标为 $G\left(\frac{1}{n+1}, \frac{1}{n+1}, \cdots, \frac{1}{n+1}\right)$, 为书写简单起见, 不妨取 $i=1, j=n+1$, 则点 M 的重心坐标为 $M\left(\frac{1}{2}, 0, \cdots, 0, \frac{1}{2}\right)$, 并且 $A_2(0,1,0,\cdots,0), \cdots, A_n(0,0,\cdots,1,0)$, 由此可得

$$\begin{vmatrix} \frac{1}{2} & 0 & 0 & \cdots & 0 & \frac{1}{2} \\ 0 & 1 & 0 & \cdots & 0 & 0 \\ 0 & 0 & 1 & \cdots & 0 & 0 \\ \cdots & \cdots & \cdots & \cdots & \cdots & \cdots \\ 0 & 0 & 0 & \cdots & 1 & 0 \\ \frac{1}{n+1} & \frac{1}{n+1} & \frac{1}{n+1} & \cdots & \frac{1}{n+1} & \frac{1}{n+1} \end{vmatrix} = 0.$$

所以 $n+1$ 个点 $A_1, \cdots, A_{i-1}, M, A_{i+1}, \cdots, A_{j-1}, G, A_{j+1}, \cdots, A_{n+1}$ 共 $n-1$ 维超平面. □

§1.3 平面方程与定比分点公式

在重心坐标系中平面的方程与在直角坐标系中平面的方程, 在结构形式上有所不同, 并且它们的几何意义比在直角坐标系下的几何意义更为明显, 在距离几何中应用它比使用直角坐标系下的平面方程要更为方便. 而对于重心坐标系中直线上的定比分点来说, 它的结构形式与直角坐标系中的结构形式相同.

定理 1 在重心坐标系下平面的方程为

$$d_1\mu_1 + d_2\mu_2 + \cdots + d_{n+1}\mu_{n+1} = 0, \tag{1.3.1}$$

其中 $(\mu_1,\mu_2,\cdots,\mu_{n+1})$ 为重心坐标下平面上动点 P 的重心坐标, $d_1,d_2,\cdots,d_{n+1}$ 为系数.

证 在 n 维欧氏空间 $\mathbf{E}^n$ 中, 设有一个 $n-1$ 维超平面的直角坐标方程为

$$a_1x_1+a_2x_2+\cdots+a_nx_n+a_{n+1}=0. \tag{1.3.2}$$

将直角坐标与重心坐标之间的变换关系式 (即前一节中的 (1.2.5)) 代入 (1.3.2) 内可得

$$\sum_{k=1}^{n}a_k\cdot\left(\sum_{i=1}^{n+1}\mu_ix_{ik}\right)+a_{n+1}=0,$$

注意到 $\mu_1+\mu_2+\cdots+\mu_{n+1}=1$, 故上式也可表示为

$$\sum_{k=1}^{n}a_k\left(\sum_{i=1}^{n+1}\mu_ix_{ik}\right)+a_{n+1}\cdot\left(\sum_{i=1}^{n+1}\mu_i\right)=0,$$

再将此式关于 μ_1, μ_2, $\cdots$, μ_{n+1} 为变量进行重新组项可得

$$\left(\sum_{j=1}^{n}a_jx_{1j}+a_{n+1}\right)\mu_1+\left(\sum_{j=1}^{n}a_jx_{2j}+a_{n+1}\right)\mu_2+\cdots$$
$$+\left(\sum_{j=1}^{n}a_jx_{n+1,j}+a_{n+1}\right)\mu_{n+1}=0,$$

若记

$$\sum_{j=1}^{n}a_jx_{ij}+a_{n+1}=d_i,\ (1\leqslant i\leqslant n+1), \tag{1.3.3}$$

则上式即为 (1.3.1). □

从 (1.3.1) 的结构形式上来看, 在重心坐标系下平面的方程是一次齐次式.

推论 1 在重心坐标系下两个平面

$$\pi_1: \qquad \sum_{i=1}^{n+1} d_i\mu_i = 0$$

$$\pi_2: \qquad \sum_{i=1}^{n+1} d_i'\mu_i = 0$$

平行的充要条件是存在一个常数 t, 使得它们对应项的系数之差是该常数 t, 即

$$d_i - d_i' = t, \ (1 \leqslant i \leqslant n+1). \tag{1.3.4}$$

证 易知 π_2 的直角坐标方程为

$$a_1'x_1 + a_2'x_2 + \cdots + a_n'x_n + a_{n+1}' = 0,$$

因为 $\pi_2 /\!/ \pi_1$, 故存在常数 k, 使得 π_1 的直角坐标方程

$$a_1x_1 + a_2x_2 + \cdots + a_nx_n + a_{n+1} = 0$$

中的系数与 π_2 的直角坐标方程中对应项的系数成比例, 即

$$a_i' = k \cdot a_i, \ (1 \leqslant i \leqslant n),$$

且

$$a_{n+1}' \neq k \cdot a_{n+1},$$

故 π_2 的方程还可表示为

$$ka_1x_1 + ka_2x_2 + \cdots + ka_nx_n + a_{n+1}' = 0,$$

即

$$a_1x_1 + a_2x_2 + \cdots + a_nx_n + \frac{a'_{n+1}}{k} = 0,$$

故必存在另一个常数 t, 使得 $a'_{n+1} = k(a_{n+1} - t)$, 从而上式又可表示为

$$\pi_2: \qquad a_1x_1 + a_2x_2 + \cdots + a_nx_n + (a_{n+1} - t) = 0.$$

由 π_2 的结构形式, 易知有

$$d'_i = \sum_{j=1}^{n} a_jx_{ij} + (a_{n+1} - t), \ (1 \leqslant i \leqslant n+1),$$

又因为 $d_i = \sum\limits_{j=1}^{n} a_jx_{ij} + a_{n+1}$, 所以

$$\begin{aligned} & d_i - d'_i \\ = & \left(\sum_{j=1}^{n} a_jx_{ij} + a_{n+1}\right) - \left(\sum_{j=1}^{n} a_jx_{ij} + (a_{n+1} - t)\right) \\ = & \ t, \ (1 \leqslant i \leqslant n+1), \end{aligned}$$

故必要性得证.

至于充分性则是容易证明的, 因为 $d_i = d'_i + t$ $(1 \leqslant i \leqslant n+1)$, 故由定理 1 的证明过程知, π_2 的直角坐标方程为 $\sum\limits_{j=1}^{n} a_jx_j + a_{n+1} - t = 0$, 此方程与 π_1 的直角坐标方程 $\sum\limits_{j=1}^{n} a_jx_j + a_{n+1} = 0$ 相比较, 显然两个超平面 π_1 与 π_2 互相平行, 即 $\pi_1 // \pi_2$. □

推论 2 在重坐标系下, 两个平面

$$\pi_1: \qquad \sum_{i=1}^{n+1} d_i\mu_i = 0,$$

$$\pi_2: \qquad \sum_{i=1}^{n+1} d_i'\mu_i = 0$$

相互重合的充要条件是存在常数 k, 使得

$$d_i' = kd_i, \ (1 \leqslant i \leqslant n+1, \ k \neq 0). \tag{1.3.5}$$

证 充分性:

由于平面 $\pi_1: \sum\limits_{i=1}^{n+1} d_i\mu_i = 0$ 与 $\pi_2: \sum\limits_{i=1}^{n+1} d_i'\mu_i = 0$ 都是一次齐次式, 故当 $d_i' = kd_i$ $(k \neq 0, 1 \leqslant i \leqslant n+1)$ 时, π_2 的方程又可表为

$$\pi_2: \qquad \sum_{i=1}^{n+1} kd_i\mu_i = 0,$$

由此立即可得平面 π_2 的方程为 $\sum\limits_{i=1}^{n+1} d_i\mu_i = 0$, 而 π_1 的方程也为 $\sum\limits_{i=1}^{n+1} d_i\mu_i = 0$, 所以 π_1 与 π_2 相互重合.

必要性:

设 π_1 与 π_2 在直角坐标系下的方程分别为 π_1 : $\sum\limits_{i=1}^{n} a_ix_i + a_{n+1} = 0$ 与 π_2 : $\sum\limits_{i=1}^{n} a_i'x_i + a_{n+1}' = 0$. 因为 $\pi_1 = \pi_2$ 的充要条件是存在常数 $k(\neq 0)$, 使得 $a_i' = ka_i$ $(1 \leqslant i \leqslant n+1)$, 故由 (1.3.3) 可得

$$\begin{aligned} d_i' &= \sum_{j=1}^{n} a_j'x_{ij} + a_{n+1}' \\ &= \sum_{j=1}^{n} ka_jx_{ij} + a_{n+1}' \end{aligned}$$

$$= k\left(\sum_{i=1}^{n} a_j x_{ij} + a_{n+1}\right)$$

$$= kd_i, (1 \leqslant i \leqslant n+1),$$

这样一来, 我们又证得了必要性. □

推论 3 在重心坐标系下, 两个平面相交的充要条件是两个平面方程中对应项的系数不成比例.

事实上, 在直角坐标系下, 两个平面

$$\pi_1 : \qquad \sum_{i=1}^{n} a_i x_i + a_{n+1} = 0,$$

$$\pi_2 : \qquad \sum_{i=1}^{n} a_i' x_i + a_{n+1}' = 0$$

相交的充要条件是未知量 $x_1, x_2, \cdots, x_n$ 的对应项系数不成比例. 由此知, 即使是 a_{n+1} 与 a_{n+1}' 成比例, 由 (1.3.3) 知, d_i 与 d_i' $(1 \leqslant i \leqslant n+1)$ 也不成比例.

此外, 若选取超平面 π 为某一坐标平面, 比如取 π 为直角坐标系 $O\text{-}x_1x_2\cdots x_n$ 中的超平面 $O\text{-}x_1x_2\cdots x_{n-1}$ (这样是完全可以办得到的), 亦即 $x_n = 0$, 故由直角坐标与重心坐标之间的变换关系式知

$$\mu_1 x_{1n} + \mu_2 x_{2n} + \cdots + \mu_{n+1} x_{n+1,n} = 0. \qquad (1.3.6)$$

显然 (1.3.6) 中的 $x_{1n}, x_{2n}, \cdots, x_{n+1,n}$ 分别为坐标单形 $\mathscr{A}$ 的顶点 $A_1, A_2, \cdots, A_{n+1}$ 至超平面 π 之间的距离, 从而当我们作适当地选取坐标系时, 可使 (1.3.1) 中的系数 $d_i = x_{in}$ $(1 \leqslant i \leqslant n+1)$ 具有鲜明的几何意义, 即 d_i 为单形 $\mathscr{A}$ 的顶点 A_i 到超平面 π 的有向距

离. 这样一来, 易知坐标单形 $\mathscr{A}$ 的顶点 A_i 所对的界面所在的超平面的方程为

$$\mu_i = 0, (1 \leqslant i \leqslant n+1). \tag{1.3.7}$$

定理 2 在重心坐标系中, 过 n 个点 $A_i(\lambda_{i1}, \lambda_{i2}, \cdots, \lambda_{i,n+1})$ $(1 \leqslant i \leqslant n)$ 的超平面的方程是

$$\begin{vmatrix} \lambda_{11} & \lambda_{12} & \cdots & \lambda_{1,n+1} \\ \lambda_{21} & \lambda_{22} & \cdots & \lambda_{2,n+1} \\ \cdots & \cdots & \cdots & \cdots \\ \lambda_{n,1} & \lambda_{n,2} & \cdots & \lambda_{n,n+1} \\ \mu_1 & \mu_2 & \cdots & \mu_{n+1} \end{vmatrix} = 0, \tag{1.3.8}$$

其中 $(\mu_1, \mu_2, \cdots, \mu_{n+1})$ 是平面上动点 P 的重心坐标.

证 设过 n 个点 $A_i(\lambda_{i1}, \lambda_{i2}, \cdots, \lambda_{i,n+1})$ $(1 \leqslant i \leqslant n)$ 的超平面方程为

$$d_1\mu_1 + d_2\mu_2 + \cdots + d_{n+1}\mu_{n+1} = 0,$$

将 n 个点 $A_1, A_2, \cdots, A_n$ 的重心坐标代入上式并与上式联立可得

$$\begin{cases} d_1\lambda_{11} + d_2\lambda_{12} + \cdots + d_{n+1}\lambda_{1,n+1} = 0 \\ d_1\lambda_{21} + d_2\lambda_{22} + \cdots + d_{n+1}\lambda_{2,n+1} = 0 \\ \qquad\qquad\vdots \\ d_1\lambda_{n1} + d_2\lambda_{n2} + \cdots + d_{n+1}\lambda_{n,n+1} = 0 \\ d_1\mu_1 + d_2\mu_2 + \cdots + d_{n+1}\mu_{n+1} = 0 \end{cases},$$

显然此方程组是关于 $d_1, d_2, \cdots, d_{n+1}$ 的齐次一次方程组, 并且有非零解, 故其系数行列式的值为零 (即(1.3.8)).

□

在 (1.3.8) 中, 当动点 P 取定以后, 比如为 A_{n+1}, 且它的重心坐标为 $(\lambda_{n+1,1},\lambda_{n+1,2},\cdots,\lambda_{n+1,n+1})$, 则此时 (1.3.8) 表示 $\mathbf{E}^n$ 中的 $n+1$ 个点 $A_1,A_2,\cdots,A_{n+1}$ 共一超平面的充要条件 (即前一节中的 (1.2.14)).

定理 3[4] 设 $\mathscr{A}$ 为 n 维欧氏空间 $\mathbf{E}^n$ 中的单形, 其顶点集为 $\{A_1,A_2,\cdots,A_{n+1}\}$, 过顶点 A_j 的 $n-1$ 维超平面为 π_j, 顶点 A_i 到 π_j 的有向距离为 d_{ij} $(1\leqslant i,j\leqslant n+1)$, 则 $n+1$ 个超平面 $\pi_1,\pi_2,\cdots,\pi_{n+1}$ 共点的充要条件是

$$\begin{vmatrix} 0 & d_{12} & \cdots & d_{1,n+1} \\ d_{21} & 0 & \cdots & d_{2,n+1} \\ \cdots & \cdots & \cdots & \cdots \\ d_{n+1,1} & d_{n+1,2} & \cdots & 0 \end{vmatrix}=0. \tag{1.3.9}$$

证 必要性:

在重心坐标系下, 超平面 π 的方程为 (1.3.1), 即

$$d_1\mu_1+d_2\mu_2+\cdots+d_{n+1}\mu_{n+1}=0,$$

其中 d_i 为坐标单形 $\mathscr{A}$ 的顶点 A_i $(1\leqslant i\leqslant n+1)$ 到超平面 π 的有向距离, 且 A_i 与 A_j 在 π 的同侧时, d_i 与 d_j 同号, 反之 d_i 与 d_j 异号.

由于 $\mathscr{A}$ 的顶点 A_j 在超平面 π_j $(1\leqslant j\leqslant n+1)$ 内, 故由上述超平面的方程可得如下的:

$$\begin{cases} 0\cdot\mu_1+d_{21}\mu_2+\cdots+d_{n+1,1}\mu_{n+1}=0 \\ d_{12}\mu_1+0\cdot\mu_2+\cdots+d_{n+1,2}\mu_{n+1}=0 \\ \qquad\vdots \\ d_{1,n+1}\mu_1+d_{2,n+1}\mu_2+\cdots+0\cdot\mu_{n+1}=0 \end{cases}. \tag{1.3.10}$$

因为 $n+1$ 个超平面 $\pi_1,\pi_2,\cdots,\pi_{n+1}$ 共点, 故方程组 (1.3.10) 有非零解, 所以它的系数行列式的值为 0, 将其转置便得 (1.3.9), 故必要性得证.

充分性:

若 (1.3.9) 成立, 则说明方程组 (1.3.10) 有非零解, 亦即分别过单形 $\mathscr{A}$ 的 $n+1$ 个顶点 $A_1,A_2,\cdots,A_{n+1}$ 的 $n-1$ 维超平面 $\pi_1,\pi_2,\cdots,\pi_{n+1}$ 有公共点. □

推论 4 在 n 维欧氏空间 $\mathbf{E}^n$ 中单形 $\mathscr{A}$ 的所有二面角的平分面共点.

证 设单形 $\mathscr{A}$ 的顶点集为 $\{A_1,A_2,\cdots,A_{n+1}\}$, 顶点 A_i 所对的 $n-1$ 维界面的体积为 S_i, 若 S_i 与 S_j 的公共部分的 $n-2$ 维体积为 S_{ij}, 又 S_i 与 S_j 所夹的二面角为 θ_{ij}, S_i 上的高为 h_i, 顶点 A_i 到 S_{ij} 的高为 h_{ij}, 则易知有

$$V=\frac{1}{n}\cdot S_ih_i,$$

$$S_j=\frac{1}{n-1}\cdot S_{ij}h_{ij},$$

$$h_i=h_{ij}\sin\theta_{ij},$$

由此立即可得

$$V=\frac{n-1}{n}\cdot\frac{S_iS_j}{S_{ij}}\cdot\sin\theta_{ij}. \tag{1.3.11}$$

由于单形 $\mathscr{A}$ 共有 $\binom{n+1}{2}=\frac{n(n+1)}{2}$ 个平分面, 故我们只需证明其中任意 $n+1$ 个平分面共点即可. 不失一般性, 可考虑 $\mathscr{A}$ 的顶点 A_{n+1} 所对的界面 S_{n+1} 与界面 $S_1,S_2,\cdots,S_n$ 所构成的 n 个二面角的平分面 $\pi_1,\pi_2,\cdots,\pi_n$, 且 π_i 的顶点集为 $\{A_1,A_2,\cdots,A_i,B_{i+1},$

$A_{i+2}, \cdots, A_n\}$ (这里 B_{i+1} 为 π_i 与 $\mathscr{A}$ 的棱 $A_{n+1}A_{i+1}$ 的交点), 另外再添加一个 S_1 与 S_2 所夹内二面角的平分面 π_{12}.

设平分面 π_i 的 $n-1$ 维体积为 Q_i, 单形 $\mathscr{A}$ 被 S_i 与 π_j 所夹部分的 n 维体积为 V_{i,π_j}, 由 (1.3.11) 可得 $\mathscr{A}$ 的顶点 A_{n+1} 与 A_i 的有向距离之比为

$$\begin{aligned}\frac{d_{i,i-1}}{d_{n+1,i-1}} &= \frac{\frac{1}{n}\cdot Q_{i-1}\cdot d_{i,i-1}}{\frac{1}{n}\cdot Q_{i-1}\cdot d_{n+1,i-1}} \\ &= -\frac{V_{i,\pi_{i-1}}}{V_{n+1,\pi_{i-1}}} \\ &= -\frac{\frac{n-1}{n}\cdot\frac{S_{n+1}Q_{i-1}}{S_{n+1,i-1}}\cdot\sin\frac{\theta_{i,n+1}}{2}}{\frac{n-1}{n}\cdot\frac{S_iQ_{i-1}}{S_{n+1,i-1}}\cdot\sin\frac{\theta_{i,n+1}}{2}},\end{aligned}$$

即

$$\frac{d_{i,i-1}}{d_{n+1,i-1}} = -\frac{S_{n+1}}{S_i}.$$

同理可得顶点 A_1 与 A_2 到 π_{12} 的有向距离之比为

$$\frac{d_{1,12}}{d_{2,12}} = -\frac{S_2}{S_1},$$

于是由 (1.3.9) 得

$$\begin{vmatrix} 0 & 0 & \cdots & 0 & d_{1,n} & d_{1,n+1} \\ d_{21} & 0 & \cdots & 0 & 0 & d_{2,n+1} \\ 0 & d_{32} & \cdots & 0 & 0 & 0 \\ 0 & 0 & \cdots & 0 & 0 & 0 \\ \cdots & \cdots & \cdots & \cdots & \cdots & \cdots \\ 0 & 0 & \cdots & d_{n,n-1} & 0 & 0 \\ d_{n+1,1} & d_{n+1,2} & \cdots & d_{n+1,n-1} & d_{n+1,n} & 0 \end{vmatrix}$$

$$= (-1)^n d_{32}d_{43}\cdots d_{n,n-1}\cdot\begin{vmatrix} 0 & d_{1,n} & d_{1,n+1} \\ d_{21} & 0 & d_{2,n+1} \\ d_{n+1,1} & d_{n+1,n} & 0 \end{vmatrix}$$

$$= (-1)^n d_{21}d_{32}d_{43}\cdots d_{n,n-1}d_{1n}d_{1,n+1}$$

$$\times\begin{vmatrix} 0 & 1 & 1 \\ 1 & 0 & -\frac{S_1}{S_2} \\ -\frac{S_2}{S_{n+1}} & -\frac{S_1}{S_{n+1}} & 0 \end{vmatrix} = 0.$$

所以由定理 3 的充分性知, $n+1$ 个超平分面 $\pi_1,\pi_2,\cdots,\pi_n,\pi_{12}$ 共点, 即单形 $\mathscr{A}$ 的所有二面角的平分面共点. □

设 B_{ij} 为单形 $\mathscr{A}$ 的棱 A_iA_j 的中点, 由顶点 $A_1,A_2,\cdots,A_{i-1},A_{i+1},\cdots,A_{j-1}, A_{j+1},\cdots,A_{n+1},B_{ij}$ 所确定的平面记为 M_{ij}, 则不难证明所有的 M_{ij} (共有 $\binom{n+1}{2}$ 个) 共点, 建议读者给出它的证明.

在定理 3 中, 当 $n=2$ 时可得

$$\begin{vmatrix} 0 & d_{12} & d_{13} \\ d_{21} & 0 & d_{23} \\ d_{31} & d_{32} & 0 \end{vmatrix} = 0,$$

即

$$d_{12}d_{23}d_{31} + d_{13}d_{21}d_{32} = 0. \tag{i}$$

若设 B_1,B_2,B_3 为 $\triangle A_1A_2A_3$ 的三条边 A_2A_3 与 A_3A_1 以及 A_1A_2 上的点, 点 A_1 与 A_2 到直线 A_3B_3 的有向距离分别为 d_{13} 和 d_{23}, A_2 与 A_3 到直线 A_1B_1 的有向距离分别为 d_{21} 与 d_{31}, A_3 与 A_1 到直线 A_2B_2 的有向距离分别为 d_{32} 和 d_{12}, 则利用相似三角形对应

边成比例法则并注意到有向线段与有向距离可得

$$\frac{A_1B_3}{B_3A_2}=\frac{d_{13}}{-d_{23}},\quad \frac{A_2B_1}{B_1A_3}=\frac{d_{21}}{-d_{31}},\quad \frac{A_3B_2}{B_2A_1}=\frac{d_{32}}{-d_{12}}. \tag{ii}$$

故由 (i) 与 (ii) 可得

$$\begin{aligned}\frac{A_1B_3}{B_3A_2}\cdot\frac{A_2B_1}{B_1A_3}\cdot\frac{A_3B_2}{B_2A_1}&=\frac{d_{13}}{-d_{23}}\cdot\frac{d_{21}}{-d_{31}}\cdot\frac{d_{32}}{-d_{12}}\\&=\frac{d_{13}d_{21}d_{32}}{-d_{12}d_{23}d_{31}}=1.\end{aligned}$$

此显然为平面上著名的 Ceva 定理, 所以定理 3 可视为 Ceva 定理在 n 维欧氏空间 $\mathbf{E}^n$ 中的一种推广.

如下我们再来讨论在重心坐标系中定比分点的问题.

定理 4 设 A, P, B 为重心坐标系中的三个点, 且 $\frac{AP}{PB}=t$, 又若三点 A, P, B 关于坐标单形 $\mathscr{A}$ 的重心坐标分别为 $A(\mu_1,\mu_2,\cdots,\mu_{n+1})$ 与 $P(\lambda_1,\lambda_2,\cdots,\lambda_{n+1})$ 以及 $B(\xi_1,\xi_2,\cdots,\xi_{n+1})$, 则三点 A, P, B 有如下的定比分点公式成立

$$\lambda_i=\frac{\mu_i+t\xi_i}{1+t},\ (1\leqslant i\leqslant n+1). \tag{1.3.12}$$

证 由于 $\frac{AP}{PB}=t$, 因此, 三点 A, P, B 在直角坐标系下有定比分点公式 (即三点 A, P, B 的型函数)

$$P=\frac{A+tB}{1+t} \tag{1.3.13}$$

成立.

设坐标单形 $\mathscr{A}$ 的顶点 A_i 的直角坐标为 $A_i(x_{i1},x_{i2},\cdots,x_{i,n})$, 且三点 A, P, B 的直角坐标分别为 $A(x_1,\ x_2,$

$\cdots, x_n)$ 与 $P(z_1, z_2, \cdots, z_n)$ 以及 $B(y_1, y_2, \cdots, y_n)$, 则由 (1.2.5) 知

$$x_j = \mu_1 x_{1j} + \mu_2 x_{2j} + \cdots + \mu_{n+1} x_{n+1,j},$$
$$z_j = \lambda_1 x_{1j} + \lambda_2 x_{2j} + \cdots + \lambda_{n+1} x_{n+1,j},$$
$$y_j = \xi_1 x_{1j} + \xi_2 x_{2j} + \cdots + \xi_{n+1} x_{n+1,j},$$

将它们代入 (1.3.13) 内得

$$\begin{aligned}
&\lambda_1 x_{1j} + \lambda_2 x_{2j} + \cdots + \lambda_{n+1} x_{n+1,j} \\
&= \frac{1}{1+t} \cdot (\mu_1 x_{1j} + \mu_2 x_{2j} + \cdots + \mu_{n+1} x_{n+1,j}) \\
&\quad + \frac{t}{1+t} \cdot (\xi_1 x_{1j} + \xi_2 x_{2j} + \cdots + \xi_{n+1} x_{n+1,j}) \\
&= \frac{\mu_1 + t\xi_1}{1+t} \cdot x_{1j} + \frac{\mu_2 + t\xi_2}{1+t} \cdot x_{2j} + \cdots \\
&\quad + \frac{\mu_{n+1} + t\xi_{n+1}}{1+t} \cdot x_{n+1,j},
\end{aligned}$$

比较等号两边相同项 $x_{k,j}$ $(1 \leqslant k \leqslant n+1)$ 的系数立即可得 (1.3.12). □

定义 在重心坐标系中, 过两个已知点的直线方程称为直线的两点式方程.

推论 5 在重心坐标系中, 过两点 $A(\lambda_1, \lambda_2, \cdots, \lambda_{n+1})$ 与 $B(\xi_1, \xi_2, \cdots, \xi_{n+1})$ 的直线 l 的两点式方程为

$$\frac{\mu_1 - \lambda_1}{\lambda_1 - \xi_1} = \frac{\mu_2 - \lambda_2}{\lambda_2 - \xi_2} = \cdots = \frac{\mu_{n+1} - \lambda_{n+1}}{\lambda_{n+1} - \xi_{n+1}}, \tag{1.3.14}$$

其中 $(\mu_1, \mu_2, \cdots, \mu_{n+1})$ 为直线 l 上动点 P 的重心坐标, 即 $P(\mu_1, \mu_2, \cdots, \mu_{n+1})$.

实际上, 由 (1.3.12) 可得

$$\frac{\mu_i - \lambda_i}{\lambda_i - \xi_i} = t, \tag{1.3.15}$$

令 (1.3.15) 中的 $i=1,2,\cdots,n+1$, 并将定理 4 中的 A 与 P 互换便可得 (1.3.14).

§1.4 二次曲面方程

这里所说的二次曲面, 仍是指球面与椭球面以及双曲面和抛物面, 至于其他的二次曲面 (如柱面和锥面等) 我们将不打算讨论.

定理 1 在重心坐标系下, 坐标单形 $\mathscr{A}$ 的外接椭球面与外接双曲面的方程为

$$\sum_{1\leqslant i<j\leqslant n+1} c_{ij}\mu_i\mu_j=0. \tag{1.4.1}$$

证 不妨设坐标单形 $\mathscr{A}$ 的外接椭球面与外接双曲面的直角坐标的标准方程 (如若不然, 则可以经过坐标变换) 为

$$a_1x_1^2+a_2x_2^2+\cdots+a_nx_n^2=1, \tag{1.4.2}$$

其中 a_i $(1\leqslant i\leqslant n)$ 为非零实数.

由 (1.2.5) 可得

$$a_1\left(\sum_{i=1}^{n+1}\mu_ix_{i1}\right)^2+a_2\left(\sum_{i=1}^{n+1}\mu_ix_{i2}\right)^2+\cdots+a_n\left(\sum_{i=1}^{n+1}\mu_ix_{in}\right)^2=1,$$

将此式展开并加以整理可得

$$\sum_{i=1}^{n+1}(a_1x_{i1}^2+a_2x_{i2}^2+\cdots+a_nx_{in}^2)\mu_i^2$$

$$+2\cdot\sum_{1\leqslant i<j\leqslant n+1}(a_1x_{i1}x_{j1}+a_2x_{i2}x_{j2}+\cdots$$
$$+a_nx_{in}x_{jn})\mu_i\mu_j=1,$$

此外, 在上式中等号右端的 1 可视为 $(\mu_1+\mu_2+\cdots+\mu_{n+1})^2$, 但

$$1=\left(\sum_{i=1}^{n+1}\mu_i\right)^2=\sum_{i=1}^{n+1}\mu_i^2+2\sum_{1\leqslant i<j\leqslant n+1}\mu_i\mu_j,$$

将此式代入上式右端便可得

$$\sum_{i=1}^{n+1}(a_1x_{i1}^2+a_2x_{i2}^2+\cdots+a_nx_{in}^2-1)\mu_i^2$$
$$+2\cdot\sum_{1\leqslant i<j\leqslant n+1}(a_1x_{i1}x_{j1}+a_2x_{i2}x_{j2}+\cdots$$
$$+a_nx_{in}x_{jn}-1)\mu_i\mu_j=0.$$

由于单形 $\mathscr{A}$ 的顶点 A_i 的直角坐标为 $A_i(x_{i1},x_{i2},\cdots,x_{in})$, 且顶点 A_i 在坐标单形 $\mathscr{A}$ 的外接椭球面与外接双曲面 $\mathscr{C}$ 上, 故

$$a_1x_{i1}^2+a_2x_{i2}^2+\cdots+a_nx_{in}^2-1=0,(1\leqslant i\leqslant n+1),$$

故有

$$\sum_{1\leqslant i<j\leqslant n+1}(a_1x_{i1}x_{j1}+a_2x_{i2}x_{j2}+\cdots$$
$$+a_nx_{in}x_{jn}-1)\mu_i\mu_j=0.$$

若记

$$a_1x_{i1}x_{j1}+a_2x_{i2}x_{j2}+\cdots+a_nx_{in}x_{jn}-1=c_{ij},$$

则上式即为 $\sum\limits_{1\leqslant i<j\leqslant n+1} c_{ij}\mu_i\mu_j = 0.$ □

若再记

$$a_1x_{i1}^2 + a_2x_{i2}^2 + \cdots + a_nx_{in}^2 - 1 = c_i,$$

则有

$$\begin{aligned}
&c_i + c_j - 2c_{ij} \\
&= \left(\sum_{k=1}^{n} a_kx_{ik}^2 - 1\right) + \left(\sum_{k=1}^{n} a_kx_{jk}^2 - 1\right) \\
&\qquad\qquad - 2\left(\sum_{k=1}^{n} a_kx_{ik}x_{jk} - 1\right) \\
&= \sum_{k=1}^{n} \left(a_kx_{ik}^2 + a_kx_{jk}^2 - 2a_kx_{ik}x_{jk}\right) \\
&= \sum_{k=1}^{n} a_k\left(x_{ik} - x_{jk}\right)^2,
\end{aligned}$$

即

$$c_i + c_j - 2c_{ij} = \sum_{k=1}^{n} a_k\left(x_{ik} - x_{jk}\right)^2. \qquad (1.4.3)$$

在 (1.4.3) 中, 当 $a_1 = a_2 = \cdots = a_n = \frac{1}{R^2}$ 时, 有 $c_i + c_j - 2c_{ij} = \frac{a_{ij}^2}{R^2}$.

推论 在重心坐标系下, 若 $\mathscr{A}$ 为正则坐标单形, 则 $\mathscr{A}$ 的外接球面 $\mathscr{C}$ 的方程为

$$\sum_{1\leqslant i<j\leqslant n+1} \mu_i\mu_j = 0. \qquad (1.4.4)$$

实际上, 若设正则单形 $\mathscr{A}$ 的棱长为 a, 则此时 (1.4.1) 中的系数 $c_{ij} = \frac{2R^2-a^2-1}{2R^2}$.

定理 2 在重心坐标系下, 坐标单形 $\mathscr{A}$ 的外接抛物面的方程为

$$\sum_{1\leqslant i<j\leqslant n+1} d_{ij}\mu_i\mu_j = 0. \tag{1.4.5}$$

证 设坐标单形 $\mathscr{A}$ 的外接抛物面 $\mathscr{C}$ 的直角坐标的标准方程为

$$a_1x_1^2 + a_2x_2^2 + \cdots + a_{n-1}x_{n-1}^2 = 2a_nx_n, \tag{1.4.6}$$

其中 a_i $(1\leqslant i\leqslant n)$ 为正实数, 从而由 (1.2.5) 可得

$$a_1\left(\sum_{i=1}^{n+1}\mu_ix_{i1}\right)^2 + \cdots + a_{n-1}\left(\sum_{i=1}^{n+1}\mu_ix_{i,n-1}\right)^2 = 2a_n\left(\sum_{i=1}^{n+1}\mu_ix_{in}\right),$$

展开并整理得

$$\begin{aligned}&\sum_{i=1}^{n+1}(a_1x_{i1}^2 + a_2x_{i2}^2 + \cdots + a_{n-1}x_{i,n-1}^2)\mu_i^2\\ &\quad + 2\cdot\sum_{1\leqslant i<j\leqslant n+1}(a_1x_{i1}x_{j1} + a_2x_{i2}x_{j2} + \cdots\\ &\qquad + a_{n-1}x_{i,n-1}x_{j,n-1})\mu_i\mu_j\\ &\quad = 2a_n\left(\sum_{i=1}^{n+1}\mu_ix_{in}\right),\end{aligned}$$

由 (1.4.6) 可得

$$\begin{aligned}&\sum_{1\leqslant i<j\leqslant n+1}(a_1x_{i1}x_{j1} + a_2x_{i2}x_{j2} + \cdots\\ &+ a_{n-1}x_{i,n-1}x_{j,n-1})\mu_i\mu_j - a_n\cdot\sum_{i=1}^{n+1}(\mu_i - \mu_i^2)x_{in} = 0\,,\end{aligned}$$

因为

$$\begin{aligned}&\sum_{i=1}^{n+1}(\mu_i-\mu_i^2)x_{in}\\&=\sum_{i=1}^{n+1}\mu_i(1-\mu_i)x_{in}\\&=\sum_{i=1}^{n+1}\mu_i(\mu_1+\cdots+\mu_{i-1}+\mu_{i+1}+\cdots+\mu_{n+1})x_{in}\\&=\sum_{1\leqslant i<j\leqslant n+1}(x_{in}+x_{jn})\mu_i\mu_j,\end{aligned}$$

所以有

$$\sum_{1\leqslant i<j\leqslant n+1}(a_1x_{i1}x_{j1}+a_2x_{i2}x_{j2}+\cdots+a_{n-1}x_{i,n-1}x_{j,n-1}$$
$$-a_n(x_{in}+x_{jn}))\mu_i\mu_j=0,$$

记 $\sum\limits_{k=1}^{n-1}a_kx_{ik}x_{jk}-a_n(x_{in}+x_{jn})=d_{ij}$, 则有

$$\sum_{1\leqslant i<j\leqslant n+1}d_{ij}\mu_i\mu_j=0. \qquad \square$$

若记

$$a_1x_{i1}^2+a_2x_{i2}^2+\cdots+a_{n-1}x_{i,n-1}^2-2a_nx_{in}=d_i,$$

则容易得到

$$d_i+d_j-2d_{ij}=\sum_{k=1}^{n-1}a_k(x_{ik}-x_{jk})^2. \tag{1.4.7}$$

由定理 1 与定理 2 可知, 坐标单形 $\mathscr{A}$ 的外接二次曲面的重心坐标方程为

$$\sum_{1\leqslant i<j\leqslant n+1}c_{ij}\mu_i\mu_j=0. \tag{1.4.8}$$

定义 在重心坐标系中, $n+1$ 个不全为零的有序实数, 如果满足

$$\mu_1+\mu_2+\cdots+\mu_{n+1}=0, \tag{1.4.9}$$

则重心坐标为 $(\mu_1,\mu_2,\cdots,\mu_{n+1})$ 的点叫作 $\mathbf{E}^n$ 空间的无穷远点, 所有无穷远点的集合叫作无穷远平面.

定理 3[5] 已知 $\binom{n+1}{2}=\frac{n(n+1)}{2}$ 条长为 a_{12}, a_{13}, $\cdots,a_{n,n+1}$ (其中 $a_{ij}=a_{ji}$, $a_{ii}=0$) 的线段, 则以这 $\binom{n+1}{2}$ 条线段为棱的单形存在的充要条件是

$$(-1)^{k-1}D_k>0,(k=2,3,\cdots,n+2), \tag{1.4.10}$$

其中 D_k 表示由 a_{ij}^2 所构成的 $n+2$ 阶 Cayley-Menger 行列式 D 的 k 阶主子式.

证 若令 $b_{ij}=a_{i,n+1}^2+a_{n+1,j}^2-a_{ij}^2$, 则 (1.4.10) 等价于 n 阶矩阵 $B=(b_{ij})$ 的严格正定性.

若 (1.4.10) 成立, 则在重心坐标系之下, 方程

$$\sum_{1\leqslant i<j\leqslant n+1}a_{ij}^2\mu_i\mu_j=0 \tag{1.4.11}$$

所代表的曲面是一个椭球面 (特殊情况椭球面为球面).

其实, 若 (1.4.11) 是一个椭球面, 则它显然没有无穷远点, 这样无穷远平面的方程 (1.4.9) 与 (1.4.11) 联立, 消去 μ_{n+1} 可得

$$\sum_{i=1}^{n}a_{i,n+1}^2\mu_i^2+\sum_{1\leqslant i<j\leqslant n}(a_{i,n+1}^2+a_{n+1,j}^2-a_{ij}^2)\mu_i\mu_j=0, \tag{1.4.12}$$

于是, 曲面 (1.4.11) 上没有无穷远点等价于 (1.4.12) 除 $\mu_1=\mu_2=\cdots=\mu_{n+1}=0$ 外没有其他实数解, 即二次

型

$$f(\mu_1, \mu_2, \cdots, \mu_{n+1}) = \sum_{i=1}^{n} \sum_{j=1}^{n} b_{ij} \mu_i \mu_j$$

是严格有定的, 亦即 n 阶矩阵 $B = (b_{ij})$ 是严格有定的. 其实矩阵 B 是严格正定的, 因为如若不然的话, 由于 $B = (b_{ij})$ 是有定的, 所以我们只需取它的一阶主子式即可, 又 $(b_{11}) = 2a_{1,n+1}^2 > 0$, 所以这与假设它是负定的相矛盾, 故矩阵 $B = (b_{ij})$ 确实是正定的.

事实上, 此处的 B 只是 $n+2$ 阶 Cayley - Menger 矩阵 D 经过不改变它的行列式的值的行列初等变换而得来的, 因此 B 也可以再变换回原来的 D, 从而知, B 是严格正定等价于 (1.4.10) 成立.

任取一个单形 $\mathscr{B}$ 为坐标单形, 建立重心坐标系, 在此坐标系中, 我们已经知道方程 (1.4.11) 是一个椭球面, 设此椭球面为 $\mathscr{C}_1$, 取一个变换 L 使得 $L(\mathscr{C}_1) = \mathscr{C}_0$ 为一个球面, 因此, 若设单形 $\mathscr{B}$ 的顶点集为 $\{B_1, B_2, \cdots, B_{n+1}\}$, 则 $L(B_i) = A_i$ (因为 B_i 在 $\mathscr{C}_1$ 上, A_i 在 $\mathscr{C}_0$ 上), 于是 $\mathscr{C}_0$ 的重心坐标方程仍是 (1.4.11), 但由于 $\mathscr{C}_0$ 是坐标单形 $\mathscr{A}$ 的外接球面, 故由重心坐标的齐次性知, $a_{ij}^2 = k \cdot |A_iA_j|^2$, 将单形 $\mathscr{A}$ 按比例放大缩小, 即得棱长为 a_{ij} 的所要的单形.

反之, 设单形 $\mathscr{A}$ 的棱长为 a_{ij}, 作此单形的外接球, 故此外接球的球面方程 (1.4.11) 所代表的二次型的系数矩阵 $B = (b_{ij})$ 是严格正定的, 亦即 (1.4.11) 成立. □

定理 4 在重心坐标系中, 过二次曲面

$$\mathscr{C}: \sum_{1 \leqslant i < j \leqslant n+1} c_{ij} \mu_i \mu_j = 0$$

上一点 $T(t_1,t_2,\cdots,t_{n+1})$ 的切平面方程为

$$\sum_{i=1}^{n+1}\left(\sum_{j=1}^{n+1}c_{ij}t_j\right)\mu_i=0. \tag{1.4.13}$$

证 当二次曲面为有心二次曲面时, 它们的直角坐标方程为 (1.4.2), 且过其上点 $T(x_{01},x_{02},\cdots,x_{0n})$ 的切平面方程为

$$a_1x_{01}x_1+a_2x_{02}x_2+\cdots+a_nx_{0n}x_n=1. \tag{1.4.14}$$

设 P 为平面上的任意一点, 且它的重心坐标为 $P(\mu_1,\mu_2,\cdots,\mu_{n+1})$, 则由重心坐标与直角坐标之间的变换关系 (1.2.5) 得

$$a_1\left(\sum_{i=1}^{n+1}t_ix_{i1}\right)\left(\sum_{i=1}^{n+1}\mu_ix_{i1}\right)+a_2\left(\sum_{i=1}^{n+1}t_ix_{i2}\right)\left(\sum_{i=1}^{n+1}\mu_ix_{i2}\right)$$
$$+\cdots+a_n\left(\sum_{i=1}^{n+1}t_ix_{in}\right)\left(\sum_{i=1}^{n+1}\mu_ix_{in}\right)=1,$$

展开整理得

$$\begin{aligned}&\sum_{i=1}^{n+1}(a_1x_{i1}^2+a_2x_{i2}^2+\cdots+a_nx_{in}^2)t_i\mu_i\\&\quad+\sum_{1\leqslant i<j\leqslant n+1}(a_1x_{i1}x_{j1}+a_2x_{i2}x_{j2}+\cdots\\&\quad+a_nx_{in}x_{jn})(t_i\mu_j+t_j\mu_i)=1,\end{aligned}$$

又因为

$$x_{ik}x_{jk}=\frac{1}{2}\left[x_{ik}^2+x_{jk}^2-(x_{ik}-x_{jk})^2\right],$$

所以有

$$\sum_{i=1}^{n+1}\left(\sum_{k=1}^{n} a_k x_{ik}^2\right) t_i\mu_i$$
$$+\frac{1}{2}\cdot\sum_{1\leqslant i<j\leqslant n+1}\left\{\sum_{k=1}^{n} a_k\left[x_{ik}^2+x_{jk}^2-(x_{ik}-x_{jk})^2\right]\right\}$$
$$\times(t_i\mu_j+t_j\mu_i)=1,$$

由于 $a_1x_{i1}^2+a_2x_{i2}^2+\cdots+a_nx_{in}^2=1\ (1\leqslant i\leqslant n+1)$，故上式可表为

$$\sum_{i=1}^{n+1} t_i\mu_i+\sum_{1\leqslant i<j\leqslant n+1}(t_i\mu_j+t_j\mu_i)$$
$$-\frac{1}{2}\cdot\sum_{1\leqslant i<j\leqslant n+1}\left(\sum_{k=1}^{n} a_k(x_{ik}-x_{jk})^2\right)$$
$$\times(t_i\mu_j+t_j\mu_i)=1,$$

又因为

$$\sum_{i=1}^{n+1} t_i\mu_i+\sum_{1\leqslant i<j\leqslant n+1}(t_i\mu_j+t_j\mu_i)$$
$$=\left(\sum_{i=1}^{n+1} t_i\right)\left(\sum_{i=1}^{n+1}\mu_i\right)=1,$$

故有

$$\sum_{1\leqslant i<j\leqslant n+1}\left(\sum_{k=1}^{n} a_k(x_{ik}-x_{jk})^2\right)(t_i\mu_j+t_j\mu_i)=0,$$

若记

$$e_{ij}=\sum_{k=1}^{n} a_k(x_{ik}-x_{jk})^2,$$

则上式即为

$$\sum_{1\leqslant i<j\leqslant n+1} e_{ij}(t_i\mu_j+t_j\mu_i)=0.$$

由 e_{ij} 的表达式知 $e_{ij}=e_{ji}$，且 $e_{ii}=0$，故上式又可表为

$$\sum_{i=1}^{n+1}\left(\sum_{j=1}^{n+1} e_{ij}t_j\right)\mu_i=0,$$

显然有

$$c_i+c_j-2c_{ij}=e_{ij}, \tag{1.4.15}$$

又因为坐标单形 $\mathscr{A}$ 的顶点 A_i 与 A_j 在所论的 $\mathscr{A}$ 的外接二次曲面 (1.4.8) 上, 故 $c_i=c_j=0$, 由此得 $e_{ij}=-2c_{ij}$, 故有

$$\sum_{i=1}^{n+1}\left(\sum_{j=1}^{n+1}(-2)c_{ij}t_j\right)\mu_i=0,$$

此式即为 (1.4.13), 从而当曲面为有心二次曲面时结论是正确的.

当二次曲面为无心二次曲面时的证明过程基本上与上述有心二次曲面的证明过程相同, 因此此处不再给出, 建议读者自己给出. □

在重心坐标系中, 当二次曲面 $\mathscr{C}$ 不一定过坐标单形 $\mathscr{A}$ 的 $n+1$ 个顶点时, 则由 (1.4.8) 的推导过程不难看出此时 $\mathscr{C}$ 的方程为

$$\sum_{i=1}^{n+1} c_i\mu_i^2+2\cdot\sum_{1\leqslant i<j\leqslant n+1} c_{ij}\mu_i\mu_j=0. \tag{1.4.16}$$

定理 5 在重心坐标系下, 若二次曲面 $\mathscr{C}$ 的方程为 (1.4.16), 则过其上一点 $T(t_1, t_2, \ldots, t_{n+1})$ 的超切平面的方程为

$$\sum_{i=1}^{n+1}\left(\sum_{j=1}^{n+1} c_{ij}t_j\right)\mu_i = 0. \tag{1.4.17}$$

(1.4.17) 的证明与 (1.4.13) 的证明过程是相同的, 故此处证明从略.

这里需要说明一下, 虽然 (1.4.13) 与 (1.4.17) 在结构上是一样的, 但是在 (1.4.17) 中, 由于二次曲面 $\mathscr{C}$ 不一定过坐标单形 $\mathscr{A}$ 的 $n+1$ 个顶点, 所以就不一定有 $c_i = c_j = 0$, 另外, 在 (1.4.17) 中, 当 $j = i$ 时, $c_{ij} = c_{ji} = c_i$.

定理 6 在重心坐标系下, 超平面 $\pi : \sum\limits_{i=1}^{n+1} d_i\mu_i = 0$ 与二次曲面 (1.4.16) 相切, 则有

$$\sum_{i=1}^{n+1} c_i D_i^2 + 2 \cdot \sum_{1 \leqslant i < j \leqslant n+1} c_{ij} D_i D_j = 0, \tag{1.4.18}$$

其中 D_k 是将行列式 $D = \det(c_{ij})$ 中的第 k 列元素 $c_{1k}, c_{2k}, \cdots, c_{n+1,k}$ 依次更换为 $d_1, d_2, \cdots, d_{n+1}$ 所得到的行列式.

证 设 $T(t_1, t_2, \cdots, t_{n+1})$ 为切点, 则过点 T 的超平面方程是

$$\sum_{i=1}^{n+1}\left(\sum_{j=1}^{n+1}c_{ij}t_j\right)\mu_i=0,$$

又超平面 π 也是过点 T 的超平面, 亦即有 $\sum\limits_{i=1}^{n+1}d_it_i=0$, 故由二超平面相互重合的充要条件知, 应有

$$\sum_{j=1}^{n+1}c_{ij}t_j=d_i,(1\leqslant i\leqslant n+1). \tag{1.4.19}$$

令 (1.4.19) 中的 $i=1,2,\cdots,n+1$, 可得关于变量 $t_1,t_2,\cdots,t_{n+1}$ 的方程组

$$\begin{cases}c_{11}t_1+c_{12}t_2+\cdots+c_{1,n+1}t_{n+1}=d_1\\c_{21}t_1+c_{22}t_2+\cdots+c_{2,n+1}t_{n+1}=d_2\\\qquad\vdots\\c_{n+1,1}t_1+c_{n+1,2}t_2+\cdots+c_{n+1,n+1}t_{n+1}=d_{n+1}\end{cases},$$

解此方程组可得

$$t_k=\frac{D_k}{D},(1\leqslant k\leqslant n+1),$$

又因为点 $T(t_1,t_2,\cdots,t_{n+1})$ 在二次曲面 (1.4.16) 上, 故 t_k $(1\leqslant k\leqslant n+1)$ 满足方程 (1.4.16), 从而有

$$\sum_{i=1}^{n+1}c_i\cdot\left(\frac{D_i}{D}\right)^2+2\cdot\sum_{1\leqslant i<j\leqslant n+1}c_{ij}\cdot\frac{D_i}{D}\cdot\frac{D_j}{D}=0,$$

将此式整理之便得 (1.4.18). □

§1.5 两点间的距离及二平面的夹角公式

对于直角坐标系中两点间的距离公式以及二平面的夹角公式我们是熟知的，但是，在重心坐标系中这两个公式则是鲜为人知的，至于它们的应用则更是如此了.

定理 1 设 $\{A_1, A_2, \cdots, A_{n+1}\}$ 为 n 维欧氏空间 $\mathbf{E}^n$ 中坐标单形 $\mathscr{A}$ 的顶点集，且顶点 A_i 与 A_j 之间的距离为 a_{ij}，即 $|A_iA_j| = a_{ij}$ $(1 \leqslant i, j \leqslant n+1)$，则对于任意两点 $P(\lambda_1, \lambda_2, \cdots, \lambda_{n+1})$ 和 $Q(\mu_1, \mu_2, \cdots, \mu_{n+1})$ 之间的距离 d 为

$$d^2 = -\sum_{1 \leqslant i < j \leqslant n+1} (\lambda_i - \mu_i)(\lambda_j - \mu_j) a_{ij}^2. \tag{1.5.1}$$

证 设点 P 和 Q 在 n 维欧氏空间 $\mathbf{E}^n$ 中的直角坐标分别为 $P(x_1, x_2, \cdots, x_n)$ 与 $Q(y_1, y_2, \cdots, y_n)$，则利用直角坐标与重心坐标之间的变换关系 (1.2.5) 可得

$$\begin{aligned}
d^2 &= \sum_{i=1}^{n} (x_i - y_i)^2 = \sum_{i=1}^{n} \left[\sum_{j=1}^{n+1} \lambda_j x_{ij} - \sum_{j=1}^{n+1} \mu_j x_{ij} \right]^2 \\
&= \sum_{i=1}^{n} \left[\sum_{j=1}^{n+1} (\lambda_j - \mu_j) x_{ij} \right]^2 \\
&= \sum_{i=1}^{n} \left[\sum_{j=1}^{n+1} (\lambda_j - \mu_j)^2 x_{ij}^2 \right. \\
&\qquad \left. + \sum_{1 \leqslant j < k \leqslant n+1} (\lambda_j - \mu_j)(\lambda_k - \mu_k) \cdot 2 x_{ij} x_{ik} \right]
\end{aligned}$$

$$
\begin{aligned}
&= \sum_{i=1}^{n}\left[\sum_{j=1}^{n+1}(\lambda_j-\mu_j)^2 x_{ij}^2\right.\\
&\quad + \sum_{1\leqslant j<k\leqslant n+1}(\lambda_j-\mu_j)(\lambda_k-\mu_k)(x_{ij}^2+x_{ik}^2)\\
&\quad\left. - \sum_{1\leqslant j<k\leqslant n+1}(\lambda_j-\mu_j)(\lambda_k-\mu_k)(x_{ij}-x_{ik})^2\right]\\
&= \sum_{i=1}^{n}\left[\left(\sum_{j=1}^{n+1}(\lambda_j-\mu_j)\right)\left(\sum_{j=1}^{n+1}(\lambda_j-\mu_j)x_{ij}^2\right)\right.\\
&\quad\left. - \sum_{1\leqslant j<k\leqslant n+1}(\lambda_j-\mu_j)(\lambda_k-\mu_k)(x_{ij}-x_{ik})^2\right]\\
&= -\sum_{1\leqslant j<k\leqslant n+1}(\lambda_j-\mu_j)(\lambda_k-\mu_k)\cdot\left(\sum_{i=1}^{n}(x_{ij}-x_{ik})^2\right)\\
&= -\sum_{1\leqslant i<j\leqslant n+1}(\lambda_i-\mu_i)(\lambda_j-\mu_j)a_{ij}^2,
\end{aligned}
$$

这样一来我们便证得了在重心坐标系下两点间的距离公式 (1.5.1). □

推论 1 设单形 $\mathscr{A}$ 的顶点 A_i 所对的 $n-1$ 维界面的重心为 G_i, 记 $|A_iG_i| = m_i$ $(1 \leqslant i \leqslant n+1)$, $|A_iA_j| = a_{ij}$ $(1 \leqslant i, j \leqslant n+1)$, 则

$$
\sum_{i=1}^{n+1} m_i^2 = \frac{n+1}{n^2}\cdot\sum_{1\leqslant i<j\leqslant n+1} a_{ij}^2. \tag{1.5.2}
$$

证 设 $\mathscr{A}$ 为坐标单形, 且 $\mathscr{A}$ 的重心为 G, 则易知 G 的重心坐标为 $G\left(\frac{1}{n+1}, \frac{1}{n+1}, \cdots, \frac{1}{n+1}\right)$, 又因为 $|A_iG| = \frac{n}{n+1}\cdot|A_iG_i|$ $(1 \leqslant i \leqslant n+1)$. 此处我们仅以 $i=1$ 的情况来推导, 至于其他情况可仿此进行推导.

因为 A_1 的重心坐标为 $A_1(1,0,\cdots,0)$, 故由定理 1 可得

$$\begin{aligned}|A_1G|^2=&-\left[\left(1-\frac{1}{n+1}\right)\left(0-\frac{1}{n+1}\right)a_{12}^2\right.\\&+\left(1-\frac{1}{n+1}\right)\left(0-\frac{1}{n+1}\right)a_{13}^2\\&+\cdots+\left(1-\frac{1}{n+1}\right)\left(0-\frac{1}{n+1}\right)a_{1,n+1}^2\\&+\left(0-\frac{1}{n+1}\right)\left(0-\frac{1}{n+1}\right)a_{23}^2\\&+\left(0-\frac{1}{n+1}\right)\left(0-\frac{1}{n+1}\right)a_{24}^2\\&+\cdots+\left(0-\frac{1}{n+1}\right)\left(0-\frac{1}{n+1}\right)a_{2,n+1}^2\\&\left.+\cdots+\left(0-\frac{1}{n+1}\right)\left(0-\frac{1}{n+1}\right)a_{n,n+1}^2\right]\\=&\frac{n}{(n+1)^2}\cdot\sum_{j=1}^{n+1}a_{1j}^2-\frac{1}{(n+1)^2}\cdot\sum_{2\leqslant i<j\leqslant n+1}a_{ij}^2,\end{aligned}$$

又因为 $|A_1G|=\frac{n}{n+1}\cdot m_1$, 故有

$$\frac{n^2}{(n+1)^2}\cdot m_1^2=\frac{n}{(n+1)^2}\cdot\sum_{j=1}^{n+1}a_{1j}^2-\frac{1}{(n+1)^2}\cdot\sum_{2\leqslant i<j\leqslant n+1}a_{ij}^2,$$

即

$$n^2m_1^2=n\cdot\sum_{j=1}^{n+1}a_{1j}^2-\sum_{2\leqslant i<j\leqslant n+1}a_{ij}^2,$$

从而对于一般的 m_i, 有

$$n^2m_i^2 = n \cdot \sum_{j=1}^{n+1} a_{ij}^2 - \sum_{\substack{1 \leqslant k < l \leqslant n+1 \\ k,l \neq i}} a_{kl}^2, \ (1 \leqslant i \leqslant n+1), \tag{1.5.3}$$

或

$$n^2m_i^2 = (n+1) \cdot \sum_{j=1}^{n+1} a_{ij}^2 - \sum_{1 \leqslant k < l \leqslant n+1} a_{kl}^2, \ (1 \leqslant i \leqslant n+1),$$

注意到 $a_{ii} = 0$ 便可得

$$\begin{aligned} n^2 \cdot \sum_{i=1}^{n+1} m_i^2 &= n \cdot \sum_{i=1}^{n+1} \sum_{j=1}^{n+1} a_{ij}^2 - \sum_{i=1}^{n+1} \sum_{\substack{1 \leqslant k < l \leqslant n+1 \\ k,l \neq i}} a_{kl}^2 \\ &= 2\,n \cdot \sum_{1 \leqslant i < j \leqslant n+1} a_{ij}^2 - (n-1) \cdot \sum_{1 \leqslant i < j \leqslant n+1} a_{ij}^2 \\ &= (n+1) \cdot \sum_{1 \leqslant i < j \leqslant n+1} a_{ij}^2, \end{aligned}$$

即

$$n^2 \cdot \sum_{i=1}^{n+1} m_i^2 = (n+1) \cdot \sum_{1 \leqslant i < j \leqslant n+1} a_{ij}^2,$$

此即为单形的所有中线的平方和公式 (1.5.2). □

推论 2 设 $\{A_1, A_2, \cdots, A_{n+1}\}$ 为 n 维欧氏空间 $\mathbf{E}^n$ 中坐标单形 $\mathscr{A}$ 的顶点集, 棱长为 $|A_iA_j| = a_{ij}$ $(1 \leqslant i, j \leqslant n+1)$, P 为 $\mathbf{E}^n$ 空间中的任意一点, 且点 P 的重心坐标为 $P(\lambda_1, \lambda_2, \cdots, \lambda_{n+1})$, 记 $|PA_i| = \rho_i$ $(1 \leqslant i \leqslant n+1)$, 则有

$$\sum_{i=1}^{n+1} \lambda_i \rho_i^2 = \sum_{1 \leqslant i < j \leqslant n+1} \lambda_i \lambda_j a_{ij}^2. \tag{1.5.4}$$

证 由重心坐标系中两点间的距离公式 (1.5.1) 可得

$$
\begin{aligned}
&-|PA_i|^2\\
&=\sum_{j=1}^{n+1}(1-\lambda_i)(0-\lambda_j)a_{ij}^2+\sum_{\substack{1\leqslant k<l\leqslant n+1\\ k,l\neq i}}(0-\lambda_k)(0-\lambda_l)a_{kl}^2\\
&=-\sum_{j=1}^{n+1}\lambda_j a_{ij}^2+\sum_{1\leqslant i<j\leqslant n+1}\lambda_i\lambda_j a_{ij}^2,
\end{aligned}
$$

即

$$
\rho_i^2=\sum_{j=1}^{n+1}\lambda_j a_{ij}^2-\sum_{1\leqslant i<j\leqslant n+1}\lambda_i\lambda_j a_{ij}^2, (1\leqslant i\leqslant n+1). \tag{1.5.5}
$$

在 (1.5.5) 的两端同乘以 λ_i 并求和可得

$$
\begin{aligned}
&\sum_{i=1}^{n+1}\lambda_i\rho_i^2\\
&=\sum_{i=1}^{n+1}\lambda_i\left(\sum_{j=1}^{n+1}\lambda_j a_{ij}^2\right)-\sum_{i=1}^{n+1}\lambda_i\left(\sum_{1\leqslant i<j\leqslant n+1}\lambda_i\lambda_j a_{ij}^2\right)\\
&=2\cdot\sum_{1\leqslant i<j\leqslant n+1}\lambda_i\lambda_j a_{ij}^2-\sum_{1\leqslant i<j\leqslant n+1}\lambda_i\lambda_j a_{ij}^2\\
&=\sum_{1\leqslant i<j\leqslant n+1}\lambda_i\lambda_j a_{ij}^2\ ,
\end{aligned}
$$

至此 (1.5.4) 被证得. □

在 (1.5.4) 中, 当点 P 为单形 $\mathscr{A}$ 的外心 O, R 为 $\mathscr{A}$ 的外接球半径时, 则由 $|OA_i|=R$ 立即可得如下的

$$
\sum_{1\leqslant i<j\leqslant n+1}\lambda_i\lambda_j a_{ij}^2=R^2. \tag{1.5.6}
$$

这里应当注意, (1.5.6) 中的 $\lambda_1, \lambda_2, \cdots, \lambda_{n+1}$ 为单形 $\mathscr{A}$ 的外心 O 的重心坐标.

在 (1.5.4) 中, 当点 P 为单形 $\mathscr{A}$ 的重心 G 时, 便得 (1.5.2), 又当点 P 为单形 $\mathscr{A}$ 的内心 I 时, 由于此时点 I 的重心坐标为 $I\left(\frac{r}{h_1}, \frac{r}{h_2}, \cdots, \frac{r}{h_{n+1}}\right)$, 故若利用单形的体积公式 (1.1.3) 和 (1.1.4) 可以得到有趣的等式

$$\left(\sum_{i=1}^{n+1} S_i\right)\cdot\left(\sum_{i=1}^{n+1} S_i \cdot \rho_i^2\right) = \sum_{1\leqslant i<j\leqslant n+1} S_i S_j a_{ij}^2,$$

其中 $\rho_i = |IA_i|$.

设 $\overline{A}$ 为如下的行列式

$$\overline{A} = \begin{vmatrix} 0 & 1 & 1 & \cdots & 1 & 0 \\ 1 & 0 & a_{12}^2 & \cdots & a_{1,n+1}^2 & d_1 \\ 1 & a_{21}^2 & 0 & \cdots & a_{2,n+1}^2 & d_2 \\ \cdots & \cdots & \cdots & \cdots & \cdots & \cdots \\ 1 & a_{n+1,1}^2 & a_{n+1,2}^2 & \cdots & 0 & d_{n+1} \\ 0 & d_1 & d_2 & \cdots & d_{n+1} & 0 \end{vmatrix},$$

即 $\overline{A}$ 为 $n+2$ 阶 Cayley-Menger 行列式 A 的一个镶边行列式 (或升阶行列式).

引理 设 A 为 n 维欧氏空间 $\mathbf{E}^n$ 中单形 $\mathscr{A}$ 的 Cayley-Menger 行列式, $\overline{A}$ 为上述 A 的镶边行列式, 其中 $\overline{A}$ 中的 $d_1, d_2, \cdots, d_{n+1}$ 为以 $\mathscr{A}$ 为坐标单形的重心坐标系中的 $n-1$ 维超平面

$$\pi: \qquad d_1\mu_1 + d_2\mu_2 + \cdots + d_{n+1}\mu_{n+1} = 0$$

中的系数, 则有

$$2\,\overline{A} = A. \tag{1.5.7}$$

证 为证明 (1.5.7), 首先证明如下的式子

$$U=\begin{vmatrix} 0 & 1 & 1 & \cdots & 1 & 0 \\ 1 & 0 & a_{12}^2 & \cdots & a_{1,n+1}^2 & d_1 \\ 1 & a_{21}^2 & 0 & \cdots & a_{2,n+1}^2 & d_2 \\ \cdots & \cdots & \cdots & \cdots & \cdots & \cdots \\ 1 & a_{n+1,1}^2 & a_{n+1,2}^2 & \cdots & 0 & d_{n+1} \\ 0 & d_1 & d_2 & \cdots & d_{n+1} & -\frac{1}{2} \end{vmatrix}=0. \tag{1.5.8}$$

由 (1.3.6) 我们知道, 此处的 $d_1, d_2, \cdots, d_{n+1}$ 分别为坐标单形 $\mathscr{A}$ 的顶点 $A_1, A_2, \cdots, A_{n+1}$ 到超平面 π 的有向距离.

在 $\mathbf{E}^n$ 中任取一点 O 为 Cartesian 直角坐标系的原点, $\overrightarrow{OA_i}=a_i$, 超平面 π 的单位法向量为 a_{n+2}, 设由 O 引至超平面 π 的垂直向量为 b, 则有 $a_{ij}^2=(a_j-a_i)^2, d_j=(b-a_j)a_{n+2}$, 根据 $\mathbf{E}^n$ 空间中 $n+1$ 个向量必线性相关的结论可得

$$U=\begin{vmatrix} 0 & 1 & 1 & \cdots & 1 & 0 \\ 1 & 0 & a_{12}^2 & \cdots & a_{1,n+1}^2 & d_1 \\ 1 & a_{21}^2 & 0 & \cdots & a_{2,n+1}^2 & d_2 \\ \cdots & \cdots & \cdots & \cdots & \cdots & \cdots \\ 1 & a_{n+1,1}^2 & a_{n+1,2}^2 & \cdots & 0 & d_{n+1} \\ 0 & d_1 & d_2 & \cdots & d_{n+1} & -\frac{1}{2} \end{vmatrix}$$

$$=\begin{vmatrix} 0 & 1 & \cdots \\ 1 & 0 & \cdots \\ \cdots & \cdots & \cdots \\ 1 & (a_1-a_{n+1})^2 & \cdots \\ 0 & (b-a_1)a_{n+2} & \cdots \end{vmatrix}$$

$$
\begin{array}{cc|}
1 & 0 \\
(a_{n+1}-a_1)^2 & (b-a_1)a_{n+2} \\
\cdots & \cdots \\
0 & (b-a_{n+1})a_{n+2} \\
(b-a_{n+1})a_{n+2} & -\frac{1}{2}a_{n+2}a_{n+2}
\end{array}
$$

$$
=\begin{vmatrix}
0 & 1 & 1 & \cdots & 1 & 0 \\
1 & -2a_1a_1 & -2a_1a_2 & \cdots & -2a_1a_{n+1} & -a_1a_{n+2} \\
1 & -2a_2a_1 & -2a_2a_2 & \cdots & -2a_2a_{n+1} & -a_2a_{n+2} \\
\cdots & \cdots & \cdots & \cdots & \cdots & \cdots \\
1 & -2a_{n+1}a_1 & -2a_{n+1}a_2 & \cdots & -2a_{n+1}a_{n+1} & -a_{n+1}a_{n+2} \\
0 & -a_{n+2}a_1 & -a_{n+2}a_2 & \cdots & -a_{n+2}a_{n+1} & -\frac{1}{2}a_{n+2}a_{n+2}
\end{vmatrix}
$$

$$
=(-1)^{n+1}2^{n-1}
$$

$$
\times\begin{vmatrix}
0 & 1 & 1 & \cdots & 1 & 0 \\
1 & a_1a_1 & \cdots & a_1a_{n+1} & a_1a_{n+2} & \\
1 & a_2a_1 & \cdots & a_2a_{n+1} & a_2a_{n+2} & \\
\cdots & \cdots & \cdots & \cdots & \cdots & \\
1 & a_{n+1}a_1 & \cdots & a_{n+1}a_{n+1} & a_{n+1}a_{n+2} & \\
0 & a_{n+2}a_1 & \cdots & a_{n+2}a_{n+1} & a_{n+2}a_{n+2} &
\end{vmatrix},
$$

由此行列式启示着我们, 为计算简单起见, 不妨取 A_{n+1}

为坐标原点 O, 则上述行列式便等于

$$
\begin{aligned}
U &= (-1)^{n+1}2^{n-1} \\
&\times \begin{vmatrix} a_1a_1 & a_1a_2 & \cdots & a_1a_n & a_1a_{n+2} \\ a_2a_1 & a_2a_2 & \cdots & a_2a_n & a_2a_{n+2} \\ \cdots & \cdots & \cdots & \cdots & \cdots \\ a_na_1 & a_na_2 & \cdots & a_na_n & a_na_{n+2} \\ a_{n+2}a_1 & a_{n+2}a_2 & \cdots & a_{n+2}a_n & a_{n+2}a_{n+2} \end{vmatrix} \\
&= (-1)^{n+1}2^{n-1} \\
&\times \begin{vmatrix} \begin{pmatrix} a_1 \\ a_2 \\ \vdots \\ a_n \\ a_{n+2} \end{pmatrix} \begin{pmatrix} a_1, & a_2, & \cdots, & a_n, & a_{n+2} \end{pmatrix} \end{vmatrix} = 0,
\end{aligned}
$$

因此, 我们由 (1.5.8) 可得

$$
\overline{A} = \begin{vmatrix} 0 & 1 & 1 & \cdots & 1 & 0+0 \\ 1 & 0 & a_{12}^2 & \cdots & a_{1,n+1}^2 & d_1+0 \\ 1 & a_{21}^2 & 0 & \cdots & a_{2,n+1}^2 & d_2+0 \\ \cdots & \cdots & \cdots & \cdots & \cdots & \cdots \\ 1 & a_{n+1,1}^2 & a_{n+1,2}^2 & \cdots & 0 & d_{n+1}+0 \\ 0 & d_1 & d_2 & \cdots & d_{n+1} & -\frac{1}{2}+\frac{1}{2} \end{vmatrix}
$$

$$= U + \begin{vmatrix} 0 & 1 & 1 & \cdots & 1 & 0 \\ 1 & 0 & a_{12}^2 & \cdots & a_{1,n+1}^2 & 0 \\ 1 & a_{21}^2 & 0 & \cdots & a_{2,n+1}^2 & 0 \\ \cdots & \cdots & \cdots & \cdots & \cdots & \cdots \\ 1 & a_{n+1,1}^2 & a_{n+1,2}^2 & \cdots & 0 & 0 \\ 0 & d_1 & d_2 & \cdots & d_{n+1} & \frac{1}{2} \end{vmatrix}$$

$$= \begin{vmatrix} 0 & 1 & 1 & \cdots & 1 & 0 \\ 1 & 0 & a_{12}^2 & \cdots & a_{1,n+1}^2 & 0 \\ 1 & a_{21}^2 & 0 & \cdots & a_{2,n+1}^2 & 0 \\ \cdots & \cdots & \cdots & \cdots & \cdots & \cdots \\ 1 & a_{n+1,1}^2 & a_{n+1,2}^2 & \cdots & 0 & 0 \\ 0 & d_1 & d_2 & \cdots & d_{n+1} & \frac{1}{2} \end{vmatrix} = \frac{1}{2}A,$$

故式 (1.5.7) 得到了证明. □

定理 2 在重心坐标系下, 若 $\mathscr{A}$ 为坐标单形, 则点 $P(\lambda_1, \lambda_2, \cdots, \lambda_{n+1})$ 到超平面 π : $d_1\mu_1 + d_2\mu_2 + \cdots + d_{n+1}\mu_{n+1} = 0$ 的有向距离 d 为

$$d = \sum_{i=1}^{n+1} d_i\lambda_i, \tag{1.5.9}$$

其中 $d_1, d_2, \cdots, d_{n+1}$ 分别为坐标单形 $\mathscr{A}$ 的顶点 $A_1, A_2, \cdots, A_{n+1}$ 到超平面 π 的有向距离.

证 设 $Q(\mu_1, \mu_2, \cdots, \mu_{n+1})$ 为超平面 π 上的任意一点, 则点 P 与 Q 之间距离 $|PQ|$ 的最小值就是点 P 到超平面 π 的距离 d, 若令 $\lambda_i - \mu_i = t_i$ $(1 \leqslant i \leqslant n+1)$, 则易知有

$$t_1 + t_2 + \cdots + t_{n+1} = 0, \tag{1.5.10}$$

$$\sum_{i=1}^{n+1} d_i t_i = \sum_{i=1}^{n+1} d_i\lambda_i, \tag{1.5.11}$$

从而由重心坐标系中两点间的距离公式 (1.5.1) 可得

$$d^2 = -\sum_{1\leqslant i<j\leqslant n+1} t_i t_j a_{ij}^2. \tag{1.5.12}$$

由 (1.5.10) 和 (1.5.11) 利用 Lagrange 乘子法, 设 $t=(t_0,t_1,t_2,\cdots,t_{n+2})$, 考虑如下的辅助函数

$$F(t) = -\sum_{1\leqslant i<j\leqslant n+1} t_i t_j a_{ij}^2 - t_0\cdot\sum_{i=1}^{n+1} t_i - t_{n+2}\cdot\left(\sum_{i=1}^{n+1} d_i t_i - \sum_{i=1}^{n+1} d_i\lambda_i\right),$$

今对 $t_i\ (1\leqslant i\leqslant n+1)$ 求偏导数可得

$$F'_{t_i} = -\sum_{j=1}^{n+1} a_{ij}^2 t_j - t_0 - d_i t_{n+2},\quad (1\leqslant i\leqslant n+1),$$

令 $F'_{t_i}=0\ (1\leqslant i\leqslant n+1)$, 则由 (1.5.10) 和 (1.5.11) 可得如下的 $n+3$ 元 t_0, $t_1,t_2,\cdots,t_{n+2}$ 的一次方程组

$$\begin{cases} t_1+t_2+\cdots+t_{n+1}=0 \\ t_0+a_{11}^2t_1+a_{12}^2t_2+\cdots+a_{1,n+1}^2t_{n+1}+d_1t_{n+2}=0 \\ t_0+a_{21}^2t_1+a_{22}^2t_2+\cdots+a_{2,n+1}^2t_{n+1}+d_2t_{n+2}=0 \\ \qquad\vdots \\ t_0+a_{n+1,1}^2t_1+\cdots+a_{n+1,n+1}^2t_{n+1}+d_{n+1}t_{n+2}=0 \\ d_1t_1+d_2t_2+\cdots+d_{n+1}t_{n+1}=\sum\limits_{i=1}^{n+1} d_i\lambda_i \end{cases}.$$

设 $\overline{A}$ 与 (1.5.7) 中的 $\overline{A}$ 相同, 且 $A_{n+3,j+1}$ 为 $\overline{A}$ 的第 $n+3$ 行与第 $j+1$ 列相交处元素 $d_j\ (1\leqslant j\leqslant n+1)$

的代数余子式, 则通过解上面的线性方程组可得

$$t_j = \frac{2 \cdot \sum\limits_{i=1}^{n+1} d_i \lambda_i}{A} \cdot A_{n+3,j+1}\ , (1 \leqslant j \leqslant n+1). \quad (1.5.13)$$

由行列式的性质易知有如下的事实

$$\sum_{j=1}^{n+1} A_{n+3,j+1} = 0, \quad (1.5.14)$$

$$1 \cdot A_{n+3,1} + \sum_{j=1}^{n+1} a_{ij}^2 \cdot A_{n+3,j+1} + d_i \cdot A_{n+3,n+3} = 0,$$

因为 $A_{n+3,n+3} = A$, 故有

$$\sum_{j=1}^{n+1} A_{n+3,j+1} a_{ij}^2 = -(A_{n+3,1} + Ad_i), (1 \leqslant i \leqslant n+1). \quad (1.5.15)$$

由于上述方程组只有唯一解, 并且实际情况对于所考虑的问题确实有最小值, 而且此最小值就是 d, 即 $\lim\limits_{Q} |PQ| = d$, 从而将 (1.5.13) 代入 (1.5.12) 并利用 (1.5.14) 和 (1.5.15) 可得

$$\begin{aligned} d^2 &= -\left(\frac{2}{A} \cdot \sum_{i=1}^{n+1} d_i \lambda_i\right)^2 \cdot \sum_{1 \leqslant i < j \leqslant n+1} A_{n+3,i+1} A_{n+3,j+1} a_{ij}^2 \\ &= -\left(\frac{2}{A} \cdot \sum_{i=1}^{n+1} d_i \lambda_i\right)^2 \\ &\qquad \times \frac{1}{2}\left[\sum_{i=1}^{n+1} A_{n+3,i+1}\left(\sum_{j=1}^{n+1} A_{n+3,j+1} a_{ij}^2\right)\right] \end{aligned}$$

$$= -\left(\frac{2}{A}\cdot\sum_{i=1}^{n+1} d_i\lambda_i\right)^2\cdot\frac{1}{2}\left[\sum_{i=1}^{n+1} A_{n+3,i+1}(-A_{n+3,1} - Ad_i)\right]$$

$$= \frac{1}{2}\left(\frac{2}{A}\cdot\sum_{i=1}^{n+1} d_i\lambda_i\right)^2$$

$$\times\left[A_{n+3,1}\cdot\sum_{i=1}^{n+1} A_{n+3,i+1} + A\cdot\sum_{i=1}^{n+1} A_{n+3,i+1}d_i\right]$$

$$= \frac{1}{2}\left(\frac{2}{A}\cdot\sum_{i=1}^{n+1} d_i\lambda_i\right)^2\cdot\left(A\ \cdot\sum_{i=1}^{n+1} A_{n+3,i+1}d_i\right)$$

$$= \frac{1}{2}\left(\frac{2}{A}\cdot\sum_{i=1}^{n+1} d_i\lambda_i\right)^2\cdot(A\cdot\overline{A}\ ),$$

即

$$d^2 = \left(\sum_{i=1}^{n+1} d_i\lambda_i\right)^2,$$

将此式两端开平方立即可得 (1.5.9). □

实际上, (1.5.9) 也可以作如下的简单证明:

设过点 P 且平行于超平面 π 的超平面 $\pi_P: d'_1\mu_1 + d'_2\mu_2 + \cdots + d'_{n+1}\mu_{n+1} = 0$, 这里的系数 $d'_1, d'_2, \cdots, d'_{n+1}$ 为坐标单形 $\mathscr{A}$ 的顶点 $A_1, A_2, \cdots, A_{n+1}$ 到 π_P 的有向距离. 因此, 若 $\pi_P /\!/ \pi$, 则由 (1.3.4) 知, $d = d_i - d'_i$ $(1 \leqslant i \leqslant n+1)$, 从而有 $d\lambda_i = d_i\lambda_i - d'_i\lambda_i$, 由于点 P 在超平面 π_P 内, 故由 $\lambda_1 + \lambda_2 + \cdots + \lambda_{n+1} = 1$ 可得

$$\begin{aligned} d &= \sum_{i=1}^{n+1} d\lambda_i = \sum_{i=1}^{n+1} d_i\lambda_i - \sum_{i=1}^{n+1} d'_i\lambda_i \\ &= \sum_{i=1}^{n+1} d_i\lambda_i - 0 = \sum_{i=1}^{n+1} d_i\lambda_i. \end{aligned}$$

作为定理 2 的应用, 如下我们再给出 $\mathbf{E}^n$ 空间中在重心坐标系下任意两个超平面所成的二面角的余弦公式.

定理 3 在重心坐标系下, 二定向超平面

$$\pi_1: \quad d_1\mu_1 + d_2\mu_2 + \cdots + d_{n+1}\mu_{n+1} = 0,$$

$$\pi_2: \quad \delta_1\mu_1 + \delta_2\mu_2 + \cdots + \delta_{n+1}\mu_{n+1} = 0$$

的夹角为 θ, 则有

$$\cos\theta = -\frac{2\,\overline{A}_0}{A}, \tag{1.5.16}$$

其中 $\overline{A_0}$ 只是将 $\overline{A}$ 中最后一行中的元素 d_i 换成 δ_i $(1 \leqslant i \leqslant n+1)$ 而已.

证 在超平面 π_1 上任取一点 $P(\lambda_1, \lambda_2, \cdots, \lambda_{n+1})$, 且点 P 在超平面 π_2 上的射影为 $Q(\xi_1, \xi_2, \cdots, \xi_{n+1})$, 又若点 R 为 Q 在 π_1 上的射影, 记 $PQ = d$, $QR = \delta$, 则由定理 2 知

$$d = \sum_{i=1}^{n+1} \delta_i\lambda_i,$$

$$\delta = \sum_{i=1}^{n+1} d_i\xi_i,$$

由于 $\cos\theta = \frac{\delta}{d}$, 故有

$$\cos\theta = \frac{\sum\limits_{i=1}^{n+1} d_i\xi_i}{\sum\limits_{i=1}^{n+1} \delta_i\lambda_i}. \tag{1.5.17}$$

令 $\lambda_i - \xi_i = t_i\ (1 \leqslant i \leqslant n+1)$, 则由 (1.5.3) 知

$$\begin{aligned}\sum_{i=1}^{n+1} d_i\xi_i &= \sum_{i=1}^{n+1} d_i(\lambda_i - t_i)\\ &= \sum_{i=1}^{n+1} d_i\lambda_i - \sum_{i=1}^{n+1} d_i t_i\\ &= -\sum_{i=1}^{n+1} d_i t_i\\ &= -\sum_{j=1}^{n+1} d_j \cdot \frac{2\cdot\sum\limits_{i=1}^{n+1}\delta_i\lambda_i}{A}\cdot A_{n+3,j+1}\\ &= -\frac{2\cdot\sum\limits_{i=1}^{n+1}\delta_i\lambda_i}{A}\cdot\sum_{j=1}^{n+1} d_j A_{n+3,j+1}\\ &= -\frac{2\,\overline{A}_0}{A}\cdot\left(\sum_{i=1}^{n+1}\delta_i\lambda_i\right),\end{aligned}$$

由此可得

$$\frac{\sum\limits_{i=1}^{n+1} d_i\xi_i}{\sum\limits_{i=1}^{n+1}\delta_i\lambda_i} = -\frac{2\,\overline{A}_0}{A}, \tag{1.5.18}$$

将 (1.5.18) 代入 (1.5.17) 内立即可得 (1.5.16). □

推论 3 在重心坐标系下, 二超平面 π_1 与 π_2 相互垂直的充要条件是

$$\overline{A}_0 = 0. \tag{1.5.19}$$

推论 4 设单形 $\mathscr{A}$ 的顶点 A_i 与 A_j 所对的二界面 f_i 与 f_j 的夹角为 θ_{ij}, A_{ij} 为 $\mathscr{A}$ 的 $n+2$ 阶 Cayley-

Menger 行列式 A 中元素 a_{ij}^2 的代数余子式, 若顶点 A_i 与 A_j 所对的界面上的高分别为 h_i 与 h_j, 则有

$$\cos\theta_{ij} = -\frac{2A_{ij}}{A} \cdot h_i h_j\ , \ (1 \leqslant i, j \leqslant n+1). \quad (1.5.20)$$

证 易知单形 $\mathscr{A}$ 的顶点 A_i 与 A_j 所对的二界面 f_i 与 f_j 的重心坐标方程分别为 $\pi_1 : h_i\mu_i = 0$ 与 $\pi_2 : h_j\mu_j = 0$, 则容易得到 $\overline{A_0} = A_{ij}h_ih_j$, 将此式代入 (1.5.16) 便得 (1.5.20). □

由 (1.5.20), 利用 (1.1.1) 和 (1.1.3) 可得

$$\cos\theta_{ij} = -\frac{A_{ij}}{2^{n-1} \cdot (n-1)!^2 \cdot S_iS_j}. \quad (1.5.21)$$

当然, 有时也将 (1.5.21) 表示为

$$\cos\theta_{ij} = -\frac{A_{ij}}{\sqrt{A_{ii}A_{jj}}}, \ (1 \leqslant i, j \leqslant n+1). \quad (1.5.22)$$

从 (1.5.21) 中还可以发现, 单形 $\mathscr{A}$ 的 Cayley-Menger 行列式 A 中元素 a_{ij}^2 的代数余子式的另一个表达式, 即

$$A_{ij} = -\,2^{n-1} \cdot (n-1)!^2 \cdot S_iS_j \cos\theta_{ij}, \ (1 \leqslant i, j \leqslant n+1). \quad (1.5.23)$$

通常称 (1.5.22) 为 n 维欧氏空间 $\mathbf{E}^n$ 中的余弦定理, 它也可以由后面的 (4.1.2) 来推得. 它在计算上有着广泛的应用, 也可以用来推导某些理论上的结果.

由 (1.5.23) 我们可以给出如下的:

推论 5 设 A_{ij} 为 Cayley-Menger 行列式 A 中元素 a_{ij}^2 的代数余子式, 则有

$$\sum_{1\leqslant i<j\leqslant n+1} A_{ij} = -\,2^{n-2} \cdot (n-1)!^2 \cdot \left(\sum_{i=1}^{n+1} S_i^2\right). \quad (1.5.24)$$

证 根据熟知的射影几何事实, 有

$$S_i = \sum_{j=1,\, j\neq i}^{n+1} S_j \cos\theta_{ij},$$

在此式的两端同乘以 S_i, 并求和

$$\sum_{i=1}^{n+1} S_i \left(\sum_{\substack{j=1 \\ j\neq i}}^{n+1} S_j \cos\theta_{ij} \right) = \sum_{i=1}^{n+1} S_i^2,$$

即

$$\sum_{i=1}^{n+1} \sum_{\substack{j=1 \\ j\neq i}}^{n+1} S_i S_j \cos\theta_{ij} = \sum_{i=1}^{n+1} S_i^2,$$

又因为

$$\sum_{i=1}^{n+1} \sum_{\substack{j=1 \\ j\neq i}}^{n+1} S_i S_j \cos\theta_{ij} = 2 \cdot \sum_{1\leqslant i<j\leqslant n+1} S_i S_j \cos\theta_{ij},$$

所以有

$$2 \cdot \sum_{1\leqslant i<j\leqslant n+1} S_i S_j \cos\theta_{ij} = \sum_{i=1}^{n+1} S_i^2, \tag{1.5.25}$$

从而由 (1.5.23) 与 (1.5.25) 可得

$$\begin{aligned}\sum_{1\leqslant i<j\leqslant n+1} A_{ij} &= -2^{n-1} \cdot (n-1)!^2 \cdot \sum_{1\leqslant i<j\leqslant n+1} S_i S_j \cos\theta_{ij} \\ &= -2^{n-2} \cdot (n-1)!^2 \cdot \left(\sum_{i=1}^{n+1} S_i^2 \right),\end{aligned}$$

由此我们获得了推论 5 中的结论 (1.5.24). □

这里我们再进一步讨论与 (1.5.25) 相关的问题, 即由 (1.5.25) 使得我们容易想到类似于平面上三角形中余弦定理的问题, 即:

定理 4 设 $\mathscr{A}$ 为 n 维欧氏空间 $\mathbf{E}^n$ 中的单形, 其顶点集为 $\{A_1, A_2, \cdots, A_{n+1}\}$, 顶点 A_i 所对的 $n-1$ 维界面的 $n-1$ 维体积为 S_i, 又顶点 A_i 与 A_j 所对的二 $n-1$ 维界面所夹的内二面角为 θ_{ij}, 则有

$$S_k^2 = \sum_{\substack{i=1 \\ i\neq k}}^{n+1} S_i^2 - 2\cdot \sum_{\substack{1\leqslant i<j\leqslant n+1 \\ i,j\neq k}} S_iS_j\cos\theta_{ij}. \tag{1.5.26}$$

证 为了简单起见, 我们首先就 $k=n+1$ 的情况对 (1.5.26) 进行证明, 为此对 $S_i = \sum\limits_{\substack{j=1 \\ j\neq i}}^{n+1} S_j\cos\theta_{ij}$ 的两边同乘以 S_i 并从 1 到 n 进行求和, 从而有

$$\sum_{i=1}^{n} S_i \left(\sum_{\substack{j=1 \\ j\neq i}}^{n+1} S_j\cos\theta_{ij}\right) = \sum_{i=1}^{n} S_i^2,$$

即

$$2\cdot \sum_{1\leqslant i<j\leqslant n} S_iS_j\cos\theta_{ij} + S_{n+1}\cdot \sum_{i=1}^{n} S_i\cos\theta_{i,n+1} = \sum_{i=1}^{n} S_i^2,$$

亦即

$$2\cdot \sum_{1\leqslant i<j\leqslant n} S_iS_j\cos\theta_{ij} + S_{n+1}^2 = \sum_{i=1}^{n} S_i^2,$$

由此可得

$$S_{n+1}^2 = \sum_{i=1}^{n} S_i^2 - 2\cdot \sum_{1\leqslant i<j\leqslant n} S_iS_j\cos\theta_{ij}, \tag{1.5.27}$$

对于一般情况的 k 的证明与上面 $k=n+1$ 时的证明相类似. □

推论 6 在定理 4 的条件下, 若对于所有的 $\theta_{ij}=\frac{\pi}{2}\,(1\leqslant i,j\leqslant n+1, i,j\neq k)$ 时, 则有

$$S_k^2=\sum_{\substack{i=1\\ i\neq k}}^{n+1} S_i^2. \tag{1.5.28}$$

易知 (1.5.28) 是 n 维欧氏空间 $\mathbf{E}^n$ 中直角单形 $\mathscr{A}$ 的勾股定理.

第 2 章　$\mathbf{E}^n$ 空间中的 Neuberg - Pedoe 不等式

通常所说的 Neuberg - Pedoe 不等式是涉及平面上两个三角形的边长与面积的一个问题，这个问题首先是由德国数学家 Neuberg J. 于 1891 年提出的，到 1942 年美国著名的几何学家 Pedoe D. 又重新发现并证明了这个不等式，并且 Pedoe D. 本人也把这个不等式称为 Neuberg - Pedoe 不等式. 本章主要是研究 Neuberg - Pedoe 不等式在 n 维欧氏空间 $\mathbf{E}^n$ 中的推广与加强.

§2.1　Neuberg - Pedoe 不等式的杨 – 张推广

自从常庚哲教授在"匹窦 (Pedoe) 定理的复数证明"(中学理科教学, 1979, 2, 31-32) 一文[51] 中首先把 Neuberg - Pedoe 不等式介绍到我国之后，激起了国内许多人的兴趣，促使了几何不等式的研究工作在我国得到了蓬勃发展，杨路教授与张景中院士于 1981 年首先将 Neuberg - Pedoe 不等式推广到高维空间.

Neuberg - Pedoe 不等式是指如下的不等式:

设 $\triangle ABC$ 与 $\triangle A'B'C'$ 的边长分别为 a,b,c 和 a',b',c'，它们的面积分别是 $\triangle$ 和 $\triangle'$，则

$$a^2(-a'^2+b'^2+c'^2)+b^2(a'^2-b'^2+c'^2)+c^2(a'^2+b'^2-c'^2)$$

$$\geqslant 16\triangle\triangle', \tag{2.1.1}$$

当且仅当 $\triangle ABC \backsim \triangle A'B'C'$ 时等号成立.

为将 (2.1.1) 推广到 n 维欧氏空间, 如下首先证明一个著名的 Newton 不等式.

引理[1,6] 设 p_k 为 n 个实数 $a_1, a_2, \cdots, a_n$ 的 k 次初等对称平均, 则有

$$p_k^2 \geqslant p_{k-1}p_{k+1}, \ (2 \leqslant k \leqslant n-1), \tag{2.1.2}$$

当且仅当 $a_1 = a_2 = \cdots = a_n$ 时等号成立.

证 易知

$$p_k = \frac{1}{\binom{n}{k}} \cdot \sum\sum\cdots\sum_{1\leqslant i_1<i_2<\cdots<i_k\leqslant n} a_{i_1}a_{i_2}\cdots a_{i_k},$$

其中 $\binom{n}{k} = \frac{n!}{k!(n-k)!}$, 并且, 除了特别申明外, 在本书中的 $\binom{n}{k}$ 均表示组合数, 此点以后不再重申.

设含有两个变量的方程 $f(x, y) = 0$ 为

$$f(x, y) = (x + a_1y)(x + a_2y)\cdots(x + a_ny) = 0, \tag{2.1.3}$$

并且设它存在实根, 现将其展开可得

$$f(x, y) = c_0x^n + c_1x^{n-1}y + \cdots + c_kx^{n-k}y^k + \cdots + c_ny^n = 0,$$

易知 $c_0 = 1$, 且不难得到 $c_k = p_k\binom{n}{k}$ $(1 \leqslant k \leqslant n)$, 即

$$f(x, y) = x^n + p_1\binom{n}{1}x^{n-1}y + p_2\binom{n}{2}x^{n-2}y^2 + \cdots$$

$$+ p_k\binom{n}{k}x^{n-k}y^k + \cdots + p_ny^n = 0,$$

今分别对 x, y 求 $n-2$ 阶偏导数, 令 $t = \frac{x}{y}$, 则有

$$p_{k-1}t^2 + 2p_kt + p_{k+1} = 0, \ (2 \leqslant k \leqslant n-1), \tag{2.1.4}$$

由于方程 $f(x,y)=0$ 有实根, 所以方程 (2.1.4) 的判别式 $\Delta\geqslant 0$, 即

$$4p_k^2-4p_{k-1}p_{k+1}\geqslant 0,$$

显然 (2.1.2) 中等号成立的充要条件是 $a_1=a_2=\cdots=a_n$. □

推论 1　设 p_k 为 n 个非负实数 $a_1,a_2,\cdots,a_n$ 的 k 次初等对称平均, 则有

$$p_k^{\frac{1}{k}}\geqslant p_l^{\frac{1}{l}},\ (1\leqslant k<l\leqslant n),\tag{2.1.5}$$

当且仅当 $a_1=a_2=\cdots=a_n$ 时等号成立.

事实上, 只需对不等式 (2.1.2) 的两端同取 k 次幂, 便得 $p_k^{2k}\geqslant p_{k-1}^kp_{k+1}^k$, 并取 $k=1,\ 2,\cdots,n$, 再注意到 $p_0=1$ 时便得 $p_k^{\frac{1}{k}}\geqslant p_{k+1}^{\frac{1}{k+1}}$, 由此立即可得 (2.1.5), 至于等号成立的充要条件当然与 (2.1.2) 中的相同.

不等式 (2.1.5) 称为 Maclaurin 不等式.

设 $\mathscr{A}$ 与 $\mathscr{B}$ 为 n 维欧氏空间 $\mathbf{E}^n$ 中的两个单形, 其顶点集分别为 $\{A_1,A_2,\cdots,A_{n+1}\}$ 和 $\{B_1,B_2,\cdots,B_{n+1}\}$, 记 $|A_iA_j|=a_{ij},|B_iB_j|=b_{ij}\ (1\leqslant i,j\leqslant n+1),B$ 为单形 $\mathscr{B}$ 的 $n+2$ 阶 Cayley-Menger 矩阵, B_{ij} 为 B 中元素 b_{ij}^2 的代数余子式.

定理 1[7]　设 $\mathscr{A}$ 与 $\mathscr{B}$ 均为 n 维欧氏空间 $\mathbf{E}^n$ 中的单形, 它们的 n 维体积分别为 $V_{\mathscr{A}}$ 与 $V_{\mathscr{B}}$, 则有

$$(-1)^{n+1}\cdot\sum_{1\leqslant i<j\leqslant n+1}a_{ij}^2B_{ij}\geqslant 2^{n-1}n\cdot n!^2\cdot V_{\mathscr{A}}^{\frac{2}{n}}\cdot V_{\mathscr{B}}^{2-\frac{2}{n}},\tag{2.1.6}$$

当且仅当 $\mathscr{A}\backsim\mathscr{B}$ 时等号成立.

证 记

$$\begin{cases} p_{ij} = a_{i,n+1}^2 + a_{n+1,j}^2 - a_{ij}^2, \\ q_{ij} = b_{i,n+1}^2 + b_{n+1,j}^2 - b_{ij}^2, \end{cases} (1 \leqslant i, j \leqslant n+1).$$

$$P = (p_{ij})_{n\times n}, \quad Q = (q_{ij})_{n\times n}.$$

$$S_{ij}(x) = p_{ij} - xq_{ij}, \quad S(x) = (S_{ij}(x))_{n\times n},$$

$$f_{ij}(x) = a_{ij}^2 - xb_{ij}^2,$$

$$F(x) = \begin{pmatrix} 0 & 1 & \cdots & 1 \\ 1 & & & \\ \vdots & & f_{ij}(x) & \\ 1 & & & \end{pmatrix}.$$

这里 $F(x)$ 为 $(n+2)\times(n+2)$ 阶方阵, 约定 $F(x)$ 的行列号是由 0 至 $n+1$, 第 0 行 (或列) 乘以 $-f_{i,n+1}(x)$ $(-f_{n+1,j}(x))$ 后加到第 i 行 (或 j 列) 上, 即得

$$\begin{aligned} \det F(x) &= \begin{vmatrix} 0 & 1 & \cdots & 1 \\ 1 & & & \\ \vdots & & f_{ij}(x) & \\ 1 & & & \end{vmatrix} \\ &= (-1)^{n+1}\det(S_{ij}(x)) \\ &= (-1)^{n+1}\det S(x) \\ &= (-1)^{n+1}\det(P - xQ), \end{aligned}$$

令 $\det(P - xQ) = 0$, 将其展开得

$$c_0x^n - c_1x^{n-1} + \cdots + (-1)^k c_k x^{n-k} + \cdots + (-1)^n c_n = 0, \tag{2.1.7}$$

其中

$$c_k=\sum\sum\cdots\sum_{i_1,i_2,\cdots,i_k}|R_{i_1,i_2,\cdots,i_k}|,$$

且 $R_{i_1,i_2,\cdots,i_k}$ 是矩阵 Q 中第 $i_1,i_2,\cdots,i_k$ 列被 P 中同序的列代替后所得的矩阵, 并且有

$$\begin{cases}c_0=\det Q\\ c_1=\sum\limits_{i=1}^{n}\sum\limits_{j=1}^{n}q_{ij}P_{ij}\\ \quad\vdots\\ c_n=\det P\end{cases},$$

即

$$\begin{cases}c_0=2^n\cdot n!^2\cdot V_{\mathscr{B}}^2\\ c_1=(-1)^{n+1}\cdot\sum\limits_{i=1}^{n+1}\sum\limits_{j=1}^{n+1}a_{ij}^2B_{ij}\\ \quad\vdots\\ c_n=2^n\cdot n!^2\cdot V_{\mathscr{A}}^2\end{cases}.$$

易知方程 (2.1.7) 有 n 个非负实根, 设这 n 个非负实根分别为 $x_1,x_2,\cdots,x_n$, 则由 Vieta 定理知

$$p_1=\frac{\frac{c_1}{c_0}}{n}=\frac{c_1}{nc_0},\quad p_n=\frac{c_n}{c_0},$$

即

$$\begin{aligned}p_1&=\frac{(-1)^{n+1}}{2^n\cdot n\cdot n!^2\cdot\ V_{\mathscr{B}}^2}\cdot\sum_{i=1}^{n+1}\sum_{j=1}^{n+1}a_{ij}^2B_{ij}\\&=\frac{(-1)^{n+1}}{2^{n-1}\cdot n\cdot n!^2\cdot\ V_{\mathscr{B}}^2}\cdot\sum_{1\leqslant i<j\leqslant n+1}a_{ij}^2B_{ij},\end{aligned}$$

$$p_n = \frac{2^n \cdot n \cdot n!^2 \cdot V_{\mathscr{A}}^2}{2^n \cdot n \cdot n!^2 \cdot V_{\mathscr{B}}^2} = \frac{V_{\mathscr{A}}^2}{V_{\mathscr{B}}^2},$$

将此二式代入 (2.1.5) 中便得

$$\frac{(-1)^{n+1} \cdot \sum\limits_{1 \leqslant i < j \leqslant n+1} a_{ij}^2 B_{ij}}{2^{n-1} \cdot n \cdot n!^2 \cdot V_{\mathscr{B}}^2} \geqslant \left(\frac{V_{\mathscr{A}}^2}{V_{\mathscr{B}}^2}\right)^{\frac{1}{n}},$$

将此不等式整理之便得 (2.1.6).

如下证明 (2.1.6) 中等号成立的充要条件.

充分性:

假设 $\mathscr{A} \backsim \mathscr{B}$, 并且令 $a_{ij} = \mu b_{ij}$ ($\mu > 0,\ 1 \leqslant i, j \leqslant n+1$), 于是又有

$$p_{ij} = \mu q_{ij};\quad P = \mu Q,$$

所以有

$$\begin{aligned}\det F(x) &= -\det(P - xQ)\\ &= -\det((\mu Q) - xQ)\\ &= -(\mu - x)^n \det Q,\end{aligned}$$

可见, μ 是 $\det F(x) = 0$ 的 n 重根, 而诸两两相等恰好是 Maclaurin 不等式中等号成立的充要条件, 故

$$\frac{(-1)^{n+1} \cdot \sum\limits_{1 \leqslant i < j \leqslant n+1} a_{ij}^2 B_{ij}}{2^{n-1} \cdot n \cdot n!^2 \cdot V_{\mathscr{B}}^2} = \frac{V_{\mathscr{A}}^{\frac{2}{n}}}{V_{\mathscr{B}}^{\frac{2}{n}}}, \tag{2.1.8}$$

从而 (2.1.6) 中的等式成立, 故充分性得证.

必要性:

若 (2.1.6) 中的等式成立, 即 (2.1.8) 成立, 那么, $\det(P-xQ)=0$ 有 n 重根, 但由于 P, Q 是对称阵, 且 Q 为正定阵, 故存在合同变换 T, 使

$$TQT^\tau = I,\quad TPT^\tau = \begin{pmatrix} \mu_1 & & & 0 \\ & \mu_2 & & \\ & & \ddots & \\ 0 & & & \mu_n \end{pmatrix},$$

于是

$$\det(P-xQ)=\frac{1}{(\det T)^2}\cdot(\mu_1-x)(\mu_2-x)\cdots(\mu_n-x),$$

由 $\det(P-xQ)=0$ 有 n 重根可知

$$\mu_1=\mu_2=\cdots=\mu_n=\mu.$$

故有 $TPT^\tau=\mu TQT^\tau$, 即 $P=\mu Q$, 从而知 $a_{ij}=\mu\, b_{ij}$ $(1\leqslant i,\ j\leqslant n+1$, 即 $\mathscr{A}\backsim\mathscr{B}$, 故必要性得证. □

推论 2 设单形 $\mathscr{B}$ 的顶点 B_i 与 B_j 所对的二界面的 $n-1$ 维体积为 $S_i(\mathscr{B})$ 与 $S_j(\mathscr{B})$, 且二界面所夹的内二面角为 $\theta_{ij}(\mathscr{B})$, 其余条件与定理 1 中的相同, 则

$$\sum_{1\leqslant i<j\leqslant n+1} a_{ij}^2 S_i(\mathscr{B})S_j(\mathscr{B})\cos\theta_{ij}(\mathscr{B})\geqslant n^3\cdot V_{\mathscr{A}}^{\frac{2}{n}}\cdot V_{\mathscr{B}}^{2-\frac{2}{n}}, \tag{2.1.9}$$

当且仅当 $\mathscr{A}\backsim\mathscr{B}$ 时等号成立.

实际上, 由 1.5 中的 (1.5.21) 知

$$(-1)^{n+1}B_{ij}=2^{n-1}(n-1)!^2 S_i(\mathscr{B})S_j(\mathscr{B})\cos\theta_{ij}(\mathscr{B}),$$

将此式代入 (2.1.6) 的左端经化简便得 (2.1.9).

定义 如果单形 $\mathscr{A}$ 的每个二面角的内角都是非钝角, 则称 $\mathscr{A}$ 为非钝角的单形.

定理 2[7] 设 $\mathbf{E}^n$ 中两个单形 $\mathscr{A}$ 与 $\mathscr{B}$ 满足:

1° $a_{ij} \leqslant b_{ij}$ $(1 \leqslant i, j \leqslant n+1)$;

2° $\mathscr{B}$ 是非钝角的,

则必有

$$V_{\mathscr{A}} \leqslant V_{\mathscr{B}}. \tag{2.1.10}$$

证 考虑等式

$$x^n \cdot \det B = \begin{vmatrix} 0 & 1 & \cdots & 1 \\ 1 & & & \\ \vdots & & \boxed{xb_{ij}^2} & \\ 1 & & & \end{vmatrix},$$

两端同时对 x 进行求导, 再令 $x=1$, 同时把右端由于分行求导所产生的行列式按求导的那一行展开, 即

$$(-1)^{n+1} \cdot \sum_{i=1}^{n+1} \sum_{j=1}^{n+1} b_{ij}^2 B_{ij} = 2^n \cdot n \cdot \ n!^2 \cdot \ V_{\mathscr{B}}^2,$$

即

$$(-1)^{n+1} \cdot \sum_{1 \leqslant i < j \leqslant n+1} b_{ij}^2 B_{ij} = 2^{n-1} \cdot n \cdot \ n!^2 \cdot \ V_{\mathscr{B}}^2, \tag{2.1.11}$$

由于单形 $\mathscr{B}$ 是非钝角的, 故 $\cos\theta_{ij}(\mathscr{B}) \geqslant 0$, 从而可知 $(-1)^{n+1} B_{ij} \geqslant 0$ $(1 \leqslant i, j \leqslant n+1)$, 再加上条件

$a_{ij} \leqslant b_{ij}$, 故由 (2.1.11) 可得

$$\begin{aligned}V_{\mathscr{B}}^2 &= \frac{1}{2^{n-1}\cdot n\cdot n!^2}\cdot(-1)^{n+1}\cdot\sum_{1\leqslant i<j\leqslant n+1} b_{ij}^2 B_{ij}\\ &\geqslant \frac{1}{2^{n-1}\cdot n\cdot n!^2}\cdot(-1)^{n+1}\cdot\sum_{1\leqslant i<j\leqslant n+1} a_{ij}^2 B_{ij}\\ &\geqslant V_{\mathscr{A}}^{\frac{2}{n}}\cdot V_{\mathscr{B}}^{2-\frac{2}{n}},\end{aligned}$$

由此立即可得 $V_{\mathscr{A}} \leqslant V_{\mathscr{B}}$. □

§2.2　联系两个单形的一个不等式

Neuberg-Pedoe 不等式是联系两个三角形的边长与面积的一个几何不等式, 在本章第一节中所讨论的问题就是联系两个单形的一个几何不等式, 本节将给出联系两个单形的另外一个几何不等式, 它的结构形式类似于 Neuberg-Pedoe 不等式的结构形式.

定义　设 $\mathscr{A}$ 为 n 维欧氏空间 $\mathbf{E}^n$ 中的单形, 又 $\mathscr{A}$ 的顶点 A_i 所对的界面的单位法向量为 ε_i $(1\leqslant i\leqslant n+1)$, 记 $D_i=\det(\varepsilon_1,\varepsilon_2,\cdots,\varepsilon_{i-1},\varepsilon_{i+1},\cdots,\varepsilon_{n+1})$, 则把 $\arcsin|D_i|$ 叫作单形 $\mathscr{A}$ 的顶点 A_i 的 n 维空间角.

引理 1　设 $\{A_1, A_2, \cdots, A_{n+1}\}$ 为 n 维欧氏空间 $\mathbf{E}^n$ 中单形 $\mathscr{A}$ 的顶点集, V 为 $\mathscr{A}$ 的 n 维体积, $\mathscr{A}$ 的顶点 A_i 所对的界面的 $n-1$ 维体积为 S_i $(1\leqslant i\leqslant n+1)$, 则

$$\frac{S_1}{\sin A_1}=\frac{S_2}{\sin A_2}=\cdots=\frac{S_{n+1}}{\sin A_{n+1}}=\frac{(n-1)!\cdot\prod\limits_{i=1}^{n+1}S_i}{(nV)^{n-1}}. \tag{2.2.1}$$

证 设单形 $\mathscr{A}$ 的棱 $A_{n+1}A_i$ 所在直线的向量为 α_i, 即 $\overrightarrow{A_{n+1}A_i}=\alpha_i\ (1\leqslant i\leqslant n)$, 则由 (1.1.2) 可得

$$V^2=\frac{1}{n!^2}\cdot\begin{vmatrix}\alpha_1^2 & \alpha_1\alpha_2 & \cdots & \alpha_1\alpha_n\\ \alpha_2\alpha_1 & \alpha_2^2 & \cdots & \alpha_2\alpha_n\\ \cdots & \cdots & \cdots & \cdots\\ \alpha_n\alpha_1 & \alpha_n\alpha_2 & \cdots & \alpha_n^2\end{vmatrix}=\frac{1}{n!^2}\cdot|A|. \tag{2.2.2}$$

由正弦的定义知

$$\sin^2 A_{n+1}=\begin{vmatrix}\varepsilon_1^2 & \varepsilon_1\varepsilon_2 & \cdots & \varepsilon_1\varepsilon_n\\ \varepsilon_2\varepsilon_1 & \varepsilon_2^2 & \cdots & \varepsilon_2\varepsilon_n\\ \cdots & \cdots & \cdots & \cdots\\ \varepsilon_n\varepsilon_1 & \varepsilon_n\varepsilon_2 & \cdots & \varepsilon_n^2\end{vmatrix}. \tag{2.2.3}$$

记

$$a_i=\alpha_1\wedge\alpha_2\wedge\cdots\wedge\alpha_{i-1}\wedge\alpha_{i+1}\wedge\cdots\wedge\alpha_n,$$

则由 Grassmann 代数知

$$\begin{aligned}|a_i|&=|\alpha_1\wedge\alpha_2\wedge\cdots\wedge\alpha_{i-1}\wedge\alpha_{i+1}\wedge\cdots\wedge\alpha_n|\\ &=(n-1)!\cdot S_i,\ (1\leqslant i\leqslant n),\end{aligned}$$

显然 $\varepsilon_i=\frac{a_i}{|a_i|}\ (1\leqslant i\leqslant n)$.

因为

$$\begin{aligned}(\alpha,\beta)&=(\alpha_1\wedge\alpha_2\wedge\cdots\wedge\alpha_n,\ \beta_1\wedge\beta_2\wedge\cdots\wedge\beta_n)\\ &=\begin{vmatrix}\alpha_1\beta_1 & \alpha_1\beta_2 & \cdots & \alpha_1\beta_n\\ \alpha_2\beta_1 & \alpha_2\beta_2 & \cdots & \alpha_2\beta_n\\ \cdots & \cdots & \cdots & \cdots\\ \alpha_n\beta_1 & \alpha_n\beta_2 & \cdots & \alpha_n\beta_n\end{vmatrix},\end{aligned}$$

所以，若再记 A_{ij} 为 A 中元素 a_{ij} 的代数余子式，则有

$$\varepsilon_i\varepsilon_j=\frac{a_ia_j}{|a_i||a_j|}=\frac{A_{ij}}{(n-1)!^2\cdot S_iS_j},\ (1\leqslant i,j\leqslant n+1),$$

由此可得

$$\begin{aligned}\sin^2 A_{n+1}&=\frac{1}{(n-1)!^{2n}\cdot\prod\limits_{i=1}^{n}S_i^2}\cdot\begin{vmatrix}A_{11}&A_{12}&\cdots&A_{1n}\\A_{21}&A_{22}&\cdots&A_{2n}\\\cdots&\cdots&\cdots&\cdots\\A_{n1}&A_{n2}&\cdots&A_{nn}\end{vmatrix}\\&=\frac{|A|^{n-1}}{(n-1)!^{2n}\cdot\prod\limits_{i=1}^{n}S_i^2}\\&=\frac{n!^{2(n-1)}\cdot V^{2(n-1)}}{(n-1)!^{2n}\cdot\prod\limits_{i=1}^{n}S_i^2}\\&=\left(\frac{(nV)^{n-1}}{(n-1)!\cdot\prod\limits_{i=1}^{n}S_i}\right)^2,\end{aligned}$$

从而有

$$\frac{S_{n+1}}{\sin A_{n+1}}=\frac{(n-1)!\cdot\prod\limits_{i=1}^{n+1}S_i}{(nV)^{n-1}},$$

同样可以证得其他 n 个等式. □

引理 2 设 n 维欧氏空间 $\mathbf{E}^n$ 中单形 $\mathscr{A}$ 的 n 维体积为 V，又 $\mathscr{A}$ 的顶点 A_i 所对的界面的 $n-1$ 维体积为 $S_i\,(1\leqslant i\leqslant n+1)$，再设 m_i 为顶点 $A_i\,(1\leqslant i\leqslant n+1)$ 所对应的正实数，θ_{ij} 为 $\mathscr{A}$ 的顶点 A_i 与 A_j 所对的二

$n-1$ 维超平面所夹的内二面角, 则

$$V^{2(n-1)} \leqslant \frac{n!^2}{n^{3n}} \cdot \frac{\left(\sum_{i=1}^{n+1} m_i\right)^n \cdot \prod_{i=1}^{n+1} \frac{S_i^2}{m_i}}{\sum_{i=1}^{n+1} \frac{S_i^2}{m_i}}, \tag{2.2.4}$$

当且仅当下述的矩阵 Q 的所有非零特征值均相等时等号成立.

证 在单形 $\mathscr{A}$ 的内部任取一点 P, 自点 P 向 $\mathscr{A}$ 的 $n+1$ 个界面作单位法向量 $\varepsilon_1, \varepsilon_2, \cdots, \varepsilon_{n+1}$, 设 α_{ij} 为向量 ε_i 与 ε_j 所夹的角, $\mathscr{A}$ 的顶点 A_i 与 A_j 所对的二界面所夹的内二面角为 θ_{ij}, 则易知 $\alpha_{ij}+\theta_{ij}=\pi$, 又因为 $\mathbf{E}^n$ 中任意 $n+1$ 个向量必线性相关, 故

$$\det(\sqrt{m_1}\,\varepsilon_1, \sqrt{m_2}\,\varepsilon_2, \cdots, \sqrt{m_{n+1}}\,\varepsilon_{n+1}) = 0.$$

若记 $G = (\sqrt{m_1}\,\varepsilon_1, \sqrt{m_2}\,\varepsilon_2, \cdots, \sqrt{m_{n+1}}\,\varepsilon_{n+1})$, 则 $|G|^2$ 为一个 $n+1$ 阶半正定行列式, 且

$$Q = G^2 = \begin{pmatrix} m_1 & -\sqrt{m_1 m_2}\cos\theta_{21} & \cdots & -\sqrt{m_1 m_{n+1}}\cos\theta_{1,n+1} \\ -\sqrt{m_2 m_1}\cos\theta_{21} & m_2 & \cdots & -\sqrt{m_2 m_{n+1}}\cos\theta_{2,n+1} \\ \cdots & \cdots & \cdots & \cdots \\ -\sqrt{m_{n+1} m_1}\cos\theta_{n+1,1} & -\sqrt{m_{n+1} m_2}\cos\theta_{n+1,2} & \cdots & m_{n+1} \end{pmatrix},$$

设 I 为 $n+1$ 阶单位阵, 则方程

$$\det(Q-xI)=0$$

有 n 个正实数根 $x_1,x_2,\cdots,x_n$, 现将此方程展开得

$$x^n-c_1x^{n-1}+\cdots+(-1)^k c_k x^{n-k}+\cdots+(-1)^n c_n=0. \tag{2.2.5}$$

易知

$$\begin{cases} c_1=\sum\limits_{i=1}^{n+1} m_i \\ c_n=\sum\limits_{i=1}^{n+1} m_1\cdots m_{i-1}m_{i+1}\cdots m_{n+1}\sin^2 A_i \end{cases},$$

若设 $x_1,x_2,\cdots,x_n$ 的 k 次初等对称多项式为 σ_k, 则由 Vieta 定理知, $\sigma_k=c_k\ (1\leqslant k\leqslant n)$.

在 Maclaurin 不等式 (2.1.5) 中取 $k=1$ 和 $l=n$ 便有

$$\frac{c_1}{n}\geqslant(c_n)^{\frac{1}{n}},$$

当且仅当 $x_1=x_2=\cdots=x_n$ 时等号成立.

即

$$\sum_{i=1}^{n+1}\left(\prod_{\substack{j=1\\j\neq i}}^{n+1} m_j\right)\sin^2 A_i\leqslant\left(\frac{1}{n}\cdot\sum_{i=1}^{n+1} m_i\right)^n, \tag{2.2.6}$$

当且仅当上述的矩阵 Q 的所有非零特征值均相等时等号成立.

由引理 1, 将 (2.2.1) 代入 (2.2.6) 内得

$$\left(\frac{1}{n}\cdot\sum_{i=1}^{n+1}m_i\right)^n \geqslant \sum_{i=1}^{n+1}\left(\prod_{\substack{j=1\\ j\neq i}}^{n+1}m_j\right)\cdot\left(\frac{(nV)^{n-1}\cdot S_i}{(n-1)!\cdot\prod\limits_{j=1}^{n+1}S_j}\right)^2$$
$$=\frac{(nV)^{2(n-1)}}{(n-1)!^2}\cdot\sum_{i=1}^{n+1}\frac{\frac{S_i^2}{m_i}}{\prod\limits_{j=1}^{n+1}\frac{S_j^2}{m_j}},$$

即

$$\frac{\left(\frac{1}{n}\cdot\sum\limits_{i=1}^{n+1}m_i\right)^n\cdot\prod\limits_{i=1}^{n+1}\frac{S_i^2}{m_i}}{\sum\limits_{i=1}^{n+1}\frac{S_i^2}{m_i}}\geqslant\frac{(nV)^{2(n-1)}}{(n-1)!^2},$$

当且仅当上述的矩阵 Q 的所有非零特征值均相等时等号成立. □

引理 3 设 V 为 n 维欧氏空间 $\mathbf{E}^n$ 中单形 $\mathscr{A}$ 的 n 维体积, 由顶点 A_i, A_j, A_k 所构成的三角形的面积为 $\triangle_{ijk}$, 则有

$$V\leqslant\left(\frac{(n+1)\cdot 2^n}{3^{\frac{n}{2}}\cdot n!^2}\right)^{\frac{1}{2}}\left(\prod_{1\leqslant i<j<k\leqslant n+1}\triangle_{ijk}\right)^{\frac{3}{n^2-1}},\tag{2.2.7}$$

当且仅当 $\mathscr{A}$ 为正则单形时等号成立.

证 设单形 $\mathscr{A}$ 的顶点 A_i 所对的界面的 $n-1$ 维体积为 S_i $(1\leqslant i\leqslant n+1)$, 则由 (2.2.4) 并利用不等式

$$\sum_{i=1}^{n+1}S_i^2\geqslant(n+1)\cdot\left(\prod_{i=1}^{n+1}S_i\right)^{\frac{2}{n+1}}$$

(当且仅当 $S_1 = S_2 = \cdots = S_{n+1}$ 时等号成立) 可得

$$V \leqslant \sqrt{n+1} \cdot \left(\frac{n!^2}{n^{3n}}\right)^{\frac{1}{2(n-1)}} \cdot \left(\prod_{i=1}^{n+1} S_i\right)^{\frac{n}{n^2-1}}, \quad (2.2.8)$$

当且仅当 $\mathscr{A}$ 为正则单形时等号成立.

由 (2.2.8) 易知, 在 (2.2.7) 中当 $n = 3$ 时是成立的.

设 (2.2.7) 对于 $n-1$ 时是成立的, 即

$$S_l \leqslant \left(\frac{n \cdot 2^{n-1}}{3^{\frac{n-1}{2}} \cdot (n-1)!^2}\right)^{\frac{1}{2}} \cdot \left(\prod_{\substack{1 \leqslant i<j<k \leqslant n+1 \\ i,j,k \neq l}} \triangle_{ijk}\right)^{\frac{3}{(n-1)^2-1}}, \quad (2.2.9)$$

当且仅当 S_l $(1 \leqslant l \leqslant n+1)$ 为正则单形时等号成立.

注意到 S_i 与 S_j 中的公共部分的顶点所构成的三角形的个数, 将 (2.2.9) 对 l 求积, 可得

$$\prod_{i=1}^{n+1} S_i \leqslant \left(\frac{n \cdot 2^{n-1}}{3^{\frac{n-1}{2}} \cdot (n-1)!^2}\right)^{\frac{n+1}{2}} \cdot \left(\prod_{1 \leqslant i<j<k \leqslant n+1} \triangle_{ijk}\right)^{\frac{3}{n}}, \quad (2.2.10)$$

当且仅当 S_i $(1 \leqslant i \leqslant n+1)$ 为正则单形即 $\mathscr{A}$ 为正则单形时等号成立.

将 (2.2.10) 代入 (2.2.8) 内得

$$
\begin{aligned}
V &\leqslant \sqrt{n+1}\cdot\left(\frac{n!^2}{n^{3n}}\right)^{\frac{1}{2(n-1)}}\cdot\left(\frac{n\cdot 2^{n-1}}{3^{\frac{n-1}{2}}\cdot(n-1)!^2}\right)^{\frac{n}{2(n-1)}}\\
&\qquad\times\left(\prod_{1\leqslant i<j<k\leqslant n+1}\triangle_{ijk}\right)^{\frac{3}{n^2-1}}\\
&=\left(\frac{(n+1)\cdot n!^{\frac{1}{2(n-1)}}\cdot n^{\frac{n}{n-1}}\cdot 2^n}{n^{\frac{3n}{n-1}}\cdot 3^{\frac{n}{2}}\cdot(n-1)!^{\frac{2n}{n-1}}}\right)^{\frac{1}{2}}\\
&\qquad\times\left(\prod_{1\leqslant i<j<k\leqslant n+1}\triangle_{ijk}\right)^{\frac{3}{n^2-1}}\\
&=\left(\frac{(n+1)\cdot 2^n}{3^{\frac{n}{2}}\cdot n!^2}\right)^{\frac{1}{2}}\cdot\left(\prod_{1\leqslant i<j<k\leqslant n+1}\triangle_{ijk}\right)^{\frac{3}{n^2-1}},
\end{aligned}
$$

至于等号成立的充要条件是显然的. □

引理 4 设 $\triangle ABC$ 的边长为 a,b,c, 面积为 $\triangle,\theta\in(0,1)$, 以 $a^\theta,b^\theta,c^\theta$ 为三边可以构成一个三角形, 且该三角形的面积为 $\triangle_\theta$, 则

$$
\triangle_\theta\geqslant\left(\frac{\sqrt{3}}{4}\right)^{1-\theta}\triangle^\theta, \tag{2.2.11}
$$

当且仅当 $\triangle ABC$ 为正三角形时等号成立.

证 首先对 (2.2.11) 的两端进行平方, 然后再利用三角形的面积公式可得

$$
\begin{aligned}
&\frac{1}{3}\cdot\left[2(a^{2\theta}b^{2\theta}+b^{2\theta}c^{2\theta}+c^{2\theta}a^{2\theta})-(a^{4\theta}+b^{4\theta}+c^{4\theta})\right]\\
&\quad\geqslant\frac{1}{3^\theta}\cdot\left[2(a^2b^2+b^2c^2+c^2a^2)-(a^4+b^4+c^4)\right]^\theta,
\end{aligned} \tag{2.2.12}
$$

令 $x=\frac{a^2}{c^2}$, $y=\frac{b^2}{c^2}$, 考虑如下二元函数的极值

$$
\begin{aligned}
f(x,y)=&\left[2(x^\theta y^\theta+x^\theta+y^\theta)-(x^{2\theta}+y^{2\theta}+1)\right]^{\frac{1}{\theta}}\\
&-3^{\frac{1}{\theta}-1}\left[2(xy+x+y)-(x^2+y^2+1)\right],
\end{aligned}
$$

容易求得

$$
\begin{aligned}
f'_x=&2\left[2(x^\theta y^\theta+x^\theta+y^\theta)-(x^{2\theta}+y^{2\theta}+1)\right]^{\frac{1}{\theta}-1}\\
&\times\left[x^{\theta-1}y^\theta+x^{\theta-1}-x^{2\theta-1}\right]-2\times 9^{\frac{1}{\theta}-1}(y+1-x);
\end{aligned}
$$

$$
\begin{aligned}
f'_y=&2\left[2(x^\theta y^\theta+x^\theta+y^\theta)-(x^{2\theta}+y^{2\theta}+1)\right]^{\frac{1}{\theta}-1}\\
&\times\left[x^{\theta}y^{\theta-1}+y^{\theta-1}-y^{2\theta-1}\right]-2\times 9^{\frac{1}{\theta}-1}(x+1-y),
\end{aligned}
$$

令 $f'_x=0, f'_y=0$, 则可得 $x=1, y=1$, 在此驻点处 $f(x,y)$ 的二阶偏导数分别为

$$
\begin{aligned}
&f''_{x^2}(1,\ 1)=4\cdot 3^{\frac{1}{\theta}-2}\cdot(1-\theta);\\
&f''_{xy}(1,\ 1)=f''_{yx}(1,\ 1)=3^{\frac{1}{\theta}-2}\cdot(1-\theta);\\
&f''_{y^2}(1,\ 1)=4\cdot 3^{\frac{1}{\theta}-2}\cdot(1-\theta),
\end{aligned}
$$

显然当 $\theta\in(0,\ 1)$ 时,

$$
\begin{aligned}
&f''_{x^2}(1,\ 1)>0,\\
&f''_{x^2}(1,1)\cdot f''_{y^2}(1,1)-(f''_{xy}(1,1))^2\\
&=15\cdot 3^{\frac{2}{\theta}-4}\cdot(1-\theta)^2>0,
\end{aligned}
$$

又 $f(1,\ 1)=0$, 所以函数 $f(x,y)$ 在驻点 $P_0(1,\ 1)$ 处取得极小 0, 即 $f(x,y)\geqslant 0$, 亦即 $f\left(\frac{a^2}{c^2},\frac{b^2}{c^2}\right)\geqslant 0$, 由此立即可得不等式 (2.2.12), 从而再利用三角形的面积公式即得 (2.2.11). $\square$

利用三角形的面积公式

$$\triangle = \frac{1}{2}bc\sin A = \frac{1}{2}ca\sin B = \frac{1}{2}ab\sin C$$

以及三角不等式

$$\sin A\sin B\sin C \leqslant \left(\frac{\sqrt{3}}{2}\right)^3,$$

当且仅当 $\triangle ABC$ 为正三角形时等号成立, 容易得到

$$\triangle \leqslant \frac{\sqrt{3}}{4}(abc)^{\frac{2}{3}}, \tag{2.2.13}$$

当且仅当 $\triangle ABC$ 为正三角形时等号成立.

将 (2.2.13) 应用于 $\triangle A_iB_jC_k$, 可得

$$\triangle_{ijk} \leqslant \frac{\sqrt{3}}{4}(a_{ij}b_{ik}c_{jk})^{\frac{2}{3}},$$

将此不等式代入 (2.2.7) 内, 并注意 a_{ij} 的重复部分便可得到如下著名的 Veljan-Korchmáros 不等式

$$V \leqslant \frac{1}{n!}\cdot\left(\frac{n+1}{2^n}\right)^{\frac{1}{2}}\cdot\left(\prod_{1\leqslant i<j\leqslant n+1} a_{ij}\right)^{\frac{2}{n+1}}, \tag{2.2.14}$$

当且仅当 $\mathscr{A}$ 为正则单形时等号成立.

引理 5 设 V 为 n 维欧氏空间 $\mathbf{E}^n$ 中单形 $\mathscr{A}$ 的 n 维体积, 顶点 A_i 与 A_j 之间的距离为 a_{ij}, 即 $|A_iA_j| = a_{ij}$, $\theta \in (0,\ 1]$, 则有

$$\sum_{1\leqslant i<j\leqslant n+1} a_{ij}^{2\theta}\left(\sum_{1\leqslant k<l\leqslant n+1} a_{kl}^{2\theta} - n\,a_{ij}^{2\theta}\right) \geqslant \varphi(n,\theta)\cdot V^{\frac{2\theta}{n}}, \tag{2.2.15}$$

当且仅当 $\mathscr{A}$ 为正则单形时等号成立, 其中

$$\varphi(n,\theta)=2^{2\theta-2}n^2(n^2-1)\left(\frac{n!^2}{n+1}\right)^{\frac{2\theta}{n}}.$$

证　为了方便起见, 这里我们记 $\binom{n+1}{2}=m$. 因为单形 $\mathscr{A}$ 共有 $\binom{n+1}{2}$ 条棱, 其中每两条棱一组可以构成 $\binom{m}{2}$ 组, 又 $\mathscr{A}$ 共有 $\binom{n+1}{3}$ 个三角形侧面, 而每一个三角形有三条边, 故在 $\mathscr{A}$ 中不在同一个三角形上的两边之积 $a_{ij}^{\theta}a_{kl}^{\theta}$ 共有 $\binom{m}{2}-3\binom{n+1}{3}(=3\binom{n+1}{4})$ 项, 将这些项之和的 2 倍记为 Q, 则由三角形的面积公式以及 (2.2.11) 与 (2.2.7) 和 (2.2.14) 可得

$$\begin{aligned}
&\sum_{1\leqslant i<j\leqslant n+1}a_{ij}^{2\theta}\left(\sum_{1\leqslant k<l\leqslant n+1}a_{kl}^{2\theta}-n\,a_{ij}^{2\theta}\right)\\
&=\left(\sum_{1\leqslant i<j\leqslant n+1}a_{ij}^{2\theta}\right)^2-n\cdot\sum_{1\leqslant i<j\leqslant n+1}a_{ij}^{4\theta}\\
&=2\cdot\sum_{1\leqslant i<j\leqslant n+1}\sum_{\substack{1\leqslant k<l\leqslant n+1,\\ i,j\neq k,l}}a_{ij}^{2\theta}a_{kl}^{2\theta}-(n-1)\cdot\sum_{1\leqslant i<j\leqslant n+1}a_{ij}^{4\theta}\\
&=\sum_{1\leqslant i<j<k\leqslant n+1}\left[2\left(a_{ij}^{2\theta}a_{ik}^{2\theta}+a_{ij}^{2\theta}a_{jk}^{2\theta}+a_{ik}^{2\theta}a_{jk}^{2\theta}\right)\right.\\
&\qquad\qquad\left.-\left(a_{ij}^{4\theta}+a_{ik}^{4\theta}+a_{jk}^{4\theta}\right)\right]+Q\\
&=\sum_{1\leqslant i<j<k\leqslant n+1}16\triangle_{\theta,ijk}^2+Q\\
&\geqslant 16\binom{n+1}{3}\cdot\left(\prod_{1\leqslant i<j<k\leqslant n+1}\triangle_{\theta,\,ijk}^2\right)^{\frac{1}{\binom{n+1}{3}}}\\
&\qquad+6\binom{n+1}{4}\cdot\left(\prod_{1\leqslant i<j\leqslant n+1}a_{ij}\right)^{\frac{4\theta}{\binom{n+1}{2}}}
\end{aligned}$$

$$\geqslant 16\binom{n+1}{3}\cdot\left(\frac{3}{16}\right)^{1-\theta}\left(\prod_{1\leqslant i<j<k\leqslant n+1}\triangle_{ijk}^2\right)^{\frac{\theta}{\binom{n+1}{3}}}$$
$$+6\binom{n+1}{4}\cdot\left(\frac{2^n\cdot n!^2}{n+1}\right)^{\frac{2\theta}{n}}\cdot V^{\frac{4\theta}{n}}$$
$$\geqslant 3\binom{n+1}{3}\cdot\left(\frac{16}{3}\right)^{\theta}\cdot\left(\frac{3^{\frac{n}{2}}\cdot n!^2}{(n+1)\cdot 2^n}\right)^{\frac{2\theta}{n}}\cdot V^{\frac{4\theta}{n}}$$
$$+6\binom{n+1}{4}\cdot\left(\frac{2^n\cdot n!^2}{n+1}\right)^{\frac{2\theta}{n}}\cdot V^{\frac{4\theta}{n}}$$
$$=2^{2\theta-2}\cdot n^2(n^2-1)\left(\frac{n!^2}{n+1}\right)^{\frac{2\theta}{n}}\cdot V^{\frac{4\theta}{n}},$$

由上述证明过程不难看出, 等号成立的充要条件是单形 $\mathscr{A}$ 为正则. □

记 $A=\sum\limits_{1\leqslant i<j\leqslant n+1}a_{ij}^{2\theta}$, $B=\sum\limits_{1\leqslant i<j\leqslant n+1}b_{ij}^{2\theta}$, 则我们可以给出如下的定理:

定理 设 $\mathscr{A}$ 与 $\mathscr{B}$ 分别为 n 维欧氏空间 $\mathbf{E}^n$ 中的两个单形, 它们的棱长分别为 a_{ij} 与 b_{ij}, n 维体积分别是 $V_{\mathscr{A}}$ 和 $V_{\mathscr{B}}$, $\theta_i\in(0,\ 1]$ $(i=1,\ 2)$, 则有

$$\sum_{1\leqslant i<j\leqslant n+1}a_{ij}^{2\theta_1}\left(\sum_{1\leqslant k<l\leqslant n+1}b_{kl}^{2\theta_2}-n\,b_{ij}^{2\theta_2}\right)$$
$$\geqslant\frac{B}{2A}\cdot\varphi(n,\theta_1)\cdot V_{\mathscr{A}}^{\frac{4\theta_1}{n}}+\frac{A}{2B}\cdot\varphi(n,\theta_2)\cdot V_{\mathscr{B}}^{\frac{4\theta_2}{n}},\quad(2.2.16)$$

当且仅当 $\mathscr{A}$ 与 $\mathscr{B}$ 均为正则单形时等号成立.

证 易知有如下的不等式成立

$$\frac{B}{A}\cdot a_{ij}^{4\theta_1}+\frac{A}{B}\cdot b_{ij}^{4\theta_2}\geqslant 2\,a_{ij}^{2\theta_1}b_{ij}^{2\theta_2},\quad(2.2.17)$$

当且仅当 $\frac{a_{ij}^{2\theta_1}}{b_{ij}^{2\theta_2}}=\frac{A}{B}$ 时等号成立.

由 (2.2.17) 和 (2.2.15) 可知

$$
\begin{aligned}
&2\cdot\sum_{1\leqslant i<j\leqslant n+1}a_{ij}^{2\theta_1}\left(\sum_{1\leqslant k<l\leqslant n+1}b_{kl}^{2\theta_2}-n\,b_{ij}^{2\theta_2}\right)\\
&=2AB-2n\cdot\sum_{1\leqslant i<j\leqslant n+1}a_{ij}^{2\theta_1}b_{ij}^{2\theta_2}\\
&\geqslant 2AB-n\cdot\frac{B}{A}\cdot\sum_{1\leqslant i<j\leqslant n+1}a_{ij}^{4\theta_1}-n\cdot\frac{A}{B}\cdot\sum_{1\leqslant i<j\leqslant n+1}b_{ij}^{4\theta_2}\\
&=\frac{B}{A}\cdot\left(A^2-n\cdot\sum_{1\leqslant i<j\leqslant n+1}a_{ij}^{4\theta_1}\right)\\
&\qquad\qquad+\frac{A}{B}\left(B^2-n\cdot\sum_{1\leqslant i<j\leqslant n+1}b_{ij}^{4\theta_2}\right)\\
&=\frac{B}{A}\cdot\left[\sum_{1\leqslant i<j\leqslant n+1}a_{ij}^{2\theta_1}\left(\sum_{1\leqslant k<l\leqslant n+1}a_{kl}^{2\theta_1}-n\,a_{ij}^{2\theta_1}\right)\right]\\
&\quad+\frac{A}{B}\cdot\left[\sum_{1\leqslant i<j\leqslant n+1}b_{ij}^{2\theta_2}\left(\sum_{1\leqslant k<l\leqslant n+1}b_{kl}^{2\theta_2}-n\,b_{ij}^{2\theta_2}\right)\right]\\
&\geqslant\frac{B}{A}\cdot\varphi(n,\theta_1)\cdot V_{\mathscr{A}}^{\frac{4\theta_1}{n}}+\frac{A}{B}\cdot\varphi(n,\theta_2)\cdot V_{\mathscr{B}}^{\frac{4\theta_2}{n}},
\end{aligned}
$$

至于等号成立的充要条件由上述证明过程是不难看出的. □

推论　条件与定理中的相同, 则

$$
\begin{aligned}
&\sum_{1\leqslant i<j\leqslant n+1}a_{ij}^{2\theta_1}\left(\sum_{1\leqslant k<l\leqslant n+1}b_{kl}^{2\theta_2}-nb_{ij}^{2\theta_2}\right)\\
&\qquad\geqslant\varphi\left(n,\frac{\theta_1+\theta_2}{2}\right)\cdot V_{\mathscr{A}}^{\frac{2\theta_1}{n}}\cdot V_{\mathscr{B}}^{\frac{2\theta_2}{n}},
\end{aligned}\tag{2.2.18}
$$

当且仅当 $\mathscr{A}$ 与 $\mathscr{B}$ 均为正则单形时等号成立.

§2.3 再论 Pedoe 不等式

对于本章 §2.1 中的 (2.1.1) 的研究成果有好多, 有的是将三角形推广到四边形甚至是多边形 (当然是指平面上的情况), 有的是将三角形推广到高维空间中的单形, 也有将其左端的系数作推广等, 本节主要是介绍冷岗松教授与唐立华老师[8]将 Pedoe 不等式推广到高维空间的另一种情况, 这种情况主要是涉及单形的 $n-1$ 与 n 维体积且指数 $\theta\in(0,\ 1]$.

这里首先给出如下的:

引理 1 设 n 维单形 $\mathscr{A}$ 的 n 维体积与其顶点 A_i $(1\leqslant i\leqslant n+1)$ 所对的界面的 $n-1$ 维体积分别为 V 和 S_i, 再令 $m_i\in\mathbf{R}^+$, 则对于 $0<\theta\leqslant 1$, 有

$$\left(\sum_{i=1}^{n+1} m_i S_i^{2\theta}\right)^n \geqslant c(n,\theta)\cdot\left[\sum_{i=1}^{n+1}\left(\prod_{\substack{j=1\\ j\neq i}}^{n+1} m_j\right)\right]\cdot V^{2(n-1)\theta}, \tag{2.3.1}$$

当 $\mathscr{A}$ 为正则单形且 $m_1=m_2=\cdots=m_{n+1}$ 时等号成立, 其中

$$c(n,\theta)=(n+1)^{(n-1)(1-\theta)}\cdot\left(\frac{n^{3n}}{n!^2}\right)^{\theta}.$$

证 由 Maclaurin 不等式可得

$$\left(\sum_{i=1}^{n+1} m_i\right)^n \geqslant (n+1)^{n-1}\cdot\sum_{i=1}^{n+1}\prod_{\substack{j=1\\ j\neq i}}^{n+1} m_j, \tag{2.3.2}$$

当且仅当 $m_1=m_2=\cdots=m_{n+1}$ 时等号成立.

于是由 (2.2.4) 和 (2.3.2) 以及 Hölder 不等式可得

$$\begin{aligned}
&\left(\sum_{i=1}^{n+1} m_i\right)^n \cdot \prod_{i=1}^{n+1} S_i^{2\theta} \\
&= \left(\sum_{i=1}^{n+1} m_i\right)^{n(1-\theta)} \cdot \left[\left(\sum_{i=1}^{n+1} m_i\right)^n \cdot \prod_{i=1}^{n+1} S_i^2\right]^\theta \\
&\geqslant (n+1)^{(n-1)(1-\theta)} \left(\sum_{i=1}^{n+1} \prod_{\substack{j=1 \\ j\neq i}}^{n+1} m_j\right)^{1-\theta} \\
&\qquad \times \left[\frac{n^{3n}}{n!^2} \cdot \sum_{i=1}^{n+1} \left(\prod_{\substack{j=1 \\ j\neq i}}^{n+1} m_j\right) \cdot S_i^2\right]^\theta \cdot V^{2(n-1)\theta} \\
&\geqslant (n+1)^{(n-1)(1-\theta)} \left(\frac{n^{3n}}{n!^2}\right)^\theta \\
&\qquad\qquad \times \left[\sum_{i=1}^{n+1} \left(\prod_{\substack{j=1 \\ j\neq i}}^{n+1} m_j\right) \cdot S_i^{2\theta}\right] \cdot V^{2(n-1)\theta},
\end{aligned}$$

即

$$\begin{aligned}
&\left(\sum_{i=1}^{n+1} m_i\right)^n \cdot \prod_{i=1}^{n+1} S_i^{2\theta} \\
&\geqslant c(n,\theta) \cdot \left[\sum_{i=1}^{n+1} \left(\prod_{\substack{j=1 \\ j\neq i}}^{n+1} m_j\right) \cdot S_i^{2\theta}\right] \cdot V^{2(n-1)\theta}.
\end{aligned} \tag{2.3.3}$$

在 (2.3.3) 中, 以 $m_i S_i^{2\theta}$ 代 m_i $(1 \leqslant i \leqslant n+1)$ 便得 (2.3.1), 至于等号成立的充要条件由上述证明的过程是不难得到的. □

引理 2[9] 设 k,n 为自然数, $n \geqslant 2$, $k \leqslant n, m > 0$, 若 $x_i > 0, y_i > 0\ (1 \leqslant i \leqslant n)$, $x_1 + x_2 = y_1 + y_2$, $x_i = y_i\ (3 \leqslant i \leqslant n)$, $\sum\limits_{i=1}^{n} x_i = 1, \sigma_k$ 为 $\frac{1}{x_1} - m, \frac{1}{x_2} - m, \cdots, \frac{1}{x_n} - m$ 的 k 阶初等对称多项式, 则有

$$\begin{aligned}
&\sigma_k\left(\frac{1}{x_1}-m, \frac{1}{x_2}-m, \cdots, \frac{1}{x_n}-m\right) \\
&\qquad\qquad - \sigma_k\left(\frac{1}{y_1}-m, \frac{1}{y_2}-m, \cdots, \frac{1}{y_n}-m\right) \\
&= \frac{x_1+x_2}{x_1x_2y_1y_2}\cdot(x_2-y_1)(y_1-x_1) \\
&\quad \times \sigma_{k-1}\left(\frac{1}{x_1+x_2}-m, \frac{1}{x_3}-m, \cdots, \frac{1}{x_n}-m\right).
\end{aligned} \tag{2.3.4}$$

证 由于

$$\begin{aligned}
&\sigma_k\left(\frac{1}{x_1}-m, \frac{1}{x_2}-m, \cdots, \frac{1}{x_n}-m\right) \\
&\qquad\qquad - \sigma_k\left(\frac{1}{y_1}-m, \frac{1}{y_2}-m, \cdots, \frac{1}{y_n}-m\right) \\
&= \left[\left(\frac{1}{x_1}-m\right)\left(\frac{1}{x_2}-m\right) - \left(\frac{1}{y_1}-m\right)\left(\frac{1}{y_2}-m\right)\right] \\
&\qquad\qquad \times \sigma_{k-2}\left(\frac{1}{x_3}-m, \cdots, \frac{1}{x_n}-m\right) \\
&\quad + \left[\left(\frac{1}{x_1}-m\right) + \left(\frac{1}{x_2}-m\right) - \left(\frac{1}{y_1}-m\right)\right. \\
&\qquad \left. - \left(\frac{1}{y_2}-m\right)\right]\cdot \sigma_{k-1}\left(\frac{1}{x_3}-m, \cdots, \frac{1}{x_n}-m\right) \\
&= \left(\frac{1}{x_1x_2} - \frac{1}{y_1y_2}\right) \\
&\quad \times \left[(1-m(x_1+x_2))\,\sigma_{k-2}\left(\frac{1}{x_3}-m, \cdots, \frac{1}{x_n}-m\right)\right.
\end{aligned}$$

$$
\begin{aligned}
&+(x_1+x_2)\sigma_{k-1}\left(\frac{1}{x_3}-m,\cdots,\frac{1}{x_n}-m\right)\Bigg]\\
=&\frac{x_1+x_2}{x_1x_2y_1y_2}\cdot(x_2-y_1)(y_1-x_1)\Bigg[\left(\frac{1}{x_1+x_2}-m\right)\\
&\qquad\times\sigma_{k-2}\left(\frac{1}{x_3}-m,\cdots,\frac{1}{x_n}-m\right)\\
&\qquad+\sigma_{k-1}\left(\frac{1}{x_3}-m,\cdots,\frac{1}{x_n}-m\right)\Bigg]\\
=&\frac{x_1+x_2}{x_1x_2y_1y_2}\cdot(x_2-y_1)(y_1-x_1)\\
&\times\sigma_{k-1}\left(\frac{1}{x_1+x_2}-m,\frac{1}{x_3}-m,\cdots,\frac{1}{x_n}-m\right),
\end{aligned}
$$

由此知 (2.3.4) 是正确的. □

引理 3[9]　设 k,n 是自然数, $m>0$, $x_i>0$ $(1\leqslant i\leqslant n)$, $\sum\limits_{i=1}^{n}x_i=1$, σ_k 为 $\frac{1}{x_1}-m,\frac{1}{x_2}-m,\cdots,\frac{1}{x_n}-m$ 的 k 阶初等对称多项式, 则有

$$
\left(\frac{\sigma_k}{\binom{n}{k}}\right)^{\frac{1}{k}}\geqslant n-m,\ (1\leqslant k\leqslant n+1-m),\qquad(2.3.5)
$$

当且仅当 $x_1=x_2=\cdots=x_n$ 时等号成立.

证　当 $k=1$ 时, 易知 $n\geqslant m$, 由 Cauchy 不等式知

$$
\sum_{i=1}^{n}\frac{1}{x_i}=\left(\sum_{i=1}^{n}x_i\right)\left(\sum_{i=1}^{n}\frac{1}{x_i}\right)\geqslant n^2,
$$

当且仅当 $x_1=x_2=\cdots=x_n$ 时等号成立.

所以有

$$
\frac{1}{n}\cdot\sum_{i=1}^{n}\left(\frac{1}{x_i}-m\right)\geqslant\frac{1}{n}\cdot(n^2-nm)=n-m,
$$

故此时不等式 (2.3.5) 成立.

假设对于 $k-1$ 时 (2.3.5) 也成立, 即有

$$\left(\frac{\sigma_{k-1}}{\binom{n}{k-1}}\right)^{\frac{1}{k-1}} \geqslant n-m,\ (2 \leqslant k \leqslant n+2-m). \quad (2.3.6)$$

若 $x_1 = x_2 = \cdots = x_n = \frac{1}{n}$, 则 (2.3.5) 是一个等式, 若不是 $x_1 = x_2 = \cdots = x_n = \frac{1}{n}$, 则在 $x_1, x_2, \cdots, x_n$ 中必有小于 $\frac{1}{n}$ 和大于 $\frac{1}{n}$ 的两个分数存在, 不妨设 $x_1 < \frac{1}{n} < x_2$, 取 $y_1 = \frac{1}{n}$, $y_2 = x_1 + x_2 - \frac{1}{n}$, $y_j = x_j$ $(3 \leqslant j \leqslant n)$, 则由 (2.3.4) 知

$$\begin{aligned}
&\sigma_k\left(\frac{1}{x_1}-m, \frac{1}{x_2}-m, \cdots, \frac{1}{x_n}-m\right) \\
&\qquad\qquad -\sigma_k\left(\frac{1}{y_1}-m, \frac{1}{y_2}-m, \cdots, \frac{1}{y_n}-m\right) \\
&= \frac{x_1+x_2}{x_1x_2y_1y_2} \cdot \left(x_2-\frac{1}{n}\right)\left(\frac{1}{n}-x_1\right) \\
&\qquad \times \sigma_{k-1}\left(\frac{1}{x_1+x_2}-m, \frac{1}{x_3}-m, \cdots, \frac{1}{x_n}-m\right),
\end{aligned}$$

因为 $k \leqslant n+1-m$, 故 $n-1-m \geqslant k-2 \geqslant 0$, 所以由归纳假设知

$$\begin{aligned}
&\sigma_{k-1}\left(\frac{1}{x_1+x_2}-m, \frac{1}{x_3}-m, \cdots, \frac{1}{x_n}-m\right) \\
&\geqslant \binom{n-1}{k-1} \cdot (n-1-m)^{k-1} \geqslant 0,
\end{aligned}$$

从而有

$$\begin{aligned}
&\sigma_k\left(\frac{1}{x_1}-m,\frac{1}{x_2}-m,\cdots,\frac{1}{x_n}-m\right)\\
&\geqslant \sigma_k\left(\frac{1}{y_1}-m,\frac{1}{y_2}-m,\cdots,\frac{1}{y_n}-m\right)\\
&=\sigma_k\left(n-m,\frac{1}{y_2}-m,\cdots,\frac{1}{y_n}-m\right).
\end{aligned}$$

如果在 $y_1,y_2,\cdots,y_n$ 中还有不等于 $\frac{1}{n}$ 的分数, 则再继续上述调整步骤, 最多调整 $n-1$ 次就得到

$$\begin{aligned}
&\sigma_k\left(\frac{1}{x_1}-m,\frac{1}{x_2}-m,\cdots,\frac{1}{x_n}-m\right)\\
&\geqslant \sigma_k\left(n-m,\ n-m,\ \cdots,\ n-m\right)\\
&=\tbinom{n}{k}(n-m)^k,
\end{aligned}$$

即 (2.3.5) 成立, 所以由数学归纳法知引理 3 正确. □

引理 4 设 n 维单形 $\mathscr{A}$ 的 n 维体积与其顶点 $A_i\ (1\leqslant i\leqslant n+1)$ 所对的界面的 $n-1$ 维体积分别为 V 和 S_i, 则对于 $0<\theta\leqslant 1$, 有

$$\left(\sum_{i=1}^{n+1}S_i^{\theta}\right)^2-2\cdot\sum_{i=1}^{n+1}S_i^{2\theta}\geqslant d(n,\theta)\cdot V^{\frac{2(n-1)\theta}{n}}, \quad (2.3.7)$$

当且仅当 $\mathscr{A}$ 为正则单形时等号成立, 其中

$$d(n,\theta)=(n^2-1)\cdot\left(\frac{n^{3n}}{(n+1)^{n-1}\cdot n!^2}\right)^{\frac{\theta}{n}}.$$

证 在 (2.3.5) 中以 $n+1$ 代 n, 并取 $m=2$, $k=n$, $x_i=\frac{S_i^\theta}{\sum\limits_{j=1}^{n+1}S_j^\theta}$, 则有

$$\sum_{k=1}^{n+1}\prod_{\substack{i=1\\i\neq k}}^{n+1}\left[\frac{1}{S_i^\theta}\cdot\left(\sum_{j=1}^{n+1}S_j^\theta-2S_i^\theta\right)\right]\geqslant(n+1)(n-1)^n, \tag{2.3.8}$$

当且仅当 $S_1=S_2=\cdots=S_{n+1}$ 时等号成立.

于是若设

$$m_i=\frac{1}{S_i^\theta}\left(\sum_{j=1}^{n+1}S_j^\theta-2\,S_i^\theta\right),\ (1\leqslant i\leqslant n+1),$$

则由 (2.3.1) 可得

$$\begin{aligned}&\left(\sum_{i=1}^{n+1}S_i^\theta\right)^2-2\cdot\sum_{i=1}^{n+1}S_i^{2\theta}=\sum_{i=1}^{n+1}m_iS_i^{2\theta}\\&\geqslant\left[c(n,\theta)\cdot\left(\sum_{i=1}^{n+1}\prod_{\substack{j=1\\j\neq i}}^{n+1}m_j\right)\cdot V^{2(n-1)\theta}\right]^{\frac{1}{n}}\\&\geqslant d(n,\theta)\cdot V^{\frac{2(n-1)\theta}{n}},\end{aligned}$$

等号成立的充要条件由证明过程是不难看出的. □

定理 设 $\mathscr{A}$ 与 $\mathscr{B}$ 分别为 n 维欧氏空间 $\mathbf{E}^n$ 中的两个单形, 它们的顶点集分别为 $\{A_1,A_2,\cdots,A_{n+1}\}$ 和 $\{B_1,B_2,\cdots,B_{n+1}\}$, 顶点 A_i 和 B_i 所对的界面的 $n-1$ 维体积分别为 S_i 和 F_i $(1\leqslant i\leqslant n+1)$, 又 $\mathscr{A}$ 与 $\mathscr{B}$ 的 n 维体积分别为 V_1 和 V_2, $0<\theta\leqslant 1$, 记

$S=\sum\limits_{i=1}^{n+1}S_i^\theta$, $F=\sum\limits_{i=1}^{n+1}F_i^\theta$, 则有

$$\sum_{i=1}^{n+1}S_i^\theta\left(\sum_{j=1}^{n+1}F_j^\theta-2\,F_i^\theta\right)$$
$$\geqslant\frac{1}{2}\cdot d(n,\theta)\left(\frac{F}{S}\cdot V_1^{\frac{2(n-1)\theta}{n}}+\frac{S}{F}\cdot V_2^{\frac{2(n-1)\theta}{n}}\right),\quad(2.3.9)$$

当 $\mathscr{A}$ 与 $\mathscr{B}$ 均为正则时等号成立.

证　由 (2.3.7) 得

$$\begin{aligned}&2\cdot\sum_{i=1}^{n+1}S_i^\theta\cdot\left(\sum_{j=1}^{n+1}F_j^\theta-2\,F_i^\theta\right)\\&\qquad-d(n,\theta)\left(\frac{F}{S}\cdot V_1^{\frac{2(n-1)\theta}{n}}+\frac{S}{F}\cdot V_2^{\frac{2(n-1)\theta}{n}}\right)\\&\geqslant 2SF-4\cdot\sum_{i=1}^{n+1}S_i^\theta F_i^\theta-\frac{F}{S}\left(S^2-2\cdot\sum_{i=1}^{n+1}S_i^{2\theta}\right)\\&\qquad-\frac{S}{F}\left(F^2-2\cdot\sum_{j=1}^{n+1}F_j^{2\theta}\right)\\&=2\cdot\frac{F}{S}\cdot\sum_{i=1}^{n+1}S_i^{2\theta}-4\cdot\sum_{i=1}^{n+1}S_i^\theta F_i^\theta+2\cdot\frac{S}{F}\cdot\sum_{j=1}^{n+1}F_j^{2\theta}\\&=2\cdot\sum_{i=1}^{n+1}\left(\sqrt{\frac{F}{S}}\cdot S_i^\theta-\sqrt{\frac{S}{F}}\cdot F_i^\theta\right)^2\geqslant 0,\end{aligned}$$

所以 (2.3.9) 是正确的. □

由于

$$\frac{F}{S}\cdot V_1^{\frac{2(n-1)\theta}{n}}+\frac{S}{F}\cdot V_2^{\frac{2(n-1)\theta}{n}}\geqslant 2(V_1V_2)^{\frac{(n-1)\theta}{n}},$$

故有如下的:

推论 条件与定理中的相同, 则

$$\sum_{i=1}^{n+1} S_i^\theta \left(\sum_{j=1}^{n+1} F_j^\theta - 2\, F_i^\theta \right) \geqslant d(n,\theta) \cdot (V_1 V_2)^{\frac{(n-1)\theta}{n}}, \tag{2.3.10}$$

当 $\mathscr{A}$ 与 $\mathscr{B}$ 均为正则时等号成立.

另外, (2.3.7) 还可以表示为

$$\sum_{i=1}^{n+1} S_i^{2\theta}$$

$$\geqslant \frac{1}{n-1} \cdot \left[d(n,\theta) \cdot V^{\frac{2(n-1)\theta}{n}} + \sum_{1 \leqslant i < j \leqslant n+1} \left(S_i^\theta - S_j^\theta \right)^2 \right], \tag{2.3.11}$$

当 $\mathscr{A}$ 为正则时等号成立..

§2.4 k-n 型 Neuberg-Pedoe 不等式

前几节我们所讲的 Neuberg-Pedoe 不等式, 这一节将继续讨论它. 我们知道前面所讨论的内容大概可以分为两大类, 其一是联系两个单形的棱长与 n 维体积的 Neuberg-Pedoe 型不等式, 再次就是给出了联系两个或两个以上的单形的 $n-1$ 维体积与 n 维体积的 Neuberg-Pedoe 型不等式. 本节将给出联系两个 (或任意有限个) 单形的 k 维体积与 n 维体积的 Neuberg-Pedoe 型不等式.

引理 1 设 $\mathscr{A}$ 为 n 维欧氏空间 $\mathbf{E}^n$ 中的单形, 其顶点集为 $\{A_1, A_2, \cdots, A_{n+1}\}$, 从顶点集中任意取出 $k+1$ 个顶点 $A_{i_1}, A_{i_2}, \cdots, A_{i_{k+1}}$ 所构成的子单形的 k

维体积为 $V_{(k),i}$, 则当 $1 \leqslant k < l \leqslant n$ 时, 有

$$\left(\frac{l!^2}{l+1}\right)^{\frac{1}{2l}} \cdot \left(\prod_{i=1}^{\binom{n+1}{l+1}} V_{(l),i}\right)^{\frac{1}{l\binom{n+1}{l+1}}}$$

$$\leqslant \left(\frac{k!^2}{k+1}\right)^{\frac{1}{2k}} \cdot \left(\prod_{i=1}^{\binom{n+1}{k+1}} V_{(k),i}\right)^{\frac{1}{k\binom{n+1}{k+1}}}, \tag{2.4.1}$$

当且仅当所有的 l 维子单形均正则时等号成立.

证　将 (2.2.8) 应用于 l 维子单形, 则有

$$V_{(l)} \leqslant \sqrt{l+1} \cdot \left(\frac{l!^2}{l^{3l}}\right)^{\frac{1}{2(l-1)}} \cdot \left(\prod_{i=1}^{l+1} V_{(l-1),i}\right)^{\frac{l}{l^2-1}},$$

从而考虑到单形 $\mathscr{A}$ 的所有 l 维与所有 $l-1$ 维子单形的个数便得到

$$\left(\prod_{i=1}^{\binom{n+1}{l+1}} V_{(l),i}\right)^{\frac{1}{l\binom{n+1}{l+1}}} \leqslant \left(\frac{l+1}{l!^2}\right)^{\frac{1}{2l}} \left(\frac{(l-1)!^2}{l}\right)^{\frac{1}{2(l-1)}}$$

$$\times \left(\prod_{i=1}^{\binom{n+1}{l}} V_{(l-1),i}\right)^{\frac{1}{(l-1)\binom{n+1}{l}}}, \tag{2.4.2}$$

当且仅当所有的 l 维子单形均正则时等号成立.

不难看出, (2.4.2) 是一个递推公式, 从而利用此递推公式容易得到 (2.4.1). □

引理 2　设 V 为 n 维欧氏空间 $\mathbf{E}^n$ 中单形 $\mathscr{A}$ 的 n 维体积, 且 $\mathscr{A}$ 的顶点集为 $\{A_1, A_2, \cdots, A_{n+1}\}$, 从 $\mathscr{A}$ 的顶点集中任取 $k+1$ 个顶点 $A_{i_1}, A_{i_2}, \cdots, A_{i_{k+1}}$ 所构

成的 k 维子单形的 k 维体积为 $V_{(k),i}$, 若记 $m=\binom{n+1}{k+1}$, 则有

$$\sum_{i=1}^{m} V_{(k),i}^{\theta}\left(\sum_{j=1}^{m} V_{(k),j}^{\theta}-(n+1-k)\, V_{(k),i}^{\theta}\right) \geqslant \varphi(k,\ \theta) \cdot V^{\frac{2k\theta}{n}}, \tag{2.4.3}$$

当且仅当 $\mathscr{A}$ 为正则时等号成立, 其中

$$\varphi(k,\ \theta)=m(m-(n+1-k)) \cdot\left[\left(\frac{k+1}{k!^{2}}\right)^{\frac{1}{k}}\left(\frac{n!^{2}}{n+1}\right)^{\frac{1}{n}}\right]^{k\theta}.$$

证 实际上 (2.3.7) 也可以表示为

$$\sum_{i=1}^{n+1} S_{i}^{\theta} \cdot\left(\sum_{j=1}^{n+1} S_{j}^{\theta}-2 S_{i}^{\theta}\right) \geqslant d(n, \theta) \cdot V^{\frac{2(n-1)\theta}{n}}, \tag{2.4.4}$$

当且仅当 $\mathscr{A}$ 为正则单形时等号成立.

将 (2.4.4) 应用于顶点集为 $\{A_{i_1}, A_{i_2}, \cdots, A_{i_{k+2}}\}$ 的 $k+1$ 维子单形, 并且设 $V_{(k+1),i}$ 为 $k+1$ 维子单形 $\mathscr{A}_{(k+1),i}=\{A_{i_1}, A_{i_2}, \cdots, A_{i_{k+2}}\}$ 的 $k+1$ 维体积, 则有

$$\sum_{i=1}^{m} V_{(k),i}^{\theta}\left(\sum_{j=1}^{m} V_{(k),j}^{\theta}-2\, V_{(k),i}^{\theta}\right)$$

$$\geqslant m(m-2) \cdot\left[\left(\frac{k+1}{k!^{2}}\right)^{\frac{1}{k}} \cdot\left(\frac{(k+1)!^{2}}{k+2}\right)^{\frac{1}{k+1}}\right]^{k\theta} \cdot V_{(k+1),i}^{\frac{2k\theta}{k+1}}, \tag{2.4.5}$$

当且仅当 $k+1$ 维子单形 $\mathscr{A}_{(k+1),i}$ 为正则时等号成立.

在 (2.4.3) 的左端展开式中, 含有 $V_{(k),i}^{\theta}V_{(k),j}^{\theta}$ 的共有 $2\binom{m}{2}$ 项, 而含有 $V_{(k),i}^{2\theta}$ 的共有 $(n-k)\binom{n+1}{k+1}$ 项. 若将

(2.4.4) 应用于单形 $\mathscr{A}$, 则由于 $\mathscr{A}$ 共有 $\binom{n+1}{k+2}$ 个 $k+1$ 维子单形, 所以对于此时 (2.4.4) 的左端

$$\sum_{l=1}^{\binom{n+1}{k+2}}\left[\sum_{i=1}^{k+2}V_{(k),il}^{\theta}\left(\sum_{j=1}^{k+2}V_{(k),jl}^{\theta}-2\,V_{(k),i}^{\theta}\right)\right]$$

中含有 $V_{(k),il}^{\theta}V_{(k),jl}^{\theta}$ 项的共有 $2\binom{k+2}{2}\binom{n+1}{k+2}$ 个, 而含有 $V_{(k),il}^{2\theta}$ 项的共有 $(k+2)\binom{n+1}{k+2}$ 个, 且此处有 $(n-k)\binom{n+1}{k+1}=(k+2)\binom{n+1}{k+2}$, 而在 (2.4.3) 的左端与 (2.4.5) 中, $V_{(k),il}^{\theta}V_{(k),jl}^{\theta}$ 项数之差为 $2\binom{m}{2}-2\binom{k+2}{2}\binom{n+1}{k+2}$, 在这些项 $V_{(k),il}^{\theta}V_{(k),jl}^{\theta}$ 中的 $V_{(k),il}^{\theta}$ 与 $V_{(k),jl}^{\theta}$ 均是不在同一个 $k+1$ 维子单形中的 k 维界面, 所以若记 P 为 $2(\binom{m}{2}-\binom{k+2}{2}\binom{n+1}{k+2})$ 项不在同一个 $k+1$ 维子单形中的 k 维界面 $V_{(k),il}^{\theta}$ 与 $V_{(k),jl}^{\theta}$ 之积, 则

$$\begin{aligned}
&\sum_{i=1}^{m}V_{(k),i}^{\theta}\left(\sum_{j=1}^{m}V_{(k),j}^{\theta}-2\,V_{(k),i}^{\theta}\right)\\
&=\sum_{l=1}^{\binom{n+1}{k+2}}\left[\sum_{i=1}^{k+2}V_{(k),il}^{\theta}\left(\sum_{j=1}^{k+2}V_{(k),jl}^{\theta}-2\,V_{(k),il}^{\theta}\right)\right]+P\\
&\geqslant m(m-2)\cdot\left[\left(\frac{k+1}{k!^2}\right)^{\frac{1}{k}}\cdot\left(\frac{(k+1)!^2}{k+2}\right)^{\frac{1}{k+1}}\right]^{k\theta}\\
&\times\sum_{i=1}^{\binom{n+1}{k+2}}V_{(k+1),i}^{\frac{2k\theta}{k+1}}+2\left[\binom{m}{2}-\binom{k+2}{2}\binom{n+1}{k+2}\right]\cdot\left(\prod_{i=1}^{\binom{n+1}{k+1}}V_{(k),i}\right)^{\frac{2\theta}{\binom{n+1}{k+1}}}\\
&\geqslant m(m-2)\cdot\binom{n+1}{k+2}\cdot\left[\left(\frac{k+1}{k!^2}\right)^{\frac{1}{k}}\cdot\left(\frac{(k+1)!^2}{k+2}\right)^{\frac{1}{k+1}}\right]^{k\theta}
\end{aligned}$$

$$\times\left(\prod_{i=1}^{\binom{n+1}{k+2}} V_{(k+1),i}\right)^{\frac{2k\theta}{(k+1)\binom{n+1}{k+2}}}$$

$$+2\left[\binom{m}{2}-\binom{k+2}{2}\binom{n+1}{k+2}\right]\cdot\left(\prod_{i=1}^{\binom{n+1}{k+1}} V_{(k),i}\right)^{\frac{2\theta}{\binom{n+1}{k+1}}}$$

$$\geqslant m(m-2)\cdot\binom{n+1}{k+2}\cdot\left[\left(\frac{k+1}{k!^2}\right)^{\frac{1}{k}}\left(\frac{n!^2}{n+1}\right)^{\frac{1}{n}}\right]^{k\theta}\cdot V^{\frac{2k\theta}{n}}$$

$$+2\left[\binom{m}{2}-\binom{k+2}{2}\binom{n+1}{k+2}\right]\cdot\left[\left(\frac{k+1}{k!^2}\right)^{\frac{1}{k}}\left(\frac{n!^2}{n+1}\right)^{\frac{1}{n}}\right]^{2k}\cdot V^{\frac{2k\theta}{n}}$$

$$=m(m-(n+1-k))\cdot\left[\left(\frac{k+1}{k!^2}\right)^{\frac{1}{k}}\left(\frac{n!^2}{n+1}\right)^{\frac{1}{n}}\right]^{k\theta}\cdot V^{\frac{2k\theta}{n}}$$

$$=\varphi(k,\ \theta)\cdot V^{\frac{2k\theta}{n}},$$

至于等号成立的充要条件由上述证明及 (2.4.4) 中等号成立的充要条件是不难看出的. □

定理 1 设 $\mathscr{A}$ 与 $\mathscr{B}$ 均为 n 维欧氏空间 $\mathbf{E}^n$ 中的单形, 且它们的 n 维体积分别为 V_1 与 V_2, 由 $\mathscr{A}$ 的 $k+1$ 个顶点 $A_{i_1}, A_{i_2}, \cdots, A_{i_{k+1}}$ 所支撑的子单形的 k 维体积为 $V_{(k),1,i}$, 由 $\mathscr{B}$ 的 $k+1$ 个顶点 $B_{i_1}, B_{i_2}, \cdots, B_{i_{k+1}}$ 所支撑的子单形的 k 维体积为 $V_{(k),2,i}$, 仍记 $m=\binom{n+1}{k+1}$, 则有

$$\sum_{i=1}^{m} V_{(k),1,i}^{\theta}\left(\sum_{j=1}^{m} V_{(k),2,j}^{\theta}-(n+1-k)\cdot V_{(k),2,i}^{\theta}\right)$$

$$\geqslant\varphi(k,\ \theta)\cdot(V_1V_2)^{\frac{k\theta}{n}}, \tag{2.4.6}$$

当且仅当 $\mathscr{A}$ 与 $\mathscr{B}$ 均为正则单形时等号成立.

证　易知 (2.4.3) 可表示为

$$\left(\sum_{i=1}^{m} V_{(k),i}^{\theta}\right)^2 \geqslant \varphi(k,\ \theta)\cdot V^{\frac{2k\theta}{n}}+(n+1-k)\cdot\sum_{i=1}^{m} V_{(k),i}^{2\theta}, \tag{2.4.7}$$

所以由 Cauchy 不等式和 (2.4.7) 可得

$$\begin{aligned}
&\varphi(k,\ \theta)\cdot(V_1V_2)^{\frac{k\theta}{n}}+(n+1-k)\cdot\sum_{i=1}^{m} V_{(k),1,i}^{\theta}V_{(k),2,i}^{\theta}\\
\leqslant&\left(\varphi(k,\ \theta)\cdot V_1^{\frac{2k\theta}{n}}+(n+1-k)\cdot\sum_{i=1}^{n} V_{(k),1,i}^{2\theta}\right)^{\frac{1}{2}}\\
&\times\left(\varphi(k,\ \theta)\cdot V_2^{\frac{2k\theta}{n}}+(n+1-k)\cdot\sum_{i=1}^{n} V_{(k),2,i}^{2\theta}\right)^{\frac{1}{2}}\\
\leqslant&\left(\sum_{i=1}^{n} V_{(k),1,i}^{\theta}\right)\left(\sum_{i=1}^{n} V_{(k),2,i}^{\theta}\right),
\end{aligned}$$

即

$$\begin{aligned}
&\left(\sum_{i=1}^{n} V_{(k),1,i}^{\theta}\right)\left(\sum_{i=1}^{n} V_{(k),2,i}^{\theta}\right)\\
\geqslant&\ \varphi(k,\ \theta)\cdot(V_1V_2)^{\frac{k\theta}{n}}+(n+1-k)\cdot\sum_{i=1}^{m} V_{(k),1,i}^{\theta}V_{(k),2,i}^{\theta},
\end{aligned} \tag{2.4.8}$$

将 (2.4.8) 整理之便得 (2.4.6), 至于等号成立的充要条件由 (2.4.3) 中等号成立的充要条件是容易看出的. □

推论 1　设 $\mathscr{A}$ 与 $\mathscr{B}$ 均为 n 维欧氏空间 $\mathbf{E}^n$ 中的单形, 且它们的 n 维体积分别为 V_1 与 V_2, $\mathscr{A}$ 的顶点 A_i 所对的界面的 $n-1$ 维体积为 S_i, $\mathscr{B}$ 的顶点 B_i 所

对的界面的 $n-1$ 维体积为 F_i, 则有

$$\sum_{i=1}^{n+1} S_i \left(\sum_{j=1}^{n+1} F_j - 2\,F_i\right)$$

$$\geqslant n^3(n-1)\cdot\left(\frac{n+1}{n!^2}\right)^{\frac{1}{n}}\cdot(V_1V_2)^{\frac{n-1}{n}}, \qquad (2.4.9)$$

当且仅当 $\mathscr{A}$ 与 $\mathscr{B}$ 均为正则单形时等号成立.

实际上, 只需在 (2.4.6) 中取 $\theta=1$ 以及 $k=n-1$ 即可得 (2.4.9).

推论 2 在推论 1 的题设下, 令 r_{2i} 表示单形 $\mathscr{B}$ 的顶点 B_i 所对的界面的旁切球半径, 则有

$$\sum_{i=1}^{n+1}\frac{S_i}{r_{2i}} \geqslant n^2(n-1)\cdot\left(\frac{n+1}{n!^2}\right)^{\frac{1}{n}}\cdot\frac{V_1^{\frac{n-1}{n}}}{V_2^{\frac{1}{n}}}, \qquad (2.4.10)$$

当且仅当 $\mathscr{A}$ 与 $\mathscr{B}$ 均为正则单形时等号成立.

证 设 $\{A_1, A_2, \cdots, A_{n+1}\}$ 为 n 维欧氏空间 $\mathbf{E}^n$ 中单形 $\mathscr{A}$ 的顶点集, O_i 为顶点 A_i 所对的 $n-1$ 维界面的旁切球球心, r_i 为该旁切球的半径, 又 V 为 $\mathscr{A}$ 的 n 维体积, 利用单形的体积公式 (1.1.3) 可得

$$\begin{aligned} V &= \sum_{j=1}^{i-1}\frac{1}{n}\cdot S_j r_i - \frac{1}{n}\cdot S_i r_i + \sum_{j=i+1}^{n+1}\frac{1}{n}\cdot S_j r_i \\ &= \frac{1}{n}\cdot\left(\sum_{j=1}^{n+1} S_j - 2S_i\right)\cdot r_i = \frac{1}{n}\cdot(S-2S_i)\cdot r_i, \end{aligned}$$

故有

$$r_i = \frac{nV}{S-2S_i},\ (1\leqslant i\leqslant n+1), \qquad (2.4.11)$$

将 (2.4.11) 应用于单形 $\mathscr{B}$ 可得

$$\sum_{j=1}^{n+1} F_j - 2F_i = \frac{nV_2}{r_{2i}},\ (1 \leqslant i \leqslant n+1),$$

将此式代入 (2.4.9) 内经整理便得 (2.4.10). □

在 (2.4.6) 中取 $k=1$ 时便有

$$\sum_{i=1}^{\binom{n+1}{2}} a_i^\theta \left(\sum_{j=1}^{\binom{n+1}{2}} b_j^\theta - n\, b_i^\theta \right)$$

$$\geqslant \frac{n^2(n^2-1)}{4} \cdot \left(\frac{2^n \cdot n!^2}{n+1} \right)^{\frac{\theta}{n}} \cdot (V_1 V_2)^{\frac{\theta}{n}}, \qquad (2.4.12)$$

当且仅当 $\mathscr{A}$ 与 $\mathscr{B}$ 均为正则单形时等号成立.

定理 2 设 $\mathscr{A}_1, \mathscr{A}_2, \cdots, \mathscr{A}_m$ 为 n 维欧氏空间 $\mathbf{E}^n$ 中的 m 个单形, $\mathscr{A}_j$ 的顶点集为 $\{A_{1j}, A_{2j}, \cdots, A_{n+1,j}\}$, 由顶点集中的 $k+1$ 个顶点所构成的 k 维子单形的 k 维体积为 $V_{(k),j}$, 又 $\mathscr{A}_j$ 的 n 维体积为 V_j $(1 \leqslant j \leqslant m)$, $\alpha_1, \alpha_2, \cdots, \alpha_m$ 为正实数, 且 $\alpha_1 + \alpha_2 + \cdots + \alpha_m = 1$, 则对于 $\theta \in (0, 1]$ 有

$$\prod_{j=1}^{m} \left(\sum_{i=1}^{\binom{n+1}{k+1}} V_{(k),i,j}^\theta \right)^{2\alpha_j} - (n+1-k) \cdot \sum_{i=1}^{\binom{n+1}{k+1}} \prod_{j=1}^{m} V_{(k),i,j}^{2\theta\alpha_j}$$

$$\geqslant \varphi(k,\theta) \cdot \prod_{j=1}^{m} V_j^{\frac{2k\theta\alpha_j}{n}}, \qquad (2.4.13)$$

当且仅当 $\mathscr{A}_1, \mathscr{A}_2, \cdots, \mathscr{A}_m$ 均为正则时等号成立.

实际上, 由 (2.4.3) 利用 Hölder 不等式便可得到 (2.4.13), 并且容易看出, 在 (2.4.13) 中, 当 $m=2$, $\alpha_1 = \alpha_2 = \frac{1}{2}$ 时就是 (2.4.6).

第 3 章　关于单形与动点的一些问题

前一章我们研究了 Neuberg - Pedoe 不等式, 它主要是揭示任意两个单形之间的一种内在关系, 并且还研究了在同一个单形中涉及 $n-1$ 维与 n 维体积的不等式, 在 §2.4 中还给出了在一个单形中涉及 k 维与 n 维体积的一个不等式. 本章将主要讨论在一个单形的内部以及单形的外接球内部含有动点的一些问题, 在这方面具有代表性的问题主要有单形内点的延线单形, 单形内点的垂面单形, Gerber 不等式, Erdös - Mordell 不等式以及 Steiner 树等问题. 值得一提的是, 对于表达式 (3.3.2) 的特殊情况将是凸体几何中著名的极对偶单形的问题.

§3.1　单形内点的延线单形与球面相交单形

设 P 为 $\triangle ABC$ 内部的任意一点, 若 AP, BP, CP 的延长线分别与边 BC, CA, AB 交于点 D, E, F, 设 $\triangle ABC$ 与 $\triangle DEF$ 的面积分别为 $\triangle$ 与 $\triangle'$, 则有

$$\triangle' \leqslant \frac{1}{4} \cdot \triangle, \tag{3.1.1}$$

当且仅当点 P 为 $\triangle ABC$ 的重心时等号成立.

不等式 (3.1.1) 的证明方法有多种, 并且也较容易证明, 所以这里我们就不再给出它的证明了, 而主要是将它推广到 n 维欧氏空间 $\mathbf{E}^n$ 中去, 为此首先给出如下的概念:

定义 1　设 P 为 n 维欧氏空间 $\mathbf{E}^n$ 中单形 $\mathscr{A}$ 内部的任意一点, 且 $\mathscr{A}$ 的顶点集为 $\{A_1, A_2, \cdots, A_{n+1}\}$, 将线段 A_iP 延长至点 B_i $(1 \leqslant i \leqslant n+1)$, 则由顶点集 $\{B_1, B_2, \cdots, B_{n+1}\}$ 所构成的单形 $\mathscr{B}$ 叫作单形 $\mathscr{A}$ 的内点延线单形. 特别地, 当点 B_i 在顶点 A_i $(1 \leqslant i \leqslant n+1)$ 所对的 $n-1$ 维界面上时, 我们称此时的 $\mathscr{B}$ 为 $\mathscr{A}$ 关于点 P 的寻常延线单形, 否则称为非寻常延线单形, 或简称为延线单形.

为了研究寻常延线单形的 n 维体积问题, 如下再给出一条引理:

引理 1　设 P 为 n 维欧氏空间 $\mathbf{E}^n$ 中坐标单形 $\mathscr{A}$ 内部的任一点, 且 P 的重心坐标为 $P(\lambda_1, \lambda_2, \cdots, \lambda_{n+1})$, $\mathscr{B}$ 为 $\mathscr{A}$ 关于点 P 的寻常延线单形, 则 $\mathscr{B}$ 的顶点 B_i 的重心坐标为

$$B_i\left(\frac{\lambda_1}{1-\lambda_i}, \cdots, \frac{\lambda_{i-1}}{1-\lambda_i}, 0, \frac{\lambda_{i+1}}{1-\lambda_i}, \cdots, \frac{\lambda_{n+1}}{1-\lambda_i}\right). \tag{3.1.2}$$

证　设 $\mathscr{A}$ 的顶点 A_i 所对的界面 f_i 上的高为 h_i, 则 f_i 的重心坐标方程为

$$f_i: 0\cdot\mu_1+0\cdot\mu_2+\cdots+0\cdot\mu_{i-1}+h_i\cdot\mu_i+0\cdot\mu_{i+1}+\cdots+0\cdot\mu_{n+1}=0,$$

若设过 $\mathscr{A}$ 的顶点 A_i 与点 P 的直线为 l_i, 则由 (1.3.14) 知, l_i 的重心坐标方程是

$$l_i: \frac{\mu_1}{\lambda_1}=\frac{\mu_2}{\lambda_2}=\cdots=\frac{\mu_{i-1}}{\lambda_{i-1}}=\frac{\mu_i-1}{\lambda_i-1}=\frac{\mu_{i+1}}{\lambda_{i+1}}=\cdots=\frac{\mu_{n+1}}{\lambda_{n+1}}.$$

这里, 首先来求直线 l_i 与界面 f_i 相交时的第一个重心坐标分量 μ_1, 为此将 l_i 中所有的 μ_j $(j \neq i)$ 用 μ_1

来表示, 即

$$\mu_j = \begin{cases} \frac{\lambda_j}{\lambda_1} \cdot \mu_1 \,, & j \neq i \,, \\ \\ \frac{\lambda_i - 1}{\lambda_1} \cdot \mu_1 + 1, & j = i \,, \end{cases}$$

将此表达式代入到 f_i 的重心坐标方程内可得 $\mu_1 = \frac{\lambda_1}{1-\lambda_i}$, 同理可以求出其他的

$$\mu_j = \frac{\lambda_j}{1 - \lambda_i}, \ (1 \leqslant j \leqslant n+1, \text{且}\ j \neq i).$$

此外, 再将所有的 μ_j $(j \neq i)$ 用 μ_i 来表示, 即 $\mu_j = \frac{\lambda_j}{\lambda_i - 1} \cdot (\mu_i - 1)$ $(j \neq i)$, 对于所有这样的 μ_j $(j \neq i)$ 代入到界面 f_i 的重心坐标方程内便可得 $\mu_i = 0$ (实际上, 也可以由界面 f_i 的重心坐标方程直接看出 $\mu_i = 0$), 故若设点 B_i 的重心坐标为

$$B_i(\ \mu_{i1},\ \ \mu_{i2},\ \ \cdots,\ \ \mu_{i,i-1},\ \ 0,\ \ \mu_{i,i+1},\ \ \cdots,\ \ \mu_{i,n+1}),$$

则有

$$\mu_{ij} = \begin{cases} 0 \,, & j = i \,, \\ \\ \frac{\lambda_j}{1-\lambda_i}, & j \neq i \,, \end{cases}$$

实际上这也就是所要证的结论. □

实际上, (3.1.2) 也可以用其他多种方法来求得, 比如利用坐标的定比分点方法, 即, 令 $\frac{A_iP}{PB_i} = t$, 则有 $P = \frac{A_i + tB_i}{1+t}$, 又因为 $t = \frac{A_iP}{PB_i} = \frac{A_iB_i - PB_i}{PB_i} = \frac{1-\lambda_i}{\lambda_i}$, 所以三点 A_i, P, B_i 具有型函数

$$P = \lambda_i \cdot A_i + (1 - \lambda_i) \cdot B_i.$$

再将单形 $\mathscr{A}$ 的顶点 A_i 与点 P 的重心坐标代入上式内, 便容易求得点 B_i 的重心坐标 (3.1.2). 又比如, 苏化明教授在 "关于单形的一个不等式" (数学通报, 1985, 24(5), 43-46) 一文[52]中利用单形的体积之比给出了点 B_i 的重心坐标 (3.1.2).

定理 1[10] 设 $\mathscr{B}$ 为 $\mathscr{A}$ 关于点 P 的寻常延线单形, 若 $\mathscr{A}$ 与 $\mathscr{B}$ 的 n 维体积分别为 $V_{\mathscr{A}}$ 与 $V_{\mathscr{B}}$, 则有

$$|V_{\mathscr{B}}| \leqslant \frac{1}{n^n} \cdot |V_{\mathscr{A}}|, \tag{3.1.3}$$

当且仅当点 P 为 $\mathscr{A}$ 的重心时等号成立.

证 由 (1.2.13) 知

$$\frac{V_{\mathscr{B}}}{V_{\mathscr{A}}} = \begin{vmatrix} 0 & \mu_{12} & \cdots & \mu_{1,n+1} \\ \mu_{21} & 0 & \cdots & \mu_{2,n+1} \\ \cdots & \cdots & \cdots & \cdots \\ \mu_{n+1,1} & \mu_{n+1,2} & \cdots & 0 \end{vmatrix}$$

$$= \begin{vmatrix} 0 & \frac{\lambda_2}{1-\lambda_1} & \cdots & \frac{\lambda_{n+1}}{1-\lambda_1} \\ \frac{\lambda_1}{1-\lambda_2} & 0 & \cdots & \frac{\lambda_{n+1}}{1-\lambda_2} \\ \cdots & \cdots & \cdots & \cdots \\ \frac{\lambda_1}{1-\lambda_{n+1}} & \frac{\lambda_2}{1-\lambda_{n+1}} & \cdots & 0 \end{vmatrix}$$

$$= \left(\prod_{i=1}^{n+1} \frac{\lambda_i}{1-\lambda_i}\right) \cdot \begin{vmatrix} 0 & 1 & \cdots & 1 \\ 1 & 0 & \cdots & 1 \\ \cdots & \cdots & \cdots & \cdots \\ 1 & 1 & \cdots & 0 \end{vmatrix}$$

$$= (-1)^n \cdot n \cdot \left(\prod_{i=1}^{n+1} \frac{\lambda_i}{1-\lambda_i}\right),$$

即

$$\frac{V_{\mathscr{B}}}{V_{\mathscr{A}}}=(-1)^n\cdot n\cdot\left(\prod_{i=1}^{n+1}\frac{\lambda_i}{1-\lambda_i}\right). \tag{3.1.4}$$

在(3.1.4) 中的 $(-1)^n$, 当 n 为奇数时表明单形 $\mathscr{B}$ 与 $\mathscr{A}$ 的方向相反, 当 n 为偶数时表明单形 $\mathscr{B}$ 与 $\mathscr{A}$ 的方向相同.

由于点 P 是在单形 $\mathscr{A}$ 的内部, 所以点 P 的重心坐标 $P(\lambda_1,\lambda_2,\cdots,\lambda_{n+1})$ 中的每一个分量 λ_i 均是正实数, 即 $\lambda_i>0\ (1\leqslant i\leqslant n+1)$, 所以由算术平均大于或等于几何平均不等式 (以后简记为 $A_n(a)\geqslant G_n(a)$) 可得

$$\begin{aligned}\prod_{i=1}^{n+1}(1-\lambda_i)&=\prod_{i=1}^{n+1}\left(\sum_{\substack{j=1\\j\neq i}}^{n+1}\lambda_j\right)\\&\geqslant\prod_{i=1}^{n+1}\left[n\cdot\left(\prod_{\substack{j=1\\j\neq i}}^{n+1}\lambda_j\right)^{\frac{1}{n}}\right]\\&=n^{n+1}\cdot\left(\prod_{i=1}^{n+1}\lambda_i\right),\end{aligned}$$

即

$$\prod_{i=1}^{n+1}\frac{\lambda_i}{1-\lambda_i}\leqslant\frac{1}{n^{n+1}}, \tag{3.1.5}$$

当且仅当 $\lambda_1=\lambda_2=\cdots=\lambda_{n+1}$ 时等号成立.

所以由 (3.1.5) 可得

$$\frac{|V_{\mathscr{B}}|}{|V_{\mathscr{A}}|}=n\cdot\prod_{i=1}^{n+1}\frac{\lambda_i}{1-\lambda_i}\leqslant\frac{1}{n^n},$$

等号成立的充要条件是显然的. □

在 (3.1.3) 中, 当 $n=2$ 时便是 (3.1.1), 故 (3.1.3) 是 (3.1.1) 的一种推广.

定理 2 设 P 为 n 维欧氏空间 $\mathbf{E}^n$ 中单形 $\mathscr{A}$ 内部的任意一点, $\mathscr{C}$ 是单形 $\mathscr{A}$ 关于点 P 所生成的非寻常延线单形, 若设 $\{A_1,A_2,\cdots,A_{n+1}\}$ 与 $\{C_1,C_2,\cdots,C_{n+1}\}$ 分别为 $\mathscr{A}$ 与 $\mathscr{C}$ 的顶点集, 且 A_iC_i 与单形 $\mathscr{A}$ 的顶点 A_i 所对的 $n-1$ 维超平面交于点 B_i, $\frac{C_iB_i}{B_iP}=t_i$ $(1\leqslant i\leqslant n+1)$, $V_{\mathscr{A}}$, $V_{\mathscr{C}}$ 分别表示单形 $\mathscr{A}$ 与单形 $\mathscr{C}$ 的 n 维体积, 则有

$$|V_{\mathscr{C}}|\leqslant\frac{1}{n^n\cdot(n+1)}\cdot\left(\prod_{i=1}^{n+1}(1+t_i)\right)\cdot\left(\sum_{i=1}^{n+1}\frac{1}{1+t_i}\right)\cdot|V_{\mathscr{A}}|, \tag{3.1.6}$$

当且仅当点 P 为 $\mathscr{A}$ 的重心时等号成立.

证 对于单形 $\mathscr{A}$ 内部的任意一点 P, 可设它关于坐标单形 $\mathscr{A}$ 的重心坐标为 $P(\lambda_1,\lambda_2,\cdots,\lambda_{n+1})$, 则由 (3.1.2) 知点 B_i 的重心坐标仍与 (3.1.2) 相同, 由于 $\frac{C_iB_i}{B_iP}=t_i$, 故 $B_i=\frac{C_i+t_i\cdot P}{1+t_i}$, 从而点 C_i 的型函数为

$$C_i=(1+t_i)B_i-t_iP, \tag{3.1.7}$$

所以 C_i 的重心坐标 $C(\gamma_{i1},\gamma_{i2},\cdots,\gamma_{i,n+1})$ 中的分量 γ_{ij} 为

$$\gamma_{ij}=\begin{cases}-\lambda_it_i, & j=i,\\ \\ \frac{1+\lambda_it_i}{1-\lambda_i}\cdot\lambda_j, & j\neq i,\end{cases}, \tag{3.1.8}$$

故由 (1.2.13) 知 (为了书写简便起见, 以下记 $\frac{1+\lambda_i t_i}{1-\lambda_i}=k_i$).

$$
\begin{aligned}
\frac{|V_{\mathscr{C}}|}{|V_{\mathscr{A}}|} &= \begin{vmatrix} \gamma_{11} & \gamma_{12} & \cdots & \gamma_{1,n+1} \\ \gamma_{21} & \gamma_{22} & \cdots & \gamma_{2,n+1} \\ \cdots & \cdots & \cdots & \cdots \\ \gamma_{n+1,1} & \gamma_{n+1,2} & \cdots & \gamma_{n+1,n+1} \end{vmatrix} \\
&= \begin{vmatrix} -\lambda_1 t_1 & \frac{1+\lambda_1 t_1}{1-\lambda_1}\cdot\lambda_2 & \cdots & \frac{1+\lambda_1 t_1}{1-\lambda_1}\cdot\lambda_{n+1} \\ \frac{1+\lambda_2 t_2}{1-\lambda_2}\cdot\lambda_1 & -\lambda_2 t_2 & \cdots & \frac{1+\lambda_2 t_2}{1-\lambda_2}\cdot\lambda_{n+1} \\ \cdots & \cdots & \cdots & \cdots \\ \frac{1+\lambda_{n+1} t_{n+1}}{1-\lambda_{n+1}}\cdot\lambda_1 & \frac{1+\lambda_{n+1} t_{n+1}}{1-\lambda_{n+1}}\cdot\lambda_2 & \cdots & -\lambda_{n+1} t_{n+1} \end{vmatrix} \\
&= \left(\prod_{i=1}^{n+1}\frac{1+\lambda_i t_i}{1-\lambda_i}\right) \\
&\qquad \times \begin{vmatrix} -\frac{\lambda_1 t_1}{k_1} & \lambda_2 & \cdots & \lambda_{n+1} \\ \lambda_1 & -\frac{\lambda_2 t_2}{k_2} & \cdots & \lambda_{n+1} \\ \cdots & \cdots & \cdots & \cdots \\ \lambda_1 & \lambda_2 & \cdots & -\frac{\lambda_{n+1} t_{n+1}}{k_{n+1}} \end{vmatrix} \\
&= \left(\prod_{i=1}^{n+1}\frac{1+\lambda_i t_i}{1-\lambda_i}\right) \\
&\qquad \times \begin{vmatrix} 1 & -\lambda_1 & -\lambda_2 & \cdots & \lambda_{n+1} \\ 1 & \frac{1}{k_1}-1 & 0 & \cdots & 0 \\ 1 & 0 & \frac{1}{k_2}-1 & \cdots & 0 \\ \cdots & \cdots & \cdots & \cdots & \cdots \\ 1 & 0 & 0 & \cdots & \frac{1}{k_{n+1}}-1 \end{vmatrix}
\end{aligned}
$$

$$= (-1)^{n+1} \cdot \left(\prod_{i=1}^{n+1} \frac{1+\lambda_i t_i}{1-\lambda_i}\right) \cdot \left(\prod_{i=1}^{n+1} \frac{1+t_i}{1+\lambda_i t_i}\right)$$

$$\times \left(1 - \sum_{i=1}^{n+1} \frac{1+\lambda_i t_i}{1+t_i}\right) \cdot \left(\prod_{i=1}^{n+1} \lambda_i\right),$$

即

$$\frac{V_{\mathscr{C}}}{V_{\mathscr{A}}} = (-1)^n \cdot \left(\prod_{i=1}^{n+1} \frac{\lambda_i(1+t_i)}{1-\lambda_i}\right) \cdot \left(\sum_{i=1}^{n+1} \frac{1-\lambda_i}{1+t_i}\right), \quad (3.1.9)$$

由于 $\lambda_i = \frac{PB_i}{A_iB_i}$, $t_i = \frac{C_iB_i}{B_iP}$, 故当 λ_i 增大时, t_i 便减小, 由此知二序列 $\{1-\lambda_i\}$, $\left\{\frac{1}{1+t_i}\right\}$ 是异向单调的, 所以由 Chebyshev 不等式可得

$$\sum_{i=1}^{n+1} \frac{1-\lambda_i}{1+t_i} \leqslant \frac{n}{n+1} \cdot \left(\sum_{i=1}^{n+1} \frac{1}{1+t_i}\right), \quad (3.1.10)$$

当且仅当 $\lambda_1 = \lambda_2 = \cdots = \lambda_{n+1}$ 时等号成立.

由 (3.1.5) 知

$$\prod_{i=1}^{n+1} \frac{\lambda_i(1+t_i)}{1-\lambda_i} \leqslant \frac{1}{n^n} \cdot \prod_{i=1}^{n+1} (1+t_i), \quad (3.1.11)$$

当且仅当 $\lambda_1 = \lambda_2 = \cdots = \lambda_{n+1}$ 时等号成立.

由 (3.1.9), (3.1.10) 以及 (3.1.11) 可得

$$\frac{|V_{\mathscr{C}}|}{|V_{\mathscr{A}}|} \leqslant \frac{1}{n^n \cdot (n+1)} \cdot \left(\prod_{i=1}^{n+1} (1+t_i)\right) \left(\sum_{i=1}^{n+1} \frac{1}{1+t_i}\right), \quad (3.1.12)$$

当且仅当点 P 为 $\mathscr{A}$ 的重心时等号成立.

将 (3.1.12) 整理之便得 (3.1.6). □

定理 3 在定理 2 的条件下, 若记 $\frac{PC_i}{PB_i}=p_i$ $(1\leqslant i\leqslant n+1)$, 则有

$$V_{\mathscr{C}}\leqslant\frac{\prod\limits_{i=1}^{n+1}p_i}{n^n}\cdot V_{\mathscr{A}},\tag{3.1.13}$$

当且仅当点 P 为 $\mathscr{A}$ 的重心且 $p_i=1$ $(1\leqslant i\leqslant n+1)$ 时等号成立.

证 将单形 $\mathscr{C}$ 分成 $n+1$ 个子块 $\mathscr{C}_1,\mathscr{C}_2,\cdots,\mathscr{C}_{n+1}$, 且子块 $\mathscr{C}_i$ 的顶点集为 $\{C_1,C_2,\cdots,C_{i-1},P,C_{i+1},\cdots,C_{n+1}\}$, 记 $PC_j=r_j$ $(1\leqslant j\leqslant n+1)$, 则由单形的体积公式 (1.1.2) 可得

$$V_{\mathscr{C}}=\sum_{i=1}^{n+1}V_{\mathscr{C}_i}=\frac{1}{n}\cdot\left(\sum_{i=1}^{n+1}\left(\prod_{\substack{j=1\\j\neq i}}^{n+1}r_j\right)\cdot\sqrt{Q_i}\right),\tag{3.1.14}$$

其中

$$Q_i=\begin{vmatrix}1 & & & \cos\alpha_{jk}\\ & 1 & & \\ & & \ddots & \\ \cos\alpha_{kj} & & & 1\end{vmatrix},$$

$$\left(\begin{array}{c}1\leqslant j,k\leqslant n+1,j\neq k,\\ j,k\neq i,\alpha_{jk}=\angle C_jPC_k\end{array}\right).$$

若再记 $PA_j=R_j$, 由顶点集 $\{A_1,\cdots,A_{i-1},P,A_{i+1},\cdots,A_{n+1}\}$ 所构成的单形 $\mathscr{A}_i$ 的 n 维体积为 $V_{\mathscr{A}_i}$ $(1\leqslant i\leqslant n+1)$, 则显然有

$$V_{\mathscr{A}_i}=\frac{1}{n!}\cdot\left(\prod_{\substack{j=1\\j\neq i}}^{n+1}R_j\right)\cdot\sqrt{Q_i}\,.\tag{3.1.15}$$

将 (3.1.15) 代入 (3.1.14) 内可得

$$V_{\mathscr{C}} = \sum_{i=1}^{n+1} \left(\prod_{\substack{j=1 \\ j \neq i}}^{n+1} \frac{r_j}{R_j} \right) \cdot V_{\mathscr{A}_i},$$

由于 $\frac{V_{\mathscr{A}_i}}{V_{\mathscr{A}}} = \lambda_i \ (1 \leqslant i \leqslant n+1)$，所以有

$$\frac{V_{\mathscr{C}}}{V_{\mathscr{A}}} = \sum_{i=1}^{n+1} \left(\prod_{\substack{j=1 \\ j \neq i}}^{n+1} \frac{r_j}{R_j} \right) \cdot \lambda_i. \tag{3.1.16}$$

若再记 $\frac{r_j}{A_jB_j} = \mu_j$, 则由 $\frac{PB_j}{A_jB_j} = \lambda_j$, (3.1.16) 还可表为

$$\frac{V_{\mathscr{C}}}{V_{\mathscr{A}}} = \left(\prod_{i=1}^{n+1} \frac{\mu_i}{1-\lambda_i} \right) \cdot \left(\sum_{i=1}^{n+1} \lambda_i \cdot \frac{1-\lambda_i}{\mu_i} \right). \tag{3.1.17}$$

由于 $\lambda_i \leqslant \mu_i \ (1 \leqslant i \leqslant n+1)$, 所以再利用 (3.1.5) 便可得

$$\begin{aligned} \frac{V_{\mathscr{C}}}{V_{\mathscr{A}}} &\leqslant \left(\prod_{i=1}^{n+1} \frac{\mu_i}{1-\lambda_i} \right) \cdot \left(\sum_{i=1}^{n+1} \mu_i \cdot \frac{1-\lambda_i}{\mu_i} \right) \\ &= n \cdot \left(\prod_{i=1}^{n+1} \frac{\lambda_i}{1-\lambda_i} \cdot \frac{\mu_i}{\lambda_i} \right) \\ &\leqslant \frac{1}{n^n} \cdot \left(\prod_{i=1}^{n+1} \frac{\mu_i}{\lambda_i} \right) \\ &= \frac{1}{n^n} \cdot \left(\prod_{i=1}^{n+1} p_i \right). \end{aligned}$$

显然等号成立的充要条件是 $\mu_i = \lambda_i \ (1 \leqslant i \leqslant n+1)$, 且 $\lambda_1 = \lambda_2 = \cdots = \lambda_{n+1}$ 即点 P 为单形 $\mathscr{A}$ 的重心且 $p_i = 1 \ (1 \leqslant i \leqslant n+1)$. □

值得一提的是, 在定理 2 与定理 3 中条件 $|PB_i| \leqslant |PC_i|$ $(1 \leqslant i \leqslant n+1)$ 不可少, 否则容易举出反例使之不成立.

易知在定理 3 中, 当 $p_i = 1$ $(1 \leqslant i \leqslant n+1)$ 时 (3.1.13) 便是 (3.1.3), 而在 (3.1.6) 中当 $t_i = 0$ $(1 \leqslant i \leqslant n+1)$ 时便得 (3.1.3), 所以定理 2 和定理 3 是定理 1 的一种推广.

另外, 由于 $t_i = \frac{C_iB_i}{B_iP} = \frac{B_iC_i}{PB_i}$, 故当 $A_iP = PC_i$ 时, 有

$$\begin{aligned} t_i &= \frac{B_iC_i}{PB_i} + 1 - 1 = \frac{PC_i}{PB_i} - 1 = \frac{A_iP}{PB_i} - 1 \\ &= \frac{A_iP}{PB_i} + 1 - 2 = \frac{A_iB_i}{PB_i} - 2 = \frac{1}{\lambda_i} - 2\,, \end{aligned}$$

即 $t_i = \frac{1}{\lambda_i} - 2$ $(1 \leqslant i \leqslant n+1)$, 显然此时有

$$\left(\prod_{i=1}^{n+1} \frac{\lambda_i(1+t_i)}{1-\lambda_i}\right) \cdot \left(\sum_{i=1}^{n+1} \frac{1-\lambda_i}{1+t_i}\right) = 1.$$

将此式代入 (3.1.9) 内便得

$$V_{\mathscr{C}} = (-1)^n \cdot V_{\mathscr{A}}, \tag{3.1.18}$$

(3.1.18) 表明 $V_{\mathscr{A}}$ 与 $V_{\mathscr{C}}$ 是有向体积.

定义 2 设 P 为单形 $\mathscr{A}$ 的外接球内部的任意一点, 联结 $\mathscr{A}$ 的顶点 A_i 与点 P 并延长相交于 $\mathscr{A}$ 的外接球球面于一点 B_i, 则由顶点集 $\{B_1, B_2, \cdots, B_{n+1}\}$ 所支撑的单形 $\mathscr{B}$ 称为单形 $\mathscr{A}$ 关于点 P 的球面相交单形.

引理 2 设顶点集为 $\{A_1, A_2, \cdots, A_{n+1}\}$ 的 n 维欧氏空间 $\mathbf{E}^n$ 中的单形 $\mathscr{A}$ 为坐标单形, 记 $|A_iA_j| =$

a_{ij}, P 为 $\mathscr{A}$ 的外接球内部的任意一点, 若点 P 的重心坐标为 $P(\lambda_1, \lambda_2, \cdots, \lambda_{n+1})$, 则单形 $\mathscr{A}$ 关于点 P 的球面相交单形 $\mathscr{B}$ 的顶点 B_i 的重心坐标为

$$B_i\left(\frac{\sigma_i\lambda_1}{\sigma_i-\sigma}, \frac{\sigma_i\lambda_2}{\sigma_i-\sigma}, \cdots, \frac{\sigma_i\lambda_{i-1}}{\sigma_i-\sigma}, \frac{\sigma_i\lambda_i-\sigma}{\sigma_i-\sigma}, \frac{\sigma_i\lambda_{i+1}}{\sigma_i-\sigma}, \cdots, \frac{\sigma_i\lambda_{n+1}}{\sigma_i-\sigma}\right), \tag{3.1.19}$$

其中

$$\sigma_i = \sum_{j=1}^{n+1} a_{ij}^2\lambda_j, \quad \sigma = \sum_{1\leqslant i<j\leqslant n+1} a_{ij}^2\lambda_i\lambda_j.$$

证 因为 $\mathscr{A}$ 为坐标单形, 故 $\mathscr{A}$ 的顶点 A_i 的重心坐标为

$$A_i(\underbrace{0, 0, \cdots, 0}_{i-1}, 1, \underbrace{0, 0, \cdots, 0}_{n+1-i}),$$

由 (1.3.14) 与 (1.3.15) 知, 过两点 A_i 与 P 的直线 l_i 的重心坐标方程为

$$l_i: \frac{\mu_1}{\lambda_1} = \frac{\mu_2}{\lambda_2} = \cdots = \frac{\mu_{i-1}}{\lambda_{i-1}} = \frac{\mu_i - 1}{\lambda_i - 1} = \frac{\mu_{i+1}}{\lambda_{i+1}} = \cdots = \frac{\mu_{n+1}}{\lambda_{n+1}} = t,$$

故直线 l_i 也可以表示为以 t 为参数的参数式方程

$$\mu_j = \begin{cases} \lambda_j t, & j \neq i, \\ \lambda_i t - t + 1, & j = i. \end{cases} \tag{3.1.20}$$

将直线 l_i 的参数式方程代入坐标单形 $\mathscr{A}$ 的外接球面方程

$$\sum_{1\leqslant i<j\leqslant n+1} a_{ij}^2\mu_i\mu_j = 0 \tag{3.1.21}$$

内, 可得关于参数 t 的一元二次方程 $(\sigma-\sigma_i)t^2+\sigma_i t=0$, 显然此处 $t\neq 0$, 故有

$$t=\frac{\sigma_i}{\sigma_i-\sigma}, \tag{3.1.22}$$

将 (3.1.22) 代入 (3.1.20) 内立即可得点 B_i 的重心坐标 (3.1.19). □

定理 4 设 $\mathscr{A}$ 为 n 维欧氏空间 $\mathbf{E}^n$ 中的单形, 其顶点集为 $\{A_1, A_2, \cdots, A_{n+1}\}$, 记 $\mathscr{A}$ 的棱长为 $|A_iA_j|=a_{ij}$, P 为 $\mathscr{A}$ 的外接球内部的任意一点, $\mathscr{B}$ 为 $\mathscr{A}$ 关于点 P 的球面相交单形. 若 $\mathscr{A}$ 与 $\mathscr{B}$ 的 n 维体积分别为 V 与 V', 且点 P 关于坐标单形 $\mathscr{A}$ 的重心坐标为 $P(\lambda_1,\lambda_2,\cdots,\lambda_{n+1})$, 则有

$$\frac{V'}{V}=(-1)^n\cdot\frac{\left(\sum\limits_{1\leqslant i<j\leqslant n+1} a_{ij}^2\lambda_i\lambda_j\right)^{n+1}}{\prod\limits_{i=1}^{n+1}\left(\sum\limits_{j=1}^{n+1} a_{ij}^2\lambda_j-\sum\limits_{1\leqslant i<j\leqslant n+1} a_{ij}^2\lambda_i\lambda_j\right)}. \tag{3.1.23}$$

证 由引理 2 与 (1.2.13) 可得

$$\frac{V'}{V}=\frac{1}{\prod\limits_{i=1}^{n+1}(\sigma_i-\sigma)}$$

$$\times \begin{vmatrix} \sigma_1\lambda_1-\sigma & \sigma_1\lambda_2 & \cdots & \sigma_1\lambda_{n+1} \\ \sigma_2\lambda_1 & \sigma_2\lambda_2-\sigma & \cdots & \sigma_2\lambda_{n+1} \\ \cdots & \cdots & \cdots & \cdots \\ \sigma_{n+1}\lambda_1 & \sigma_{n+1}\lambda_2 & \cdots & \sigma_{n+1}\lambda_{n+1}-\sigma \end{vmatrix}$$

$$= \frac{(-1)^n \cdot \sigma^{n+1}}{\prod_{i=1}^{n+1}(\sigma_i-\sigma)},$$

将引理 2 中的 σ_i 与 σ 的表达式代入上式内便得到 (3.1.23). □

推论 1 条件与定理 4 中的相同, 若记点 $|PA_i| = \rho_i\ (1 \leqslant i \leqslant n+1)$, 则

$$\frac{V'}{V} = (-1)^n \cdot \frac{\left(\sum_{i=1}^{n+1}\lambda_i\rho_i^2\right)^{n+1}}{\prod_{i=1}^{n+1}\rho_i^2}. \tag{3.1.24}$$

实际上, 将 (1.5.4) 与 (1.5.5) 代入 (3.1.23) 内便可立即得到 (3.1.24). 但是, 容易看出 (3.1.24) 比 (3.1.23) 更具有鲜明的几何意义.

推论 2 在定理 4 的条件下, 若点 P 为单形 $\mathscr{A}$ 的外心时, 则有

$$V' = (-1)^n V. \tag{3.1.25}$$

推论 3 在定理 4 的条件下, 若点 P 为单形 $\mathscr{A}$ 的重心时, 则有

$$|V'| \geqslant |V|, \tag{3.1.26}$$

当且仅当 $\mathscr{A}$ 为正则单形时等号成立.

其实, 当点 P 为 $\mathscr{A}$ 的重心时, 点 P 的重心坐标 $\lambda_i=\frac{1}{n+1}\ (1\leqslant i\leqslant n+1)$, 由不等式 $A_n(a)\geqslant G_n(a)$ 知

$$\left(\sum_{i=1}^{n+1}\frac{1}{n+1}\cdot\rho_i^2\right)^{n+1}\geqslant\prod_{i=1}^{n+1}\rho_i^2,\tag{3.1.27}$$

容易看出此不等式中等号成立的充要条件是 $\mathscr{A}$ 为正则单形, 对 (3.1.24) 的两端同时取绝对值, 然后再由 (3.1.27) 便立即可得 (3.1.26).

推论 4 在定理 4 的条件下, 若点 P 为单形 $\mathscr{A}$ 的内心时, 则有

$$|V'|\geqslant|V|,\tag{3.1.28}$$

当且仅当 $\mathscr{A}$ 为正则单形时等号成立.

证 因为点 P 为单形 $\mathscr{A}$ 的内心, 所以 $\lambda_i=\frac{r}{h_i}=\frac{r\cdot S_i}{nV}=\frac{S_i}{S}$ (其中 $S=S_1+S_2+\cdots+S_{n+1}$), 将此时的 λ_i 代入 (3.1.23) 内可得

$$\left|\frac{V'}{V}\right|=\frac{\left(\sum\limits_{1\leqslant i<j\leqslant n+1}S_iS_ja_{ij}^2\right)^{n+1}}{\prod\limits_{i=1}^{n+1}\left(S\cdot\sum\limits_{j=1}^{n+1}S_ja_{ij}^2-\sum\limits_{1\leqslant i<j\leqslant n+1}S_iS_ja_{ij}^2\right)},\tag{3.1.29}$$

利用不等式 $A_n(a)\geqslant G_n(a)$ 可得

$$\left|\frac{V'}{V}\right|\geqslant\frac{\left(\sum\limits_{1\leqslant i<j\leqslant n+1}S_iS_ja_{ij}^2\right)^{n+1}}{\left(\frac{1}{n+1}\cdot S\cdot\sum\limits_{i=1}^{n+1}\sum\limits_{j=1}^{n+1}S_ja_{ij}^2-\sum\limits_{1\leqslant i<j\leqslant n+1}S_iS_ja_{ij}^2\right)^{n+1}}$$

$$= \left(\frac{\sum\limits_{1 \leqslant i < j \leqslant n+1} S_i S_j a_{ij}^2}{\frac{1}{n+1} \cdot S \cdot \sum\limits_{i=1}^{n+1} \sum\limits_{j=1}^{n+1} S_j a_{ij}^2 - \sum\limits_{1 \leqslant i < j \leqslant n+1} S_i S_j a_{ij}^2} \right)^{n+1}, \tag{3.1.30}$$

在 (3.1.30) 的分母中, 根据 $S \cdot \sum\limits_{i=1}^{n+1} \sum\limits_{j=1}^{n+1} S_j a_{ij}^2$ 的结构, 就整体来看, 过顶点 A_i 的所有棱长越长, 则顶点 A_i 所对的界面 f_i 的 $n-1$ 维体积 S_i 也越大, 反之, 过顶点 A_i 的所有棱长越短, 则顶点 A_i 所对的界面 f_i 的 $n-1$ 维体积 S_i 也越小, 所以, 二序列 $\{S_i\}$ 与 $\left\{ \sum\limits_{j=1}^{n+1} S_j a_{ij}^2 \right\}$ 是同向单调的, 故对 (3.1.30) 中的表达式 $\frac{1}{n+1} \cdot S \cdot \sum\limits_{i=1}^{n+1} \sum\limits_{j=1}^{n+1} S_j a_{ij}^2$ 使用 Chebyshev 不等式可得

$$\begin{aligned}
\left| \frac{V'}{V} \right| &\geqslant \left(\frac{\sum\limits_{1 \leqslant i < j \leqslant n+1} S_i S_j a_{ij}^2}{\sum\limits_{i=1}^{n+1} \sum\limits_{j=1}^{n+1} S_i S_j a_{ij}^2 - \sum\limits_{1 \leqslant i < j \leqslant n+1} S_i S_j a_{ij}^2} \right)^{n+1} \\
&= \left(\frac{\sum\limits_{1 \leqslant i < j \leqslant n+1} S_i S_j a_{ij}^2}{2 \cdot \sum\limits_{1 \leqslant i < j \leqslant n+1} S_i S_j a_{ij}^2 - \sum\limits_{1 \leqslant i < j \leqslant n+1} S_i S_j a_{ij}^2} \right)^{n+1} \\
&= 1,
\end{aligned}$$

即 $|V'| \geqslant |V|$, 因此推论 4 得到证明. □

如下我们再回到寻常沿线单形的问题上来. 并利用如下的结论 (定理 5) 给出不等式 (3.2.1) 的一个隔离形式 (3.1.36).

定理 5 设 P 为 n 维欧氏空间 E^n 中单形 $\mathscr{A}$ 内部的任意一点, $\mathscr{B}_0$ 为 $\mathscr{A}$ 关于点 P 的寻常沿线单形, 又 $\mathscr{A}$ 与 $\mathscr{B}_0$ 的 n 维体积分别为 V 与 V_0. $\mathscr{A}$ 与 $\mathscr{B}$ 的顶点集分别是 $\{A_1, A_2, \cdots, A_{n+1}\}$ 与 $\{B_1, B_2, \cdots, B_{n+1}\}$. 记由顶点集 $\{B_1, \cdots, B_{i-1}, A_i, B_{i+1}, \cdots, B_{n+1}\}$ 所支撑的单形为 $\mathscr{B}_i$, 且 $\mathscr{B}_i$ 的 n 维体积为 V_i $(1 \leqslant i \leqslant n+1)$, 则有

$$\prod_{i=1}^{n+1} V_i = \frac{(n-1)^{n+1}}{n^n} \cdot V_0^n V. \tag{3.1.31}$$

证 这里以单形 $\mathscr{B}_1$ 为例来求 V_1, 因为顶点 A_1 的重心坐标是 $A_1(1, 0, \cdots, 0)$, 故由 (1.2.13) 与 (3.1.2) 可得

$$\begin{aligned}
\frac{V_1}{V} &= \begin{vmatrix} 1 & 0 & 0 & \cdots & 0 \\ \frac{\lambda_1}{1-\lambda_2} & 0 & \frac{\lambda_3}{1-\lambda_2} & \cdots & \frac{\lambda_{n+1}}{1-\lambda_2} \\ \cdots & \cdots & \cdots & \cdots & \cdots \\ \frac{\lambda_1}{1-\lambda_{n+1}} & \frac{\lambda_2}{1-\lambda_{n+1}} & \frac{\lambda_3}{1-\lambda_{n+1}} & \cdots & 0 \end{vmatrix} \\
&= \begin{vmatrix} 0 & \frac{\lambda_3}{1-\lambda_2} & \cdots & \frac{\lambda_{n+1}}{1-\lambda_2} \\ \frac{\lambda_2}{1-\lambda_3} & 0 & \cdots & \frac{\lambda_{n+1}}{1-\lambda_3} \\ \cdots & \cdots & \cdots & \cdots \\ \frac{\lambda_2}{1-\lambda_{n+1}} & \frac{\lambda_3}{1-\lambda_{n+1}} & \cdots & 0 \end{vmatrix} \\
&= (-1)^{n-1} \cdot (n-1) \cdot \prod_{j=2}^{n+1} \frac{\lambda_j}{1-\lambda_j},
\end{aligned}$$

即

$$V_1 = V \cdot (-1)^{n-1} \cdot (n-1) \cdot \left(\prod_{j=1}^{n+1} \frac{\lambda_j}{1-\lambda_j} \right) \cdot \frac{1-\lambda_1}{\lambda_1}, \tag{3.1.32}$$

当然, 对于一般的单形 $\mathscr{B}_i$, 同样可以得到

$$V_i = V\cdot(-1)^{n-1}\cdot(n-1)\cdot\left(\prod_{j=1}^{n+1}\frac{\lambda_j}{1-\lambda_j}\right)\cdot\frac{1-\lambda_i}{\lambda_i}. \quad (3.1.33)$$

若不考虑单形 $\mathscr{B}_i$ 的方向性问题, 则由 (3.1.33) 容易得到

$$\prod_{i=1}^{n+1} V_i = V^{n+1}\cdot(n-1)^{n+1}\cdot\left(\prod_{j=1}^{n+1}\frac{\lambda_j}{1-\lambda_j}\right)^n. \quad (3.1.34)$$

对于单形 $\mathscr{B}_0$ 来说, 若同样也不考虑它的方向性问题时, 则由 (3.1.4) 知

$$V_0 = V\cdot n\cdot\left(\prod_{j=1}^{n+1}\frac{\lambda_j}{1-\lambda_j}\right), \quad (3.1.35)$$

将 (3.1.35) 中的 $\prod\limits_{j=1}^{n+1}\frac{\lambda_j}{1-\lambda_j}$ 代入 (3.1.34) 内立即可得 (3.1.31). □

推论 5 在定理 5 的条件下, 有

$$V_0 \leqslant \frac{1}{n-1}\cdot\left(\prod_{i=1}^{n+1} V_i\right)^{\frac{1}{n+1}} \leqslant \frac{1}{n^n}\cdot V. \quad (3.1.36)$$

当且仅当点 P 为单形 $\mathscr{A}$ 的重心 G 时等号成立.

证 这里, 首先证明不等式 (3.1.36) 的左端小于等于中部的情况:

由 (3.1.31) 与 (3.1.3) 知

$$\begin{aligned}\prod_{i=1}^{n+1} V_i &= \frac{(n-1)^{n+1}}{n^n}\cdot V_0^n V\\ &\geqslant \frac{(n-1)^{n+1}}{n^n}\cdot V_0^n\cdot n^n\cdot V_0\\ &= (n-1)^{n+1}\cdot V_0^{n+1},\end{aligned}$$

故有

$$V_0 \leqslant \frac{1}{n-1} \cdot \left(\prod_{i=1}^{n+1} V_i \right)^{\frac{1}{n+1}}, \tag{3.1.37}$$

当且仅当点 P 为单形 $\mathscr{A}$ 的重心 G 时等号成立.

其次, 再证明不等式 (3.1.36) 的中部小于等于右端. 且由 (3.1.31) 与 (3.1.3) 知

$$\begin{aligned}
\prod_{i=1}^{n+1} V_i &= \frac{(n-1)^{n+1}}{n^n} \cdot V_0^n V \\
&\leqslant \frac{(n-1)^{n+1}}{n^n} \cdot \left(\frac{1}{n^n} \cdot V \right)^n \cdot V \\
&= \left(\frac{n-1}{n^n} \cdot V \right)^{n+1},
\end{aligned}$$

故有

$$\frac{1}{n-1} \cdot \left(\prod_{i=1}^{n+1} V_i \right)^{\frac{1}{n+1}} \leqslant \frac{1}{n^n} \cdot V, \tag{3.1.38}$$

由不等式 (3.1.37) 与 (3.1.38) 立即得到 (3.1.36). □

§3.2 垂足单形中的一个不等式

在前一节中的 (3.1.1), 它揭示了三角形的内部任意一点的一个寻常延线三角形的问题, 与之相应的另一个问题是:

设 P 为 $\triangle ABC$ 内部的任意一点, 点 P 在三边上的射影分别为 D, E, F, 若 $\triangle ABC$ 与 $\triangle DEF$ 的面积分别为 $\triangle$ 和 $\triangle'$, 则

$$\triangle' \leqslant \frac{1}{4} \cdot \triangle, \tag{3.2.1}$$

当且仅当点 P 与 $\triangle ABC$ 的外心 O 重合时等号成立.

我们自然要问, (3.2.1) 是否可以推广到 n 维欧氏空间中去? 回答是肯定的. 为解决这一问题, 如下首先给出:

定义 设 P 为 n 维欧氏空间 $\mathbf{E}^n$ 中单形 $\mathscr{A}$ 内部的任意一点, $\mathscr{A}$ 的顶点集为 $\{A_1, A_2, \cdots, A_{n+1}\}$, 点 P 在点 A_i 所对的 $n-1$ 维超平面上的射影为 B_i, 则称由顶点集 $\{B_1, B_2, \cdots, B_{n+1}\}$ 所支撑的单形 $\mathscr{B}$ 为单形 $\mathscr{A}$ 关于点 P 的垂足单形.

引理 1[11] 设 P 为 n 维欧氏空间 $\mathbf{E}^n$ 中单形 $\mathscr{A}$ 内部的任意一点, $\mathscr{A}$ 的顶点 A_i 所对的 $n-1$ 维界面的 $n-1$ 维体积为 S_i, 又点 P 在 S_i 上的射影为 B_i, 若点 P 的重心坐标为 $P(\lambda_1, \lambda_2, \cdots, \lambda_{n+1})$, B_i 的重心坐标为 $B_i(t_{i1}, t_{i2}, \cdots, t_{i,n+1})$ $(1 \leqslant i \leqslant n+1)$, 则有

$$t_{ij} = \begin{cases} 0, & j = i, \\ \frac{1}{S_i} \cdot (S_i\lambda_j + \lambda_i S_j \cos\theta_{ij}), & j \neq i, \end{cases} \tag{3.2.2}$$

其中 θ_{ij} 为 S_i 与 S_j 所夹的内二面角.

证 过点 P, B_i, B_j $(i \neq j)$ 作二维平面 π_{ij}, 则 $\pi_{ij} \perp S_i$, $\pi_{ij} \perp S_j$, 设 π_{ij} 交 $n-2$ 维超平面 $S_i \bigcap S_j$ 于一点 D_{ij}, 点 P 到 S_i 与 S_j 的有向距离为 γ_i 与 γ_j, 过点 B_i 作 S_j 的垂线, 垂足为 H_i, 易知有 $B_iH_i /\!/ PB_j$, 记 B_iH_i 的有向距离为 h_{ij}, 则易知

$$h_{ij} = \gamma_j + \gamma_i \cos\theta_{ij}, \ (j \neq i). \tag{3.2.3}$$

由 (1.2.6) 及 (1.1.3) 知

$$\gamma_i = \frac{n\lambda_i V_{\mathscr{A}}}{S_i}, \quad \gamma_j = \frac{n\lambda_j V_{\mathscr{A}}}{S_j},$$

将此二式代入 (3.2.3) 内便得

$$h_{ij} = \begin{cases} 0, & j = i, \\ nV_{\mathscr{A}} \cdot \left(\frac{\lambda_j}{S_j} + \frac{\lambda_i}{S_i} \cdot \cos\theta_{ij}\right), & j \neq i, \end{cases}$$

再由 (1.2.6) 知 $t_{ij} = \frac{V_j}{V} = \frac{\frac{1}{n}S_j h_{ij}}{V} = \frac{S_j h_{ij}}{nV}$, 所以有

$$t_{ij} = \begin{cases} 0, & j = i, \\ S_j \cdot \left(\frac{\lambda_j}{S_j} + \frac{\lambda_i}{S_i} \cdot \cos\theta_{ij}\right), & j \neq i, \end{cases}$$
$$= \begin{cases} 0, & j = i, \\ \frac{1}{S_i} \cdot (S_i\lambda_j + \lambda_i S_j \cos\theta_{ij}), & j \neq i, \end{cases}$$

由此我们获得了 (3.2.2) . □

引理 2 设 D_{ij} 为 1.1 中定义里 Cayley - Menger 行列式 D 的元素 a_{ij}^2 的代数余子式, a 为任一实数, λ_i 与 S_i $(1 \leqslant i \leqslant n+1)$ 与引理 1 中的含义相同, 则有

$$\begin{vmatrix} a & \lambda_1 & \cdots & \lambda_{n+1} \\ \frac{S_1^2}{\lambda_1} & & & \\ \vdots & & D_{ij} & \\ \frac{S_{n+1}^2}{\lambda_{n+1}} & & & \end{vmatrix} = \left(\sum_{i=1}^{n+1} \frac{S_i^2}{\lambda_i}\right) \cdot D^{n-1}. \quad (3.2.4)$$

证 利用行列式的基本性质知

$$
\begin{aligned}
&a_{i0}^2D_{j0}+a_{i1}^2D_{j1}+a_{i2}^2D_{j2}+\cdots+a_{i,n+1}^2D_{j,n+1}\\
&=\begin{cases}0, & i\neq j,\\ D, & i=j,\end{cases}\quad (i,j=1,\ 2,\cdots,\ n+1),
\end{aligned}
$$

特别地, 当 $i=j=0$ 时, 有 $0\cdot D_{00}+1\cdot D_{01}+\cdots+1\cdot D_{0,n+1}=D_{01}+D_{0,2}+\cdots+D_{0,n+1}=D$, 从而若设 (3.2.4) 中等号左端的行列式为 Q, 利用 $Q=\frac{1}{D}\cdot DQ$, 并且记 $b_i=\sum\limits_{j=1,j\neq i}^{n+1}\frac{S_j^2}{\lambda_j}\cdot a_{i,j}^2\ (1\leqslant i\leqslant n+1)$, 则可得

$$
\begin{aligned}
Q&=\frac{1}{D}\cdot\begin{vmatrix}0 & 1 & 1 & \cdots & 1\\ 1 & 0 & a_{12}^2 & \cdots & a_{1,n+1}^2\\ 1 & a_{21}^2 & 0 & \cdots & a_{2,n+1}^2\\ \cdots & \cdots & \cdots & \cdots & \cdots\\ 1 & a_{n+1,1}^2 & a_{n+1,2}^2 & \cdots & 0\end{vmatrix}\\
&\quad\times\begin{vmatrix}a & \lambda_1 & \lambda_2 & \cdots & \lambda_{n+1}\\ \frac{S_1^2}{\lambda_1} & D_{11} & D_{12} & \cdots & D_{1,n+1}\\ \frac{S_2^2}{\lambda_2} & D_{21} & D_{22} & \cdots & D_{2,n+1}\\ \cdots & \cdots & \cdots & \cdots & \cdots\\ \frac{S_{n+1}^2}{\lambda_{n+1}} & D_{n+1,1} & D_{n+1,2} & \cdots & D_{n+1,n+1}\end{vmatrix}\\
&=\frac{1}{D}\cdot\begin{vmatrix}\sum\limits_{i=1}^{n+1}\frac{S_i^2}{\lambda_i} & 0 & 0\\ a+b_1 & \lambda_1+D-D_{01} & \lambda_2-D_{02}\\ a+b_2 & \lambda_1-D_{01} & \lambda_2+D-D_{02}\\ \cdots & \cdots & \cdots\\ a+b_{n+1} & \lambda_1-D_{01} & \lambda_2-D_{02}\end{vmatrix}
\end{aligned}
$$

$$
\begin{array}{ll}
\cdots & 0 \\
\cdots & \lambda_{n+1}-D_{0,n+1} \\
\cdots & \lambda_{n+1}-D_{0,n+1} \\
\cdots & \cdots \\
\cdots & \lambda_{n+1}+D-D_{0,n+1}
\end{array}\right|
$$

$$
=\frac{\sum\limits_{i=1}^{n+1}\frac{S_i^2}{\lambda_i}}{D}\cdot\left|\begin{array}{ll}
\lambda_1+D-D_{01} & \lambda_2-D_{02} \\
\lambda_1-D_{01} & \lambda_2+D-D_{02} \\
\cdots & \cdots \\
\lambda_1-D_{01} & \lambda_2-D_{02}
\end{array}\right.
$$

$$
\left.\begin{array}{ll}
\cdots & \lambda_{n+1}-D_{0,n+1} \\
\cdots & \lambda_{n+1}-D_{0,n+1} \\
\cdots & \cdots \\
\cdots & \lambda_{n+1}+D-D_{0,n+1}
\end{array}\right|
$$

$$
=\frac{\sum\limits_{i=1}^{n+1}\frac{S_i^2}{\lambda_i}}{D}
$$

$$
\times\left|\begin{array}{lllll}
1 & D_{01}-\lambda_1 & D_{02}-\lambda_2 & \cdots & D_{0,n+1}-\lambda_{n+1} \\
1 & D & 0 & \cdots & 0 \\
1 & 0 & D & \cdots & 0 \\
\cdots & \cdots & \cdots & \cdots & \cdots \\
1 & 0 & 0 & \cdots & D
\end{array}\right|
$$

$$
=\left(\frac{\sum\limits_{i=1}^{n+1}\frac{S_i^2}{\lambda_i}}{D}\right)\cdot D^{n+1}\times
$$

$$\times\begin{vmatrix} 1 & D_{01}-\lambda_1 & D_{02}-\lambda_2 & \cdots & D_{0,n+1}-\lambda_{n+1} \\ \frac{1}{D} & 1 & 0 & \cdots & 0 \\ \frac{1}{D} & 0 & 1 & \cdots & 0 \\ \cdots & \cdots & \cdots & \cdots & \cdots \\ \frac{1}{D} & 0 & 0 & \cdots & 1 \end{vmatrix}$$

$$=\left(\frac{\sum\limits_{i=1}^{n+1}\frac{S_i^2}{\lambda_i}}{D}\right)\cdot D^{n+1}$$

$$\times\begin{vmatrix} 1-\frac{1}{D}\cdot\sum\limits_{j=1}^{n+1}(D_{0j}-\lambda_j) & 0 & 0 & \cdots & 0 \\ \frac{1}{D} & 1 & 0 & \cdots & 0 \\ \frac{1}{D} & 0 & 1 & \cdots & 0 \\ \cdots & \cdots & \cdots & \cdots & \cdots \\ \frac{1}{D} & 0 & 0 & \cdots & 1 \end{vmatrix}$$

$$=\left(\sum_{i=1}^{n+1}\frac{S_i^2}{\lambda_i}\right)\cdot D^{n-1},$$

即

$$Q=\left(\sum_{i=1}^{n+1}\frac{S_i^2}{\lambda_i}\right)\cdot D^{n-1}.$$

至此引理 2 得到了证明. □

定理 设 $\mathscr{A}$ 为 n 维欧氏空间 $\mathbf{E}^n$ 中的单形, P 为 $\mathscr{A}$ 内部的任意一点, $\mathscr{B}$ 为 $\mathscr{A}$ 关于点 P 的垂足单形, 若 $\mathscr{A}$ 与 $\mathscr{B}$ 的 n 维体积分别为 $V_{\mathscr{A}}$ 和 $V_{\mathscr{B}}$, 则有

$$V_{\mathscr{B}}\leqslant\frac{1}{n^n}\cdot V_{\mathscr{A}},\tag{3.2.5}$$

当且仅当

$$\lambda_k = \frac{\cos\theta_{ij}}{n(\cos\theta_{ij} + \cos\theta_{ik}\cos\theta_{kj})}, \begin{pmatrix} i \neq j \neq k \\ 1 \leqslant i, j, k \leqslant n+1 \end{pmatrix}, \tag{3.2.6}$$

时等号成立.

证 由 (1.2.13) 及 (3.2.2) 和 (3.2.4) 可得

$$\frac{V_{\mathscr{B}}}{V_{\mathscr{A}}} = \begin{vmatrix} 0 & t_{12} & \cdots & t_{1,n+1} \\ t_{21} & 0 & \cdots & t_{2,n+1} \\ \cdots & \cdots & \cdots & \cdots \\ t_{n+1,1} & t_{n+1,2} & \cdots & 0 \end{vmatrix}$$

$$= \begin{vmatrix} 0 & \lambda_2 + \frac{\lambda_1 \cdot S_2}{S_1} \cdot \cos\theta_{12} & \cdots & \lambda_{n+1} + \frac{\lambda_1 \cdot S_{n+1}}{S_1} \cdot \cos\theta_{1,n+1} \\ \lambda_1 + \frac{\lambda_2 \cdot S_1}{S_2} \cdot \cos\theta_{21} & 0 & \cdots & \lambda_{n+1} + \frac{\lambda_2 \cdot S_{n+1}}{S_2} \cdot \cos\theta_{2,n+1} \\ \cdots & \cdots & \cdots & \cdots \\ \lambda_1 + \frac{\lambda_{n+1} \cdot S_1}{S_{n+1}} \cdot \cos\theta_{n+1,1} & \lambda_2 + \frac{\lambda_{n+1} \cdot S_2}{S_{n+1}} \cdot \cos\theta_{n+1,2} & \cdots & 0 \end{vmatrix}$$

$$= \begin{vmatrix} 1 & -\lambda_1 & -\lambda_2 \\ 1 & -\lambda_1 & \lambda_1 \cdot \frac{S_2}{S_1} \cdot \cos\theta_{12} \\ 1 & \lambda_2 \cdot \frac{S_1}{S_2} \cdot \cos\theta_{21} & -\lambda_2 \\ \vdots & \cdots & \cdots \\ 1 & \lambda_{n+1} \cdot \frac{S_1}{S_{n+1}} \cdot \cos\theta_{n+1,1} & \lambda_{n+1} \cdot \frac{S_2}{S_{n+1}} \cdot \cos\theta_{n+1,2} \end{vmatrix}$$

$$\begin{array}{ll|}
\cdots & -\lambda_{n+1} \\
\cdots & \lambda_1 \cdot \frac{S_{n+1}}{S_1} \cdot \cos\theta_{1,n+1} \\
\cdots & \lambda_2 \cdot \frac{S_{n+1}}{S_2} \cdot \cos\theta_{2,n+1} \\
\cdots & \cdots \\
\cdots & -\lambda_{n+1}
\end{array}$$

$$= (-1)^{n+1} \cdot \left(\prod_{i=1}^{n+1} \frac{\lambda_i}{S_i} \right)$$

$$\times \begin{vmatrix}
1 & \lambda_1 & \lambda_2 & \cdots & \lambda_{n+1} \\
\frac{S_1^2}{\lambda_1} & & & & \\
\frac{S_2^2}{\lambda_2} & & \boxed{-S_i S_j \cos\theta_{ij}} & & \\
\vdots & & & & \\
\frac{S_{n+1}^2}{\lambda_{n+1}} & & & &
\end{vmatrix}$$

$$= \frac{(-1)^{n+1} \cdot \left(\prod_{i=1}^{n+1} \frac{\lambda_i}{S_i^2} \right)}{(2^{n-1} \cdot (n-1)!^2)^n}$$

$$\times \begin{vmatrix}
\frac{1}{2^{n-1} \cdot (n-1)!^2} & \lambda_1 & \lambda_2 & \cdots & \lambda_{n+1} \\
\frac{S_1^2}{\lambda_1} & & & & \\
\frac{S_2^2}{\lambda_2} & & \boxed{D_{ij}} & & \\
\vdots & & & & \\
\frac{S_{n+1}^2}{\lambda_{n+1}} & & & &
\end{vmatrix}$$

$$= \frac{(-1)^{n+1} \cdot \left(\prod_{i=1}^{n+1} \frac{\lambda_i}{S_i^2} \right)}{(2^{n-1} \cdot (n-1)!^2)^n} \cdot \left(\sum_{i=1}^{n+1} \frac{S_i^2}{\lambda_i} \right) \cdot D^{n-1},$$

即

$$\frac{V_{\mathscr{B}}}{V_{\mathscr{A}}}=\frac{(-1)^{n+1}}{(2^{n-1}\cdot(n-1)!^2)^n}\cdot\left(\prod_{i=1}^{n+1}\frac{\lambda_i}{S_i^2}\right)\cdot\left(\sum_{i=1}^{n+1}\frac{S_i^2}{\lambda_i}\right)\cdot D^{n-1}.\tag{3.2.7}$$

再由 (1.1.1) 可得

$$V_{\mathscr{B}}=\frac{n^{2n}}{n!^2}\cdot\left(\prod_{i=1}^{n+1}\frac{\lambda_i}{S_i^2}\right)\cdot\left(\sum_{i=1}^{n+1}\frac{S_i^2}{\lambda_i}\right)\cdot V_{\mathscr{A}}^{2n-1},\tag{3.2.8}$$

从而由 (2.2.4) 可得

$$V_{\mathscr{B}}\leqslant\frac{n^{2n}}{n!^2}\cdot\left(\prod_{i=1}^{n+1}\frac{\lambda_i}{S_i^2}\right)\left(\sum_{i=1}^{n+1}\frac{S_i^2}{\lambda_i}\right)\cdot\frac{n!^2}{n^{3n}}$$

$$\times\frac{\left(\sum\limits_{i=1}^{n+1}\lambda_i\right)^n\left(\prod\limits_{i=1}^{n+1}\frac{S_i^2}{\lambda_i}\right)}{\sum\limits_{i=1}^{n+1}\frac{S_i^2}{\lambda_i}}\cdot V_{\mathscr{A}}=\frac{1}{n^n}\cdot V_{\mathscr{A}},$$

等号成立的充要条件由 (2.2.4) 中等号成立的充要条件并利用关系式 $\sum\limits_{i=1}^{n+1}\lambda_i=1$ 便立即可得. □

若设 $PB_i=d_i$, 则易知 $b_{ij}^2=|B_iB_j|^2=d_i^2+d_j^2+2d_id_j\cos\theta_{ij}$, 再利用 $d_i=\frac{nV_i}{S_i}$ 可得

$$b_{ij}^2=(nV_{\mathscr{A}})^2\cdot\left(\frac{\lambda_i^2}{S_i^2}+\frac{\lambda_j^2}{S_j^2}+\frac{2\lambda_i\lambda_j}{S_iS_j}\cdot\cos\theta_{ij}\right),\tag{3.2.9}$$

将 (3.2.9) 代入单形的体积公式 (1.1.1) 内利用与上面相同的方法同样可得 (3.2.5).

§3.3 一个几何恒等式及其应用

设 P 为 $\triangle A_1A_2A_3$ 内部的任意一点, 且点 P 到 $\triangle A_1A_2A_3$ 的顶点 A_i 所对的边的距离为 r_i $(1 \leqslant i \leqslant 3)$, 若 $\triangle A_1A_2A_3$ 的面积为 $\triangle$, 则此时的 Gerber 不等式是指

$$\triangle \geqslant 3\sqrt{3} \cdot (r_1r_2r_3)^{\frac{2}{3}}, \tag{3.3.1}$$

当且仅当 P 为正 $\triangle A_1A_2A_3$ 的重心时等号成立.

为了将 (3.3.1) 推广到 n 维欧氏空间 $\mathbf{E}^n$ 中的单形中去, 如下首先给出一个十分有趣的几何恒等式.

引理[12] 设 $\mathscr{A}$ 为 n 维欧氏空间 $\mathbf{E}^n$ 中的单形, 其 n 维体积为 V, 顶点 A_i 所对的 $n-1$ 维超平面上的高为 h_i, 又 P 为 $\mathscr{A}$ 内部的任意一点, 且 PB_i (或所在直线, 且 $\overrightarrow{PB_i}$ 指向 $\mathscr{A}$ 的外侧) 垂直于 $\mathscr{A}$ 的顶点 A_i 所对的 $n-1$ 维超平面 (或所在平面), 记 $|PB_i| = r_i$ $(1 \leqslant i \leqslant n+1)$, 若由点 $B_1, B_2, \cdots, B_{n+1}$ 所支撑的单形 $\mathscr{B}$ 的 n 维体积为 V', 则有如下的一个几何恒等式成立:

$$n!^2VV' = \sum\sum_{1\leqslant i_1<i_2<\cdots<i_n\leqslant n+1}\cdots\sum (r_{i_1}r_{i_2}\cdots r_{i_n})(h_{i_1}h_{i_2}\cdots h_{i_n}). \tag{3.3.2}$$

证 设由顶点集 $\{B_1, B_2, \cdots, B_{i-1}, P, B_{i+1}, \cdots, B_{n+1}\}$ 所构成的单形为 $\mathscr{B}_i$, 则显然点 P 将单形 $\mathscr{B}$ 分成 $n+1$ 个子块 $\mathscr{B}_1, \mathscr{B}_2, \cdots, \mathscr{B}_{n+1}$, 设 PB_j 与 PB_k 的夹角为 α_{jk}, 则由 (1.1.2) 可得

$$V' = \sum_{i=1}^{n+1} V_i' = \frac{1}{n!} \cdot \left(\sum_{i=1}^{n+1} \prod_{\substack{j=1\\ j\neq i}}^{n+1} r_j\right) \cdot \sqrt{P_i}, \tag{3.3.3}$$

其中

$$P_i = \begin{vmatrix} 1 & & & \cos\alpha_{jk} \\ & 1 & & \\ & & \ddots & \\ \cos\alpha_{kj} & & & 1 \end{vmatrix},$$

$$\left(\begin{array}{c} j \neq k, k \neq i \\ 1 \leqslant j, k \leqslant n+1 \end{array}\right).$$

若再设 $\mathscr{A}$ 的顶点 A_j 与 A_k 所对的二 $n-1$ 维超平面所夹的内二面角为 θ_{jk}, 则易知有关系式 $\alpha_{jk} = \pi - \theta_{jk}$, 故 $\cos\alpha_{jk} = -\cos\theta_{jk}$, 将此式代入行列式 P_i 中, 则由 2.2 中高维正弦的定义知, 此处有 $\sqrt{P_i} = \sin A_i$ $(1 \leqslant i \leqslant n+1)$, 故有

$$n!V' = \sum_{i=1}^{n+1}\left(\prod_{\substack{j=1 \\ j\neq i}}^{n+1} r_j\right) \cdot \sin A_i, \tag{3.3.4}$$

所以由高维正弦定理 (2.2.1) 以及单形的体积公式 (1.1.3) 可得

$$\begin{aligned} n!V' &= \sum_{i=1}^{n+1}\left(\prod_{\substack{j=1 \\ j\neq i}}^{n+1} r_j\right) \cdot \sin A_i \\ &= \frac{(nV)^{n-1}}{(n-1)!} \cdot \frac{\sum\limits_{i=1}^{n+1}\left(\prod\limits_{\substack{j=1 \\ j\neq i}}^{n+1} r_j\right)}{\prod\limits_{i=1}^{n+1} S_i} \end{aligned}$$

$$= \frac{1}{n! \cdot V} \cdot \left(\sum_{i=1}^{n+1} \prod_{\substack{j=1 \\ j \neq i}}^{n+1} r_j h_j \right)$$

$$= \frac{1}{n!\, V} \cdot \sum\sum_{1 \leqslant i_1 < i_2 < \cdots < i_n \leqslant n+1} \cdots \sum (r_{i_1} r_{i_2} \cdots r_{i_n})(h_{i_1} h_{i_2} \cdots h_{i_n}),$$

显然这就是 (3.3.2). □

定理 1 在引理的条件下, 若设 $\frac{r_i}{h_i} = \lambda_i$ $(1 \leqslant i \leqslant n+1)$, 且 $\sum\limits_{i=1}^{n+1} \lambda_i = \lambda$, 则有

$$V' \leqslant \frac{\lambda^n}{n^n} \cdot V, \tag{3.3.5}$$

当且仅当 $n+1$ 阶对称矩阵 $\left(\sqrt{\frac{r_i r_j}{h_i h_j}} \cos \alpha_{ij}\right)$ 的所有非零特征值均相等时等号成立.

证 在 (2.2.4) 中取 $m_i = \frac{r_i}{h_i}$, 并利用单形的体积公式 (1.1.3) 便可得

$$(nV) \cdot V^{2(n-1)} \cdot \sum_{i=1}^{n+1} \frac{S_i}{r_i} \leqslant \frac{n!^2}{n^{3n}} \cdot \lambda^n \cdot (nV)^{n+1} \cdot \prod_{i=1}^{n+1} \frac{S_i}{r_i},$$

即

$$V^{n-2} \cdot \sum_{i=1}^{n+1} \frac{S_i}{r_i} \leqslant \frac{n!^2}{n^{2n}} \cdot \lambda^n \cdot \prod_{i=1}^{n+1} \frac{S_i}{r_i}, \tag{3.3.6}$$

当且仅当 $n+1$ 阶对称矩阵 $\left(\sqrt{\frac{r_i r_j}{h_i h_j}} \cos \alpha_{ij}\right)$ 的所有非零特征值均相等时等号成立.

由 (3.3.6) 立即可得

$$V^{n-2} \cdot (nV) \cdot \sum_{i=1}^{n+1} \frac{1}{r_i h_i} \leqslant \frac{n!^2}{n^{2n}} \cdot \lambda^n \cdot (nV)^{n+1} \cdot \frac{1}{\prod\limits_{i=1}^{n+1} r_i h_i},$$

亦即

$$\left(\prod_{i=1}^{n+1} r_i h_i\right)\left(\sum_{i=1}^{n+1} \frac{1}{r_i h_i}\right) \leqslant \frac{n!^2}{n^n} \cdot \lambda^n \cdot V^2, \tag{3.3.7}$$

当且仅当 $n+1$ 阶对称矩阵 $\left(\sqrt{\frac{r_i r_j}{h_i h_j}} \cos \alpha_{ij}\right)$ 的所有非零特征值均相等时等号成立.

将 (3.3.7) 的左端整理之便得

$$\begin{aligned}&\sum\sum\cdots\sum_{1 \leqslant i_1<i_2<\cdots<i_n \leqslant n+1}(r_{i_1} r_{i_2} \cdots r_{i_n})(h_{i_1} h_{i_2} \cdots h_{i_n}) \\ &\quad\leqslant \frac{n!^2}{n^n} \cdot \lambda^n \cdot V^2,\end{aligned} \tag{3.3.8}$$

当且仅当 $n+1$ 阶对称矩阵 $\left(\sqrt{\frac{r_i r_j}{h_i h_j}} \cos \alpha_{ij}\right)$ 的所有非零特征值均相等时等号成立.

将 (3.3.8) 代入 (3.3.2) 内便立即可得 (3.3.5). □

定理 2 在引理的条件下, 若记 $\frac{r_i}{h_i}=\lambda_i\ (1 \leqslant i \leqslant n+1)$, 且 $\sum\limits_{i=1}^{n+1} \lambda_i=\lambda$, 则有

$$\sum\sum\cdots\sum_{1 \leqslant i_1<i_2<\cdots<i_n \leqslant n+1} r_{i_1} r_{i_2} \cdots r_{i_n} \leqslant \frac{(n+1)!}{\sqrt{n^n(n+1)^{n+1}}} \cdot \lambda^n \cdot V, \tag{3.3.9}$$

当且仅当 $\mathscr{A}$ 为正则单形且 $\lambda_1=\lambda_2=\cdots=\lambda_{n+1}$ 时等号成立.

证 由于 $\frac{r_i}{h_i}=\lambda_i$, 若设 $a_i, b_i>0, m>0$ 或 $m<-1$, 则利用文 [2] 中的不等式

$$\sum_{i=1}^{n+1} \frac{a_i^{m+1}}{b_i^m} \geqslant \frac{\left(\sum\limits_{i=1}^{n+1} a_i\right)^{m+1}}{\left(\sum\limits_{i=1}^{n+1} b_i\right)^m}, \tag{3.3.10}$$

当且仅当 $\frac{a_1}{b_1}=\frac{a_2}{b_2}=\cdots=\frac{a_n}{b_n}=\frac{\sum_{j=1}^n a_j}{\sum_{j=1}^n b_j}$ $(1\leqslant i\leqslant n+1)$ 时等号成立, 当 $m=1$ 时的情况以及 Maclaurin 不等式 (2.1.5) 可得

$$\begin{aligned}
&n!^2V'V\\
&=\sum\sum_{1\leqslant i_1<i_2<\cdots<i_n\leqslant n+1}\cdots\sum\frac{(r_{i_1}r_{i_2}\cdots r_{i_n})^2}{\lambda_{i_1}\lambda_{i_2}\cdots\lambda_{i_n}}\\
&\geqslant\frac{\left(\sum\sum_{1\leqslant i_1<i_2<\cdots<i_n\leqslant n+1}\cdots\sum r_{i_1}r_{i_2}\cdots r_{i_n}\right)^2}{\sum\sum_{1\leqslant i_1<i_2<\cdots<i_n\leqslant n+1}\cdots\sum\lambda_{i_1}\lambda_{i_2}\cdots\lambda_{i_n}}\\
&\geqslant\frac{\left(\sum\sum_{1\leqslant i_1<i_2<\cdots<i_n\leqslant n+1}\cdots\sum r_{i_1}r_{i_2}\cdots r_{i_n}\right)^2}{\binom{n+1}{n}\cdot\left(\frac{1}{\binom{n+1}{n}}\cdot\sum_{i=1}^{n+1}\lambda_i\right)^n}\\
&=\frac{(n+1)^{n-1}}{\lambda^n}\cdot\left(\sum\sum_{1\leqslant i_1<i_2<\cdots<i_n\leqslant n+1}\cdots\sum r_{i_1}r_{i_2}\cdots r_{i_n}\right)^2,
\end{aligned}$$

即

$$\sum\sum_{1\leqslant i_1<i_2<\cdots<i_n\leqslant n+1}\cdots\sum r_{i_1}r_{i_2}\cdots r_{i_n}\leqslant\frac{(n+1)!}{\sqrt{(n+1)^{n+1}}}\cdot\sqrt{\lambda^nV'V},\tag{3.3.11}$$

将 (3.3.5) 代入 (3.3.11) 内立即可得 (3.3.9), 至于等号成立的充要条件是不难看出的. □

由于

$$\sum\sum_{1\leqslant i_1<i_2<\cdots<i_n\leqslant n+1}\cdots\sum r_{i_1}r_{i_2}\cdots r_{i_n}\geqslant(n+1)\cdot\left(\prod_{i=1}^{n+1}r_i\right)^{\frac{n}{n+1}},\tag{3.3.12}$$

当且仅当 $r_1 = r_2 = \cdots = r_{n+1}$ 时等号成立, 故由 (3.3.9) 与 (3.3.12) 可得如下的:

推论 1 条件与定理 2 中的相同, 则有

$$V \geqslant \frac{\sqrt{n^n(n+1)^{n+1}}}{n! \cdot \lambda^n} \cdot \left(\prod_{i=1}^{n+1} r_i\right)^{\frac{n}{n+1}}, \tag{3.3.13}$$

当且仅当 $\mathscr{A}$ 为正则单形且 $\lambda_1 = \lambda_2 = \cdots = \lambda_{n+1}$ 时等号成立.

显然在 (3.3.13) 中, 当所有的点 B_i 均落在单形 $\mathscr{A}$ 的顶点 A_i $(1 \leqslant i \leqslant n+1)$ 所对的 $n-1$ 维界面上时便是 Gerber 不等式, 所以 (3.3.13) 是 Gerber 不等式的一种推广, 而 (3.3.13) 又是 (3.3.9) 利用算术平均与几何平均不等式而得到的, 所以 (3.3.9) 也可谓是 Gerber 不等式在 n 维欧氏空间 $\mathbf{E}^n$ 中的一种推广与加强.

另外, 由 (3.3.5) 我们可得如下的:

推论 2 设 K 为 n 维欧氏空间 $\mathbf{E}^n$ 中所有 n 维单形所构成的集合, 若 $r_i = h_i$ $(1 \leqslant i \leqslant n+1)$, 则有

$$\lim_{n\to\infty} \sup_{\mathscr{A}\in K} \frac{V'(\mathscr{A})}{V(\mathscr{A})} = \mathrm{e}. \tag{3.3.14}$$

推论 3 设 r 为 n 维欧氏空间 $\mathbf{E}^n$ 中单形 $\mathscr{A}$ 的内切球半径, 且 V 为 $\mathscr{A}$ 的 n 维体积, 则有

$$V \geqslant \frac{\sqrt{n^n(n+1)^{n+1}}}{n!} \cdot r^n, \tag{3.3.15}$$

当且仅当 $\mathscr{A}$ 为正则单形时等号成立.

实际上, 由 (3.3.13) (或 (3.3.9)) 可知, 令点 B_i 落在单形 $\mathscr{A}$ 的顶点 A_i $(1 \leqslant i \leqslant n+1)$ 所对的 $n-1$ 维超平面上时, 则此时 $\lambda = 1$, 又若再取点 P 为单形的内

心时, 便有 $r_i = r\ (1 \leqslant i \leqslant n+1)$, 由此便得 (3.3.15), 至于等号成立的充要条件是容易看出的.

定义　设 $\mathscr{A}$ 为 n 维欧氏空间 E^n 中的单形, 其顶点集为 $\{A_1, A_2, \cdots, A_{n+1}\}$, P 为 $\mathscr{A}$ 内部的任一点, 又点 P 在 $\mathscr{A}$ 的顶点 A_i 所对的界面上的射影为 B_i, 若在射线 PB_i 上存在一点 C_i, 使得 $PB_i \cdot PC_i = r^2\ (r > 0,\ 1 \leqslant i \leqslant n+1)$, 则由顶点集 $\{C_1, C_2, \cdots, C_{n+1}\}$ 所支撑的单形 $\mathscr{C}$ 称为单形 $\mathscr{A}$ 关于点 P 的垂对偶单形.

定理 3　设 $\mathscr{A}$ 为 n 维欧氏空间 E^n 中的单形, $\mathscr{C}$ 为 $\mathscr{A}$ 关于点 P 的垂对偶单形, 若点 P 的重心坐标为 $P(\lambda_1, \lambda_2, \cdots, \lambda_{n+1})$, 且单形 $\mathscr{A}$ 与 $\mathscr{C}$ 的 n 维体积分别为 V 与 V', 则有

$$n!^2 VV' \cdot \left(\prod_{i=1}^{n+1} \lambda_i\right) = r^{2n}. \tag{3.3.16}$$

证　设单形 $\mathscr{A}$ 的顶点 A_i 所对的 $n-1$ 维界面上的高为 h_i, 再记 $PB_i = d_i$, $PC_i = r_i$, 则易知有 $d_i \cdot r_i = r^2$, 且 $\frac{d_i}{h_i} = \lambda_i\ (1 \leqslant i \leqslant n+1)$, 于是由 (3.3.2) 可得

$$\begin{aligned}
n!^2 VV' &= \sum\sum_{1 \leqslant i_1 < i_2 < \cdots < i_n \leqslant n+1}\cdots\sum (r_{i_1} r_{i_2} \cdots r_{i_n})(h_{i_1} h_{i_2} \cdots h_{i_n}) \\
&= \sum\sum_{1 \leqslant i_1 < i_2 < \cdots < i_n \leqslant n+1}\cdots\sum \frac{r^{2n}}{d_{i_1} d_{i_2} \cdots d_{i_n}} \cdot (h_{i_1} h_{i_2} \cdots h_{i_n}) \\
&= r^{2n} \cdot \sum\sum_{1 \leqslant i_1 < i_2 < \cdots < i_n \leqslant n+1}\cdots\sum \frac{1}{\lambda_{i_1} \lambda_{i_1} \cdots \lambda_{i_n}} \\
&= r^{2n} \cdot \frac{1}{\prod_{i=1}^{n+1} \lambda_i} \cdot \left(\sum_{i=1}^{n+1} \lambda_i\right) = \frac{r^{2n}}{\prod_{i=1}^{n+1} \lambda_i},
\end{aligned}$$

即

$$n!^2VV'=\frac{r^{2n}}{\prod\limits_{i=1}^{n+1}\lambda_i}.\qquad\square$$

推论 4 在定理 3 的条件下, 有

$$VV'\geqslant\frac{(n+1)^{n+1}}{n!^2}\cdot r^{2n}.\tag{3.3.17}$$

当且仅当点 P 为单形 $\mathscr{A}$ 的重心 G 时等号成立.

实际上, 因为 $\lambda_1+\lambda_2+\cdots+\lambda_{n+1}=1$, 故将不等式

$$\prod_{i=1}^{n+1}\lambda_i\leqslant\left(\frac{1}{n+1}\cdot\sum_{i=1}^{n+1}\lambda_i\right)^{n+1}=\frac{1}{(n+1)^{n+1}},$$

(当且仅当 $\lambda_1=\lambda_2=\cdots=\lambda_{n+1}=\frac{1}{n+1}$ 时等号成立) 代入 (3.3.16) 内立即可得 (3.3.17).

由不等式 (3.3.17) 立即可得如下的重要结论:

推论 5 在定理 3 的条件下, 当 $r=1$ 时, 有

$$VV'\geqslant\frac{(n+1)^{n+1}}{n!^2}.\tag{3.3.18}$$

当且仅当点 P 为单形 $\mathscr{A}$ 的重心 G 时等号成立.

推论 6 在定理 1 与定理 3 的条件下, 当 $\lambda=1$ 时, 有

$$V'\leqslant\frac{k^n}{n!\cdot\sqrt{n^n\cdot\prod\limits_{i=1}^{n+1}\lambda_i}}\leqslant\frac{1}{n^n}\cdot V,\tag{3.3.19}$$

当且仅当 $n+1$ 阶矩阵 $\left(\sqrt{\frac{r_ir_j}{h_ih_j}}\cos\alpha_{ij}\right)$ 的所有非零特征值均相等时等号成立.

证 因为在 (3.3.5) 中, 当 $\lambda=1$ 时, 有

$$V' \leqslant \frac{1}{n^n}\cdot V, \tag{3.3.20}$$

当且仅当点 P 为单形 $\mathscr{A}$ 的重心 G 时等号成立.

故由 (3.3.16) 与 (3.3.20) 可得

$$V' \leqslant \frac{1}{n^n}\cdot V = \frac{1}{n^n}\cdot \frac{r^{2n}}{n!^2\cdot V'\cdot \prod\limits_{i=1}^{n+1}\lambda_i},$$

于是有

$$V'^2 \leqslant \frac{r^{2n}}{n!^2\cdot n^n\cdot \prod\limits_{i=1}^{n+1}\lambda_i}. \tag{3.3.21}$$

另外, 同样由 (3.3.16) 与 (3.3.20) 可得

$$V \geqslant n^n\cdot V' = \frac{n^n\cdot r^{2n}}{n!^2\cdot V\cdot \prod\limits_{i=1}^{n+1}\lambda_i},$$

从而有

$$\left(\frac{1}{n^n}\cdot V\right)^2 \geqslant \frac{k^{2n}}{n!^2\cdot n^n\cdot \prod\limits_{i=1}^{n+1}\lambda_i}. \tag{3.3.22}$$

由 (3.3.21) 与 (3.3.22) 立即可得

$$V'^2 \leqslant \frac{k^{2n}}{n!^2\cdot n^n\cdot \prod\limits_{i=1}^{n+1}\lambda_i} \leqslant \left(\frac{1}{n^n}\cdot V\right)^2,$$

对此双边不等式的左中右同时开平方便立即可得不等式 (3.3.19), 至于等号成立的充要条件由上述的证明过程是容易看出的. □

由推论 6 可知, 对于双边不等式 (3.3.19) 来说, 实际上它是单形 $\mathscr{A}$ 的垂对偶单形 $\mathscr{C}$ 的不等式 (3.3.20) 的一种隔离. 此外, 在推论 6 中, 当 $\lambda \neq 1$ 时, 当然也有其相应的双边不等式成立, 这里就不再给出了, 建议读者作为练习给出其结果.

需要指出的是, 不等式 (3.3.18) 的一般情况是关于凸体的极体问题, 该问题在文 [56] 的第 564 页上是以猜想的形式而给出的. 这说明我们用了一个很简单的方法证明了该猜想为 n 维欧氏空间 E^n 中单形的情况是正确的.

§3.4 Child 型不等式在高维空间的实现

在平面上, 设 P 为 $\triangle A_1A_2A_3$ 内部的任意一点, P 到三个顶点的距离分别为 R_1, R_2, R_3, 又 P 到三边的距离依次是 d_1, d_2, d_3, 则有

$$R_1R_2 + R_1R_3 + R_2R_3 \geqslant 4(d_1d_2 + d_1d_3 + d_2d_3); \quad (3.4.1)$$

$$R_1R_2R_3 \geqslant 8d_1d_2d_3, \quad (3.4.2)$$

当且仅当点 P 为正三角形的重心时等号成立.

这里首先将 (3.4.2) 推广到 n 维欧氏空间 $\mathbf{E}^n$ 中去.

定理 1 设 P 为 n 维欧氏空间 $\mathbf{E}^n$ 中单形 $\mathscr{A}$ 内部的任意一点, $\mathscr{A}$ 的顶点集为 $\{A_1, A_2, \cdots, A_{n+1}\}$, 若

A_iP 的延长线交 $\mathscr{A}$ 的顶点 A_i 所对的 $n-1$ 维界面于一点 B_i, 记 $|A_iP|=R_i$, $|PB_i|=r_i$ $(1\leqslant i\leqslant n+1)$, 则有

$$\prod_{i=1}^{n+1} R_i \geqslant n^{n+1}\cdot\prod_{i=1}^{n+1} r_i, \tag{3.4.3}$$

当且仅当点 P 为 $\mathscr{A}$ 的重心时等号成立.

证　设点 P 的重心坐标为 $P(\lambda_1,\lambda_2,\cdots,\lambda_{n+1})$, 易知 $\lambda_i=\frac{PB_i}{A_iB_i}=\frac{r_i}{R_i+r_i}$, 从而有

$$\prod_{i=1}^{n+1}\frac{r_i}{R_i}=\prod_{i=1}^{n+1}\frac{\lambda_i}{1-\lambda_i},$$

故由 $A_n(a)\geqslant G_n(a)$ 或 (3.1.5) 可得

$$\prod_{i=1}^{n+1}\frac{r_i}{R_i}\leqslant\frac{1}{n^{n+1}}.$$

由于在 (3.1.5) 中等号成立的充要条件是 $\lambda_1=\lambda_2=\cdots=\lambda_{n+1}$, 所以 (3.4.3) 中等号成立的充要条件是点 P 为单形 $\mathscr{A}$ 的重心.　□

推论 1　设 P 为 n 维欧氏空间 $\mathbf{E}^n$ 中单形 $\mathscr{A}$ 内部的任意一点, 且点 P 在 $\mathscr{A}$ 的顶点 A_i 所对的 $n-1$ 维界面上的射影为 D_i, 若记 $|A_iP|=R_i$, $|PD_i|=d_i$ $(1\leqslant i\leqslant n+1)$, 则有

$$\prod_{i=1}^{n+1} R_i \geqslant n^{n+1}\cdot\prod_{i=1}^{n+1} d_i, \tag{3.4.4}$$

当且仅当点 P 为正则单形 $\mathscr{A}$ 的重心时等号成立.

实际上, 由 (3.4.3) 知, 由于 $r_i \geqslant d_i\ (1 \leqslant i \leqslant n+1)$, 从而有

$$\prod_{i=1}^{n+1} r_i \geqslant \prod_{i=1}^{n+1} d_i,$$

将此不等式代入 (3.4.3) 内便立即得到 (3.4.4), 至于等号成立的充要条件是容易看出的.

由 (3.4.3) 知利用 Maclaurin 不等式 (2.1.5) 可得

$$\sum_{1\leqslant i_1<i_2<\cdots<i_k\leqslant n+1}\sum\cdots\sum R_{i_1}R_{i_2}\cdots R_{i_k} \geqslant n^k\cdot\binom{n+1}{k}\cdot\left(\prod_{i=1}^{n+1} d_i\right)^{\frac{k}{n+1}}, \tag{3.4.5}$$

当且仅当点 P 为正则单形 $\mathscr{A}$ 的重心时等号成立.

当然, 对于 (3.4.3) 利用 Maclaurin 不等式 (2.1.5) 也可以得到类似于 (3.4.5) 的一个不等式.

如下我们再来研究 (3.4.1) 的有关问题.

定义 设 W 为 n 维欧氏空间 $\mathbf{E}^n$ 中的一个凸多包形, $\{A_1, A_2, \cdots, A_N\}\,(N \geqslant n+1)$ 为 W 的顶点集, 若 P 为 W 内部的任意一点, ε_i 为 PA_i 所在直线的方向向量, 则称

$$\alpha_{i_1i_2\cdots i_k} = \arcsin\left|\det(\varepsilon_{i_1}, \varepsilon_{i_2}, \cdots, \varepsilon_{i_k})\right|,\ (1 \leqslant k \leqslant n), \tag{3.4.6}$$

为凸多包形 W 的点 P 的 k 维内顶角.

引理 设 W 为 n 维欧氏空间 $\mathbf{E}^n$ 中的一个凸多包形, P 为 W 内部的任意一点, 若设 $P_{i_1i_2\cdots i_k}$ 为点 P 的 k 维内顶角, $m_1, m_2, \cdots, m_N$ 为任意一组正实数, 且

W 有 $N(>n)$ 个顶点, 则当 $1 \leqslant k < l \leqslant n$ 时, 有

$$\frac{\left(\sum\limits_{1\leqslant i_1<i_2<\cdots<i_k\leqslant N}\sum\cdots\sum m_{i_1}m_{i_2}\cdots m_{i_k}\sin^2 P_{i_1i_2\cdots i_k}\right)^l}{\left(\sum\limits_{1\leqslant i_1<i_2<\cdots<i_l\leqslant N}\sum\cdots\sum m_{i_1}m_{i_2}\cdots m_{i_l}\sin^2 P_{i_1i_2\cdots i_l}\right)^k}$$

$$\geqslant \frac{\left[\binom{n}{k}\right]^l}{\left[\binom{n}{l}\right]^k}, \tag{3.4.7}$$

当且仅当 N 阶矩阵 $\left(\sqrt{m_im_j}\cos\alpha_{ij}\right)$ 的所有非零特征值均相等时等号成立,
其中 α_{ij} 为向量 ε_i 与 ε_j 所夹的角, 即 $\alpha_{ij} = \angle A_iPA_j$.

证 根据所给的条件, 可设 I 为 N 阶单位矩阵, $\alpha_{ij} = \angle A_iPA_j$, 易知 $A = \left(\sqrt{m_im_j}\cos\alpha_{ij}\right)$ 为 N 阶实对称半正定矩阵, 今考虑矩阵 $\left(\sqrt{m_im_j}\cos\alpha_{ij}\right)$ 的特征方程, 即

$$\left|\left(\sqrt{m_im_j}\cos\alpha_{ij}\right) - xI\right| = 0. \tag{3.4.8}$$

由于 $\operatorname{rank} A = \operatorname{rank}\left(\sqrt{m_im_j}\cos\alpha_{ij}\right) = n$, 所以在 (3.4.8) 的展开式中去掉 $N-n$ 个零根后可得

$$x^n - a_1x^{n-1} + \cdots + (-1)^k a_kx^{n-k} + \cdots + (-1)^n a_n = 0, \tag{3.4.9}$$

由行列式的展开法则与特征方程的系数之间的关系知, 此处的

$$a_k = \sum\limits_{1\leqslant i_1<i_2<\cdots<i_k\leqslant N}\sum\cdots\sum m_{i_1}m_{i_2}\cdots m_{i_k}\sin^2 P_{i_1i_2\cdots i_k}. \tag{3.4.10}$$

设 $x_1, x_2, \cdots, x_n$ 为方程 (3.4.9) 的 n 个正实数根, 且 $x_1, x_2, \cdots, x_n$ 的 k 次初等对称多项式记为 σ_k, 则由 Wieta 定理知, 此处有 $\sigma_k = a_k$ $(1 \leqslant k \leqslant n)$, 从而再由 Maclaurin 不等式 (2.1.5) 便得

$$a_k^l \geqslant \frac{\left(\binom{n}{k}\right)^l}{\left(\binom{n}{l}\right)^k} \cdot a_l^k, \tag{3.4.11}$$

当且仅当 N 阶矩阵 $\left(\sqrt{m_i m_j} \cos \alpha_{ij}\right)$ 的所有非零特征值均相等时等号成立.

将 (3.4.10) 代入 (3.4.11) 内便立即得到 (3.4.7). □

推论 2 条件与引理中的相同, 则当 $2 \leqslant l \leqslant n$ 时, 有

$$\binom{n}{l} \cdot \left(\frac{1}{n} \cdot \sum_{i=1}^{N} m_i\right)^l \cdot \left(\sum\sum_{1 \leqslant i_1 < i_2 < \cdots < i_l \leqslant N}\cdots\sum m_{i_1} m_{i_2} \cdots m_{i_l}\right)$$
$$\geqslant \left(\sum\sum_{1 \leqslant i_1 < i_2 < \cdots < i_l \leqslant N}\cdots\sum m_{i_1} m_{i_2} \cdots m_{i_l} \sin P_{i_1 i_2 \cdots i_l}\right)^2, \tag{3.4.12}$$

当且仅当 N 阶矩阵 $\left(\sqrt{m_i m_j} \cos \alpha_{ij}\right)$ 的所有正特征值均相等时等号成立.

证 在 (3.4.7) 中取 $k = 1$, 利用 (3.3.10) 可得

$$\begin{aligned}
&\binom{n}{l} \cdot \left(\frac{1}{n} \cdot \sum_{i=1}^{N} m_i\right)^l \\
\geqslant &\sum\sum_{1 \leqslant i_1 < i_2 < \cdots < i_l \leqslant N}\cdots\sum m_{i_1} m_{i_2} \cdots m_{i_l} \sin^2 P_{i_1 i_2 \cdots i_l} \\
= &\sum\sum_{1 \leqslant i_1 < i_2 < \cdots < i_l \leqslant N}\cdots\sum \frac{\left(m_{i_1} m_{i_2} \cdots m_{i_l} \sin P_{i_1 i_2 \cdots i_l}\right)^2}{m_{i_1} m_{i_2} \cdots m_{i_l}}
\end{aligned}$$

$$\geqslant \frac{\left(\sum\sum\cdots\sum\limits_{1\leqslant i_1<i_2<\cdots<i_l\leqslant N} m_{i_1}m_{i_2}\cdots m_{i_l}\sin P_{i_1i_2\cdots i_l}\right)^2}{\sum\sum\cdots\sum\limits_{1\leqslant i_1<i_2<\cdots<i_l\leqslant N} m_{i_1}m_{i_2}\cdots m_{i_l}},$$

此不等式即为 (3.4.12), 而等号成立的充要条件是显然的. □

定理 2 设 P 为 n 维欧氏空间 $\mathbf{E}^n$ 中单形 $\mathscr{A}$ 内部的任意一点, $\mathscr{A}$ 的顶点集为 $\{A_1, A_2, \cdots, A_{n+1}\}$, P 在 $\mathscr{A}$ 的顶点 A_i 所对的 $n-1$ 维超平面上的射影为 B_i, 若 $|PA_i| = R_i$, $|PB_i| = d_i$ $(1 \leqslant i \leqslant n+1)$, 则有

$$\left(\sum_{i=1}^{n+1} R_i\right)^{\frac{n}{2}} \cdot \left(\sum_{i=1}^{n+1}\prod_{\substack{j=1\\j\neq i}}^{n+1} R_j\right)^{\frac{1}{2}}$$

$$\geqslant n^n \cdot \sqrt{(n+1)^{n-1}} \cdot \left(\sum_{i=1}^{n+1}\prod_{\substack{j=1\\j\neq i}}^{n+1} d_j\right), \tag{3.4.13}$$

当且仅当点 P 为正则单形 $\mathscr{A}$ 的重心时等号成立.

证 若设 $\mathscr{A}$ 的 n 维体积为 V, 则由 (3.3.9) 知

$$\sum_{i=1}^{n+1}\prod_{\substack{j=1\\j\neq i}}^{n+1} d_j \leqslant \frac{(n+1)!}{\sqrt{n^n(n+1)^{n+1}}} \cdot V, \tag{3.4.14}$$

当且仅当点 P 为正则单形 $\mathscr{A}$ 的重心时等号成立.

另外, 在推论 2 中取 $N = n+1$, 显然此时的凸多包形 W 为 n 维欧氏空间 $\mathbf{E}^n$ 中的单形 $\mathscr{A}$, P 为 $\mathscr{A}$ 内部的任意一点, 并且取 (3.4.12) 中的 $l = n$, $m_i = R_i$ $(1 \leqslant i \leqslant n+1)$, 易知此时有

$$R_{i_1}R_{i_2}\cdots R_{i_n}\sin P_{i_1i_2\cdots i_n} = n! \cdot V_{PA_{i_1}A_{i_2}\cdots A_{i_n}},$$

若再简记 $V_{PA_{i_1}A_{i_2}\cdots A_{i_n}} = V_{i_1 i_2 \cdots i_n} = V_i$，则显然有

$$\sum_{i=1}^{n+1} V_i = V, \tag{3.4.15}$$

所以有

$$\begin{aligned}
&\left(\frac{1}{n} \cdot \sum_{i=1}^{n+1} R_i\right)^n \cdot \left(\sum_{i=1}^{n+1} \prod_{\substack{j=1 \\ j \neq i}}^{n+1} R_j\right) \\
&\geqslant \left[\sum_{i=1}^{n+1} \left(\prod_{\substack{j=1 \\ j \neq i}}^{n+1} R_j\right) \cdot \sin P_{i_1 i_2 \cdots i_n}\right]^2 \\
&= n!^2 \cdot \left(\sum_{i=1}^{n+1} V_i\right)^2 \\
&= n!^2 \cdot V^2,
\end{aligned}$$

从而由 (3.4.14) 可得

$$\begin{aligned}
&\left(\frac{1}{n} \cdot \sum_{i=1}^{n+1} R_i\right)^n \cdot \left(\sum_{i=1}^{n+1} \prod_{\substack{j=1 \\ j \neq i}}^{n+1} R_j\right) \\
&\geqslant n!^2 \cdot \frac{n^n \cdot (n+1)^{n+1}}{(n+1)!^2} \cdot \left(\sum_{i=1}^{n+1} \prod_{\substack{j=1 \\ j \neq i}}^{n+1} d_j\right)^2 \\
&= n^n (n+1)^{n-1} \cdot \left(\sum_{i=1}^{n+1} \prod_{\substack{j=1 \\ j \neq i}}^{n+1} d_j\right)^2,
\end{aligned}$$

即

$$\left(\frac{1}{n}\cdot\sum_{i=1}^{n+1}R_i\right)^n\cdot\left(\sum_{i=1}^{n+1}\prod_{\substack{j=1\\j\neq i}}^{n+1}R_j\right)$$

$$\geqslant n^{2n}(n+1)^{n-1}\cdot\left(\sum_{i=1}^{n+1}\prod_{\substack{j=1\\j\neq i}}^{n+1}d_j\right)^2, \tag{3.4.16}$$

当且仅当点 P 为正则单形 $\mathscr{A}$ 的重心时等号成立.

将 (3.4.16) 整理一下便得到 (3.4.13), 等号成立的充要条件是显然的. □

由于利用 Maclaurin 不等式 (2.1.5) 可得

$$\sum_{i=1}^{n+1}\prod_{\substack{j=1\\j\neq i}}^{n+1}R_j\leqslant\frac{1}{(n+1)^{n-1}}\left(\sum_{i=1}^{n+1}R_i\right)^n,$$

所以由 (3.4.16) 还可以得到

$$\frac{1}{n+1}\cdot\sum_{i=1}^{n+1}R_i\geqslant n\cdot\left(\frac{1}{n+1}\cdot\sum_{i=1}^{n+1}\prod_{\substack{j=1\\j\neq i}}^{n+1}d_j\right)^{\frac{1}{n}}, \tag{3.4.17}$$

当且仅当点 P 为正则单形 $\mathscr{A}$ 的重心时等号成立.

推论 3 设 m_i 为单形 $\mathscr{A}$ 的顶点 A_i 到 A_i 所对的 $n-1$ 维界面的重心的距离, 即中线, d_i 为 $\mathscr{A}$ 的重心 G 到 A_i 所对的 $n-1$ 维界面的距离, 则有

$$\left(\sum_{i=1}^{n+1}m_i\right)^n\cdot\left(\sum_{i=1}^{n+1}\prod_{\substack{j=1\\j\neq i}}^{n+1}m_j\right)\geqslant(n+1)^{3n-1}\cdot\left(\sum_{i=1}^{n+1}\prod_{\substack{j=1\\j\neq i}}^{n+1}d_j\right)^2, \tag{3.4.18}$$

当且仅当 $\mathscr{A}$ 为正则单形时等号成立.

实际上, 在 (3.4.16) 中, 当取点 P 为单形 $\mathscr{A}$ 的重心 G 时, 则由重心的定义知 $R_i=\frac{n}{n+1}\cdot m_i\ (1\leqslant i\leqslant n+1)$, 将此代入 (3.4.16) 内经整理便得 (3.4.18).

定理 3 设 P 为单形 $\mathscr{A}$ 内部的任意一点, A_i 为 $\mathscr{A}$ 的顶点, A_iP 的延长线交 A_i 所对的 $n-1$ 维超平面于一点 B_i, 若记 $|PA_i|=R_i$, $|PB_i|=r_i$, $m_i>0\ (1\leqslant i\leqslant n+1)$, 则有

$$\sum_{i=1}^{n+1} m_iR_i\geqslant 2\cdot\sum_{1\leqslant i<j\leqslant n+1}\sqrt{m_im_jr_ir_j}\ , \qquad (3.4.19)$$

当且仅当 $\frac{R_i+r_i}{\sqrt{r_i}}\cdot\sqrt{m_i}=\text{const.}\ (1\leqslant i\leqslant n+1)$ 时等号成立.

证 由 $\frac{r_i}{R_i+r_i}=\lambda_i$ 可得 $R_i=\left(\frac{1}{\lambda_i}-1\right)r_i\ (1\leqslant i\leqslant n+1)$, 且 $\sum\limits_{i=1}^{n+1}\lambda_i=1$, 所以由 Lagrange 恒等式可得

$$\begin{aligned}
&\sum_{i=1}^{n+1} m_iR_i\\
&=\sum_{i=1}^{n+1} m_i\left(\frac{1}{\lambda_i}-1\right)\cdot r_i\\
&=\sum_{i=1}^{n+1}\frac{m_ir_i}{\lambda_i}-\sum_{i=1}^{n+1} m_ir_i\\
&=\left(\sum_{i=1}^{n+1}\lambda_i\right)\cdot\left(\sum_{i=1}^{n+1}\frac{m_ir_i}{\lambda_i}\right)-\sum_{i=1}^{n+1} m_ir_i\\
&=\left(\sum_{i=1}^{n+1}\sqrt{m_ir_i}\right)^2+\sum_{1\leqslant i<j\leqslant n+1}\lambda_i\lambda_j\left(\frac{\sqrt{m_ir_i}}{\lambda_i}-\frac{\sqrt{m_jr_j}}{\lambda_j}\right)^2
\end{aligned}$$

$$-\sum_{i=1}^{n+1} m_i r_i$$

$$\geqslant 2\cdot \sum_{1\leqslant i<j\leqslant n+1} \sqrt{m_i m_j r_i r_j},$$

至于等号成立的充要条件显然是对于所有的 i 与 j 有

$$\frac{\sqrt{m_i r_i}}{\lambda_i}-\frac{\sqrt{m_j r_j}}{\lambda_j}=0,$$

由于 $\frac{r_i}{R_i+r_i}=\lambda_i$, 故等号成立的充要条件等价于对于所有的 i 与 j 有

$$\frac{R_i+r_i}{\sqrt{r_i}}\cdot\sqrt{m_i}=\frac{R_j+r_j}{\sqrt{r_j}}\cdot\sqrt{m_j}\,,$$

即 当且仅当 $\frac{R_i+r_i}{\sqrt{r_i}}\cdot\sqrt{m_i}=\mathrm{const.}\ (1\leqslant i\leqslant n+1)$ 时等号成立. □

在 (3.4.19) 中, 当 $n=2$ 且 $m_1=m_2=1$ 时, 便是 Carlitz L. 不等式.

若设点 P 到单形 $\mathscr{A}$ 的顶点 A_i 所对的 $n-1$ 维界面的距离为 d_i, 则有

$$\sum_{i=1}^{n+1} R_i\geqslant 2\cdot \sum_{1\leqslant i<j\leqslant n+1} \sqrt{d_i d_j}\,, \tag{3.4.20}$$

当且仅当 $\frac{R_i+r_i}{\sqrt{r_i}}=\mathrm{const.}$ 且 $r_i=d_i\ (1\leqslant i\leqslant n+1)$ 时等号成立.

猜想 条件与定理 2 中的相同, 则当 $2\leqslant k\leqslant n+1$ 时, 有

$$\sum\sum\cdots\sum_{1\leqslant i_1<i_2<\cdots<i_k\leqslant n+1} R_{i_1}R_{i_2}\cdots R_{i_k}\geqslant$$

$$\geqslant n^k \cdot \sum_{1 \leqslant i_1 < i_2 < \cdots < i_k \leqslant n+1} \sum \cdots \sum d_{i_1} d_{i_2} \cdots d_{i_k}, \tag{3.4.21}$$

当然, 当 $k = n + 1$ 时我们已证得, 即 (3.4.4).

§3.5 与内切球半径相关的几个不等式

设 $\{A_1, A_2, \cdots, A_{n+1}\}$ 为 n 维欧氏空间 $\mathbf{E}^n$ 中单形 $\mathscr{A}$ 的顶点集, r 为 $\mathscr{A}$ 的内切球半径, $\mathscr{A}$ 的顶点 A_i 所对的 $n-1$ 维界面 F_i 的内切球半径为 r_i $(1 \leqslant i \leqslant n+1)$, 冷岗松教授与唐立华老师在文 [39] 中曾证明了如下的结论

$$\frac{n-1}{r^2} \geqslant \sum_{i=1}^{n+1} \frac{1}{r_i^2}, \tag{3.5.1}$$

当且仅当 $\mathscr{A}$ 为正则单形时等号成立.

同时还给出了如下的两个不等式

$$\prod_{i=1}^{n+1} r_i \geqslant \left(\frac{n+1}{n-1}\right)^{\frac{n+1}{2}} \cdot r^{n+1}, \tag{3.5.2}$$

$$\sum_{i=1}^{n+1} r_i^2 \geqslant \frac{(n+1)^2}{n-1} \cdot r^2, \tag{3.5.3}$$

当且仅当 $\mathscr{A}$ 为正则单形时等号成立.

本节的主要目的, 首先是对不等式 (3.5.1) 的指数进行推广, 其次是给出涉及单形 $\mathscr{A}$ 的所有任意 k 维的子单形与所有 l 维的子单形的内切球半径的一个几何不等式.

定理 1 设 $\{A_1, A_2, \cdots, A_{n+1}\}$ 为 n 维欧氏空间 $\mathbf{E}^n$ 中单形 $\mathscr{A}$ 的顶点集, r 为 $\mathscr{A}$ 的内切球半径, $\mathscr{A}$

的顶点 A_i 所对的 $n-1$ 维界面 F_i 的内切球半径为 r_i, $\alpha \in (0, 2]$, 则有

$$\sum_{i=1}^{n+1} \frac{1}{r_i^{\alpha}} \leqslant \left(\frac{n-1}{n+1}\right)^{\frac{\alpha}{2}} \cdot \frac{n+1}{r^{\alpha}}, \tag{3.5.4}$$

当且仅当 $\mathscr{A}$ 为正则单形时等号成立.

证 设 S_i 为 $\mathscr{A}$ 的顶点 A_i 所对的 $n-1$ 维界面 F_i 的 $n-1$ 维体积, S 为 $\mathscr{A}$ 的 $n-1$ 维表面积, 即 $S = S_1 + S_2 + \cdots + S_{n+1}$, 则有[39]

$$\frac{r}{r_i} \leqslant \left(\frac{S-2S_i}{S}\right)^{\frac{1}{2}}, \tag{3.5.5}$$

当且仅当 $\mathscr{A}$ 为正则单形时等号成立.

如果令 $\frac{S_i}{S} = x_i$, 则有

$$\frac{r^{\alpha}}{r_i^{\alpha}} \leqslant (1-2x_i)^{\frac{\alpha}{2}}, \tag{3.5.6}$$

易知此处的 $x_i \in (0, \frac{1}{2})$, 且 $x_1 + x_2 + \cdots + x_{n+1} = 1$.

令 $f(x) = (1-2x)^{\frac{\alpha}{2}}$, 则有

$$f'(x) = -\alpha(1-2x)^{\frac{\alpha}{2}-1},$$

$$f''(x) = \alpha(\alpha-2)(1-2x)^{\frac{\alpha}{2}-2},$$

容易看出, 当 $\alpha \in (0, 2]$, $x \in (0, \frac{1}{2})$ 时, 函数 $f(x) = (1-2x)^{\frac{\alpha}{2}}$ 是一个凹函数, 所以, 利用 Jensen 凹函数的

不等式可得

$$\begin{aligned} r^{\alpha}\cdot\sum_{i=1}^{n+1}\frac{1}{r_i^{\alpha}}&\leqslant\sum_{i=1}^{n+1}(1-2x_i)^{\frac{\alpha}{2}}\\ &\leqslant(n+1)\cdot\left(1-2\cdot\sum_{i=1}^{n+1}\frac{x_i}{n+1}\right)^{\frac{\alpha}{2}}\\ &=(n+1)\cdot\left(\frac{n-1}{n+1}\right)^{\frac{\alpha}{2}}, \end{aligned}$$

即

$$r^{\alpha}\cdot\sum_{i=1}^{n+1}\frac{1}{r_i^{\alpha}}\leqslant(n+1)\cdot\left(\frac{n-1}{n+1}\right)^{\frac{\alpha}{2}},$$

在此不等式的两端同除以 r^{α} 便得到 (3.5.4), 至于等号成立的充要条件显然是 $x_1=x_2=\cdots=x_{n+1}$, 即 $\mathscr{A}$ 为正则单形. □

推论 1 在定理 1 的条件下, 有

$$\begin{aligned} &\sum\sum_{1\leqslant i_1<i_2<\cdots<i_k\leqslant n+1}\cdots\sum\frac{1}{(r_{i_1}r_{i_2}\cdots r_{i_k})^{\alpha}}\\ &\leqslant\binom{n+1}{k}\cdot\left(\left(\frac{n-1}{n+1}\right)^{\frac{\alpha}{2}}\cdot\frac{1}{r^{\alpha}}\right)^{k}, \end{aligned}\tag{3.5.7}$$

当且仅当 $\mathscr{A}$ 为正则单形时等号成立.

事实上, 由 Maclaurin 不等式 (2.1.5) 知

$$\begin{aligned} &\frac{1}{n+1}\cdot\sum_{i=1}^{n+1}\frac{1}{r_i^{\alpha}}\\ &\geqslant\left(\frac{1}{\binom{n+1}{k}}\cdot\sum\sum_{1\leqslant i_1<i_2<\cdots<i_k\leqslant n+1}\cdots\sum\frac{1}{(r_{i_1}r_{i_2}\cdots r_{i_k})^{\alpha}}\right)^{\frac{1}{k}}. \end{aligned}\tag{3.5.8}$$

由 (3.5.8) 与 (3.5.4) 立即可得 (3.5.7).

由推论 1 与 Cauchy 不等式容易得到如下的结论:

推论 2 在定理 1 的相同条件下, 有

$$\sum\sum\cdots\sum_{1\leqslant i_1<i_2<\cdots<i_k\leqslant n+1}(r_{i_1}r_{i_2}\cdots r_{i_k})^{\alpha}$$

$$\geqslant\binom{n+1}{k}\cdot\left(\left(\frac{n+1}{n-1}\right)^{\frac{\alpha}{2}}\cdot r^{\alpha}\right)^{k},\tag{3.5.9}$$

当且仅当 $\mathscr{A}$ 为正则单形时等号成立.

定理 2 设 $\mathscr{A}$ 为 n 维欧氏空间 $\mathbf{E}^n$ 中的单形, 且 $\mathscr{A}$ 的顶点集为 $\{A_1, A_2, \cdots, A_{n+1}\}$, 又 $\mathscr{A}$ 的任意 $k+1$ 个顶点 $\{A_{i_1}, A_{i_2}, \cdots, A_{i_{k+1}}\}$ 所支撑的 k 维子单形为 $\mathscr{A}_{(k),i}$, 再设 $r_{(k),i}$ 为 $\mathscr{A}_{(k),i}$ 的内切球半径, 则当 $1\leqslant k<l\leqslant n$ 时, 有

$$\left(\prod_{i=1}^{\binom{n+1}{k+1}}r_{(k),i}\right)^{\frac{1}{\binom{n+1}{k+1}}}\geqslant\sqrt{\frac{l(l+1)}{k(k+1)}}\cdot\left(\prod_{i=1}^{\binom{n+1}{l+1}}r_{(l),i}\right)^{\frac{1}{\binom{n+1}{l+1}}},\tag{3.5.10}$$

当且仅当 $\mathscr{A}$ 的所有 l 维子单形 $\mathscr{A}_{(l),i}$ 均为正则单形时等号成立.

证 在 (3.5.8) 中 (或直接由 (3.5.2)), 取 $k=n+1$, 则我们有

$$\prod_{i=1}^{n+1}r_i\geqslant\left(\frac{n+1}{n-1}\right)^{\frac{n+1}{2}}\cdot r^{n+1},\tag{3.5.11}$$

当且仅当 $\mathscr{A}$ 为正则单形时等号成立.

将不等式 (3.5.11) 应用于 k 维子单形 $\mathscr{A}_{(k),i}$ 则有

$$\prod_{j=1}^{k+1} r_{(k-1),i_j} \geqslant \left(\frac{k+1}{k-1}\right)^{\frac{k+1}{2}} \cdot (r_{(k),i})^{k+1}, \tag{3.5.12}$$

再将不等式 (3.5.12) 应用到单形 $\mathscr{A}$ 的所有 k 维子单形上便得

$$\prod_{i=1}^{\binom{n+1}{k+1}} \left(\prod_{j=1}^{k+1} r_{(k-1),i_j}\right)$$

$$\geqslant \left(\frac{k+1}{k-1}\right)^{\frac{k+1}{2}\cdot\binom{n+1}{k+1}} \cdot \left(\prod_{i=1}^{\binom{n+1}{k+1}} r_{(k),i}\right)^{k+1}, \tag{3.5.13}$$

即

$$\left(\prod_{i=1}^{\binom{n+1}{k}} r_{(k-1),i}\right)^{\frac{1}{\binom{n+1}{k}}} \geqslant \sqrt{\frac{k+1}{k-1}} \cdot \left(\prod_{i=1}^{\binom{n+1}{k+1}} r_{(k),i}\right)^{\frac{1}{\binom{n+1}{k+1}}}, \tag{3.5.14}$$

当且仅当 $\mathscr{A}$ 的所有 k 维子单形均为正则单形时等号成立.

利用递推不等式 (3.5.14) 我们可以得到

$$\left(\prod_{i=1}^{\binom{n+1}{k}} r_{(k-1),i}\right)^{\frac{1}{\binom{n+1}{k}}}$$

$$\geqslant \sqrt{\frac{k+1}{k-1}} \cdot \left(\prod_{i=1}^{\binom{n+1}{k+1}} r_{(k),i}\right)^{\frac{1}{\binom{n+1}{k+1}}}$$

$$\geqslant \sqrt{\frac{k+1}{k-1}\cdot\frac{k+2}{k}}\cdot\left(\prod_{i=1}^{\binom{n+1}{k+2}} r_{(k+1),i}\right)^{\frac{1}{\binom{n+1}{k+2}}}$$

$\cdots$

$$\geqslant \sqrt{\frac{k+1}{k-1}\cdot\frac{k+2}{k}\cdot\frac{k+3}{k+1}\cdot\frac{k+4}{k+2}\cdot\cdots\cdot\frac{l+1}{l-1}}$$

$$\times\left(\prod_{i=1}^{\binom{n+1}{l+1}} r_{(l),i}\right)^{\frac{1}{\binom{n+1}{l+1}}}$$

$$=\sqrt{\frac{l(l+1)}{(k-1)k}}\cdot\left(\prod_{i=1}^{\binom{n+1}{l+1}} r_{(l),i}\right)^{\frac{1}{\binom{n+1}{l+1}}},$$

即

$$\left(\prod_{i=1}^{\binom{n+1}{k}} r_{(k-1),i}\right)^{\frac{1}{\binom{n+1}{k}}}\geqslant\sqrt{\frac{l(l+1)}{(k-1)k}}\cdot\left(\prod_{i=1}^{\binom{n+1}{l+1}} r_{(l),i}\right)^{\frac{1}{\binom{n+1}{l+1}}},\tag{3.5.15}$$

当且仅当 $\mathscr{A}$ 的所有 l 维子单形 $\mathscr{A}_{(l),i}$ 均为正则单形时等号成立.

由 (3.5.15) 我们容易得到 (3.5.10), 至于等号成立的充要条件实际上也是不难看出的. □

推论 3 在定理 2 的题设下, 若设 a_{ij} 表示单形 $\mathscr{A}$ 的顶点 A_i 到 A_j 之间的距离, 即棱长 $|A_iA_j|=a_{ij}$, 则有

$$\left(\prod_{1\leqslant i<j\leqslant n+1} a_{ij}\right)^{\frac{2}{n(n+1)}}\geqslant\sqrt{2l(l+1)}\cdot\left(\prod_{i=1}^{\binom{n+1}{l+1}} r_{(l),i}\right)^{\frac{1}{\binom{n+1}{l+1}}},\tag{3.5.16}$$

当且仅当 $\mathscr{A}$ 的所有 l 维子单形 $\mathscr{A}_{(l),i}$ 均为正则单形时等号成立.

实际上, 在 (3.5.10) 中取 $k=1$, 由于此时

$$\prod_{i=1}^{\binom{n+1}{2}} r_{(1),i}=\prod_{1\leqslant i<j\leqslant n+1}\frac{a_{ij}}{2},$$

因此有

$$\left(\prod_{1\leqslant i<j\leqslant n+1}\frac{a_{ij}}{2}\right)^{\frac{2}{n(n+1)}}\geqslant\sqrt{\frac{l(l+1)}{2}}\cdot\left(\prod_{i=1}^{\binom{n+1}{l+1}} r_{(l),i}\right)^{\frac{1}{\binom{n+1}{l+1}}},$$

将此不等式整理一下便得到 (3.5.16).

推论 4 设由单形 $\mathscr{A}$ 的 $k+1$ 个顶点 $\{A_{i_1},A_{i_2},\cdots,A_{i_{k+1}}\}$ 所支撑的 k 维子单形 $\mathscr{A}_{(k),i}$ 的外接球半径为 $R_{(k),i}$, 其余条件与定理 2 中的相同, 则有

$$\left(\prod_{i=1}^{\binom{n+1}{k+1}} R_{(k),i}\right)^{\frac{1}{\binom{n+1}{k+1}}}\geqslant k\cdot\sqrt{\frac{l(l+1)}{k(k+1)}}\cdot\left(\prod_{i=1}^{\binom{n+1}{l+1}} r_{(l),i}\right)^{\frac{1}{\binom{n+1}{l+1}}},$$

$$(\text{其中 } 1\leqslant k<l\leqslant n),\tag{3.5.17}$$

当且仅当 $\mathscr{A}$ 的所有 l 维子单形 $\mathscr{A}_{(l),i}$ 均为正则单形时等号成立.

事实上, 根据大家熟知的 Euler 不等式 $R\geqslant nr$ 和 (3.5.10) 容易得到

$$\left(\prod_{i=1}^{\binom{n+1}{k+1}}\frac{R_{(k),i}}{k}\right)^{\frac{1}{\binom{n+1}{k+1}}}\geqslant\sqrt{\frac{l(l+1)}{k(k+1)}}\cdot\left(\prod_{i=1}^{\binom{n+1}{l+1}} r_{(l),i}\right)^{\frac{1}{\binom{n+1}{l+1}}},$$

$$(1 \leqslant k < l \leqslant n),$$

由此立即可得 (3.5.17).

实际上, 定理 2 是利用 (3.5.2) 而得到的, 那么, 若要是利用不等式 (3.5.3) 与 (3.5.10), 再利用证明定理 2 的方法, 也可以得到如下类似的结论定理 3 与定理 4.

定理 3 设 $\alpha \in (0,\ 2]$, 其余条件与定理 2 中的相同, 则有

$$\frac{1}{\binom{n+1}{k+1}} \cdot \sum_{i=1}^{\binom{n+1}{k+1}} r_{(k),i}^{\alpha} \geqslant \left(\frac{l(l+1)}{k(k+1)}\right)^{\frac{\alpha}{2}} \cdot \left(\frac{1}{\binom{n+1}{l+1}} \cdot \sum_{i=1}^{\binom{n+1}{l+1}} r_{(l),i}^{\alpha}\right), \tag{3.5.18}$$

$$(1 \leqslant k < l \leqslant n),$$

当且仅当 $\mathscr{A}$ 的所有 l 维子单形 $\mathscr{A}_{(l),\,i}$ 均为正则单形时等号成立.

定理 4 设 $\alpha \in (0,\ 2]$, 其余条件与定理 2 中的相同, 则有

$$\frac{1}{\binom{n+1}{k+1}} \cdot \sum_{i=1}^{\binom{n+1}{k+1}} \frac{1}{r_{(k),i}^{\alpha}} \leqslant \left(\frac{k(k+1)}{l(l+1)}\right)^{\frac{\alpha}{2}} \cdot \left(\frac{1}{\binom{n+1}{l+1}} \cdot \sum_{i=1}^{\binom{n+1}{l+1}} \frac{1}{r_{(l),i}^{\alpha}}\right), \tag{3.5.19}$$

$$(1 \leqslant k < l \leqslant n),$$

当且仅当 $\mathscr{A}$ 的所有 l 维子单形 $\mathscr{A}_{(l),\,i}$ 均为正则单形时等号成立.

引理 1 设 r 为 n 维欧氏空间 $\mathbf{E}^n$ 中单形 $\mathscr{A}$ 的内切球半径, P 为 $\mathscr{A}$ 内部的任意一点, 又点 P 到 $\mathscr{A}$ 的顶点 A_i 所对的 $n-1$ 维界面的距离为 d_i, 再设 S_i 为单形 $\mathscr{A}$ 的顶点 A_i 所对界面的 $n-1$ 维体积, $S=$

$S_1+S_2+\cdots+S_{n+1}$, 若记 $\lambda_i=\frac{S_i}{S}\,(1\leqslant i\leqslant n+1)$, 则对于 $\alpha\geqslant 1$ 有

$$\sum_{i=1}^{n+1}\frac{\lambda_i}{d_i^{\alpha}}\geqslant\frac{1}{r^{\alpha}},\tag{3.5.20}$$

当且仅当点 P 为正则单形 $\mathscr{A}$ 的重心时等号成立.

证 因为 $S_1d_1+S_2d_2+\cdots+S_{n+1}d_{n+1}=Sr$, 所以有 $\lambda_1d_1+\lambda_2d_2+\cdots+\lambda_{n+1}d_{n+1}=r$, 从而由 Jensen 凸函数不等式与 Cauchy 不等式 (或 (3.3.10) 中当 $m=1$ 时的情况) 可得

$$\sum_{i=1}^{n+1}\frac{\lambda_i}{d_i^{\alpha}}\geqslant\left(\sum_{i=1}^{n+1}\frac{\lambda_i}{d_i}\right)^{\alpha}=\left(\sum_{i=1}^{n+1}\frac{\lambda_i^2}{\lambda_id_i}\right)^{\alpha}$$

$$\geqslant\left(\frac{\left(\sum\limits_{i=1}^{n+1}\lambda_i\right)^2}{\sum\limits_{i=1}^{n+1}\lambda_id_i}\right)^{\alpha}=\frac{1}{r^{\alpha}},$$

此即为不等式 (3.5.20). □

引理 2[39] 设 V 为 n 维欧氏空间 $\mathbf{E}^n$ 中单形 $\mathscr{A}$ 的 n 维体积, R 为单形 $\mathscr{A}$ 的外接球半径, r_i 为 $\mathscr{A}$ 的顶点 A_i 所对 $n-1$ 维界面的内切球半径, 又 d_i, S_i, S 与引理 1 中的含义相同, 则有

$$\left(\prod_{i=1}^{n+1}(S-2S_i)\right)^{\frac{1}{n+1}}\geqslant\frac{n^2V^2}{S\cdot\left(\prod\limits_{i=1}^{n+1}r_i\right)^{\frac{2}{n+1}}},\tag{3.5.21}$$

$$\prod_{i=1}^{n+1}r_i\leqslant\left(\frac{(n-1)!^2}{(n-1)^{n-1}\cdot n^n}\right)^{\frac{n+1}{2(n-1)}}\cdot\left(\prod_{i=1}^{n+1}S_i\right)^{\frac{1}{n-1}},\tag{3.5.22}$$

$$\prod_{i=1}^{n+1} d_i \leqslant \left(\frac{n}{n+1}\right)^{n+1} \cdot \frac{V^{n+1}}{\prod\limits_{i=1}^{n+1} S_i}, \qquad (3.5.23)$$

$$S \leqslant \frac{n+1}{(n-1)!} \cdot \sqrt{n \cdot \left(\frac{n+1}{n}\right)^{n-1}} \cdot R^{n-1}, \qquad (3.5.24)$$

当且仅当点 P 为正则单形 $\mathscr{A}$ 的重心时以上诸不等式中的等号成立.

定理 5 设 R 与 r 分别为 n 维欧氏空间 $\mathbf{E}^n$ 中单形 $\mathscr{A}$ 的外接球半径与内切球半径, P 为 $\mathscr{A}$ 内部的任意一点, 又点 P 到 $\mathscr{A}$ 的顶点 A_i 所对 $n-1$ 维界面的距离为 $d_i\,(1 \leqslant i \leqslant n+1)$, $\alpha \geqslant 1$, 则有

$$\sum_{i=1}^{n+1} \frac{1}{d_i^{\alpha}} \geqslant \frac{2}{r^{\alpha}} + \frac{(n-1) \cdot n^{\frac{(n-1)(\alpha+2)}{n}}}{r^{\frac{\alpha+2}{n}-2} \cdot R^{\frac{(n-1)(\alpha+2)}{n}}}, \qquad (3.5.25)$$

当且仅当点 P 为正则单形 $\mathscr{A}$ 的重心时等号成立.

证 首先证明当 $n \geqslant 3$ 时的情形, 实际上, (3.5.21) 也可以表为

$$\left(\prod_{i=1}^{n+1} (S-2S_i)\right)^{\frac{1}{n+1}} \geqslant \frac{Sr^2}{\left(\prod\limits_{i=1}^{n+1} r_i\right)^{\frac{2}{n+1}}}, \qquad (3.5.26)$$

所以由 $A_n(a) \geqslant G_n(a)$ 以及 (3.5.26) 和 (3.5.23) 可得

$$\begin{aligned}\sum_{i=1}^{n+1} \frac{S-2S_i}{d_i^{\alpha}} &\geqslant (n+1) \cdot \left(\prod_{i=1}^{n+1} \frac{S-2S_i}{d_i^{\alpha}}\right)^{\frac{1}{n+1}} \\ &\geqslant \frac{(n+1)Sr^2}{\left(\prod\limits_{i=1}^{n+1} r_i\right)^{\frac{2}{n+1}}} \cdot \left(\frac{n+1}{n}\right)^{\alpha} \cdot \frac{\left(\prod\limits_{i=1}^{n+1} S_i\right)^{\frac{\alpha}{n+1}}}{V^{\alpha}},\end{aligned}$$

即

$$\sum_{i=1}^{n+1}\frac{1}{d_i^{\alpha}}-2\cdot\sum_{i=1}^{n+1}\frac{\lambda_i}{d_i^{\alpha}}\geqslant(n+1)\left(\frac{n+1}{n}\right)^{\alpha}\cdot\frac{r^2}{V^{\alpha}}\cdot\frac{\left(\prod\limits_{i=1}^{n+1}S_i\right)^{\frac{\alpha}{n+1}}}{\left(\prod\limits_{i=1}^{n+1}r_i\right)^{\frac{2}{n+1}}},\tag{3.5.27}$$

由 (3.5.27), 利用 (3.5.22) 和 (2.2.8), 则当 $n\geqslant 3$ 时, 有

$$\begin{aligned}
&\sum_{i=1}^{n+1}\frac{1}{d_i^{\alpha}}-2\cdot\sum_{i=1}^{n+1}\frac{\lambda_i}{d_i^{\alpha}}\\
&\geqslant(n+1)\cdot\left(\frac{n+1}{n}\right)^{\alpha}\cdot\frac{r^2}{V^{\alpha}}\cdot\left(\prod_{i=1}^{n+1}S_i\right)^{\frac{\alpha}{n+1}}\\
&\quad\times\left(\frac{(n-1)^{n-1}\cdot n^n}{(n-1)!^2}\right)^{\frac{1}{n-1}}\cdot\frac{1}{\left(\prod\limits_{i=1}^{n+1}S_i\right)^{\frac{2}{n^2-1}}}\\
&=(n+1)^{\alpha+1}\left(\frac{(n-1)^{n-1}\cdot n^n}{(n-1)!^2}\right)^{\frac{1}{n-1}}\\
&\quad\times\frac{1}{r^{\alpha-2}\cdot S^{\alpha}}\cdot\left(\prod_{i=1}^{n+1}S_i\right)^{\frac{(n-1)\alpha-2}{n^2-1}}\\
\geqslant&(n+1)^{\alpha+1}\left(\frac{(n-1)^{n-1}\cdot n^n}{(n-1)!^2}\right)^{\frac{1}{n-1}}\\
&\times\left(\frac{1}{\sqrt{n+1}}\cdot\left(\frac{n^{3n}}{n!^2}\right)^{\frac{1}{2(n-1)}}\right)^{\frac{(n-1)\alpha-2}{n^2-1}}\cdot\frac{V^{\frac{(n-1)\alpha-2}{n}}}{r^{\alpha-2}\cdot S^{\alpha}},
\end{aligned}$$

若记

$$\varphi_1=(n+1)^{\alpha+1}\left(\frac{(n-1)^{n-1}\cdot n^n}{(n-1)!^2}\right)^{\frac{1}{n-1}}$$

$$\times\left(\frac{1}{\sqrt{n+1}}\cdot\left(\frac{n^{3n}}{n!^2}\right)^{\frac{1}{2(n-1)}}\right)^{\frac{(n-1)\alpha-2}{n^2-1}},$$

再利用引理 1 与 (3.5.24), 可得

$$\begin{aligned}\sum_{i=1}^{n+1}\frac{1}{d_i^\alpha}-\frac{2}{r^\alpha}&\geqslant\varphi_1\cdot\frac{1}{n^{\frac{(n-1)\alpha-2}{n}}}\cdot\frac{1}{r^{\frac{\alpha+2}{n}-2}\cdot S^{\frac{\alpha+2}{n}}}\\&\geqslant\varphi_1\cdot\left(\frac{(n-1)!}{n+1}\cdot\sqrt{\frac{1}{n}\cdot\left(\frac{n}{n+1}\right)^{n-1}}\right)^{\frac{\alpha+2}{n}}\\&\quad\times\frac{1}{r^{\frac{\alpha+2}{n}-2}\cdot R^{\frac{(n-1)(\alpha+2)}{n}}}\\&=\frac{(n-1)\cdot n^{\frac{(n-1)(\alpha+2)}{n}}}{r^{\frac{\alpha+2}{n}-2}\cdot R^{\frac{(n-1)(\alpha+2)}{n}}},\end{aligned}$$

亦即当 $n\geqslant 3$ 时, 有

$$\sum_{i=1}^{n+1}\frac{1}{d_i^\alpha}\geqslant\frac{2}{r^\alpha}+\frac{(n-1)\cdot n^{\frac{(n-1)(\alpha+2)}{n}}}{r^{\frac{\alpha+2}{n}-2}\cdot R^{\frac{(n-1)(\alpha+2)}{n}}}.$$

如下证明当 $n=2$ 时 (3.5.25) 也是正确的.

设 $\triangle ABC$ 的面积为 $\triangle$, 边长分别为 a,b,c, 则利用熟知的三角形面积公式

$$(a+b+c)(-a+b+c)(a-b+c)(a+b-c)=16\triangle^2,\quad(3.5.28)$$

以及前面的引理 2 可得

$$\begin{aligned}&\sum_{i=1}^{3}\frac{(a_1+a_2+a_3)-2a_i}{d_i^\alpha}\\&\geqslant 3\cdot\left(\frac{(-a_1+a_2+a_3)(a_1-a_2+a_3)(a_1+a_2-a_3)}{(d_1d_2d_3)^\alpha}\right)^{\frac{1}{3}}\end{aligned}$$

$$
\begin{aligned}
&= 3 \cdot \left(\frac{16\triangle^2}{(a_1 + a_2 + a_3) \cdot (d_1 d_2 d_3)^\alpha} \right)^{\frac{1}{3}} \\
&\geqslant 3 \cdot \left(\frac{16\triangle^2}{(a_1 + a_2 + a_3) \cdot \left(\frac{8\triangle^3}{27 a_1 a_2 a_3} \right)^\alpha} \right)^{\frac{1}{3}} \\
&= 3 \cdot \left(\frac{16(27 \times 4\triangle R)^\alpha}{8^\alpha \cdot \triangle^{3\alpha - 2} \cdot (a_1 + a_2 + a_3)} \right)^{\frac{1}{3}} \\
&= 3^{\alpha+1} \cdot \left(\frac{2^{4-\alpha} \cdot R^\alpha}{\triangle^{2\alpha-2} \cdot (a_1 + a_2 + a_3)} \right)^{\frac{1}{3}},
\end{aligned}
$$

由此, 再利用引理 1 与三角函数不等式

$$
\sin A + \sin B + \sin C \leqslant \frac{3\sqrt{3}}{2}
$$

(当且仅当 $\triangle ABC$ 为正三角形时等号成立) 可得

$$
\begin{aligned}
&\sum_{i=1}^{3} \frac{1}{d_i^\alpha} - \frac{2}{r^\alpha} \\
&\geqslant \frac{3^{\alpha+1}}{a_1 + a_2 + a_3} \cdot \left(\frac{2^{4-\alpha} \cdot R^\alpha}{\triangle^{2\alpha-2} \cdot (a_1 + a_2 + a_3)} \right)^{\frac{1}{3}} \\
&= \frac{3^{\alpha+1} \cdot 2^{\frac{4-\alpha}{3}} \cdot R^{\frac{\alpha}{3}}}{\triangle^{\frac{2\alpha-2}{3}} \cdot (a_1 + a_2 + a_3)^{\frac{4}{3}}} \\
&= \frac{3^{\alpha+1} \cdot 2^{\frac{\alpha+2}{3}} \cdot R^{\frac{\alpha}{3}}}{r^{\frac{2\alpha-2}{3}} \cdot (a_1 + a_2 + a_3)^{\frac{2\alpha+2}{3}}} \\
&= \frac{3^{\alpha+1} \cdot 2^{\frac{\alpha+2}{3}} \cdot R^{\frac{\alpha}{3}}}{2^{\frac{2\alpha+2}{3}} \cdot r^{\frac{2\alpha-2}{3}} \cdot R^{\frac{2\alpha+2}{3}} \cdot (\sin A + \sin B + \sin C)^{\frac{2\alpha+2}{3}}} \\
&\geqslant \frac{3^{\alpha+1} \cdot 2^{\frac{\alpha+2}{3}} \cdot R^{\frac{\alpha}{3}}}{2^{\frac{2\alpha+2}{3}} \cdot r^{\frac{2\alpha-2}{3}} \cdot R^{\frac{2\alpha+2}{3}} \cdot \left(\frac{3\sqrt{3}}{2} \right)^{\frac{2\alpha+2}{3}}} \\
&= \frac{2^{\frac{\alpha+2}{3}}}{r^{\frac{2\alpha-2}{3}} \cdot R^{\frac{\alpha+2}{3}}},
\end{aligned}
$$

即

$$\sum_{i=1}^{3}\frac{1}{d_i^{\alpha}}\geqslant\frac{2}{r^{\alpha}}+\frac{2^{\frac{\alpha+2}{3}}}{r^{\frac{2\alpha-2}{3}}\cdot R^{\frac{\alpha+2}{3}}}. \tag{3.5.29}$$

由于

$$\frac{2^{\frac{\alpha+2}{3}}}{r^{\frac{2\alpha-2}{3}}\cdot R^{\frac{\alpha+2}{3}}}=\frac{2^{\frac{\alpha+2}{3}}}{r^{\frac{\alpha+2}{2}-2}\cdot R^{\frac{\alpha+2}{2}}}\cdot\left(\frac{R}{r}\right)^{\frac{\alpha+2}{6}}$$

$$\geqslant\frac{2^{\frac{\alpha+2}{2}}}{r^{\frac{\alpha+2}{2}-2}\cdot R^{\frac{\alpha+2}{2}}},$$

由此与 (3.5.29) 便可得

$$\sum_{i=1}^{3}\frac{1}{d_i^{\alpha}}\geqslant\frac{2}{r^{\alpha}}+\frac{2^{\frac{\alpha+2}{2}}}{r^{\frac{\alpha+2}{2}-2}\cdot R^{\frac{\alpha+2}{2}}}, \tag{3.5.30}$$

显然 (3.5.30) 为 (3.5.25) 中当 $n=2$ 时的情况, 故当 $n=2$ 时也得证, 从而本定理得证. □

在定理 1 中, 若取 $\alpha=2n-2$ 时, 则可得文 [39] 中的一个主要结论:

推论 5[39] 在定理 1 的条件下, 有

$$\sum_{i=1}^{n+1}\frac{1}{d_i^{2n-2}}\geqslant\frac{2}{r^{2n-2}}+\frac{(n-1)\cdot n^{2(n-1)}}{R^{2n-2}}, \tag{3.5.31}$$

当且仅当点 P 为正则单形 $\mathscr{A}$ 的中心时等号成立.

由此可以看出, 定理 5 中的结论 (3.5.25) 比文 [39] 中的上述结论 (3.5.31) 更广与更强.

§3.6 Klamkin 不等式的推广

在前一节, 我们为了得到推论 4 (即 (3.5.17)), 曾利用了单形的内切球与外接球半径的 Euler 不等式 $R\geqslant$

$n\,r$, 对此不等式, Klamkin M. S. 曾证明了如下的一个不等式

$$R^2 \geqslant n^2r^2 + |OI|^2, \tag{3.6.1}$$

当且仅当 $\mathscr{A}$ 为正则单形时等号成立, 其中 O 与 I 分别为单形 $\mathscr{A}$ 的外心和内心.

当然, 若设 G 为单形 $\mathscr{A}$ 的重心, 则还可以证明

$$R^2 \geqslant n^2r^2 + |OG|^2, \tag{3.6.2}$$

当且仅当 $\mathscr{A}$ 为正则单形时等号成立.

那么, 将内心 I 与重心 G 换为单形 $\mathscr{A}$ 内部的任意一点 P, 则是否有与 (3.6.1) 和 (3.6.2) 相类似的不等式

$$R^2 \geqslant k\cdot n^2r^2 + |OP|^2,\ (k>0), \tag{3.6.3}$$

成立呢? 我们回答是肯定的, 为解决这一问题, 如下首先建立一个恒等式.

引理 1 设 $\mathscr{A}$ 为 n 维欧氏空间 $\mathbf{E}^n$ 中的单形, 其顶点集为 $\{A_1A_2,\cdots,A_{n+1}\}$, 记 $|A_iA_j| = a_{ij}$, R 为 $\mathscr{A}$ 的外接球半径, P 为 $\mathscr{A}$ 内部的任意一点, 其重心坐标为 $P(\lambda_1,\lambda_2,\cdots,\lambda_{n+1})$, $|OP|$ 表示点 P 到 $\mathscr{A}$ 的外心 O 的距离, 则有

$$R^2 = \sum_{1\leqslant i<j\leqslant n+1} \lambda_i\lambda_j a_{ij}^2 + |OP|^2. \tag{3.6.4}$$

证 易知点 P 的型函数为

$$P = \sum_{i=1}^{n+1} \lambda_i A_i, \tag{3.6.5}$$

由此可得

$$\begin{aligned}
\left|\overrightarrow{OP}\right|^2 &= \left|\sum_{i=1}^{n+1} \lambda_i \overrightarrow{OA_i}\right|^2 \\
&= \sum_{i=1}^{n+1} \lambda_i^2 \left|\overrightarrow{OA_i}\right|^2 + 2 \cdot \sum_{1 \leqslant i<j \leqslant n+1} \lambda_i \lambda_j \left(\overrightarrow{OA_i} \cdot \overrightarrow{OA_j}\right) \\
&= \left(\sum_{i=1}^{n+1} \lambda_i^2\right) R^2 + \sum_{1 \leqslant i<j \leqslant n+1} \lambda_i \lambda_j \left(\left|\overrightarrow{OA_i}\right|^2\right. \\
&\qquad \left. + \left|\overrightarrow{OA_j}\right|^2 - \left|\overrightarrow{OA_j} - \overrightarrow{OA_i}\right|^2\right) \\
&= \left(\sum_{i=1}^{n+1} \lambda_i^2\right) R^2 + \sum_{1 \leqslant i<j \leqslant n+1} \lambda_i \lambda_j \left(2R^2 - \left|\overrightarrow{A_i A_j}\right|^2\right) \\
&= \left(\sum_{i=1}^{n+1} \lambda_i^2 + 2 \cdot \sum_{1 \leqslant i<j \leqslant n+1} \lambda_i \lambda_j\right) R^2 \\
&\qquad - \sum_{1 \leqslant i<j \leqslant n+1} \lambda_i \lambda_j a_{ij}^2 \\
&= \left(\sum_{i=1}^{n+1} \lambda_i\right)^2 R^2 - \sum_{1 \leqslant i<j \leqslant n+1} \lambda_i \lambda_j a_{ij}^2 \\
&= R^2 - \sum_{1 \leqslant i<j \leqslant n+1} \lambda_i \lambda_j a_{ij}^2,
\end{aligned}$$

这样我们便证得了 (3.6.4). □

引理 2　设 V 为单形 $\mathscr{A}$ 的 n 维体积, θ 为所有二面角的平均值, 其余条件与引理 1 中的相同, 则有

$$\sum_{1 \leqslant i<j \leqslant n+1} \lambda_i \lambda_j a_{ij}^2 \geqslant$$

$$n\cdot(n+1)^{\frac{n-1}{n}}\cdot\left(\frac{\sqrt{1-\frac{1}{n^2}}}{\sin\theta}\right)^{\frac{1}{n-1}}\cdot\left(\prod_{i=1}^{n+1}\lambda_i\right)^{\frac{2}{n+1}}\cdot(n!\cdot V)^{\frac{2}{n}},\tag{3.6.6}$$

当且仅当点 P 为单形 $\mathscr{A}$ 的重心时等号成立.

证 由 (2.2.10) 和 (2.2.13) 可得

$$\begin{aligned}\prod_{i=1}^{n+1}S_i &\leqslant \left(\frac{n\cdot 2^{n-1}}{3^{\frac{n-1}{2}}\cdot(n-1)!^2}\right)^{\frac{n+1}{2}}\cdot\left(\prod_{1\leqslant i<j<k\leqslant n+1}\triangle_{ijk}\right)^{\frac{3}{n}}\\ &\leqslant \left(\frac{n\cdot 2^{n-1}}{3^{\frac{n-1}{2}}\cdot(n-1)!^2}\right)^{\frac{n+1}{2}}\\ &\quad\times\left(\prod_{1\leqslant i<j<k\leqslant n+1}\left(\frac{\sqrt{3}}{4}\cdot(a_{ij}a_{ik}a_{jk})^{\frac{2}{3}}\right)\right)^{\frac{3}{n}}\\ &=\left(\frac{n}{2^{n-1}\cdot(n-1)!^2}\right)^{\frac{n+1}{2}}\cdot\left(\prod_{1\leqslant i<j\leqslant n+1}a_{ij}^2\right)^{\frac{n-1}{n}},\end{aligned}$$

即

$$\prod_{i=1}^{n+1}S_i\leqslant\left(\frac{n}{2^{n-1}\cdot(n-1)!^2}\right)^{\frac{n+1}{2}}\cdot\left(\prod_{1\leqslant i<j\leqslant n+1}a_{ij}^2\right)^{\frac{n-1}{n}},\tag{3.6.7}$$

当且仅当所有的 $n-1$ 维界面均正则时等号成立.

由 (3.6.7) 知

$$\begin{aligned}&\sum_{1\leqslant i<j\leqslant n+1}\lambda_i\lambda_j a_{ij}^2\\ &\geqslant\frac{n(n+1)}{2}\cdot\left(\prod_{i=1}^{n+1}\lambda_i\right)^{\frac{2}{n+1}}\cdot\left(\prod_{1\leqslant i<j\leqslant n+1}a_{ij}^2\right)^{\frac{2}{n(n+1)}}\end{aligned}$$

$$\geqslant \frac{n(n+1)}{2} \cdot \left(\prod_{i=1}^{n+1} \lambda_i\right)^{\frac{2}{n+1}}$$
$$\times \left(\frac{2^{n-1} \cdot (n-1)!^2}{n}\right)^{\frac{1}{n-1}} \cdot \left(\prod_{i=1}^{n+1} S_i\right)^{\frac{2}{(n+1)(n-1)}},$$

即

$$\sum_{1 \leqslant i<j \leqslant n+1} \lambda_i \lambda_j a_{ij}^2 \geqslant n(n+1) \cdot \left(\prod_{i=1}^{n+1} \lambda_i\right)^{\frac{2}{n+1}}$$
$$\times \left(\frac{(n-1)!^2}{n}\right)^{\frac{1}{n-1}} \cdot \left(\prod_{i=1}^{n+1} S_i\right)^{\frac{2}{(n^2-1)}}. \tag{3.6.8}$$

设 $S_{ij} = S_{i_1 i_2 \cdots i_{n-1}}$ 为单形 $\mathscr{A}$ 的 S_i 与 S_j 的公共部分的 $n-2$ 维子单形的 $n-2$ 维体积, 将 (2.2.8) 应用于单形 $\mathscr{A}$ 的所有 $n-2$ 维子单形, 可得

$$S_i \leqslant \sqrt{n} \cdot \left(\frac{(n-1)!^2}{(n-1)^{3(n-1)}}\right)^{\frac{1}{2(n-2)}} \cdot \left(\prod_{1 \leqslant j<k \leqslant n} S_{jk}\right)^{\frac{n-1}{n(n-2)}}, \tag{3.6.9}$$

当且仅当 S_i 所在的 $n-1$ 维单形为正则单形时等号成立.

由 (3.6.9) 和 (2.2.8) 便得到

$$\left(\prod_{1 \leqslant i<j \leqslant n+1} S_{ij}\right)^{\frac{2}{n(n+1)}} \geqslant \frac{\sqrt{n-1}}{(n-2)!} \cdot \left(\frac{n!}{\sqrt{n+1}} \cdot V\right)^{\frac{n-2}{n}}, \tag{3.6.10}$$

当且仅当 $\mathscr{A}$ 为正则单形时等号成立.

设 θ_{ij} 为 S_i 与 S_j 所夹的内二面角, 则易知有

$$\left(\prod_{1 \leqslant i<j \leqslant n+1} \sin \theta_{ij}\right)^{\frac{2}{n(n+1)}} \leqslant \sin \theta, \tag{3.6.11}$$

当且仅当 $\mathscr{A}$ 为正则单形时等号成立.

若记

$$\begin{cases} \varphi(n)=(n+1)^{n-1}\cdot n^{n-2}\cdot(n-1)!^2, \\ u(\lambda)=\left(\prod\limits_{i=1}^{n+1}\lambda_i\right)^{\frac{2(n-1)}{n+1}}, \end{cases}$$

则由不等式 $A_n(a)\geqslant G_n(a)$ 及 (3.6.8),(3.6.10) 和 (1.3.11) 便可得

$$\begin{aligned}
&\left(\sum_{1\leqslant i<j\leqslant n+1}\lambda_i\lambda_j a_{ij}^2\right)^{n-1}\\
&\geqslant \varphi(n)u(\lambda)\cdot\left(\prod_{i=1}^{n+1}S_i^2\right)^{\frac{1}{n+1}}\\
&=\varphi(n)u(\lambda)\cdot\left(\prod_{1\leqslant i<j\leqslant n+1}S_iS_j\right)^{\frac{2}{n(n+1)}}\\
&=\varphi(n)u(\lambda)\cdot\left(\prod_{1\leqslant i<j\leqslant n+1}\frac{nV\cdot S_{ij}}{(n-1)\cdot\sin\theta_{ij}}\right)^{\frac{2}{n(n+1)}}\\
&\geqslant\frac{n\cdot\varphi(n)u(\lambda)}{(n-1)\cdot\sin\theta}\cdot V\cdot\left(\prod_{1\leqslant i<j\leqslant n+1}S_{ij}\right)^{\frac{2}{n(n+1)}}\\
&\geqslant\frac{\sqrt{1-\frac{1}{n^2}}}{\sin\theta}\cdot(n+1)^{\frac{(n-1)^2}{n}}\cdot u(\lambda)\cdot\left(n\cdot(n!\cdot V)^{\frac{2}{n}}\right)^{n-1},
\end{aligned}$$

即

$$\begin{aligned}
\left(\sum_{1\leqslant i<j\leqslant n+1}\lambda_i\lambda_j a_{ij}^2\right)^{n-1}\geqslant&\frac{1}{\sin\theta}\cdot\sqrt{1-\frac{1}{n^2}}\cdot(n+1)^{\frac{(n-1)^2}{n}}\\
&\times\left(\prod_{i=1}^{n+1}\lambda_i\right)^{\frac{2(n-1)}{n+1}}\cdot\left(n\cdot(n!\cdot V)^{\frac{2}{n}}\right)^{n-1},
\end{aligned}$$

将此不等式的两端同时开 $n-1$ 次方便得到 (3.6.6). □

将 (3.6.6) 代入 (3.6.4) 内立即得到如下的:

定理 1 设 V 为 n 维欧氏空间 $\mathbf{E}^n$ 中单形 $\mathscr{A}$ 的 n 维体积, R 为 $\mathscr{A}$ 的外接球半径, θ 为 $\mathscr{A}$ 的所有二面角的平均值, P 为 $\mathscr{A}$ 内部的任意一点, 且点 P 的重心坐标为 $P(\lambda_1, \lambda_2, \cdots, \lambda_{n+1})$, O 为 $\mathscr{A}$ 的外心, 则有

$$R^2 \geqslant n \cdot (n+1)^{\frac{n-1}{n}} \cdot \left(\frac{1}{\sin\theta} \cdot \sqrt{1-\frac{1}{n^2}}\right)^{\frac{1}{n-1}} \times \left(\prod_{i=1}^{n+1} \lambda_i\right)^{\frac{2}{n+1}} \cdot (n! \cdot V)^{\frac{2}{n}} + |OP|^2, \tag{3.6.12}$$

当且仅当点 P 为正则单形 $\mathscr{A}$ 的重心时等号成立.

推论 2 设 R 与 r 分别为 n 维单形 $\mathscr{A}$ 的外接球半径与内切球半径, 其余条件与定理中的相同, 则有

$$R^2 \geqslant n^2 \cdot (n+1)^2 \cdot \left(\frac{1}{\sin\theta} \cdot \sqrt{1-\frac{1}{n^2}}\right)^{\frac{1}{n-1}} \times \left(\prod_{i=1}^{n+1} \lambda_i\right)^{\frac{2}{n+1}} \cdot r^2 + |OP|^2, \tag{3.6.13}$$

当且仅当点 P 为正则单形 $\mathscr{A}$ 的重心时等号成立.

实际上, 由 (3.6.12) 和 (3.3.15) 容易得到 (3.6.13). 值得一提的是, 由 (3.6.13) 可知, 此处显然保证不了 (3.6.3) 中的

$$k = (n+1)^2 \cdot \left(\frac{1}{\sin\theta} \cdot \sqrt{1-\frac{1}{n^2}}\right)^{\frac{1}{n-1}} \cdot \left(\prod_{i=1}^{n+1} \lambda_i\right)^{\frac{2}{n+1}} \geqslant 1.$$

定理 2 设 I 为 n 维单形 $\mathscr{A}$ 的内心, R, r 分别为 $\mathscr{A}$ 的外接球与内切球半径, O 为 $\mathscr{A}$ 的外心, θ 为 $\mathscr{A}$ 的所有二面角的平均值, 则有

$$R^2 \geqslant \left(\frac{1}{\sin\theta}\cdot\sqrt{1-\frac{1}{n^2}}\right)^{\frac{1}{n-1}}\cdot n^2r^2+|OI|^2, \quad (3.6.14)$$

当且仅当 $\mathscr{A}$ 为正则单形时等号成立.

证 首先由 (2.2.8) 和 (1.1.3) 可得

$$\begin{aligned} V &\leqslant \sqrt{n+1}\cdot\left(\frac{n!^2}{n^{3n}}\right)^{\frac{1}{2(n-1)}}\cdot\left(\prod_{i=1}^{n+1}\frac{S_ih_i}{h_i}\right)^{\frac{n}{n^2-1}} \\ &= \sqrt{n+1}\cdot\left(\frac{n!^2}{n^{3n}}\right)^{\frac{1}{2(n-1)}}\cdot\left(\frac{(nV)^{n+1}}{\prod\limits_{i=1}^{n+1}h_i}\right)^{\frac{n}{n^2-1}}, \end{aligned}$$

从而有

$$V \geqslant \frac{1}{n!}\cdot\left(\frac{n^n}{(n+1)^{n-1}}\right)^{\frac{1}{2}}\cdot\left(\prod_{i=1}^{n+1}h_i\right)^{\frac{n}{n+1}}, \quad (3.6.15)$$

当且仅当 $\mathscr{A}$ 为正则单形时等号成立.

其次, 由于此时点 P 为单形 $\mathscr{A}$ 的内心 I, 故 I 的重心坐标为 $I\left(\frac{r}{h_1},\frac{r}{h_2},\cdots,\frac{r}{h_{n+1}}\right)$, 所以此时的 (3.6.12) 又可表为

$$\begin{aligned} R^2 \geqslant{}& n\cdot(n+1)^{\frac{n-1}{n}}\cdot\left(\frac{1}{\sin\theta}\cdot\sqrt{1-\frac{1}{n^2}}\right)^{\frac{1}{n-1}} \\ &\times\left(\prod_{i=1}^{n+1}\frac{r}{h_i}\right)^{\frac{2}{n+1}}(n!\cdot V)^{\frac{2}{n}}+|OI|^2, \end{aligned} \quad (3.6.16)$$

当且仅当 $\mathscr{A}$ 为正则单形时等号成立.

故由 (3.6.15) 知

$$
\begin{aligned}
&\left(\prod_{i=1}^{n+1}\frac{r}{h_i}\right)^{\frac{2}{n+1}}\cdot(n!\cdot V)^{\frac{2}{n}}\\
\geqslant&\left(\prod_{i=1}^{n+1}\frac{r}{h_i}\right)^{\frac{2}{n+1}}\cdot\left[\left(\frac{n^n}{(n+1)^{n-1}}\right)^{\frac{1}{2}}\cdot\left(\prod_{i=1}^{n+1}h_i\right)^{\frac{n}{n+1}}\right]^{\frac{2}{n}}\\
=&\left(\frac{n^n}{(n+1)^{n-1}}\right)^{\frac{1}{n}}\cdot r^2,
\end{aligned}
$$

将此代入 (3.6.16) 内便得 (3.6.14). □

推论 3 设 G 为单形 $\mathscr{A}$ 的重心, 其余条件与定理 2 中的相同, 则有

$$
R^2\geqslant\left(\frac{1}{\sin\theta}\cdot\sqrt{1-\frac{1}{n^2}}\right)^{\frac{1}{n-1}}\cdot n^2r^2+|OG|^2, \tag{3.6.17}
$$

当且仅当 $\mathscr{A}$ 为正则单形时等号成立.

实际上, 由于点 G 的重心坐标为 $G\left(\frac{1}{n+1},\frac{1}{n+1},\cdots,\frac{1}{n+1}\right)$, 故此时由 (3.6.13) 便得 (3.6.17).

定理 3[14] 设 P 为 n 维单形 $\mathscr{A}$ 内部的任意一点, R 为 $\mathscr{A}$ 的外接球半径, O 为 $\mathscr{A}$ 的外心, P 到 $\mathscr{A}$ 的顶点 A_i 所对的超平面的距离为 d_i $(1\leqslant i\leqslant n+1)$, 则

$$
R^2\geqslant n^2\cdot\left(\prod_{i=1}^{n+1}d_i\right)^{\frac{2}{n+1}}+|OP|^2, \tag{3.6.18}
$$

当且仅当点 P 为正则单形 $\mathscr{A}$ 的重心时等号成立.

证 由 (3.6.4) 并利用 $A_n(a) \geqslant G_n(a)$ 及 (1.1.3), (3.6.7) 和 (2.2.8) 可得

$$\begin{aligned}
&R^2 - |OP|^2 \\
&= \sum_{1 \leqslant i < j \leqslant n+1} \lambda_i \lambda_j a_{ij}^2 \\
&\geqslant \frac{n(n+1)}{2} \cdot \left(\prod_{i=1}^{n+1} \lambda_i\right)^{\frac{2}{n+1}} \cdot \left(\prod_{1 \leqslant i < j \leqslant n+1} a_{ij}^2\right)^{\frac{2}{n(n+1)}} \\
&= \frac{n(n+1)}{2} \cdot \left(\prod_{i=1}^{n+1} \frac{d_i}{h_i}\right)^{\frac{2}{n+1}} \cdot \left(\prod_{1 \leqslant i < j \leqslant n+1} a_{ij}^2\right)^{\frac{2}{n(n+1)}} \\
&= \frac{n(n+1)}{2} \cdot \left(\prod_{i=1}^{n+1} \frac{d_i S_i}{S_i h_i}\right)^{\frac{2}{n+1}} \cdot \left(\prod_{1 \leqslant i < j \leqslant n+1} a_{ij}^2\right)^{\frac{2}{n(n+1)}} \\
&= \frac{n+1}{2nV^2} \cdot \left(\prod_{i=1}^{n+1} d_i S_i\right)^{\frac{2}{n+1}} \cdot \left(\prod_{1 \leqslant i < j \leqslant n+1} a_{ij}^2\right)^{\frac{2}{n(n+1)}} \\
&\geqslant \frac{n+1}{2nV^2} \cdot \left(\prod_{i=1}^{n+1} d_i\right)^{\frac{2}{n+1}} \cdot \left(\prod_{i=1}^{n+1} S_i\right)^{\frac{2}{n+1}} \\
&\qquad\qquad \times \left(\frac{2^{n-1} \cdot (n-1)!^2}{n}\right)^{\frac{1}{n-1}} \cdot \left(\prod_{i=1}^{n+1} S_i\right)^{\frac{2}{n^2-1}} \\
&= \frac{n+1}{nV^2} \cdot \left(\frac{(n-1)!^2}{n}\right)^{\frac{1}{n-1}} \cdot \left(\prod_{i=1}^{n+1} d_i\right)^{\frac{2}{n+1}} \cdot \left(\prod_{i=1}^{n+1} S_i\right)^{\frac{2n}{n^2-1}} \\
&\geqslant \frac{n+1}{nV^2} \cdot \left(\frac{(n-1)!^2}{n}\right)^{\frac{1}{n-1}} \cdot \left(\prod_{i=1}^{n+1} d_i\right)^{\frac{2}{n+1}} \\
&\qquad\qquad \times \left[\frac{1}{\sqrt{n+1}} \cdot \left(\frac{n^{3n}}{n!^2}\right)^{\frac{1}{2(n-1)}} \cdot V\right]^2 \\
&= n^2 \cdot \left(\prod_{i=1}^{n+1} d_i\right)^{\frac{2}{n+1}},
\end{aligned}$$

此亦即

$$R^2-|OP|^2\geqslant n^2\cdot\left(\prod_{i=1}^{n+1}d_i\right)^{\frac{2}{n+1}},$$

至于等号成立的充要条件是不难看出的. □

推论 4 设 R 为 n 维单形 $\mathscr{A}$ 的外接球半径, R_i 为 $\mathscr{A}$ 的顶点 A_i 所对的 $n-1$ 维界面的外接球半径, 则有

$$R^2\geqslant n^2\cdot\left(\prod_{i=1}^{n+1}\left(R^2-R_i^2\right)\right)^{\frac{1}{n+1}},\tag{3.6.19}$$

当且仅当 $\mathscr{A}$ 为正则单形时等号成立.

实际上, 由于此时点 P 与外心 O 重合, 故 $|OP|^2=0$, 又此时 $d_i^2=R^2-R_i^2\ (1\leqslant i\leqslant n+1)$, 所以将此式代入 (3.6.18) 内便得到 (3.6.19).

在 (3.6.18) 中, 当点 P 为 $\mathscr{A}$ 的内心 I 时, 显然此时就是 (3.6.1), 而当点 P 是 $\mathscr{A}$ 的重心 G 时, 由于 $\sum\limits_{i=1}^{n+1}\frac{r}{h_i}=1$, 故有

$$\left(\prod_{i=1}^{n+1}h_i\right)^{\frac{1}{n+1}}\geqslant(n+1)\,r,\tag{3.6.20}$$

当且仅当 $\mathscr{A}$ 为正则单形时等号成立.

从而在点 P 为重心 G 时, 有

$$\left(\prod_{i=1}^{n+1}d_i\right)^{\frac{2}{n+1}}=\frac{1}{(n+1)^2}\cdot\left(\prod_{i=1}^{n+1}h_i\right)^{\frac{2}{n+1}}\geqslant r^2,\tag{3.6.21}$$

将此不等式代入 (3.6.18) 中便得 (3.6.2), 所以由 (3.6.1) 和 (3.6.2) 也可得到 Euler 不等式 $R\geqslant n\,r$.

§3.7 Safta 猜想的推广与加强

设 P 为 $\triangle A_1A_2A_3$ 内部的任意一点, A_iP 的延长线交对边于一点 B_i $(1 \leqslant i \leqslant 3)$, 又 A_iB_i 交 $\triangle B_1B_2B_3$ 的顶点 B_i 的对边于点 C_i $(1 \leqslant i \leqslant 3)$, 则

$$\frac{A_1C_1}{C_1B_1} + \frac{A_2C_2}{C_2B_2} + \frac{A_3C_3}{C_3B_3} \geqslant 3, \qquad (3.7.1)$$

当且仅当点 P 为 $\triangle A_1A_2A_3$ 的重心时等号成立.

(3.7.1) 为 Safta 猜想, 如下我们将 Safta 猜想推广到 n 维欧氏空间 $\mathbf{E}^n$ 中的单形并将其加强.

定理 1 设 $\mathscr{A}$ 为 n 维欧氏空间 $\mathbf{E}^n$ 中的单形, 其顶点集为 $\{A_1, A_2, \cdots, A_{n+1}\}$, P 为 $\mathscr{A}$ 内部的任意一点, A_iP 的延长线交 A_i 所对的 $n-1$ 维超平面于一点 B_i, 又 A_iP 与 $n-1$ 维超平面 $\{B_1, B_2, \cdots, B_{i-1}, B_{i+1}, \cdots, B_{n+1}\}$ 的交点为 C_i $(1 \leqslant i \leqslant 3)$, 则有

$$\prod_{i=1}^{n+1} \frac{A_iC_i}{C_iB_i} \geqslant (n-1)^{n+1}, \qquad (3.7.2)$$

当且仅当点 P 为单形 $\mathscr{A}$ 的重心时等号成立.

证 设 $\mathscr{A}$ 为坐标单形, 点 P 的重心坐标为 $P(\lambda_1, \lambda_2, \cdots, \lambda_{n+1})$, 设超平面 $\{B_1, B_2, \cdots, B_{i-1}, B_{i+1}, \cdots, B_{n+1}\}$ 的方程为

$$\pi_i: \quad d_{i1}\mu_1 + d_{i2}\mu_2 + \cdots + d_{i,n+1}\mu_{n+1} = 0, \qquad (3.7.3)$$

由 (3.1.2) 知, 点 B_i 的坐标为

$$B_i\left(\frac{\lambda_1}{1-\lambda_i}, \frac{\lambda_2}{1-\lambda_i}, \cdots, \frac{\lambda_{i-1}}{1-\lambda_i}, 0, \frac{\lambda_{i+1}}{1-\lambda_i}, \cdots, \frac{\lambda_{n+1}}{1-\lambda_i}\right),$$

因为点 $B_1, B_2, \cdots, B_{i-1}, B_{i+1}, \cdots, B_{n+1}$ 共超平面 π_i, 所以将它们的坐标代入超平面 π_i 的方程 (3.7.3) 中可得 (因为版面宽度所限, 为了不至于将方程组截断, 如下将该方程组进行旋转 90° 排版)

$$\begin{cases} d_{i1}\cdot 0 + d_{i2}\lambda_2 + \cdots + d_{i,\,i-1}\lambda_{i-1} + d_{i,\,i}\lambda_i + d_{i,i+1}\lambda_{i+1} + \cdots + d_{i,\,n+1}\lambda_{n+1} = 0 \\ d_{i1}\lambda_1 + d_{i2}\cdot 0 + \cdots + d_{i,\,i-1}\lambda_{i-1} + d_{i,\,i}\lambda_i + d_{i,i+1}\lambda_{i+1} + \cdots + d_{i,\,n+1}\lambda_{n+1} = 0 \\ \cdots \\ d_{i1}\lambda_1 + d_{i2}\lambda_2 + \cdots + d_{i,\,i-1}\cdot 0 + d_{i,\,i}\lambda_i + d_{i,i+1}\lambda_{i+1} + \cdots + d_{i,\,n+1}\lambda_{n+1} = 0 \\ d_{i1}\lambda_1 + d_{i2}\lambda_2 + \cdots + d_{i,\,i-1}\lambda_{i-1} + d_{i,\,i}\cdot 0 + d_{i,i+1}\lambda_{i+1} + \cdots + d_{i,\,n+1}\lambda_{n+1} = 0 \\ \cdots \\ d_{i1}\lambda_1 + d_{i2}\lambda_2 + \cdots + d_{i,\,i-1}\lambda_{i-1} + d_{i,\,i}\lambda_i + d_{i,i+1}\lambda_{i+1} + \cdots + d_{i,\,n+1}\cdot 0 = 0 \end{cases}$$

这里把 $d_{i,i}\lambda_i$ 项移到等号的右端, 并且容易求得其

系数行列式 (此处视 d_{ij} 为未知数)

$$D=\frac{(n-1)\cdot(-1)^{n-1}}{\lambda_i}\cdot\prod_{i=1}^{n+1}\lambda_i,$$

相应地有

$$D_k=\frac{(-1)^n d_{i,i}}{\lambda_i}\cdot\prod_{i=1}^{n+1}\lambda_i,$$

于是由 Cramer 法则可得

$$d_{i,\,k}=-\frac{d_{i,i}\lambda_i}{(n-1)\cdot\lambda_k},\ (k\neq i),\tag{3.7.4}$$

将 (3.7.4) 代入 (3.7.3) 内可得超平面 π_i 的方程为

$$\pi_i:\qquad \sum_{\substack{j=1\\ j\neq i}}^{n+1}\frac{1}{\lambda_j}\cdot\mu_j=\frac{n-1}{\lambda_i}\cdot\mu_i,\tag{3.7.5}$$

若记 $\frac{A_iC_i}{C_iB_i}=\xi_i$, 则容易得到点 C_i 的重心坐标为

$$C_i\left(\frac{\xi_i}{1+\xi_i}\cdot\frac{\lambda_1}{1-\lambda_i},\ \cdots,\ \frac{\xi_i}{1+\xi_i}\cdot\frac{\lambda_{i-1}}{1-\lambda_i},\ \frac{1}{1+\xi_i},\right.$$
$$\left.\frac{\xi_i}{1+\xi_i}\cdot\frac{\lambda_{i+1}}{1-\lambda_i},\ \cdots,\ \frac{\xi_i}{1+\xi_i}\cdot\frac{\lambda_{n+1}}{1-\lambda_i}\right),$$

由于点 C_i 在超平面 π_i $(1\leqslant i\leqslant n+1)$ 上, 故将点 C_i 的坐标代入 (3.7.5) 内可得

$$\sum_{\substack{j=1\\ j\neq i}}^{n+1}\frac{1}{\lambda_j}\cdot\frac{\xi_i}{1+\xi_i}\cdot\frac{\lambda_i}{1-\lambda_i}=\frac{n-1}{\lambda_i}\cdot\frac{1}{1+\xi_i},$$

由此得

$$\xi_i=\frac{n-1}{n}\cdot\frac{1-\lambda_i}{\lambda_i},\ (1\leqslant i\leqslant n+1),\tag{3.7.6}$$

由 (3.1.5) 知

$$1-\lambda_i \geqslant n \cdot \frac{1}{\lambda_i^{\frac{1}{n}}} \cdot \left(\prod_{j=1}^{n+1} \lambda_j\right)^{\frac{1}{n}},$$

所以由 (3.7.6) 可得

$$\xi_i \geqslant (n-1) \cdot \frac{\left(\prod_{j=1}^{n+1} \lambda_j\right)^{\frac{1}{n}}}{\lambda^{\frac{n+1}{n}}},\ (1 \leqslant i \leqslant n+1), \quad (3.7.7)$$

易见 (3.7.7) 中等号成立的充要条件是 $\lambda_1=\lambda_2=\cdots=\lambda_{i-1}=\lambda_{i+1}=\cdots=\lambda_{n+1}=\frac{1-\lambda_i}{n}$,$(1 \leqslant i \leqslant n+1)$, 从而有

$$\begin{aligned}\prod_{i=1}^{n+1} \frac{A_iC_i}{C_iB_i} &= \prod_{i=1}^{n+1} \xi_i \\ &= \prod_{i=1}^{n+1} \frac{n-1}{n} \cdot \frac{1-\lambda_i}{\lambda_i} \\ &\geqslant \left(\frac{n-1}{n}\right)^{n+1} \cdot n^{n+1},\end{aligned}$$

此不等式即为 (3.7.2), 易知等号成立的充要条件是 $\lambda_1=\lambda_2=\cdots=\lambda_{n+1}$, 即点 P 为单形 $\mathscr{A}$ 的重心. □

定理 2 设 $\{A_1, A_2, \cdots, A_{n+1}\}$ 为 n 维欧氏空间 $\mathbf{E}^n$ 中单形 $\mathscr{A}$ 的顶点集, 对于 $\mathscr{A}$ 内部的任意一点 P, A_iP 的延长线交 A_i 所对的 $n-1$ 维界面于一点 B_i, 由顶点集 $\{B_1, B_2, \cdots, B_{n+1}\}$ 所支撑的 n 维单形为 $\mathscr{B}$, 又 A_iP 的延长线交 $\mathscr{B}$ 的顶点 B_i 所对 $n-1$ 维界面于一点 C_i $(1 \leqslant i \leqslant 3)$, 则有

$$\prod_{i=1}^{n+1} \frac{A_iB_i}{C_iB_i} \geqslant n^{n+1}, \quad (3.7.8)$$

当且仅当点 P 为单形 $\mathscr{A}$ 的重心时等号成立.

证 由定理 1 的证明过程中的 (3.7.6) 知

$$\frac{A_iC_i}{C_iB_i}=\frac{n-1}{n}\cdot\frac{1-\lambda_i}{\lambda_i},\ (1\leqslant i\leqslant n+1),\tag{3.7.9}$$

由于 $A_iB_i=A_iC_i+C_iB_i$, 所以有

$$\frac{A_iB_i}{C_iB_i}=\frac{1}{n}\cdot\left(\frac{n-1}{\lambda_i}+1\right),\ (1\leqslant i\leqslant n+1),\tag{3.7.10}$$

从而由 Hölder 不等式以及 $A_n(a)\geqslant G_n(a)$ 可得

$$\begin{aligned}\prod_{i=1}^{n+1}\frac{A_iB_i}{C_iB_i}&=\frac{1}{n^{n+1}}\cdot\prod_{i=1}^{n+1}\left(\frac{n-1}{\lambda_i}+1\right)\\&\geqslant\frac{1}{n^{n+1}}\cdot\left(\frac{n-1}{\left(\prod\limits_{i=1}^{n+1}\lambda_i\right)^{\frac{1}{n+1}}}+1\right)^{n+1}\\&\geqslant\frac{1}{n^{n+1}}\cdot\left(\frac{n-1}{\frac{1}{n+1}\cdot\sum\limits_{i=1}^{n+1}\lambda_i}+1\right)^{n+1}\\&=n^{n+1}.\end{aligned}$$

由 Hölder 不等式中等号成立的充要条件知, 此处有

$$\frac{\frac{n-1}{\lambda_i}}{\sum\limits_{j=1}^{n+1}\frac{n-1}{\lambda_j}}=\frac{1}{\sum\limits_{j=1}^{n+1}1},$$

即

$$\lambda_i=\frac{n+1}{\sum\limits_{j=1}^{n+1}\frac{1}{\lambda_j}},\ (1\leqslant i\leqslant n+1),$$

故利用 $\sum\limits_{i=1}^{n+1}\lambda_i = 1$ 可得

$$\left(\sum_{j=1}^{n+1}\frac{1}{\lambda_j}\right)\cdot\left(\sum_{i=1}^{n+1}\lambda_i\right) = (n+1)^2,$$

又在利用 Cauchy 不等式时, 不等式

$$\left(\sum_{j=1}^{n+1}\frac{1}{\lambda_j}\right)\cdot\left(\sum_{i=1}^{n+1}\lambda_i\right) \geqslant (n+1)^2$$

中等号成立的充要条件是 $\lambda_i = \frac{1}{n+1}$ $(1 \leqslant i \leqslant n+1)$, 即点 P 为单形 $\mathscr{A}$ 的重心. □

由 (3.7.2) 与 (3.7.8) 可得如下的:

推论 条件与定理 1 中的相同, 则当 $\alpha \in \mathbf{R}^+$ 时, 有

$$\sum_{i=1}^{n+1}\left(\frac{A_iC_i}{C_iB_i}\right)^{\alpha} \geqslant (n+1)\cdot(n-1)^{\alpha}, \tag{3.7.11}$$

$$\sum_{i=1}^{n+1}\left(\frac{A_iB_i}{C_iB_i}\right)^{\alpha} \geqslant (n+1)\cdot n^{\alpha}, \tag{3.7.12}$$

当且仅当点 P 为单形 $\mathscr{A}$ 的重心时等号成立.

显然, 在 (3.7.11) 中, 当 $\alpha = 1$, $n = 2$ 时为 Safta 猜想 (3.7.1), 故 (3.7.2) 是 Safta 猜想 (3.7.1) 的高维推广与加强.

另外, 值得一提的是, 由 $\frac{PB_i}{A_iP} = \frac{\lambda_i}{1-\lambda_i}$ $(1 \leqslant i \leqslant n+1)$ 和 (3.7.9) 可得如下有趣的恒等式

$$n\cdot A_iC_i\cdot PB_i = (n-1)\cdot A_iP\cdot C_iB_i\,, (1 \leqslant i \leqslant n+1). \tag{3.7.13}$$

§3.8 Steiner 树的性质与极值

对于平面上每个角都小于 120° 的 $\triangle ABC$, 求一点 P 使得 $|PA|+|PB|+|PC|$ 达到极小, 这点 P 就是众所周知的 Fermat 点, 对于这一问题, Steiner 又将其推广为如下的问题:

已知平面上有不共线的三个定点 A, B, C, 它们所对应的三个正实数分别为 m_1, m_2, m_3, 求一点 P 使得表达式 $m_1|PA|+m_2|PB|+m_3|PC|$ 达到极小值.

这一问题就称为 Steiner 树, 而能使得 $m_1|PA|+m_2|PB|+m_3|PC|$ 达到极小值的点 P 叫做 Steiner 点, 故若 P 为平面上的任意一点, M 为 Steiner 点, 则有

$$\begin{aligned} & m_1|PA|+m_2|PB|+m_3|PC| \\ & \geqslant m_1|MA|+m_2|MB|+m_3|MC|, \end{aligned} \tag{3.8.1}$$

当且仅当点 P 与 M 重合时等号成立.

若 M 既是 $\triangle ABC$ 的 Steiner 点又是 $\triangle ABC$ 的重心 G, 则必存在一个正实数 k 使得

$$\frac{m_1}{|PA|}=\frac{m_2}{|PB|}=\frac{m_3}{|PC|}=k, \tag{3.8.2}$$

反之亦然.

对于 (3.8.1) 与 (3.8.2) 在空间是否也有类似的结论成立呢? 更一般地, 在 n 维欧氏空间 $\mathbf{E}^n$ 中, 是否也有与 (3.8.1) 和 (3.8.2) 相类似的结论成立呢? 回答是肯定的, 并且还有其他一些重要的性质与极值问题成立.

定义 1 设 $\mathscr{A}$ 为 n 维欧氏空间 $\mathbf{E}^n$ 中的单形, 其顶点集为 $\{A_1, A_2, \cdots, A_{n+1}\}$, 对于任一组正实数 m_1, $m_2, \cdots, m_{n+1}$, 若在 $\mathbf{E}^n$ 中存在一点 M, 记 MA_i 的单位方向向量为 ε_i $(1 \leqslant i \leqslant n+1)$, 能够使得如下的关系式

$$\sum_{i=1}^{n+1} m_i \varepsilon_i = 0, \tag{3.8.3}$$

成立, 则称这一问题为 $\mathbf{E}^n$ 空间中的 Steiner 树, 点 M 叫作单形 $\mathscr{A}$ 关于正实数 $m_1, m_2, \cdots, m_{n+1}$ 的 Steiner 点, 简称为 Steiner 点.

定义 2 设 $\mathscr{A}$ 为 n 维欧氏空间 $\mathbf{E}^n$ 中的单形, 其顶点集为 $\{A_1, A_2, \cdots, A_{n+1}\}$, P 为 $\mathscr{A}$ 内部的任意一点, 过 $\mathscr{A}$ 的顶点 A_i 有一个超平面 π_i 使得 $PA_i \perp \pi_i$ $(1 \leqslant i \leqslant n+1)$, 由这 $n+1$ 个超平面 $\pi_1, \pi_2, \cdots, \pi_{n+1}$ 所围成的单形记为 $\mathscr{B}$, 则把 $\mathscr{B}$ 叫作单形 $\mathscr{A}$ 关于点 P 的外垂单形.

由定义 2 知, 可类似地给出内垂单形的定义, 亦即过 P 点向 $\mathscr{A}$ 的顶点 A_i 所对的超平面作垂线, 设其垂足为 B_i, 则由顶点集 $\{B_1, B_2, \cdots, B_{n+1}\}$ 所支撑的单形 $\mathscr{B}$ 叫作单形 $\mathscr{A}$ 关于点 P 的内垂单形. 显然, 若 $\mathscr{A}$ 为 $\mathscr{B}$ 关于点 P 的外垂单形, 则 $\mathscr{B}$ 也是 $\mathscr{A}$ 关于点 P 的内垂单形, 亦即 $\mathscr{A}$ 与 $\mathscr{B}$ 关于点 P 是互垂的.

性质 1 设 $\mathscr{A}$ 为 n 维欧氏空间 $\mathbf{E}^n$ 中的单形, 若 $\mathscr{A}$ 的 Steiner 点 M 存在, 则必在 $\mathscr{A}$ 的内部.

证 设 n 维欧氏空间 $\mathbf{E}^n$ 中单形 $\mathscr{A}$ 的 Steiner 点 M 所对应的一组正实数为 $m_1, m_2, \cdots, m_{n+1}$, 且 M 的重心坐标为 $M(\lambda_1, \lambda_2, \cdots, \lambda_{n+1})$, 若记 $\left|\overrightarrow{MA_i}\right| = R_i$ $(1 \leqslant$

$i \leqslant n+1$), 则由关系式 (3.8.3) 知

$$\sum_{i=1}^{n+1} m_i \cdot \frac{\overrightarrow{MA_i}}{R_i} = 0,$$

由于 $\overrightarrow{MA_i} = \overrightarrow{OA_i} - \overrightarrow{OM}$, 故有

$$\left(\sum_{i=1}^{n+1} \frac{m_i}{R_i}\right) \overrightarrow{OM} = \sum_{i=1}^{n+1} \frac{m_i}{R_i}\ \overrightarrow{OA_i},$$

若记 $t = \sum\limits_{i=1}^{n+1} \frac{m_i}{R_i}$, 则点 M 的重心坐标为

$$M\left(\frac{m_1}{tR_1}, \frac{m_2}{tR_2}, \cdots, \frac{m_{n+1}}{tR_{n+1}}\right),$$

显然 M 的分量 $\lambda_i = \frac{m_i}{tR_i}$ $(1 \leqslant i \leqslant n+1)$ 为正值, 故若 $\mathscr{A}$ 的 Steiner 点存在, 则必在 $\mathscr{A}$ 的内部. □

性质 2 $\mathscr{A}$ 的 Steiner 点 M 与 $\mathscr{A}$ 的重心 G 重合的充要条件是存在一个正实数 k 使得下面的等式成立.

$$\frac{m_1}{R_1} = \frac{m_2}{R_2} = \cdots = \frac{m_{n+1}}{R_{n+1}} = k. \tag{3.8.4}$$

证 必要性:

由性质 1 的证明过程知, Steiner 点 M 的重心坐标 $\lambda_i = \frac{m_i}{tR_i}$, 因为点 M 与重心 G 重合, 故应有 $\frac{m_i}{tR_i} = \frac{1}{n+1}$ $(1 \leqslant i \leqslant n+1)$, 由此可得 $\frac{m_i}{R_i} = \frac{m_j}{R_j}$, 而这是对所有的 i 与 j 都成立的等式, 故必存在一个正实数 k 使得

$$\frac{m_1}{R_1} = \frac{m_2}{R_2} = \cdots = \frac{m_{n+1}}{R_{n+1}} = k.$$

充分性:

因为对于所有的 i 都有 $\frac{m_i}{R_i}=k$, 故 $t=\sum\limits_{i=1}^{n+1}\frac{m_i}{R_i}=(n+1)k$, 由此得 $\lambda_i=\frac{m_i}{tR_i}=\frac{1}{n+1}\ (1\leqslant i\leqslant n+1)$, 所以 M 的重心坐标为

$$M\left(\frac{1}{n+1},\frac{1}{n+1},\cdots,\frac{1}{n+1}\right),$$

亦即 M 与 G 重合. □

性质 3 设 V 为 n 维欧氏空间 $\mathbf{E}^n$ 中单形 $\mathscr{A}$ 的 n 维体积, M 为 $\mathscr{A}$ 关于一组正实数 $m_1,m_2,\cdots,m_{n+1}$ 的 Steiner 点, 若记

$$\sin M_i=\det\left(\varepsilon_1,\ \varepsilon_2,\ \cdots,\ \varepsilon_{i-1},\ \varepsilon_{i+1},\ \cdots,\ \varepsilon_{n+1}\right),$$

则有

$$\frac{\sin M_1}{m_1}=\frac{\sin M_2}{m_2}=\cdots=\frac{\sin M_{n+1}}{m_{n+1}}$$

$$=\frac{n!\cdot V}{\left(\prod\limits_{i=1}^{n+1}R_i\right)\left(\sum\limits_{i=1}^{n+1}\frac{m_i}{R_i}\right)}.\tag{3.8.5}$$

证 设由顶点集 $\{A_1,A_2,\cdots,A_{i-1},\ M,\ A_{i+1},\cdots,A_{n+1}\}$ 所支撑的单形 $\mathscr{A}_i$ 的 n 维体积为 V_i, 则 Steiner 点的重心坐标又可表示为

$$M\left(\frac{V_1}{V},\frac{V_2}{V},\cdots,\frac{V_{n+1}}{V}\right),$$

故应有 $\frac{m_i}{tR_i}=\frac{V_i}{V}$, 亦即

$$\frac{V_iR_i}{m_i}=\frac{V}{t},\ (1\leqslant i\leqslant n+1),\tag{3.8.6}$$

由 (1.1.2) 知, 此处应有

$$V_i = \frac{1}{n!} \cdot \left(\prod_{\substack{j=1 \\ j \neq i}}^{n+1} R_j \right) \sin M_i, \tag{3.8.7}$$

故又有

$$\frac{V_i R_i}{\sin M_i} = \frac{1}{n!} \cdot \prod_{j=1}^{n+1} R_j, \ (1 \leqslant i \leqslant n+1), \tag{3.8.8}$$

由 (3.8.6) 和 (3.8.8) 立即可得

$$\frac{\sin M_i}{m_i} = \frac{n! \cdot V}{\left(\prod\limits_{i=1}^{n+1} R_i \right) \left(\sum\limits_{i=1}^{n+1} \frac{m_i}{R_i} \right)}, \ (1 \leqslant i \leqslant n+1),$$

由此性质 3 得到证明. □

性质 4 设 M 为 $\mathbf{E}^n$ 空间中单形 $\mathscr{A}$ 的 Steiner 点, $\mathscr{B}$ 为 $\mathscr{A}$ 关于 M 的外垂单形, $\mathscr{B}$ 的顶点集为 $\{B_1, B_2, \cdots, B_{n+1}\}$, 顶点 B_i 所对的 $n-1$ 维体积为 S_i' $(1 \leqslant i \leqslant n+1)$, 则有

$$\frac{S_1'}{m_1} = \frac{S_2'}{m_2} = \cdots = \frac{S_{n+1}'}{m_{n+1}}. \tag{3.8.9}$$

证 显然 ε_i 为 $\mathscr{B}$ 的顶点 B_i 所对的 $n-1$ 维超平面的单位法向量, 由 2.2 中的定义知, 此处有

$$\sin B_i = \det(\varepsilon_1, \varepsilon_2, \cdots, \varepsilon_{i-1}, \varepsilon_{i+1}, \cdots, \varepsilon_{n+1}),$$

易知此处有 $\sin B_i = \sin M_i$ $(1 \leqslant i \leqslant n+1)$, 所以由高维正弦定理 (2.2.1) 知

$$\frac{S_1'}{\sin M_1} = \frac{S_2'}{\sin M_2} = \cdots = \frac{S_{n+1}'}{\sin M_{n+1}} = \frac{(n-1)! \cdot \prod\limits_{i=1}^{n+1} S_i'}{(nV')^{n-1}}, \tag{3.8.10}$$

故由 (3.8.5) 和 (3.8.10) 立即可得 (3.8.9) (其中 V' 为单形 $\mathscr{B}$ 的 n 维体积). □

(3.8.9) 表明了这样一个事实 若 $\mathscr{A}$ 的 Steiner 点存在, 则可将 $m_1, m_2, \cdots, m_{n+1}$ 视为某单形 $\mathscr{C}$ 的 $n+1$ 个 $n-1$ 维界面的 $n-1$ 维体积, 并且 $\mathscr{C}$ 与 $\mathscr{A}$ 的外垂单形 $\mathscr{B}$ 相似, 即 $\mathscr{C} \backsim \mathscr{B}$.

性质 5 设 M 为 $\mathbf{E}^n$ 空间中单形 $\mathscr{A}$ 的 Steiner 点, $\mathscr{B}$ 为 $\mathscr{A}$ 关于 M 的外垂单形, ρ 为 $\mathscr{B}$ 的内切球半径, 则

$$\sum_{i=1}^{n+1} m_i R_i = \left(\sum_{i=1}^{n+1} m_i\right)\rho. \tag{3.8.11}$$

证 设 (3.8.9) 的比值为 p, 则

$$V' = \sum_{i=1}^{n+1} \frac{1}{n} S_i' R_i = \frac{p}{n} \cdot \sum_{i=1}^{n+1} m_i R_i,$$

另外, 对于 (3.8.9) 再利用合比定理便可得

$$p = \frac{\sum\limits_{i=1}^{n+1} S_i'}{\sum\limits_{i=1}^{n+1} m_i},$$

将此式代入上式可得

$$\begin{aligned}\sum_{i=1}^{n+1} m_i R_i &= \left(\sum_{i=1}^{n+1} m_i\right) \cdot \frac{nV'}{\sum\limits_{i=1}^{n+1} S_i'} \\ &= \left(\sum_{i=1}^{n+1} m_i\right)\rho,\end{aligned}$$

故性质 5 得证. □

性质 6 设 M 是顶点集为 $\{A_1, A_2, \cdots, A_{n+1}\}$ 的 $\mathbf{E}^n$ 空间中单形 $\mathscr{A}$ 的 Steiner 点, A_iM 的延长线交 A_i 所对的界面于点 E_i, 记 $|ME_i| = r_i$, $|MA_i| = R_i$ $(1 \leqslant i \leqslant n+1)$, 则有

$$\sum_{i=1}^{n+1} \frac{m_i}{r_i} = n \cdot \sum_{i=1}^{n+1} \frac{m_i}{R_i}. \tag{3.8.12}$$

证 因为 E_i 在 A_i 所对的界面内, 故存在 $\mu_j > 0$ $(1 \leqslant j \leqslant n+1, j \neq i)$ 使得

$$\begin{aligned}\overrightarrow{ME_i} = \mu_1 \overrightarrow{MA_1} + \mu_2 \overrightarrow{MA_2} + \cdots + \mu_{i-1} \overrightarrow{MA_{i-1}} \\ + \mu_{i+1} \overrightarrow{MA_{i+1}} + \cdots + \mu_{n+1} \overrightarrow{MA_{n+1}},\end{aligned}$$

由型函数 $\left(\sum\limits_{j=1,\ j\neq i}^{n+1} \mu_j\right) E_i = \sum\limits_{j=1,\ j\neq i}^{n+1} \mu_j A_j$, 易知其中 $\sum\limits_{j=1,\ j\neq i}^{n+1} \mu_j = 1$, 故有

$$-r_i\,\varepsilon_i = \sum_{j=1,\ j\neq i}^{n+1} \mu_j R_j\,\varepsilon_j,$$

此式与 (3.8.3) 相比较便有 $\mu_j R_j = m_j, r_i = m_i$, 由此二式可得 $\mu_j = \frac{r_i}{m_i} \cdot \frac{m_j}{R_j}$ $(j \neq i)$, 所以有

$$\sum_{j=1,\ j\neq i}^{n+1} \frac{r_i}{m_i} \cdot \frac{m_j}{R_j} = 1,$$

即

$$\sum_{\substack{j=1\\ j\neq i}}^{n+1} \frac{m_j}{R_j} = \frac{m_i}{r_i},\ (1 \leqslant i \leqslant n+1), \tag{3.8.13}$$

将 (3.8.13) 的两端对 i 求和便得 (3.8.12). □

定理 1 设 M 为 $\mathbf{E}^n$ 空间中单形 $\mathscr{A}$ 的 Steiner 点, P 为 $\mathbf{E}^n$ 空间中的任意一点, $\{A_1, A_2, \cdots, A_{n+1}\}$ 为 $\mathscr{A}$ 的顶点集, 则有

$$\sum_{i=1}^{n+1} m_i\,|PA_i| \geqslant \sum_{i=1}^{n+1} m_i\,|MA_i|, \tag{3.8.14}$$

当且仅当点 P 与 M 重合时等号成立.

证 因为 $|\varepsilon_i| = 1$, 故 $\varepsilon_i \cdot \overrightarrow{MA_i} = |MA_i|$, 由此利用 (3.8.3) 得

$$\begin{aligned}
\sum_{i=1}^{n+1} m_i\,|PA_i| &= \sum_{i=1}^{n+1} m_i\,|\varepsilon_i|\,\left|\overrightarrow{PA_i}\right| \\
&\geqslant \sum_{i=1}^{n+1} m_i\left|\varepsilon_i \cdot \overrightarrow{PA_i}\right| \\
&= \sum_{i=1}^{n+1} m_i\left|\varepsilon_i \cdot \left(\overrightarrow{PM} + \overrightarrow{MA_i}\right)\right| \\
&\geqslant \left|\left(\sum_{i=1}^{n+1} m_i\varepsilon_i\right)\cdot \overrightarrow{PM} + \sum_{i=1}^{n+1} m_i\,\varepsilon_i \cdot \overrightarrow{MA_i}\right| \\
&= \left|\sum_{i=1}^{n+1} m_i\,\varepsilon_i \cdot \overrightarrow{MA_i}\right| \\
&= \sum_{i=1}^{n+1} m_i\,|MA_i|,
\end{aligned}$$

实际上, 这已经是 (3.8.14) 了. □

定理 2 条件与性质 6 中的完全相同, 则有

$$\sum_{i=1}^{n+1} \frac{R_i}{m_i} \geqslant n \cdot \sum_{i=1}^{n+1} \frac{r_i}{m_i}, \tag{3.8.15}$$

当且仅当 Steiner 点 M 与重心 G 重合时等号成立.

证 在 (3.8.13) 的两端同乘以 $\sum\limits_{j=1,\, j\neq i}^{n+1}\frac{R_j}{m_j}$, 并利用 Cauchy 不等式可得

$$\frac{m_i}{r_i}\cdot\left(\sum_{\substack{j=1\\ j\neq i}}^{n+1}\frac{R_j}{m_j}\right)=\left(\sum_{\substack{j=1\\ j\neq i}}^{n+1}\frac{m_j}{R_j}\right)\cdot\left(\sum_{\substack{j=1\\ j\neq i}}^{n+1}\frac{R_j}{m_j}\right)\geqslant n^2,$$

即

$$\left(\sum_{\substack{j=1\\ j\neq i}}^{n+1}\frac{R_j}{m_j}\right)\geqslant n^2\cdot\frac{r_i}{m_i},\ (1\leqslant i\leqslant n+1),\qquad(3.8.16)$$

再对 (3.8.16) 的两端对 i 求和便立即可得 (3.8.15), 至于等号成立的充要条件可由 Cauchy 不等式中等号成立的充要条件而得 $\frac{m_j}{R_j}=\frac{m_k}{R_k}$, 再由性质 2 便知 (3.8.15) 中等号成立当且仅当 Steiner 点 M 与单形 $\mathscr{A}$ 的重心 G 重合. □

定理 3 设 M 为 $\mathbf{E}^n$ 空间中单形 $\mathscr{A}$ 的 Steiner 点, $\mathscr{A}$ 的外接球半径为 R, 其顶点集为 $\{A_1,A_2,\cdots,A_{n+1}\}$, 记 $|A_iA_j|=a_{ij}$, $|MA_i|=R_i$, 则有

$$\left(\sum_{i=1}^{n+1}m_iR_i\right)^3\left(\sum_{i=1}^{n+1}\frac{m_i}{R_i}\right)$$
$$\geqslant 2\left(1+\frac{1}{n}\right)\left(\sum_{1\leqslant i<j\leqslant n+1}m_im_ja_{ij}\right)^2,\qquad(3.8.17)$$

当且仅当 $\frac{R_iR_j}{a_{ij}}=\frac{R_kR_l}{a_{kl}}$ 且 $m_iR_i=m_jR_j$ 时等号成立.

$$R\left(\sum_{i=1}^{n+1}m_iR_i\right)\left(\sum_{i=1}^{n+1}\frac{m_i}{R_i}\right)$$

$$\geqslant \sqrt{2\left(1+\frac{1}{n}\right)}\left(\sum_{1\leqslant i<j\leqslant n+1} m_i m_j a_{ij}\right), \qquad (3.8.18)$$

当且仅当 $\frac{R_iR_j}{a_{ij}}=\frac{R_kR_l}{a_{kl}}$ 且 Steiner 点 M 与外心 O 重合时等号成立.

证 由 (3.8.3) 利用向量的内积可得

$$\sum_{j=1}^{n+1} m_j \cos\alpha_{ij}=0,\ (1\leqslant i\leqslant n+1), \qquad (3.8.19)$$

这里 α_{ij} 为 ε_i 与 ε_j 的夹角.

由于 $a_{ij}^2=R_i^2+R_j^2-2R_iR_j\cos\alpha_{ij}$, 故将此式代入到 (3.8.19) 内可得

$$\sum_{j=1}^{n+1} m_j R_j=\sum_{j=1}^{n+1}\frac{m_j}{R_j}\cdot a_{ij}^2-R_i^2\cdot\sum_{j=1}^{n+1}\frac{m_j}{R_j}, \qquad (3.8.20)$$

在 (3.8.20) 的两端同乘以 $\frac{m_i}{R_i}$, 并对 i 求和得

$$\left(\sum_{i=1}^{n+1}\frac{m_i}{R_i}\right)\left(\sum_{i=1}^{n+1} m_i R_i\right)$$

$$=\sum_{i=1}^{n+1}\sum_{j=1}^{n+1}\frac{m_i m_j}{R_iR_j}\cdot a_{ij}^2-\left(\sum_{i=1}^{n+1}\frac{m_i}{R_i}\right)\left(\sum_{i=1}^{n+1} m_i R_i\right),$$

即

$$\left(\sum_{i=1}^{n+1}\frac{m_i}{R_i}\right)\left(\sum_{i=1}^{n+1} m_i R_i\right)=\sum_{1\leqslant i<j\leqslant n+1}\frac{m_i m_j}{R_iR_j}\cdot a_{ij}^2. \qquad (3.8.21)$$

对于 (3.8.21) 的右端, 利用 Cauchy 不等式以及 Maclaurin 不等式得

$$
\begin{aligned}
&\sum_{1\leqslant i<j\leqslant n+1}\frac{m_im_j}{R_iR_j}\cdot a_{ij}^2\\
&=\sum_{1\leqslant i<j\leqslant n+1}\frac{(m_im_ja_{ij})^2}{m_iR_i\cdot m_jR_j}\\
&\geqslant\frac{\left(\sum\limits_{1\leqslant i<j\leqslant n+1}m_im_ja_{ij}\right)^2}{\sum\limits_{1\leqslant i<j\leqslant n+1}m_iR_i\cdot m_jR_j}\\
&\geqslant 2\left(1+\frac{1}{n}\right)\cdot\frac{\left(\sum\limits_{1\leqslant i<j\leqslant n+1}m_im_ja_{ij}\right)^2}{\left(\sum\limits_{i=1}^{n+1}m_iR_i\right)^2},
\end{aligned}
$$

将此不等式代入 (3.8.21) 内立即可得 (3.8.17), 至于等号成立的充要条件由上述证明过程中是不难看出的, 于是 (3.8.17) 得证, 如下再来证明 (3.8.18).

在性质 1 的证明过程中, 若取 O 为单形 $\mathscr{A}$ 的外心, 则有

$$
\begin{aligned}
&\left(\sum_{i=1}^{n+1}\frac{m_i}{R_i}\right)^2\left|\overrightarrow{OM}\right|^2\\
&=\left|\sum_{i=1}^{n+1}\frac{m_i}{R_i}\overrightarrow{OA_i}\right|^2\\
&=\sum_{i=1}^{n+1}\left(\frac{m_i}{R_i}\right)^2\left|\overrightarrow{OA_i}\right|^2+\sum_{1\leqslant i<j\leqslant n+1}\frac{m_im_j}{R_iR_j}\times\left(2\,\overrightarrow{OA_i}\cdot\overrightarrow{OA_j}\right)
\end{aligned}
$$

$$
\begin{aligned}
&= R^2 \cdot \sum_{i=1}^{n+1}\left(\frac{m_i}{R_i}\right)^2 + \sum_{1\leqslant i<j\leqslant n+1}\frac{m_im_j}{R_iR_j}\cdot\left[\left|\overrightarrow{OA_i}\right|^2\right.\\
&\qquad\left.+\left|\overrightarrow{OA_j}\right|^2-\left(\overrightarrow{OA_j}-\overrightarrow{OA_i}\right)^2\right]\\
&= R^2\cdot\left(\sum_{i=1}^{n+1}\frac{m_i^2}{R_i^2}+2\cdot\sum_{1\leqslant i<j\leqslant n+1}\frac{m_im_j}{R_iR_j}\right)\\
&\qquad-\sum_{1\leqslant i<j\leqslant n+1}\frac{m_im_j}{R_iR_j}\cdot\left|\overrightarrow{A_iA_j}\right|^2\\
&= R^2\cdot\left(\sum_{i=1}^{n+1}\frac{m_i}{R_i}\right)^2-\sum_{1\leqslant i<j\leqslant n+1}\frac{m_im_j}{R_iR_j}\cdot a_{ij}^2,
\end{aligned}
$$

若记 $\left|\overrightarrow{OM}\right|^2 = d^2$, 则上式也可表示为

$$
\left(R^2-d^2\right)t^2 = \sum_{1\leqslant i<j\leqslant n+1}\frac{m_im_j}{R_iR_j}\cdot a_{ij}^2, \tag{3.8.22}
$$

由于$d \geqslant 0$, 故

$$
R^2t^2 \geqslant \sum_{1\leqslant i<j\leqslant n+1}\frac{m_im_j}{R_iR_j}\cdot a_{ij}^2,
$$

如下的证明同 (3.8.17) 的证明, 至于等号成立的充要条件是容易看出的. □

设 $\{A_1, A_2, \cdots, A_{n+1}\}$ 为 n 维欧氏空间 $\mathbf{E}^n$ 中单形 $\mathscr{A}$ 的顶点集, 由 $k+1$ 个顶点 $M, A_{i_1}, A_{i_2}, \cdots, A_{i_k}$ 所支撑的 k 维子单形的 k 维体积为 $V_{Mi_1i_2\cdots i_k}$, 记

$$
W_k = \sum_{1\leqslant i_1<i_2<\cdots<i_k\leqslant n+1}\sum\cdots\sum m_{i_1}m_{i_2}\cdots m_{i_k}V_{Mi_1i_2\cdots i_k}.
$$

定理 4 设 M 为 n 维欧氏空间 $\mathbf{E}^n$ 中单形 $\mathscr{A}$ 的 Steiner 点, 又 $\mathscr{A}$ 的顶点集为 $\{A_1, A_2, \cdots, A_{n+1}\}$, 且

$|MA_i| = R_i$, 则有

$$\left(\sum_{i=1}^{n+1} m_i R_i\right)^{2k} \geqslant \frac{n^k \cdot (n+1)^k}{\binom{n}{k}\binom{n+1}{k}} \cdot W_k^2,\ (1 < k \leqslant n), \tag{3.8.23}$$

当且仅当 $\mathscr{A}$ 为正则单形时等号成立.

证 设 $\lambda_1, \lambda_2, \cdots, \lambda_{n+1}$ 为一组正实数, 则对于 n 维欧氏空间 $\mathbf{E}^n$ 中 $n+1$ 个向量 $\sqrt{\lambda_1} \cdot \varepsilon_1$, $\sqrt{\lambda_2} \cdot \varepsilon_2$, $\cdots$, $\sqrt{\lambda_{n+1}} \cdot \varepsilon_{n+1}$ 所构成的 Gram 矩阵

$$Q = \begin{pmatrix} \lambda_1 & & \\ & \lambda_2 & & \sqrt{\lambda_i \lambda_j} \cos \alpha_{ij} \\ \sqrt{\lambda_j \lambda_i} \cos \alpha_{ji} & & \ddots & \\ & & & \lambda_{n+1} \end{pmatrix}$$

为 $n+1$ 阶实对称半正定矩阵, 今考虑 Q 的特征方程 $\det(Q - xI) = 0$, 将其展开并注意到 $\operatorname{rank} Q = n$, 则有

$$x^n - c_1 x^{n-1} + \cdots + (-1)^k c_k x^{n-k} + \cdots + (-1)^n c_n = 0, \tag{3.8.24}$$

易知此处

$$c_k = \sum_{1 \leqslant i_1 < i_2 < \cdots < i_k \leqslant n+1} \sum \cdots \sum \lambda_{i_1} \lambda_{i_2} \cdots \lambda_{i_k} \sin^2 M_{i_1 i_2 \cdots i_k}, \tag{3.8.25}$$

$$\sin M_{i_1 i_2 \cdots i_k} = \det\left(\varepsilon_{i_1}, \varepsilon_{i_2}, \cdots, \varepsilon_{i_k}\right).$$

在 (3.8.25) 中当 $k = 1$ 时, $c_1 = \operatorname{trace} Q = \sum_{i=1}^{n+1} \lambda_i$.

设方程 (3.8.24) 的 n 个根分别为 $x_1, x_2, \cdots, x_n$, 显然它们均非负, 记 σ_k 为它们的 k 次初等对称多项式, 则由 Vieta 定理知 $\sigma_k = c_k$ $(1 \leqslant k \leqslant n)$, 再根据

Maclaurin 不等式 (2.1.5) 可得

$$\sum\sum\cdots\sum_{1\leqslant i_1<i_2<\cdots<i_k\leqslant n+1}\lambda_{i_1}\lambda_{i_2}\cdots\lambda_{i_k}\sin^2 M_{i_1i_2\cdots i_k}$$

$$\leqslant\binom{n}{k}\cdot\left(\frac{1}{n}\cdot\sum_{i=1}^{n+1}\lambda_i\right)^k, \tag{3.8.26}$$

当且仅当

$$\frac{\lambda_i}{\sum\limits_{j=1}^{n+1}\lambda_j}=\frac{\cos\alpha_{ij}}{n(\cos\alpha_{jk}-\cos\alpha_{ij}\cos\alpha_{ik})},$$

$$\left(\begin{array}{c}1\leqslant i,j,k\leqslant n+1\\ i\neq j,j\neq k\end{array}\right),$$

时等号成立.

至于等号成立的充要条件的证明此处不再给出, 建议读者自己给出.

在 (3.8.26) 中取 $\lambda_i=m_iR_i$ $(1\leqslant i\leqslant n+1)$, 再利用 k 维单形的体积公式 (3.8.7) 便得

$$\frac{\binom{n}{k}}{n^k}\cdot\left(\sum_{i=1}^{n+1}m_iR_i\right)^k\geqslant$$

$$\sum\sum\cdots\sum_{1\leqslant i_1<i_2<\cdots<i_k\leqslant n+1}\frac{m_{i_1}m_{i_2}\cdots m_{i_k}}{R_{i_1}R_{i_2}\cdots R_{i_k}}\cdot V^2_{M\,i_1i_2\cdots i_k}, \tag{3.8.27}$$

当且仅当

$$\frac{m_iR_i}{\sum\limits_{j=1}^{n+1}m_jR_j}=\frac{\cos\alpha_{ij}}{n(\cos\alpha_{jk}-\cos\alpha_{ij}\cos\alpha_{ik})},$$

$$\begin{pmatrix} 1 \leqslant i,j,k \leqslant n+1 \\ i \neq j, j \neq k \end{pmatrix},$$

时等号成立.

对于 (3.8.27) 的右端, 利用 Cauchy 不等式以及 Maclaurin 不等式得

$$\begin{aligned}
&\sum\sum_{1\leqslant i_1<i_2<\cdots<i_k\leqslant n+1}\cdots\sum \frac{m_{i_1}m_{i_2}\cdots m_{i_k}}{R_{i_1}R_{i_2}\cdots R_{i_k}}\cdot V_{M\ i_1i_2\cdots i_k}^2 \\
&= \sum\sum_{1\leqslant i_1<i_2<\cdots<i_k\leqslant n+1}\cdots\sum \frac{(m_{i_1}m_{i_2}\cdots m_{i_k}V_{Mi_1i_2\cdots i_k})^2}{(m_{i_1}R_{i_1})(m_{i_2}R_{i_2})\cdots(m_{i_k}R_{i_k})} \\
&\geqslant \frac{\left(\sum\sum_{1\leqslant i_1<i_2<\cdots<i_k\leqslant n+1}\cdots\sum m_{i_1}m_{i_2}\cdots m_{i_k}V_{Mi_1i_2\cdots i_k}\right)^2}{\sum\sum_{1\leqslant i_1<i_2<\cdots<i_k\leqslant n+1}\cdots\sum (m_{i_1}R_{i_1})(m_{i_2}R_{i_2})\cdots(m_{i_k}R_{i_k})} \\
&\geqslant \frac{(n+1)^k}{\binom{n+1}{k}} \\
&\quad\times \frac{\left(\sum\sum_{1\leqslant i_1<i_2<\cdots<i_k\leqslant n+1}\cdots\sum m_{i_1}m_{i_2}\cdots m_{i_k}V_{Mi_1i_2\cdots i_k}\right)^2}{\left(\sum\limits_{i=1}^{n+1} m_iR_i\right)^k},
\end{aligned}$$

当且仅当 $\sin M_{i_1i_2\cdots i_k} = \sin M_{j_1j_2\cdots j_k}$ 且 $m_iR_i = m_jR_j$ 时等号成立.

将这一不等式代入 (3.8.27) 内经整理便得 (3.8.23), 而在这一不等式中利用 Cauchy 不等式时可得等号成立的充要条件为

$$\frac{V_{M\ i_1i_2\cdots i_k}}{R_{i_1}R_{i_2}\cdots R_{i_k}} = \frac{V_{M\ j_1j_2\cdots j_k}}{R_{j_1}R_{j_2}\cdots R_{j_k}}. \tag{3.8.28}$$

在利用 Maclaurin 不等式时所得等号成立的充要条件为 $m_iR_i = m_jR_j$, 又 (3.8.28) 等价于 $\sin M_{i_1i_2\cdots i_k} = \sin M_{j_1j_2\cdots j_k}$, 再将 $m_iR_i = m_jR_j$ 代入 (3.8.27) 中等号成立的充要条件的关系式中便立即导出 $\cos\alpha_{ij} = -\frac{1}{n}$, 而这一条件恰好说明了单形 $\mathscr{A}$ 是正则的. □

值得一提的是, 在 (3.8.23) 中, 当取 $k=1$ 时便是一个恒等式.

推论 设 $\mathbf{E}^n$ 空间中单形 $\mathscr{A}$ 的顶点 A_i 所对的 $n-1$ 维界面的 $n-1$ 维体积为 S_i, 且该界面的旁切球半径为 r_i, 若记 $S = S_1 + S_2 + \cdots + S_{n+1}$, 又 M 为 $\mathscr{A}$ 关于一组正实数 $m_1 = S - 2S_1, m_2 = S - 2S_2, \cdots, m_{n+1} = S - 2S_{n+1}$ 的 Steiner 点, 且点 M 的重心坐标为 $M(\lambda_1, \lambda_2, \cdots, \lambda_{n+1})$, $|MA_i| = R_i$, 则

$$\left(\sum_{i=1}^{n+1}(S-2S_i)R_i\right)^n \geqslant \varphi(n)\cdot\left(\prod_{i=1}^{n+1}(S-2S_i)\right)\cdot\left(\sum_{i=1}^{n+1}\lambda_i r_i\right), \qquad (3.8.29)$$

当且仅当 $\mathscr{A}$ 为正则单形时等号成立, 其中

$$\varphi(n) = n^{\frac{n-2}{2}}(n+1)^{\frac{n-1}{2}}.$$

实际上, 只需在 (3.8.23) 中取 $k=n$ 以及 $m_i = S - 2S_i$, 并且利用旁切球的半径公式 (2.4.11) 便可得 (3.8.29).

§3.9 外垂单形的内切球半径的应用

在 §3.8 中, 我们给出了外垂单形与内垂单形的概念, 并且还交代了外垂单形与内垂单形是互相垂直的,

同时利用 (3.8.11) 还给出了求外垂单形的内切球半径 ρ 的公式, 这一节, 我们将利用这一公式来研究一些相关的问题.

定理 1 设 M 为 $\mathbf{E}^n$ 空间中单形 $\mathscr{A}$ 关于一组正实数 $m_1, m_2, \cdots, m_{n+1}$ 的 Steiner 点, P 为 $\mathbf{E}^n$ 空间中的任意一点, $\mathscr{A}$ 的顶点集为 $\{A_1, A_2, \cdots, A_{n+1}\}$, $\mathscr{B}$ 为 $\mathscr{A}$ 关于点 M 的外垂单形, ρ 为 $\mathscr{B}$ 的内切球半径, 则有

$$\sum_{i=1}^{n+1} m_i|PA_i| \geqslant \left(\sum_{i=1}^{n+1} m_i\right)\rho, \tag{3.9.1}$$

当且仅当点 P 与 Steiner 点 M 重合时等号成立.

实际上, 由 (3.8.11) 与 (3.8.14) 立即可得 (3.9.1).

如下, 我们来给出关于外垂单形的内切球半径与其内垂单形的内切球半径及外接球半径之间的关系.

定理 2 设 $\mathscr{A}$ 为 n 维欧氏空间 $\mathbf{E}^n$ 中的单形, M 为 $\mathscr{A}$ 的 Steiner 点, $\mathscr{B}$ 为 $\mathscr{A}$ 关于点 M 的外垂单形, ρ 为 $\mathscr{B}$ 的内切球半径, r 与 R 分别为 $\mathscr{A}$ 的内切球半径与外接球半径, 则有

$$R \geqslant \rho \geqslant nr, \tag{3.9.2}$$

当且仅当 $\vec{\varepsilon_i}$ 是 $\mathscr{A}$ 的第 $i\ (1 \leqslant i \leqslant n+1)$ 个界面的单位法向量时等号成立.

证 不妨设单形 $\mathscr{A}$ 的 Steiner 点 M 的重心坐标为 $M(\lambda_1, \lambda_2, \cdots, \lambda_{n+1})$, A_i 是 $\mathscr{A}$ 的一个顶点, B_i 是 A_iM 的延长线与 $\mathscr{A}$ 的顶点 A_i 所对的 $n-1$ 维界面 f_i 的交点, 并且记 $|MB_i| = r_i$, 则 $R_i = r_i\left(\frac{1}{\lambda_i} - 1\right)$, 点 M 在 f_i 上的射影是 D_i, 设 $|MD_i| = d_i$, h_i 是顶点 A_i 到 f_i 的距离, 即界面 f_i 上的高. 若取 $m_i = \frac{r}{h_i}$ (也可

以取 $m_i = S_i$, 并利用 $nV = (S_1 + S_2 + \cdots + S_{n+1})r)$, 易知有 $\sum\limits_{i=1}^{n+1} \frac{r}{h_i} = 1$, 则由 (3.8.11) 可得

$$\begin{aligned}\rho &= \frac{\sum\limits_{i=1}^{n+1} m_i R_i}{\sum\limits_{i=1}^{n+1} m_i} \\ &= r \cdot \sum_{i=1}^{n+1} \frac{1}{h_i} \cdot r_i \left(\frac{1}{\lambda_i} - 1\right) \\ &\geqslant r \cdot \sum_{i=1}^{n+1} \frac{d_i}{h_i} \left(\frac{1}{\lambda_i} - 1\right) \\ &= r \cdot \sum_{i=1}^{n+1} \lambda_i \left(\frac{1}{\lambda_i} - 1\right) = nr,\end{aligned}$$

即 $\rho \geqslant nr$.

另一方面, 设 a_{ij} 是单形 $\mathscr{A}$ 的棱长, 即 $|A_iA_j| = a_{ij}$, 则由 (3.6.4) 容易得到

$$\sum_{1 \leqslant i < j \leqslant n+1} \lambda_i \lambda_j a_{ij}^2 \leqslant R^2, \tag{3.9.3}$$

当且仅当 $\mathscr{A}$ 是正则单形时等号成立.

如果在 (3.8.11) 中取 $m_i = \lambda_i$, 则易知有 $\rho = \sum\limits_{i=1}^{n+1} \lambda_i R_i$, 故若记 $|PA_i| = \rho_i$, 则由 (3.8.14) 和 Jensen 不等式 以及 (1.5.4) 与 (3.9.3) 可得

$$\begin{aligned}\rho^2 &= \left(\sum_{i=1}^{n+1} \lambda_i R_i\right)^2 \leqslant \left(\sum_{i=1}^{n+1} \lambda_i \rho_i\right)^2 \\ &\leqslant \sum_{i=1}^{n+1} \lambda_i \rho_i^2 = \sum_{1 \leqslant i < j \leqslant n+1} \lambda_i \lambda_j a_{ij}^2 \leqslant R^2,\end{aligned}$$

即 $R \geqslant \rho$, 所以, 结合 $R \geqslant \rho$ 与 $\rho \geqslant nr$ 立即可得 (3.9.2). □

定理 3 条件与定理 2 中的相同, 若设 k 为一个正实数, 且 $k \geqslant 1$, 则有

$$\sum_{i=1}^{n+1} m_i |PA_i|^k \geqslant \left(\sum_{i=1}^{n+1} m_i\right) \rho^k, \tag{3.9.4}$$

当且仅当点 P 与外心 O 以及 Steiner 点 M 重合时等号成立.

证 由不等式 (3.3.10) 与 (3.9.1) 可得

$$\begin{aligned}
\sum_{i=1}^{n+1} m_i |PA_i|^k &= \sum_{i=1}^{n+1} \frac{(m_i|PA_i|)^k}{m_i^{k-1}} \\
&\geqslant \frac{\left(\sum\limits_{i=1}^{n+1} m_i |PA_i|\right)^k}{\left(\sum\limits_{i=1}^{n+1} m_i\right)^{k-1}} \\
&\geqslant \frac{\left(\sum\limits_{i=1}^{m_i} m_i\right)^k \rho^k}{\left(\sum\limits_{i=1}^{m_i} m_i\right)^{k-1}} \\
&= \left(\sum_{i=1}^{n+1} m_i\right) \rho^k,
\end{aligned}$$

实际上, 这已经得到了不等式 (3.9.4). □

定理 4 条件与定理 2 中的相同, 若设 k_1, k_2 是

两个正实数, 并且 $k_1, k_2 \geqslant 1$, 则有

$$\sum_{i=1}^{n+1} m_i^{k_1} |PA_i|^{k_2} \geqslant \frac{1}{(n+1)^{k_1-1}} \cdot \left(\sum_{i=1}^{n+1} m_i\right)^{k_1} \rho^{k_2}, \tag{3.9.5}$$

当且仅当点 P 与外心 O 以及 Steiner 点 M 重合时等号成立.

证 应用不等式 (3.9.4) 与 Jensen 不等式可得

$$\begin{aligned}\sum_{i=1}^{n+1} m_i^{k_1} |PA_i|^{k_2} &\geqslant \left(\sum_{i=1}^{n+1} m_i^{k_1}\right) \rho^{k_2} \\ &\geqslant \frac{1}{(n+1)^{k_1-1}} \cdot \left(\sum_{i=1}^{n+1} m_i\right)^{k_1} \rho^{k_2},\end{aligned}$$

由此我们便得到了 (3.9.5). □

定理 5 设 $\mathscr{A}$ 为 n 维欧氏空间 $\mathbf{E}^n$ 中的单形, 其顶点集是 $\{A_1, A_2, \cdots, A_{n+1}\}$, 又 S_i 是 $\mathscr{A}$ 的顶点 A_i 所对的 $n-1$ 维界面 f_i 的 $n-1$ 维体积, 再设 P 为 $\mathbf{E}^n$ 空间中的任意一点, 记 $|PA_i| = \rho_i$ $(1 \leqslant i \leqslant n+1)$, $\lambda \geqslant \mu > 0$, k_1, k_2 是两个正实数, 且 $k_1 \geqslant k_2 \geqslant 1$, 则

$$\begin{aligned}&\sum_{i=1}^{n+1} \left(\lambda \cdot \sum_{j=1}^{n+1} S_j - (\lambda+\mu) S_i\right)^{k_1} \rho_i^{k_2} \\ &\geqslant \varphi(n, k_1, k_2) \cdot V^{\frac{(n-1)k_1+k_2}{n}},\end{aligned} \tag{3.9.6}$$

当且仅当 $\mathscr{A}$ 为正则单形且点 P 与 Steiner 点 M 重合时等号成立, 其中

$$\varphi(n, k_1, k_2) = \frac{n^{2k_2}(n\lambda - \mu)^{k_1}}{(n+1)^{k_1-1}} \cdot \left(\frac{(n+1)^{n+1} \cdot n^{3n}}{n!^2}\right)^{\frac{k_1-k_2}{2n}}.$$

证 记 $S = S_1 + S_2 + \cdots + S_{n+1}$, 设 M 是单形 $\mathscr{A}$ 关于一组正实数 $m_1 = \lambda \cdot S - (\lambda + \mu)S_1$, $m_2 = \lambda \cdot S - (\lambda + \mu)S_2$, $\cdots$, $m_{n+1} = \lambda \cdot S - (\lambda + \mu)S_{n+1}$ 的 Steiner 点, 又 $\mathscr{B}$ 为单形 $\mathscr{A}$ 关于点 M 的外垂单形, ρ 是 $\mathscr{B}$ 的内切球半径, 则由定理 4 知

$$\sum_{i=1}^{n+1}(\lambda S-(\lambda+\mu)S_i)^{k_1}\rho_i^{k_2} \geqslant \frac{(n\lambda-\mu)^{k_1}}{(n+1)^{k_1-1}}\cdot S^{k_1}\rho^{k_2}, \tag{3.9.7}$$

当且仅当点 P 与外心 O 以及 Steiner 点 M 重合时等号成立. 因此, 再由 (3.9.7) 以及不等式 $\rho \geqslant nr$ 与不等式 (2.2.8) 可得

$$\begin{aligned}
&\sum_{i=1}^{n+1}(\lambda S-(\lambda+\mu)S_i)^{k_1}\rho_i^{k_2} \\
\geqslant\ & \frac{(n\lambda-\mu)^{k_1}}{(n+1)^{k_1-1}}\cdot S^{k_1-k_2}\cdot (S\rho)^{k_2} \\
\geqslant\ & \frac{(n\lambda-\mu)^{k_1}}{(n+1)^{k_1-1}}\cdot (Snr)^{k_2}\cdot S^{k_1-k_2} \\
=\ & \frac{(n\lambda-\mu)^{k_1}}{(n+1)^{k_1-1}}\cdot (n^2V)^{k_2}\cdot S^{k_1-k_2} \\
\geqslant\ & \frac{(n\lambda-\mu)^{k_1}}{(n+1)^{k_1-1}}\cdot (n^2V)^{k_2}\cdot (n+1)^{k_1-k_2}\cdot\left(\prod_{i=1}^{n+1} S_i\right)^{\frac{k_1-k_2}{n+1}} \\
\geqslant\ & \frac{(n\lambda-\mu)^{k_1}}{(n+1)^{k_1-1}}\cdot (n^2V)^{k_2}\cdot\left(\frac{n^{3n}\cdot(n+1)^{n+1}}{n!^2}\right)^{\frac{k_1-k_2}{2n}} \\
& \times V^{\frac{(n-1)(k_1-k_2)}{n}} \\
=\ & \frac{(n\lambda-\mu)^{k_1}\cdot n^{2k_2}}{(n+1)^{k_1-1}}\cdot\left(\frac{n^{3n}\cdot(n+1)^{n+1}}{n!^2}\right)^{\frac{k_1-k_2}{2n}} \\
& \times V^{\frac{(n-1)k_1+k_2}{n}},
\end{aligned}$$

实际上, 这也就是定理 5 中的结论. □

推论 1　在定理 5 的题设下, 设 k 是一个正实数, 且 $k \geqslant 1$, 则有

$$\sum_{i=1}^{n+1}(\lambda S-(\lambda+\mu)S_i)^k\rho_i^k \geqslant \frac{\left(n^2(n\lambda-\mu)V\right)^k}{(n+1)^{k-1}}, \quad (3.9.8)$$

等号成立的充要条件是 $\mathscr{A}$ 为正则单形且点 P 与 Steiner 点 M 重合.

值得一提的是, 在 (3.9.8) 中, 当 $k=1$, $\lambda=\mu=1$ 时, 有

$$\sum_{i=1}^{n+1}(S-2S_i)\rho_i \geqslant n^2(n-1)V, \quad (3.9.9)$$

等号成立的充要条件是 $\mathscr{A}$ 为正则单形且点 P 与 Steiner 点 M 重合.

显然 (3.9.9) 比冷岗松教授与唐立华老师在文 [53] 中所提出的如下猜想要强

$$\sum_{i=1}^{n+1}(S-2S_i)\rho_i \geqslant n^2(n-1)\sqrt{\frac{n}{n+1}}\cdot V. \quad (3.9.10)$$

由 (3.9.8) 并利用单形的旁切球半径公式 (2.4.11) 立即可得如下的:

推论 2　在定理 5 的题设下, 若 r_i 表示单形 $\mathscr{A}$ 的顶点 A_i 所对的 $n-1$ 维界面 f_i 的旁切球半径, 则有

$$\sum_{i=1}^{n+1}\left(\frac{\rho_i}{r_i}\right)^k \geqslant (n+1)\cdot\left(\frac{n(n-1)}{n+1}\right)^k, \quad (3.9.11)$$

当且仅当 $\mathscr{A}$ 为正则单形且点 P 与 Steiner 点 M 重合时等号成立.

§3.10 一个定值问题的猜想的证明

设 P 为正 $\triangle ABC$ 外接圆上的任意一点, 若正 $\triangle ABC$ 的边长为 a, 则有

$$|PA|^2+|PB|^2+|PC|^2=2a^2. \tag{3.10.1}$$

同样, 设 P 为正四面体 T 的外接球面上的任意一点, 若 T 的顶点集为 $\{A_1,A_2,A_3,A_4\}$, 且 T 的棱长为 a, 则可以证明

$$|PA_1|^2+|PA_2|^2+|PA_3|^2+|PA_4|^2=3a^2. \tag{3.10.2}$$

若设点 P 到四面体 T 的顶点 A_i 所对的界面的距离为 d_i $(1\leqslant i\leqslant 4)$, 则不难证明

$$d_1^2+d_2^2+d_3^2+d_4^2=\frac{2}{3}\cdot a^2. \tag{3.10.3}$$

徐道老师在文 [54] 中将 (3.10.2) 与 (3.10.3) 推广到 n 维欧氏空间 $\mathbf{E}^n$ 中去, 并且还提出了如下的一个猜想:

设 $\mathscr{A}$ 为 n 维欧氏空间 $\mathbf{E}^n$ 中的正则单形, P 为 $\mathscr{A}$ 的外接 $n-1$ 维球面 S 上的任意一点, 则点 P 到 $\mathscr{A}$ 的所有 k 维子单形的距离的平方和是一个定值.

本节的主要目的是证明上述猜想是正确的, 并且为了证明该猜想, 如下首先给出几条引理.

由 1.4 易知:

引理 1 设 $\mathscr{A}$ 为 n 维欧氏空间 $\mathbf{E}^n$ 中的坐标单形, 则 $\mathscr{A}$ 的外接球面方程为

$$\sum_{1\leqslant i<j\leqslant n+1} a_{ij}^2\mu_i\mu_j=0. \tag{3.10.4}$$

推论 1 设 $\mathscr{A}$ 为 n 维欧氏空间 $\mathbf{E}^n$ 中的正则坐标单形, 则 $\mathscr{A}$ 的外接球面方程为

$$\sum_{1\leqslant i<j\leqslant n+1}\mu_i\mu_j=0. \tag{3.10.5}$$

推论 2 设 $\mathscr{A}$ 为 n 维欧氏空间 $\mathbf{E}^n$ 中的正则坐标单形, 则 $\mathscr{A}$ 的外接球面方程为

$$\sum_{i=1}^{n+1}\mu_i^2=1. \tag{3.10.6}$$

实际上, 由于 $\mu_1+\mu_2+\cdots+\mu_{n+1}=1$, 故利用 (3.10.5) 可得

$$\sum_{i=1}^{n+1}\mu_i^2=\sum_{i=1}^{n+1}\mu_i^2+2\cdot\sum_{1\leqslant i<j\leqslant n+1}\mu_i\mu_j=\left(\sum_{i=1}^{n+1}\mu_i\right)^2=1,$$

引理 2 设 $\mathscr{A}$ 为 n 维欧氏空间 $\mathbf{E}^n$ 中棱长为 a 的正则坐标单形, P 为 $\mathscr{A}$ 的外接球面上的任意一点, 若 P 的重心坐标为 $P(\mu_1,\mu_2,\cdots,\mu_{n+1})$, 则有

$$|PA_i|^2=a^2\cdot(1-\mu_i). \tag{3.10.7}$$

证 设 $\mathscr{A}$ 为 n 维欧氏空间 $\mathbf{E}^n$ 中的坐标单形, $\mathscr{A}$ 的棱长 $|A_iA_j|=a_{ij}$, 点 P 与 Q 的重心坐标分别为 $P(\mu_1,\mu_2,\cdots,\mu_{n+1})$ 和 $Q(\lambda_1,\lambda_2,\cdots,\lambda_{n+1})$, 则有

$$|PQ|^2=-\sum_{1\leqslant i<j\leqslant n+1}(\lambda_i-\mu_i)(\lambda_j-\mu_j)a_{ij}^2, \tag{3.10.8}$$

实际上, (3.10.8) 也就是 (1.5.1).

如下以单形 $\mathscr{A}$ 的顶点 A_1 为例, 因为 A_1 的重心坐标为$A_1(1, \underbrace{0, \cdots, 0}_{n})$, 又此时的 $\mathscr{A}$ 是一个正则单形, 所以由 (3.10.8) 与 (3.10.5) 可得

$$\begin{aligned}|PA_1|^2 &= -[(1-\mu_1)(0-\mu_2)+(1-\mu_1)(0-\mu_3)+\cdots\\&\quad+(1-\mu_1)(0-\mu_{n+1})\\&\qquad+\mu_2\mu_3+\cdots+\mu_2\mu_{n+1}+\cdots+\mu_n\mu_{n+1}]\cdot a^2\\&=\left(\mu_2+\mu_3+\cdots+\mu_{n+1}-\sum_{1\leqslant i<j\leqslant n+1}\mu_i\mu_j\right)\cdot a^2\\&=a^2\cdot(\mu_2+\mu_3+\cdots+\mu_{n+1})\\&=a^2\cdot(1-\mu_1),\end{aligned}$$

即, $|PA_1|^2 = a^2\cdot(1-\mu_1)$, 同理可得其他的 $|PA_i|^2 = a^2\cdot(1-\mu_i)$ $(2\leqslant i\leqslant n+1)$. □

推论 3 条件与引理 2 中的相同, 则有

$$\sum_{i=1}^{n+1}\mu_i|PA_i|^2=0. \tag{3.10.9}$$

实际上, 由 (3.10.7) 再利用 (3.10.6) 可得

$$\begin{aligned}\sum_{i=1}^{n+1}\mu_i|PA_i|^2&=\sum_{i=1}^{n+1}\mu_i(1-\mu_i)\cdot a^2\\&=a^2\cdot\left(\sum_{i=1}^{n+1}\mu_i-\sum_{i=1}^{n+1}\mu_i^2\right)=0.\end{aligned}$$

由 (3.10.7) 并利用 $\mu_1+\mu_2+\cdots+\mu_{n+1}=1$ 容易得到下面的结论

推论 4 设 $\mathscr{A}$ 为 n 维欧氏空间 $\mathbf{E}^n$ 中的正则单形, P 为 $\mathscr{A}$ 的外接球面上的任意一点, 若 $\mathscr{A}$ 的顶点集为 $\{A_1, A_2, \cdots, A_{n+1}\}$, 且棱长为 a, 则有

$$\sum_{i=1}^{n+1} |PA_i|^2 = na^2. \tag{3.10.10}$$

推论 5 在引理 2 的条件下, 有

$$\sum_{i=1}^{n+1} |PA_i|^4 = na^4. \tag{3.10.11}$$

实际上, 由 (3.10.7) 以及 (3.10.6) 可得

$$\sum_{i=1}^{n+1} |PA_i|^4 = a^4 \cdot \sum_{i=1}^{n+1} (1-\mu_i)^2 = a^4 \cdot \sum_{i=1}^{n+1} (1-2\mu_i+\mu_i^2) = na^4.$$

由 (1.1.1) 我们容易得到如下的结论:

引理 3 设 $\mathscr{A}$ 为 n 维欧氏空间 $\mathbf{E}^n$ 中的正则单形, 且棱长为 a, 其 n 维体积为 V, 则有

$$V^2 = \frac{n+1}{2^n \cdot n!^2} \cdot a^{2n}. \tag{3.10.12}$$

定理 设 $\mathscr{A}$ 为 n 维欧氏空间 $\mathbf{E}^n$ 中棱长为 a 的正则单形, P 为 $\mathscr{A}$ 的外接球面上的任意一点, 若点 P 到单形 $\mathscr{A}$ 的 $k-1$ 维子单形 $\mathscr{A}_{i_1 i_2 \cdots i_k}$ 的距离为 $d_{i_1 i_2 \cdots i_k}$, 则有

$$\sum_{1 \leqslant i_1 < i_2 < \cdots < i_k \leqslant n+1} \sum \cdots \sum d_{i_1 i_2 \cdots i_k}^2 = \frac{(k+1)(n+1-k)}{2k(n+1)} \cdot \binom{n+1}{k} \cdot a^2. \tag{3.10.13}$$

证 考虑 k 维单形, 它的顶点集为 $\{P, A_{i_1}, A_{i_2}, \cdots, A_{i_k}\}$, 则由 (3.10.7) 可得

$$D_{Pi_1i_2\cdots i_k} = \begin{vmatrix} 0 & 1 & 1 & 1 & \cdots & 1 \\ 1 & 0 & a^2(1-\mu_{i_1}) & a^2(1-\mu_{i_2}) & \cdots & a^2(1-\mu_{i_k}) \\ 1 & a^2(1-\mu_{i_1}) & 0 & a^2 & \cdots & a^2 \\ 1 & a^2(1-\mu_{i_2}) & a^2 & 0 & \cdots & a^2 \\ \cdots & \cdots & \cdots & \cdots & \cdots & \cdots \\ 1 & a^2(1-\mu_{i_k}) & a^2 & a^2 & \cdots & 0 \end{vmatrix}$$

$$= (-1)^k a^{2k} \cdot D$$

其中

$$D = \begin{vmatrix} -k & 1-\sum\limits_{j=1}^{k}\mu_{i_j} & 1 & 1 & \cdots & 1 \\ 1-\sum\limits_{j=1}^{k}\mu_{i_j} & 1-\sum\limits_{j=1}^{k}\mu_{i_j}^2 & \mu_{i_1} & \mu_{i_2} & \cdots & \mu_{i_k} \\ 0 & 0 & 1 & 0 & \cdots & 0 \\ 0 & 0 & 0 & 1 & \cdots & 0 \\ \cdots & \cdots & \cdots & \cdots & \cdots & \cdots \\ 0 & 0 & 0 & 0 & \cdots & 1 \end{vmatrix},$$

由此得到

$$D_{Pi_1i_2\cdots i_k} = (-1)^{k+1} a^{2k}$$

$$\cdot\left((k+1)-(k-1)\cdot\sum_{j=1}^{k}\mu_{i_j}^2-2\cdot\sum_{j=1}^{k}\mu_{i_j}\right).\quad(3.10.14)$$

利用单形的体积公式 (1.1.3) 与 (3.10.12) 可得到

$$d_{i_1i_2\cdots i_k}^2=\frac{(-1)^{k+1}}{2ka^{2(k-1)}}\cdot D_{Pi_1i_2\cdots i_k},\quad(3.10.15)$$

将 (3.10.14) 代入 (3.10.15) 内得到

$$d_{i_1i_2\cdots i_k}^2=\frac{a^2}{2k}\cdot\left((k+1)-(k-1)\cdot\sum_{j=1}^{k}\mu_{i_j}^2-2\cdot\sum_{j=1}^{k}\mu_{i_j}\right).\quad(3.10.16)$$

由 (3.10.16) 利用 $\mu_1+\mu_2+\cdots+\mu_{n+1}=1$ 与 (3.10.6) 可得

$$\begin{aligned}&\sum\sum_{1\leqslant i_1<i_2<\cdots<i_k\leqslant n+1}\cdots\sum d_{i_1i_2\cdots i_k}^2\\&=\frac{a^2}{2k}\cdot\sum\sum_{1\leqslant i_1<i_2<\cdots<i_k\leqslant n+1}\cdots\sum\\&\qquad\left((k+1)-(k-1)\cdot\sum_{j=1}^{k}\mu_{i_j}^2-2\cdot\sum_{j=1}^{k}\mu_{i_j}\right)\\&=\frac{a^2}{2k}\cdot\left((k+1)\cdot\binom{n+1}{k}-\frac{(k-1)k}{n+1}\cdot\binom{n+1}{k}-\frac{2k}{n+1}\cdot\binom{n+1}{k}\right)\\&=\frac{a^2}{2k}\cdot\left((k+1)-\frac{(k-1)k}{n+1}-\frac{2k}{n+1}\right)\cdot\binom{n+1}{k}\\&=\frac{(k+1)(n+1-k)}{2k(n+1)}\cdot\binom{n+1}{k}\cdot a^2,\end{aligned}$$

至此定理得到证明, 即徐道老师在文 [54] 中所提出的猜想得到了证明. □

推论 6 在定理的条件下, 若正则单形 $\mathscr{A}$ 的外接球半径为 R, 则有

$$\sum\sum\cdots\sum_{1\leqslant i_1<i_2<\cdots<i_k\leqslant n+1} d_{i_1i_2\cdots i_k}^2=\frac{(k+1)(n+1-k)}{kn}\cdot\binom{n+1}{k}\cdot R^2. \tag{3.10.17}$$

实际上, 由于正则单形 $\mathscr{A}$ 的外接球半径 R 与其棱长 a 之间有关系式

$$a=\sqrt{\frac{2(n+1)}{n}}\cdot R,$$

将此式代入 (3.10.13) 内便可得 (3.10.17).

在定理中, 若取 $k=1$, 则可得到前面的 (3.10.10). 另外, 作为定理的特例, 如下再给出 $k=n$ 的情况, 并给出另外一种简捷的证明方法.

推论 7 在定理的题设下, 设点 P 到 $\mathscr{A}$ 的顶点 A_i 所对的 $n-1$ 维界面 f_i 的距离为 d_i $(1\leqslant i\leqslant n+1)$, 则

$$\sum_{i=1}^{n+1} d_i^2=\frac{n+1}{2n}\cdot a^2. \tag{3.10.18}$$

证 不妨设正则单形 $\mathscr{A}$ 为坐标单形, 则由 (1.5.9) 知, 点 $P(\mu_1,\mu_2,\cdots,\mu_{n+1})$ 到超平面

$$\pi:\qquad d_1\lambda_1+d_2\lambda_2+\cdots+d_{n+1}\lambda_{n+1}=0$$

的有向距离为

$$d=d_1\mu_1+d_2\mu_2+\cdots+d_{n+1}\mu_{n+1},$$

其中 d_i 表示 $\mathscr{A}$ 的顶点 A_i $(1\leqslant i\leqslant n+1)$ 到 π 的有向距离.

而点 $P(\mu_1,\mu_2,\cdots,\mu_{n+1})$ 到 $\mathscr{A}$ 的顶点 A_i 所对的界面 f_i 的距离为

$$d_i=h_i\mu_i,\ (1\leqslant i\leqslant n+1),$$

由于正则单形 $\mathscr{A}$ 的所有界面上的高均相等, 且为 $h=\sqrt{\frac{n+1}{2n}}\cdot a$, 所以由 (3.10.6) 可得

$$\sum_{i=1}^{n+1}d_i^2=\sum_{i=1}^{n+1}(h_i\mu_i)^2=h^2\cdot\sum_{i=1}^{n+1}\mu_i^2=\frac{n+1}{2n}\cdot a^2,$$

这便证明了 (3.10.18). □

另外, 由 (3.10.5) 与 (3.10.7) 容易给出如下的:

推论 8 设 $\mathscr{A}$ 为 n 维欧氏空间 $\mathbf{E}^n$ 中的正则单形, P 为 $\mathscr{A}$ 的外接球面上的任意一点, 若 $\mathscr{A}$ 的顶点集为 $\{A_1,A_2,\cdots,A_{n+1}\}$, 且棱长为 a, 则有

$$\sum_{1\leqslant i<j\leqslant n+1}\left(a^2-|PA_i|^2\right)\left(a^2-|PA_j|^2\right)=0.\quad(3.10.19)$$

第 4 章　有限基本元素

有限基本元素集通常是指由有限个点与线或面这些元素所构成的集合, 不过这里的面可以是通常意义下的平面, 也可以是广义的超平面. 本章我们将研究有限基本元素之间的关系, 这种关系可以是各种元素中每一种之间的度量关系, 也可以是它们混合在一起的一种度量关系. 实际上, 我们在 §1.1 中所给出的定理 3 与推论 3 即 (1.1.6) 就是研究基本元素点与点之间的一种关系, 当然其他地方也有讨论相类似的问题, 例如 (3.4.7) 和 (3.4.12) 等, 如下我们来进一步研究有限元素之间的度量关系.

§4.1　基本元素与张 – 杨不等式

这里我们首先给出如下的概念:

定义 1　在 n 维欧氏空间 $\mathbf{E}^n$ 中, 把点和 $n-1$ 维定向超平面都叫作 $\mathbf{E}^n$ 的基本元素, 并且用 e_i 来表示.

定义 2　在 n 维欧氏空间 $\mathbf{E}^n$ 中, 把有限 (即 k 元) 基本元素的集合 $\sigma_k=\{e_1,e_2,\cdots,e_k\}$ 叫作 k 元基本图形.

以下我们主要讨论基本元素之间的关系, 设 e_i 为点或超平面, 并且用 $\rho(e_i,e_j)$ 表示两点 e_i 和 e_j 之间的距离, θ_{ij} 为两个超平面 e_i 与 e_j 之间的夹角, 若 e_i 与 e_j 中一个为点, 另一个为超平面, 则以 $d(e_i,e_j)$ 表示点到超平面的带号距离.

定义 3　设 $\sum_1$ 为 n 维欧氏空间 $\mathbf{E}^n$ 中所有基本元素是点所构成的集合, 再令 $\sum_2$ 为 n 维欧氏空间 $\mathbf{E}^n$

中所有基本元素是定向超平面所构成的集合, 则对于 n 维欧氏空间 $\mathbf{E}^n$ 中两个基本元素 e_i 与 e_j 之间的抽象距离定义为

$$g_{ij}=g(e_i,e_j)=\begin{cases}-\frac{1}{2}\rho^2(e_i,e_j), & e_i,e_j\in\sum_1;\\ \cos\theta_{ij}, & e_i,e_j\in\sum_2;\\ d(e_i,e_j), & e_i\in\sum_1,e_j\in\sum_2.\end{cases}\tag{4.1.1}$$

对于 3 维欧氏空间中一些具体的距离几何问题, (4.1.1) 所定义的抽象距离的合理性是不难看出的, 而对于一般的 n 维欧氏空间 $\mathbf{E}^n$ 来说, 它的合理性这里我们将不加论证.

值得一提的是, 对于定义 3 中的 $d(e_i,e_j)$, 其中 e_i 与 e_j 在具体的问题中, 哪一个表示点, 哪一个表示超平面, 应灵活应用.

定理 1[15] 设 $\sigma_N=\{e_1,e_2,\cdots,e_N\}$ 是 n 维欧氏空间 $\mathbf{E}^n$ 中的基本图形, 令 $\delta_i=1-g_{ii}$, 并且设

$$P(\delta_N)=P(e_1,e_2,\cdots,e_N)=\begin{vmatrix}0 & \delta_1 & \cdots & \delta_N\\ \delta_1 & & & \\ \vdots & & g_{ij} & \\ \delta_N & & & \end{vmatrix},$$

则当 $N>n+1$ 时, 有

$$P(e_1,e_2,\cdots,e_N)=0.\tag{4.1.2}$$

证 显然当 σ_N 中没有点时 (4.1.2) 是成立的.

不失一般性, 设基本元素 $e_1,e_2,\cdots,e_l$ 是面, 其余的基本元素 $e_{l+1},e_{l+2},\cdots,e_N$ 是点, $l<N$, 取 e_N 为

Cartesian 坐标系原点, 令 $e_1,e_2,\cdots,e_l$ 的单位法向量分别为 $a_1,a_2,\cdots,a_l$; 由 e_N 引至 $e_{l+1},e_{l+2},\cdots,e_N$ 的向量为 $a_{l+1},a_{l+2},\cdots,a_{N-1},a_N$, 再设由 e_N 垂直引至 $e_1,e_2,\cdots,e_l$ 的向量为 $b_1,b_2,\cdots,b_l$, 则有:

当 $1\leqslant i\leqslant l,\ 1\leqslant j\leqslant l$ 时, $g_{ij}=a_i\cdot a_j$;

当 $1\leqslant i\leqslant l,\ l+1\leqslant j\leqslant N$ 时, $g_{ij}=a_i(a_j-b_i)$, 此时有

$$
\begin{aligned}
&P(e_1,e_2,\cdots,e_N)\\
&=\left|\begin{array}{cc|c}
0 & \cdots\quad 0 & 1\quad\cdots\quad 1\\
\vdots & \boxed{a_i\cdot a_j} & \boxed{a_i\cdot(a_j-b_i)}\\
0 & & \\
\hline
1 & & \\
\vdots & \boxed{a_j\cdot(a_i-b_j)} & \boxed{-\frac{1}{2}(a_i-a_j)^2}\\
1 & &
\end{array}\right|,
\end{aligned}
$$

对上式作如下不改变行列式的值的变换对 $k\leqslant l$, 把第 0 行 (列) 乘以 $a_k\cdot b_k$ 加到第 k 行 (列) 上, 对 $k>l$, 把第 0 行 (列) 乘以 $\frac{1}{2}\,a_k^2$ 加到第 k 行 (列) 上, 这样便可得到

$$
P(e_1,e_2,\cdots,e_N)=\left|\begin{array}{ccccc}
0 & \delta_1 & \delta_2 & \cdots & \delta_N\\
\delta_1 & & & & \\
\delta_2 & & & \boxed{a_i\cdot a_j} & \\
\vdots & & & & \\
\delta_N & & & &
\end{array}\right|,
$$

但 $a_N=0$, 故此行列式的末行 (列) 除去 $\delta_N=1$ 外其

余的元素均为 0, 所以有

$$
\begin{aligned}
&P(e_1,e_2,\cdots,e_N)\\
&=(-1)^{1+(N+1)}\cdot(-1)^{N+1}\cdot\det(a_ia_j)\\
&=(-1)\cdot\left|\begin{pmatrix}a_1\\a_2\\\vdots\\a_{N-1}\end{pmatrix}\begin{pmatrix}a_1, & a_2, & \cdots, & a_{N-1}\end{pmatrix}\right|,
\end{aligned}
$$

由于在 $\mathbf{E}^n$ 中, 任意 $n+1$ 个向量必线性相关, 所以当 $N-1\geqslant n+1$ 即 $N\geqslant n+2$, 亦即 $N>n+1$ 时行列式 $\det(a_ia_j)=0$. □

在定理 1 中, 当超平面的个数为 0 时, 便可得如下的:

推论 1 设 $A_1,A_2,\cdots,A_N$ 为 n 维欧氏空间 $\mathbf{E}^n$ 中的 N 个点, 若 $|A_iA_j|=a_{ij}$ $(1\leqslant i,j\leqslant N)$, 则当 $N>n+1$ 时, 有

$$
D(\sigma_N)=\begin{vmatrix}0 & 1 & \cdots & 1\\ 1 & & & \\ \vdots & & a_{ij}^2 & \\ 1 & & & \end{vmatrix}=0. \tag{4.1.3}
$$

实际上, (4.1.3) 为文 [16] 中的 Cayley 定理的一般形式.

定义 4 称 (4.1.2) 为基本图形 σ_N 的度量方程, 或简称为度量方程.

由 (4.1.2) 知, 取基本图形 $\sigma=\{A_1,A_2,\cdots,A_{n+1},e_i,e_j\}$, 其中 $A_1,A_2,\cdots,A_{n+1}$ 为单形 $\mathscr{A}$ 的 $n+1$ 个顶

点, 而 e_i 与 e_j 为单形 $\mathscr{A}$ 的顶点 A_i 与 A_j 所对的界面, 若再记 e_i 与 e_j 所夹的内二面角为 θ_{ij}, 并且利用 (1.1.3) 便可得到 (1.5.21) 或 (1.5.22).

巧妙地使用度量方程 (4.1.2) 可以得到距离几何中一些较为理想的结论, 下面的定理便说明了这一点.

设 $M=\{A_1(m_1),A_2(m_2),\cdots,A_N(m_N)\}$ 为 n 维欧氏空间 $\mathbf{E}^n$ 中的质点组, $m_i\geqslant 0$ 为点 A_i $(1\leqslant i\leqslant N)$ 所对应的质量, 在 M 中任取 $k+1$ 个点 $A_{i_0},A_{i_1},\cdots,A_{i_k}$, 将其所支撑的单形的 k 维体积记为 $V_{i_0i_1\cdots i_k}$, 令

$$\begin{aligned}
M_0&=m_1+m_2+\cdots+m_N;\\
M_k&=\sum\sum\cdots\sum_{1\leqslant i_0<i_1<\cdots<i_k\leqslant N} m_{i_0}m_{i_1}\cdots m_{i_k}V^2_{i_0i_1\cdots i_k},\\
&\qquad (1\leqslant k\leqslant n),
\end{aligned}$$

由此记号, 我们可得如下的:

定理 2[17] 对于 n 维欧氏空间 $\mathbf{E}^n$ 中的质点组 $M=\{A_1(m_1),A_2(m_2),\cdots,A_N(m_N)\}$ $(N>n)$ 的诸不变量 $\{M_k\}$ 有不等式

$$\frac{M_k^l}{M_l^k}\geqslant\frac{[(n-l)!\cdot l!^3]^k}{[(n-k)!\cdot k!^3]^l}\cdot(n!M_0)^{l-k},\ (1\leqslant k<l\leqslant n); \tag{4.1.4}$$

$$M_k^2\geqslant\left(\frac{k+1}{k}\right)^3\cdot\frac{n-k+1}{n-k}\cdot M_{k-1}M_{k+1},\ (1\leqslant k\leqslant n), \tag{4.1.5}$$

当且仅当 M 的密集椭球为球时等号成立.

证 设 $|A_iA_j| = a_{ij}\ (1 \leqslant i, j \leqslant N)$, 矩阵 P 为

$$P = \begin{pmatrix} 0 & \sqrt{m_1} & \sqrt{m_2} & \cdots & \sqrt{m_N} \\ \sqrt{m_1} & & & & \\ \sqrt{m_2} & & \sqrt{m_i m_j}\, a_{ij}^2 & & \\ \vdots & & & & \\ \sqrt{m_N} & & & & \end{pmatrix},$$

并且记

$$P(x) = \begin{pmatrix} 0 & \sqrt{m_1} & \sqrt{m_2} & \cdots & \sqrt{m_N} \\ \sqrt{m_1} & & & & \\ \sqrt{m_2} & & \sqrt{m_i m_j}\, a_{ij}^2 + \delta_{ij} x & & \\ \vdots & & & & \\ \sqrt{m_N} & & & & \end{pmatrix},$$

其中 $\delta_{ij} = \begin{cases} 0 & i \neq j \\ 1 & i = j \end{cases}$, 若令 $P(x) = 0$, 则

$$\left(\sum_{k=0}^{n} (-1)^k \cdot 2^k \cdot k!^2 \cdot M_k x^{n-k} \right) \cdot x^{N-n} = 0,$$

由于 $\operatorname{rank} P = n$, 故约去 x^{N-n} 后便可得

$$\sum_{k=0}^{n} (-1)^k 2^k \cdot k!^2 \cdot M_k x^{n-k} = 0. \qquad (4.1.6)$$

若记方程 (4.1.6) 的 n 个正实数根 $x_1, x_2, \cdots, x_n$ 的 k 阶初等对称多项式为 $\sigma_k(x_1, x_2, \cdots, x_n)$, 则由 Vieta 定理知

$$\sigma_k(x_1, x_2, \cdots, x_n) = 2^k \cdot k!^2 \cdot \frac{M_k}{M_0},$$

从而由 Maclaurin 不等式 (2.1.5) 可得

$$\left(\frac{2^k\cdot k!^2\cdot\frac{M_k}{M_0}}{\binom{n}{k}}\right)^{\frac{1}{k}}\geqslant\left(\frac{2^l\cdot l!^2\cdot\frac{M_l}{M_0}}{\binom{n}{l}}\right)^{\frac{1}{l}},$$

将此不等式整理之便得 (4.1.4). 若再由 Newton 不等式 (2.1.2) 可得

$$\left(\frac{2^k\cdot k!^2\cdot\frac{M_k}{M_0}}{\binom{n}{k}}\right)^2$$

$$\geqslant\frac{2^{k-1}\cdot(k-1)!^2\cdot\frac{M_{k-1}}{M_0}}{\binom{n}{k-1}}\cdot\frac{2^{k+1}\cdot(k+1)!^2\cdot\frac{M_{k+1}}{M_0}}{\binom{n}{k+1}}.$$

同样将此不等式整理之便得 (4.1.5).

易知等号成立的充要条件是 $x_1=x_2=\cdots=x_n$, 即 M 的密集椭球是一个球. □

定理 3 设 $M=\{A_i(m_i),i=1,\ 2,\cdots,N\}$ 是 $\mathbf{E}^n$ 中的质点组 $(N>n)$, 点 A_i 所赋有的质量 m_i 是可正可负的实数, 令 $M_0=m_1+m_2+\cdots+m_N\neq 0$, M_k $(1\leqslant k\leqslant n)$ 的意义如前所述, 则有

$$M_k^2\geqslant\left(\frac{k+1}{k}\right)^3\cdot\frac{n-k+1}{n-k}\cdot M_{k-1}M_{k+1},\qquad(4.1.7)$$

当且仅当 M 关于其质心的惯量椭球是一个球.

证 因为矩阵 P 是对称的 Hermite 矩阵, 所以不论 m_i $(1\leqslant i\leqslant N)$ 为何实数, 矩阵 P 的特征值总是实数, 即 $x_1,x_2,\cdots,x_n$ 总是实数, 而在 Newton 不等式中的 x_i $(1\leqslant i\leqslant n)$ 也只需是实数即可, 所以 (4.1.7) 是正确的. □

在 (4.1.7) 中, 令 $n=2, N=3, \triangle A_1A_2A_3$ 的三边分别是 $A_2A_3=a, A_3A_1=b, A_1A_2=c$, 且 $\triangle A_1A_2A_3$ 的面积记为 $\triangle$, 则有

$$\begin{aligned}&\left(m_1m_2a_{12}^2+m_1m_3a_{13}^2+m_2m_3a_{23}^2\right)^2\\&\geqslant 16(m_1+m_2+m_3)\,m_1m_2m_3\triangle^2.\end{aligned}\tag{4.1.8}$$

若令 $m_2m_3=\lambda$, $m_3m_1=\mu$, $m_1m_2=\nu$, 不妨再假设 $\lambda\mu\nu>0$ (否则考虑 $-\lambda,-\mu,-\nu$), 则 (4.1.8) 可表示为

$$\left(\lambda a^2+\mu b^2+\nu c^2\right)^2\geqslant 16(\lambda\mu+\mu\nu+\nu\lambda)\triangle^2.\tag{4.1.9}$$

设另有一个 $\triangle B_1B_2B_3$ 的三边分别为 $B_2B_3=a'$, $B_3B_1=b', B_1B_2=c'$, 且 $\triangle B_1B_2B_3$ 的面积为 $\triangle'$, 若在 (4.1.9) 中取

$$\begin{aligned}\lambda&=-a'^2+b'^2+c'^2,\\\mu&=a'^2-b'^2+c'^2,\\\nu&=a'^2+b'^2-c'^2,\end{aligned}$$

则有

$$\begin{aligned}&a^2\left(-a'^2+b'^2+c'^2\right)+b^2\left(a'^2-b'^2+c'^2\right)+c^2\left(a'^2+b'^2-c'^2\right)\\&\geqslant 16\triangle\triangle',\end{aligned}$$

显然此不等式就是 (2.1.1).

推论 2 设 $\mathscr{A}$ 为 n 维欧氏空间 $\mathbf{E}^n$ 中的单形, 其顶点集为 $\{A_1,A_2,\cdots,A_{n+1}\}$, 则有

$$\sum_{i=1}^{n+1}\sin^2 A_i\leqslant\left(1+\frac{1}{n}\right)^n.\tag{4.1.10}$$

当且仅当 $\mathscr{A}$ 为正则单形时等号成立.

证 由 (2.2.1) 知, (4.1.10) 与如下的不等式是等价的

$$\sum_{i=1}^{n+1} S_i^2 \leqslant \left(1+\frac{1}{n}\right)^n \cdot \frac{(n-1)!^2 \cdot \prod_{i=1}^{n+1} S_i^2}{(nV)^{2(n-1)}}, \qquad (4.1.11)$$

所以, 如下只需证明 (4.1.11) 正确即可.

在 (4.1.4) 中, 取 $N=n+1$, $k=n-1$, $l=n$, $m_1=S_1^2, m_2=S_2^2, \cdots, m_{n+1}=S_{n+1}^2$, 则有

$$\frac{\left(\sum_{i=1}^{n+1} S_1^2 \cdots S_{i-1}^2 S_{i+1}^2 \cdots S_{n+1}^2 . S_i^2\right)^n}{\left(S_1^2 S_2^2 \cdots S_{n+1}^2 \cdot V^2\right)^{n-1}}$$
$$\geqslant \frac{(n!^3)^{n-1}}{((n-1)!^3)^n} \cdot \left(n! \cdot \sum_{i=1}^{n+1} S_i^2\right),$$

即

$$\frac{(n+1)^n \cdot \prod_{i=1}^{n+1} S_i^2}{V^{2(n-1)}} \geqslant \frac{n!^{3n-2}}{(n-1)!^{3n}} \cdot \left(\sum_{i=1}^{n+1} S_i^2\right),$$

亦即

$$\sum_{i=1}^{n+1} S_i^2 \leqslant \left(1+\frac{1}{n}\right)^n \cdot \frac{n!^2}{n^{2n}} \cdot \frac{\prod_{i=1}^{n+1} S_i^2}{V^{2(n-1)}}$$
$$= \left(1+\frac{1}{n}\right)^n \cdot \frac{(n-1)!^2 \cdot \prod_{i=1}^{n+1} S_i^2}{(nV)^{2(n-1)}},$$

此亦即 (4.1.11). □

§4.2 共球诸点的一个不等式

对于三个任意的正实数 u, v, w, 我们极易证明 $(u^4+v^4+w^4)^3 \geqslant 27(u^2v^2w^2)^2$, 若将其条件加强一下, 叙述为对于平面上任意三个点 A, B, C, 即 $\triangle ABC$, 若 $BC = a, CA = b, AB = c$, 则有 $(a^4+b^4+c^4)^3 \geqslant 27\cdot(a^2b^2c^2)^2$. 同样我们还可以证明, 若 A_1, A_2, A_3, A_4 为平面上共圆的 4 点, 记 $|A_iA_j| = a_{ij}$, 则有

$$\left(\sum_{1\leqslant i<j\leqslant 4} a_{ij}^4\right)^3 \geqslant 27\cdot\left(\sum_{1\leqslant i<j<k\leqslant 4} a_{ij}^2a_{ik}^2a_{jk}^2\right)^2, \quad (4.2.1)$$

当且仅当矩阵 $\left(a_{ij}^2\right)_{4\times 4}$ 的两个负特征值相等时等号成立.

一般地, 我们有:

设 $A_1, A_2, \cdots, A_N$ 为平面上共圆的N个点, m_i 为点 A_i $(1 \leqslant i \leqslant N)$ 所对应的正实数, 则当 $N \geqslant 3$ 时, 有

$$\left(\sum_{1\leqslant i<j\leqslant N} m_im_ja_{ij}^4\right)^3$$

$$\geqslant 27\cdot\left(\sum_{1\leqslant i<j<k\leqslant N} m_im_jm_ka_{ij}^2a_{ik}^2a_{jk}^2\right)^2, \quad (4.2.2)$$

当且仅当矩阵 $\left(\sqrt{m_im_j}a_{ij}^2\right)$ 的两个负特征值相等时等号成立.

实际上, 我们还可以将 (4.2.2) 推广到 n 维欧氏空间 $\mathbf{E}^n$ 中的情形, 为此, 如下首先给出:

引理 设 $S^{n-1}(R)$ 表示半径为 R 的 $n-1$ 维球面, $P = \{A_1, A_2, \cdots, A_N\} \subset S^{n-1}(R) \subset E^n\ (N > n)$,

则 P 的平方距离矩阵 $A=(a_{ij}^2)$ 的 $n+1$ 个特征值中只有一个是正的, 并且它等于 A 的其余 n 个负特征值之和的相反数.

证 不妨设球心 O 为坐标原点, 因为

$$\begin{aligned} a_{ij}^2 &= \left|\overrightarrow{A_iA_j}\right|^2 \\ &= \left|\overrightarrow{OA_j}-\overrightarrow{OA_i}\right|^2 \\ &= |OA_j|^2+|OA_i|^2-2\,\overrightarrow{OA_i}\cdot\overrightarrow{OA_j}, \end{aligned}$$

故若记 $\overrightarrow{OA_i}=a_i$, $\overrightarrow{OA_j}=a_j$, 则有

$$a_{ij}^2=2R^2-2a_ia_j. \tag{4.2.3}$$

令 J 为元素均为 1 的矩阵, $F=(2a_ia_j)$, 则

$$A=2R^2J-F, \tag{4.2.4}$$

易知 (4.2.4) 中的 F 是一个半正定矩阵, 且 $\operatorname{rank}F=n$, $\operatorname{rank}J=1$, 又

$$\begin{aligned} &\det(a_{ij}^2) \\ &=\det(2R^2-2a_ia_j) \\ &=\begin{vmatrix} 0 & 2R^2-2a_1a_2 & \cdots & 2R^2-2a_1a_N \\ 2R^2-2a_2a_1 & 0 & \cdots & 2R^2-2a_2a_N \\ \cdots & \cdots & \cdots & \cdots \\ 2R^2-2a_Na_1 & 2R^2-2a_Na_2 & \cdots & 0 \end{vmatrix} \end{aligned}$$

$$
\begin{aligned}
&= \begin{vmatrix}
1 & -2R^2 & -2R^2 & \cdots & -2R^2 \\
1 & -2R^2 & -2a_1a_2 & \cdots & -2a_1a_N \\
1 & -2a_2a_1 & -2R^2 & \cdots & -2a_2a_N \\
\cdots & \cdots & \cdots & \cdots & \cdots \\
1 & -2a_Na_1 & -2a_Na_2 & \cdots & -2R^2
\end{vmatrix} \\
&= (-2)^N \cdot R^2 \begin{vmatrix}
\frac{1}{R^2} & 1 & 1 & \cdots & 1 \\
1 & R^2 & a_1a_2 & \cdots & a_1a_N \\
1 & a_2a_1 & R^2 & \cdots & a_2a_N \\
\cdots & \cdots & \cdots & \cdots & \cdots \\
1 & a_Na_1 & a_Na_2 & \cdots & R^2
\end{vmatrix} \\
&= (-2)^N R^2 \begin{vmatrix}
0+\frac{1}{R^2} & 1 & 1 & \cdots & 1 \\
1+0 & a_1a_1 & a_1a_2 & \cdots & a_1a_N \\
1+0 & a_2a_1 & a_2a_2 & \cdots & a_2a_N \\
\cdots & \cdots & \cdots & \cdots & \cdots \\
1+0 & a_Na_1 & a_Na_2 & \cdots & a_Na_N
\end{vmatrix} \\
&= (-2)^N R^2 \cdot \begin{vmatrix}
0 & 1 & 1 & \cdots & 1 \\
1 & a_1a_1 & a_1a_2 & \cdots & a_1a_N \\
1 & a_2a_1 & a_2a_2 & \cdots & a_2a_N \\
\cdots & \cdots & \cdots & \cdots & \cdots \\
1 & a_Na_1 & a_Na_2 & \cdots & a_Na_N
\end{vmatrix} \\
&\quad + (-2)^N \cdot \begin{vmatrix}
a_1a_1 & a_1a_2 & \cdots & a_1a_N \\
a_2a_1 & a_2a_2 & \cdots & a_2a_N \\
\cdots & \cdots & \cdots & \cdots \\
a_Na_1 & a_Na_2 & \cdots & a_Na_N
\end{vmatrix}.
\end{aligned}
$$

若记上式最后一步的第 1 项与第 2 项中的行列式所对应的矩阵分别为 $\overline{Q}$ 与 Q, 则易见 $\operatorname{rank} Q = n$,

$\operatorname{rank}\overline{Q}=n+1$. 所以有 $\operatorname{rank}(a_{ij}^2)=n+1$, 即 $\operatorname{rank}A=n+1$.

设矩阵 A, F, $2R^2J$ 的特征值都是按降序排列的, 并应用文 [25] 中第 114 页 (该书的第二版《矩阵不等式》是在第 87 页) 上的定理 4.4.1 (即 Weyl 定理) 可得

$$\lambda_i(A)+\lambda_N(F)\leqslant\lambda_i(2R^2J),\ (\ i=1,\ 2,\ \cdots,\ N),$$

由于矩阵 F 是半正定的, 且 $N>n$, 故 $\lambda_N(F)=0$, 那么有

$$\lambda_1(A)\leqslant\lambda_1(2R^2J)=2NR^2,$$

$$\lambda_j(A)\leqslant\lambda_j(2R^2J)=0,\ (j=2,\ 3,\ \cdots,\ N),$$

由于 $\operatorname{trace}A=0$, 所以 $\sum\limits_{i=1}^{n+1}\lambda_i(A)=0$, 即

$$\lambda_1(A)=-\sum_{i=2}^{n+1}\lambda_i(A),$$

因此, A 的特征值中除了 $\lambda_1(A)$ 为正的外, 其余均小于等于零, 而 A 的非零特征值只有 $n+1$ 个, 于是 A 有 n 个负的特征值. □

定理[18] 设一个质点系 $\sigma(m)=\{A_1(m_1),A_2(m_2),\cdots,A_N(m_N)\}$ 共超球面 $\mathbf{S}^{n-1}(R)\subset\mathbf{E}^n$ $(N>n)$, 若 $|A_iA_j|=a_{ij}$ $(1\leqslant i,j\leqslant N)$, 则有

$$\left(\sum_{1\leqslant i<j\leqslant N}m_im_ja_{ij}^4\right)^3\geqslant$$

$$\frac{9n(n+1)}{2(n-1)^2}\cdot\left(\sum_{1\leqslant i<j<k\leqslant N}m_im_jm_ka_{ij}^2a_{jk}^2a_{ki}^2\right)^2,\quad(4.2.5)$$

当且仅当矩阵 $(\sqrt{m_i m_j}a_{ij}^2)$ 的所有负特征值皆相等时等号成立.

证 因为

$$\left|\left(\sqrt{m_i m_j}a_{ij}^2\right)-\lambda I\right| = m_1 m_2\cdots m_N$$

$$\times\begin{vmatrix} -\frac{1}{m_1}\lambda & a_{12}^2 & a_{13}^2 & \cdots & a_{1N}^2 \\ a_{21}^2 & -\frac{1}{m_2}\lambda & a_{23}^2 & \cdots & a_{2N}^2 \\ \cdots & \cdots & \cdots & \cdots & \cdots \\ a_{N1}^2 & a_{N2}^2 & a_{N3}^2 & \cdots & -\frac{1}{m_N}\lambda \end{vmatrix}.$$

由此可见, 矩阵 $(\sqrt{m_i m_j}a_{ij}^2)$ 的非零特征值的个数与矩阵 (a_{ij}^2) 的非零特征值的个数相等, 而且正与负特征值的个数也分别相等, 所以不妨设矩阵 $(\sqrt{m_i m_j}a_{ij}^2)$ 的 $n+1$ 个特征值分别为 $\lambda_0,-\lambda_1,-\lambda_2,\cdots,-\lambda_n$, 其中 $\lambda_i>0\ (0\leqslant i\leqslant n)$, 故由 $\operatorname{trace}\left(\sqrt{m_i m_j}\ a_{ij}^2\right)=0$ 知

$$\lambda_0=\lambda_1+\lambda_2+\cdots+\lambda_n, \tag{4.2.6}$$

令 $\left|\left(\sqrt{m_i m_j}a_{ij}^2\right)-\lambda I\right|=0$, 将其展开并去掉$N-(n+1)$ 个零根便可得

$$\lambda^{n+1}-c_1\lambda^n+c_2\lambda^{n-1}-\cdots+(-1)^k c_k\lambda^{n+1-k}+\cdots$$
$$+(-1)^{n+1}c_{n+1}=0. \tag{4.2.7}$$

易知其中

$$c_1=0;$$
$$c_2=-\sum_{1\leqslant i<j\leqslant N}a_{ij}^4;$$
$$c_3=2\cdot\sum_{1\leqslant i<j<k\leqslant N}a_{ij}^2 a_{jk}^2 a_{ki}^2.$$

由 Vieta 定理知, 若设 σ_k 为方程 (4.2.7) 的 $n+1$ 个根 $\lambda_0, -\lambda_1, -\lambda_2, \cdots, -\lambda_n$ 的 k 次初等对称多项式, 则有 $\sigma_k = c_k\ (0 \leqslant k \leqslant n+1)$ 即

$$\sum_{1\leqslant i<j\leqslant N} a_{ij}^4 = -\sigma_2, \tag{4.2.8}$$

$$\sum_{1\leqslant i<j<k\leqslant N} a_{ij}^2 a_{jk}^2 a_{ki}^2 = \frac{1}{2}\sigma_3. \tag{4.2.9}$$

若再设 s_k 为 $\lambda_0, -\lambda_1, -\lambda_2, \cdots, -\lambda_N$ 的 k 次幂之和, 故在 Newton 恒等式

$$s_k - \sigma_1 s_{k-1} + \cdots + (-1)^{k-1}\sigma_{k-1}s_1 + (-1)^k k\sigma_k = 0, \tag{4.2.10}$$

中, 当取 $k=2$ 与 $k=3$ 时, 可得

$$s_2 - \sigma_1 s_1 + 2\sigma_2 = 0,$$

$$s_3 - \sigma_1 s_2 + \sigma_2 s_1 - 3\sigma_3 = 0,$$

显然此处 $s_1 = \sigma_1 = 0$, 所以有

$$\sigma_2 = \frac{1}{2}(s_1^2 - s_2) = -\frac{1}{2}s_2;$$

$$\sigma_3 = \frac{1}{6}\left[2(s_3 - s_2 s_1) - (s_2 - s_1^2)s_1\right] = \frac{1}{3}s_3,$$

由于

$$\begin{aligned}
s_2 &= \lambda_0^2 + (-\lambda_1)^2 + (-\lambda_2)^2 + \cdots + (-\lambda_n)^2 \\
&= \lambda_0^2 + \lambda_1^2 + \lambda_2^2 + \cdots + \lambda_n^2 \\
&\geqslant \lambda_0^2 + \frac{1}{n}\cdot(\lambda_1 + \lambda_2 + \cdots + \lambda_n)^2 \\
&= \frac{n+1}{n}\cdot\lambda_0^2,
\end{aligned}$$

$$\begin{aligned}s_3 &= \lambda_0^3 + (-\lambda_1)^3 + (-\lambda_2)^3 + \cdots + (-\lambda_n)^3 \\ &= \lambda_0^3 - (\lambda_1^3 + \lambda_2^3 + \cdots + \lambda_n^3) \\ &\leqslant \lambda_0^3 - \frac{1}{n^2} \cdot (\lambda_1 + \lambda_2 + \cdots + \lambda_n)^3 \\ &= \frac{n^2 - 1}{n^2} \cdot \lambda_0^3,\end{aligned}$$

从而有

$$\frac{-\sigma_2^3}{\sigma_3^2} = \frac{\frac{1}{8}s_2^3}{\frac{1}{9}s_3^2} \geqslant \frac{9n(n+1)}{8(n-1)^2},$$

将 (4.2.8) 和 (4.2.9) 代入此不等式中经整理便得 (4.2.5), 由上述过程可知, (4.2.5) 中等号成立的充要条件是不等式

$$\sum_{i=1}^{n} \lambda_i^2 \geqslant \frac{1}{n}\left(\sum_{i=1}^{n} \lambda_i\right)^2,$$

$$\sum_{i=1}^{n} \lambda_i^3 \geqslant \frac{1}{n^2}\left(\sum_{i=1}^{n} \lambda_i\right)^3,$$

中等号成立的充要条件, 显然此二不等式中等号当且仅当 $\lambda_1 = \lambda_2 = \cdots = \lambda_n$ 时成立, 故 (4.2.5) 中等号当且仅当矩阵 $\left(\sqrt{m_i m_j} a_{ij}^2\right)$ 中所有负特征值均相等时成立. □

在 (4.2.5) 中, 当 $m_1 = m_2 = \cdots = m_N$ 时, 我们可得:

推论 1 条件与定理中的相同, 则有

$$\left(\sum_{1 \leqslant i < j \leqslant N} a_{ij}^4\right)^3 \geqslant \frac{9n(n+1)}{2(n-1)^2} \cdot \left(\sum_{1 \leqslant i < j < k \leqslant N} a_{ij}^2 a_{jk}^2 a_{ki}^2\right)^2, \tag{4.2.11}$$

当且仅当矩阵 (a_{ij}^2) 中所有负特征值均相等时等号成立.

推论 2 设 $A_1(m_1), A_2(m_2), \cdots, A_N(m_N)$ 为 n 维欧氏空间 $\mathbf{E}^n$ 中共球 $\mathbf{S}^{n-1}(R)$ 有限质点组, 若 O 为球 $\mathbf{S}^{n-1}(R)$ 的球心, 且 $\angle A_iOA_j = \alpha_{ij}\ (1 \leqslant i, j \leqslant N)$, 则当 $N \geqslant n+1$ 时, 有

$$\left(\sum_{1\leqslant i<j\leqslant N} m_i m_j \sin^4 \frac{\alpha_{ij}}{2}\right)^3 \geqslant \frac{9n(n+1)}{2(n-1)^2}$$

$$\times \left(\sum_{1\leqslant i<j<k\leqslant N} m_i m_j m_k \sin^2 \frac{\alpha_{ij}}{2} \cdot \sin^2 \frac{\alpha_{jk}}{2} \cdot \sin^2 \frac{\alpha_{ki}}{2}\right)^2, \tag{4.2.12}$$

当且仅当矩阵 $\left(\sqrt{m_i m_j} \sin^2 \frac{\alpha_{ij}}{2}\right)$ 中所有负特征值均相等时等号成立.

实际上, 由于 $a_{ij}^2 = 2R^2(1-\cos\alpha_{ij}) = 4R^2 \sin^2 \frac{\alpha_{ij}}{2}$, 所以将此式代入 (4.2.5) 内经整理便得 (4.2.12).

另外, 在 (4.2.5) 中, 当 $n=2$ 时便是 (4.2.2.).

§4.3 有限点集的一类几何不等式

在 §4.2 中, 我们讨论了共球有限点集的一个几何不等式 (4.2.5), 那么, 如果要撇开在同一个球面上这一约束条件, 那将会有怎样的结论成立呢? 如下我们将研究这个问题, 为此首先设 $\lambda_1, \lambda_2, \cdots, \lambda_m$ 为 m 个实数, 并且记

$$p_{k+1} = \sum\sum\cdots\sum_{1\leqslant i_1<i_2<\cdots<i_k\leqslant m} \lambda_{i_1}\lambda_{i_2}\cdots\lambda_{i_k}(\lambda_{i_1}+\lambda_{i_2}+\cdots+\lambda_{i_k})$$

$$+ k \cdot \sum\sum\cdots\sum_{1\leqslant i_1<i_2<\cdots<i_{k+1}\leqslant m} \lambda_{i_1}\lambda_{i_2}\cdots\lambda_{i_{k+1}}, \tag{4.3.1}$$

引理 1 对于 p_k 有如下的不等式成立

$$\left(\frac{p_{k+1}}{k\cdot\binom{m+1}{k+1}}\right)^2 \geqslant \frac{p_k}{(k-1)\cdot\binom{m+1}{k}}\cdot\frac{p_{k+2}}{(k+1)\cdot\binom{m+1}{k+2}},$$

$$(2\leqslant k\leqslant m-1), \tag{4.3.2}$$

当且仅当 $\lambda_1=\lambda_2=\cdots=\lambda_m$ 时等号成立.

证 为证明 (4.3.2), 如下构造一个具有 $m+1$ 个实根的函数

$$f(x)=\left(x-\sum_{i=1}^{m}\lambda_i\right)\cdot\prod_{i=1}^{m}(x+\lambda_i).$$

设其展开式为 $f(x)=\sum\limits_{i=1}^{m+1}c_ix^i$, 易知此处的 $c_i=-p_{m+1-i}\ (2\leqslant i\leqslant m-1)$, $c_m=p_1=0$, $c_{m+1}=p_0=1$, 由 (2.1.2) 的证明过程知, 这里应有 $c_i=-p_{m+1-i}=(m-i)\cdot\binom{m+1}{i}\cdot d_i$, 且

$$d_i^2\geqslant d_{i-1}d_{i+1},\ (1\leqslant i\leqslant m),$$

当且仅当 $\lambda_1=\lambda_2=\cdots=\lambda_m$ 时等号成立, 即

$$\left(\frac{p_{m+1-i}}{(m-i)\cdot\binom{m+1}{i}}\right)^2$$

$$\geqslant\frac{p_{m+2-i}}{(m+1-i)\cdot\binom{m+1}{i-1}}\cdot\frac{p_{m-1}}{(m-1-i)\cdot\binom{m+1}{i+1}},$$

在此不等式中令 $m-i=k$ 便立即可得 (4.3.2), 至于等号成立的充要条件由 (2.1.2) 的证明过程是不难看出的. □

由 (4.3.2) 并注意到 $p_1 = 0$, $p_0 = 1$ 便立即可得如下的:

推论 1 设 $\lambda_1, \lambda_2, \cdots, \lambda_m$ 为一组正实数, p_{k+1} 为 $\lambda_1, \lambda_2 \cdots, \lambda_m$ 的形如 (4.3.1) 所定义的一种混合对称函数, 则

$$\left(\frac{p_{k+1}}{k \cdot \binom{m+1}{k+1}}\right)^{\frac{1}{k+1}} \geqslant \left(\frac{p_{l+1}}{l \cdot \binom{m+1}{l+1}}\right)^{\frac{1}{l+1}}, \ (1 \leqslant k < l \leqslant m), \tag{4.3.4}$$

当且仅当 $\lambda_1 = \lambda_2 = \cdots = \lambda_m$ 时等号成立.

定义 设 $\{A_1, A_2, \cdots, A_N\}$ 为 n 维欧氏空间 $\mathbf{E}^n$ 中的一个有限点集, 若记 $|A_iA_j| = a_{ij}$, 则称矩阵 $\left(a_{ij}^2\right)$ 为平方距离矩阵.

引理 2 在 n 维欧氏空间 $\mathbf{E}^n$ 中, 平方距离矩阵 $A = \left(a_{ij}^2\right)$ 的秩为 $n+2$, 即 $\operatorname{rank} A = n+2$.

证 任取空间 $\mathbf{E}^n$ 中的一点 O 为 Cartesian 坐标原点. $\overrightarrow{OA_i} = a_i$, 则有

$$a_{ij}^2 = (a_j - a_i)^2 = a_j^2 + a_i^2 - 2a_ia_j,$$

故利用行列式的基本性质可得

$$\begin{aligned}
&\det\left(a_{ij}^2\right)\\
&= \det\left(a_i^2 + a_j^2 - 2a_ia_j\right)\\
&= \begin{vmatrix} 0 & a_1^2 + a_2^2 - 2a_1a_2 \\ a_2^2 + a_1^2 - 2a_2a_1 & 0 \\ \cdots & \cdots \\ a_N^2 + a_1^2 - 2a_Na_1 & a_N^2 + a_2^2 - 2a_Na_2 \end{vmatrix}
\end{aligned}$$

$$
\begin{array}{cc|}
\cdots & a_1^2 + a_N^2 - 2a_1a_N \\
\cdots & a_2^2 + a_N^2 - 2a_2a_N \\
\cdots & \cdots \\
\cdots & 0
\end{array}
$$

$$
= \begin{vmatrix}
1 & -a_1^2 & -a_2^2 & \cdots & -a_N^2 \\
1 & -a_1^2 & a_1^2 - 2a_1a_2 & \cdots & a_1^2 - 2a_1a_N \\
1 & a_2^2 - 2a_2a_1 & -a_3^2 & \cdots & a_3^2 - 2a_3a_N \\
\cdots & \cdots & \cdots & \cdots & \cdots \\
1 & a_N^2 - a_Na_1 & a_N^2 - 2a_Na_2 & \cdots & -a_N^2
\end{vmatrix}
$$

$$
= (-1)^N \cdot \begin{vmatrix}
0 & 1 & 1 & 1 & \cdots & 1 \\
1 & 0 & a_1^2 & a_2^2 & \cdots & a_N^2 \\
1 & a_1^2 & & & & \\
1 & a_2^2 & & 2a_ia_j & & \\
\vdots & \vdots & & & & \\
1 & a_N^2 & & & &
\end{vmatrix},
$$

对最后这一行列式依第 1, 2 两行和第 1, 2 两列按照 Laplace 展开法则将其展开便得知, 当 $N-2 \geqslant n+1$ 时, 对于展开式中的所有行列式的值均为零, 此即当 $N \geqslant n+3$ 时, 有 $\det A = 0$, 故有 $\operatorname{rank} A = n+2$. □

引理 3　平方距离矩阵 $A = \left(a_{ij}^2\right)$ 的 $n+2$ 个特征值中, 有 1 个正的, 1 个非正的和 n 个负的, 并且正特征值等于其余 $n+1$ 个特征值之和的相反数.

证　设 O 为坐标原点, 记 $\overrightarrow{OA_i} = a_i$ $(1 \leqslant i \leqslant N)$, 则有

$$a_{ij}^2 = (a_j - a_i)^2 = a_i^2 + a_j^2 - 2a_ia_j,$$

故若设 $B = (2a_ia_j)$, $C = (a_i^2 + a_j^2)$, 则易知有 $A + B =$

C, 这里 $\operatorname{rank} A = n+2$, $\operatorname{rank} B = n$, $\operatorname{rank} C = 2$, 设 I 为 N 阶单位阵, 则由 $\det(C-\mu I)=0$ 可得

$$\left(\mu - \sum_{i=1}^{N} a_i^2\right)^2 - N \cdot \sum_{i=1}^{N} a_i^4 = 0, \tag{4.3.5}$$

由此知 C 的两个特征值分别为

$$\mu_1 = \sum_{i=1}^{N} a_i^2 + \sqrt{N \cdot \sum_{i=1}^{N} a_i^4}, \quad \mu_2 = \sum_{i=1}^{N} a_i^2 - \sqrt{N \cdot \sum_{i=1}^{N} a_i^4}. \tag{4.3.6}$$

显然此处的 $\mu_1 > 0$, $\mu_2 \leqslant 0$, 我们仿照 4.2 中的引理的证明, 设矩阵 A, B, C 的特征值都按降序排列, 并应用 Weyl 定理可得

$$\mu_i(A) + \mu_N(B) \leqslant \mu_i(C), \ (1 \leqslant i \leqslant N),$$

由于 $N \geqslant n+2$, 故 $\mu_N(B) = 0$, 又因为 $B = (2a_i a_j)$ 是半正定的, 所以有 $\mu_1(A) \leqslant \mu_1(C)$; $\mu_2(A) \leqslant \mu_2(C)$; $\mu_j A)$ $\leqslant \mu_j(C) = 0$ $(3 \leqslant j \leqslant N)$, 又因为 $\operatorname{rank} A = n+2$, 且 $\operatorname{trace} A = 0$, 故 $\mu_1 = -\sum\limits_{i=2}^{n+2} \mu_i$. □

推论 2 设 m_i 为 A_i $(1 \leqslant i \leqslant N)$ 所对应的正实数, 则矩阵 $\left(\sqrt{m_i m_j} a_{ij}^2\right)$ 的 $n+2$ 个特征值中有 1 个正的, 1 个非正的和 n 个负的且 1 个正特征值等于其余 $n+1$ 个特征值的和的相反数.

从有限点集 $\{A_1, A_2, \cdots, A_N\}$ $(N > n+2)$ 中任意取出 $k+1$ 个顶点 $A_{i_0}, A_{i_1}, \cdots, A_{i_k}$ $(1 \leqslant k \leqslant n)$, 将其所构成的单形的 k 维体积记为 $V_{i_0 i_1 \cdots i_k}$, 该单形的外接

球半径为 $R_{i_0i_1\cdots i_k}$, 令

$$M_1=\sum_{i=1}^{N}m_i,$$

$$M_{k+1}=\sum_{1\leqslant i_0<i_1<\cdots<i_k\leqslant N}\sum\cdots\sum m_{i_0}m_{i_1}\cdots m_{i_k}(V_{i_0i_1\cdots i_k}R_{i_0i_1\cdots i_k})^2,$$

$$(1\leqslant k\leqslant n),$$

则对于有限点集 $\mathfrak{A}=\{A_1,A_2,\cdots,A_N\}$ 中的不变量 $M_{k+1}\,(1\leqslant k\leqslant n)$ 有如下的结论成立.

定理 设 $\mathfrak{A}=\{A_1,A_2,\cdots,A_N\}$ 为 n 维欧氏空间 $\mathbf{E}^n$ $(N>n+2)$ 中的有限点集, m_i 为 A_i $(1\leqslant i\leqslant N)$ 所对应的正实数, 则有

$$M_{k+1}^2\geqslant\frac{(k+2)(n+2-k)}{(k-1)(n+1-k)}\cdot M_kM_{k+2},\ (2\leqslant k\leqslant n-1), \tag{4.3.7}$$

$$\frac{M_{k+1}^{l+1}}{M_{l+1}^{k+1}}\geqslant\frac{\left(k\cdot\binom{n+2}{k+1}\right)^{l+1}\cdot l!^{2(k+1)}}{\left(l\cdot\binom{n+2}{l+1}\right)^{k+1}\cdot k!^{2(l+1)}},\ (1\leqslant k<l\leqslant n), \tag{4.3.8}$$

当且仅当矩阵 $Q=\left(\sqrt{m_im_j}\,a_{ij}^2\right)$ 中 1 个非正特征值与 n 个负特征值均相等时等号成立.

证 设 I 为 N 阶单位阵, 由引理 3 知, 方程 $\det(Q-\lambda I)=0$ 有 $n+2$ 个非零实数根, 不妨设这 $n+2$ 个实数根分别为 $\lambda_0,-\lambda_1,\lambda_2,\cdots,-\lambda_{n+1}$ $(\lambda_i>0,\ 0\leqslant i\leqslant n+1$, 且 $\lambda_1\geqslant 0)$, 设 δ_{k+1} 为它们的 $k+1$ 阶初等对称多项式, $Q_i^{(k+1)}$ 为 Q 的第 i 个 $k+1$ 阶主子阵, 则由矩

阵特征方程的根与矩阵各阶主子式之间的关系可得

$$\delta_{k+1} = (-1)^k \cdot \left(\sum_{1\leqslant i_1<i_2<\cdots<i_k\leqslant n+1}\sum\cdots\sum \lambda_0\lambda_{i_1}\lambda_{i_2}\cdots\lambda_{i_k} - \sum_{1\leqslant i_0<i_1<\cdots<i_k\leqslant n+1}\sum\cdots\sum \lambda_{i_0}\lambda_{i_1}\lambda_{i_2}\cdots\lambda_{i_k} \right) = \sum_{i=1}^{\binom{N}{k+1}} \det Q_i^{(k+1)}.$$

由引理 3 知, $\lambda_0 = \sum\limits_{i=1}^{n+1} \lambda_i$, 将此式代入 δ_{k+1} 内经整理便得

$$p_{k+1} = (-1)^k \delta_{k+1} = (-1)^k \cdot \sum_{i=1}^{\binom{N}{k+1}} Q_i^{(k+1)},$$

利用 (1.1.6) 知

$$p_{k+1} = 2^{k+1} \cdot k!^2 \cdot M_{k+1}. \tag{4.3.9}$$

今取 (4.3.2) 与 (4.3.4) 中的 $m = n$, 并将 (4.3.9) 代入 (4.3.2) 与 (4.3.4) 中取 $m = n$ 后所得的二不等式中, 经整理便得 (4.3.7) 和 (4.3.8), 至于等号成立的充要条件是显然的. □

在定理中, 若取点集 $\mathfrak{A} = \{A_1, A_2, \cdots, A_N\}$ 为 n 维欧氏空间 $\mathbf{E}^n$ 中的共球有限点集, 则我们可以得到文献 [19] 中的主要结论 (即如下的 (4.3.11)).

推论 3 设 $\mathbf{S}^{n-1}(R)$ 为 n 维欧氏空间 $\mathbf{E}^n$ 中半径为 R 的超球面, $\mathscr{A}(m) = \{A_1(m_1), A_2(m_2), \cdots, A_N(m_N)$

$\} \subset S^{n-1}(R)$, 则当 $N > n+1$ 时, 有

$$M_{k+1}^2 \geqslant \frac{(k+2)(n+1-k)}{(k-1)(n-k)} \cdot M_k M_{k+2},\ (2 \leqslant k \leqslant n-2), \tag{4.3.10}$$

$$\frac{M_{k+1}^{l+1}}{M_{l+1}^{k+1}} \geqslant \frac{\left(k \cdot \binom{n+1}{k+1}\right)^{l+1} \cdot l!^{2(k+1)}}{\left(l \cdot \binom{n+1}{l+1}\right)^{k+1} \cdot k!^{2(l+1)}},\ (1 \leqslant k < l \leqslant n), \tag{4.3.11}$$

当且仅当矩阵 $Q = \left(\sqrt{m_i m_j}\, a_{ij}^2\right)$ 中 n 个负特征值均相等时等号成立.

实际上, 由于 $\mathscr{A}(m) \subset \mathbf{S}^{n-1}(R)$, 故在引理 3 的证明过程中的 $a_1^2 = a_2^2 = \cdots = a_N^2$, 从而 $\mu_1 = 2NR^2, \mu_2 = 0$, 故此时 $\operatorname{rank} A = n+1$, 所以 $\operatorname{rank} Q = n+1$, 于是可取 (4.3.2) 与 (4.3.4) 中的 $m = n$, 再由 (4.3.9) 便可得 (4.3.10) 和 (4.3.11).

推论 4 设 $\mathscr{A}$ 为 n 维欧氏空间 $\mathbf{E}^n$ 中的单形, 其顶点集为 $\{A_1, A_2, \cdots, A_{n+1}\}$, n 维体积为 V, 外接球半径为 R, 又 $\mathscr{A}$ 的顶点 A_i 所对的界面的 $n-1$ 维体积为 $V_{(n-1),i}$, 其外接球的半径为 R_i $(1 \leqslant i \leqslant n+1)$, 则有

$$\prod_{i=1}^{n+1} \left(V_{(n-1),i} R_i\right) \geqslant \frac{n^{\frac{n}{2}} \cdot (n-1)^{\frac{n+1}{2}}}{(n-1)!} \cdot (VR)^n, \tag{4.3.12}$$

当且仅当所有的 $V_{(n-1),i} V_{(n-1),j} R_i R_j a_{ij}^2$ $(i, j = 1, 2, \cdots, n+1, i \neq j)$ 均相等时等号成立.

证 在不等式 (4.3.11) 中, 令 $N = n+1$, $k =$

$n-1$, $l=n$, 则容易得到如下的结论

$$\left(\prod_{i=1}^{n+1} m_i\right)\left(\sum_{i=1}^{n+1}\frac{(V_{(n-1),i}R_i)^2}{m_i}\right)^{n+1} \geqslant \frac{(n^2-1)^{n+1}\cdot n^n}{(n-1)!^2}\cdot (VR)^{2n},$$

若在此不等式中再令 $m_i=(V_{(n-1),i}R_i)^2$ $(1\leqslant i\leqslant n+1)$, 则可立即得到不等式 (4.3.12).

以下再证明等号成立的充要条件.

若 (4.3.12) 中的等号成立, 则由 (4.3.11) 中等号成立的充要条件及引理 3, 可设矩阵 $Q=\left(\sqrt{m_im_j}a_{ij}^2\right)$ $(m_i=(V_{(n-1),i}R_i)^2, 1\leqslant i,j\leqslant n+1)$ 的 $n+1$ 个特征值为 $\lambda_0=n\alpha$, $\lambda_1=-\alpha$, $\lambda_2=-\alpha$, $\cdots$, $\lambda_n=-\alpha$ $(\alpha>0)$, 因为矩阵 Q 是 $n+1$ 阶实对称的, 且有 n 重特征值 $-\alpha$, 所以 $\operatorname{rank}(Q-(-\alpha)I)=\operatorname{rank}(Q+\alpha I)=1$, 从而矩阵

$$Q+\alpha I=\begin{pmatrix} \alpha & & & m_im_ja_{ij}^2 \\ & \alpha & & \\ & & \ddots & \\ m_jm_ia_{ji}^2 & & & \alpha \end{pmatrix} = \begin{pmatrix}\beta_1\\ \beta_2\\ \vdots\\ \beta_{n+1}\end{pmatrix}$$

的任意两行元素对应成比例, 因此可设

$$\beta_i=k_i\beta_1,\ (2\leqslant i\leqslant n+1),$$

则由 $m_im_1a_{i1}^2=m_1m_ia_{1i}^2$, $m_im_1a_{1i}^2=k_i\alpha$ 以及 $\alpha=k_im_1m_ia_{1i}^2$ 知

$$\alpha=k_im_1m_ia_{1i}^2=k_i\cdot\left(m_im_1a_{i1}^2\right)=k_i(k_i\alpha)=k_i^2\alpha,$$

即 $\alpha=k_i^2\alpha$, 由于 $\alpha>0$, 故有 $k_i^2=1$, 又因为矩阵 Q 中的元素 $m_im_ja_{ij}^2>0$ $(i\neq j)$, 所以此处应有 $k_i=1$ $(2\leqslant i\leqslant n+1)$, 从而有 $m_im_ja_{ij}^2=m_1m_ja_{1j}^2=m_jm_1a_{j1}^2=\alpha$, $(i,j=2,\ 3,\ \cdots,\ n+1,\ i\neq j)$. 亦即 $V_{(n-1),i}V_{(n-1),j}R_iR_ja_{ij}^2$ $(i\neq j)$ 均相等, 令

$$m_im_ja_{ij}^2=V_{(n-1),i}V_{(n-1),j}R_iR_ja_{ij}^2=c,(1\leqslant i,j\leqslant n+1),$$

则易知方程 $\det\left((m_im_ja_{ij}^2)-\lambda I\right)=0$ 的 $n+1$ 个根分别为 $nc,\ -c,\ -c,\ \cdots,\ -c$ $(c>0)$, 因此 (4.3.11) 中等号成立, 从而 (4.3.12) 中等号成立. □

推论 5[20] 设 $\mathscr{A}=\{A_1,A_2,\cdots,A_N\}$ 为 n 维欧氏空间 $\mathbf{E}^n(N>n\geqslant 2)$ 中的有限点集, 任取 $\mathscr{A}$ 中的 $k+1$ 个点 $A_{i_1},A_{i_2},\cdots,A_{i_{k+1}}$ 所构成的 k 维单形 $\mathscr{A}_{(k),i}$ 的外接球半径为 $R_{(k),i}$, 其 k 维体积为 $V_{(k),i}$, 令 $T_k=\prod\limits_{i=1}^{\binom{N}{k+1}}(V_{(k),i}R_{(k),i})$, 则当 $1\leqslant k<l\leqslant n$ 时, 有

$$\left(\frac{k!}{\sqrt{k}}\cdot T_k^{\frac{1}{\binom{N}{k+1}}}\right)^{\frac{1}{k+1}}\geqslant\left(\frac{l!}{\sqrt{l}}\cdot T_l^{\frac{1}{\binom{N}{l+1}}}\right)^{\frac{1}{l+1}},\quad(4.3.13)$$

当且仅当对于所有的 $V_{(k),i}R_{(k),i}$ 与 $V_{(k),j}R_{(k),j}$ $(i\neq j,\ 1\leqslant i,j\leqslant\binom{N}{k+1})$ 均相等时等号成立.

证 将 (4.3.12) 应用于 k 维单形 $\mathscr{A}_{(k),i}$ 中可得

$$\prod_{i=1}^{k+1}(V_{(k-1),i}R_{(k-1),i}) \geqslant \frac{k^{\frac{k}{2}}\cdot(k-1)^{\frac{k+1}{2}}}{(k-1)!}\cdot(V_{(k),j}R_{(k),j})^k, \tag{4.3.14}$$

其中 $V_{(k-1),i}$， $R_{i(k-1),i}$ 分别表示 k 维单形 $\mathscr{A}_{(k),i}$ 的第 i 个界面的 $k-1$ 维体积与其外接球的半径, 由于 $\mathscr{A}$ 共有 $\binom{N}{k+1}$ 个 k 维单形 $\mathscr{A}_{(k),i}$, 所以对于 $\mathscr{A}$ 来说, 类似于 (4.3.14) 的不等式共有 $\binom{N}{k+1}$ 个, 将这些不等式分别相乘, 则有

$$\left(\prod_{i=1}^{\binom{N}{k+1}} V_{(k-1),i}R_{(k-1),i}\right)^{\frac{(k+1)\cdot\binom{N}{k+1}}{\binom{N}{k}}}$$

$$\geqslant \left(\frac{k^{\frac{k}{2}}\cdot(k-1)^{\frac{k+1}{2}}}{(k-1)!}\right)^{\binom{N}{k+1}}\cdot\left(\prod_{j=1}^{\binom{N}{k+1}} V_{(k),j}R_{(k-1),j}\right)^k,$$

整理之便得如下的递推公式

$$\left(\frac{(k-1)!}{\sqrt{k-1}}\cdot T_{k-1}^{\frac{1}{\binom{n}{k}}}\right)^{\frac{1}{k}} \geqslant \left(\frac{k!}{\sqrt{k}}\cdot T_k^{\frac{1}{\binom{N}{k+1}}}\right)^{\frac{1}{k+1}}, \tag{4.3.15}$$

由此递推公式容易得到 (4.3.13), 至于等号成立的充要条件是不难看出的. □

在 (4.3.11) 中, 若取 $k=1$, $l=2$ 则得到 (4.2.5).

§4.4 反演正弦定理

在距离几何中, Cayley - Menger 行列式是一个十分有用的工具, 而平方距离行列式的用途也是如此, 在

某些方面它们彼此之间不分上下, 并且它们之间还存在着一定的关系式, 比如 (1.1.7) 就是揭示了平方距离行列式以及 Cayley - Menger 行列式与单形的外接球半径之积的一种关系.

如下我们将利用反演变换把 n 维欧氏空间 $\mathbf{E}^n$ 中共球有限点集转化为 $\mathbf{E}^n$ 空间中 $n-1$ 维超平面上的有限点集来研究, 由此便得到这两个点集之间的一些十分有趣的度量关系和一类几何不等式.

引理[21] 设 $\mathbf{S}^{n-1}(R)$ 为 n 维欧氏空间 $\mathbf{E}^n$ 中的超球面, $\mathscr{A}=\{A_1,A_2,\cdots,A_N\}$ 为 $\mathbf{S}^{n-1}(R)$ 上的有限点集, 以 A_m $(1\leqslant m\leqslant N)$ 为反演中心, ρ^2 为反演幂, 在此变换下 A_i 的反点为 $B_i\,(1\leqslant i\leqslant N,\ i\neq m)$, 记 $B_{(m)}=\{B_1,\cdots,B_{m-1},B_{m+1},\cdots,B_N\}$, $|A_iA_j|=a_{ij}$, $|B_iB_j|=b_{ij}$ $(1\leqslant i,j\leqslant N,\quad i,j\neq m), A=\left(a_{ij}^2\right)_{N\times N}$, 则对于 $N\geqslant 3$ 有

$$\det A=\frac{1}{\rho^{4(N-2)}}\cdot\left(\prod_{\substack{j=1\\ j\neq m}}^{N}a_{mj}\right)^4\cdot\det B^{(m)},\qquad(4.4.1)$$

其中

$$B^{(m)}=\begin{pmatrix}0&1&\cdots&1\\1&&&\\\vdots&&b_{ij}^2&\\1&&&\end{pmatrix},\ (i,j\neq m).$$

证 因为反演中心为 A_m, 反演幂为 ρ^2, 则由 $\mathbf{E}^n$

中两对互为反点之间的距离公式可得

$$b_{ij}=\frac{\rho^2\cdot a_{ij}}{a_{im}\cdot a_{mj}},\ (i,j\neq m),\tag{4.4.2}$$

所以 $B_{(m)}$ 中的点所构成的 Cayley - Menger 行列式为

$$\begin{aligned}\det B^{(m)}&=\begin{vmatrix}0&1&\cdots&1\\1&&&\\\vdots&&b_{ij}^2&\\1&&&\end{vmatrix}\\&=\frac{\rho^{4(N-2)}}{\prod\limits_{\substack{j=1\\j\neq m}}^{N}a_{mj}^4}\cdot\det\left(a_{ij}^2\right),\end{aligned}$$

这样一来, 我们便证明了上述的引理. □

推论 1 设 $\mathscr{A}=\{A_1,A_2,\cdots,A_N\}\subset\mathbf{S}^{n-1}(R)\subset\mathbf{E}^n$, 则当 $N\geqslant n+2$ 时, 有

$$\det\left(a_{ij}^2\right)_{N\times N}=0.\tag{4.4.3}$$

事实上, 由于 $\mathbf{S}^{n-1}(R)$ 上的 N 个点 $A_1,A_2,\cdots,A_N$, 若以 A_m 为反演中心, ρ^2 为反演幂, 则$\mathscr{A}$ 中其余的 $N-1$ 个点的反点是 $\mathbf{E}^n$ 空间中 $\mathbf{S}^{n-1}(R)$ 的反形上的点, 设这些反点分别为 $B_1,\cdots,B_{m-1},B_{m+1},\cdots,B_N$, 且记为 $B_{(m)}=\{B_1,\cdots,B_{m-1},B_{m+1},\cdots,B_N\}$, 又 $\mathbf{S}^{n-1}(R)$ 的反形为 $\mathbf{E}^n$ 空间中的 $n-1$ 维超平面, 所以由 $B_{(m)}$ 中的点所构成的 Cayley - Menger 行列式 $\det B^{(m)}$ 知, 当 $N-1\geqslant n+1$, 即 $N\geqslant n+2$ 时, $\det B^{(m)}=0$, 从而由 (4.4.1) 知, 当 $N\geqslant n+2$ 时, 有 $\det A=0$.

不难看出, (4.4.3) 实际上就是 (4.1.3), 但此处的推导方法却有别于 (4.1.3) 的推导方法.

在 2.2 中我们给出了 n 维单形的顶点 A_i 的 n 维空间角的定义, 利用它得到了著名的正弦定理 (2.2.1), 实际上, 单形的顶点 A_i 的 n 维空间角的定义是由过顶点 A_i $(1\leqslant i\leqslant n+1)$ 的 n 个界面的单位法向量而构成的, 由此启示我们可以给出如下的:

定义 设 $\mathscr{A}$ 为 n 维欧氏空间 $\mathbf{E}^n$ 中的单形, 其顶点集为 $\{A_1,A_2,\cdots,A_{n+1}\}$, 过顶点 A_i $(1\leqslant i\leqslant n+1)$ 的棱 $|A_iA_j|$ 所在的直线的单位方向向量为 ε_j $(1\leqslant j\leqslant n+1,\ j\neq i)$, 令

$$W_i=|\det(\varepsilon_1,\cdots,\varepsilon_{i-1},\varepsilon_{i+1},\cdots,\varepsilon_{n+1})|,$$

则把 $\varphi_{i_1i_2\cdots i_n}=\arcsin W_i$ 叫作单形 $\mathscr{A}$ 过顶点 A_i 的 n 维棱顶角.

由此定义知 $\varphi_{i_1i_2\cdots i_k}=\arcsin|\det(\varepsilon_{i_1},\varepsilon_{i_2},\cdots,\varepsilon_{i_k})|$ 叫作单形 $\mathscr{A}$ 过顶点 A_i 的 k 维棱顶角, 并且对于 k 维棱顶角我们有如下的反演正弦定理.

定理 1 设 $\mathscr{A}$ 为 n 维欧氏空间 $\mathbf{E}^n$ 中的单形, 其顶点集为 $\{A_1,A_2,\cdots,A_{n+1}\}$, 又 $\mathscr{A}$ 的外接球半径为 R, 若以 A_m $(1\leqslant m\leqslant n+1)$ 为反演中心, ρ^2 为反演幂, 在此变换下, 点 A_i 的反点为 B_i $(1\leqslant i\leqslant N, i\neq m)$, 记 $B_{(m)}=\{B_1,\cdots,\ B_{m-1},\ B_{m+1},\cdots,B_{n+1}\}$. 再设由 $\mathscr{A}$ 的 $k+1$ 个顶点 $A_m,A_{i_1},A_{i_2},\cdots,A_{i_k}$ 所支撑的单形的 k 维体积记为 $V^{(m)}_{m,i_1i_2\cdots i_k}$, 以及由 $A_{i_1},A_{i_2},\cdots,A_{i_k}$ 的反点 $B_{i_1},B_{i_2},\cdots,B_{i_k}$ 所支撑的单形的 $k-1$ 维体积记为 $v^{(m)}_{i_1i_2\cdots i_k}$, 过 $\mathscr{A}$ 的顶点 A_m 的 k 维棱顶角为 $\varphi_{i_1i_2\cdots i_k}$,

则有

$$\frac{v_{i_1i_2\cdots i_k}^{(m)}}{\sin^2\varphi_{i_1i_2\cdots i_n}}=\frac{2kR_k\rho^{2(k-1)}}{k!^2\cdot V_{mi_1i_2\cdots i_k}^{(m)}},\left(\begin{array}{c}1\leqslant m\leqslant n+1\\ i_1,i_2,\cdots,i_k\neq m\end{array}\right),\tag{4.4.4}$$

其中 R_k 是顶点集为 $\{A_m,A_{i_1},A_{i_2},\cdots,A_{i_k}\}$ 的单形的外接球半径.

证 由棱顶角的定义, 若记 $|A_mA_j|=a_{mj}$, 则很容易导出

$$V_{mi_1i_2\cdots i_k}^{(m)}=\frac{1}{k!}\cdot\left(\prod_{j=1}^{k}a_{mj}\right)\cdot\sin\varphi_{i_1i_2\cdots i_k}.\tag{4.4.5}$$

若再设 D 和 D_0 依次是 $\mathscr{A}$ 的 $n+2$ 阶 Cayley-Menger 行列式和 $n+1$ 阶平方距离行列式, 则由 (1.1.1) 和 (1.1.7) 知, 此处应有

$$V^2=\frac{(-1)^{n+1}D}{2^n\cdot n!^2},$$

$$V^2R^2=\frac{(-1)^nD_0}{2^{n+1}\cdot n!^2},$$

因此有

$$\left|A_{mi_1i_2\cdots i_k}^{(m)}\right|=(-1)^k\cdot 2^{k+1}\cdot k!^2\cdot\left(V_{mi_1i_2\cdots i_k}^{(m)}\right)^2\cdot R_k^2;$$

$$\left|B_{mi_1i_2\cdots i_k}^{(m)}\right|=(-1)^k\cdot 2^{k-1}\cdot (k-1)!^2\cdot\left(v_{mi_1i_2\cdots i_k}^{(m)}\right)^2,$$

从而在引理中当 $N=k+1$ 时, 便可得

$$\begin{aligned}&(-1)^k\cdot 2^{k+1}\cdot k!^2\cdot\left(V_{mi_1i_2\cdots i_k}^{(m)}\right)^2\cdot R_k^2\\ &=\frac{(-1)^k\cdot 2^{k-1}\cdot(k-1)!^2}{\rho^{4(k-1)}}\cdot\left(\prod_{j=1}^{k}a_{mj}\right)^4\cdot\left(v_{i_1i_2\cdots i_k}^{(m)}\right)^2,\end{aligned}$$

即

$$2kV_{mi_1i_2\cdots i_k}^{(m)}R_k\rho^{2(k-1)} = v_{i_1i_2\cdots i_k}^{(m)}\left(\prod_{j=1}^{k}a_{mj}\right)^2, \quad (4.4.6)$$

再将 (4.4.5) 代入 (4.4.6) 内经整理便得 (4.4.4). □

推论 2 条件与定理 1 中的相同, 则有

$$\prod_{m=1}^{n+1}v_{i_1i_2\cdots i_k}^{(m)} = \frac{(2nVR\,\rho^{2(n-1)})^{n+1}}{\prod\limits_{1\leqslant i<j\leqslant n+1}a_{ij}^4}, \quad (4.4.7)$$

其中

$$V = V_{mi_1i_2\cdots i_k}^{(m)}, \ (\ m=1,\ 2,\ \cdots,\ n+1\ ).$$

若令

$$M_k = \sum\sum\cdots\sum_{1\leqslant i_1<i_2<\cdots<i_k\leqslant N}\lambda_{i_1}\lambda_{i_2}\cdots\lambda_{i_k}\cdot\frac{v_{i_1i_2\cdots i_k}^{(m)}V_{mi_1i_2\cdots i_k}^{(m)}}{R_{mi_1i_2\cdots i_k}},$$

则对于 M_k 我们可以给出如下的:

定理 2 设 $\mathscr{A}=\{A_1,A_2,\cdots,A_{N+1}\}\subset \mathbf{S}^{n-1}(R)\subset \mathbf{E}^n$, 以 $A_m\ (1\leqslant m\leqslant N+1)$ 为反演中心, ρ^2 为反演幂, $V_{mi_1i_2\cdots i_k}^{(m)}$ 与 $v_{i_1i_2\cdots i_k}^{(m)}$ 的含义与定理 1 中的相同, λ_i 为 $\{A_1,A_2,\cdots,A_{N+1}\}\backslash\{A_m\}$ 中 $A_i\ (1\leqslant i\leqslant N+1,1,\ i\neq m)$ 所对应的正实数, 则有

$$\frac{M_k^l}{M_l^k}\geqslant\frac{\left(\frac{(l-1)!\cdot l!}{\binom{n}{l}}\right)^k}{\left(\frac{(k-1)!\cdot k!}{\binom{n}{k}}\right)^l}\cdot\left(\frac{2}{\rho^2}\right)^{l-k}, \ (1\leqslant k<l\leqslant n), \quad (4.4.8)$$

当且仅当

$$\frac{\lambda_i}{\sum\limits_{j=1}^{N}\lambda_j}=\frac{\cos\alpha_{jk}}{n\cdot(\cos\alpha_{jk}-\cos\alpha_{ij}\cos\alpha_{ik})},$$

$$\left(\begin{array}{c}1\leqslant i,\ j,\ k\leqslant N\\ i\neq j,j\neq\ k\end{array}\right)$$

时等号成立.

在上述等式中 $\alpha_{ij}=\angle A_iA_mA_j, i,j\neq m, \binom{n}{l}$ 与 $\binom{n}{k}$ 均为组合数.

证 容易证明 $A^{(m)}=\left(\sqrt{\lambda_i\lambda_j}\cos\alpha_{ij}\right)_{N\times N}$ 为 N 阶半正定实对称矩阵, 令 $\left|A^{(m)}-xI\right|=0$, 将其展开并注意到 $\operatorname{rank}A^{(m)}=n$ 这一事实, 则有

$$x^n-c_1x^{n-1}+\cdots+(-1)^{n-k}c_kx^{n-k}+\cdots+(-1)^nc_n=0,$$

由矩阵的特征方程的系数与矩阵的各阶主子阵之间的关系易知

$$c_k=\sum_{1\leqslant i_1<i_2<\cdots<i_k\leqslant N}\sum\cdots\sum\lambda_{i_1}\lambda_{i_2}\cdots\lambda_{i_k}\sin^2\varphi_{i_1i_2\cdots i_k},$$

约定当 $k=1$ 时, $\sin^2\varphi_{i_1}=1$, 故 $c_1=\sum\limits_{i=1}^{N}\lambda_i$, 从而由 (4.4.4) 可得

$$c_k=\frac{k!^2}{2k\rho^{2(k-1)}}\cdot M_k,\ (1\leqslant k\leqslant n). \tag{4.4.9}$$

易知方程 $\left|A^{(m)}-xI\right|=0$ 有 n 个正实数根, 若设它们的 k 次初等对称多项式为 σ_k, 则易知有 $\sigma_k=c_k$,

从而再由 Maclaurin 不等式 (2.1.5) 以及 (4.4.9) 便立即得到 (4.4.8).

至于等号成立的充要条件, 由 Maclaurin 不等式 (2.1.5) 中等号成立的充要条件知, 它等价于 N 阶实对称半正定矩阵 $A^{(m)}$ 有 n 重特征值 $x_0=\frac{1}{n}\cdot\sum\limits_{j=1}^{n}\lambda_j$, 亦即 $\operatorname{rank}\left(A^{(m)}-x_0I\right)=1$, 所以矩阵 $A^{(m)}-x_0I$ 的任意两行的元素对应成比例, 即

$$\frac{\lambda_i-\frac{1}{n}\cdot\sum\limits_{i=1}^{N}\lambda_i}{\sqrt{\lambda_k\lambda_l}\ \cos\alpha_{kl}}=\frac{\sqrt{\lambda_k\lambda_l}\ \cos\alpha_{ij}}{\lambda_j-\frac{1}{n}\cdot\sum\limits_{j=1}^{N}\lambda_j}=\frac{\sqrt{\lambda_k\lambda_p}\ \cos\alpha_{kp}}{\sqrt{\lambda_l\lambda_p}\ \cos\alpha_{kp}},$$

亦即对于互不相等的 $i,\ j,\ k$ 且 $1\leqslant i,\ j,\ k\leqslant N$, 有

$$\frac{\lambda_i}{\sum\limits_{j=1}^{N}\lambda_j}=\frac{\cos\alpha_{jk}}{n\cdot(\cos\alpha_{jk}-\cos\alpha_{ij}\cos\alpha_{ik})},$$

此即为 (4.4.8) 中等号成立的充要条件. □

推论 3 设 $\mathscr{A}$ 为 n 维欧氏空间 $\mathbf{E}^n$ 中的单形, 其顶点集为 $\mathfrak{A}=\{A_1,A_2,\cdots,A_{n+1}\}$, 又 $\mathscr{A}$ 的外接球半径为 R, 若以 $A_m\ (1\leqslant m\leqslant n+1)$ 为反演中心, ρ^2 为反演幂, $\mathfrak{A}\backslash\{A_m,A_i\}$ 中的 $n-1$ 个点所支撑的 $n-2$ 维单形的 $n-2$ 维体积记为 $v_i^{(m)}\ (1\leqslant i,m\leqslant n+1,i\neq m)$, 顶点 A_i 到其所对应的 $n-1$ 维超平面的距离为 h_i, 若 $\mathscr{A}$ 的 n 维体积为 V, 记 $\varphi(n)=(n-2)!\cdot(n-1)!\cdot n^{n-1}$, 则有

$$\sum_{\substack{i=1\\i\neq m}}^{n+1}\frac{v_i^{(m)}}{R_i}\leqslant\frac{2\rho^{2(n-2)}}{\varphi(n)\cdot V}\cdot\left(\prod_{\substack{i=1\\i\neq m}}^{n+1}h_i\right)\cdot\left(\sum_{\substack{i=1\\i\neq m}}^{n+1}\frac{1}{h_i}\right)^{n-1},\quad(4.4.10)$$

当且仅当对于互不相等的 i, j, k 且 $1 \leqslant i$, j, $k \leqslant N$, 有

$$\frac{\frac{1}{h_i}}{\sum\limits_{\substack{j=1\\j\neq m}}^{n+1}\frac{1}{h_j}}=\frac{\cos\alpha_{jk}}{n\cdot(\cos\alpha_{jk}-\cos\alpha_{ij}\cos\alpha_{jk})}$$

时等号成立, 其中 $\alpha_{ij}=\angle A_iA_mA_j$.

证 在 (4.4.8) 中取 $N=n+1, k=1, l=n-1$, 则有

$$\sum\sum\cdots\sum_{1\leqslant i_1<i_2<\cdots<i_{n-1}\leqslant n+1}\lambda_{i_1}\lambda_{i_2}\cdots\lambda_{i_{n-1}}\cdot\frac{v_{i_1i_2\cdots i_{n-1}}^{(m)}V_{mi_1i_2\cdots i_{n-1}}^{(m)}}{R_{mi_1i_2\cdots i_{n-1}}}$$

$$\leqslant\frac{2\rho^{2(n-2)}}{(n-2)!\cdot(n-1)!\cdot n^{n-2}}\cdot\left(\sum_{\substack{i=1\\i\neq m}}^{n+1}\lambda_i\right)^{n-1},$$

在此不等式中令 $\lambda_i=\frac{1}{h_i}$ 可得

$$\left(\prod_{\substack{i=1\\i\neq m}}^{n+1}\frac{1}{h_i}\right)\cdot\sum_{\substack{i=1\\i\neq m}}^{n+1}\frac{v_i^{(m)}\cdot V_i^{(m)}h_i}{R_i}$$

$$\leqslant\frac{2\rho^{2(n-2)}}{(n-2)!\cdot(n-1)!\cdot n^{n-2}}\cdot\left(\sum_{\substack{i=1\\i\neq m}}^{n+1}\frac{1}{h_i}\right)^{n-1},$$

再利用单形的体积公式 (1.1.3) 便立即得到

$$\sum_{\substack{i=1\\i\neq m}}^{n+1}\frac{v_i^{(m)}}{R_i}\leqslant\frac{2\rho^{2(n-1)}}{\varphi(n)\cdot V}\cdot\left(\prod_{\substack{i=1\\i\neq m}}^{n+1}h_i\right)\left(\sum_{\substack{i=1\\i\neq m}}^{n+1}\frac{1}{h_i}\right)^{n-1},$$

至于等号成立的充要条件由 (4.4.8) 是显然的. □

§4.5 有限个单形间的一类恒等式

设 $A_1A_2A_3A_4$ 为平面上的一个四边形, 若设点 A_1 到边 A_2A_3, A_3A_4 的有向距离分别为 d_{12}, d_{13}, 设点 A_2 到边 A_3A_4, A_4A_1 的有向距离分别为 d_{23}, d_{24}, 设点 A_3 到边 A_4A_1, A_1A_2 的有向距离分别为 d_{34}, d_{31}, 同样, 点 A_4 到边 A_1A_2 与 A_2A_3 的有向距离分别为 d_{41}, d_{42}, 则有

$$d_{12}d_{23}d_{34}d_{41} = d_{13}d_{31}d_{24}d_{42}. \tag{4.5.1}$$

四边形 $A_1A_2A_3A_4$ 可以视为两个 $\triangle A_1A_2A_3$ 和 $\triangle A_3A_4A_1$ 合并而成的, 从而使得我们想到, 对于任意两个 $\triangle A_1A_2A_3$ 和 $\triangle B_1B_2B_3$ 来说, 若设 $\triangle A_1A_2A_3$ 的顶点 A_i 到 $\triangle B_1B_2B_3$ 的顶点 B_j 所对的边的有向距离为 $d_{ij}^{(12)}$ $(1 \leqslant i, j \leqslant 3)$, 同样, 记 $\triangle B_1B_2B_3$ 顶点 B_i 到 $\triangle A_1A_2A_3$ 的顶点 A_j 所对的边的有向距离为 $d_{ij}^{(21)}$ $(1 \leqslant i, j \leqslant 3)$, 又这两个三角形的面积分别为 $\triangle_1$ 与 $\triangle_2$, 则有

$$\det\left(d_{ij}^{(12)}\right) \cdot \det\left(d_{ij}^{(21)}\right) \leqslant 3\sqrt{3}(\triangle_1\triangle_2)^{\frac{3}{2}}, \tag{4.5.2}$$

当且仅当两个三角形均为正三角形时等号成立.

同样, 若再有第三个 $\triangle C_1C_2C_3$, 它的面积为 $\triangle_3$, 记 $\triangle B_1B_2B_3$ 的顶点 B_i 到 $\triangle C_1C_2C_3$ 的顶点 C_j 所对的边的有向距离为 $d_{ij}^{(23)}$; $\triangle C_1C_2C_3$ 的顶点 C_i 到 $\triangle A_1A_2A_3$ 的顶点 A_j 所对的边的有向距离为 $d_{ij}^{(31)}$, 则有

$$\det\left(d_{ij}^{(12)}\right)\cdot\det\left(d_{ij}^{(23)}\right)\cdot\det\left(d_{ij}^{(31)}\right) \leqslant 81\sqrt{3}(\triangle_1\triangle_2\triangle_3)^{\frac{3}{2}}, \tag{4.5.3}$$

当且仅当三个三角形均为正三角形时等号成立.

由 (4.5.3) 使得我们又想到平面上任意有限个三角形的情形, 甚至想到对于 n 维欧氏空间 $\mathbf{E}^n$ 中任意有限个单形的情况, 为解决这一问题, 如下我们首先给出:

引理 设 $\mathscr{A}$, $\mathscr{B}$, $\mathscr{C}$ 为 n 维欧氏空间 $\mathbf{E}^n$ 中的三个单形, $\mathscr{A}$ 的顶点 A_i 到 $\mathscr{C}$ 的顶点 C_j 所对的 $n-1$ 维超平面的有向距离为 $d_{ij}^{(13)}$, $\mathscr{B}$ 的顶点 B_i 到 $\mathscr{C}$ 的顶点 C_j 所对的 $n-1$ 维超平面的有向距离为 $d_{ij}^{(23)}$, $\mathscr{B}$ 的顶点 B_i 到 $\mathscr{A}$ 的顶点 A_j 所对的 $n-1$ 维超平面的有向距离为 $d_{ij}^{(21)}$, 又 $\mathscr{A}$ 的 $n+1$ 条高线的积记为 H_1, 若 $D_{23}=\det\left(d_{ij}^{(23)}\right)$, $D_{21}=\det\left(d_{ij}^{(21)}\right)$, $D_{13}=\det\left(d_{ij}^{(13)}\right)$, 则有

$$D_{23}H_1=D_{21}D_{13}. \tag{4.5.4}$$

证 设 $\mathscr{A}$ 为坐标单形, $\mathscr{B}$ 的顶点 B_i 的重心坐标为 $B_i(\lambda_{i1},\lambda_{i2},\cdots,\lambda_{i,n+1})$, 单形 $\mathscr{A}$ 的顶点 A_i 所对的 $n-1$ 维超平面上的高为 h_i $(1\leqslant i\leqslant n+1)$, 则有

$$B_i(\lambda_{i1},\lambda_{i2},\cdots,\lambda_{i,n+1})=B_i\left(\frac{d_{i1}^{(21)}}{h_1},\frac{d_{i2}^{(21)}}{h_2},\cdots,\frac{d_{i,n+1}^{(21)}}{h_{n+1}}\right).$$

由 (1.5.9) 知

$$d_{ij}^{(23)}=\sum_{k=1}^{n+1}\lambda_{ik}d_{kj}^{(13)}, \tag{4.5.5}$$

于是利用行列式的乘法可得

$$D_{23}=\det\left(d_{ij}^{(23)}\right)_{(n+1)\times(n+1)}$$

$$
= \begin{vmatrix} \sum\limits_{k=1}^{n+1} \lambda_{1k} d_{k1}^{(13)} & \sum\limits_{k=1}^{n+1} \lambda_{1k} d_{k2}^{(13)} & \cdots & \sum\limits_{k=1}^{n+1} \lambda_{1k} d_{k,n+1}^{(13)} \\ \sum\limits_{k=1}^{n+1} \lambda_{2k} d_{k1}^{(13)} & \sum\limits_{k=1}^{n+1} \lambda_{2k} d_{k2}^{(13)} & \cdots & \sum\limits_{k=1}^{n+1} \lambda_{2k} d_{k,n+1}^{(13)} \\ \cdots & \cdots & \cdots & \cdots \\ \sum\limits_{k=1}^{n+1} \lambda_{n+1,k} d_{k1}^{(13)} & \sum\limits_{k=1}^{n+1} \lambda_{n+1,k} d_{k2}^{(13)} & \cdots & \sum\limits_{k=1}^{n+1} \lambda_{n+1,k} d_{k,n+1}^{(13)} \end{vmatrix}
$$

$$
= \begin{vmatrix} \lambda_{11} & \lambda_{12} & \cdots & \lambda_{1,n+1} \\ \lambda_{21} & \lambda_{22} & \cdots & \lambda_{2,,n+1} \\ \cdots & \cdots & \cdots & \cdots \\ \lambda_{n+1,1} & \lambda_{n+1,2} & \cdots & \lambda_{n+1,n+1} \end{vmatrix}
\times \begin{vmatrix} d_{11}^{(13)} & d_{12}^{(13)} & \cdots & d_{1,n+1}^{(13)} \\ d_{21}^{(13)} & d_{22}^{(13)} & \cdots & d_{2,n+1}^{(13)} \\ \cdots & \cdots & \cdots & \cdots \\ d_{n+1,1}^{(13)} & d_{n+1,2}^{(13)} & \cdots & d_{n+1,n+1}^{(13)} \end{vmatrix}
$$

$$
= \frac{1}{h_1 h_2 \cdots h_{n+1}} \times \begin{vmatrix} d_{11}^{(21)} & d_{12}^{(21)} & \cdots & d_{1,n+1}^{(21)} \\ d_{21}^{(21)} & d_{22}^{(21)} & \cdots & d_{2,n+1}^{(21)} \\ \cdots & \cdots & \cdots & \cdots \\ d_{n+1,1}^{(21)} & d_{n+1,2}^{(21)} & \cdots & d_{n+1,n+1}^{(21)} \end{vmatrix} \cdot \det\left(d_{ij}^{(13)}\right)
$$

$$
= \frac{1}{H_1} \cdot \det\left(d_{ij}^{(21)}\right) \cdot \det\left(d_{ij}^{(13)}\right)
$$

$$
= \frac{1}{H_1} \cdot D_{21} D_{13},
$$

即

$$D_{23}=\frac{1}{H_1}\cdot D_{21}D_{13},$$

由此立即可得 (4.5.4). □

推论 1 设 $\{A_1,A_2,\cdots,A_N\}$ 为 n 维欧氏空间 $\mathbf{E}^n$ 中的有限点集, $\{\pi_1,\pi_2,\cdots,\pi_N\}$ 为有限面集, 若点 A_i 到定向超平面 π_j 的有向距离为 d_{ij} $(1\leqslant i,j\leqslant N)$, 则当 $N\geqslant n+2$ 时, 有

$$\det(d_{ij})_{N\times N}=0. \tag{4.5.6}$$

实际上, 由引理的证明过程可知, 当 $N>n+1$ 时, 有

$$\det(d_{ij})_{N\times N}=$$

$$\begin{vmatrix}\lambda_{11} & \lambda_{12} & \cdots & \lambda_{1,n+1} & 0 & \cdots & 0\\ \lambda_{21} & \lambda_{22} & \cdots & \lambda_{2,n+1} & 0 & \cdots & 0\\ \cdots & \cdots & \cdots & \cdots & 0 & \cdots & 0\\ \lambda_{n+1,1} & \lambda_{n+1,2} & \cdots & \lambda_{n+1,n+1} & 0 & \cdots & 0\end{vmatrix}$$

$$\times\begin{vmatrix}d_{11}^{(13)} & d_{12}^{(13)} & \cdots & d_{1N}^{(13)}\\ d_{21}^{(13)} & d_{22}^{(13)} & \cdots & d_{2N}^{(13)}\\ \cdots & \cdots & \cdots & \cdots\\ d_{n+1,1}^{(13)} & d_{n+1,2}^{(13)} & \cdots & d_{n+1,N}^{(13)}\\ 0 & 0 & \cdots & 0\\ \cdots & \cdots & \cdots & \cdots\\ 0 & 0 & \cdots & 0\end{vmatrix}=0.$$

推论 2 设 $\mathscr{A}$ 与 $\mathscr{B}$ 为 n 维欧氏空间 $\mathbf{E}^n$ 中的两个单形, $\mathscr{A}$ 的顶点 A_i 到 $\mathscr{B}$ 的顶点 B_j 所对的界面的

有向距离为 $d_{ij}^{(12)}$, $\mathscr{B}$ 的顶点 B_i 到 $\mathscr{A}$ 的顶点 A_j 所对的界面的有向距离为 $d_{ij}^{(21)}$, 又 $\mathscr{A}$ 与 $\mathscr{B}$ 各自的 $n+1$ 条高线的乘积分别为 H_1 和 H_2, 若记 $D_{12}=\det\left(d_{ij}^{(12)}\right)$, $D_{21}=\det\left(d_{ij}^{(21)}\right)$, 则有

$$D_{12}D_{21}=H_1H_2. \tag{4.5.7}$$

事实上, 在 (4.5.4) 中, 取 $\mathscr{C}=\mathscr{B}$, 则易知 $D_{23}=D_{22}=H_2$, $D_{13}=D_{12}$, 故有 $H_1H_2=D_{12}D_{21}$.

定理 1 设 $\mathscr{A}_1, \mathscr{A}_2, \cdots, \mathscr{A}_m$ 为 n 维欧氏空间 $\mathbf{E}^n$ 中的 m 个单形, H_k 为 $\mathscr{A}_k$ 的 $n+1$ 条高线长的乘积, d_{ij}^{kl} 为 $\mathscr{A}_k$ 的顶点 A_i 到 $\mathscr{A}_l$ 的顶点 A_j 所对的界面的有向距离, 记 $D_{kl}=\det\left(d_{ij}^{(kl)}\right)$, 则有

$$D_{12}D_{23}D_{34}\cdots D_{m-1,m}D_{m\,1}=H_1H_2\cdots H_m. \tag{4.5.8}$$

证 此处我们用数学归纳法来证明:

当 $m=2$ 时, 由 (4.5.7) 知, 此时显然成立.

假设在 (4.5.8) 中对于 $m-1$ 时是成立的, 即

$$D_{12}D_{23}D_{34}\cdots D_{m-2,m-1}D_{m-1,\,1}=H_1H_2\cdots H_{m-1}, \tag{4.5.9}$$

则对于 m 时, 可取 $\mathscr{A}_m$ 为坐标单形, 此时将 (4.5.4) 运用于 $\mathscr{A}_m, \mathscr{A}_{m-1}, \mathscr{A}_1$ 中可得

$$D_{m-1,m}D_{m1}=D_{m-1,1}H_m, \tag{4.5.10}$$

将 (4.5.9) 与 (4.5.10) 相乘并约去 $D_{m-1,1}$ 便得到 (4.5.8).

由此知, 对于任意的自然数 $m(\geqslant 2)$ (4.5.8) 均成立. □

定理 2 设 $\mathscr{A}_1, \mathscr{A}_2, \cdots, \mathscr{A}_m$ 为 n 维欧氏空间 $\mathbf{E}^n$ 中的 m 个单形, 若 $\mathscr{A}_i$ 的 n 维体积为 V_i $(1 \leqslant i \leqslant m)$, 其余条件与定理 1 中的相同, 若约定 $D_{m,m+1} = D_{m1}$, 则有

$$\prod_{i=1}^{m} D_{i,i+1} \leqslant \left(\frac{(n+1)^{n-1} \cdot n!^2}{n^n}\right)^{\frac{m(n+1)}{2n}} \cdot \left(\prod_{i=1}^{m} V_i\right)^{\frac{n+1}{n}}, \tag{4.5.11}$$

当且仅当 m 个单形 $\mathscr{A}_1, \mathscr{A}_2, \cdots, \mathscr{A}_m$ 均正则时等号成立.

证 由于 $H_i = \prod\limits_{j=1}^{n+1} h_{ij}$ $(1 \leqslant i \leqslant m)$, 所以由 (1.1.3) 以及 (2.2.8) 可得

$$\begin{aligned}
\prod_{i=1}^{m} D_{i,i+1} &= \prod_{i=1}^{m} H_i \\
&= \prod_{i=1}^{m} \frac{(nV_i)^{n+1}}{\prod\limits_{j=1}^{n+1} S_{ij}} \\
&\leqslant \prod_{i=1}^{m} \frac{(nV_i)^{n+1}}{\frac{1}{(n+1)^{\frac{n^2-1}{2n}}} \cdot \left(\frac{n^{3n}}{n!^2}\right)^{\frac{n+1}{2n}} \cdot V_i^{\frac{n^2-1}{n}}} \\
&= \prod_{i=1}^{m} \left(\frac{(n+1)^{n-1} \cdot n!^2}{n^n} \cdot V_i^2\right)^{\frac{n+1}{2n}},
\end{aligned}$$

此即为 (4.5.11). □

由 (4.5.11) 和 (2.4.1) 我们可以得到如下的:

推论 3 设单形 $\mathscr{A}_i$ 的 $k+1$ 个顶点 $A_{i_1}, A_{i_2}, \cdots, A_{i_{k+1}}$ 所构成的单形的 k 维体积为 $V_{ij,(k)}$, 其余条件与

定理 2 中的相同, 则有

$$\prod_{i=1}^{m} D_{i,i+1} \leqslant \left[\frac{n+1}{n} \cdot \left(\frac{k!^2}{k+1}\right)^{\frac{1}{k}}\right]^{\frac{m(n+1)}{2}} \times \left(\prod_{i=1}^{m} \prod_{j=1}^{\binom{n+1}{k+1}} V_{ij,(k)}\right)^{\frac{n+1}{nk\binom{n+1}{k+1}}}, \tag{4.5.12}$$

当且仅当 m 个单形均为正则时等号成立.

在 (4.5.12) 中, 特别有意思的是当 $k=1$ 时, 不等号右端却是联系单形的棱长问题.

又在 (4.5.6) 中, 当 $n=2$, $N=4$ 时便是 (4.5.1), 同样, 在 (4.5.11) 中, 当 $n=2$, m 分别取 2 和 3 时便是前面的 (4.5.2) 和 (4.5.3).

§4.6 联系两个有限集的不等式

在上一节中, 我们给出了一个涉及有限点集与有限面集的一个关系式 (4.5.6), 这一节将继续研究两个有限集之间的关系, 这里首先来看两个有限面集中的一类不等式.

设有两个由有限超平面为元素所构成的集合 $\mathscr{A}=\{\pi_1, \pi_2, \cdots, \pi_N\}$ 和 $\mathscr{B}=\{\zeta_1, \zeta_2, \cdots, \zeta_N\}$, 并记 π_i 与 ζ_i 的单位法向量分别为 e_i 与 ε_i, 由 2.2 中的 n 维空间角的定义, 我们此处同样可以记

$$D_i=\det(e_1, e_2, \cdots, e_{i-1}, e_{i+1}, \cdots, e_{n+1}),$$

$$Q_i=\det(\varepsilon_1,\varepsilon_2,\cdots,\varepsilon_{i-1},\varepsilon_{i+1},\cdots,\varepsilon_{n+1}),$$

则把 $\alpha_i = \arcsin|D_i|$ 和 $\beta_i = \arcsin|Q_i|$ 分别叫作 $\mathscr{A}$ 与 $\mathscr{B}$ 中的 n 个超平面所构成的 n 维空间角. 又因为

$$
\begin{aligned}
&D_iQ_j\\
&= \det(e_1, \cdots, e_{i-1}, e_{i+1}, \cdots, e_{n+1})\\
&\quad \times \det(\varepsilon_1, \cdots, \varepsilon_{j-1}, \varepsilon_{j+1}, \cdots, \varepsilon_{n+1})\\
&= \begin{vmatrix}
e_1\varepsilon_1 & \cdots & e_1\varepsilon_{j-1} & e_1\varepsilon_{j+1} & \cdots & e_1\varepsilon_{n+1}\\
\cdots & \cdots & \cdots & \cdots & \cdots & \cdots\\
e_{i-1}\varepsilon_1 & \cdots & e_{i-1}\varepsilon_{j-1} & e_{i-1}\varepsilon_{j+1} & \cdots & e_{i-1}\varepsilon_{n+1}\\
e_{i+1}\varepsilon_1 & \cdots & e_{i+1}\varepsilon_{j-1} & e_{i+1}\varepsilon_{j+1} & \cdots & e_{i+1}\varepsilon_{j+1}\\
\cdots & \cdots & \cdots & \cdots & \cdots & \cdots\\
e_{n+1}\varepsilon_1 & \cdots & e_{n+1}\varepsilon_{j-1} & e_{n+1}\varepsilon_{j+1} & \cdots & e_{n+1}\varepsilon_{n+1}
\end{vmatrix}\\
&= G_{ij},
\end{aligned}
$$

若记 $\gamma_{ij} = \arcsin\sqrt{|G_{ij}|}$, 则有

$$\sin\alpha_i \sin\beta_j = \sin^2\gamma_{ij}. \tag{4.6.1}$$

我们同样也可以定义 $\mathbf{E}^n$ 中的 k 维空间角, 即

$$D_{i_1i_2\cdots i_k} = \det(e_{i_1}, e_{i_2}, \cdots, e_{i_k}); \tag{4.6.2}$$

$$Q_{j_1j_2\cdots j_k} = \det(\varepsilon_{j_1}, \varepsilon_{j_2}, \cdots, \varepsilon_{j_k}); \tag{4.6.3}$$

$$
\begin{aligned}
D_{i_1i_2\cdots i_k} \cdot Q_{j_1j_2\cdots j_k} = {}& \det(e_{i_1}, e_{i_2}, \cdots, e_{i_k})\\
& \times \det(\varepsilon_{j_1}, \varepsilon_{j_2}, \cdots, \varepsilon_{j_k}),
\end{aligned}
$$

则相应地有

$$\sin\alpha_{i_1i_2\cdots i_k} \cdot \sin\beta_{j_1j_2\cdots j_k} = \sin^2\gamma_{i_1i_2\cdots i_k, j_1j_2\cdots j_k}, \tag{4.6.4}$$

由 (4.6.1) 易知, 若令 $\beta=\alpha$, 且 $j=i+1$, 当 $i=m$ 时, $\sin^2\gamma_{i,i+1}=\sin^2\gamma_{m,m+1}=\sin^2\gamma_{m,1}$, 则有

$$\prod_{i=1}^{m}\sin\alpha_i=\prod_{i=1}^{m}\sin\gamma_{i,i+1}. \tag{4.6.5}$$

设 m_i 为超平面 π_i $(1\leqslant i\leqslant N)$ 所对应的正实数, 并且记

$$b_k=\sum\sum_{1\leqslant i_1<i_2<\cdots<i_k\leqslant N}\cdots\sum m_{i_1}m_{i_2}\cdots m_{i_k}\sin\alpha_{i_1i_2\cdots i_k}\cdot\sin\beta_{i_1i_2\cdots i_k},$$

则对于 b_k $(1\leqslant k\leqslant n)$ 我们有如下的:

定理 1 设 $\mathfrak{A}=\{\pi_1,\pi_2,\cdots,\pi_N\}$, $\mathfrak{B}=\{\zeta_1,\ \zeta_2,\ \cdots,\ \zeta_N\}$ 均为 n 维欧氏空间 $\mathbf{E}^n$ 中的有限面集, π_i 与 ζ_j 的单位法向量所夹的角为 δ_{ij} $(1\leqslant i,j\leqslant N)$, 则当 $N>n$ 时, 有

$$b_k^2\geqslant\frac{(k+1)\cdot(n+1-k)}{k\,(n-k)}\cdot b_{k-1}b_{k+1}\,,(1\leqslant k\leqslant n-1), \tag{4.6.6}$$

当且仅当矩阵 $\left(\sqrt{m_im_j}\cos\delta_{ij}\right)$ 的 n 个非零特征值均相等时等号成立.

证 由于 $e_i\varepsilon_j=\cos\delta_{ij}$, 且 $\operatorname{rank}(\cos\delta_{ij})_{N\times N}=n$, 故

$$\operatorname{rank}\left(\sqrt{m_im_j}\cos\delta_{ij}\right)_{N\times N}=n$$

于是矩阵$\left(\sqrt{m_im_j}\cos\delta_{ij}\right)$的特征方程为

$$\left|\left(\sqrt{m_im_j}\cos\delta_{ij}\right)-xI\right|=0,$$

在其展开式中去掉 $N-n$ 个零根, 由此可得

$$x^n-b_1x^{n-1}+\cdots+(-1)^kb_kx^{n-k}+\cdots+(-1)^nb_n=0, \tag{4.6.7}$$

从而由 Newton 不等式 (2.1.2) 可得

$$\left(\frac{b_k}{\binom{n}{k}}\right)^2 \geqslant \frac{b_{k-1}}{\binom{n}{k-1}} \cdot \frac{b_{k+1}}{\binom{n}{k+1}},$$

当且仅当 (4.6.7) 中的 n 个非零根均相等时等号成立.

□

由上述证明过程可以看出, 在 (4.6.6) 中当 $k=1$ 时, $b_0=1$, 并且易知, 若设 π_i 与 ζ_j 所夹的二面角为 θ_{ij}, 则 $\theta_{ij}+\delta_{ij}=\pi$, 故

$$\cos\delta_{ij}=\cos(\pi-\theta_{ij})=-\cos\theta_{ij}.$$

推论 1 设 $\mathscr{A}$ 与 $\mathscr{B}$ 均为 $\mathbf{E}^n$ 中的单形, $\mathscr{A}$ 的顶点 A_i 所对的界面的 $n-1$ 维体积为 S_i, $\mathscr{B}$ 的顶点 B_i 所对的界面的 $n-1$ 维体积为 F_i, 又 S_i 与 S_j 的公共部分的 $n-2$ 维体积为 S_{ij}, F_i 与 F_j 的公共部分为 F_{ij} $(1\leqslant i,j\leqslant n+1)$, m_i $(1\leqslant i\leqslant n+1)$ 为正实数, 若 $\mathscr{A}$ 与 $\mathscr{B}$ 的 n 维体积为 V_1 和 V_2, 则

$$\begin{aligned}&\left(\sum_{i=1}^{n+1} m_iS_iF_i\right)^2\\&\geqslant 2\left(\frac{n}{n-1}\right)^3 V_1V_2\cdot\left(\sum_{1\leqslant i<j\leqslant n+1} m_im_jS_{ij}F_{ij}\right),\end{aligned} \tag{4.6.8}$$

当且仅当 $\mathscr{A}$ 与 $\mathscr{B}$ 均为正则单形且对于所有的 m_i $(1\leqslant i\leqslant n+1)$ 均相等时等号成立.

证 由 (1.3.11) 知, 若设 α_{ij} 为 $\mathscr{A}$ 的界面 S_i 与 S_j 所夹的内二面角, β_{ij} 为 $\mathscr{B}$ 的界面 F_i 与 F_j 所夹的

内二面角, 则有

$$\sin\alpha_{ij}=\frac{nV_1}{n-1}\cdot\frac{S_{ij}}{S_iS_j},$$

$$\sin\beta_{ij}=\frac{nV_2}{n-1}\cdot\frac{F_{ij}}{F_iF_j},$$

将此二式代入 (4.6.6) 内当取 $N=n+1,\ k=1$ 时的结果中, 由此得

$$\left(\sum_{i=1}^{n+1}m_i\right)^2\geqslant\frac{2n}{n-1}\cdot\left(\frac{n}{n-1}\right)^2\cdot V_1V_2\times\left(\sum_{1\leqslant i<j\leqslant n+1}m_im_j\cdot\frac{S_{ij}F_{ij}}{S_iS_jF_iF_j}\right),\tag{4.6.9}$$

当且仅当 $\mathscr{A}$ 与 $\mathscr{B}$ 均为正则单形且 $m_1=m_2=\cdots=m_{n+1}$ 时等号成立.

在 (4.6.9) 中, 以 $m_iS_iF_i$ 代替 m_i $(1\leqslant i\leqslant n+1)$ 经整理后立即得到 (4.6.8), 至于等号成立的充要条件是不难看出的. □

设 h_i 为单形 $\mathscr{A}$ 的顶点 A_i 所对的界面上的高, h_i' 为单形 $\mathscr{B}$ 的顶点 B_i 所对的界面上的高, 若在 (4.6.8) 中令 $m_i=h_ih_i'$ $(1\leqslant i\leqslant n+1)$, 则由 (1.1.3) 可得

$$\frac{n(n+1)^2(n-1)^3}{2}\cdot V_1V_2\geqslant\sum_{1\leqslant i<j\leqslant n+1}h_ih_jh_i'h_j'S_{ij}F_{ij}.\tag{4.6.10}$$

特别地, 当 $\mathscr{B}=\mathscr{A}$ 时, 有

$$\frac{n(n+1)^2(n-1)^3}{2}\cdot V^2\geqslant\sum_{1\leqslant i<j\leqslant n+1}(h_ih_jS_{ij})^2$$

$$\geqslant \frac{2}{n(n+1)} \cdot \left(\sum_{1 \leqslant i < j \leqslant n+1} h_i h_j S_{ij} \right)^2,$$

即

$$\left(\sum_{1 \leqslant i < j \leqslant n+1} h_i h_j S_{ij} \right)^2 \leqslant \frac{n^2(n+1)^3(n-1)^3}{4} \cdot V^2,$$

所以有

$$\sum_{1 \leqslant i < j \leqslant n+1} h_i h_j S_{ij} \leqslant \frac{n(n^2-1) \cdot \sqrt{n^2-1}}{2} \cdot V, \quad (4.6.11)$$

当且仅当 $\mathscr{A}$ 为正则单形时等号成立.

如下我们再来研究两个有限点集之间的问题.

设 $\mathfrak{A} = \{A_1, A_2, \cdots, A_{n+1}\}$, $\mathfrak{B} = \{B_1, B_2, \cdots, B_{n+1}\}$ 为 n 维欧氏空间 $\mathbf{E}^n$ 中的两个单形的顶点集, 点 A_i 到点 B_j 之间的距离为 d_{ij}, 即 $|A_iB_j| = d_{ij}$ $(1 \leqslant i, j \leqslant n+1)$, 记

$$Q_{12} = \begin{vmatrix} 0 & 1 & 1 & \cdots & 1 \\ 1 & d_{11}^2 & d_{12}^2 & \cdots & d_{1,n+1}^2 \\ 1 & d_{21}^2 & d_{22}^2 & \cdots & d_{2,n+1}^2 \\ \cdots & \cdots & \cdots & \cdots & \cdots \\ 1 & d_{n+1,1}^2 & d_{n+1,2}^2 & \cdots & d_{n+1,n+1}^2 \end{vmatrix}. \quad (4.6.12)$$

设 $D_{12} = \left|(-1)^{n+1}Q_{12}\right|$, 相应地记

$$V_{12}^2 = \frac{D_{12}}{2^n \cdot n!^2}. \quad (4.6.13)$$

定义 由 (4.6.13) 所确定的 V_{12} 称为单形 $\mathscr{A}$ 与单形 $\mathscr{B}$ 的 n 维混合体积.

引理 1 设 $\mathscr{A}$ 与 $\mathscr{B}$ 均为 n 维欧氏空间 $\mathbf{E}^n$ 中的两个单形, 它们的 n 维体积分别为 V_1 与 V_2, V_{12} 为 $\mathscr{A}$ 与 $\mathscr{B}$ 的混合体积, 则有

$$V_1V_2 = V_{12}^2. \tag{4.6.14}$$

证 设 $A_i(x_{i1}, x_{i2}, \cdots, x_{in})$ 为 n 维欧氏空间 $\mathbf{E}^n$ 中单形 $\mathscr{A}$ 顶点 A_i 的 Cartesian 直角坐标, 同样再设 $B(y_{i1},\ y_{i2}, \cdots, y_{in})$ 为单形 $\mathscr{B}$ 的顶点 B_i 的 Cartesian 直角坐标, 记 $x_i = (x_{i1}, x_{i2}, \cdots, x_{in})$, $y_i = (y_{i1}, y_{i2}, \cdots, y_{in})$, 则有

$$n!^2V_1V_2 = \begin{vmatrix} x_{11} & x_{12} & \cdots & x_{1n} & 1 \\ x_{21} & x_{22} & \cdots & x_{2n} & 1 \\ \cdots & \cdots & \cdots & \cdots & \cdots \\ x_{n+1,1} & x_{n+1,2} & \cdots & x_{n+1,n} & 1 \end{vmatrix} \times \begin{vmatrix} y_{11} & y_{12} & \cdots & y_{1n} & 1 \\ y_{21} & y_{22} & \cdots & y_{2n} & 1 \\ \cdots & \cdots & \cdots & \cdots & \cdots \\ y_{n+1,1} & y_{n+1,2} & \cdots & y_{n+1,n} & 1 \end{vmatrix}$$

$$= \begin{vmatrix} x_{11} & x_{12} & \cdots & x_{1n} & 1 \\ x_{21} & x_{22} & \cdots & x_{2n} & 1 \\ \cdots & \cdots & \cdots & \cdots & \cdots \\ x_{n+1,1} & x_{n+1,2} & \cdots & x_{n+1,n} & 1 \end{vmatrix} \times \begin{vmatrix} y_{11} & y_{21} & \cdots & y_{n+1,1} \\ y_{12} & y_{22} & \cdots & y_{n+1,2} \\ \cdots & \cdots & \cdots & \cdots \\ y_{1n} & y_{2n} & \cdots & y_{n+1,n} \\ 1 & 1 & \cdots & 1 \end{vmatrix}$$

$$
= \begin{vmatrix} x_1y_1+1 & x_1y_2+1 & \cdots & x_1y_{n+1}+1 \\ x_2y_1+1 & x_2y_2+1 & \cdots & x_2y_{n+1}+1 \\ \cdots & \cdots & \cdots & \cdots \\ x_{n+1}y_1+1 & x_{n+1}y_2+1 & \cdots & x_{n+1}y_{n+1}+1 \end{vmatrix}
$$

$$
= \begin{vmatrix} 1 & -1 & -1 & \cdots & -1 \\ 1 & x_1y_1 & x_1y_2 & \cdots & x_1y_{n+1} \\ 1 & x_2y_1 & x_2y_2 & \cdots & x_2y_{n+1} \\ \cdots & \cdots & \cdots & \cdots & \cdots \\ 1 & x_{n+1}y_1 & x_{n+1}y_2 & \cdots & x_{n+1}y_{n+1} \end{vmatrix}
$$

$$
= \left| \begin{pmatrix} x_1 \\ x_2 \\ \vdots \\ x_{n+1} \end{pmatrix} \begin{pmatrix} y_1, & y_2, & \cdots, & y_{n+1} \end{pmatrix} \right|
$$

$$
- \begin{vmatrix} 0 & -1 & -1 & \cdots & -1 \\ 1 & x_1y_1 & x_1y_2 & \cdots & x_1y_{n+1} \\ 1 & x_2y_1 & x_2y_2 & \cdots & x_2y_{n+1} \\ \cdots & \cdots & \cdots & \cdots & \cdots \\ 1 & x_{n+1}y_1 & x_{n+1}y_2 & \cdots & x_{n+1}y_{n+1} \end{vmatrix}
$$

$$
= \frac{(-1)^{n+1}}{2^n} \cdot \begin{vmatrix} 0 & 1 & \cdots & 1 \\ 1 & & & \\ \vdots & & (y_j - x_i)^2 & \\ 1 & & & \end{vmatrix}
$$

$$= \frac{(-1)^{n+1}}{2^n} \cdot \begin{vmatrix} 0 & 1 & \cdots & 1 \\ 1 & & & \\ \vdots & & d_{ij}^2 & \\ 1 & & & \end{vmatrix}$$

$$= \frac{(-1)^{n+1} Q_{12}}{2^n},$$

所以有

$$n!^2 V_1 V_2 = \frac{D_{12}}{2^n} = n!^2 V_{12}^2,$$

于是引理 1 得证. □

推论 2 设 $\mathscr{A}_1, \mathscr{A}_2, \cdots, \mathscr{A}_m$ 为 n 维欧氏空间 $\mathbf{E}^n$ 中的 m 个单形, 设 $\mathscr{A}_i$ 的 n 维体积为 V_i, 又 $\mathscr{A}_i$ 与 $\mathscr{A}_j$ 的 n 维混合体积为 V_{ij}, 若记 $V_{m,m+1} = V_{m,1}$, 则有

$$\prod_{i=1}^{m} V_i = \prod_{i=1}^{m} V_{i,i+1}. \tag{4.6.15}$$

引理 2 设 $\mathfrak{A} = \{A_1, A_2, \cdots, A_N\}$, $\mathfrak{B} = \{B_1, B_2, \cdots, B_N\}$ 为 n 维欧氏空间 $\mathbf{E}^n$ 中的两个有限点集, 若记 $|A_iB_j| = d_{ij}$ $(1 \leqslant i, j \leqslant N)$, 则当 $N \geqslant n+2$ 时, 有

$$\begin{vmatrix} 0 & 1 & 1 & \cdots & 1 \\ 1 & d_{11}^2 & d_{12}^2 & \cdots & d_{1N}^2 \\ 1 & d_{21}^2 & d_{22}^2 & \cdots & d_{2N}^2 \\ \cdots & \cdots & \cdots & \cdots & \cdots \\ 1 & d_{N1}^2 & d_{N2}^2 & \cdots & d_{NN}^2 \end{vmatrix} = 0. \tag{4.6.16}$$

证 为计算简单起见, 不妨取 A_N 为 Cartesian 直角坐标系的原点, 若记 $\overrightarrow{A_N A_i} = a_i$, $\overrightarrow{A_N B_j} = b_j$, 则易知有 $d_{ij}^2 = (b_j - a_i)^2 = a_i^2 + b_j^2 - 2a_ib_j$, 从而利用行列

式的展开法则和 $\mathbf{E}^n$ 空间中任意 $n+1$ 个向量必线性相关的这一结论便可得

$$
\begin{aligned}
&\begin{vmatrix}
0 & 1 & 1 & \cdots & 1 \\
1 & d_{11}^2 & d_{12}^2 & \cdots & d_{1N}^2 \\
1 & d_{21}^2 & d_{22}^2 & \cdots & d_{2N}^2 \\
\cdots & \cdots & \cdots & \cdots & \cdots \\
1 & d_{N1}^2 & d_{N2}^2 & \cdots & d_{NN}^2
\end{vmatrix} \\
&= \begin{vmatrix}
0 & 1 & 1 & \cdots & 1 \\
1 & (b_1-a_1)^2 & (b_2-a_1)^2 & \cdots & (b_N-a_1)^2 \\
1 & (b_1-a_2)^2 & (b_2-a_2)^2 & \cdots & (b_N-a_2)^2 \\
\cdots & \cdots & \cdots & \cdots & \cdots \\
1 & (b_1-a_N)^2 & (b_2-a_N)^2 & \cdots & (b_N-a_N)^2
\end{vmatrix} \\
&= (-1)^{N-1}2^{N-1} \cdot \begin{vmatrix}
0 & 1 & 1 & \cdots & 1 \\
1 & a_1b_1 & a_1b_2 & \cdots & a_1b_N \\
1 & a_2b_1 & a_2b_2 & \cdots & a_2b_N \\
\cdots & \cdots & \cdots & \cdots & \cdots \\
1 & a_Nb_1 & a_Nb_2 & \cdots & a_Nb_N
\end{vmatrix} \\
&= (-1)^{N-1} \cdot (-1)^{(N+1)+1} \cdot 2^{N-1} \\
&\quad \times \begin{vmatrix}
1 & 1 & \cdots & 1 \\
a_1b_1 & a_1b_2 & \cdots & a_1b_N \\
a_2b_1 & a_2b_2 & \cdots & a_2b_N \\
\cdots & \cdots & \cdots & \cdots \\
a_{N-1}b_1 & a_{N-1}b_2 & \cdots & a_{N-1}b_N
\end{vmatrix} \\
&= -2^{N-1} \cdot \sum_{j=1}^{N} (-1)^{j+1}
\end{aligned}
$$

$$\times\left|\begin{pmatrix} a_1 \\ a_2 \\ \vdots \\ a_{N-1} \end{pmatrix}\begin{pmatrix} b_1, & \cdots, & b_{j-1}, & b_{j+1}, & \cdots, & b_N \end{pmatrix}\right|,$$

显然当 $N-1 \geqslant n+1$, 即 $N \geqslant n+2$ 时, 对于每一个 j, 都有

$$\left|\begin{pmatrix} a_1 \\ a_2 \\ \vdots \\ a_{N-1} \end{pmatrix}\begin{pmatrix} b_1, & \cdots, & b_{j-1}, & b_{j+1}, & \cdots, & b_N \end{pmatrix}\right| = 0,$$

所以有

$$\sum_{j=1}^{N}(-1)^{j+1}\cdot\left|\begin{pmatrix} a_1 \\ a_2 \\ \vdots \\ a_{N-1} \end{pmatrix}\begin{pmatrix} b_1, \cdots, b_{j-1}, b_{j+1}, \cdots, b_N \end{pmatrix}\right| = 0,$$

从而知 (4.6.16) 成立. □

由引理 2 我们立即想到如下的问题:

推论 3 设单形 $\mathscr{A}_1$ 的 n 维体积和外接球半径分别为 V_1 与 R_1, 又单形 $\mathscr{A}_2$ 的 n 维体积和外接球半径分别为 V_2 与 R_2, 若记 $\mathscr{A}_1$ 的球心 O_1 与 $\mathscr{A}_2$ 的球心 O_2 之间的距离为 d, 又单形 $\mathscr{A}_1$ 的顶点 A_i 到单形 $\mathscr{A}_2$ 的顶点 B_j 之间的距离为 d_{ij}, 则有

$$V_1V_2\left(R_1^2+R_2^2-d^2\right) = \frac{(-1)^n\cdot D_{0,\,12}}{2^n\cdot n!^2}, \qquad (4.6.17)$$

其中 $D_{0,12} = \det\left(d_{ij}^2\right)$.

证 设两个单形 $\mathscr{A}_1$ 与 $\mathscr{A}_2$ 的顶点集分别为 $\{A_1, A_2, \cdots, A_{n+1}\}$ 和 $\{B_1, B_2, \cdots, B_{n+1}\}$, 取两个点集 $\mathfrak{A} = \{O_2, A_1, A_2, \cdots, A_{n+1}\}$, $\mathfrak{B} = \{O_1, B_1, B_2, \cdots, B_{n+1}\}$, 则由引理 2 可得

$$\begin{vmatrix} 0 & 1 & 1 & \cdots & 1 \\ 1 & d^2 & R_2^2 & \cdots & R_2^2 \\ 1 & R_1^2 & d_{11}^2 & \cdots & d_{1,n+1}^2 \\ \cdots & \cdots & \cdots & \cdots & \cdots \\ 1 & R_1^2 & d_{n+1,1}^2 & \cdots & d_{n+1,n+1}^2 \end{vmatrix} = 0,$$

对此行列式的第 2 行减去第 1 行的 R_2^2 倍, 同样, 第 2 列减去第 1 列的 R_1^2 倍, 并将所得的行列式按第 2 行 (或第 2 列) 展开得

$$-D_{0,\,12} + \left(d^2 - R_1^2 - R_2^2\right) D_{12} = 0,$$

将 (4.6.13) 代入此式内可得

$$\left(d^2 - R_1^2 - R_2^2\right) \cdot 2^n \cdot n!^2 \cdot V_{12} = (-1)^n \cdot D_{0,\,12}, \quad (4.6.18)$$

再将 (4.6.14) 代入 (4.6.18) 内便得

$$\left(R_1^2 + R_2^2 - d^2\right) \cdot 2^n \cdot n!^2 \cdot V_1 V_2 = (-1)^n \cdot D_{0,\,12}. \quad \square$$

引理 3 设 p_k 为 m 个正实数 $\lambda_1, \lambda_2, \cdots, \lambda_m$ 的 k 次初等对称平均, 又 $\alpha_0, \alpha_1, \alpha_2, \cdots, \alpha_s$ 为一组正实数, 且 $\alpha_1 + \alpha_2 + \cdots + \alpha_s = \alpha_0$, $k_0, k_1, k_2, \cdots, k_s$ 为一组自然数, 若 $\alpha_1 k_1 + \alpha_2 k_2 + \cdots + \alpha_s k_s = \alpha_0 k_0$, 则有

$$p_{k_0}^{\alpha_0} \geqslant \prod_{i=1}^{s} p_{k_i}^{\alpha_i}, \quad (4.6.19)$$

当且仅当 $\lambda_1=\lambda_2=\cdots=\lambda_m$ 时等号成立.

证 由 Newton 不等式 (2.1.2) 知, 序列 $\{p_k\}$ 是对数性凹的, 从而有

$$\ln p_{\frac{1}{\alpha_0}\cdot\sum\limits_{i=1}^{s}\alpha_i k_i}\geqslant\frac{1}{\alpha_0}\cdot\sum_{i=1}^{s}\alpha_i\ln p_{k_i},$$

即

$$\alpha_0\ln p_{k_0}\geqslant\sum_{i=1}^{s}\alpha_i\ln p_{k_i},$$

由此即得

$$\ln p_{k_0}^{\alpha_0}\geqslant\ln\left(\prod_{i=1}^{s}p_{k_i}^{\alpha_i}\right),$$

等号成立的充要条件由凸函数不等式中等号成立的充要条件是显然的. □

显然, 在 (4.6.19) 中, 当 $\alpha_1,\alpha_2,\cdots,\alpha_s$ 为自然数, 且 α_0 为偶数时, 则 $\lambda_1,\lambda_2,\cdots,\lambda_m$ 可以为任意实数.

设 $\lambda_1,\lambda_2,\cdots,\lambda_m$ 为 m 个正实数, 并且记

$$\begin{aligned}&\omega_{k+1}\\&=\sum\sum_{1\leqslant i_1<i_2<\cdots<i_k\leqslant m}\cdots\sum\lambda_{i_1}\lambda_{i_2}\cdots\lambda_{i_k}(\lambda_{i_1}+\lambda_{i_2}+\cdots+\lambda_{i_k})\\&\quad+k\cdot\sum\sum_{1\leqslant i_1<i_2<\cdots<i_{k+1}\leqslant m}\cdots\sum\lambda_{i_1}\lambda_{i_2}\cdots\lambda_{i_{k+1}};\\&q_{k+1}=\frac{\omega_{k+1}}{k\cdot\binom{m+1}{k+1}}.\end{aligned}$$

由 (4.3.2) 知, $q_{k+1}^2\geqslant q_kq_{k+2}$, 所以序列 $\{q_k\}$ 是对数性凹的, 因此我们仿照引理 3 的证明方法可以证得如下的:

引理 4 设 $\alpha_0,\alpha_1,\alpha_2,\cdots,\alpha_s$ 为一组正实数, 且 $\alpha_1+\alpha_2+\cdots+\alpha_s=\alpha_0$, 又 $k_0,k_1,k_2,\cdots,k_s$ 为自然数, 若 $\alpha_1k_1+\alpha_2k_2+\cdots+\alpha_sk_s=\alpha_0k_0$, 则有

$$q_{k_0}^{\alpha_0}\geqslant\prod_{i=1}^{s}q_{k_i}^{\alpha_i},\tag{4.6.20}$$

当且仅当 $\lambda_1=\lambda_2=\cdots=\lambda_m$ 时等号成立.

同样, 在 (4.6.20) 中, 当 $\alpha_1,\alpha_2,\cdots,\alpha_s$ 为自然数, 且 α_0 为偶数时, 则 $\lambda_1,\lambda_2,\cdots,\lambda_m$ 可以为任意实数.

设 $\mathscr{A}=\{A_1,A_2,\cdots,A_N\}$, $\mathscr{B}=\{B_1,B_2,\cdots,B_N\}$ 为 n 维欧氏空间 $\mathbf{E}^n$ 中的两个有限点集, 从 $\mathscr{A}$ 中任取 $k+1$ 个点 $A_{i_1},A_{i_2},\cdots,A_{i_{k+1}}$ 所构成的单形的 k 维体积为 $V_{1,i_1i_2\cdots i_{k+1}}$, 同样, 从 $\mathscr{B}$ 中任取 $k+1$ 个点 $B_{i_1},B_{i_2},\cdots,B_{i_{k+1}}$ 所构成的单形的 k 维体积为 $V_{2,i_1i_2\cdots i_{k+1}}$, m_i $(1\leqslant i\leqslant N)$ 为正实数, 记

$$H_k=\sum_{1\leqslant i_1<i_2<\cdots<i_{k+1}\leqslant N}\sum\cdots\sum m_{i_1}m_{i_2}\cdots m_{i_{k+1}}\times V_{1,i_1i_2\cdots i_{k+1}}V_{2,i_1i_2\cdots i_{k+1}}.$$

若再设点 A_i 到点 B_j 之间的距离为 d_{ij}, 即 $|A_iB_j|=d_{ij}$, 记

$$\psi(n,\alpha,k)=\left(\frac{\binom{n}{k_0}}{k_0!^2}\right)^{\alpha_0}\cdot\prod_{i=1}^{s}\left(\frac{k_i!^2}{\binom{n}{k_i}}\right)^{\alpha_i},$$

$$\delta_{ij}=\begin{cases}0, & i\neq j\\ 1, & i=j\end{cases},$$

$$G = \begin{pmatrix} 0 & \sqrt{m_1} & \cdots & \sqrt{m_N} \\ \sqrt{m_1} & & & \\ \vdots & & \boxed{\sqrt{m_i m_j}\, d_{ij}^2} & \\ \sqrt{m_N} & & & \end{pmatrix},$$

$$G(x) = \begin{pmatrix} 0 & \sqrt{m_1} & \cdots & \sqrt{m_N} \\ \sqrt{m_1} & & & \\ \vdots & & \boxed{\sqrt{m_i m_j}\, d_{ij}^2 + \delta_{ij} x} & \\ \sqrt{m_N} & & & \end{pmatrix},$$

则我们可以给出如下的:

定理 2 设 $\alpha_1, \alpha_2, \cdots, \alpha_s$ 为自然数, α_0 为偶数, 且 $\alpha_1 + \alpha_2 + \cdots + \alpha_s = \alpha_0$, $k_0, k_1, \cdots, k_s$ 为自然数, 且 $\alpha_1 k_1 + \alpha_2 k_2 + \cdots + \alpha_s k_s = \alpha_0 k_0$, 又 $\mathscr{A} = \{A_1, A_2, \cdots, A_N\}$ 与 $\mathscr{B} = \{B_1, B_2, \cdots, B_N\}$ 均为 n 维欧氏空间 $\mathbf{E}^n$ 中的两个有限点集, 则对于 $\mathscr{A}$ 与 $\mathscr{B}$ 的不变量 H_k, 有

$$H_{k_0}^{\alpha_0} \geqslant \psi(n, \alpha, k) \cdot \prod_{i=1}^{s} H_{k_i}^{\alpha_i}, \tag{4.6.21}$$

当且仅当矩阵 G 的所有非零特征值均相等时等号成立.

证 由引理 2 和 (4.6.17) 易知 $\operatorname{rank} G = n$, 令 $\det G(x) = 0$ 并将其展开, 约去 $N - n$ 个零根便得

$$x^n - b_1 x^{n-1} + \cdots + (-1)^k b_k x^{n-k} + \cdots + (-1)^n b_n = 0,$$

由矩阵的特征方程的系数与矩阵的各阶主子式之间的关系可得

$$b_k = 2^k \cdot k!^2 \cdot H_k, \quad (1 \leqslant k \leqslant n), \tag{4.6.22}$$

故 $p_k = \frac{2^k \cdot k!^2}{\binom{n}{k}} \cdot H_k \ (1 \leqslant k \leqslant n)$, 将其代入 (4.6.19) 中便得

$$\left(\frac{2^{k_0} \cdot k_0!^2}{\binom{n}{k_0}} \cdot H_{k_0}\right)^{\alpha_0} \geqslant \prod_{i=1}^{s}\left(\frac{2^{k_i} \cdot k_i!^2}{\binom{n}{k_i}} \cdot H_{k_i}\right)^{\alpha_i},$$

将此不等式整理之便得 (4.6.21), 而等号成立的充要条件则是显然的. □

推论 4 设 $\mathscr{A} = \{A_1, A_2, \cdots, A_N\}$ 为 n $(N \geqslant n+1)$ 维欧氏空间 $\mathbf{E}^n$ 中的有限点集, M_k 与 (4.1.5) 中的 M_k 相同, 其余条件与 (4.6.21) 中的相同, 则有

$$M_{k_0}^{\alpha_0} \geqslant \psi(n, \alpha, k) \cdot \prod_{i=1}^{s} M_{k_i}^{\alpha_i}, \tag{4.6.23}$$

当且仅当矩阵 G 的所有非零特征值均相等时等号成立.

实际上, 只需在定理 2 中取 $\mathscr{B} = \mathscr{A}$ 即可, 因为此时 $H_k = M_k$, 又在 (4.6.23) 中, 如果取 $s = 2$, $\alpha_1 = 1$, $\alpha_2 = 1$, $\alpha_0 = 2$, $k_0 = k$, $k_1 = k-1$, $k_2 = k+1$, 则此时显然为 (4.1.5).

从有限点集 $\mathscr{A} = \{A_1, A_2, \cdots, A_N\}$ 中任取 $k+1$ 个点 $A_{i_1}, A_{i_2}, \cdots, A_{i_{k+1}}$ 所构成的 k 维单形 $\mathscr{A}_{i_1 i_2 \cdots i_{k+1}}$ 的 k 维体积为 $V_{1, i_1 i_2 \cdots i_{k+1}}$, 其外接球半径为 $R_{1, i_1 i_2 \cdots i_{k+1}}$, 同样, 从 $\mathscr{B} = \{B_1, B_2, \cdots, B_N\}$ 中任取 $k+1$ 个点 $B_{i_1}, B_{i_2}, \cdots, B_{i_{k+1}}$ 所构成的 k 维单形 $\mathscr{B}_{i_1 i_2 \cdots i_{k+1}}$ 的 k 维体积为 $V_{2, i_1 i_2 \cdots i_{k+1}}$, 其外接球半径为 $R_{2, i_1 i_2 \cdots i_{k+1}}$, 设 $\mathscr{A}_{i_1 i_2 \cdots i_{k+1}}$ 的外心与 $\mathscr{B}_{i_1 i_2 \cdots i_{k+1}}$ 的外心之间的距离为 $d_{i_1 i_2 \cdots i_{k+1}}$, 记

$$g_{i_1 i_2 \cdots i_{k+1}} = R^2_{1, i_1 i_2 \cdots i_{k+1}} + R^2_{2, i_1 i_2 \cdots i_{k+1}} - d^2_{i_1 i_2 \cdots i_{k+1}},$$

并且令

$$N_{k+1} = \sum\sum\cdots\sum_{1\leqslant i_1<i_2<\cdots<i_{k+1}\leqslant N} m_{i_1}m_{i_2}\cdots m_{i_{k+1}}$$

$$\times V_{1,i_1i_2\cdots i_{k+1}}V_{2,i_1i_2\cdots i_{k+1}}g_{i_1i_2\cdots i_{k+1}},$$

$$c(n,\alpha,k) = \left(\frac{\binom{n+2}{k_0}}{k_0!^2}\right)^{\alpha_0}\cdot\prod_{i=1}^{s}\left(\frac{k_i!^2}{\binom{n+2}{k_i}}\right)^{\alpha_i},$$

则对于不变量 N_{k+1} 有:

定理 3 设 α_i 与 k_i $(0\leqslant i\leqslant s)$ 的所有条件与定理 2 中的相同, 则对于两个有限点集 $\mathscr{A}$ 与 $\mathscr{B}$ 中的不变量 N_{k+1}, 有

$$N_{k_0+1}^{\alpha_0} \geqslant c(n,\alpha,k)\cdot\prod_{i=1}^{s}N_{k_i+1}^{\alpha_i}. \tag{4.6.24}$$

证 易知矩阵 $D=\left(\sqrt{m_im_j}d_{ij}^2\right)_{N\times N}$ 的秩为 $n+2$, 即 $\operatorname{rank}D=n+2$, 故对于 D 的特征方程 $\det(D-xI)=0$, 将其展开后并去掉 $N-(n+2)$ 个零根后, 可得

$$x^{n+2}-c_1x^{n+1}+\cdots+(-1)^kc_kx^{n+2-k}+\cdots$$

$$+(-1)^{n+2}c_{n+2}=0,$$

由矩阵的特征方程的系数与矩阵的各阶主子式之间的关系可知

$$c_k = 2^k\cdot k!^2\cdot N_{k+1},$$

故有 $q_k=\frac{2^k\cdot k!^2}{\binom{n+2}{k}}\cdot N_{k+1}$, 从而由引理 4 知

$$\left(\frac{2^{k_0}\cdot k_0!^2}{\binom{n+2}{k_0}}\cdot N_{k_0+1}\right)^{\alpha_0}\geqslant\prod_{i=1}^{s}\left(\frac{2^{k_i}\cdot k_i!^2}{\binom{n+2}{k_i}}\cdot N_{k_i+1}\right)^{\alpha_i},$$

将此整理之便得 (4.6.24), 至于等号成立问题, 在一般情况之下是取不到的. 这主要是因为, 若记 $d_{ij}=\overrightarrow{A_iB_j}=b_j-a_i$, 则有

$$\begin{aligned}\left(d_{ij}^2\right) &= \left((b_j-a_i)^2\right)\\ &= \left(a_i^2+b_j^2-2a_ib_j\right)\\ &= \left(a_i^2+b_j^2\right)-(2a_ib_j)\,,\end{aligned}$$

因此若记 $A=\left(d_{ij}^2\right)$, $B=(2a_ib_j)$, $C=\left(a_i^2+b_j^2\right)$, 则有 $A+B=C$, 且易知 $\operatorname{rank}C=2$, 并且不难求得 C 的两个特征值分别为

$$\begin{aligned}x_1 &= \frac{1}{2}\left(\sum_{i=1}^N a_i^2+\sum_{i=1}^N b_i^2\right)\\ &\quad+\sqrt{N\cdot\sum_{i=1}^N a_i^2b_i^2+\frac{1}{4}\left(\sum_{i=1}^N a_i^2-\sum_{i=1}^N b_i^2\right)^2};\\ x_2 &= \frac{1}{2}\left(\sum_{i=1}^N a_i^2+\sum_{i=1}^N b_i^2\right)\\ &\quad-\sqrt{N\cdot\sum_{i=1}^N a_i^2b_i^2+\frac{1}{4}\left(\sum_{i=1}^N a_i^2-\sum_{i=1}^N b_i^2\right)^2},\end{aligned}$$

显然 $x_1>0$, 对于 x_2 来说, 当序列 $\{a_i^2\}$ 与 $\{b_i^2\}$ 同向单调时, $x_2\leqslant 0$, 而当序列 $\{a_i^2\}$ 与 $\{b_i^2\}$ 反向单调时, $x_2\geqslant 0$, 因此在一般情况之下 x_2 的正负性不能确定, 特别是当 $x_2\leqslant 0$ 时, 显然 $x_1\neq x_2$, 所以 (4.6.24) 中的等号在一般情况之下是取不到的. □

推论 5 设 $\mathscr{A}=\{A_1,A_2,\cdots,A_N\}$ 为 n $(N>n+2)$ 维欧氏空间 $\mathbf{E}^n$ 中的有限点集, m_i 为点 A_i 所

对应的正实数, α_i, k_i $(0 \leqslant i \leqslant s)$ 的所有条件与引理 4 中的相同, 则对于 $\mathscr{A}$ 的不变量 M_{k+1} (此处的 M_{k+1} 与 (4.3.7) 中的 M_{k+1} 相同), 则有

$$M_{k_0+1}^{\alpha_0} \geqslant \varphi_1(n,\alpha,k) \cdot \prod_{i=1}^{s} M_{k_i+1}^{\alpha_i}, \tag{4.6.25}$$

当且仅当矩阵 $\left(\sqrt{m_i m_j} d_{ij}^2\right)$ 中 1 个非正特征值与 n 个负特征值均相等时等号成立, 其中

$$\varphi_1(n,\alpha,k) = \left(\frac{k_0 \cdot \binom{n+2}{k_0+1}}{k_0!^2}\right)^{\alpha_0} \cdot \prod_{i=1}^{s} \left(\frac{k_i!^2}{k_i \cdot \binom{n+2}{k_i+1}}\right)^{\alpha_i}.$$

证 在定理 3 中, 当 $\mathscr{B} = \mathscr{A}$ 时, $d_{ii} = 0$, 且在矩阵 $A + B = C$ 中的 C 的两个特征值中的 $x_1 > 0$, $x_2 \leqslant 0$. 矩阵 $B = (2a_i b_j)$ 为 N 阶半正定的, 且 $\operatorname{rank} B = n$, 所以此时的矩阵 $D = \left(\sqrt{m_i m_j}\, d_{ij}^2\right)$ 与 (4.3.7) 或 (4.3.8) 中的矩阵 Q 相同, 这样一来, 由 (4.3.7) 的推导过程知

$$q_{k+1} = \frac{2^{k+1} \cdot k!^2}{k \cdot \binom{n+2}{k+1}} \cdot M_{k+1},$$

将此式代入 (4.6.20) 内可得

$$\left(\frac{2^{k_0+1} \cdot k_0!^2}{k_0 \cdot \binom{n+2}{k_0+1}} \cdot M_{k_0+1}\right)^{\alpha_0} \geqslant \prod_{i=1}^{s} \left(\frac{2^{k_i+1} \cdot k_i!^2}{k_i \cdot \binom{n+2}{k_i+1}} \cdot M_{k_i+1}\right)^{\alpha_i},$$

将此不等式整理之便得 (4.6.25), 至于等号成立的充要条件与 (4.3.7) 中的情形相同. □

推论 6 设 $\mathscr{A} = \{A_1, A_2, \cdots, A_N\}$ 为 n $(N > n+2)$ 维欧氏空间 $\mathbf{E}^n$ 中的一个共球有限点集, m_i 为点 A_i $(1 \leqslant i \leqslant N)$ 所对应的正实数, α_i, k_i $(0 \leqslant i \leqslant s)$

的所有条件与引理 4 中的相同, 则对于 $\mathscr{A}$ 的不变量 M_{k+1} (此处的 M_{k+1} 与 (4.3.7) 中的 M_{k+1} 相同), 则有

$$M_{k_0+1}^{\alpha_0} \geqslant \varphi_0(n,\alpha,k)\cdot\prod_{i=1}^{s} M_{k_i+1}^{\alpha_i}, \tag{4.6.26}$$

当且仅当矩阵 $(\sqrt{m_i m_j}\, a_{ij}^2)$ 中 n 个负特征值均相等时等号成立, 其中

$$\varphi_0(n,\alpha,k)=\left(\frac{k_0\cdot\binom{n+1}{k_0+1}}{k_0!^2}\right)^{\alpha_0}\cdot\prod_{i=1}^{s}\left(\frac{k_i!^2}{k_i\cdot\binom{n+1}{k_i+1}}\right)^{\alpha_i}.$$

如果 $\mathscr{A}=\{A_1,A_2,\cdots,A_N\}$ 与 $\mathscr{B}=\{B_1,B_2,\cdots,B_N\}$ 均不是有限点集, 而是 n 维欧氏空间 $\mathbf{E}^n$ 中有限区域 $\mathscr{W}$ 的两个有限子区域, 正实数 m_i $(1\leqslant i\leqslant N)$ 将是一个分布函数 $m(x)(x\in\mathscr{W})$, 若定义

$$\begin{aligned}H_k&=\int\int\cdots\int m(x_1)m(x_2)\cdots m(x_{k+1})V_1(x_1,x_2,\cdots,\\&\qquad x_{k+1})V_2(x_1,x_2,\cdots,x_{k+1})\mathrm{d}x_1\mathrm{d}x_2\cdots\mathrm{d}x_{k+1}\\&=\overset{(k)}{\underset{\mathscr{W}}{\int}} M_{(k)}(x)V_1(x)V_2(x)\mathrm{d}x,\\H_0&=\int m(x)\mathrm{d}x,\end{aligned}$$

则通过求极限过程可以证明此时 (4.6.21) 仍成立.

同样, 再令

$$\begin{aligned}N_k &= \int\int\cdots\int m(x_1)m(x_2)\cdots m(x_{k+1})\\&\quad\times V_1(x_1,x_2,\cdots,x_{k+1})\cdot V_2(x_1,x_2,\cdots,x_{k+1})\\&\quad\times g(x_1,x_2,\cdots,x_{k+1})\mathrm{d}x_1\mathrm{d}x_2\cdots\mathrm{d}x_{k+1}\\&= \int_{\mathscr{W}}^{(k)} M_{(k)}(x)V_1(x)V_2(x)g(x)\mathrm{d}x,\\M_{k+1} &= \int\int\cdots\int m(x_1)m(x_2)\cdots m(x_{k+1})\\&\quad\times V^2(x_1,x_2,\cdots,x_{k+1})\times R^2(x_1,x_2,\cdots,x_{k+1})\\&\qquad\qquad \mathrm{d}x_1\mathrm{d}x_2\cdots\mathrm{d}x_{k+1}\\&= \int_{\mathscr{W}}^{(k+1)} M_{(k)}(x)V_1(x)V_2(x)R^2(x)\mathrm{d}x,\end{aligned}$$

则通过求极限过程可以证明此时 (4.6.24) 与 (4.6.26) 分别仍成立.

§4.7 有限质点组中的一类恒等式

设 $A_1,A_2,\cdots,A_N$ 为 n 维欧氏空间 $\mathbf{E}^n$ 中的 N 个点, 在点 A_i 上赋上质量 m_i (m_i 为实数, 且 $1\leqslant i\leqslant N$), G 为质点组 $A_1(m_1),A_2(m_2),\cdots,A_N(m_N)$ 的重心, P 为 $\mathbf{E}^n$ 空间中的动点, 则利用向量模可以得到如下的恒等式

$$\left(\sum_{i=1}^N m_i\right)\left(\sum_{i=1}^N m_i\,|PA_i|^2\right)$$

$$= \sum_{1\leqslant i<j\leqslant N} m_i m_j |A_iA_j|^2 + \left(\sum_{i=1}^{N} m_i\right)^2 |PG|^2, \quad (4.7.1)$$

由于 P 为动点, 故 $|PG|^2 \geqslant 0$, 所以由 (4.7.1) 容易得到

$$\left(\sum_{i=1}^{N} m_i\right)\left(\sum_{i=1}^{N} m_i |PA_i|^2\right) \geqslant \sum_{1\leqslant i<j\leqslant N} m_i m_j |A_iA_j|^2, \quad (4.7.2)$$

当且仅当点 P 与质点组的重心 G 重合时等号成立.

若设 S_i, S_{ij}, S_{ijk} 分别表示三类 $\triangle PGA_i, \triangle PA_iA_j$, $\triangle A_iA_jA_k$ 的面积, 则可以推得与 (4.7.1) 相类似的恒等式

$$\left(\sum_{i=1}^{N} m_i\right)\left(\sum_{1\leqslant i<j\leqslant N} m_i m_j S_{ij}^2\right)$$

$$= \sum_{1\leqslant i<j<k\leqslant N} m_i m_j m_k S_{ijk}^2 + \left(\sum_{i=1}^{N} m_i\right)^2 \left(\sum_{i=1}^{N} m_i S_i^2\right). \quad (4.7.3)$$

同样, 由于 P 为动点, 故有 $S_i^2 \geqslant 0$ $(1 \leqslant i \leqslant N)$, 从而当 m_i 为正实数时, 有

$$\sum_{1\leqslant i<j\leqslant N} m_i m_j S_{ij}^2 \geqslant \frac{\sum\limits_{1\leqslant i<j<k\leqslant N} m_i m_j m_k S_{ijk}^2}{\sum\limits_{i=1}^{N} m_i}, \quad (4.7.4)$$

当且仅当点 P 与重心 G 重合时等号成立.

由于 (4.7.2) 和 (4.7.4) 使得我们想到, 应当把它们推广到 n 维欧氏空间 $\mathbf{E}^n$ 中质点组的 k 维单形的 k 维体积的情形, 为此我们还需要建立与 (4.7.1) 和 (4.7.3) 相类似的结论.

设 $\mathscr{A}(m)=\{A_1(m_1),A_2(m_2),\cdots,A_N(m_N)\}$ 为 n 维欧氏空间 $\mathbf{E}^n$ 中的有限质点组 (这里的 m_i 可正可负可为零), 对于 $\mathscr{A}(m)$ 中的任意 $k+1$ 个点 $A_{i_1},A_{i_2},\cdots,A_{i_{k+1}}$ 所构成的单形的 k 维体积记为 $V_{i_1i_2\cdots i_{k+1}}$, 由动点 P 与 $\mathscr{A}(m)$ 中的任意 k 个点$A_{i_1},A_{i_2},\cdots,A_{i_k}$ 所构成的 k 维单形的 k 维体积记为 $V_{Pi_1i_2\cdots i_k}$, 再设由动点 P 与 $\mathscr{A}(m)$ 的质点组的质心 G 以及 $\mathscr{A}(m)$ 中的任意 $k-1$ 个点 $A_{i_1},A_{i_2},\cdots,A_{i_{k-1}}$ 所构成的 k 维单形的 k 维体积记为 $V_{PGi_1i_2\cdots i_{k-1}}$, 若令

$$\begin{aligned}
&M_0=m_1+m_2+\cdots+m_N\neq 0;\\
&M_k=\sum_{1\leqslant i_1<i_2<\cdots<i_{k+1}\leqslant N}\sum\cdots\sum m_{i_1}m_{i_2}\cdots m_{i_{k+1}}V^2_{i_1i_2\cdots i_{k+1}};\\
&M_k(P)=\sum_{1\leqslant i_1<i_2<\cdots<i_k\leqslant N}\sum\cdots\sum m_{i_1}m_{i_2}\cdots m_{i_k}V^2_{Pi_1i_2\cdots i_k};\\
&M_k(P,G)=\sum_{1\leqslant i_1<i_2<\cdots<i_{k-1}\leqslant N}\sum\cdots\sum m_{i_1}m_{i_2}\cdots m_{i_{k-1}}\\
&\qquad\qquad\times V^2_{PGi_1i_2\cdots i_{k-1}},
\end{aligned}$$

则如下的结论显然是 (4.7.3) 的推广.

定理 1　设 $m_i>0\ (1\leqslant i\leqslant N)$, 且 $\mathscr{A}(m)=\{A_1(m_1),A_2(m_2),\cdots,A_N(m_N)\}(N>n)$ 为 n 维欧氏空间 $\mathbf{E}^n$ 中的有限质点组, $\mathscr{A}(m)$ 的质心为 G, P 为 $\mathbf{E}^n$ 空间中的任意一点, 则有

$$M_0\cdot M_k(P)=M_k+M_0^2\cdot M_k(P,G),\ (1\leqslant k\leqslant n).\quad(4.7.5)$$

证　取质点组 $\mathscr{A}(m)$ 的质心 G 为坐标原点 O, 记 $\overrightarrow{OA_i}=\overrightarrow{GA_i}=a_i$, $\overrightarrow{OP}=\overrightarrow{GP}=p_0$, $\overrightarrow{PA_i}=p_i$, 则显然

有 $p_i = a_i - p_0\ (1 \leqslant i \leqslant N)$, 今考虑含以 P 为顶点的单形的体积, 为书写的一致性, 记 $m_0 = M_0$, 令

$$B = \begin{pmatrix} m_0 p_0^2 & \sqrt{m_0 m_1}\, p_0 p_1 & \cdots & \sqrt{m_0 m_N}\, p_0 p_N \\ \sqrt{m_1 m_0} p_1 p_0 & m_1 p_1^2 & \cdots & \sqrt{m_1 m_N} p_1 p_N \\ \cdots & \cdots & \cdots & \cdots \\ \sqrt{m_N m_0} p_N p_0 & \sqrt{m_N m_1} p_N p_1 & \cdots & m_N p_N^2 \end{pmatrix}.$$

显然当某些 $m_i < 0$ 时, 矩阵 B 中会出现虚数, 但由于 B 为 Hermite 矩阵, 故它的非零特征值均为实数, 从而若记 I 为 $N+1$ 阶单位阵, 则 B 的特征方程为

$$\det(B - xI) = 0, \tag{4.7.6}$$

又因为

$$\begin{vmatrix} m_{i_1} p_{i_1}^2 & \sqrt{m_{i_1} m_{i_2}} p_{i_1} p_{i_2} & \cdots & \sqrt{m_{i_1} m_{i_{k+1}}} p_{i_1} p_{i_{k+1}} \\ \sqrt{m_{i_2} m_{i_1}} p_{i_2} p_{i_1} & m_{i_2} p_{i_2}^2 & \cdots & \sqrt{m_{i_2} m_{i_{k+1}}}\, p_{i_2} p_{i_{k+1}} \\ \cdots & \cdots & \cdots & \cdots \\ \sqrt{m_{i_{k+1}} m_{i_1}} p_{i_{k+1}} p_{i_1} & \sqrt{m_{i_{k+1}} m_{i_2}} p_{i_{k+1}} p_{i_2} & \cdots & m_{i_{k+1}} p_{i_{k+1}}^2 \end{vmatrix}$$

$$= k!^2 \cdot m_{i_1} m_{i_2} \cdots m_{i_{k+1}} V_{i_1 i_2 \cdots i_{k+1}}^2, \tag{4.7.7}$$

若将 (4.7.6) 的左端展开, 并注意到 $\operatorname{rank} B = n$, 则有

$$x^n - b_1 x^{n-1} + \cdots + (-1)^k b_k x^{n-k} + \cdots + (-1)^n b_n = 0, \tag{4.7.8}$$

由行列式的展开法则, 利用单形的体积公式 (4.7.7) 便知 (4.7.8) 中的系数

$$b_k = k!^2 \cdot M_k(P) + k!^2 \cdot M_0 \cdot M_k(P,G), \tag{4.7.9}$$

记

$$B_0 = \begin{pmatrix} m_1p_1^2 - x & \sqrt{m_1m_2}\,p_1p_2 & \cdots & \sqrt{m_1m_N}\,p_1p_N \\ \sqrt{m_2m_1}p_2p_1 & m_2p_2^2 - x & \cdots & \sqrt{m_2m_N}p_2p_N \\ \cdots & \cdots & \cdots & \cdots \\ \sqrt{m_Nm_1}p_Np_1 & \sqrt{m_Nm_2}p_Np_2 & \cdots & m_Np_N^2 - x \end{pmatrix}.$$

如下再对行列式 $\det(B - xI)$ 进行恒等变形, 为此我们约定行列式 $\det(B - xI)$ 的行列号是从 0 开始的. 现将行列式 $\det(B-xI)$ 的第 i 行 (列) 的 $\sqrt{m_i}$ $(1 \leqslant i \leqslant N)$ 倍加到第 0 行 (列) 的 $\sqrt{m_0}$ 倍上, 由于 $\sum\limits_{i=1}^{N} m_ia_i = 0$, 故 $\sum\limits_{i=1}^{N} m_ip_i = -m_0p_0$, 所以有

$$|B - xI| = \frac{1}{m_0} \cdot \begin{vmatrix} -2m_0x & \sqrt{m_1}\,x & \cdots & \sqrt{m_N}\,x \\ \sqrt{m_1}\,x & & & \\ \vdots & & B_0 & \\ \sqrt{m_N}\,x & & & \end{vmatrix}$$

$$= \frac{1}{M_0}$$

$$\times \left(x^2 \cdot \begin{vmatrix} 0 & \sqrt{m_1} & \cdots & \sqrt{m_N} \\ \sqrt{m_1} & & & \\ \vdots & & B_0 & \\ \sqrt{m_N} & & & \end{vmatrix} - 2M_0x \cdot \det B_0 \right),$$

设 $|A_iA_j| = a_{ij}$, $\delta_{ij} = \begin{cases} 0, & i \neq j \\ 1, & i = j \end{cases}$, 且记

$$B_1 = \begin{vmatrix} 0 & \sqrt{m_1} & \cdots & \sqrt{m_N} \\ \sqrt{m_1} & & & \\ \vdots & & -\frac{\sqrt{m_i m_j}}{2} \cdot a_{ij}^2 - \delta_{ij} x & \\ \sqrt{m_N} & & & \end{vmatrix},$$

则容易推得

$$|B - xI| = \frac{1}{M_0} \cdot \left(x^2 \cdot B_1 - 2\, M_0 x \cdot \det B_0\right). \quad (4.7.10)$$

利用单形的体积公式, 约定 $M_0(P) = 1$, 则将 (4.7.10) 的右端展开便有

$$\begin{aligned} &|B - xI| \\ &= \frac{1}{M_0} \cdot x^{N+1-n} \cdot \left[\left(\sum_{k=0}^{n} (-1)^k \cdot k!^2 \cdot M_k\, x^{n-k} \right) \right. \\ &\qquad \left. -2M_0 \left(\sum_{k=0}^{n} (-1)^k \cdot k!^2 \cdot M_k(P) \cdot x^{n-k} \right) \right] \\ &= \frac{1}{M_0} \cdot x^{N+1-n} \\ &\quad \times \left[\sum_{k=0}^{n} (-1)^k \cdot k!^2 \left(M_k - 2\, M_0 \cdot M_k(P) \right) x^{n-k} \right], \end{aligned}$$

由于 $\mathrm{rank} B = n$, 故此括号中 x^n 的系数 $-M_0 \neq 0$, 因此由 B 的特征方程 $\det(B - xI) = 0$ 立即可得

$$\sum_{k=0}^{n} (-1)^k k!^2 \cdot \frac{2M_0 \cdot M_k(P) - M_k}{M_0} \cdot x^{n-k} = 0, \quad (4.7.11)$$

比较 (4.7.8) 和 (4.7.11) 中的系数可得

$$b_k = k!^2 \cdot \frac{2M_0 \cdot M_k(P) - M_k}{M_0}, \tag{4.7.12}$$

由 (4.7.9) 和 (4.7.12) 知

$$M_k(P) + M_0 \cdot M_k(P, G) = \frac{2M_0 \cdot M_k(P) - M_k}{M_0},$$

将此式整理之便得

$$M_0 \cdot M_k(P) = M_k + M_0^2 \cdot M_k(P, G),\ (1 \leqslant k \leqslant n),$$

此即为 (4.7.5). □

推论 1 设 $m_i > 0\ (1 \leqslant i \leqslant N)$, 则对于 $\mathbf{E}^n$ 中的有限质点组 $\mathscr{A}(m) = \{A_1(m_1),\ A_2(m_2),\ \cdots,\ A_N(m_N)\}$ $(N > n)$, G 为 $\mathscr{A}(m)$ 的质心, P 为 $\mathbf{E}^n$ 空间中的任意一点, 则有

$$M_k(P) \geqslant \frac{M_k}{M_0},\ (1 \leqslant k \leqslant n), \tag{4.7.13}$$

当且仅当点 P 与 $\mathscr{A}(m)$ 的质心 G 重合时等号成立.

实际上, 由于定理 1 中的点 P 为动点, 故对于 $V^2_{PG\,i_1i_2\cdots i_{k-1}} \geqslant 0$, 所以在 (4.7.5) 中, 当所有的 $m_i > 0\ (1 \leqslant i \leqslant N)$ 时, 有 $M_k(P, G) \geqslant 0$, 从而有

$$M_0 \cdot M_k(P, G) \geqslant M_k,$$

当且仅当动点 P 与重心 G 重合时等号成立.

推论 2 设 $\mathscr{A}$ 为 n 维欧氏空间 $\mathbf{E}^n$ 中的单形, 其顶点集为 $\{A_1, A_2, \cdots, A_{n+1}\}$, P 为 $\mathbf{E}^n$ 空间中的

任意一点, 若点 P 关于坐标单形 $\mathscr{A}$ 的重心坐标为 $P(m_1, m_2, \cdots, m_{n+1})$, 则有

$$M_k(P) = M_k, \ (1 \leqslant k \leqslant n). \tag{4.7.14}$$

事实上, 此时点 P 就是单形 $\mathscr{A}$ 的 $n+1$ 个顶点依次赋予质量 $m_1, m_2, \cdots, m_{n+1}$ 后的质心 G, 故此时又有 $M_0 = m_1 + m_2 + \cdots + m_{n+1} = 1$, 显然此时点 P 与 G 重合, 故有 $M_k(P, G) = 0$, 所以由 (4.7.5) 便可得 (4.7.14).

推论 3 设 $\mathscr{A}(m) = \{A_1(m_1), A_2(m_2), \cdots, A_N(m_N)\}$ $(N > n)$ 为 n 维欧氏空间 $\mathbf{E}^n$ 中的有限质点组, 其中 $m_i \ (1 \leqslant i \leqslant N)$ 为任意实数, 则有

$$M_k^2(P) \geqslant 4M_k \cdot M_k(P, G). \tag{4.7.15}$$

实际上, 我们可以将 (4.7.5) 表示成关于 M_0 的一元二次方程

$$M_k(P, G) \cdot M_0^2 - M_k(P) \cdot M_0 + M_k = 0,$$

显然此处的 M_0 是存在的, 所以此一元二次方程的根的判别式 $\Delta \geqslant 0$, 即 $M_k^2(P) - 4M_k \cdot M_k(P, G) \geqslant 0$. 这里并没有给出 (4.7.15) 中等号成立的充要条件, 建议读者给出其证明.

定理 2 设 $\mathbf{S}^{n-1}(R)$ 为 n 维欧氏空间 $\mathbf{E}^n$ 中半径为 R 的一个 $n-1$ 维球面, O 为其球心, $\mathscr{A}(m) = \{A_1(m_1), A_2(m_2), \cdots, A_N(m_N)\}$ $(N > n)$ 为共球 $\mathbf{S}^{n-1}(R)$ 有限质点系, $m_i > 0 \ (1 \leqslant i \leqslant N)$, G 为 $\mathscr{A}(m)$ 的质心, 其余条件与定理 1 中的相同, 则有

$$M_k + M_0^2 \cdot M_k(O, G) \leqslant \frac{\binom{n}{k}}{n^k \cdot k!^2} \cdot M_0^{k+1} \cdot R^{2k}. \tag{4.7.16}$$

当且仅当矩阵 $\left(\sqrt{m_i m_j}\cos\alpha_{ij}\right)_{N\times N}$ 的 n 个正特征值相等时等号成立, 其中 $\alpha_{ij}=\angle A_iOA_j$ $(1\leqslant i,j\leqslant N)$.

证 在 (4.7.5) 中取 P 为球心 O, 则此时的 (4.7.5) 将变为

$$M_0\cdot M_k(O)=M_k+M_0^2\cdot M_k(O,G),\ (1\leqslant k\leqslant n), \tag{4.7.17}$$

由棱顶角的定义知, 矩阵

$$Q=\begin{pmatrix} 1 & \cos\alpha_{12} & \cdots & \cos\alpha_{1N} \\ \cos\alpha_{21} & 1 & \cdots & \cos\alpha_{2N} \\ \cdots & \cdots & \cdots & \cdots \\ \cos\alpha_{N1} & \cos\alpha_{N2} & \cdots & 1 \end{pmatrix}$$

的 $k(1\leqslant k\leqslant n)$ 阶主子式为 $\det Q_{i_1i_2\cdots i_k}=\sin^2\theta_{i_1i_2\cdots i_k}$, 则由 (1.1.2) 知

$$V_{O\,i_1i_2\cdots i_k}=\frac{1}{k!}\cdot R^k\sin\theta_{i_1i_2\cdots i_k}, \tag{4.7.18}$$

所以此时有

$$M_k(O)$$
$$=\frac{R^{2k}}{k!^2}\cdot\sum_{1\leqslant i_1<i_<\cdots<i_k\leqslant N}\sum\cdots\sum m_{i_1}m_{i_2}\cdots m_{i_k}\sin^2\theta_{i_1i_2\cdots i_k},$$

若记

$$d_k=\sum_{1\leqslant i_1<i_2<\cdots<i_k\leqslant N}\sum\cdots\sum m_{i_1}m_{i_2}\cdots m_{i_k}\sin^2\theta_{i_1i_2\cdots i_k},$$

则有

$$M_k(O)=\frac{1}{k!^2}\cdot R^{2k}\cdot d_k. \tag{4.7.19}$$

设 $Q_0 = \left(\sqrt{m_i m_j}\cos\alpha_{ij}\right)_{N\times N}$, I 为 N 阶单位阵, 易知 Q_0 为半正定矩阵, 且 $\operatorname{rank} Q_0 = n$, 按照行列式的展开法则, 不难得到 Q_0 的特征方程 $\det(Q_0 - xI) = 0$ 的展开式为

$$x^n - d_1 x^{n-1} + \cdots + (-1)^k d_k x^{n-k} + \cdots + (-1)^n d_n = 0.$$

由根与系数关系的 Vieta 定理知, 若设 $x_1, x_2, \cdots, x_n$ 为上述方程的 n 个根, 且 σ_k 为 $x_1, x_2, \cdots, x_n$ 的 k 次初等对称多项式, 则有 $\sigma_k = d_k\ (1 \leqslant k \leqslant n)$, 故由 (2.1.5) 可得

$$\left(\frac{d_k}{\binom{n}{k}}\right)^{\frac{1}{k}} \leqslant \left(\frac{d_j}{\binom{n}{j}}\right)^{\frac{1}{j}}, \ (1 \leqslant j < k \leqslant n),$$

即

$$\left(\frac{k!^2 \cdot M_k(O)}{\binom{n}{k}}\right)^{\frac{1}{k}} \leqslant \left(\frac{j!^2 \cdot M_j(O)}{\binom{n}{j}}\right)^{\frac{1}{j}}. \qquad (4.7.20)$$

在 (4.7.20) 中特别地取 $j = 1$ 时, 便有

$$M_k(O) \leqslant \frac{\binom{n}{k}}{n^k \cdot k!^2} \cdot M_1^k(O).$$

又因为

$$M_1(O) = R^2 \cdot d_1 = R^2 \cdot \left(\sum_{i=1}^{N} m_i\right) = R^2 \cdot M_0,$$

所以有

$$M_k(O) \leqslant \frac{\binom{n}{k}}{n^k \cdot k!^2} \cdot M_0^k \cdot R^{2k}. \qquad (4.7.21)$$

将 (4.7.21) 代入 (4.7.17) 内便得 (4.7.16), 至于等号成立的充要条件由上述证明过程是不难看出的. □

在 (4.7.16) 中, 由于 $m_i > 0$ $(1 \leqslant i \leqslant N)$, 故 $M_k(O,G) \geqslant 0$, 所以有

$$M_k \leqslant \frac{\binom{n}{k}}{n^k \cdot k!^2} \cdot M_0^{k+1} \cdot R^{2k}, \ (1 \leqslant k \leqslant n), \quad (4.7.22)$$

当且仅当矩阵 $\left(\sqrt{m_i m_j} \cos \alpha_{ij}\right)_{N \times N}$ 的 n 个正特征值相等时等号成立.

特别地, 在 (4.7.22) 中, 取 $k=1$ 时便得

$$\sum_{1 \leqslant i<j \leqslant N} m_i m_j a_{ij}^2 \leqslant \left(\sum_{i=1}^{N} m_i\right)^2 \cdot R^2. \quad (4.7.23)$$

当 $\mathscr{A}(m)$ 不是有限质点系时, 而是某个具有有限质量的区域 $\mathscr{W}$, 设质量分布函数为 $m(x)(x \in \mathscr{W})$, 则可定义

$$M_0 = \int m(x) \mathrm{d} x;$$

$$M_k = \int \int \cdots \int m(x_1) m(x_2) \cdots m(x_{k+1}) \\ V^2(x_1, x_2, \cdots, x_{k+1}) \mathrm{d} x_1 \mathrm{d} x_2 \cdots \mathrm{d} x_{k+1} \\ = \overset{(k)}{\underset{\mathscr{W}}{\int}} M_{(k)}(x) V^2(x) \mathrm{d} x;$$

$$M_k(P) = \iint \cdots \int m(x_1) m(x_2) \cdots m(x_k) \\ V^2(x_1, x_2, \cdots, x_k) \mathrm{d} x_1 \mathrm{d} x_2 \cdots \mathrm{d} x_k \\ = \overset{(k,P)}{\underset{\mathscr{W}}{\int}} M_{(k-1)}(x) V^2(x) \mathrm{d} x;$$

$$M_k(P,G)=\int\int\cdots\int m(x_1)m(x_2)\cdots m(x_{k-1})$$
$$V^2(x_1,x_2,\cdots,x_k)\mathrm{d}x_1\mathrm{d}x_2\cdots\mathrm{d}x_k$$
$$=\int\limits_{\mathscr{W}}^{(k,P,G)} M_{(k-2)}(x)V^2(x)\mathrm{d}x\,.$$

通过取极限可以证明 (4.7.5) 与 (4.7.13) 和 (4.7.14) 等式中的 $M_0, M_k, M_k(P), M_k(P,G)$ 理解为上述这些的积分值时, 所得的结论仍成立.

§4.8 同心质点系中的一类恒等式

我们知道, 若设 $\mathscr{A}=\{A_1,\ A_2,\ \cdots,\ A_N\}$ 是 n 维欧氏空间 $\mathbf{E}^n$ 中的一个有限点集, G 是该有限点集 $\mathscr{A}$ 的重心, P 为 $\mathbf{E}^n$ 中的任意一点, 则容易得到

$$N\cdot\sum_{i=1}^N|PA_i|^2=\sum_{1\leqslant i<j\leqslant N}|A_iA_j|^2+N^2\cdot|PG|^2.\quad(4.8.1)$$

实际上, (4.8.1) 可直接由 (4.7.1) 中取 $m_i=1$ 而得到.

另外, 若再设 $\mathscr{B}=\{B_1,B_2,\cdots,B_N\}$ 也是 n 维欧氏空间 $\mathbf{E}^n$ 中的一个有限点集, 同样 $\mathscr{B}$ 的重心也是 G, 则我们可以证得如下一个有趣的几何恒等式

$$N\cdot\sum_{i=1}^N|PA_i||PB_i|=\sum_{1\leqslant i<j\leqslant N}|A_iA_j||B_iB_j|+N^2\cdot|PG|^2.\tag{4.8.2}$$

如果记 $\mathscr{A}(m)=\{A_1(m_1),A_2(m_2),\cdots,A_N(m_N)\}$ 表示点集 $\mathscr{A}$ 中的 N 个点 $A_1,\ A_2,\cdots,\ A_N$ 赋予非

负质量 m_1, m_2, $\cdots$, m_N, 设 $\mathscr{A}(m)$ 的质心为 G, 同样再记 $\mathscr{B}(m)=\{B_1(m_1),B_2(m_2),\cdots,B_N(m_N)\}$ 为有限点集 $\mathscr{B}$ 中的点 B_1, B_2, $\cdots$, B_N 赋予非负质量 m_1, m_2, $\cdots$, m_N, 且 $\mathscr{B}(m)$ 与 $\mathscr{A}(m)$ 共有一个质心 G, 则不难证明如下的一个几何恒等式

$$\left(\sum_{i=1}^{N}m_i\right)\left(\sum_{i=1}^{N}m_i|PA_i||PB_i|\right)$$
$$=\sum_{1\leqslant i<j\leqslant N}m_im_j|A_iA_j||B_iB_j|+\left(\sum_{i=1}^{N}m_i\right)^2\cdot|PG|^2. \tag{4.8.3}$$

由 (4.8.3) 容易得到如下的一个几何不等式

$$\left(\sum_{i=1}^{N}m_i\right)\left(\sum_{i=1}^{N}m_i|PA_i||PB_i|\right)$$
$$\geqslant\sum_{1\leqslant i<j\leqslant N}m_im_j|A_iA_j||B_iB_j|, \tag{4.8.4}$$

当且仅当点 P 与质心 G 重合时等号成立.

如果把 (4.8.3) 与 (4.8.4) 中的 $|PA_i|$, $|PB_i|$, $|A_iA_j|$, $|B_iB_j|$ 理解为二点集之间点与点之间的线段, 那么对于二点集中联系任意 $k+1$ 个点的 k $(k<n)$ 维单形的 k 维体积是否仍有类似的结论成立呢? 我们的回答是肯定的, 本节拟将解决这一问题.

定义 设在 n 维欧氏空间 $\mathbf{E}^n$ 中质点系 $\mathscr{A}(m)=\{A_1(m_1),A_2(m_2),\cdots,A_N(m_N)\}$ 和质点系 $\mathscr{B}(m)=\{B_1(m_1),B_2(m_2),\cdots,B_N(m_N)\}(m_i\in R)$ 具有相同的质心 G, 则称 $\mathscr{M}(m)=\{\mathscr{A}(m),\mathscr{B}(m)\}$ 为质点系 $\mathscr{A}(m)$ 与质点系 $\mathscr{B}(m)$ 的同心质点系.

这里与 §4.7 中的相同, 如下令

$$M_0=m_1+m_2+\cdots+m_N\neq 0;$$
$$M_k=\sum\sum\cdots\sum_{1\leqslant i_1<i_2<\cdots<i_{k+1}\leqslant N} m_{i_1}m_{i_2}\cdots m_{i_{k+1}} \times V_{\mathscr{A},\,i_1i_2\cdots i_{k+1}}V_{\mathscr{B},\,i_1i_2\cdots i_{k+1}};$$
$$M_k(P)=\sum\sum\cdots\sum_{1\leqslant i_1<i_2<\cdots<i_k\leqslant N} m_{i_1}m_{i_2}\cdots m_{i_k} \times V_{\mathscr{A},\,Pi_1i_2\cdots i_k}V_{\mathscr{B},\,Pi_1i_2\cdots i_k};$$
$$M_k(P,G)=\sum\sum\cdots\sum_{1\leqslant i_1<i_2<\cdots<i_{k-1}\leqslant N} m_{i_1}m_{i_2}\cdots m_{i_{k-1}} \times V_{\mathscr{A},\,PGi_1i_2\cdots i_{k-1}}V_{\mathscr{B},\,PGi_1i_2\cdots i_{k-1}},$$
$$(m_i\in R,\ i=1,\ 2,\ \cdots,\ N).$$

由上面这些记号我们可以给出如下的:

定理 1 设 $\mathscr{M}(m)=\{\mathscr{A}(m),\ \mathscr{B}(m)\}$ 为 n 维欧氏空间 $\mathbf{E}^n$ 中的同心质点系, P 为 $\mathbf{E}^n$ 中的任意一点, 则对于 $\mathscr{M}(m)$ 的不变量 M_k 与含有动点 P 的不变量 $M_k(P)$ 以及 $M_k(P,G)$ 有如下的几何恒等式成立

$$M_0\cdot M_k(P)=M_k+M_0^2\cdot M_k(P,G),\ (1\leqslant k\leqslant n).\quad(4.8.5)$$

证 设 n 维欧氏空间 $\mathbf{E}^n$ 中同心质点系的质心 G 为坐标原点, 记 $\overrightarrow{GA_i}=a_i$, $\overrightarrow{GP}=p_0, \overrightarrow{PA_i}=p_i$ $(1\leqslant i\leqslant N)$, 则易知有 $p_0+p_i=a_i$, 为方便起见, 记 $m_0=M_0$, 则有 $m_0p_0+\sum\limits_{i=1}^{N}m_ip_i=\sum\limits_{i=1}^{N}m_ia_i=0$, 所以 $\sum\limits_{i=1}^{N}m_ip_i=-m_0p_0$, 同样, 若记 $\overrightarrow{GB_i}=b_i$, $\overrightarrow{GP}=q_0=p_0, \overrightarrow{PB_i}=$

$q_i\ (1 \leqslant i \leqslant N)$, $\sum\limits_{i=1}^{N} m_i q_i = -m_0 p_0$. 设

$$\det B(x) = \begin{vmatrix} m_0p_0q_0 - x & \sqrt{m_0m_1}\,p_0q_1 & \cdots & \sqrt{m_0m_N}\,p_0q_N \\ \sqrt{m_1m_0}\,p_1q_0 & m_1p_1q_1 - x & \cdots & \sqrt{m_1m_N}\,p_1q_N \\ \cdots & \cdots & \cdots & \cdots \\ \sqrt{m_Nm_0}\,p_1q_0 & \sqrt{m_Nm_1}\,p_Nq_1 & \cdots & m_Np_Nq_N - x \end{vmatrix},$$

令 $\det B(x) = 0$, 由于 $\operatorname{rank} B(0) = n$, 故 $\det B(x) = 0$ 有 n 个非 0 实根与 $N - n$ 个 0 根, 所以有

$$x^n - b_1 x^{n-1} + \cdots + (-1)^k b_k x^{n-k} + \cdots + (-1)^n b_n = 0, \tag{4.8.6}$$

其中 b_k 可由单形的体积公式以及特征多项式与矩阵的主子式之间的关系得到

$$b_k = k!^2 \cdot M_{k\ (\mathscr{A},\mathscr{B})}(P) + k!^2 \cdot M_0 \cdot M_{k\ (\mathscr{A},\mathscr{B})}(P, G), \tag{4.8.7}$$

其中

$$\begin{aligned} M_{k\ (\mathscr{A},\mathscr{B})}(P) = & \sum\sum\cdots\sum_{1 \leqslant i_1 < i_2 < \cdots < i_k \leqslant N} m_{i_1} m_{i_2} \cdots m_{i_k} \\ & \times V^2_{(\mathscr{A},\mathscr{B}),Pi_1i_2\cdots i_k}, \\ M_{k\ (\mathscr{A},\mathscr{B})}(P, G) = & \sum\sum\cdots\sum_{1 \leqslant i_1 < i_2 < \cdots < i_{k-1} \leqslant N} m_{i_1} m_{i_2} \cdots m_{i_{k-1}} \\ & \times V^2_{(\mathscr{A},\mathscr{B})PGi_1i_2\cdots i_{k-1}}. \end{aligned}$$

另外, 设行列式 $\det B(x)$ 的行列号是从 0 开始的, 今对其进行行与列初等变换. 第 0 行 (列) 乘以 $\sqrt{m_0}$, 然后将第 i 行 (列) 的 $\sqrt{m_i}$ 倍加到第 0 行 (列) 上, 其

次注意到 $m_0p_0+\sum\limits_{i=1}^{N}m_ip_i=0$ 与 $m_0q_0+\sum\limits_{i=1}^{N}m_iq_i=0$, 则有

$$\det B(x)=\frac{1}{\sqrt{M_0}}\times$$

$$\begin{vmatrix} -\sqrt{m_0}\,x & -\sqrt{m_1}\,x & \cdots & -\sqrt{m_N}\,x \\ \sqrt{m_1m_0}\,p_1q_0 & m_1p_1q_1-x & \cdots & \sqrt{m_1m_N}\,p_1q_N \\ \cdots & \cdots & \cdots & \cdots \\ \sqrt{m_Nm_0}\,p_Nq_0 & \sqrt{m_Nm_1}\,p_Nq_1 & \cdots & m_Np_Nq_N-x \end{vmatrix}$$

$$=\frac{1}{M_0}\cdot\begin{vmatrix} -2m_0x & -\sqrt{m_1}x & \cdots & -\sqrt{m_N}x \\ -\sqrt{m_1}x & m_1p_1q_1-x & \cdots & \sqrt{m_1m_N}p_1q_N \\ \cdots & \cdots & \cdots & \cdots \\ -\sqrt{m_N}x & \sqrt{m_Nm_1}p_Nq_1 & \cdots & m_Np_Nq_N-x \end{vmatrix}$$

$$=\frac{x^2}{M_0}\cdot\begin{vmatrix} 0 & \sqrt{m_1} & \cdots & \sqrt{m_N} \\ \sqrt{m_1} & m_1p_1q_1-x & \cdots & \sqrt{m_1m_N}p_1q_N \\ \cdots & \cdots & \cdots & \cdots \\ \sqrt{m_N} & \sqrt{m_Nm_1}p_Nq_1 & \cdots & m_Np_Nq_N-x \end{vmatrix}-2x$$

$$\times\begin{vmatrix} m_1p_1q_1-x & \sqrt{m_1m_2}p_1q_2 & \cdots & \sqrt{m_1m_N}p_1q_N \\ \sqrt{m_2m_1}p_2q_1 & m_2p_2q_2-x & \cdots & \sqrt{m_2m_N}p_2q_N \\ \cdots & \cdots & \cdots & \cdots \\ \sqrt{m_Nm_1}p_Nq_1 & \sqrt{m_Nm_2}p_Nq_2 & \cdots & m_Np_Nq_N-x \end{vmatrix},$$

由于

$$\begin{vmatrix} 0 & \sqrt{m_1} & \cdots & \sqrt{m_N} \\ \sqrt{m_1} & m_1p_1q_1-x & \cdots & \sqrt{m_1m_N}p_1q_N \\ \cdots & \cdots & \cdots & \cdots \\ \sqrt{m_N} & \sqrt{m_Nm_1}p_Nq_1 & \cdots & m_Np_Nq_N-x \end{vmatrix}$$

$$
= \begin{vmatrix} 0 & \sqrt{m_1} & \cdots & \sqrt{m_N} \\ \sqrt{m_1} & & & \\ \vdots & & -\frac{\sqrt{m_i m_j}}{2} \cdot d_{ij}^2 - \delta_{ij} x & \\ \sqrt{m_N} & & & \end{vmatrix},
$$

又因为

$$
\begin{vmatrix} 0 & \sqrt{m_{i_1}} & \cdots & \sqrt{m_{i_{k+1}}} \\ \sqrt{m_{i_1}} & & & \\ \vdots & & -\frac{\sqrt{m_i m_j}}{2} \cdot d_{i_j i_l}^2 - \delta_{i_j i_l} x & \\ \sqrt{m_{i_{k+1}}} & & & \end{vmatrix}
$$

$$
= k!^2 \cdot m_{i_1} m_{i_2} \cdots m_{i_{k+1}} \cdot V_{(\mathscr{A},\mathscr{B})_{i_1 i_2 \cdots i_{k+1}}}^2, \tag{4.8.8}
$$

所以, 若再令 $\det B(x) = 0$, 则有

$$
c_0 x^n - c_1 x^{n-1} + \cdots + (-1)^k c_k x^{n-k} + \cdots + (-1)^n c_n = 0,
$$

约定 $M_0(P) = 1$, 则易知此处的

$$
c_k = k!^2 \cdot (2M_{k(\mathscr{A},\mathscr{B})}(P) - M_{k(\mathscr{A},\mathscr{B})}), \ (0 \leqslant k \leqslant n),
$$

故若在上述方程的两端同除以 $c_0 = M_0$ 时, 可得

$$
b_k = k!^2 \cdot \frac{2M_{k(\mathscr{A},\mathscr{B})}(P) - M_{k(\mathscr{A},\mathscr{B})}}{M_0}, \ (1 \leqslant k \leqslant n), \tag{4.8.9}
$$

其中

$$
M_{k(\mathscr{A},\mathscr{B})} = \sum_{1 \leqslant i_1 < i_2 < \cdots < i_{k+1} \leqslant N} \sum \cdots \sum m_{i_1} m_{i_2} \cdots m_{i_{k+1}} \times V_{(\mathscr{A},\mathscr{B})_{i_1 i_2 \cdots i_{k+1}}}^2,
$$

由 (4.8.7) 和 (4.8.9) 可得

$$\begin{aligned}&M_{k\ (\mathscr{A},\mathscr{B})}(P)+M_0\cdot M_{k\ (\mathscr{A},\mathscr{B})}(P,G)\\&=\frac{2M_{k(\mathscr{A},\mathscr{B})}(P)-M_{k(\mathscr{A},\mathscr{B})}}{M_0},\end{aligned}$$

即

$$M_0\cdot M_{k(\mathscr{A},\mathscr{B})}(P)=M_{k(\mathscr{A},\mathscr{B})}+M_0^2\cdot M_{k(\mathscr{A},\mathscr{B})}(P,\ G),\tag{4.8.10}$$

由 (4.6.14) 知

$$\begin{cases}M_{k(\mathscr{A},\mathscr{B})}=M_k\\M_{k(\mathscr{A},\mathscr{B})}(P)=M_k(P)\\M_{k(\mathscr{A},\mathscr{B})}(P,\ G)=M_k(P,G)\end{cases},\tag{4.8.11}$$

将 (4.8.11) 代入 (4.8.10) 内立即可得 (4.8.5). □

推论 1 对于同心质点系 $\mathscr{M}(m)=\{\mathscr{A}(m),\mathscr{B}(m)\}$ 的不变量 M_k 与 $M_k(G)$, 当动点 P 与 $\mathscr{M}(m)$ 的质心 G 相重合时, 则有如下的几何恒等式成立

$$M_0\cdot M_k(G)=M_k,\ (1\leqslant k\leqslant n).\tag{4.8.12}$$

恒等式 (4.8.12) 说明了在 n 维欧氏空间 $\mathbf{E}^n$ 中, 同心质点系 $\mathscr{M}(m)=\{\mathscr{A}(m),\mathscr{B}(m)\}$ 的几何不变量 M_k 与 $M_k(G)$ 不论子单形的维数 k $(1\leqslant k\leqslant n)$ 如何, 它们的商恒为常数 M_0.

推论 2 设 P 为 n 维欧氏空间 $\mathbf{E}^n$ 中的任意一点, 则对于同心质点系 $\mathscr{M}(m)=\{\mathscr{A}(m),\ \mathscr{B}(m)\}$, 当 $m_i\geqslant 0$ $(1\leqslant i\leqslant N)$ 时, 有

$$M_k(P)\geqslant\frac{M_k}{M_0},\ (1\leqslant k\leqslant n),\tag{4.8.13}$$

当且仅当点 P 与 $\mathscr{M}(m)$ 的质心 G 重合时等号成立.

实际上, 由于 $m_i \geqslant 0$, 且 $M_0 \neq 0$, 故 $M_k(P,\ G) \geqslant 0$, 所以由 (4.8.5) 便可得到 (4.8.13), 而等号成立的充要条件是显然的.

在 (4.8.13) 中, 当 $k = 1$ 时, 便是前面所述的 (4.8.4).

推论 3 条件与定理 1 中的相同, 则有

$$M_k^2(P) \geqslant 4M_k \cdot M_k(P,G),\ (1 \leqslant k \leqslant n), \qquad (4.8.14)$$

当且仅当 $2M_0 \cdot M_k(P,G) = M_k(P)$ 时等号成立.

事实上, 对 (4.8.5) 进行配平方可得

$$M_k^2(P) - 4M_k \cdot M_k(P,G) = (2M_0 \cdot M_k(P,G) - M_k(P))^2,$$

显然此处

$$(2M_0 \cdot M_k(P,G) - M_k(P))^2 \geqslant 0,$$

故有

$$M_k^2(P) - 4M_k \cdot M_k(P,G) \geqslant 0,$$

由此立即可得 (4.8.14), 至于等号成立的充要条件是显而易见的.

不难看出, 当 $\mathscr{B}(m) = \mathscr{A}(m)$ 时, 上述的定理 1 及 3 条推论均是 4.7 中的一些结论, 可见, 本节的上述内容实质上是 4.7 的一种推广.

定理 2 设 $\mathscr{A}$ 与 $\mathscr{B}$ 为 n 维欧氏空间 $\mathbf{E}^n$ 中的单形, m_i 为单形 $\mathscr{A}$ 的顶点 A_i 所对的 $n-1$ 维界面上的中线, m_i' 为单形 $\mathscr{B}$ 的顶点 B_i 所对的 $n-1$ 维界面上

的中线, 又 a_{ij} 为单形 $\mathscr{A}$ 的棱长, b_{ij} 为单形 $\mathscr{B}$ 的棱长, 则有

$$\sum_{1\leqslant i<j\leqslant n+1}\frac{a_{ij}b_{ij}}{\sqrt{m_i m_j m_i' m_j'}}\geqslant n^2, \tag{4.8.15}$$

当且仅当 $\mathscr{A}$ 与 $\mathscr{B}$ 均为正则单形时等号成立.

证 设在单形 $\mathscr{A}$ 的顶点 A_i 与单形 $\mathscr{B}$ 的顶点 B_i 上均赋上质量为 $\frac{1}{\sqrt{m_i m_i'}}$, 并且不妨设单形 $\mathscr{A}$ 与 $\mathscr{B}$ 有相同的质心 G, 如若不然, 总可以将单形 $\mathscr{B}$ 经过平移变换后使之它们有相同的质心 G, 这样一来, 便可视二单形 $\mathscr{A}$ 与 $\mathscr{B}$ 此时为同心质点系.

今取动点 P 为二单形 $\mathscr{A}$ 与 $\mathscr{B}$ 经过平移变换后的质心 G, 从而可在几何恒等式 (4.8.12) 中取 $k=1$, $N=n+1$, 由此可得如下的一个几何恒等式

$$\sum_{1\leqslant i<j\leqslant n+1}\frac{a_{ij}b_{ij}}{\sqrt{m_i m_j m_i' m_j'}}$$

$$=\left(\frac{n}{n+1}\right)^2\left(\sum_{i=1}^{n+1}\frac{1}{\sqrt{m_i m_i'}}\right)\left(\sum_{i=1}^{n+1}\sqrt{m_i m_i'}\right), \tag{4.8.16}$$

再利用 Cauchy 不等式便可得

$$\sum_{1\leqslant i<j\leqslant n+1}\frac{a_{ij}b_{ij}}{\sqrt{m_i m_j m_i' m_j'}}\geqslant n^2.$$

至于等号成立的充要条件是不难看出的. □

推论 4 在定理 2 的题设下, 有

$$\sum_{1\leqslant i<j\leqslant n+1}\frac{a_{ij}^2}{m_i m_j}\geqslant n^2, \tag{4.8.17}$$

当且仅当 $\mathscr{A}$ 为正则单形时等号成立.

由 (4.8.17) 容易使得我们想到如下的:

推论 5 设 h_i 为单形 $\mathscr{A}$ 的顶点 A_i $(1 \leqslant i \leqslant n+1)$ 所对的 $n-1$ 维界面上的高, 其余条件与定理 2 中的相同, 则有

$$\sum_{1\leqslant i<j\leqslant n+1} \frac{a_{ij}^2}{h_i h_j} \geqslant n^2, \tag{4.8.18}$$

当且仅当 $\mathscr{A}$ 为正则单形时等号成立.

而由 (4.8.18) 再利用单形的体积公式 (1.1.3) 可得:

推论 6 设 S_i 为单形 $\mathscr{A}$ 的顶点 A_i $(1 \leqslant i \leqslant n+1)$ 所对的 $n-1$ 维界面的 $n-1$ 维体积, V 为 $\mathscr{A}$ 的 n 维体积, 其余条件与定理 2 中的相同, 则有

$$\sum_{1\leqslant i<j\leqslant n+1} a_{ij}^2 S_i S_j \geqslant n^4 V^2, \tag{4.8.19}$$

当且仅当 $\mathscr{A}$ 为正则单形时等号成立.

第 5 章　单形中的度量和

在距离几何中, 度量和是由两个 (或多个) 单形中相应的元素构成另外一个单形的问题, 例如, 以两个单形的对应棱长的平方和的平方根为棱长可以构成第三个单形, 这就是一个度量和的问题. 在一般情况下, 度量和都是讨论两个 (或两个以上) 单形中相同元素 (有时也不一定是基本元素) 与由它们采用度量和的方法所构成的另一个单形的相应元素之间的关系, 当然还有研究其他关于嵌入以及对称化等问题, 本章我们将主要研究涉及单形的体积, 外接球半径, 内切球半径与高等的度量和问题.

§5.1　Alexander 的猜想问题

Oppenheim R. P. Nolan 于 1964 年曾证明了如下的问题:

设 $\triangle A_iB_iC_i$ 的边长为 a_i, b_i, c_i, 面积为 $\triangle_i$ ($i=1,\ 2$), 若定义

$$a_3=\sqrt{a_1^2+a_2^2},\quad b_3=\sqrt{b_1^2+b_2^2},\quad c_3=\sqrt{c_1^2+c_2^2},$$

则以 a_3, b_3, c_3 为边长可以构成一个 $\triangle A_3B_3C_3$, 若 $\triangle A_3B_3C_3$ 的面积为 $\triangle_3$, 则有

$$\triangle_3\geqslant\triangle_1+\triangle_2,\tag{5.1.1}$$

当且仅当 $\triangle A_1B_1C_1\backsim\triangle A_2B_2C_2$ 时等号成立.

由 (5.1.1), Alexander R. 于 1975 年又提出了如下的猜想:

设 $\mathscr{A}$, $\mathscr{B}$ 为 n 维欧氏空间 $\mathbf{E}^n$ 中的两个单形, 且它们的顶点集分别为 $\mathfrak{A}=\{A_1,A_2,\cdots,A_{n+1}\}$ 和 $\mathfrak{B}=\{B_1,B_2,\cdots,B_{n+1}\}$, 又 $|A_iA_j|=a_{ij}$, $|B_iB_j|=b_{ij}$, 若令 $c_{ij}^2=\frac{1}{2}\left(a_{ij}^2+b_{ij}^2\right)$ $(1\leqslant i,j\leqslant n+1,\ i\neq j)$, 则以 c_{ij} 为棱长所构成的单形为 $\mathscr{C}$, 如果 $\mathscr{A}$, $\mathscr{B}$, $\mathscr{C}$ 的 n 维体积分别为 V_1, V_2, V_0, 则

$$V_0^2\geqslant\frac{1}{2}\left(V_1^2+V_2^2\right),\tag{5.1.2}$$

实际上, 若取 $b_{ij}=ka_{ij}$, 则有 $V_2=k^nV_1$, 又此时

$$c_{ij}=\sqrt{\frac{1}{2}\ \left(a_{ij}^2+b_{ij}^2\right)}=\sqrt{\frac{k^2+1}{2}}\,a_{ij},$$

所以有

$$V_0=\left(\sqrt{\frac{k^2+1}{2}}\right)^nV_1,$$

从而由 (5.1.2) 知

$$\left(\left(\sqrt{\frac{k^2+1}{2}}\right)^n\cdot V_1\right)^2\geqslant\frac{1}{2}\ \left(V_1^2+k^{2n}V_1^2\right),$$

即

$$\left(\frac{k^2+1}{2}\right)^n\geqslant\frac{k^{2n}+1}{2},\tag{5.1.3}$$

因为在一般情况下, 有如下的不等式成立

$$\frac{k^{2n}+1}{2}\geqslant\left(\frac{k^2+1}{2}\right)^n,\tag{5.1.4}$$

当且仅当 $k=\pm1$ 时等号成立, 所以在一般情况下, 当 $k>0$ 且 $k\neq1$ 时 (5.1.3) 不成立, 从而 (5.1.2) 不成立, 即 Alexander 猜想不成立, 但是下面的结论是成立的:

定理[22] 设 V_1, V_2, V_0 的含义与 (5.1.2) 中的相同, 则有

$$V_0^{\frac{2}{n}} \geqslant \frac{1}{2}\left(V_1^{\frac{2}{n}} + V_2^{\frac{2}{n}}\right), \tag{5.1.5}$$

当且仅当 $\mathscr{A} \backsim \mathscr{B}$ 时等号成立.

为证明 (5.1.5), 我们首先证明如下的命题:

引理 设 $\mathscr{A}$ 与 $\mathscr{B}$ 为 n 维欧氏空间 $\mathbf{E}^n$ 中的两个单形, 它们的顶点集分别为 $\mathfrak{A} = \{A_1, A_2, \cdots, A_{n+1}\}$ 和 $\mathfrak{B} = \{B_1, B_2, \cdots, B_{n+1}\}$, 且 $|A_iA_j| = a_{ij}$, $|B_iB_j| = b_{ij}$, 以 $c_{ij} = \sqrt{a_{ij}^2 + b_{ij}^2}$ 为棱长所构成的单形为 $\mathscr{C}$, 又 $\mathscr{A}$, $\mathscr{B}$, $\mathscr{C}$ 的 n 维体积依次为 V_1, V_2, V_0, 则有

$$V_0^{\frac{2}{n}} \geqslant V_1^{\frac{2}{n}} + V_2^{\frac{2}{n}}, \tag{5.1.6}$$

当且仅当 $\mathscr{A} \backsim \mathscr{B}$ 时等号成立.

证 设

$$q_{ij} = \frac{1}{2}\left(a_{i,n+1}^2 + a_{n+1,j}^2 - a_{ij}^2\right),$$

$$r_{ij} = \frac{1}{2}\left(b_{i,n+1}^2 + b_{n+1,j}^2 - b_{ij}^2\right),$$

$$Q = (q_{ij}), \quad R = (r_{ij}),$$

$$s_{ij}(\lambda) = q_{ij} + \lambda\, r_{ij},$$

$$S(\lambda) = (s_{ij}(\lambda)),$$

$$f_{ij}(\lambda) = -\frac{1}{2}\left(a_{ij}^2 + \lambda b_{ij}^2\right),$$

$$F(\lambda) = \begin{pmatrix} 0 & 1 & \cdots & 1 \\ 1 & & & \\ \vdots & & f_{ij}(\lambda) & \\ 1 & & & \end{pmatrix},$$

(其中 $F(\lambda)$ 是 $n+1$ 阶方阵).

首先我们考虑方程 $\det F(\lambda)=0$ 的根, 将此行列式的第零行 (列) 乘以 $-f_{i,n+1}(\lambda)$ (或 $-f_{n+1,j}(\lambda)$) 再加到第 i 行 (j 列) 上去可得

$$\begin{aligned}\det F(\lambda) &= \begin{vmatrix} 0 & 1 & \cdots & 1 \\ 1 & & & \\ \vdots & & f_{ij}(\lambda) & \\ 1 & & & \end{vmatrix} \\ &= \begin{vmatrix} 0 & 1 & \cdots & 1 & 1 \\ 1 & & & & 0 \\ \vdots & & s_{ij}(\lambda) & & \vdots \\ 1 & & & & 0 \\ 1 & 0 & \cdots & 0 & 0 \end{vmatrix} \\ &= -\det S(\lambda) \\ &= -\det(Q+\lambda R),\end{aligned}$$

再设

$$\begin{aligned}&-\det F(\lambda)=\det(Q+\lambda R) \\ &=c_0\lambda^n+c_1\lambda^{n-1}+\cdots+c_k\lambda^{n-k}+\cdots+c_n,\end{aligned} \tag{5.1.7}$$

这里 Q 与 R 都是实对称正定矩阵, 从而所有的系数 $c_0, c_1, \cdots, c_k, \cdots, c_n$ 都是非负的, 于是这个方程所有的根都是非正的. 由 Maclaurin 不等式 (2.1.5) 可得

$$\frac{c_1}{\binom{n}{1}\cdot c_0}\geqslant\left(\frac{c_2}{\binom{n}{2}\cdot c_0}\right)^{\frac{1}{2}}\geqslant\cdots\geqslant\left(\frac{c_k}{\binom{n}{k}\cdot c_0}\right)^{\frac{1}{k}}$$

$$\geqslant \cdots \geqslant \left(\frac{c_n}{c_0}\right)^{\frac{1}{n}},$$

所以有

$$c_k \geqslant \binom{n}{k} \cdot c_n^{\frac{k}{n}}\ c_0^{1-\frac{k}{n}}, \tag{5.1.8}$$

由特征方程的系数与矩阵的主子式之间的关系便得

$$c_0 = \det R, \quad c_n = \det Q.$$

从而由单形的体积公式得

$$c_0 = n!^2 \cdot V_2^2\ , \quad c_n = n!^2 \cdot V_1^2, \tag{5.1.9}$$

在 (5.1.7) 中, 令 $\lambda = 1$ 得

$$\sum_{k=0}^{n} c_k = -\det F(1) = -\begin{vmatrix} 0 & 1 & \cdots & 1 \\ 1 & & & \\ \vdots & & -\frac{1}{2}c_{ij}^2 & \\ 1 & & & \end{vmatrix} = n!^2 \cdot V_0^2, \tag{5.1.10}$$

由 (5.1.8) 知

$$\sum_{k=0}^{n} c_k \geqslant \sum_{k=0}^{n} \binom{n}{k} \cdot c_n^{\frac{k}{n}}\ c_0^{1-\frac{k}{n}} = \left(c_0^{\frac{1}{n}} + c_n^{\frac{1}{n}}\right)^n, \tag{5.1.11}$$

所以由 (5.1.9) 和 (5.1.10) 以及上式便得

$$n!^2 \cdot V_0^2 \geqslant \left(\left(n!^2 \cdot V_1^2\right)^{\frac{1}{n}} + \left(n!^2 \cdot V_2^2\right)^{\frac{1}{n}}\right)^n,$$

即

$$V_0^{\frac{2}{n}} \geqslant V_1^{\frac{2}{n}} + V_2^{\frac{2}{n}},$$

由此知, (5.1.6) 得证.

至于等号成立的充要条件, 我们知道, 当 $\mathscr{A}$ 与 $\mathscr{B}$ 相似时, (5.1.6) 中的等号成立, 反之, 如果 (5.1.6) 中取等号, 则 (5.1.8) 中也取等号, 由 Maclaurin 不等式 (2.1.5) 知, 这时 $\det(Q+\lambda R)$ 应有 n 重根 $-\mu_0$, 于是 $\operatorname{rank}(Q-\mu_0 R)=0$, 即 $Q=\mu_0 R$, 从而有 $q_{ij}=\mu_0 r_{ij}$, 所以有 $a_{ij}=\mu_0 b_{ij}$, 此即 $\mathscr{A}\backsim\mathscr{B}$, 由此知, (5.1.6) 中等号成立的充要条件是 $\mathscr{A}\backsim\mathscr{B}$. □

由引理的证明过程可以看出, 若在引理中以 $\frac{1}{\sqrt{2}}a_{ij}$ 代 a_{ij}, 以 $\frac{1}{\sqrt{2}}b_{ij}$ 代 b_{ij}, 则立即可得

$$V_0^{\frac{2}{n}}\geqslant\frac{1}{2}\left(V_1^{\frac{2}{n}}+V_2^{\frac{2}{n}}\right),$$

于是定理中的结论成立, 且显然等号成立的充要条件仍然是 $\mathscr{A}\backsim\mathscr{B}$, 这样一来, 定理也得到证明.

推论 1 设 $\alpha,\beta>0$, 且 $\alpha+\beta=1$, 其余条件与引理中的相同, 则有

$$\alpha^\alpha\beta^\beta V_0^{\frac{2}{n}}\geqslant V_1^{\frac{2\alpha}{n}}V_2^{\frac{2\beta}{n}}, \tag{5.1.12}$$

当且仅当两个单形 $\mathscr{A}$ 和 $\mathscr{B}$ 以$\sqrt{\alpha}:\sqrt{\beta}$ 为相似比而相似时等号成立.

实际上, 由不等式 $\alpha a+\beta b\geqslant a^\alpha b^\beta$ 可得

$$\begin{aligned}V_1^{\frac{2}{n}}+V_2^{\frac{2}{n}}&=\alpha\cdot\frac{V_1^{\frac{2}{n}}}{\alpha}+\beta\cdot\frac{V_2^{\frac{2}{n}}}{\beta}\\&\geqslant\left(\frac{V_1^{\frac{2}{n}}}{\alpha}\right)^\alpha\left(\frac{V_2^{\frac{2}{n}}}{\beta}\right)^\beta,\end{aligned}$$

即

$$V_1^{\frac{2}{n}}+V_2^{\frac{2}{n}}\geqslant\left(\frac{V_1^{\frac{2}{n}}}{\alpha}\right)^\alpha\left(\frac{V_2^{\frac{2}{n}}}{\beta}\right)^\beta, \tag{5.1.13}$$

当且仅当 $\frac{V_1^{\frac{2}{n}}}{\alpha}=\frac{V_2^{\frac{2}{n}}}{\beta}$, 即 $\frac{V_1^{\frac{1}{n}}}{V_2^{\frac{1}{n}}}=\frac{\sqrt{\alpha}}{\sqrt{\beta}}$ 时等号成立.

将 (5.1.13) 代入 (5.1.6) 内便得 (5.1.12), 至于等号成立的充要条件由 (5.1.6) 和 (5.1.13) 中等号成立的充要条件是不难看出的.

推论 2 条件与 (5.1.6) 中的相同, 则有

$$V_0^2\geqslant 2^n\cdot V_1V_2, \tag{5.1.14}$$

当且仅当 $\mathscr{A}\cong\mathscr{B}$ 时等号成立.

事实上, 由 $a^2+b^2\geqslant 2ab$ 立即可得

$$V_0^{\frac{2}{n}}\geqslant V_1^{\frac{2}{n}}+V_2^{\frac{2}{n}}\geqslant 2\left(V_1V_2\right)^{\frac{1}{n}},$$

由此立即可得 (5.1.14), 或者在 (5.1.12) 中取 $\alpha=\beta=\frac{1}{2}$ 时也可以得到 (5.1.14), 至于等号成立的充要条件是显然的.

§5.2 有限个单形的度量和

在 §5.1 中我们曾提到由两个三角形构作另一个三角形的度量和问题, 现在我们可以将三角形的个数 2 换成任意自然数 $m\,(\geqslant 2)$, 即设 $\triangle A_iB_iC_i$ 的边长分别为 a_i, b_i, c_i, 面积为 $\triangle_i$ $(1\leqslant i\leqslant m)$, α_1, α_2, $\cdots$, α_m 为一组正实数, 则以

$$a_i'=\left(\sum_{k=1}^m\alpha_k a_k^2\right)^{\frac{1}{2}},\quad b_i'=\left(\sum_{k=1}^m\alpha_k b_k^2\right)^{\frac{1}{2}},$$

$$c_i'=\left(\sum_{k=1}^m\alpha_k c_k^2\right)^{\frac{1}{2}}$$

为边长仍可以构成一个 $\triangle A'B'C'$, 若记 $\triangle A'B'C'$ 的面积为 $\triangle'$, 则有

$$\triangle' \geqslant \sum_{k=1}^{m} \alpha_k \triangle_k, \tag{5.2.1}$$

当且仅当 m 个三角形两两相似时等号成立.

那么, 在 n 维欧氏空间 $\mathbf{E}^n$ 中, 对于任意 m 个单形是否也有相应的结论成立呢? 回答是肯定的. 为了解决这个问题, 如下首先来看一条引理.

引理 1 设 $\mathscr{A}_k$ 为 n 欧氏空间 $\mathbf{E}^n$ 中的单形, 其棱长为 $a_{ij,\,k}$, 若设 $\alpha_1, \alpha_2, \cdots, \alpha_m$ 为一组正实数, 则以 $b_{ij} = \sqrt{\sum\limits_{k=1}^{m} \alpha_k a_{ij,\,k}^2}$ $(1 \leqslant i, j \leqslant n+1)$ 为棱长, 也可以构成 $\mathbf{E}^n$ 空间中的一个单形 $\mathscr{A}$.

证 设

$$\Delta_l = \begin{vmatrix} 0 & 1 & \cdots & 1 \\ 1 & & & \\ \vdots & & a_{ij,\,k}^2 & \\ 1 & & & \end{vmatrix},$$

$$(1 \leqslant i, j \leqslant l+1,\ 1 \leqslant k \leqslant m),$$

则由 (1.4.10) 知

$$(-1)^{l+1} \Delta_l > 0,\ (0 \leqslant l \leqslant n). \tag{5.2.2}$$

若令 $\omega_{ij,\,k}=a^2_{i,\,n+1,\,k}+a^2_{n+1,\,j,\,k}-a^2_{ij,\,k}$, 则 (5.2.2) 等价于 n 阶矩阵

$$\Omega=\begin{pmatrix}\omega_{11,\,k} & \omega_{12,\,k} & \cdots & \omega_{1n,\,k}\\ \omega_{21,\,k} & \omega_{22,\,k} & \cdots & \omega_{2n,\,k}\\ \cdots & \cdots & \cdots & \cdots\\ \omega_{n1,\,k} & \omega_{n2,\,k} & \cdots & \omega_{nn,\,k}\end{pmatrix}, \tag{5.2.3}$$

的严格正定性, 即二次型

$$\begin{aligned}&f_k(x_1,x_2,\cdots,x_{n+1})\\&=\sum_{i=1}^{n+1}\sum_{j=1}^{n+1}\left(a^2_{i,n+1,k}+a^2_{n+1,j,k}-a^2_{ij,k}\right)x_ix_j\end{aligned}$$

是严格正定的, 从而知

$$\begin{aligned}&F(x_1,x_2,\cdots,x_{n+1})\\&=\sum_{k=1}^{m}\alpha_kf_k(x_1,x_2,\cdots,x_{n+1})\\&=\sum_{k=1}^{m}\alpha_k\sum_{i=1}^{n+1}\sum_{j=1}^{n+1}\left(a^2_{i,n+1,k}+a^2_{n+1,j,k}-a^2_{ij,k}\right)x_ix_j\\&=\sum_{i=1}^{n+1}\sum_{j=1}^{n+1}\left[\sum_{k=1}^{m}\alpha_k\left(a^2_{i,n+1,k}+a^2_{n+1,j,k}-a^2_{ij,k}\right)\right]x_ix_j\end{aligned}$$

是严格正定的, 故有

$$(-1)^{l+1}\begin{vmatrix}0 & 1 & \cdots & 1\\ 1 & & & \\ \vdots & & \sum\limits_{k=1}^{m}\alpha_ka^2_{ij,k} & \\ 1 & & & \end{vmatrix}>0,(1\leqslant i,j\leqslant n+1).$$

从而再由 (1.4.10) 知, 以 $b_{ij}=\sqrt{\sum\limits_{k=1}^{m}\alpha_k a_{ij,\,k}^2}$ $(1\leqslant i,j\leqslant n+1)$ 为棱长可以构成 $\mathbf{E}^n$ 空间中的一个单形 $\mathscr{A}$. □

引理 2 设 $A_1,A_2,\cdots,A_m$ 是 m 个正定 (n 阶) Hermite 矩阵, 且 $\alpha_1,\alpha_2,\cdots,\alpha_m$ $(m\geqslant 2)$ 均为正实数, 则有

$$\left|\sum_{k=1}^{m}\alpha_k A_k\right|^{\frac{1}{n}}\geqslant\sum_{k=1}^{m}\alpha_k\left|A_k\right|^{\frac{1}{n}},\tag{5.2.4}$$

当且仅当 $A_i=c_jA_j$ $(c_j>0)$ 时等号成立.

证 当 $m=2$ 时, 因为 A_1 与 A_2 均为 n 阶正定 Hermite 矩阵, 故此时存在一个正交矩阵 Q, 使得

$$\det Q=1,$$
$$\left(\overline{Q^{\tau}}A_kQ\right)=\operatorname{diag}(u_{k1},u_{k2},\cdots,u_{kn}),\ \ k=1,\ 2.$$

易知此处的 $u_{k1},u_{k2},\cdots,u_{kn}$ $(k=1,\ 2)$ 均为正实数, 所以有

$$\begin{aligned}\left|\alpha_1A_1+\alpha_2A_2\right|^{\frac{1}{n}}&=\left|\overline{Q^{\tau}}(\alpha_1A_1+\alpha_2A_2)Q\right|^{\frac{1}{n}}\\&=\left|\overline{Q^{\tau}}(\alpha_1A_1)Q+\overline{Q^{\tau}}(\alpha_2A_2)Q\right|^{\frac{1}{n}}\\&=\left|\alpha_1\left(\overline{Q^{\tau}}A_1Q\right)+\alpha_2\left(\overline{Q^{\tau}}A_2Q\right)\right|^{\frac{1}{n}}\\&=\prod_{j=1}^{n}(\alpha_1u_{1j}+\alpha_2u_{2j})^{\frac{1}{n}},\end{aligned}$$

另一方面, 又有

$$\alpha_1\left|A_1\right|^{\frac{1}{n}}+\alpha_2\left|A_2\right|^{\frac{1}{n}}=\alpha_1\left|\overline{Q^{\tau}}A_1Q\right|^{\frac{1}{n}}+\alpha_2\left|\overline{Q^{\tau}}A_2Q\right|^{\frac{1}{n}}$$

$$= \alpha_1 \left(\prod_{j=1}^{n} u_{1j}\right)^{\frac{1}{n}} + \alpha_2 \left(\prod_{j=1}^{n} u_{2j}\right)^{\frac{1}{n}}.$$

由 Hölder 不等式可得

$$\begin{aligned}
&\alpha_1 \left(\prod_{j=1}^{n} u_{1j}\right)^{\frac{1}{n}} + \alpha_2 \left(\prod_{j=1}^{n} u_{2j}\right)^{\frac{1}{n}} \\
&= \left(\prod_{j=1}^{n} \alpha_1 u_{1j}\right)^{\frac{1}{n}} + \left(\prod_{j=1}^{n} \alpha_2 u_{2j}\right)^{\frac{1}{n}} \\
&\leqslant \prod_{j=1}^{n} (\alpha_1 u_{1j} + \alpha_2 u_{2j})^{\frac{1}{n}},
\end{aligned}$$

即

$$\alpha_1 \left(\prod_{j=1}^{n} u_{1j}\right)^{\frac{1}{n}} + \alpha_2 \left(\prod_{j=1}^{n} u_{2j}\right)^{\frac{1}{n}} \leqslant \prod_{j=1}^{n} (\alpha_1 u_{1j} + \alpha_2 u_{2j})^{\frac{1}{n}}, \tag{5.2.5}$$

由此得

$$\alpha_1 |A_1|^{\frac{1}{n}} + \alpha_2 |A_2|^{\frac{1}{n}} \leqslant |\alpha_1 A_1 + \alpha_2 A_2|^{\frac{1}{n}}, \tag{5.2.6}$$

于是当 $m = 2$ 时 (5.2.4) 成立, 而等号成立的充要条件由 Hölder 不等式中等号成立的充要条件是显然的.

假设 (5.2.4) 对于 $m-1$ 时成立, 即

$$\left|\sum_{k=1}^{m-1} \alpha_k A_k\right|^{\frac{1}{n}} \geqslant \sum_{k=1}^{m-1} \alpha_k |A_k|^{\frac{1}{n}}.$$

则 (5.2.4) 对于 m 时, 由 (5.2.6) 可得

$$\begin{aligned}\left|\sum_{k=1}^{m}\alpha_k A_k\right|^{\frac{1}{n}} &= \left|\left(\sum_{k=1}^{m-1}\alpha_k A_k\right)+\alpha_m A_m\right|^{\frac{1}{n}} \\ &\geqslant \left|\sum_{k=1}^{m-1}\alpha_k A_k\right|^{\frac{1}{n}} + |\alpha_m A_m|^{\frac{1}{n}} \\ &\geqslant \sum_{k=1}^{m-1}|\alpha_k A_k|^{\frac{1}{n}} + |\alpha_m A_m|^{\frac{1}{n}} \\ &= \sum_{k=1}^{m-1}\alpha_k |A_k|^{\frac{1}{n}} + \alpha_m |A_m|^{\frac{1}{n}} \\ &= \sum_{k=1}^{m}\alpha_k |A_k|^{\frac{1}{n}},\end{aligned}$$

于是在 (5.2.4) 中, 对于 m 时也成立, 同样等号成立问题也是显然的. 由此知, (5.2.4) 对于任意的自然数 $m\,(\geqslant 2)$ 均成立. □

定理 1 设 $\mathscr{A}_k$ 为 n 维欧氏空间 $\mathbf{E}^n$ 中的单形, 其棱长为 $a_{ij,k}(1\leqslant i,j\leqslant n+1,\ 1\leqslant k\leqslant m),\alpha_1,\alpha_2,\cdots,\alpha_m$ 为一组正实数, 以 $b_{ij}=\sqrt{\sum\limits_{k=1}^{m}\alpha_k a_{ij,k}^2}\ (1\leqslant i,j\leqslant n+1)$ 为棱长的单形是 $\mathscr{A}$, 若 $\mathscr{A}_k$ 和 $\mathscr{A}$ 的 n 维体积为 $V_k\ (1\leqslant k\leqslant m)$ 和 V, 则有

$$V^{\frac{2}{n}}\geqslant\sum_{k=1}^{m}\alpha_k V_k^{\frac{2}{n}}, \tag{5.2.7}$$

当且仅当 m 个单形 $\mathscr{A}_1,\ \mathscr{A}_2,\ \cdots,\ \mathscr{A}_m$ 两两相似时等号成立.

证 对于任一单形 $\mathscr{A}_k$ $(1 \leqslant k \leqslant m)$, 它的 Cayley-Menger 矩阵为

$$D_k = \begin{pmatrix} 0 & 1 & \cdots & 1 \\ 1 & & & \\ \vdots & & a_{ij,k}^2 & \\ 1 & & & \end{pmatrix},$$

若记 $r_{ij,k} = a_{i,n+1,k}^2 + a_{n+1,j,k}^2 - a_{ij,k}^2$, 则易知矩阵 $R_k = (r_{ij,k})$ 是一个实对称正定的 Hermite 方阵, 由引理 2 中的 (5.2.4) 和单形的体积公式 (1.1.1) 可得

$$\begin{aligned} \left|\sum_{k=1}^m \alpha_k R_k\right|^{\frac{1}{n}} &\geqslant \sum_{k=1}^m \alpha_k \left|R_k\right|^{\frac{1}{n}} \\ &= \sum_{k=1}^m \alpha_k \left((-1)^{n+1} \det D_k\right)^{\frac{1}{n}} \\ &= \sum_{k=1}^m \alpha_k \left(n!^2 \cdot 2^n \cdot V_k^2\right)^{\frac{1}{n}} \\ &= 2 \cdot n!^{\frac{2}{n}} \cdot \sum_{k=1}^m \alpha_k V_k^{\frac{2}{n}}. \end{aligned}$$

另外易知

$$\left|\sum_{k=1}^m \alpha_k R_k\right|^{\frac{1}{n}} = 2 \cdot n!^{\frac{2}{n}} \cdot V^{\frac{2}{n}}.$$

由此可得

$$2 \cdot n!^{\frac{2}{n}} \cdot V^{\frac{2}{n}} \geqslant 2 \cdot n!^{\frac{2}{n}} \cdot \sum_{k=1}^m \alpha_k V_k^{\frac{2}{n}},$$

将此式两端同除以 $2\cdot n!^{\frac{2}{n}}$ 便得 (5.2.7). 而等号成立的充要条件由 (5.2.4) 中等号成立的充要条件便知是正确的. □

推论 1 条件与定理 1 中的相同, 若 $\alpha_1+\alpha_2+\cdots+\alpha_m=1$, 则有

$$V\geqslant\prod_{k=1}^{m}V_k^{\alpha_k},\tag{5.2.8}$$

当且仅当 m 个单形 $\mathscr{A}_1, \mathscr{A}_2, \cdots, \mathscr{A}_m$ 均为正则时等号成立.

实际上, 由 (5.2.7) 和 $\sum\limits_{i=1}^{m}\lambda_i a_i\geqslant\prod\limits_{i=1}^{m}a_i^{\lambda_i}$ 便可得

$$V^{\frac{2}{n}}\geqslant\sum_{k=1}^{m}\alpha_k V_k^{\frac{2}{n}}\geqslant\prod_{k=1}^{m}V_k^{\frac{2}{n}\cdot\alpha_k},$$

由此立即可得 (5.2.8), 至于等号成立问题则是显然的.

推论 2 条件仍与定理 1 中的相同, 则有

$$\sum_{k=1}^{m}\alpha_k V_k^{\frac{2}{n}}\leqslant$$

$$\frac{1}{2}\cdot\left(\frac{n+1}{n!^2}\right)^{\frac{1}{n}}\cdot\prod_{1\leqslant i<j\leqslant n+1}\left(\sum_{k=1}^{m}\alpha_k a_{ij,k}^2\right)^{\frac{2}{n(n+1)}},\tag{5.2.9}$$

当且仅当 m 个单形 $\mathscr{A}_1, \mathscr{A}_2, \cdots, \mathscr{A}_m$ 均为正则时等号成立.

由于在 (5.2.7) 中的 V 是以 $b_{ij}=\sqrt{\sum\limits_{k=1}^{m}\alpha_k a_{ij,k}^2}$ 为棱长的单形 $\mathscr{A}$ 的 n 维体积, 从而由 Veljan-Korchmáros 不等式 (2.2.14) 便可得 (5.2.9).

设 $\mathscr{B}_k$ $(1 \leqslant k \leqslant m_2)$ 为 n 维欧氏空间 $\mathbf{E}^n$ 中的单形, 其顶点集为 $\{B_{1,k}, B_{2,k}, \cdots, B_{n+1,k}\}$, 且 $|B_{i,k}B_{j,k}| = b_{ij,k}$, 令

$$B = \begin{pmatrix} 0 & 1 & \cdots & 1 \\ 1 & & & \\ \vdots & & \sum\limits_{k=1}^{m} \beta_k b_{ij,k}^2 & \\ 1 & & & \end{pmatrix},$$

B_{ij} 为 B 中的元素 $b_{ij}^2 \left(= \sum\limits_{k=1}^{m} \beta_k b_{ij,k}^2\right)$ 的代数余子式.

定理 2 设 $a_{ij,k}$ 与 $b_{ij,l}$ 分别为 n 维欧氏空间 $\mathbf{E}^n$ 中的单形 $\mathscr{A}_k$, $\mathscr{B}_k$ 的棱长, 且它们的 n 维体积为 V_k 与 V_l', 又 $\alpha_k, \beta_k > 0$ $(1 \leqslant k \leqslant m_1,\ 1 \leqslant l \leqslant m_2)$, B_{ij} 为上述矩阵 B 中元素 b_{ij}^2 的代数余子式, 则有

$$(-1)^{n+1} \cdot \sum_{1 \leqslant i < j \leqslant n+1} \left(\sum_{k=1}^{m_1} \alpha_k a_{ij,k}^2\right) B_{ij}$$

$$\geqslant 2^{n-1} \cdot n \cdot n!^2 \cdot \left(\sum_{k=1}^{m_1} \alpha_k V_k^{\frac{2}{n}}\right) \left(\sum_{l=1}^{m_2} \beta_l V_l'^{\frac{2}{n}}\right)^{n-1}, \tag{5.2.10}$$

当且仅当 $m_1 + m_2$ 个单形两两相似时等号成立.

实际上, 由引理 1 和 (2.1.6) 便立即可得 (5.2.10).

特别有意义的是, 在 (5.2.10) 中, 当 $n = 2$ 时可得 $m_1 + m_2$ 个三角形的情况

$$\sum \left(\sum_{i=1}^{m_1} \alpha_i a_i^2\right) \left(\sum_{j=1}^{m_2} \beta_j \left(-a_j'^2 + b_j'^2 + c_j'^2\right)\right)$$

$$\geqslant 16\left(\sum_{i=1}^{m_1}\alpha_i\Delta_i\right)\left(\sum_{l=1}^{m_2}\beta_l\Delta_l'\right), \tag{5.2.11}$$

当且仅当 m_1+m_2 个三角形两两相似时等号成立.

更为有意义的是, 在 (5.2.11) 中, 取 $m_1=m_2=1$, $\alpha_1=\beta_1=1$ 时便得 Neuberg-Pedoe 不等式 (2.1.1).

§5.3 单形的外接球半径及高的度量和

由 (5.1.6) 知, 两个 n 维单形的 n 维体积的 $\frac{2}{n}$ 次幂之和小于等于它们的度量和的 n 维体积的 $\frac{2}{n}$ 次幂, 那么, 对于两个 n 维单形的外接球半径与其度量和的外接球半径之间将存在什么样的关系呢? 同样, 对于两个 n 维单形的高线的度量和之间又将存在什么样的不等式呢? 为得到这些关系, 我们首先给出几个记号 $A=(a_{ij})_{n\times n}$, $g(x_1,x_2,\cdots,x_n)=\sum\limits_{i=1}^{n}c_ix_i$,

$$\overline{A}=\begin{pmatrix} 0 & c_1 & \cdots & c_n \\ c_1 & & & \\ \vdots & & A & \\ c_n & & & \end{pmatrix},$$

利用这些记号, 我们给出:

引理 1[23] 当 $g(x_1,x_2,\cdots,x_n)=0$ 时, 二次型 $\sum\limits_{i=1}^{n}\sum\limits_{j=1}^{n}a_{ij}x_ix_j$ 是正定的, 则在 $g(x_1,x_2,\cdots,x_n)=1$ 的情况下, 该二次型取得最小值, 且有

$$\min_{\sum\limits_{k=1}^{n}c_kx_k=1}\left(\sum_{i=1}^{n}\sum_{j=1}^{n}a_{ij}x_ix_j\right)=-\frac{|A|}{|\overline{A}|}. \tag{5.3.1}$$

证 对所述的二次型利用 Lagrange 乘子法, 引进辅助函数

$$F=\sum_{i=1}^{n}\sum_{j=1}^{n}a_{ij}x_ix_j+2\lambda\left(\sum_{i=1}^{n}c_ix_i-1\right),$$

对 $x_k(1\leqslant k\leqslant n)$ 求导, 得如下的方程组

$$\left\{\begin{array}{l}c_1x_1+c_2x_2+\cdots+c_nx_n=1\\ a_{11}x_1+a_{21}x_2+\cdots+a_{n1}x_n+\lambda c_1=0\\ a_{12}x_1+a_{22}x_2+\cdots+a_{n2}x_n+\lambda c_2=0\\ \qquad\qquad\vdots\\ a_{1n}x_1+a_{2n}x_2+\cdots+a_{nn}x_n+\lambda c_n=0\end{array}\right.,\tag{5.3.2}$$

若注意到 $a_{ij}=a_{ji}$, 则由 (5.3.2) 可得唯一的驻点

$$\left\{\begin{array}{l}x_{01}=-\frac{1}{|A|}\cdot\begin{vmatrix}c_1&a_{12}&\cdots&a_{1n}\\ c_2&a_{22}&\cdots&a_{2n}\\ \cdots&\cdots&\cdots&\cdots\\ c_n&a_{n2}&\cdots&a_{nn}\end{vmatrix}\\ x_{02}=-\frac{1}{|A|}\cdot\begin{vmatrix}a_{11}&c_1&\cdots&a_{1n}\\ a_{21}&c_2&\cdots&a_{2n}\\ \cdots&\cdots&\cdots&\cdots\\ a_{n1}&c_n&\cdots&a_{nn}\end{vmatrix}\\ \qquad\qquad\vdots\\ x_{0n}=-\frac{1}{|A|}\cdot\begin{vmatrix}a_{11}&a_{12}&\cdots&c_1\\ a_{21}&a_{22}&\cdots&c_2\\ \cdots&\cdots&\cdots&\cdots\\ a_{n1}&a_{n2}&\cdots&c_n\end{vmatrix}\end{array}\right.,\tag{5.3.3}$$

而二次型在此驻点 $P_0(x_{01}, x_{02}, \cdots, x_{0n})$ 处取值为

$$\sum_{i=1}^{n}\sum_{j=1}^{n} a_{ij}x_{0i}x_{0j} = -\frac{|A|}{|\overline{A}|}. \tag{5.3.4}$$

用配方法我们容易证明, 当二次型在超平面 $g(x_1, x_2, \cdots, x_n) = 0$ 上正定时, 它在条件 $g(x_1, x_2, \cdots, x_n) = 1$ 下必可取得最小值, 那么, 由于它只有唯一的驻点 $P_0(x_{01}, x_{02}, \cdots, x_{0n})$, 故这个最小值就是由 (5.3.4) 所给出的. □

由引理 1 我们知道, 若二次型 $\sum\limits_{i=1}^{n}\sum\limits_{j=1}^{n} a_{ij}x_ix_j$ 在超平面 $\sum\limits_{i=1}^{n} c_ix_i = 0$ 上是负定时, 则在约束条件 $\sum\limits_{i=1}^{n} c_ix_i = 1$ 下可达到最大值, 且有

$$\max_{\sum\limits_{k=1}^{n} c_kx_k=1}\left(\sum_{i=1}^{n}\sum_{j=1}^{n} a_{ij}x_ix_j\right) = -\frac{|A|}{|\overline{A}|}. \tag{5.3.5}$$

设 $\{A_1, A_2, \cdots, A_{n+1}\}$ 为 n 维欧氏空间 $\mathbf{E}^n$ 中单形 $\mathscr{A}$ 的顶点集, 记 $|A_iA_j| = a_{ij}$, 则二次型

$$F = \sum_{i=1}^{n+1}\sum_{j=1}^{n+1} a_{ij}^2\mu_i\mu_j$$

在无穷远超平面 $\sum\limits_{i=1}^{n+1} \mu_i = 0$ 上是负定的 (参见 1.4 中定理 3 的证明过程). 所以由 (5.3.5) 知

$$\max_{\sum\limits_{i=1}^{n+1} \mu_i=1}\left(\sum_{i=1}^{n+1}\sum_{j=1}^{n+1} a_{ij}^2\mu_i\mu_j\right) = -\frac{|D_0|}{|D|}, \tag{5.3.6}$$

其中

$$D=\begin{pmatrix} 0 & 1 & 1 & \cdots & 1 \\ 1 & 0 & a_{12}^2 & \cdots & a_{1,n+1}^2 \\ 1 & a_{21}^2 & 0 & \cdots & a_{2,n+1}^2 \\ \cdots & \cdots & \cdots & \cdots & \cdots \\ 1 & a_{n+1,1}^2 & a_{n+1,2}^2 & \cdots & 0 \end{pmatrix},$$

$$D_0=\begin{pmatrix} 0 & a_{12}^2 & \cdots & a_{1,n+1}^2 \\ a_{21}^2 & 0 & \cdots & a_{2,n+1}^2 \\ \cdots & \cdots & \cdots & \cdots \\ a_{n+1,1}^2 & a_{n+1,2}^2 & \cdots & 0 \end{pmatrix}.$$

推论 1 设 R 为 n 维欧氏空间 $\mathbf{E}^n$ 中单形 $\mathscr{A}$ 的外接球半径, 则有

$$\max_{\sum\limits_{i=1}^{n+1} x_i=1}\left(\sum_{1\leqslant i<j\leqslant n+1} a_{ij}^2 x_i x_j\right)=R^2. \tag{5.3.7}$$

实际上, 由 (1.1.7) 知

$$\frac{|D_0|}{|D|}=-2R^2.$$

将此式代入 (5.3.6) 中便得 (5.3.7).

定理 1[23] 设 $A=(a_{ij})$ 和 $B=(b_{ij})$ 是两个均为 n 阶实对称的矩阵, 若二次型 $\sum\limits_{i=1}^{n}\sum\limits_{j=1}^{n} a_{ij}x_ix_j$ 和 $\sum\limits_{i=1}^{n}\sum\limits_{j=1}^{n} b_{ij}x_ix_j$ 在 $g(x_1,x_2,\cdots,x_n)=0$ 上是正 (负) 定

的, 若用 $\overline{B}, \overline{A+B}$ 表示如下的镶边矩阵

$$\overline{B}=\begin{pmatrix} 0 & c_1 & \cdots & c_n \\ c_1 & & & \\ \vdots & & B & \\ c_n & & & \end{pmatrix},$$

$$\overline{A+B}=\begin{pmatrix} 0 & c_1 & \cdots & c_n \\ c_1 & & & \\ \vdots & & A+B & \\ c_n & & & \end{pmatrix},$$

则在约束条件 $g(x_1,x_2,\cdots,x_n)=1$ 之下, 有

$$\frac{|A+B|}{|\overline{A+B}|}\leqslant(\geqslant)\frac{|A|}{|\overline{A}|}+\frac{|B|}{|\overline{B}|}. \tag{5.3.8}$$

证 考虑二次型

$$\begin{aligned}&\sum_{i=1}^{n}\sum_{j=1}^{n}(a_{ij}+b_{ij})\,x_ix_j\\ &=\sum_{i=1}^{n}\sum_{j=1}^{n}a_{ij}\,x_ix_j+\sum_{i=1}^{n}\sum_{j=1}^{n}b_{ij}\,x_ix_j,\end{aligned} \tag{5.3.9}$$

由假设, 等号右边两个二次型在超平面 $g(x_1,x_2,\cdots,x_n)=0$, 即 $\sum\limits_{i=1}^{n}c_ix_i=0$ 上是正 (负) 定的, 因而左边的二次型也具有同样的性质, 于是这三个二次型在约束条件 $g(x_1,x_2,\cdots,x_n)=1$, 即 $\sum\limits_{i=1}^{n}c_ix_i=1$ 之下分别取到极小 (大) 值 (根据引理 1)

$$-\frac{|A+B|}{|\overline{A+B}|},\quad -\frac{|A|}{|\overline{A}|},\quad -\frac{|B|}{|\overline{B}|}.$$

另一方面, 假设变数的某一组 $x_{01}, x_{02}, \cdots, x_{0n}$ 在规定的约束条件之下, 使得二次型 $\sum\limits_{i=1}^{n}\sum\limits_{j=1}^{n}(a_{ij}+b_{ij})\,x_ix_j$ 取到最小值, 则有

$$\begin{aligned}-\frac{|A+B|}{\left|\overline{A+B}\right|}&=\sum_{i=1}^{n}\sum_{j=1}^{n}(a_{ij}+b_{ij})\,x_{0i}x_{0j}\\&=\sum_{i=1}^{n}\sum_{j=1}^{n}a_{ij}\,x_{0i}x_{0j}+\sum_{i=1}^{n}\sum_{j=1}^{n}b_{ij}\,x_{0i}x_{0j}\\&\geqslant(\leqslant)-\frac{|A|}{|\overline{A}|}-\frac{|B|}{|\overline{B}|},\end{aligned}$$

即

$$\frac{|A+B|}{\left|\overline{A+B}\right|}\leqslant(\geqslant)\frac{|A|}{|\overline{A}|}+\frac{|B|}{|\overline{B}|},$$

显然 (5.3.8) 中等号成立的充要条件是 $A\backsim B$. □

定理 2[23] 设 $\mathscr{A}$ 和 $\mathscr{B}$ 均为 n 维欧氏空间 $\mathbf{E}^n$ 中的单形, a_{ij}, b_{ij} 分别为它们的棱长, 以 $c_{ij}=\sqrt{a_{ij}^2+b_{ij}^2}$ 为棱长所构成的单形为 $\mathscr{C}$, 若 $\mathscr{A}$, $\mathscr{B}$, $\mathscr{C}$ 的外接球半径分别为 $R_{\mathscr{A}}, R_{\mathscr{B}}$, $R_{\mathscr{C}}$, 则有

$$R_{\mathscr{C}}^2\leqslant R_{\mathscr{A}}^2+R_{\mathscr{B}}^2,\tag{5.3.10}$$

当且仅当 $\mathscr{A}\backsim\mathscr{B}$ 时等号成立.

证 设 $A=\left(a_{ij}^2\right)$, $B=\left(b_{ij}^2\right)$, 则 $A+B=\left(c_{ij}^2\right)=\left(a_{ij}^2+b_{ij}^2\right)$, 由 (1.1.7) 知

$$\left\{\begin{array}{l}2R_{\mathscr{A}}^2=-\frac{|A|}{|\overline{A}|},\\2R_{\mathscr{B}}^2=-\frac{|B|}{|\overline{B}|},\\2R_{\mathscr{C}}^2=-\frac{|A+B|}{\left|\overline{A+B}\right|},\end{array}\right.\tag{5.3.11}$$

其中镶边矩阵 $\overline{A}$, $\overline{B}$, $\overline{A+B}$ 里所镶边的数分别为 $c_1 = c_2 = \cdots = c_{n+1} = 1$.

另一方面, 由于二次型

$$\sum_{i=1}^{n+1}\sum_{j=1}^{n+1} a_{ij}^2 x_i x_j \text{ 和 } \sum_{i=1}^{n+1}\sum_{j=1}^{n+1} b_{ij}^2 x_i x_j$$

在超平面 $\sum\limits_{i=1}^{n+1} x_i = 0$ 上是负定的, 故由定理 1 知

$$\frac{|A+B|}{|\overline{A+B}|} \geqslant \frac{|A|}{|\overline{A}|} + \frac{|B|}{|\overline{B}|},$$

将 (5.3.11) 代入此不等式中便得 (5.3.10). □

定理 3 设 n 维单形 $\mathscr{A}$, $\mathscr{B}$, $\mathscr{C}$ 的含义与定理 2 中的相同, A_i, B_i, C_i分别为 $\mathscr{A}$, $\mathscr{B}$, $\mathscr{C}$ 的第 i 个顶点, 又 A_i, B_i, C_i 到所对的 $n-1$ 维超平面上的高依次是 $h_{\mathscr{A},i}, h_{\mathscr{B},i}, h_{\mathscr{C},i}$, 则有

$$h_{\mathscr{C},i}^2 \geqslant h_{\mathscr{A},i}^2 + h_{\mathscr{B},i}^2, \tag{5.3.12}$$

当且仅当 $\mathscr{A} \backsim \mathscr{B}$ 时等号成立.

证 设 D 为 n 维单形 $\mathscr{A}$ 的 $n+2$ 阶 Cayley-Menger 行列式, D_{ij} 为 D 中元素 a_{ij}^2 的代数余子式, 则由 (1.1.3) 及 (1.1.1) 知

$$h_{\mathscr{A},i}^2 = \frac{n^2V^2}{S_i^2} = -\frac{D_{\mathscr{A}}}{2D_{\mathscr{A},ii}}. \tag{5.3.13}$$

另一方面, 对 D 进行形如前面的镶边, 设 i 为某一固定的值, 并且取

$$c_k = \begin{cases} 1, & k = i \\ 0, & k \neq i \end{cases} \quad (0 \leqslant k \leqslant n+1,\ i \neq 0),$$

则易知有

$$\overline{D}_{\mathscr{A},ii}=\overline{D}_{\mathscr{A}}. \tag{5.3.14}$$

同样, 对于 n 维单形 $\mathscr{B}$, $\mathscr{C}$ 有

$$\begin{cases}\overline{D}_{\mathscr{B},ii}=\overline{D}_{\mathscr{B}},\\ \overline{D}_{\mathscr{C},ii}=\overline{D}_{\mathscr{C}},\end{cases} \tag{5.3.15}$$

以及

$$\begin{cases}h^2_{\mathscr{B},i}=-\frac{D_{\mathscr{B}}}{2D_{\mathscr{B},ii}},\\ h^2_{\mathscr{C},i}=-\frac{D_{\mathscr{C}}}{2D_{\mathscr{C},ii}}.\end{cases} \tag{5.3.16}$$

由定理 1 知

$$\frac{D_{\mathscr{C}}}{\overline{D}_{\mathscr{C},ii}}\leqslant\frac{D_{\mathscr{A}}}{\overline{D}_{\mathscr{A},ii}}+\frac{D_{\mathscr{B}}}{\overline{D}_{\mathscr{B},ii}}, \tag{5.3.17}$$

即

$$-\frac{D_{\mathscr{C}}}{\overline{D}_{\mathscr{C},ii}}\geqslant-\frac{D_{\mathscr{A}}}{\overline{D}_{\mathscr{A},ii}}-\frac{D_{\mathscr{B}}}{\overline{D}_{\mathscr{B},ii}}, \tag{5.3.18}$$

将 (5.3.13) 和 (5.3.16) 代入 (5.3.18) 内便得

$$h^2_{\mathscr{C},i}\geqslant h^2_{\mathscr{A},i}+h^2_{\mathscr{B},i}.$$

此式就是定理 3 的结论. □

推论 2 在 n 维欧氏空间 $\mathbf{E}^n$ 中, 对于 n 维单形 $\mathscr{A}$, $\mathscr{B}$, $\mathscr{C}$ 的含义与定理 2 中的相同, 设 A_i,B_i,C_i 分别为 $\mathscr{A}$, $\mathscr{B}$, $\mathscr{C}$ 的第 i 个顶点, 又顶点 A_i,B_i,C_i 到它所对的 $n-1$ 维超平面上的高依次是 $h_{\mathscr{A},i}$ 与 $h_{\mathscr{B},i}$ 以及 $h_{\mathscr{C},i}$, 若记

$$\begin{aligned}h^2_{\mathscr{A}}&=h^2_{\mathscr{A},1}+h^2_{\mathscr{A},2}+\cdots+h^2_{\mathscr{A},n+1},\\ h^2_{\mathscr{B}}&=h^2_{\mathscr{B},1}+h^2_{\mathscr{B},2}+\cdots+h^2_{\mathscr{B},n+1},\\ h^2_{\mathscr{C}}&=h^2_{\mathscr{C},1}+h^2_{\mathscr{C},2}+\cdots+h^2_{\mathscr{C},n+1},\end{aligned}$$

则有

$$h_{\mathscr{C}}^2 \geqslant h_{\mathscr{A}}^2 + h_{\mathscr{B}}^2, \tag{5.3.19}$$

当且仅当 $\mathscr{A} \backsim \mathscr{B}$ 时等号成立.

由 (5.3.12) 以及题设条件知, 不等式 (5.3.19) 成立是显然的, 至于等号成立的充要条件由 (5.3.12) 中等号成立的充要条件是不难看出的.

§5.4 一个度量和不等式的隔离

设 $\mathscr{A}$, $\mathscr{B}$, $\mathscr{C}$ 均为 n 维欧氏空间 $\mathbf{E}^n$ 中的单形, 它们的棱长与 n 维体积分别为 a_{ij}, b_{ij}, c_{ij} 和 $V_{\mathscr{A}}$, $V_{\mathscr{B}}$, $V_{\mathscr{C}}$, 如果 $c_{ij}^2 = a_{ij}^2 + b_{ij}^2$ $(1 \leqslant i, j \leqslant n+1)$, 则由 (5.1.6) 我们知道, 有度量和不等式 $V_{\mathscr{C}}^{\frac{2}{n}} \geqslant V_{\mathscr{A}}^{\frac{2}{n}} + V_{\mathscr{B}}^{\frac{2}{n}}$, 如下将对此不等式作一隔离, 为实现这一目标, 我们首先对著名的 Hölder 不等式作一种推广.

引理[24] 设 $a_{ij} > 0$, $\theta_j > 0$, 且 $\sum\limits_{j=1}^{n} \theta_j = 1$, 记 $u_i = \prod\limits_{j=1}^{n} a_{ij}^{\theta_j}$ $(1 \leqslant i \leqslant m)$, 则函数

$$f(x) = \prod_{k=1}^{n} \left[\sum_{i=1}^{m} u_i \left(\frac{a_{ik}}{u_i} \right)^x \right]^{\theta_k}, \tag{5.4.1}$$

当 $x \geqslant 0$ 时单调递增, 而当 $x \leqslant 0$ 时单调递减.

证 因为 $u_i = \prod\limits_{j=1}^{n} a_{ij}^{\theta_j}$, 所以 $\sum\limits_{j=1}^{n} \theta_j \cdot \ln \frac{a_{ij}}{u_i} = 0$, 从而可得

$$\sum_{j=1}^{n} \theta_j \cdot \frac{\sum\limits_{i=1}^{m} u_i \cdot \ln \frac{a_{ij}}{u_i}}{\sum\limits_{i=1}^{m} u_i} = 0, \tag{5.4.2}$$

于是有

$$\begin{aligned}
&\frac{1}{f(x)}\cdot f'(x)\\
&=\sum_{k=1}^{n}\theta_k\cdot\frac{\sum\limits_{i=1}^{m}u_i\cdot\left(\frac{a_{ik}}{u_i}\right)^x\cdot\ln\frac{a_{ik}}{u_i}}{\sum\limits_{i=1}^{m}u\cdot\left(\frac{a_{ik}}{u_i}\right)^x}\\
&=\sum_{k=1}^{n}\theta_k\cdot\frac{\sum\limits_{i=1}^{m}u_i\cdot\left(\frac{a_{ik}}{u_i}\right)^x\cdot\ln\frac{a_{ik}}{u_i}}{\sum\limits_{i=1}^{m}u\cdot\left(\frac{a_{ik}}{u_i}\right)^x}-\sum_{j=1}^{n}\theta_j\cdot\frac{\sum\limits_{i=1}^{m}u_i\cdot\ln\frac{a_{ij}}{u_i}}{\sum\limits_{i=1}^{m}u_i}\\
&=\sum_{k=1}^{n}\theta_k\\
&\quad\times\frac{\sum\limits_{1\leqslant i<j\leqslant m}u_iu_j\cdot\left(\ln\frac{a_{ik}}{u_i}-\ln\frac{a_{jk}}{u_j}\right)\cdot\left[\left(\frac{a_{ik}}{u_i}\right)^x-\left(\frac{a_{jk}}{u_j}\right)^x\right]}{\left(\sum\limits_{i=1}^{m}u_i\right)\cdot\left[\sum\limits_{i=1}^{m}u_i\cdot\left(\frac{a_{jk}}{u_i}\right)^x\right]},
\end{aligned}$$

由于当 $x\geqslant 0$ 时, 对于每一项中的分子有

$$\left(\ln\frac{a_{ik}}{u_i}-\ln\frac{a_{jk}}{u_j}\right)\cdot\left[\left(\frac{a_{ik}}{u_i}\right)^x-\left(\frac{a_{jk}}{u_j}\right)^x\right]\geqslant 0,$$

而当 $x\leqslant 0$ 时, 又因为

$$\left(\ln\frac{a_{ik}}{u_i}-\ln\frac{a_{jk}}{u_j}\right)\cdot\left[\left(\frac{a_{ik}}{u_i}\right)^x-\left(\frac{a_{jk}}{u_j}\right)^x\right]\leqslant 0,$$

所以有

$$\frac{1}{f(x)}\cdot f'(x)\begin{cases}\geqslant 0, & x\geqslant 0,\\ \\ \leqslant 0, & x\leqslant 0,\end{cases}$$

即当 $x \geqslant 0$ 时, 函数 $f(x)$ 是单调递增的, 而当 $x \leqslant 0$ 时, 函数 $f(x)$ 是单调递减的. □

定理 1[24] 设 $a_{ij}>0\ (1\leqslant i\leqslant m, 1\leqslant j\leqslant n)$, 又 $\theta_j>0$, 且 $\sum\limits_{j=1}^{n}\theta_j=1$, 则对于任二非负实数 x_1 与 x_2, 当 $x_1>x_2\geqslant 0$ 时, 有

$$\prod_{k=1}^{n}\left(\sum_{i=1}^{m}\prod_{j=1}^{n}a_{ij}^{\theta_j(1-x_1)}\cdot a_{ik}^{x_1}\right)^{\theta_k} \geqslant \prod_{k=1}^{n}\left(\sum_{i=1}^{m}\prod_{j=1}^{n}a_{ij}^{\theta_j(1-x_2)}\cdot a_{ik}^{x_2}\right)^{\theta_k}, \tag{5.4.3}$$

当且仅当

$$\frac{a_{i1}}{\sum\limits_{i=1}^{m}a_{i1}}=\frac{a_{i2}}{\sum\limits_{i=1}^{m}a_{i2}}=\cdots=\frac{a_{in}}{\sum\limits_{i=1}^{m}a_{in}},\ (1\leqslant i\leqslant m)$$

时等号成立.

实际上, (5.4.1) 也可以表示为

$$f(x)=\prod_{k=1}^{n}\left(\sum_{i=1}^{m}\prod_{j=1}^{n}a_{ij}^{\theta_j(1-x)}\cdot a_{ik}^{x}\right)^{\theta_k}, \tag{5.4.4}$$

利用 $f(x)$ 的单调性便立即可得 (5.4.3).

在 (5.4.3) 中取 $x_1=1$, $x_2=0$ 时显然为 Hölder 不等式的结论. 由 (5.4.3) 还可得如下的:

推论 1 设 $a_{ij}>0$, $\theta_j>0$ 且 $\sum\limits_{j=1}^{n}\theta_j=1$, 则当 $0\leqslant x\leqslant 1$ 时, 有

$$\prod_{j=1}^{n}\left(\sum_{i=1}^{m}a_{ij}\right)^{\theta_j} \geqslant \prod_{k=1}^{n}\left(\sum_{i=1}^{m}\prod_{j=1}^{n}a_{ij}^{\theta_j(1-x)}\cdot a_{ik}^{x}\right)^{\theta_k} \geqslant$$

$$\geqslant \sum_{i=1}^{m}\prod_{j=1}^{n} a_{ij}^{\theta_j}, \tag{5.4.5}$$

等号成立的充要条件与 (5.4.3) 中的相同.

推论 2 设 $x > 1 > x_1 > x_2 > \cdots > x_N > 0$, 则由 (5.4.4) 所定义的函数 $f(x)$ 有如下的不等式链成立

$$f(x) \geqslant f(1) \geqslant f(x_1) \geqslant f(x_2) \geqslant \cdots \geqslant f(x_N) \geqslant f(0), \tag{5.4.6}$$

等号成立的充要条件与 (5.4.3) 中的相同.

定理 2[24] 设 $\mathscr{A}$, $\mathscr{B}$, $\mathscr{C}$ 均为 n 维欧氏空间 $\mathbf{E}^n$ 中的单形, 令 a_{ij}, b_{ij}, c_{ij} $(1 \leqslant i, j \leqslant n+1)$, $V_{\mathscr{A}}$, $V_{\mathscr{B}}$, $V_{\mathscr{C}}$ 分别表示它们的棱长及 n 维体积, 如果 $c_{ij}^2 = a_{ij}^2 + b_{ij}^2$ $(1 \leqslant i, j \leqslant n+1)$, 则存在两组正实数$\lambda_1, \lambda_2, \cdots, \lambda_n$ 与 $\mu_1, \mu_2, \cdots, \mu_n$, 且 $\lambda_1\lambda_2\cdots\lambda_n = 1$, $\mu_1\mu_2\cdots\mu_n = 1$, 使得

$$V_{\mathscr{C}}^{\frac{2}{n}} \geqslant \left[\prod_{i=1}^{n}\left(\lambda_i \cdot V_{\mathscr{A}}^{\frac{2}{n}} + \mu_i \cdot V_{\mathscr{B}}^{\frac{2}{n}}\right)\right]^{\frac{1}{n}} \geqslant V_{\mathscr{A}}^{\frac{2}{n}} + V_{\mathscr{B}}^{\frac{2}{n}}, \tag{5.4.7}$$

当且仅当 $\mathscr{A} \backsim \mathscr{B}$ 时等号成立.

证 若记 $\alpha_{ij} = a_{i+1,1}^2 + a_{1,j+1}^2 - a_{i+1,j+1}^2$ (显然此处有 $\alpha_{ij} = \alpha_{ji}$, $1 \leqslant i, j \leqslant n$), 且

$$A = \begin{pmatrix} \alpha_{11} & \alpha_{12} & \cdots & \alpha_{1n} \\ \alpha_{21} & \alpha_{22} & \cdots & \alpha_{2n} \\ \cdots & \cdots & \cdots & \cdots \\ \alpha_{n1} & \alpha_{n2} & \cdots & \alpha_{nn} \end{pmatrix},$$

则由 (1.1.1) 容易推得棱长为 $a_{ij}(1\leqslant i,j\leqslant n+1)$ 的单形 $\mathscr{A}$ 的 n 维体积 $V_{\mathscr{A}}$ 为

$$V_{\mathscr{A}}^2=\frac{1}{2^n\cdot n!^2}\cdot|A|. \tag{5.4.8}$$

同样, 若再记 $\beta_{ij}=b_{i+1,1}^2+b_{1,j+1}^2-b_{i+1,j+1}^2$, $B=(\beta_{ij})_{n\times n}$, 则由 (1.1.1) 可得棱长为 b_{ij} $(1\leqslant i,j\leqslant n+1)$ 的单形 $\mathscr{B}$ 的 n 维体积为 $V_{\mathscr{B}}$ 为

$$V_{\mathscr{B}}^2=\frac{1}{2^n\cdot n!^2}\cdot|B|. \tag{5.4.9}$$

显然 A 与 B 均为 n 阶实对称正定 Hermite 矩阵, 所以存在满秩矩阵 P, 且 $|P|=1$ 使得

$$\begin{cases}\overline{P}^{\tau}AP=\operatorname{diag}(a_1,a_2,\cdots,a_n)\\ \overline{P}^{\tau}BP=\operatorname{diag}(b_1,b_2,\cdots,b_n)\\ \overline{P}^{\tau}(A+B)P=\operatorname{diag}(a_1+b_1,a_2+b_2,\cdots,a_n+b_n)\end{cases}. \tag{5.4.10}$$

另外, 在 (5.4.5) 中取 $m=2,\theta_j=\frac{1}{n},a_{1j}=a_j,a_{2j}=b_j(1\leqslant j\leqslant n)$, 则有

$$\begin{aligned}\left(\prod_{i=1}^n(a_i+b_i)\right)^{\frac{1}{n}}\geqslant\prod_{i=1}^n\Bigg[&\left(a_i\cdot\left(\prod_{j=1}^n a_j\right)^{-\frac{1}{n}}\right)^x\left(\prod_{j=1}^n a_j\right)^{\frac{1}{n}}\\&+\left(b_i\cdot\left(\prod_{j=1}^n b_j\right)^{-\frac{1}{n}}\right)^x\left(\prod_{j=1}^n b_j\right)^{\frac{1}{n}}\Bigg]^{\frac{1}{n}}\\ \geqslant\left(\prod_{j=1}^n a_j\right)^{\frac{1}{n}}+\left(\prod_{j=1}^n b_j\right)^{\frac{1}{n}},&\quad x\in(0,\,1),\end{aligned} \tag{5.4.11}$$

当且仅当

$$\frac{a_1}{a_1+b_1}=\frac{a_2}{a_2+b_2}=\cdots=\frac{a_n}{a_n+b_n},$$
$$\frac{b_1}{a_1+b_1}=\frac{b_2}{a_2+b_2}=\cdots=\frac{b_n}{a_n+b_n},$$

亦即 $b_j=t_ja_j\ (1\leqslant j\leqslant n)$ 时等号成立.

而在 (5.4.10) 中的三个式子里, 显然有

$$|A|=\left|\overline{P}^{\tau}AP\right|=\prod_{j=1}^{n}a_j;$$
$$|B|=\left|\overline{P}^{\tau}BP\right|=\prod_{j=1}^{n}b_j;$$
$$\begin{aligned}|A+B|&=\left|\overline{P}^{\tau}(A+B)P\right|\\&=\prod_{j=1}^{n}(a_j+b_j),\end{aligned}$$

把这三个式子代入 (5.4.11) 内, 即可得著名的 Minkowski 不等式[25]的隔离

$$\begin{aligned}|A+B|^{\frac{1}{n}}&\geqslant\prod_{i=1}^{n}\left[\left(\frac{a_i}{|A|^{\frac{1}{n}}}\right)^{x}\cdot|A|^{\frac{1}{n}}+\left(\frac{b_i}{|B|^{\frac{1}{n}}}\right)^{x}\cdot|B|^{\frac{1}{n}}\right]^{\frac{1}{n}}\\&\geqslant|A|^{\frac{1}{n}}+|B|^{\frac{1}{n}}.\end{aligned}\tag{5.4.12}$$

由于 $c_{ij}^2=a_{ij}^2+b_{ij}^2$, 故若记 $\gamma_{ij}=\alpha_{ij}+\beta_{ij}$, 即

$$\begin{aligned}\gamma_{ij}&=\left(a_{i+1,1}^2+a_{1,j+1}^2-a_{i+1,j+1}^2\right)\\&\quad+\left(b_{i+1,1}^2+b_{1,j+1}^2-b_{i+1,j+1}^2\right)\\&=\left(a_{i+1,1}^2+b_{i+1,1}^2\right)\\&\quad+\left(a_{1,i+1}^2+b_{1,i+1}^2\right)-\left(a_{i+1,j+1}^2+b_{i+1,j+1}^2\right)\\&=c_{i+1,1}^2+c_{1,j+1}^2-c_{i+1,j+1}^2,\end{aligned}$$

从而若记 $C = A + B$, 则以棱长为 $c_{ij} = \sqrt{a_{ij}^2 + b_{ij}^2}$ 的单形 $\mathscr{C}$ 的 n 维体积 $V_{\mathscr{C}}$ 可表示为 (注意此处的 $C = (\gamma_{ij})_{n\times n}$)

$$V_{\mathscr{C}}^2 = \frac{1}{2^n \cdot n!^2} \cdot |C|, \tag{5.4.13}$$

故将 (5.4.8), (5.4.9) 和 (5.4.13) 代入 (5.4.12) 内便得

$$V_{\mathscr{C}}^{\frac{2}{n}} \geqslant \left[\prod_{i=1}^{n}\left(\lambda_i \cdot V_{\mathscr{A}}^{\frac{2}{n}} + \mu_i \cdot V_{\mathscr{B}}^{\frac{2}{n}}\right)\right]^{\frac{1}{n}} \geqslant V_{\mathscr{A}}^{\frac{2}{n}} + V_{\mathscr{B}}^{\frac{2}{n}}.$$

易知此处 $\lambda_i = \left(\frac{a_i}{|A|^{\frac{1}{n}}}\right)^x$, $\mu_i = \left(\frac{b_i}{|B|^{\frac{1}{n}}}\right)^x$, $x \in (0,\ 1)$, 且显然有 $\lambda_1\lambda_2\cdots\lambda_n = 1$, $\mu_1\mu_2\cdots\mu_n = 1$, 至于 (5.4.7) 中等号成立的充要条件由 (5.4.11) 中等号成立的充要条件是不难看出的. □

§5.5 再谈 Alexander 的一个猜想

在 §5.1 中, 我们已经知道 Alexander 的猜想

$$V_0^2 \geqslant V_1^2 + V_2^2,\ (n > 2),$$

是不成立的. 但经过修改后, 如下的结论是成立的,

$$V_0^{\frac{2}{n}} \geqslant V_1^{\frac{2}{n}} + V_2^{\frac{2}{n}},$$

当且仅当 $\mathscr{A} \backsim \mathscr{B}$ 时等号成立.

如下我们将对此不等式再作进一步地讨论, 得到联系 n 维与任意 k 维体积之商的度量和不等式, 进而给出它的应用—涉及任意 m 个单形的内切球半径的

度量和不等式, 为此, 我们如下首先来研究 Schur 补的矩阵问题.

将方阵 A 分块为

$$A = \begin{pmatrix} A_{11} & A_{12} \\ A_{21} & A_{22} \end{pmatrix},$$

当 A_{11} 可逆时, 称方阵 $A_{22,1} = A_{22} - A_{21}A_{11}^{-1}A_{12}$ 为 A_{11} 在 A 中的 Schur 补矩阵, 简称 Schur 补, 也常记为 $A_{22,1} = (A/A_{11})$.

显然, 当 A_{11} 为零阶时, $(A/A_{11}) = A$.

关于 Schur 补, 有如下的结论成立.

引理[25] 设

$$A = \begin{pmatrix} A_{11} & A_{12} \\ A_{21} & A_{22} \end{pmatrix}, \quad B = \begin{pmatrix} B_{11} & B_{12} \\ B_{21} & B_{22} \end{pmatrix}$$

皆为 n 阶 Hermite 矩阵, A_{11} 和 B_{11} 为 k $(0 \leqslant k < n)$ 阶方阵, 若 $A \geqslant 0$, $B \geqslant 0$, $A_{11} > 0$, $B_{11} > 0$, 则

$$((A+B)/(A_{11}+B_{11})) \geqslant (A/A_{11}) + (B/B_{11}). \quad (5.5.1)$$

当且仅当 A 与 B 相似时等号成立.

定理 1[26] 设 A 与 B 均为 n 阶正定 Hermite 矩阵, 若 A_{11} 与 B_{11} 分别为 A 和 B 中左上角的 k $(0 \leqslant k < n)$ 阶严格正定矩阵, λ, μ 为任二正实数, 则有

$$\left(\frac{|\lambda A + \mu B|}{|\lambda A_{11} + \mu B_{11}|}\right)^{\frac{1}{n-k}} \geqslant \lambda \cdot \left(\frac{|A|}{|A_{11}|}\right)^{\frac{1}{n-k}} + \mu \cdot \left(\frac{|B|}{|B_{11}|}\right)^{\frac{1}{n-k}}, \quad (5.5.2)$$

当且仅当 A 与 B 相似时等号成立.

证 若设 P, Q 均为 n 阶正定 Hermite 矩阵, 则有著名的 Minkowski 不等式[25]

$$|P+Q|^{\frac{1}{n}} \geqslant |P|^{\frac{1}{n}}+|Q|^{\frac{1}{n}}, \tag{5.5.3}$$

当且仅当 P 与 Q 相似时等号成立.

由于 A_{11} 与 B_{11} 均为 k 阶矩阵, 故

$$(A/A_{11}),\ (B/B_{11}),\ ((A+B)/(A_{11}+B_{11}))$$

均为 $n-k$ 阶矩阵, 且

$$|((A+B)/(A_{11}+B_{11}))|=\frac{|A+B|}{|A_{11}+B_{11}|};$$

$$|(A/A_{11})|=\frac{|A|}{|A_{11}|};\ |(B/B_{11})|=\frac{|B|}{|B_{11}|},$$

从而由 (5.5.1) 和 (5.5.3) 可得

$$\begin{aligned}&|((\lambda A+\mu B)/(\lambda A_{11}+\mu B_{11}))|^{\frac{1}{n-k}}\\ &\geqslant |(\lambda A/\lambda A_{11})+(\mu B/\mu B_{11})|^{\frac{1}{n-k}}\\ &\geqslant |(\lambda A/\lambda A_{11})|^{\frac{1}{n-k}}+|(\mu B/\mu B_{11})|^{\frac{1}{n-k}}\\ &=\lambda\cdot|(A/A_{11})|^{\frac{1}{n-k}}+\mu\cdot|(B/B_{11})|^{\frac{1}{n-k}},\end{aligned}$$

即

$$\left(\frac{|\lambda A+\mu B|}{|\lambda A_{11}+\mu B_{11}|}\right)^{\frac{1}{n-k}} \geqslant \lambda\cdot\left(\frac{|A|}{|A_{11}|}\right)^{\frac{1}{n-k}}+\mu\cdot\left(\frac{|B|}{|B_{11}|}\right)^{\frac{1}{n-k}},$$

至于等号成立的充要条件由 (5.5.1) 与 (5.5.3) 中等号成立的充要条件是不难看出的. □

由 (5.5.2), 利用数学归纳法容易证得如下的:

推论 1 设 $A_1, A_2, \cdots, A_m$ 均为 n 阶正定 Hermite 矩阵, $A_{i(11)}$ 为 A_i 的左上角 k $(0 \leqslant k < n)$ 阶主子阵, 且 $A_{i(11)} > 0$ $(1 \leqslant i \leqslant m)$, λ_1, λ_2, $\cdots$, λ_m 为一组正实数, 则有

$$\left(\frac{\left|\sum_{i=1}^{m} \lambda_i A_i\right|}{\left|\sum_{i=1}^{m} \lambda_i A_{i(11)}\right|}\right)^{\frac{1}{n-k}} \geqslant \sum_{i=1}^{m} \lambda_i \cdot \left(\frac{|A_i|}{|A_{i(11)}|}\right)^{\frac{1}{n-k}}, \quad (5.5.4)$$

当且仅当 m 个矩阵 $A_1, A_2, \cdots, A_m$ 中两两相似时等号成立.

定义 1 设 $\mathscr{A}_l = \{A_1^{(l)}, A_2^{(l)}, \cdots, A_N^{(l)}\}$ $(1 \leqslant l \leqslant m)$ 为 n 维欧氏空间 $\mathbf{E}^n$ 中的点集, 对于任意正实数 λ_l $(1 \leqslant l \leqslant m)$, 如果存在点集 $\mathscr{A}_{m+1} = \{A_1^{(m+1)}, A_2^{(m+1)}, \cdots, A_N^{(m+1)}\}$ 使得

$$\left|A_i^{(m+1)} - A_j^{(m+1)}\right|^2 = \sum_{l=1}^{m} \lambda_l \left|A_i^{(l)} - A_j^{(l)}\right|^2, \quad (5.5.5)$$

则把 $\mathscr{A}_{m+1}$ 叫作 $\mathscr{A}_1$, $\mathscr{A}_2$, $\cdots$, $\mathscr{A}_m$ 的加权度量和, 并且记为

$$\mathscr{A}_{m+1} = \sum_{l=1}^{m} \lambda_l \mathscr{A}_l. \quad (5.5.6)$$

定义 2 在 (5.5.6) 中, 当 $\lambda_l = \frac{1}{m}$ $(1 \leqslant l \leqslant m)$ 时, 即 $\mathscr{A}_{m+1} = \frac{1}{m} \cdot \sum\limits_{l=1}^{m} \mathscr{A}_l$, 则把 $\mathscr{A}_{m+1}$ 叫作 $\mathscr{A}_1$, $\mathscr{A}_2$, $\cdots$, $\mathscr{A}_m$ 的度量平均.

关于加权度量和, 有如下的结论:

定理 2 设 $\{A_1^{(l)}, A_2^{(l)}, \cdots, A_{n+1}^{(l)}\}$ 为 n 维欧氏空间 $\mathbf{E}^n$ 中单形 $\mathscr{A}_l$ 的顶点集, 由 $\mathscr{A}_l$ 的 $k+1$ 个顶点

$A_{i_0}^{(l)}, A_{i_1}^{(l)}, \cdots, A_{i_k}^{(l)}$ 所构成的子单形 $\mathscr{A}_{(k),l}$ 的 k 维体积为 $V_{(k),i,l}$, 若 $\mathscr{A}_{m+1}$ 为 $\mathscr{A}_1$, $\mathscr{A}_2$, $\cdots$, $\mathscr{A}_m$ 关于正实数 $\lambda_1, \lambda_2, \cdots, \lambda_m$ 的加权度量和, 且 $\mathscr{A}_l$ 的 n 维体积为 V_l $(1 \leqslant l \leqslant m+1)$, 则有

$$\left(\frac{V_{m+1}}{V_{(k),i,m+1}}\right)^{\frac{2}{n-k}} \geqslant \sum_{l=1}^{m} \lambda_l \cdot \left(\frac{V_l}{V_{(k),i,l}}\right)^{\frac{2}{n-k}}, \ (0 \leqslant k < n), \tag{5.5.7}$$

当且仅当 m 个单形 $\mathscr{A}_1$, $\mathscr{A}_2$, $\cdots$, $\mathscr{A}_m$ 中两两相似时等号成立.

证 设 $\{A_0, A_1, \cdots, A_n\}$ 是 n 维欧氏空间 $\mathbf{E}^n$ 中单形 $\mathscr{A}$ 的顶点集, 顶点 A_i 与 A_j 之间的距离为 a_{ij}, 记 $\rho_{ij} = a_{i0}^2 + a_{0j}^2 - a_{ij}^2$ $(0 \leqslant i, j \leqslant n)$, 则矩阵 $A = (\rho_{ij})_{n\times n}$ 是 Hermite 正定矩阵, 若设 V 为 $\mathscr{A}$ 的 n 维体积, 则容易得到

$$|A| = 2^n \cdot n!^2 \cdot V^2. \tag{5.5.8}$$

由 (5.5.8) 知, 对于单形 $\mathscr{A}_l$ 所对应的矩阵 A_l 以及 $A_{l(11)}$ 同样有

$$|A_l| = 2^n \cdot n!^2 \cdot V_l^2;$$

$$\left|A_{l(11)}\right| = 2^k \cdot k!^2 \cdot V_{(k),i,l}^2,$$

其中 $1 \leqslant l \leqslant m+1$; $0 \leqslant k < n$; $1 \leqslant i \leqslant \binom{n+1}{k+1}$, 将以上二式代入 (5.5.4) 内可得

$$\left(\frac{2^n \cdot n!^2 \cdot V_{m+1}^2}{2^k \cdot k!^2 \cdot V_{(k),i,m+1}^2}\right)^{\frac{1}{n-k}} \geqslant \sum_{l=1}^{m} \lambda_l \cdot \left(\frac{2^n \cdot n!^2 \cdot V_l^2}{2^k \cdot k!^2 \cdot V_{(k),i,l}^2}\right)^{\frac{1}{n-k}},$$

将此整理之立即可得 (5.5.7), 至于等号成立的充要条件, 由 (5.5.4) 可知为矩阵 $A_1, A_2, \cdots, A_m$ 中两两相似,

而且这个条件又恰好等价于 m 个单形 $\mathscr{A}_1, \mathscr{A}_2, \cdots, \mathscr{A}_m$ 中两两相似. □

推论 2 条件与定理 2 中的相同, 则有

$$\left(\frac{V_{m+1}}{\left(\prod\limits_{i=1}^{\binom{n+1}{k+1}} V_{(k),i,m+1}\right)^{\frac{1}{\binom{n+1}{k+1}}}}\right)^{\frac{2}{n-k}}$$

$$\geqslant \sum_{l=1}^{m} \lambda_l \cdot \left(\frac{V_l}{\left(\prod\limits_{i=1}^{\binom{n+1}{k+1}} V_{(k),i,l}\right)^{\frac{1}{\binom{n+1}{k+1}}}}\right)^{\frac{2}{n-k}}, \qquad (5.5.9)$$

当且仅当 m 个单形 $\mathscr{A}_1, \mathscr{A}_2, \cdots, \mathscr{A}_m$ 中两两相似时等号成立.

证 若设 $a_{ij} > 0\ (1 \leqslant i \leqslant m,\ 1 \leqslant j \leqslant n)$, $\alpha_i > 0\ (1 \leqslant i \leqslant m)$, 且 $\sum\limits_{i=1}^{m} \frac{1}{\alpha_i} = 1$, 则由 Hölder 不等式可得

$$\left(\sum_{j=1}^{n} a_{1j}\right)^{\frac{1}{\alpha_1}} \left(\sum_{j=1}^{n} a_{2j}\right)^{\frac{1}{\alpha_2}} \cdots \left(\sum_{j=1}^{n} a_{mj}\right)^{\frac{1}{\alpha_m}}$$

$$\geqslant \sum_{j=1}^{n} a_{1j}^{\frac{1}{\alpha_1}} a_{2j}^{\frac{1}{\alpha_2}} \cdots a_{mj}^{\frac{1}{\alpha_m}}, \qquad (5.5.10)$$

当且仅当

$$\frac{a_{1j}}{\sum\limits_{j=1}^{n} a_{1j}} = \frac{a_{2j}}{\sum\limits_{j=1}^{n} a_{2j}} = \cdots = \frac{a_{mj}}{\sum\limits_{j=1}^{n} a_{mj}},\ (1 \leqslant j \leqslant n)$$

时等号成立.

因为单形的 k 维界面共有 $\binom{n+1}{k+1}$ 个, 所以由 (5.5.7) 和 (5.5.10)并且取 $\alpha_1=\alpha_2=\cdots=\alpha_m=\binom{n+1}{k+1}$ 时便有

$$\begin{aligned}
&\left(\frac{V_{m+1}}{\left(\prod\limits_{i=1}^{\binom{n+1}{k+1}} V_{(k),i,m+1}\right)^{\frac{1}{\binom{n+1}{k+1}}}}\right)^{\frac{2}{n-k}}\\
\geqslant&\prod_{i=1}^{\binom{n+1}{k+1}}\left(\sum_{l=1}^{m}\lambda_l\cdot\left(\frac{V_l}{V_{(k),i,l}}\right)^{\frac{2}{n-k}}\right)^{\frac{1}{\binom{n+1}{k+1}}}\\
\geqslant&\sum_{l=1}^{m}\prod_{i=1}^{\binom{n+1}{k+1}}\left(\lambda_l\cdot\left(\frac{V_l}{V_{(k),i,l}}\right)^{\frac{2}{n-k}}\right)^{\frac{1}{\binom{n+1}{k+1}}}\\
=&\sum_{l=1}^{m}\lambda_l\cdot\frac{V_l^{\frac{2}{n-k}}}{\left(\prod\limits_{i=1}^{\binom{n+1}{k+1}} V_{(k),i,l}\right)^{\frac{1}{\binom{n+1}{k+1}}\cdot\frac{2}{n-k}}},
\end{aligned}$$

容易看出, 我们已经证明了 (5.5.9), 并且等号成立的充要条件由 (5.5.10) 中等号成立的充要条件是不难得到的. □

推论 3 设 $\mathscr{A}_1,\mathscr{A}_2,\cdots,\mathscr{A}_m,\mathscr{A}$ 均为 n 维欧氏空间 $\mathbf{E}^n$ 中的单形, 若 $\mathscr{A}$ 为 $\mathscr{A}_1,\mathscr{A}_2,\cdots,\mathscr{A}_m$ 的度量平均, 且 $\mathscr{A}_l$ 与 $\mathscr{A}$ 的 n 维体积分别为 V_l 和 V $(1\leqslant l\leqslant m)$, 则有

$$V^{\frac{1}{n-1}}\geqslant\frac{1}{m}\cdot\sum_{l=1}^{m}V_l^{\frac{1}{n-1}},\tag{5.5.11}$$

当且仅当 m 个单形 $\mathscr{A}_1, \mathscr{A}_2, \cdots, \mathscr{A}_m$ 均为正则时等号成立.

证 设 $\left|A_i^{(l)} - A_j^{(l)}\right| = a_{l,ij}$ $(1 \leqslant l \leqslant m)$, $|A_i - A_j| = a_{ij}$, 则有 $a_{ij}^2 = \frac{1}{m} \cdot (a_{1,ij}^2 + a_{2,ij}^2 + \cdots + a_{m,ij}^2)$, 在 (5.5.7) 中取 $k = 1$ 时, 便有

$$\begin{aligned}
\left(\frac{V^2}{\frac{1}{m} \cdot \sum\limits_{l=1}^{m} a_{l,\,ij}^2}\right)^{\frac{1}{n-1}} &\geqslant \frac{1}{m} \cdot \sum_{l=1}^{m} \left(\frac{V_l^2}{a_{l,ij}^2}\right)^{\frac{1}{n-1}} \\
&= \frac{1}{m} \cdot \sum_{l=1}^{m} \frac{\left(V_l^{\frac{1}{n-1}}\right)^2}{\left(a_{ij}^2\right)^{\frac{1}{n-1}}} \\
&\geqslant \frac{1}{m} \cdot \frac{\left(\sum\limits_{l=1}^{m} V_l^{\frac{1}{n-1}}\right)^2}{\sum\limits_{l=1}^{m} \left(a_{l,\,ij}^2\right)^{\frac{1}{n-1}}} \\
&= \frac{1}{m^2} \cdot \frac{\left(\sum\limits_{l=1}^{m} V_l^{\frac{1}{n-1}}\right)^2}{\frac{1}{m} \cdot \sum\limits_{l=1}^{m} \left(a_{l,\,ij}^2\right)^{\frac{1}{n-1}}} \\
&\geqslant \frac{1}{m^2} \cdot \frac{\left(\sum\limits_{l=1}^{m} V_l^{\frac{1}{n-1}}\right)^2}{\left(\frac{1}{m} \cdot \sum\limits_{l=1}^{m} a_{l,\,ij}^2\right)^{\frac{1}{n-1}}},
\end{aligned}$$

即

$$V^{\frac{2}{n-1}} \geqslant \frac{1}{m^2} \cdot \left(\sum_{l=1}^{m} V_l^{\frac{1}{n-1}}\right)^2,$$

将此不等式的两端同时开平方便得 (5.5.11), 至于等号成立的充要条件由 (5.5.7) 及上述证明过程是不难看出的. □

推论 4 设 $\mathscr{A}_1, \mathscr{A}_2, \cdots, \mathscr{A}_m$ 以及 $\mathscr{A}$ 均为 n 维欧氏空间 $\mathbf{E}^n$ 中的单形, $\lambda_l\ (1 \leqslant l \leqslant m)$ 为正实数, 且 $\mathscr{A} = \sum\limits_{l=1}^{m} \lambda_l \mathscr{A}_l$, 若 $\mathscr{A}_l$ 的内切球半径为 $r_l\ (1 \leqslant l \leqslant m)$, $\mathscr{A}$ 的内切球半径为 r, 则有

$$r^2 \geqslant \sum_{l=1}^{m} \lambda_l r_l^2, \tag{5.5.12}$$

当且仅当所有的单形均为正则时等号成立.

证 利用单形的体积公式 (1.1.3) 可得

$$V = \frac{1}{n} \cdot \left(\sum_{i=1}^{n+1} S_i \right) \cdot r, \tag{5.5.13}$$

其中 S_i 为单形 $\mathscr{A}$ 的顶点 $A_i\ (1 \leqslant i \leqslant n+1)$ 所对的 $n-1$ 维界面的 $n-1$ 维体积.

在 (5.5.7) 中取 $k = n-1$, 则有

$$\frac{V_{m+1}^2}{S_{m+1,i}^2} \geqslant \sum_{l=1}^{m} \lambda_l \cdot \frac{V_l^2}{S_{l,i}^2}.$$

在此不等式的两端同乘以 $S_{m+1,i}^3$, 并对 i 求和可得

$$\begin{aligned} V_{m+1}^2 \cdot \left(\sum_{i=1}^{n+1} S_{m+1,\,i} \right) &\geqslant \sum_{l=1}^{m} \lambda_l \cdot V_l^2 \cdot \left(\sum_{i=1}^{n+1} \frac{S_{m+1,i}^3}{S_{l,\,i}^2} \right) \\ &\geqslant \sum_{l=1}^{m} \lambda_l \cdot V_l^2 \cdot \frac{\left(\sum\limits_{i=1}^{n+1} S_{m+1,\,i} \right)^3}{\left(\sum\limits_{i=1}^{n+1} S_{l,\,i} \right)^2}, \end{aligned}$$

即

$$\left(\frac{V_{m+1}}{\sum\limits_{i=1}^{n+1} S_{m+1,\,i}}\right)^2 \geqslant \sum_{l=1}^{m} \lambda_l \cdot \left(\frac{V_l}{\sum\limits_{i=1}^{n+1} S_{m+1,\,i}}\right)^2, \quad (5.5.14)$$

由 (5.5.13) 知

$$\frac{V_{m+1}}{\sum\limits_{i=1}^{n+1} S_{m+1,i}} = \frac{1}{n} \cdot r,$$

$$\frac{V_l}{\sum\limits_{i=1}^{n+1} S_{m+1,i}} = \frac{1}{n} \cdot r_l,$$

将此二等式代入 (5.5.14) 内便立即可得 (5.5.12), 至于等号成立情况由上述证明是不难看出的. □

在 (5.5.7) 中, 当 $k=0$ 时有

$$V_{m+1}^{\frac{2}{n}} \geqslant \sum_{l=1}^{m} \lambda_l \cdot V_l^{\frac{2}{n}}, \quad (5.5.15)$$

当且仅当 m 个单形 $\mathscr{A}_1, \mathscr{A}_2, \cdots, \mathscr{A}_m$ 中两两相似时等号成立.

在 (5.5.15) 中，若取 $\lambda_l > 0$, 且 $\sum\limits_{l=1}^{n+1} \lambda_l = 1$, 则有

$$V_{m+1}^{\frac{1}{n}} \geqslant \sum_{l=1}^{m} \lambda_l \cdot V_l^{\frac{1}{n}}, \quad (5.5.16)$$

当且仅当 m 个单形 $\mathscr{A}_1, \mathscr{A}_2, \cdots, \mathscr{A}_m$ 均全等时等号成立.

显然 (5.5.15) 为 (5.2.7), 故 (5.5.7) 可视为 (5.2.7) 的一种推广.

§5.6 一个加权不等式的隔离

在 §5.4 中, 我们对度量和不等式 $V_{\mathscr{C}}^{\frac{2}{n}} \geqslant V_{\mathscr{A}}^{\frac{2}{n}} + V_{\mathscr{B}}^{\frac{2}{n}}$ 作了一种隔离, 得到了一个十分理想的结论, 即 (5.4.7), 在上一节中, 我们又得到了联系 m 个单形的 n 维体积与任意 k 维体积的加权度量和不等式 (5.5.7), 在这一节中, 我们将主要研究对 (5.5.7) 作一种隔离, 如下的内容可参看作者的文献 [27].

为给出加权度量和不等式 (5.5.7) 作出的一种隔离, 如下首先建立一个代数不等式, 为此我们设 A_i 为 n 阶正定 Hermite 矩阵, $A_{i,11}$ 为 A_i 左上角的 k 阶主子阵, 易知 $A_{i,11}$ 在 A_i 中的 Schur 补 $(A_i/A_{i,11})$ 为 $n-k$ 阶正定 Hermite 矩阵, 并且有

$$|(A_i/A_{i,11})| = \frac{|A_i|}{|A_{i,11}|},\ (1 \leqslant i \leqslant m).$$

这里约定当 $k=0$ 时, $|A_{i,11}|=1$.

定理 1 设 $a_{i1}, a_{i2}, \cdots, a_{i,n-k}$ 为 n 阶正定 Hermite 矩阵 A_i 中 $A_{i,11}$ 的 $n-k$ 阶正定 Hermite 矩阵 $(A_i/A_{i,11})$ $(1 \leqslant i \leqslant m)$ 的特征值, $x_1 > x_2 \geqslant 0$, 则有

$$\prod_{j=1}^{n-k}\left[\sum_{i=1}^{m} a_{ij}^{x_1} \cdot \left(\frac{|A_i|}{|A_{i,11}|}\right)^{\frac{1-x_1}{n-k}}\right]^{\frac{1}{n-k}}$$

$$\geqslant \prod_{j=1}^{n-k}\left[\sum_{i=1}^{m} a_{ij}^{x_2} \cdot \left(\frac{|A_i|}{|A_{i,11}|}\right)^{\frac{1-x_2}{n-k}}\right]^{\frac{1}{n-k}}, \tag{5.6.1}$$

当且仅当 $(A_i/A_{i,11}) = t_j(A_j/A_{j,11})$ $(t_j > 0,\ 1 \leqslant i, j \leqslant m,\ i \neq j)$ 时等号成立.

证 在 (5.4.3) 中以 $n-k$ 代 n, 若取 $\theta_1=\theta_2=\cdots=\theta_{n-k}=\frac{1}{n-k}$, 则有

$$\prod_{l=1}^{n-k}\left(\sum_{i=1}^{m}\prod_{j=1}^{n-k}a_{ij}^{\frac{1-x_1}{n-k}}\cdot a_{il}^{x_1}\right)^{\frac{1}{n-k}}$$

$$\geqslant\prod_{l=1}^{n-k}\left(\sum_{i=1}^{m}\prod_{j=1}^{n-k}a_{ij}^{\frac{1-x_2}{n-k}}\cdot a_{il}^{x_2}\right)^{\frac{1}{n-k}}, \tag{5.6.2}$$

当且仅当

$$\frac{a_{i1}}{\sum\limits_{i=1}^{m}a_{i1}}=\frac{a_{i2}}{\sum\limits_{i=1}^{m}a_{i2}}=\cdots=\frac{a_{i,n-k}}{\sum\limits_{i=1}^{m}a_{i,n-k}},\ (1\leqslant i\leqslant m)$$

时等号成立.

由于 $a_{i1},a_{i2},\cdots,a_{i,n-k}$ 为 $n-k$ 阶 Schur 补 $(A_i/A_{i,11})$ 的特征值, 故有

$$\prod_{j=1}^{n-k}a_{ij}=|(A_i/A_{i,11})|=\frac{|A_i|}{|A_{i,11}|},\ (1\leqslant i\leqslant m).$$

将此式代入 (5.6.2) 中便得不等式 (5.6.1), 至于等号成立的充要条件由 (5.6.2) 中等号成立的充要条件是不难看出的. □

推论 1 条件与定理 1 中的相同, 则对于任一正实数 x, 有

$$\left(\frac{\left|\sum\limits_{i=1}^{m}A_i\right|}{\left|\sum\limits_{i=1}^{m}A_{i,11}\right|}\right)^{\frac{1}{n-k}}\geqslant\prod_{j=1}^{n-k}\left[\sum_{i=1}^{m}a_{ij}^{x}\cdot\left(\frac{|A_i|}{|A_{i,11}|}\right)^{\frac{1-x}{n-k}}\right]^{\frac{1}{n-k}}$$

$$\geqslant \sum_{i=1}^{m}\left(\frac{|A_i|}{|A_{i,11}|}\right)^{\frac{1}{n-k}}, \tag{5.6.3}$$

当且仅当 $(A_i/A_{i,11}) = t_j(A_j/A_{j,11})$ $(t_j > 0,\ 1 \leqslant i, j \leqslant m,\ i \neq j)$ 时等号成立.

证 由 (5.2.4) 的证明过程知

$$\prod_{j=1}^{n-k}(a_{1j}+a_{2j}) = |(A_1/A_{1,11})+(A_2/A_{2,11})|,$$

因此, 利用数学归纳法我们不难证得

$$\prod_{j=1}^{n-k}\left(\sum_{i=1}^{m}a_{ij}\right) = \left|\sum_{i=1}^{m}(A_i/A_{i,11})\right|,$$

由 (5.5.1) 同样利用数学归纳法容易证得

$$\left(\left(\sum_{i=1}^{m}A_i\right)\Big/\left(\sum_{i=1}^{m}A_{i,11}\right)\right) \geqslant \sum_{i=1}^{m}(A_i/A_{i,11}), \tag{5.6.4}$$

故有

$$\left|\left(\left(\sum_{i=1}^{m}A_i\right)\Big/\left(\sum_{i=1}^{m}A_{i,11}\right)\right)\right| \geqslant \left|\sum_{i=1}^{m}(A_i/A_{i,11})\right|, \tag{5.6.5}$$

所以有

$$\begin{aligned}\prod_{j=1}^{n-k}\left(\sum_{i=1}^{m}a_{ij}\right) &= \left|\sum_{i=1}^{m}(A_i/A_{i,11})\right| \\ &\leqslant \left|\left(\left(\sum_{i=1}^{m}A_i\right)\Big/\left(\sum_{i=1}^{m}A_{i,11}\right)\right)\right| = \frac{\left|\sum\limits_{i=1}^{m}A_i\right|}{\left|\sum\limits_{i=1}^{m}A_{i,11}\right|},\end{aligned}$$

即

$$\prod_{j=1}^{n-k}\left(\sum_{i=1}^{m}a_{ij}\right)\leqslant\frac{\left|\sum\limits_{i=1}^{m}A_i\right|}{\left|\sum\limits_{i=1}^{m}A_{i,11}\right|}. \tag{5.6.6}$$

另外, 若记

$$g(x)=\prod_{j=1}^{n-k}\left[\sum_{i=1}^{m}a_{ij}^{x}\cdot\left(\frac{|A_i|}{|A_{i,11}|}\right)^{\frac{1-x}{n-k}}\right]^{\frac{1}{n-k}},$$

则由 (5.6.1) 可知, 当 $x>1>x_1>x_2>\cdots>x_N\geqslant 0$ 时, 有如下的一个不等式链成立

$$g(x)\geqslant g(1)\geqslant g(x_1)\geqslant g(x_2)\geqslant\cdots\geqslant g(x_N)\geqslant g(0), \tag{5.6.7}$$

当且仅当 $(A_i/A_{i,11})=t_j(A_j/A_{j,11})$ $(t_j>0,\ 1\leqslant i,j\leqslant m,\ i\neq j)$ 时等号成立.

由 (5.6.7) 知, 当 $1>x>0$ 时, 有

$$\begin{aligned}\prod_{j=1}^{n-k}\left(\sum_{i=1}^{m}a_{ij}\right)^{\frac{1}{n-k}}&\geqslant\prod_{j=1}^{n-k}\left[\sum_{i=1}^{m}a_{ij}^{x}\cdot\left(\frac{|A_i|}{|A_{i,11}|}\right)^{\frac{1-x}{n-k}}\right]^{\frac{1}{n-k}}\\&\geqslant\prod_{j=1}^{n-k}\left[\sum_{i=1}^{m}\left(\frac{|A_i|}{|A_{i,11}|}\right)^{\frac{1}{n-k}}\right]^{\frac{1}{n-k}},\end{aligned}$$

将 (5.6.6) 代入此式的左端便得 (5.6.3). □

设 α_i 为矩阵 A_i $(1\leqslant i\leqslant m)$ 所对应的正实数, 则 (5.6.3) 显然与下式是等价的.

推论 2 条件与推论 1 中的相同, 若设 $\alpha_1,\alpha_2,\cdots,\alpha_m>0$, 则有

$$\left(\frac{\left|\sum\limits_{i=1}^{m}\alpha_iA_i\right|}{\left|\sum\limits_{i=1}^{m}\alpha_iA_{i,11}\right|}\right)^{\frac{1}{n-k}}$$

$$\geqslant\prod_{j=1}^{n-k}\left[\sum_{i=1}^{m}a_{ij}^{x}\cdot\alpha_i^{1-x}\cdot\left(\frac{|A_i|}{|A_{i,11}|}\right)^{\frac{1-x}{n-k}}\right]^{\frac{1}{n-k}}$$

$$\geqslant\sum_{i=1}^{m}\alpha_i\cdot\left(\frac{|A_i|}{|A_{i,11}|}\right)^{\frac{1}{n-k}},\tag{5.6.8}$$

当且仅当 $(A_i/A_{i,11})=t_j(A_j/A_{j,11})$ $(t_j>0,\ 1\leqslant i,j\leqslant m,\ i\neq j)$ 时等号成立.

设 $\mathscr{A}_l$ 为 n 维欧氏空间 $\mathbf{E}^n$ 中的单形, 其顶点集为 $\{A_0^{(l)},\ A_1^{(l)},\ \cdots,\ A_n^{(l)}\}$, 顶点 $A_i^{(l)}$ 与 $A_j^{(l)}$ 之间的距离为 $\left|A_i^{(l)}A_j^{(l)}\right|=a_{l,ij}$ $(1\leqslant l\leqslant m,\ 0\leqslant i,j\leqslant n)$, $\alpha_l>0$, 则以 $a_{ij}=\sqrt{\sum\limits_{l=1}^{m}\alpha_la_{l,ij}^2}$ $(0\leqslant i,j\leqslant n)$ 为棱长可以构成一个单形 $\mathscr{A}$, 这里如同 5.5 中一样, 我们称 $\mathscr{A}$ 为 m 个单形 $\mathscr{A}_1,\ \mathscr{A}_2,\ \cdots,\ \mathscr{A}_m$ 关于 $\alpha_1,\ \alpha_2,\ \cdots,\ \alpha_m$ 的加权度量和.

关于单形的度量和, 我们再给出如下的概念.

定义 1 设 $\mathscr{A}$ 为 $\mathscr{A}_1,\mathscr{A}_2,\cdots,\mathscr{A}_m$ 的加权度量和, 并且

$$\mathscr{A}=\sum_{l=1}^{m}\alpha_l\mathscr{A}_l,\ (\alpha_l>0,\ 1\leqslant l\leqslant m),\tag{5.6.9}$$

中的权系数 $\alpha_1, \alpha_2, \cdots, \alpha_m$ 不全相等, 但它们的和为 1, 则称 $\mathscr{A}$ 为 $\mathscr{A}_1, \mathscr{A}_2, \cdots, \mathscr{A}_m$ 关于正实数 $\alpha_1, \alpha_2, \cdots, \alpha_m$ 的加权度量平均 (或广义度量平均).

定义 2 在 (5.6.9) 中, 当 $\alpha_1 = \alpha_2 = \cdots = \alpha_m = 1$ 时, 即 $\mathscr{A} = \mathscr{A}_1 + \mathscr{A}_2 + \cdots + \mathscr{A}_m$, 则称 $\mathscr{A}$ 为 $\mathscr{A}_1, \mathscr{A}_2, \cdots, \mathscr{A}_m$ 的度量和.

设 $\{A_0^{(l)}, A_1^{(l)}, \cdots, A_n^{(l)}\}$ 为 n 维欧氏空间 $\mathbf{E}^n$ 中单形 $\mathscr{A}_l$ 的顶点集, 在顶点集中任意取出 $k+1$ 个顶点 $A_{i_1}^{(l)}, A_{i_2}^{(l)}, \cdots, A_{i_{k+1}}^{(l)}$ 所构成的 k 维子单形记为 $\mathscr{A}_{(k),l}$, 再设 $\mathscr{A}_l$ 与 $\mathscr{A}_{(k),l}$ 的 n 维体积与 k 维体积分别为 V_l 与 $V_{(k),l}$, 且 $\mathscr{A}$ 的任意 $k+1$ 个顶点所构成的子单形的 k 维体积为 $V_{(k)}$.

定理 2 设 $\mathscr{A}$ 为 n 维欧氏空间 $\mathbf{E}^n$ 中的单形, 且 $\mathscr{A}$ 为 $\mathscr{A}_1, \mathscr{A}_2, \cdots, \mathscr{A}_m$ 关于正实数 $\alpha_1, \alpha_2, \cdots, \alpha_m$ 的加权度量和, 则存在 $n-k$ 个正实数 $\lambda_{i1}, \lambda_{i2}, \cdots, \lambda_{i,n-k}$, 且 $\prod\limits_{j=1}^{n-k} \lambda_{ij} = 1\ (1 \leqslant i \leqslant m)$ 使得下式成立

$$\begin{aligned}\left(\frac{V}{V_{(k)}}\right)^{\frac{2}{n-k}} &\geqslant \prod_{j=1}^{n-k}\left[\sum_{i=1}^{m} \lambda_{ij} \cdot \alpha_i \cdot \left(\frac{V_i}{V_{(k),i}}\right)^{\frac{2}{n-k}}\right]^{\frac{1}{n-k}} \\ &\geqslant \sum_{i=1}^{m} \alpha_i \cdot \left(\frac{V_i}{V_{(k),i}}\right)^{\frac{2}{n-k}}, \qquad (5.6.10)\end{aligned}$$

当且仅当 $\frac{V_i}{V_{(k),i}} = c_j \cdot \frac{V_j}{V_{(k),j}}\ (c_j > 0)$ 时等号成立.

证 设单形 $\mathscr{A}_l$ 的顶点 $A_i^{(l)}$ 与 $A_j^{(l)}$ 之间的距离为 $\left|A_i^{(l)} A_j^{(l)}\right| = a_{l,ij}$, 记 $d_{l,ij} = a_{l,i0}^2 + a_{l,0j}^2 - a_{l,ij}^2\ (0 \leqslant i, j \leqslant n,\ 1 \leqslant l \leqslant m)$, 则 $D_l = (d_{l,ij})$ 是 n 阶实对称正定 Hermite 矩阵, 设 $d_{ij} = \sum\limits_{l=1}^{m} \alpha_l d_{l,ij}$, 则 $D = (d_{ij})$ 亦为 n

阶实对称正定 Hermite 矩阵, 设 $D_{l,k}$ 与 D_k 分别为 D_l 与 D 的左上角的 k 阶主子阵, 由单形的体积公式知

$$\begin{cases} |D_l| = 2^n \cdot n!^2 \cdot V_l^2\,; \\ |D_{l,k}| = 2^k \cdot k!^2 \cdot V_{(k),l}^2\,; \\ |D| = 2^n \cdot n!^2 \cdot V^2\,; \\ |D_k| = 2^k \cdot k!^2 \cdot V_{(k)}^2\,. \end{cases} \tag{5.6.11}$$

另外, 在 (5.6.8) 中, 由于 a_{i1}, a_{i2}, $\cdots$, $a_{i,n-k}$ 是 Schur 补 $(A_i/A_{i,11})$ 的特征值, 若令

$$\lambda_{ij} = \left(\frac{a_{ij}}{|(A_i/A_{i,11})|^{\frac{1}{n-k}}}\right)^x = \left[a_{ij} \cdot \left(\frac{|A_{i,11}|}{|A_i|}\right)^{\frac{1}{n-k}}\right]^x,$$

则显然有 $\prod\limits_{j=1}^{n-k} \lambda_{ij} = 1\ (1 \leqslant i \leqslant m)$, 所以有

$$\begin{aligned} &\left(\frac{\left|\sum\limits_{i=1}^m \alpha_i A_i\right|}{\left|\sum\limits_{i=1}^m \alpha_i A_{i,11}\right|}\right)^{\frac{1}{n-k}} \\ &\geqslant \prod_{j=1}^{n-k}\left[\sum_{i=1}^m \lambda_{ij} \cdot \alpha_i \cdot \left(\frac{|A_i|}{|A_{i,11}|}\right)^{\frac{1}{n-k}}\right]^{\frac{1}{n-k}} \\ &\geqslant \sum_{i=1}^m \alpha_i \cdot \left(\frac{|A_i|}{|A_{i,11}|}\right)^{\frac{1}{n-k}}, \end{aligned} \tag{5.6.12}$$

当且仅当 $(A_i/A_{i,11}) = t_j(A_j/A_{j,11})$ $(t_j > 0,\ 1 \leqslant i, j \leqslant m,\ i \neq j)$ 时等号成立.

将 (5.6.11) 代入 (5.6.12) 内经整理便得 (5.6.10), 而等号成立的充要条件由 (5.6.11) 中等号成立的充要条件以及单形的体积公式是容易看出的. □

推论 3 设 $\mathscr{A}$ 为 n 维欧氏空间 $\mathbf{E}^n$ 中单形 $\mathscr{A}_1$, $\mathscr{A}_2, \cdots, \mathscr{A}_m$ 关于正实数 $\alpha_1, \alpha_2, \cdots, \alpha_m$ 的加权度量和, h_{li} 为单形 $\mathscr{A}_l$ 的顶点 $A_i^{(l)}$ 所对的 $n-1$ 维超平面上的高, h_i 为单形 $\mathscr{A}$ 的顶点 A_i 所对的 $n-1$ 维超平面上的高, 则有

$$\sum_{l=1}^{m} \alpha_l h_{li}^2 \leqslant h_i^2, \ (1 \leqslant i \leqslant n+1), \tag{5.6.13}$$

当且仅当 $\mathscr{A}_i \backsim \mathscr{A}_j$ 时等号成立.

实际上, 在 (5.6.10) 中取 $k=n-1$ 时, 不等式的中间与右端是一个恒等式, 并且此时对 (5.6.10) 利用单形的体积公式 (1.1.3) 便得 (5.6.13).

在 (5.6.10) 中取 $m=2$, $k=0$ 且 $\mathscr{A}$ 为 $\mathscr{A}_1$ 与 $\mathscr{A}_2$ 的度量平均时, 便得

$$V^{\frac{2}{n}} \geqslant \prod_{j=1}^{n} \left[\frac{1}{2}\left(\lambda_{1j} \cdot V_1^{\frac{2}{n}} + \lambda_{2j} \cdot V_2^{\frac{2}{n}}\right)\right]^{\frac{1}{n}} \geqslant \frac{1}{2}\left(V_1^{\frac{2}{n}} + V_2^{\frac{2}{n}}\right), \tag{5.6.14}$$

当且仅当 $\mathscr{A}_1 \backsim \mathscr{A}_2$ 时等号成立.

不难看出, (5.6.14) 是 Alexander 猜想被修正后的结果的隔离形式, 且与 (5.4.7) 是等价的.

又若在 (5.6.10) 中取 $m=2$, $k=0$ 且 $\mathscr{A}$ 为 $\mathscr{A}_1$ 与 $\mathscr{A}_2$ 的度量和时, 便得

$$V^{\frac{2}{n}} \geqslant \prod_{j=1}^{n} \left(\lambda_{1j} \cdot V_1^{\frac{2}{n}} + \lambda_{2j} \cdot V_2^{\frac{2}{n}}\right)^{\frac{1}{n}} \geqslant V_1^{\frac{2}{n}} + V_2^{\frac{2}{n}}, \tag{5.6.15}$$

当且仅当 $\mathscr{A}_1 \backsim \mathscr{A}_2$ 时等号成立.

显然 (5.6.15) 为 (5.4.7), 所以 (5.6.10) 可谓是 (5.4.7) 的推广.

另外, 在 (5.6.10) 中取 $k=0$, 且 $\mathscr{A}$ 为 $\mathscr{A}_1, \mathscr{A}_2, \cdots,$ $\mathscr{A}_m$ 的度量和时, 便得

$$V^{\frac{2}{n}} \geqslant \prod_{j=1}^{n}\left(\sum_{i=1}^{m} \lambda_{ij} \cdot V_i^{\frac{2}{n}}\right)^{\frac{1}{n}} \geqslant \sum_{i=1}^{m} V_i^{\frac{2}{n}}, \tag{5.6.16}$$

当且仅当 $\mathscr{A}_i \backsim \mathscr{A}_j$ 时等号成立.

显然 (5.6.15) 是 (5.6.16) 中当 $m=2$ 时的特殊情况, 而 (5.6.16) 也正是 (5.4.7) 的一般形式.

对 (5.6.13) 的两端关于 i 进行求和便可得

$$\sum_{i=1}^{n+1} \sum_{l=1}^{m} \alpha_l h_{li}^2 \leqslant \sum_{i=1}^{n+1} h_i^2, \tag{5.6.17}$$

当且仅当 $\mathscr{A}_i \backsim \mathscr{A}_j$ 时等号成立.

还有, 若视 (5.5.7) 为关于权数 $\lambda_1,\ \lambda_2,\ \cdots,\ \lambda_m$ 的一个加权不等式, 则易见 (5.6.10) 为该加权不等式的一种隔离.

§5.7　一个度量和不等式的逆向

设 $\mathscr{A}_k$ 为 n 维欧氏空间 $\mathbf{E}^n$ 中的单形, 其棱长为 $a_{ij,k}$ $(1 \leqslant i,j \leqslant n+1,\ 1 \leqslant k \leqslant m)$, $\alpha_1,\ \alpha_2, \cdots,\ \alpha_m$ 为一组正实数, 则以

$$b_{ij} = \sqrt{\sum_{k=1}^{m} \alpha_k a_{ij,k}^2}$$

为棱长, 由 5.2 中的引理 1 我们知道, 它也可以构成一个单形 $\mathscr{A}$, 若设 $\mathscr{A}_k$ 与 $\mathscr{A}$ 的 n 维体积分别为 V_k $(1 \leqslant$

$k \leqslant m$) 和 V, 由 (5.2.7) 知, 它们之间有着如下的关系式成立

$$V^{\frac{2}{n}} \geqslant \sum_{k=1}^{m} \alpha_k V_k^{\frac{2}{n}},$$

当且仅当 m 个单形 $\mathscr{A}_1, \mathscr{A}_2, \cdots, \mathscr{A}_m$ 两两相似时等号成立.

现在的问题是能否存在一个常数 K 使得上述不等式反向, 即

$$V^{\frac{2}{n}} \leqslant K \cdot \sum_{k=1}^{m} \alpha_k V_k^{\frac{2}{n}}. \tag{5.7.1}$$

这里我们的回答是肯定的. 为解决这一问题, 如下首先建立一个代数不等式.

引理[28] 设 $0 < m_i \leqslant a_{ik} \leqslant M_i, \alpha_i > 0(1 \leqslant k \leqslant n, 1 \leqslant i \leqslant N)$, 且 $\sum\limits_{i=1}^{N} \alpha_i = 1$, 若记 $K = \prod\limits_{i=1}^{N}\left(\frac{M_i}{m_i}\right)^{\alpha_i(1-\alpha_i)}$, 则有

$$\prod_{i=1}^{N}\left(\sum_{k=1}^{n} a_{ik}\right)^{\alpha_i} \leqslant K \cdot \left(\sum_{k=1}^{n} a_{1k}^{\alpha_1} a_{2k}^{\alpha_2} \cdots a_{Nk}^{\alpha_N}\right), \tag{5.7.2}$$

当且仅当 $a_{i1} = a_{i2} = \cdots = a_{in}$ $(1 \leqslant i \leqslant N)$ 时等号成立.

证 因为

$$\begin{aligned}\left(\sum_{k=1}^{n} a_{ik}\right)^{\alpha_i} &= \left(\sum_{k=1}^{n} a_{ik}^{1-\alpha_i} \cdot a_{ik}^{\alpha_i} \cdot \prod_{\substack{j=1\\ j\neq i}}^{N} m_j^{\alpha_j}\right)^{\alpha_i} \cdot \prod_{\substack{j=1\\ j\neq i}}^{n} m_j^{-\alpha_i\alpha_j} \\ &\leqslant \left(\sum_{k=1}^{n} M_i^{1-\alpha_i} \cdot a_{ik}^{\alpha_i} \cdot \prod_{\substack{j=1\\ j\neq i}}^{N} m_j^{\alpha_j}\right)^{\alpha_i} \cdot \prod_{\substack{j=1\\ j\neq i}}^{n} m_j^{-\alpha_i\alpha_j}\end{aligned}$$

$$\leqslant M_i^{\alpha_i(1-\alpha_i)} \cdot \left(\sum_{k=1}^n a_{ik}^{\alpha_i} \cdot \prod_{\substack{j=1\\j\neq i}}^N a_{jk}^{\alpha_j}\right)^{\alpha_i} \cdot \prod_{\substack{j=1\\j\neq i}}^n m_j^{-\alpha_i\alpha_j}$$

$$= M_i^{\alpha_i(1-\alpha_i)} \cdot \prod_{\substack{j=1\\j\neq i}}^n m_j^{-\alpha_i\alpha_j} \cdot \left(\sum_{k=1}^n a_{1k}^{\alpha_1} a_{2k}^{\alpha_2} \cdots a_{Nk}^{\alpha_N}\right)^{\alpha_i},$$

因此, 若记 $H_n = \sum\limits_{k=1}^n a_{1k}^{\alpha_1} a_{2k}^{\alpha_2} \cdots a_{Nk}^{\alpha_N}$, 则有

$$\left(\sum_{k=1}^n a_{ik}\right)^{\alpha_i} \leqslant M_i^{\alpha_i(1-\alpha_i)} \cdot \left(\prod_{\substack{j=1\\j\neq i}}^n m_j^{-\alpha_i\alpha_j}\right) \cdot H_n^{\alpha_i}, \quad (5.7.3)$$

所以有

$$\prod_{i=1}^N \left(\sum_{k=1}^n a_{ik}\right)^{\alpha_i}$$

$$\leqslant \prod_{i=1}^N \left[M_i^{\alpha_i(1-\alpha_i)} \cdot \left(\prod_{\substack{j=1\\j\neq i}}^n m_j^{\alpha_j}\right)^{-\alpha_i}\right] \cdot H_n^{\alpha_i}$$

$$= \prod_{i=1}^N \left[M_i^{\alpha_i(1-\alpha_i)} \cdot \left(\frac{m_1^{\alpha_1} m_2^{\alpha_2} \cdots m_N^{\alpha_N}}{m_i^{\alpha_i}}\right)^{-\alpha_i}\right] \cdot \prod_{i=1}^N H_n^{\alpha_i}$$

$$= \prod_{i=1}^N \left(M_i^{\alpha_i(1-\alpha_i)} \cdot m_i^{\alpha_i^2}\right) \cdot \left(\prod_{i=1}^N m_i^{\alpha_i}\right)^{-1} \cdot H_n$$

$$= \prod_{i=1}^N \left(\frac{M_i}{m_i}\right)^{\alpha_i(1-\alpha_i)} \cdot \left(\sum_{k=1}^n a_{1k}^{\alpha_1} a_{2k}^{\alpha_2} \cdots a_{Nk}^{\alpha_N}\right)$$

$$= K \cdot \left(\sum_{k=1}^n a_{1k}^{\alpha_1} a_{2k}^{\alpha_2} \cdots a_{Nk}^{\alpha_N}\right),$$

等号成立的充要条件由上述的证明过程是显而易见的.

□

推论 1 条件与引理中的相同, 记 $m=\min\{m_1,m_2,\cdots,m_N\}$, $M=\max\{M_1,M_2,\cdots,M_N\}$, 则有

$$\prod_{i=1}^{N}\left(\sum_{k=1}^{n}a_{ik}\right)^{\alpha_i}\leqslant\left(\frac{M}{m}\right)^{1-\sum\limits_{i=1}^{N}\alpha_i^2}\cdot\left(\sum_{k=1}^{n}a_{1k}^{\alpha_1}a_{2k}^{\alpha_2}\cdots a_{Nk}^{\alpha_N}\right),\tag{5.7.4}$$

当且仅当 $a_{i1}=a_{i2}=\cdots=a_{in}$ $(1\leqslant i\leqslant N)$ 时等号成立.

定理 设 $\mathscr{A}_1$, $\mathscr{A}_2$, $\cdots$, $\mathscr{A}_N$ 为 n 维欧氏空间 $\mathbf{E}^n$ 中的单形, 并且 $\mathscr{A}$ 为它们关于正实数 $\lambda_1,\lambda_2,\cdots,\lambda_N$ 的加权度量和, 若 $\mathscr{A}_1,\mathscr{A}_2,\cdots,\mathscr{A}_N,\mathscr{A}$ 的 n 维体积分别为 $V_1,V_2,\cdots,V_N$ 和 V, 则存在一个正实数 K 使得如下的不等式成立

$$V^{\frac{2}{n}}\leqslant K\cdot\left(\sum_{k=1}^{N}\lambda_k\cdot V_k^{\frac{2}{n}}\right),\tag{5.7.5}$$

当且仅当 $\mathscr{A}_1$, $\mathscr{A}_2$, $\cdots$, $\mathscr{A}_N$ 中两两相似时等号成立.

证 设 α_1,α_2, $\cdots$, α_n 为单形 $\mathscr{A}$ 过某一顶点的 n 个 n 维向量, 若记 Q 为 α_1,α_2, $\cdots$, α_n 的 Gram 矩阵, 即

$$Q=\begin{pmatrix}\alpha_1^2 & \alpha_1\alpha_2 & \cdots & \alpha_1\alpha_n\\ \alpha_2\alpha_1 & \alpha_2^2 & \cdots & \alpha_2\alpha_n\\ \cdots & \cdots & \cdots & \cdots\\ \alpha_n\alpha_1 & \alpha_n\alpha_2 & \cdots & \alpha_n^2\end{pmatrix},$$

则由 (1.1.2) 知

$$\det Q=n!^2\cdot V^2.\tag{5.7.6}$$

另一方面, 设有 N 个 n 维欧氏空间 $\mathbf{E}^n$ 中的单形 $\mathscr{A}_1,\mathscr{A}_2,\cdots,\mathscr{A}_N$ 所对应的 Gram 矩阵分别为 $Q_1,Q_2,\cdots,Q_N$, 且 $\lambda_1,\lambda_2,\cdots,\lambda_N$ 为一组正实数, 则由 (5.2.4) 知, 有

$$\left|\sum_{i=1}^{N}\lambda_iQ_i\right|^{\frac{1}{n}}\geqslant\sum_{i=1}^{N}\lambda_i\left|Q_i\right|^{\frac{1}{n}},\tag{5.7.7}$$

当且仅当 $Q_i=c_jQ_j\ (c_j>0)$ 时等号成立.

若设 Q_i 的特征值分别是 $u_{i1},\ u_{i2},\ \cdots,\ u_{in}$, 易知 (5.7.7) 等价于如下的代数不等式

$$\prod_{j=1}^{n}\left(\sum_{i=1}^{N}\lambda_iu_{ij}\right)^{\frac{1}{n}}\geqslant\sum_{i=1}^{N}\lambda_i\left(\prod_{j=1}^{n}u_{ij}\right)^{\frac{1}{n}},\tag{5.7.8}$$

当且仅当 $u_{i1}=u_{i2}=\cdots=u_{in}$ 时等号成立.

若设 $0<m_i\leqslant u_{ik}\leqslant M_i(1\leqslant k\leqslant n), m=\min\{m_1,m_2,\cdots,m_N\}$, 以及 $M=\max\{M_1,M_2,\cdots,M_N\}$, 则由 (5.7.4) 知, 应有

$$\begin{aligned}&\prod_{j=1}^{n}\left(\sum_{i=1}^{N}\lambda_iu_{ij}\right)^{\frac{1}{n}}\\&\leqslant\left(\frac{M}{m}\right)^{1-\frac{1}{n}}\cdot\left(\sum_{i=1}^{N}\lambda_i\cdot(u_{i1}u_{i2}\cdots u_{in})^{\frac{1}{n}}\right),\end{aligned}\tag{5.7.9}$$

当且仅当 $u_{i1}=u_{i2}=\cdots=u_{in}$ 时等号成立.

从而由矩阵的特征值与行列式之间的关系可得

$$\left|\sum_{i=1}^{N}\lambda_iQ_i\right|^{\frac{1}{n}}\leqslant\left(\frac{M}{m}\right)^{1-\frac{1}{n}}\cdot\left(\sum_{i=1}^{N}\lambda_i\left|Q_i\right|^{\frac{1}{n}}\right),\tag{5.7.10}$$

当且仅当 $Q_i=c_jQ_j\ (c_j>0)$ 时等号成立.

将 (5.7.6) 代入 (5.7.10) 内便得

$$V^{\frac{2}{n}} \leqslant \left(\frac{M}{m}\right)^{1-\frac{1}{n}} \cdot \left(\sum_{i=1}^{N} \lambda_i \cdot V_i^{\frac{2}{n}}\right), \qquad (5.7.11)$$

当且仅当 $\mathscr{A}_1, \mathscr{A}_2, \cdots, \mathscr{A}_N$ 中两两相似时等号成立.

若记 $K = \left(\frac{M}{m}\right)^{1-\frac{1}{n}}$, 并将此式代入 (5.7.11) 内便可得到 (5.7.5). □

推论 3 设 $\{A_1^{(l)}, A_2^{(l)}, \cdots, A_{n+1}^{(l)}\}$ 为 n 维欧氏空间 $\mathbf{E}^n$ 中单形 $\mathscr{A}_l$ 的顶点集, $\mathscr{A}_l$ 的顶点 $A_i^{(l)}$ 所对的界面的 $n-1$ 维体积为 S_{li}, 又该界面上的高为 h_{li}, 若 $\mathscr{A}$ 为 $\mathscr{A}_1, \mathscr{A}_2, \cdots, \mathscr{A}_N$ 关于正实数 $\lambda_1, \lambda_2, \cdots, \lambda_N$ 的加权度量平均, 记 S_i 与 h_i 分别为单形 $\mathscr{A}$ 的顶点 A_i 所对的界面的 $n-1$ 维体积以及该界面上的高, 则有

$$S_i^2 \cdot h_i^2 \leqslant K^n \cdot \left(\sum_{k=1}^{N} \lambda_k S_{ki}^2\right) \left(\sum_{k=1}^{N} \lambda_k h_{ki}^2\right), \quad (5.7.12)$$

当且仅当 $\mathscr{A}_1, \mathscr{A}_2, \cdots, \mathscr{A}_N$ 中两两相似时等号成立.

证 由不等式 (5.7.5) 以及单形的体积公式 (1.1.3) 和 Hölder 不等式可得

$$\begin{aligned} S_i^2 \cdot h_i^2 = (nV)^2 &\leqslant n^2 \cdot K^n \cdot \left(\sum_{k=1}^{N} \lambda_k V_k^{\frac{2}{n}}\right)^n \\ &= K^n \cdot \left(\sum_{k=1}^{N} \lambda_k \cdot S_{ki}^{\frac{2}{n}} \cdot h_{ki}^{\frac{2}{n}}\right)^n, \end{aligned}$$

即

$$S_i^2 \cdot h_i^2 \leqslant K^n \cdot \left(\sum_{k=1}^{N} \lambda_k \cdot S_{ki}^{\frac{2}{n}} \cdot h_{ki}^{\frac{2}{n}}\right)^n, \qquad (5.7.13)$$

当且仅当 $\mathscr{A}_1, \mathscr{A}_2, \cdots, \mathscr{A}_N$ 中两两相似时等号成立.

又因为

$$
\begin{aligned}
&\left(\sum_{k=1}^{N} \lambda_k S_{ki}^{\frac{2}{n}} \cdot h_{ki}^{\frac{2}{n}}\right)^n \\
&= \left(\sum_{k=1}^{N} \underbrace{\lambda_k^{\frac{1}{n}} \lambda_k^{\frac{1}{n}} \cdots \lambda_k^{\frac{1}{n}}}_{n-2} \cdot (\lambda_k S_{ki}^2)^{\frac{1}{n}} \cdot (\lambda_k h_{ki}^2)^{\frac{1}{n}}\right)^n \\
&\leqslant \left[\underbrace{\left(\sum_{k=1}^{N} \lambda_k\right)^{\frac{1}{n}} \left(\sum_{k=1}^{N} \lambda_k\right)^{\frac{1}{n}} \cdots \left(\sum_{k=1}^{N} \lambda_k\right)^{\frac{1}{n}}}_{n-2}\right. \\
&\qquad \left.\times \left(\sum_{k=1}^{N} \lambda_k S_{ki}^2\right)^{\frac{1}{n}} \cdot \left(\sum_{k=1}^{N} \lambda_k h_{ki}^2\right)^{\frac{1}{n}}\right]^n \\
&= \left(\sum_{k=1}^{N} \lambda_k\right)^{n-2} \cdot \left(\sum_{k=1}^{N} \lambda_k S_{ki}^2\right) \left(\sum_{k=1}^{N} \lambda_k h_{ki}^2\right),
\end{aligned}
$$

所以由 $\sum\limits_{k=1}^{N} \lambda_k = 1$ 可得

$$
\left(\sum_{k=1}^{N} \lambda_k S_{ki}^{\frac{2}{n}} \cdot h_{ki}^{\frac{2}{n}}\right)^n \leqslant \left(\sum_{k=1}^{N} \lambda_k S_{ki}^2\right) \left(\sum_{k=1}^{N} \lambda_k h_{ki}^2\right), \tag{5.7.14}
$$

将 (5.7.14) 代入 (5.7.13) 内便得 (5.7.12), 等号成立的充要条件显然与 (5.7.5) 中的相同. □

由 (5.7.5) 和 (5.7.12) 使得我们容易想到, 是否存在两个正实数 K_1 和 K_2 使得如下的两个不等式成立

呢

$$S_i^2 \leqslant K_1 \cdot \left(\sum_{k=1}^{N} \lambda_k S_{ki}^2\right), \tag{5.7.15}$$

$$h_i^2 \leqslant K_2 \cdot \left(\sum_{k=1}^{N} \lambda_k h_{ki}^2\right), \tag{5.7.16}$$

当且仅当 $\mathscr{A}_1, \mathscr{A}_2, \cdots, \mathscr{A}_N$ 中两两相似时等号成立.

实际上, 由 (5.7.5) 我们知道, 当 $\mathscr{A}$ 为 $\mathscr{A}_1, \mathscr{A}_2, \cdots, \mathscr{A}_N$ 关于正实数 $\lambda_1, \lambda_2, \cdots, \lambda_N$ 的广义度量平均时, 相应地也存在一个正实数 K_0 使得如下的不等式成立

$$S_i^{\frac{2}{n-1}} \leqslant K_0 \cdot \left(\sum_{k=1}^{N} \lambda_k S_{ki}^{\frac{2}{n-1}}\right). \tag{5.7.17}$$

当 $n \geqslant 2$ 时, 函数 $f(x) = x^{\frac{1}{n-1}}$ 是凹函数, 所以由 Jenson 不等式可得

$$\left(\sum_{k=1}^{N} \lambda_k S_{ki}^{\frac{2}{n-1}}\right) \leqslant \left(\sum_{k=1}^{N} \lambda_k S_{ki}^2\right)^{\frac{1}{n-1}},$$

将此式代入 (5.7.17) 内得

$$S_i^{\frac{2}{n-1}} \leqslant K_0 \cdot \left(\sum_{k=1}^{N} \lambda_k S_{ki}^2\right)^{\frac{1}{n-1}}, \tag{5.7.18}$$

将 (5.7.18) 整理之便得 (5.7.15), 至于 (5.7.16) 正确与否, 建议读者给出答案.

§5.8 体积与外接球半径之积的度量和不等式

在上一节的推论 3 中, 研究了涉及单形的 $n-1$ 维体积与高的混合积的度量和问题, 关于混合度量的不

等式, 我们在 §4.3 中还研究了单形 $\mathscr{A}$ 的 k 维子单形的 k 维体积以及该 k 维子单形的外接球半径之间的不等式, 这一节将讨论单形的 n 维体积与其外接球半径之积的度量和不等式问题.

定理 1 设 $\mathscr{A}_1, \mathscr{A}_2, \cdots, \mathscr{A}_N, \mathscr{A}$ 均为 n 维欧氏空间 $\mathbf{E}^n$ 中的单形, 且 $\mathscr{A}$ 为 $\mathscr{A}_1, \mathscr{A}_2, \cdots, \mathscr{A}_N$ 关于正实数 $\alpha_1, \alpha_2, \cdots, \alpha_n$ 的加权度量和, 若 $\mathscr{A}_k$与 $\mathscr{A}$ 的 n 维体积以及外接球半径分别为 V_k, V 和 R_k, R, 则有

$$(VR)^{\frac{2}{n+1}} \geqslant \sum_{k=1}^{N} \alpha_k (V_k R_k)^{\frac{2}{n+1}}, \tag{5.8.1}$$

当且仅当 $\mathscr{A}_1, \mathscr{A}_2, \cdots, \mathscr{A}_N$ 中两两相似时等号成立.

证 设单形 $\mathscr{A}_k$ 的顶点集为 $\{A_{1k}, A_{2k}, \cdots, A_{n+1,k}\}$, 且顶点 A_{ik} 与 A_{jk} 之间的距离为 $|A_{ik}A_{jk}| = a_{ij,k}$, 单形 $\mathscr{A}_k$ 的平方距离矩阵为 D_k, 即

$$D_k = \begin{pmatrix} 0 & a_{12,k}^2 & \cdots & a_{1,n+1,k}^2 \\ a_{21,k}^2 & 0 & \cdots & a_{2,n+1,k}^2 \\ \cdots & \cdots & \cdots & \cdots \\ a_{n+1,1,k}^2 & a_{n+1,2,k}^2 & \cdots & 0 \end{pmatrix},$$

由 (1.1.6) 知

$$V_k^2 R_k^2 = \frac{(-1)^n |D_k|}{2^{n+1} \cdot n!^2}. \tag{5.8.2}$$

由 §4.2 中的引理知, 此处的平方距离矩阵 D_k 有 $n+1$ 个特征值, 而这 $n+1$ 个特征值中只有一个是正的, 其余的 n 个是负的, 并且一个正的特征值等于其余的 n 个负的之和的相反数, 因此, 若设 $\lambda_{0k}, -\lambda_{1k}, -\lambda_{2k}, \cdots,$

$-\lambda_{nk}$ $(\lambda_{ik}>0,\ i=0,\ 1,\ 2,\ \cdots,\ n)$ 为 D_k 的 $n+1$ 个特征值, 则有

$$\lambda_{0k}=\lambda_{1k}+\lambda_{2k}+\cdots+\lambda_{nk}, \tag{5.8.3}$$

由此知

$$(-1)^n\left|D_k\right|=\lambda_{0k}\lambda_{1k}\lambda_{2k}\cdots\lambda_{nk},\ (1\leqslant k\leqslant N), \tag{5.8.4}$$

由 Hölder 不等式知, 应有

$$\sum_{k=1}^{N}\alpha_k\left(\prod_{i=0}^{n}\lambda_{ik}\right)^{\frac{1}{n+1}}\leqslant\left[\prod_{i=0}^{n}\left(\sum_{k=1}^{N}\alpha_k\lambda_{ik}\right)\right]^{\frac{1}{n+1}}, \tag{5.8.5}$$

当且仅当

$$\frac{\lambda_{0k}}{\sum\limits_{k=1}^{N}\lambda_{0k}}=\frac{\lambda_{1k}}{\sum\limits_{k=1}^{N}\lambda_{1k}}=\cdots=\frac{\lambda_{nk}}{\sum\limits_{k=1}^{N}\lambda_{nk}},\ (1\leqslant k\leqslant N)$$

时等号成立.

由 (5.8.4) 与度量和的概念知

$$\sum_{k=1}^{N}\alpha_k\cdot\left(\left(-1\right)^n\left|D_k\right|\right)^{\frac{1}{n+1}}\leqslant\left(\left(-1\right)^n\left|D\right|\right)^{\frac{1}{n+1}} \tag{5.8.6}$$

当且仅当 $D_i\backsim D_j$ 时等号成立.

将 (5.8.2) 代入 (5.8.6)内便得

$$\left(2^{n+1}\cdot n!^2\cdot\ V^2R^2\right)^{\frac{1}{n+1}}\geqslant\sum_{k=1}^{N}\alpha_k\left(2^{n+1}\cdot n!^2\cdot\ V_k^2R_k^2\right)^{\frac{1}{n+1}},$$

将此式整理之便得 (5.8.1), 而等号成立的充要条件是显然的. □

推论 1 条件与定理 1 中的相同, 则有

$$(VR)^{\frac{2}{n+1}} \geqslant \left(\sum_{k=1}^{N} \alpha_k\right) \cdot \left(\prod_{k=1}^{N} (V_k R_k)^{\alpha_k}\right)^{\frac{2}{(n+1)\cdot \sum\limits_{k=1}^{N} \alpha_k}}. \tag{5.8.7}$$

当且仅当 $\mathscr{A}_1, \mathscr{A}_2, \cdots, \mathscr{A}_N$ 均全等时等号成立.

实际上由不等式 $\sum\limits_{i=1}^{m} \lambda_i a_i \geqslant \prod\limits_{i=1}^{m} a_i^{\lambda_i}$ (其中 $a_i, \lambda_i > 0$, 且 $\sum\limits_{i=1}^{m} \lambda_i = 1$) (以后简记为$A_n(a,\lambda) \geqslant G_n(a,\lambda)$) 便可得

$$\begin{aligned}
(VR)^{\frac{2}{n+1}} &\geqslant \sum_{k=1}^{N} \alpha_k (V_k R_k)^{\frac{2}{n+1}} \\
&= \left(\sum_{k=1}^{N} \alpha_k\right) \cdot \sum_{k=1}^{N} \frac{\alpha_k}{\sum\limits_{i=1}^{N} \alpha_i} \cdot (V_k R_k)^{\frac{2}{n+1}} \\
&\geqslant \left(\sum_{k=1}^{N} \alpha_k\right) \cdot \prod_{k=1}^{N} (V_k R_k)^{\frac{2}{n+1} \cdot \frac{\alpha_k}{\sum\limits_{i=1}^{N} \alpha_i}}.
\end{aligned}$$

若 $\mathscr{A}$ 为 $\mathscr{A}_1, \mathscr{A}_2, \cdots, \mathscr{A}_N$ 的广义度量平均时, 即 $\sum\limits_{k=1}^{N} \alpha_k = 1$, 则此时的 (5.8.7) 将变为

$$VR \geqslant \prod_{k=1}^{N} (V_k R_k)^{\alpha_k}. \tag{5.8.8}$$

当且仅当 $\mathscr{A}_1, \mathscr{A}_2, \cdots, \mathscr{A}_N$ 均全等时等号成立.

定理 2 在定理 1 的假设条件下, 存在一个正实数 K, 使得如下的不等式成立

$$(VR)^{\frac{2}{n+1}} \leqslant K \cdot \sum_{k=1}^{N} \alpha_k (V_k R_k)^{\frac{2}{n+1}}. \tag{5.8.9}$$

当且仅当 $\mathscr{A}_1, \mathscr{A}_2, \cdots, \mathscr{A}_N$ 中两两相似时等号成立.

证 由定理 1 的证明过程可知, 若设 $0 < m_k \leqslant \lambda_{ik} \leqslant M_k$ $(0 \leqslant i \leqslant n,\ 1 \leqslant k \leqslant N)$, 又若再设 $m = \min\{m_1, m_2, \cdots, m_N\}$, $M = \max\{M_1, M_2, \cdots, M_N\}$, 则由 (5.8.5) 和 (5.7.4) 可得

$$\prod_{i=0}^{n}\left(\sum_{k=1}^{N}\alpha_k\lambda_{ik}\right)^{\frac{1}{n+1}} \leqslant \left(\frac{M}{m}\right)^{1-\frac{1}{n+1}} \cdot \left(\sum_{k=1}^{N}\alpha_k\left(\prod_{i=0}^{n}\lambda_{ik}\right)^{\frac{1}{n+1}}\right). \tag{5.8.10}$$

等号成立的充要条件与 (5.8.5) 中的相同.

从而由 (5.8.4) 可得

$$((-1)^n|D|)^{\frac{2}{n+1}} \leqslant \left(\frac{M}{m}\right)^{1-\frac{1}{n+1}} \cdot \left[\sum_{k=1}^{N}\alpha_k\left((-1)^n|D_k|\right)^{\frac{1}{n+1}}\right].$$

将 (5.8.2) 代入此不等式内经整理便得

$$(VR)^{\frac{2}{n+1}} \leqslant \left(\frac{M}{m}\right)^{1-\frac{1}{n+1}}\left(\sum_{k=1}^{N}\alpha_k(V_kR_k)^{\frac{2}{n+1}}\right), \tag{5.8.11}$$

若记 $K = \left(\frac{M}{m}\right)^{1-\frac{1}{n+1}}$, 则立即可得 (5.8.9), 至于等号成立的充要条件由上述证明过程是不难看出的. □

推论 2 条件与定理 2 中的相同, 则有

$$V^2R^2 \leqslant \left(\frac{M}{m}\right)^{n} \cdot \left(\sum_{k=1}^{N}\alpha_k\right)^{n-1}\left(\sum_{k=1}^{N}\alpha_kV_k^2\right)\left(\sum_{k=1}^{N}\alpha_kR_k^2\right), \tag{5.8.12}$$

当且仅当 $\mathscr{A}_1, \mathscr{A}_2, \cdots, \mathscr{A}_N$ 中两两相似时等号成立.

证 由 (5.8.9) 利用 Hölder 不等式可得

$$\sum_{k=1}^{N}\alpha_k(V_kR_k)^{\frac{2}{n+1}}$$

$$=\sum_{k=1}^{N}\underbrace{\alpha_k^{\frac{1}{n+1}}\alpha_k^{\frac{1}{n+1}}\cdots\alpha_k^{\frac{1}{n+1}}}_{n-1}\cdot\left(\alpha_kV_k^2\right)^{\frac{1}{n+1}}\left(\alpha_kR_k^2\right)^{\frac{1}{n+1}}$$

$$\leqslant\left(\sum_{k=1}^{N}\alpha_k\right)^{\frac{n-1}{n+1}}\cdot\left(\sum_{k=1}^{N}\alpha_kV_k^2\right)^{\frac{1}{n+1}}\left(\sum_{k=1}^{N}\alpha_kR_k^2\right)^{\frac{1}{n+1}},$$

将此不等式代入 (5.8.9) 内便得

$$(VR)^{\frac{2}{n+1}}\leqslant\left(\frac{M}{m}\right)^{1-\frac{1}{n+1}}$$

$$\times\left(\sum_{k=1}^{N}\alpha_k\right)^{\frac{n-1}{n+1}}\left(\sum_{k=1}^{N}\alpha_kV_k^2\right)^{\frac{1}{n+1}}\left(\sum_{k=1}^{N}\alpha_kR_k^2\right)^{\frac{1}{n+1}},$$

将此不等式的两端同时取 $n+1$ 次幂便得 (5.8.12). □

由 (5.8.12) 可得如下的:

推论 3 条件与定理 2 中的相同, 若 $\mathscr{A}$ 为 $\mathscr{A}_1$, $\mathscr{A}_2$, $\cdots$, $\mathscr{A}_N$ 的广义度量平均, 则有

$$V^2R^2\leqslant\left(\frac{M}{m}\right)^n\cdot\left(\sum_{k=1}^{N}\alpha_kV_k^2\right)\left(\sum_{k=1}^{N}\alpha_kR_k^2\right),\quad(5.8.13)$$

当且仅当 $\mathscr{A}_1$, $\mathscr{A}_2$, $\cdots$, $\mathscr{A}_N$ 中两两相似时等号成立.

仿照上一节中证明 (5.7.15) 的手法, 由 (5.8.13) 和 (5.7.5) 易知有:

推论 4 设 $\mathscr{A}$ 为 $\mathscr{A}_1$, $\mathscr{A}_2$, $\cdots$, $\mathscr{A}_N$ 的广义度量平均, 其余条件与定理 2 中的相同, 则存在一个正的常

数 K, 使得如下不等式成立

$$V^2 \leqslant K^n \cdot \left(\sum_{k=1}^{N} \alpha_k V_k^2\right), \tag{5.8.14}$$

当且仅当 $\mathscr{A}_1, \mathscr{A}_2, \cdots, \mathscr{A}_N$ 中两两相似时等号成立, 其中的 K 与 (5.7.5) 中的相同.

至于由 (5.8.13) 所联想到的不等式

$$R^2 \leqslant \sum_{k=1}^{N} \alpha_k R_k^2, \tag{5.8.15}$$

当且仅当 $\mathscr{A}_1, \mathscr{A}_2, \cdots, \mathscr{A}_N$ 中两两相似时等号成立.

由 (5.3.10) 利用数学归纳法是容易证得的.

定理 3 设 $\Omega = \{A_1, A_2, \cdots, A_N\}$ 为 n $(N > n)$ 维欧氏空间 $\mathbf{E}^n$ 中的共球 $O(R)$ 有限点集, 由 Ω 中的任意 $n+1$ 个点 $A_{i_1}, A_{i_2}, \cdots, A_{i_{n+1}}$ 所构成的单形为 $\mathscr{A}_l$, 若 $\mathscr{A}_l$ 的棱长为 $\left|A_{l_i}A_{l_j}\right| = a_{ij,l}$, 且 n 维体积为 V_l, 设 $\mathscr{A}$ 为 $\mathscr{A}_1, \mathscr{A}_2, \cdots, \mathscr{A}_{\binom{N}{n+1}}$ 关于正实数 $\alpha_1, \alpha_2, \cdots, \alpha_{\binom{N}{n+1}}$ 的加权度量和, 若 $\mathscr{A}$ 的外接球半径为 R_0, n 维体积为 V, 则有

$$V^{\frac{2}{n+1}} \geqslant \left(\frac{R}{R_0}\right)^{\frac{2}{n+1}} \left(\sum_{k=1}^{\binom{N}{n+1}} \alpha_k V_k^{\frac{2}{n+1}}\right), \tag{5.8.16}$$

当且仅当 $\mathscr{A}_1, \mathscr{A}_2, \cdots, \mathscr{A}_{\binom{N}{n+1}}$ 均全等时等号成立.

证 因为 Ω 是共球 $O(R)$ 有限点集, 从 Ω 中任意取 $n+1$ 个点所构成的 $\binom{N}{n+1}$ 个单形分别为 $\mathscr{A}_1, \mathscr{A}_2, \cdots, \mathscr{A}_{\binom{N}{n+1}}$, 显然对于每一个单形 $\mathscr{A}_l$ $\left(1 \leqslant l \leqslant \binom{N}{n+1}\right)$ 的外接球半径均为 R. 又 $\mathscr{A}$ 为 $\mathscr{A}_1, \mathscr{A}_2, \cdots, \mathscr{A}_{\binom{N}{n+1}}$ 关于

正实数 $\alpha_1, \alpha_2, \cdots, \alpha_{\binom{N}{n+1}}$ 的加权度量和, 且 $\mathscr{A}$ 的外接球半径与 n 维体积分别为 R_0 和 V, 则由 (5.8.1) 可得

$$\begin{aligned}(VR_0)^{\frac{2}{n+1}} &\geqslant \sum_{k=1}^{\binom{N}{n+1}} \alpha_k (V_k R_k)^{\frac{2}{n+1}} \\ &= R^{\frac{2}{n+1}} \cdot \sum_{k=1}^{\binom{N}{n+1}} \alpha_k V_k^{\frac{2}{n+1}},\end{aligned}$$

将此式整理之便得 (5.8.16), 至于等号成立的充要条件显然与 (5.8.1) 中等号成立的充要条件相同, 但是由于 $\mathscr{A}_1$, $\mathscr{A}_2$, $\cdots$, $\mathscr{A}_{\binom{N}{n+1}}$ 是球 $O(R)$ 的内接单形, 所以 $\mathscr{A}_1$, $\mathscr{A}_2, \cdots$, $\mathscr{A}_{\binom{N}{n+1}}$ 的相似比只能是 1, 即 $\mathscr{A}_1$, $\mathscr{A}_2$, $\cdots$, $\mathscr{A}_{\binom{N}{n+1}}$ 均全等. □

如下再给出一个比定理 3 要弱的一个结论:

推论 5 条件与定理 3 中的相同, 若 $\mathscr{A}$ 为 $\mathscr{A}_1$, $\mathscr{A}_2$, $\cdots$, $\mathscr{A}_{\binom{N}{n+1}}$ 的广义度量平均, 则有

$$V^{\frac{1}{n+1}} \geqslant \left(\frac{R}{R_0}\right)^{\frac{1}{n+1}} \cdot \left(\sum_{k=1}^{\binom{N}{n+1}} \alpha_k V_k^{\frac{1}{n+1}}\right), \tag{5.8.17}$$

当且仅当 $\mathscr{A}_1$, $\mathscr{A}_2$, $\cdots$, $\mathscr{A}_{\binom{N}{n+1}}$ 均全等时等号成立.

实际上, 由于 $\mathscr{A}$ 为 $\mathscr{A}_1$, $\mathscr{A}_2$, $\cdots$, $\mathscr{A}_{\binom{N}{n+1}}$ 的广义度量平均, 即有 $\sum\limits_{k=1}^{\binom{N}{n+1}} \alpha_k = 1$, 所以由 (5.8.16) 利用不等式 $\sum\limits_{k=1}^{n} \lambda_k a_k^2 \geqslant \left(\sum\limits_{k=1}^{n} \lambda_k a_k\right)^2$ (其中 $\sum\limits_{k=1}^{n} \lambda_k = 1$) 便立即可得不等式 (5.8.17).

第 6 章　常曲率空间中的距离几何

在前面的几章中，我们所讲述的内容均为欧氏空间中的距离几何问题，而对于非欧空间的距离几何问题却还没有讨论．本章我们将研究具有常数曲率的空间的几何度量问题以及一些几何不等式，对于曲率为常数 K 的空间，具有代表性的是当 $K=0$ 时的欧氏空间，以及当 $K>0$ 时的球面型空间和当 $K<0$ 时的双曲型空间，通常所说的常曲率空间 (space of constant curvature) 就是指这三种空间．而非欧空间则是指球面型空间和双曲型空间，由于常曲率空间包含欧氏空间，所以，本章在研究常曲率空间时所得的结论中，也包含了前面所讲的某些结论．

§6.1　球面型空间的度量方程及其应用

在 §4.1 中曾给出了欧氏空间中的度量方程 (4.1.2)，利用它得到了关于单形中的一些几何不等式，对于非欧空间也有相应的度量方程，而本节我们将研究球面型空间的度量方程及其应用．

定义 1　设 $r>0$，则称点集

$$S_r^n=\left\{X\,\middle|\,X=(x_1,x_2,\cdots,x_{n+1}),x_i\in\mathbf{R},\text{且}\sum_{i=1}^{n+1}x_i^2=r^2\right\}\tag{6.1.1}$$

为 $n+1$ 维实向量空间 $\mathbf{R}^{n+1}$ 中半径是 r 的 n 维球面．

定义 2　设 $x(x_1,x_2,\cdots,x_{n+1})$ 和 $y(y_1,y_2,\cdots,y_{n+1})$ 为 n 维球面 S_r^n 上的两个点，且 x 与 y 之间的球面距

离 $d_{xy} \in [0, \pi r]$, 若 x 与 y 满足等式

$$\cos \frac{d_{xy}}{r} = \frac{x_1 y_1 + x_2 y_2 + \cdots + x_{n+1} y_{n+1}}{r^2}, \qquad (6.1.2)$$

则 $\mathbf{S}_r^n$ 上的这个距离可以构成一个度量空间, 称该度量空间为 n 维球面型空间, 并且把 $\frac{1}{r^2}$ 叫作这个球面型空间的曲率, r 叫作这个球面型空间的曲率半径.

定义 3 在 $n+1$ 维实向量空间 $\mathbf{R}^{n+1}$ 中, 过原点 O 的 n 维超平面

$$u: \qquad u_1 x_1 + u_2 x_2 + \cdots + u_{n+1} x_{n+1} = 0, \qquad (6.1.3)$$

与 n 维球面型空间 $\mathbf{S}_r^n$ 中的 n 维球面 S_r^n 的交称为球面空间 $\mathbf{S}_r^n$ 中的超平面.

定义 4 在 n 维球面型空间 $\mathbf{S}_r^n$ 中, 由二定向超平面 u 与 v 所确定的关系式

$$\cos \theta_{uv} = \frac{u_1 v_1 + u_2 v_2 + \cdots + u_{n+1} v_{n+1}}{\sqrt{u_1^2 + u_2^2 + \cdots + u_{n+1}^2} \cdot \sqrt{v_1^2 + v_2^2 + \cdots + v_{n+1}^2}}, \qquad (6.1.4)$$

中的 θ_{uv} 叫作二定向超平面 u 与 v 所成的角.

容易看出 (6.1.4) 的等号右端的表达式, 实际上就是过原点 O 的二定向超平面 u 与 v 的单位法向量的内积.

定义 5 设 x 为 n 维球面型空间 $\mathbf{S}_r^n$ 中的点, u 为 $\mathbf{S}_r^n$ 中的定向超平面, 则关系式

$$\sin \frac{h_{xu}}{r} = \frac{u_1 x_1 + u_2 x_2 + \cdots + u_{n+1} x_{n+1}}{r \cdot \sqrt{u_1^2 + u_2^2 + \cdots + u_{n+1}^2}}, \qquad (6.1.5)$$

所确定的 h_{xu} 称为 x 到 u 的带号距离.

若设超平面 u 的法向量为 $u(u_1, u_2, \cdots, u_{n+1})$, 不难看出, 表达式 (6.1.5) 实际上就是球面 $\mathbf{S}_r^n$ 上点 $x(x_1, x_2, \cdots, x_{n+1})$ 所对应的向量 x 在超平面 u 的单位法向量上的射影. 若设向量 x 与超平面 u 的单位法向量的夹角为 α, 而与超平面 u 的夹角为 β, 则易知有 $\alpha + \beta = \frac{\pi}{2}$, 且显然球面距离 $h_{xu} = r\beta$, 故有 $(x, u) = \|x\| \cdot \|u\| \cos\alpha = \|x\| \cdot \|u\| \sin\beta$, 即 $\sin\beta = \frac{(x, u)}{\|x\| \cdot \|u\|}$, 此式即为 (6.1.5).

定义 6 在 n 维球面型空间 $\mathbf{S}_r^n$ 中的点或定向超平面称为基本元素, 用 e_i 表示. 设 $\sum_1$ 为 n 维球面型空间 $\mathbf{S}_r^n$ 中所有基本元素是点所构成的集合, 再令 $\sum_2$ 为 n 维球面型空间 $\mathbf{S}_r^n$ 中所有基本元素是定向超平面所构成的集合, 则由下式

$$g_{ij} = g_{ij}(e_i, e_j) = \begin{cases} \cos\frac{d_{e_ie_j}}{r}, & e_i, e_j \in \sum_1, \\ \cos\theta_{e_ie_j}, & e_i, e_j \in \sum_2, \\ \sin\frac{h_{e_ie_j}}{r}, & e_i \in \sum_1, e_j \in \sum_2, \end{cases} \tag{6.1.6}$$

所确定的 $g_{ij}(e_i, e_j)$ 叫作 $\mathbf{S}_r^n$ 中基本元素 e_i 与 e_j 之间的抽象距离.

定义 7 设 $\mathbf{S}_r^n$ 为 n 维球面型空间, 由 $\mathbf{S}_r^n$ 中的 k 个基本元素所构成的集合 $\sigma_k = \{e_1, e_2, \cdots, e_k\}$ 叫作 n 维球面型空间 $\mathbf{S}_r^n$ 中的一个 k 元基本图形.

定理 1 设 $\sigma_N = \{e_1, e_2, \cdots, e_N\}$ 是 n 维球面型空间 $\mathbf{S}_r^n$ 中的基本图形, 并设 $P(\sigma_N) = P(e_1, e_2, \cdots, e_N) = \det(g_{ij})_{N\times N}$, 则当 $N > n+1$ 时, 有

$$P(e_1, e_2, \cdots, e_N) = 0. \tag{6.1.7}$$

证　当 $N \geqslant n+2$ 时, 对于 $\mathbf{S}_r^n$ 中的基本图形 $\sigma_N = \{e_1, e_2, \cdots, e_N\}$ 中的所有点都排在每个定向超平面之前, 这样并不影响所要证的结论, 即可设

$$H = (x, y, z, \cdots, u, v, w, \cdots). \tag{6.1.8}$$

对于 (6.1.8) 中的点与定向超平面, 引进如下记号

(i) 当 x 为点时, $\|x\| = \sqrt{\sum_{i=1}^{n+1} x_i^2}$;

(ii) 当 u 为定向超平面时, $\|u\| = \sqrt{\sum_{i=1}^{n+1} u_i^2}$, 令 T 和 Q 分别表示下面的 N 阶可逆对角阵与 N 阶方阵

$$T = \begin{pmatrix} \|x\| & & & & & & & \\ & \|y\| & & & & & \text{\Large 0} & \\ & & \|z\| & & & & & \\ & & & \ddots & & & & \\ & & & & \|u\| & & & \\ & & & & & \|v\| & & \\ & \text{\Large 0} & & & & & \|w\| & \\ & & & & & & & \ddots \end{pmatrix},$$

$$Q = \begin{pmatrix} x_1 & x_2 & \cdots & x_{n+1} & 0 & \cdots & 0 \\ y_1 & y_2 & \cdots & y_{n+1} & 0 & \cdots & 0 \\ z_1 & z_2 & \cdots & z_{n+1} & 0 & \cdots & 0 \\ \cdots & \cdots & \cdots & \cdots & \cdots & \cdots & \cdots \\ u_1 & u_2 & \cdots & u_{n+1} & 0 & \cdots & 0 \\ v_1 & u_2 & \cdots & u_{n+1} & 0 & \cdots & 0 \\ w_1 & w_2 & \cdots & w_{n+1} & 0 & \cdots & 0 \\ \cdots & \cdots & \cdots & \cdots & \cdots & \cdots & \cdots \end{pmatrix},$$

显然 $\operatorname{rank} Q \leqslant n+1$, 将 (6.1.2), (6.1.4) 和 (6.1.5) 代入 $T^{-1}QQ^{\tau}T^{-1}$ 中可得 $T^{-1}QQ^{\tau}T^{-1}=(g_{ij})_{i,j=1}^{N}$, 所以 $\operatorname{rank}(g_{ij})_{i,j=1}^{N} \leqslant n+1$, 故当 $N>n+1$ 时, $\det(g_{ij})_{i,j=1}^{N}=0$, 亦即 $P(e_1,e_2,\cdots,e_n)=0$. □

定义 8 等式 (6.1.7) 称为 n 维球面空间 $\mathbf{S}_r^n$ 中 N 元基本图形 $\sigma_N=\{e_1,e_2,\cdots,e_N\}$ 的度量方程.

定义 9 若固定 m 维实向量空间中的每个向量的某 $m-k$ 个分量为实数, 其余的 k 个分量为纯虚数或 0, 则称该向量空间是指标为 k 的伪欧空间, 并记作 $\mathbf{E}^{m,k}$.

上述矩阵 Q 中的每一个行向量便是指标为 $N-(n+1)$ 的伪欧空间 $\mathbf{E}^{N,N-(n+1)}$ 中的一个 N 维向量.

设 $\{A_1,A_2,\cdots,A_{n+1}\}$ 为 n 维球面型空间 $\mathbf{S}_r^n$ 中单形 $\mathscr{A}$ 的顶点集, 顶点 A_i 与 A_j 之间的球面距离 (即球面单形 $\mathscr{A}$ 的棱长) 为 a_{ij}, 又顶点 A_i 与 A_j 所对的二界面所夹的内二面角记为 θ_{ij}, 同样设顶点 A_i 到 A_i 所对的界面上的高为 h_i $(1\leqslant i\leqslant n+1)$, 则由 (6.1.6) 可得

$$\begin{cases} A=\begin{pmatrix} 1 & \cos\frac{a_{12}}{r} & \cdots & \cos\frac{a_{1,n+1}}{r} \\ \cos\frac{a_{21}}{r} & 1 & \cdots & \cos\frac{a_{2,n+1}}{r} \\ \cdots & \cdots & \cdots & \cdots \\ \cos\frac{a_{n+1,1}}{r} & \cos\frac{a_{n+1,2}}{r} & \cdots & 1 \end{pmatrix} \\ \Theta=\begin{pmatrix} 1 & -\cos\theta_{12} & \cdots & -\cos\theta_{1,n+1} \\ -\cos\theta_{21} & 1 & \cdots & -\cos_{2,n+1} \\ \cdots & \cdots & \cdots & \cdots \\ -\cos\theta_{n+1,1} & -\cos\theta_{n+1,2} & \cdots & 1 \end{pmatrix} \end{cases}. \tag{6.1.9}$$

易知此处的 A 与 Θ 均为实对称正定 Hermite 矩阵.

对于一般的 n 阶行列式 A, 从 A 中去掉了 i_1, i_2, $\cdots$, i_s 行和 j_1, j_2, $\cdots$, $j_s(1 \leqslant s \leqslant n)$ 列后所得的行列式记为 $A_{\binom{i_1 i_2 \cdots i_s}{j_1 j_2 \cdots j_s}^{\tau}}$, 而这些行列相交处的元素所构成的行列式记为 $A_{\binom{i_1 i_2 \cdots i_s}{j_1 j_2 \cdots j_s}}$, 使用这样的记号, 可以给出如下的:

引理 1[15] 设 B 是由行列式 A 的各元素的余子式所构成的行列式, 则有

$$B_{\binom{i_1 i_2 \cdots i_s}{j_1 j_2 \cdots j_s}} = A_{\binom{i_1 i_2 \cdots i_s}{j_1 j_2 \cdots j_s}^{\tau}} \cdot A^{s-1}. \tag{6.1.10}$$

关于 (6.1.10) 的证明可参看文 [15], 并且由 (6.1.10) 容易得到:

推论 1 若 A 是对称矩阵, 而A^* 是 A 的伴随矩阵, 即 A^* 的元素是 A 中对应元素的代数余子式, 则有

$$A^*_{\binom{i_1 i_2 \cdots i_s}{j_1 j_2 \cdots j_s}} = (-1)^{i+j} A_{\binom{i_1 i_2 \cdots i_s}{j_1 j_2 \cdots j_s}^{\tau}} A^{s-1}, \tag{6.1.11}$$

其中 $i = i_1 + i_2 + \cdots + i_s$, $j = j_1 + j_2 + \cdots + j_s$, 特别地在 (6.1.11) 中取 $s = 2$ 时可得如下的:

推论 2 设 D 是一个 n 阶对称行列式, 且 D_{ij} 表示 D 中相应元素的代数余子式, 又 $D_{\binom{i\,j}{i\,j}^{\tau}}$ 表示 D 中相应元素去掉第 i, j 两行和第 i, j 两列后所剩下的子行列式, 则有

$$D_{ii} D_{jj} - D_{ij}^2 = D \cdot D_{\binom{i\,j}{i\,j}^{\tau}}. \tag{6.1.12}$$

定理 2 设 $\mathscr{A}$ 为 n 维球面型空间 $\mathbf{S}_r^n$ 中的单形, 其顶点集为 $\{A_1, A_2, \cdots, A_{n+1}\}$, 顶点 A_i 所对的界面

上的高为 h_i, 则有

$$\sin\frac{h_i}{r}=\sqrt{\frac{\det A}{A_{ii}}},\ (1\leqslant i\leqslant n+1),\tag{6.1.13}$$

其中 A_{ii} 为 (6.1.9) 内矩阵 A 中的相应元素的代数余子式.

证 设球面单形 $\mathscr{A}$ 的顶点 A_i 所对的界面为 f_i, 今考虑 $\mathbf{S}_r^n$ 中单形 $\mathscr{A}$ 的 $n+2$ 元基本图形 $\sigma_{n+2}=\{A_1,A_2,\cdots,A_{n+1},f_i\}$, 则由 σ_{n+2} 的度量方程 (6.1.7) 知

$$P(A_1,A_2,\cdots,A_{n+1},f_i)=0.$$

将其具体写出来也就是

$$\left|\begin{array}{ccccccc|c}
 & & & & & & & 0\\
 & & & & & & & \vdots\\
 & & & & & & & 0\\
 & & & A & & & & \sin\frac{h_i}{r}\\
 & & & & & & & 0\\
 & & & & & & & \vdots\\
 & & & & & & & 0\\
0 & \cdots & 0 & \sin\frac{h_i}{r} & 0 & \cdots & 0 & 1
\end{array}\right|=0,$$

将其展开得 $\det A-A_{ii}\cdot\sin^2\frac{h_i}{r}=0$, 由此立即可得 (6.1.13). □

定理 3 设 $\mathscr{A}$ 为 n 维球面型空间 $\mathbf{S}_r^n$ 中的单形, $\mathscr{A}$ 的顶点 A_i 与 A_j 所对的二界面 f_i 与 f_j 所夹的内二面角为 θ_{ij} $(1\leqslant i,j\leqslant n+1)$, A_{ij} 为 (6.1.9) 内矩阵

A 中相应元素的代数余子式, 则

$$\cos\theta_{ij} = -\frac{A_{ij}}{\sqrt{A_{ii}A_{jj}}}. \tag{6.1.14}$$

证　考虑 $\mathbf{S}_r^n$ 中单形 $\mathscr{A}$ 的基本图形 $\sigma_{n+3} = \{A_1, A_2, \cdots, A_{n+1}, f_i, f_j\}$ 的度量方程并利用 (6.1.12), 则有

$$\begin{vmatrix} & & & & & & & 0 \\ & & & & & & & \vdots \\ & & & & & & & 0 \\ & & & A & & & & \sin\frac{h_j}{r} \\ & & & & & & & 0 \\ & & & & & & & \vdots \\ & & & & & & & 0 \\ 0 & \cdots & 0 & \sin\frac{h_i}{r} & 0 & \cdots & 0 & -\cos\theta_{ij} \end{vmatrix} = 0,$$

将其展开得

$$-A_{ij}\cdot\sin\frac{h_i}{r}\cdot\sin\frac{h_j}{r} - \det A\cdot\cos\theta_{ij} = 0,$$

由 (6.1.13) 可得

$$\begin{aligned}\cos\theta_{ij} &= -\frac{A_{ij}}{\det A}\cdot\sin\frac{h_i}{r}\cdot\sin\frac{h_j}{r}\\ &= -\frac{A_{ij}}{\sqrt{A_{ii}A_{jj}}},\end{aligned}$$

实际上, 这已经证明了定理 3.　□

在本书中, 将采用 $\mathrm{arcl}(AB)$ 表示 n 维球面或双曲面上两点 A 与 B 之间的弧线长, 即 $\mathrm{arcl}(AB) = \|\widehat{AB}\|$. 其中 "arcl" 是由 arc length 中第一个单词 "arc"

与第二个单词中的第一个字母 “l” 所构成的. 例如, 在 (6.1.14) 中取 $n=2$, $r=1$, $i=1$, $j=2$, 且球面 $\triangle A_1A_2A_3$ 为 $\triangle ABC$, 则 $\text{arcl}(BC)=a$, $\text{arcl}(CA)=b$, $\text{arcl}(AB)=c$, 于是有

$$\begin{aligned}\cos C &= -\frac{-(\cos c-\cos a\cos b)}{\sin a\sin b}\\ &= \frac{\cos c-\cos a\cos b}{\sin a\sin b},\end{aligned}$$

此式称为球面三角形中的余弦定理.

推论 3 条件与定理中的相同, 则有

$$\sin\theta_{ij}=\sqrt{\frac{\det A\cdot A_{\binom{i\,j}{i\,j}^\tau}}{A_{ii}A_{jj}}}. \tag{6.1.15}$$

实际上, 由 (6.1.14) 和 (6.1.12) 可得

$$A_{ii}A_{jj}-A_{ii}A_{jj}\cdot\cos^2\theta_{ij}=\det A\cdot A_{\binom{i\,j}{i\,j}^\tau},$$

由此立即可得 (6.1.15).

定理 4 设 $\{A_1,A_2,\cdots,A_{n+1}\}$ 为 n 维球面型空间 $\mathbf{S}_r^n$ 中单形 $\mathscr{A}$ 的顶点集, 顶点 A_i 与 A_j 之间的球面距离为 $\text{arcl}(A_iA_j)=a_{ij}$, Θ_{ij} 为 (6.1.9) 内矩阵 Θ 中的相应元素的代数余子式, 则有

$$\cos\frac{a_{ij}}{r}=\frac{\Theta_{ij}}{\sqrt{\Theta_{ii}\Theta_{jj}}}. \tag{6.1.16}$$

证 首先考虑 $n+2$ 元基本图形 $\{f_1,f_2,\cdots,f_{n+1},$

$A_i\}$, 则由度量方程 (6.1.7) 可得

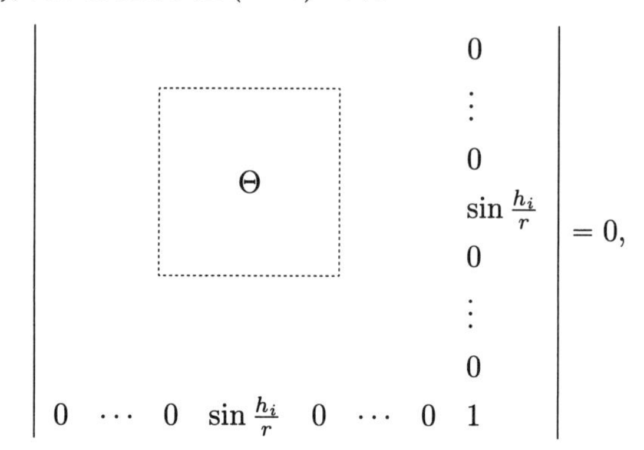

将此展开可得

$$\sin\frac{h_i}{r}=\sqrt{\frac{\det\Theta}{\Theta_{ii}}}. \tag{6.1.17}$$

如下再考虑 $\mathbf{S}_r^n$ 中单形 $\mathscr{A}$ 的 $n+3$ 元基本图形 $\sigma_{n+3}=\{f_1,f_2,\cdots,f_{n+1},A_i,A_j\}$, 利用 (6.1.7) 与 (6.1.12) 容易证得

$$\begin{vmatrix} & & & & & & & 0\\ & & & & & & & \vdots\\ & & & & & & & 0\\ & & & \Theta & & & & \sin\frac{h_j}{r}\\ & & & & & & & 0\\ & & & & & & & \vdots\\ & & & & & & & 0\\ 0 & \cdots & 0 & \sin\frac{h_i}{r} & 0 & \cdots & 0 & \cos\frac{a_{ij}}{r}\end{vmatrix}=0,$$

将其展开便得

$$-\Theta_{ij}\cdot\sin\frac{h_i}{r}\cdot\sin\frac{h_j}{r}+\det\Theta\cdot\cos\frac{a_{ij}}{r}=0,$$

于是由 (6.1.17) 可得

$$\cos\frac{a_{ij}}{r}=\frac{\Theta_{ij}}{\det\Theta}\cdot\sin\frac{h_i}{r}\cdot\sin\frac{h_j}{r}=\frac{\Theta_{ij}}{\sqrt{\Theta_{ii}\Theta_{jj}}},$$

至此, 定理 4 得证. □

在 (6.1.16) 中取 $n=2$, $r=1$, $i=1$, $j=2$, 则对于球面 $\triangle ABC$ 有

$$\begin{aligned}\cos c&=\frac{(-1)(-\cos C-\cos A\cos B)}{\sin A\sin B}\\&=\frac{\cos C+\cos A\cos B}{\sin A\sin B}.\end{aligned}$$

由此看来, (6.1.14) 和 (6.1.16) 可视为 n 维球面空间 $\mathbf{S}_r^n$ 中的内二面角的余弦定理以及棱长的余弦定理.

仿照 (6.1.15) 的推导, 可得

$$\sin\frac{a_{ij}}{r}=\sqrt{\frac{\det\Theta\cdot\Theta_{\binom{i\ j}{i\ j}^{\tau}}}{\Theta_{ii}\Theta_{jj}}}.\tag{6.1.18}$$

定理 5 设 $\mathscr{A}$ 为 n 维球面型空间 $\mathbf{S}_r^n$ 中的单形, 若 $\mathscr{A}$ 的内切球半径为 ρ, 则有

$$\sin\frac{\rho}{r}=\sqrt{-\frac{\det\Theta}{\det\overline{\Theta}}},\tag{6.1.19}$$

其中

$$\overline{\Theta}=\begin{pmatrix}0&1&\cdots&1\\1&&&\\\vdots&&\Theta&\\1&&&\end{pmatrix}.$$

证　选取 $\mathbf{S}_r^n$ 中单形 $\mathscr{A}$ 的 $n+2$ 元基本图形 $\sigma_{n+2}=\{I, f_1, f_2, \cdots, f_{n+1}\}$, 这里 I 为单形 $\mathscr{A}$ 的内心, f_i 为 $\mathscr{A}$ 的顶点 A_i 所对的界面, 则由度量方程 (6.1.7) 知

$$\begin{vmatrix} 1 & \sin\frac{\rho}{r} & \cdots & \sin\frac{\rho}{r} \\ \sin\frac{\rho}{r} & & & \\ \vdots & & \Theta & \\ \sin\frac{\rho}{r} & & & \end{vmatrix} = 0,$$

将此行列式的第 1 行与第 1 列提取 $\sin\frac{\rho}{r}$, 则有

$$\begin{vmatrix} \frac{1}{\sin^2\frac{\rho}{r}}+0 & 1 & \cdots & 1 \\ 0+1 & & & \\ \vdots & & \Theta & \\ 0+1 & & & \end{vmatrix} = 0,$$

由此可得 $\frac{1}{\sin^2\frac{\rho}{r}}\cdot\det\Theta+\det\overline{\Theta}=0$, 即 $\sin^2\frac{\rho}{r}=-\frac{\det\Theta}{\det\overline{\Theta}}$. □

设 A^* 为 A 的伴随矩阵, 即 $A^*=\operatorname{adj}A$, 若记

$$\overline{A^*}=\begin{pmatrix} 0 & \sqrt{A_{11}} & \sqrt{A_{22}} & \cdots & \sqrt{A_{n+1,n+1}} \\ \sqrt{A_{11}} & & & & \\ \sqrt{A_{22}} & & & & \\ \cdots & & A^* & & \\ \sqrt{A_{n+1,n+1}} & & & & \end{pmatrix},$$

则由 (6.1.14) 和 (6.1.19) 并注意到 $n+1$ 阶方阵 A 具有等式 $\det A^*=(\det A)^n$ 便可得

$$\sin\frac{\rho}{r}=\sqrt{-\frac{(\det A)^n}{\det\overline{A^*}}}\,. \tag{6.1.20}$$

定理 6 设 $\mathscr{A}$ 为 n 维球面型空间 $\mathbf{S}_r^n$ 中的单形, R 为 $\mathscr{A}$ 的外接球半径, 则

$$\cos^2\frac{R}{r}=-\frac{\det A}{\det\overline{A}},\tag{6.1.21}$$

其中

$$\overline{A}=\begin{pmatrix}0 & 1 & \cdots & 1\\ 1 & & & \\ \vdots & & A & \\ 1 & & & \end{pmatrix}.$$

证 设 O 为 $\mathscr{A}$ 的外心, 选取 $\mathbf{S}_r^n$ 中单形 $\mathscr{A}$ 的 $n+2$ 元基本图形 $\{O,A_1,A_2,\cdots,A_{n+1}\}$, 则由度量方程 (6.1.7) 可得

$$\begin{vmatrix}1 & \cos\frac{R}{r} & \cdots & \cos\frac{R}{r}\\ \cos\frac{R}{r} & & & \\ \vdots & & A & \\ \cos\frac{R}{r} & & & \end{vmatrix}=0,$$

将此行列式的第 1 行与第 1 列提取 $\cos\frac{R}{r}$ 便得

$$\begin{vmatrix}\frac{1}{\cos^2\frac{R}{r}} & 1 & \cdots & 1\\ 1 & & & \\ \vdots & & A & \\ 1 & & & \end{vmatrix}=0,$$

将此行列式展开便得

$$\frac{1}{\cos^2\frac{R}{r}}\cdot\det A+\det\overline{A}=0,$$

由此立即可得 (6.1.21). □

由于 $\frac{1}{\cos^2\frac{R}{r}}=1+\tan^2\frac{R}{r}$, 故若记

$$D=\begin{pmatrix} 0 & \sin^2\frac{a_{12}}{2r} & \cdots & \sin^2\frac{a_{1,n+1}}{2r} \\ \sin^2\frac{a_{21}}{2r} & 0 & \cdots & \sin^2\frac{a_{2,n+1}}{2r} \\ \cdots & \cdots & \cdots & \cdots \\ \sin^2\frac{a_{n+1,1}}{2r} & \sin^2\frac{a_{n+1,2}}{2r} & \cdots & 0 \end{pmatrix}, \tag{6.1.22}$$

则有

$$\tan^2\frac{R}{r}=\frac{(-1)^n\cdot 2^{n+1}\cdot\det D}{\det A}. \tag{6.1.23}$$

定理 7 设 $\mathscr{A}$ 为 n 维球面型空间 $\mathbf{S}_r^n$ 中的单形, ρ_i 为 $\mathscr{A}$ 的顶点 A_i $(1\leqslant i\leqslant n+1)$ 所对的 $n-1$ 界面的旁切球半径, 将 (6.1.9) 中的 Θ 的第 1 行与第 1 列镶上边 $(0,\ 1,\ 1,\cdots,1)$ (其中有 $n+1$ 个 1) 后的 $n+2$ 阶矩阵记为 $\overline{\Theta}$, 则

$$\sin^2\frac{\rho_i}{r}=-\frac{\det\Theta}{\det\overline{\Theta_i}}, \tag{6.1.24}$$

这里的 $\overline{\Theta_i}$ 为 $\overline{\Theta}$ 中 $(1,\ i)$ 与 $(i,\ 1)$ 位置的 1 均换成 -1, 其余的元素不变.

证 设 f_i 为单形 $\mathscr{A}$ 的顶点 A_i 所对的 $n-1$ 界面, 再令 I_i 为顶点 A_i 所对的 $n-1$ 界面的旁切球球心. 为了证明方便起见, 此处不妨取 $i=n+1$, 选取 $\mathbf{S}_r^n$ 中单形 $\mathscr{A}$ 的 $n+2$ 元基本图形 $\sigma_{n+2}=\{I_{n+1},f_1,f_2,\cdots,f_{n+1}\}$,

则有

$$\begin{vmatrix} 1 & \sin\frac{\rho_{n+1}}{r} & \cdots & \sin\frac{\rho_{n+1}}{r} & -\sin\frac{\rho_{n+1}}{r} \\ \sin\frac{\rho_{n+1}}{r} & & & & \\ \vdots & & \Theta & & \\ \sin\frac{\rho_{n+1}}{r} & & & & \\ -\sin\frac{\rho_{n+1}}{r} & & & & \end{vmatrix} = 0,$$

由此容易得到

$$\frac{1}{\sin^2\frac{\rho_{n+1}}{r}} \cdot \det\Theta + \det\overline{\Theta_{n+1}} = 0,$$

即

$$\sin^2\frac{\rho_{n+1}}{r} = -\frac{\det\Theta}{\det\overline{\Theta_{n+1}}},$$

对于一般的 i 也可类似地给出证明. □

§6.2 双曲空间中的度量方程及其应用

非欧空间通常是指球面型空间和双曲空间, 对于非欧空间的度量方程, 前一节已经讲述了球面型空间的度量方程, 这一节我们将研究双曲空间中的度量方程及其应用.

定义 1 设 $x_i \in \mathbf{R}\,(1 \leqslant i \leqslant n)$, $x_0 \geqslant r > 0$, 则称点集

$$H_r^n = \left\{ X \,\middle|\, X = (x_0, x_1, x_2, \cdots, x_n),\ x_0^2 - \sum_{i=1}^{n} x_i^2 = r^2 \right\}$$

为 n 维双曲面. 双曲面 H_r^n 上任意两点 x 与 y 之间的距离 d_{xy} 满足等式

$$\cosh\frac{d_{xy}}{r} = \frac{x_0y_0 - x_1y_1 - x_2y_2 - \cdots - x_ny_n}{r^2}, \quad (6.2.1)$$

则双曲面 H_r^n 上所赋予的这个距离构成一个度量空间，通常叫作 n 维双曲空间，记为 $\mathbf{H}_r^n$，把 $-\frac{1}{r^2}$ 叫作该双曲空间的曲率，r 叫作该双曲空间的曲率半径.

在本节中，我们约定：在非足标情况下的 i 均是指虚数单位，即 $\mathrm{i}=\sqrt{-1}$. 于是，对于 (6.2.1) 来说，可构造 $n+1$ 维且指标为 n 的伪欧空间 $\mathbf{E}^{n+1,\,n}$，且取二向量 $x(x_0,\ \mathrm{i}x_1,\ \mathrm{i}x_2,\ \cdots,\ \mathrm{i}x_n)$，$y(y_0,\ \mathrm{i}y_1,\ \mathrm{i}y_2,\ \cdots,\ \mathrm{i}y_n)\in\mathbf{E}^{n+1,\,n}$，设此二向量的夹角为 α，显然点 x 与 y 之间的双曲距离为 $d_{xy}=r\alpha$，故有 $(x,\ y)=\|x\|\cdot\|y\|\cosh\alpha$，从而有 $\cosh\alpha=\frac{(x,\ y)}{\|x\|\cdot\|y\|}$，此式即为 (6.2.1).

定义 2 设 $\mathbf{H}_r^n$ 为 n 维双曲空间，对于 n 维实向量空间 $\mathbf{R}^n$ 中的超平面

$$u:\qquad u_0+u_1x_1+u_2x_2+\cdots+u_nx_n=0,\tag{6.2.2}$$

与 n 维双曲面 H_r^n 的交叫作 n 维双曲空间 $\mathbf{H}_r^n$ 的超平面.

由 (6.2.2) 可知 $-u_0=\sum\limits_{i=1}^{n}u_ix_i$，又 $\sum\limits_{i=1}^{n}x_i^2<x_0^2$，故利用 Cauchy 不等式知

$$u_0^2=\left(\sum_{i=1}^{n}u_ix_i\right)^2\leqslant\left(\sum_{i=1}^{n}u_i^2\right)\left(\sum_{i=1}^{n}x_i^2\right)<x_0^2\cdot\left(\sum_{i=1}^{n}u_i^2\right).$$

所以只有当 $x_0^2\,(u_1^2+u_2^2+\cdots+u_n^2)>u_0^2$ 成立时，n 维超平面 u 与 n 维双曲面 H_r^n 的交才是非空的，因此在双曲空间 $\mathbf{H}_r^n$ 中每个超平面 u 必须满足这个不等式.

定义 3 设 $\pi_1:\ u_0+u_1x_1+u_2x_2+\cdots+u_nx_n=0$ 与 $\pi_2:\ v_0+v_1x_1+v_2x_2+\cdots+v_nx_n=0$ 为 n 维双曲

空间 $\mathbf{H}_r^n$ 中的两个定向超平面, 则由下式

$$\cos\theta_{12}=\frac{-u_0v_0+u_1v_1+u_2v_2+\cdots+u_nv_n}{\sqrt{-u_0^2+\sum_{i=1}^n u_i^2}\cdot\sqrt{-v_0^2+\sum_{i=1}^n v_i^2}},\quad(6.2.3)$$

所确定的 θ_{12} 叫作二定向超平面 π_1 与 π_2 所成的角.

对于 (6.2.3) 来说, 同样可以构造 $n+1$ 维且指标为 1 的伪欧空间 $\mathbf{E}^{n+1,1}$ 中的两个向量 $u(\mathrm{i}u_0,\ u_1,\ \cdots,\ u_n)$ 与 $v(\mathrm{i}v_0,\ v_1,\ \cdots,\ v_n)$, 并且设此二向量的夹角为 α, 故 $(u,\ v)=\|u\|\cdot\|v\|\cos\alpha$, 从而可得 $\cos\alpha=\frac{(u,\ v)}{\|u\|\cdot\|v\|}$, 此式即为 (6.2.3).

定义 4 设 $x(x_0,x_1,x_2,\cdots,x_n)$ 与 $u:\ u_0+u_1x_1+u_2x_2+\cdots+u_nx_n=0$ 分别为 n 维双曲空间 $\mathbf{H}_r^n$ 中的点与定向超平面, 则由下式

$$\sinh\frac{h_{xu}}{r}=\frac{u_0x_0+u_1x_1+u_2x_2+\cdots+u_nx_n}{r\cdot\sqrt{-u_0^2+u_1^2+u_2^2+\cdots+u_n^2}},\quad(6.2.4)$$

所确定的 h_{xu} 叫作 $\mathbf{H}_r^n$ 中的点 x 到定向超平面 u 的带号距离.

由 (6.2.1) 与 (6.2.3) 可知, 若设 x 与 u 分别为 n 维双曲空间 $\mathbf{H}_r^n$ 中的点与定向超平面, 则它们在伪欧空间中所对应的向量分别是:

(i) 向量 $x=x(\,x_0,\ \mathrm{i}x_1,\ \mathrm{i}x_2,\ \cdots,\ \mathrm{i}x_n\,)\in\mathbf{E}^{n+1,n}$, $x_0\in\mathbf{R}_+,\ x_j\in\mathbf{R}\ (1\leqslant j\leqslant n\,)$;

(ii) 向量 $u=u(\mathrm{i}u_0,\ u_1,\ u_2,\ \cdots,\ u_n\,)\in\mathbf{E}^{n+1,1}$, $u_j\in\mathbf{R}\ (0\leqslant j\leqslant n\,)$.

由此知, 对于 (6.2.4) 来说, 实际上它是 $\mathbf{H}_r^n$ 中抽象距离里面的带号距离. 因此, 可设向量 x 与定向超平面 u 的单位法向量的夹角为 α, 而向量 x 与定向超平面 u 的夹角为 β, 则易知有 $\alpha+\beta=\frac{\pi}{2}$, 显然双曲距

离 $h_{xu}=r\beta$, 故向量 x 在定向超平面 u 的单位法向量上的射影为 $(x,\ u)=\|x\|\cdot\|u\|\cos\alpha=\|x\|\cdot\|u\|\sin\beta$, 故有 $\sin\beta=\frac{(x,\ u)}{\|u\|\cdot\|x\|}$, 即

$$\sin\beta=\frac{\mathrm{i}\cdot(u_0x_0+u_1x_1+u_2x_2+\cdots+u_nx_n)}{r\cdot\sqrt{-u_0^2+u_1^2+u_2^2+\cdots+u_n^2}},$$

而等号右端 i 的系数即为点 x 到定向超平面 u 的带号距离, 即 $\sin\beta=\mathrm{i}\cdot\sinh\frac{h_{xu}}{r}$, 由此立即得到 (6.2.4).

定义 5 在 n 维双曲空间 $\mathbf{H}_r^n$ 中的点或定向超平面称为基本元素, 并用 e_i 表示之. 在 $\mathbf{H}_r^n$ 中, 记基本元素都是点的集合为 $\sum_1$, 且基本元素都是定向超平面的集合为 $\sum_2$, 由下式

$$g_{ij}=g_{ij}(e_i,e_j)=\begin{cases}\cosh\frac{d_{e_ie_j}}{r}, & e_i,e_j\in\sum_1,\\ \cos\theta_{e_ie_j}, & e_i,e_j\in\sum_2,\\ \mathrm{i}\cdot\sinh\dfrac{h_{e_ie_j}}{r}, & e_i\in\sum_1,e_j\in\sum_2,\end{cases}\tag{6.2.5}$$

所确定的 $g_{ij}(e_i,e_j)$ 叫作 $\mathbf{H}_r^n$ 中基本元素 e_i 与 e_j 之间的抽象距离.

定义 6 设 $\mathbf{H}_r^n$ 为 n 维双曲空间, 由 $\mathbf{H}_r^n$ 中的 k 个基本元素所构成的集合 $\sigma_k=\{e_1,e_2,\cdots,e_k\}$ 叫作 $\mathbf{H}_r^n$ 中的一个 k 元基本图形.

定理 1 设 $\sigma_N=\{e_1,e_2,\cdots,e_N\}$ 是 n 维双曲空间 $\mathbf{H}_r^n$ 中的 N 元基本图形, 并设 $P(\sigma_N)=P(e_1,e_2,\cdots,e_N)=\det(g_{ij})_{N\times N}$, 则当 $N>n+1$ 时, 有

$$P(e_1,e_2,\cdots,e_N)=0.\tag{6.2.6}$$

证 对于 $\mathbf{H}_r^n$ 中的 N 元基本图形 $\sigma_N=\{e_1,e_2,\cdots,e_N\}$, 当 $N\geqslant n+2$ 时, 不妨设点元素均排在超平面元

素的前面, 这样并不影响所要证的结论, 设 $X_1, X_2, \cdots$ 为点, $Y_1, Y_2, \cdots$ 为定向超平面, 并且令

$$X_k = (\, x_{k0},\ \mathrm{i}x_{k1},\ \mathrm{i}x_{k2},\ \cdots,\ \mathrm{i}x_{kn},\ \cdots),$$
$$Y_k = (\, \mathrm{i}y_{k0},\ y_{k1},\ y_{k2},\ \cdots, y_{kn},\ \cdots),$$

则

$$\|X_k\| = \sqrt{x_{k0}^2 - x_{k1}^2 - x_{k2}^2 - \cdots - x_{k\,n}^2},$$
$$\|Y_k\| = \sqrt{-y_{k0}^2 + y_{k1}^2 + y_{k2}^2 + \cdots + y_{k\,n}^2}.$$

设 T 为 $N \times N$ 阶可逆对角阵

$$T = \begin{pmatrix} \|X_1\| & & & & & \\ & \|X_2\| & & & & \mathbf{0} \\ & & \ddots & & & \\ & & & \|Y_1\| & & \\ & & & & \|Y_2\| & \\ & \mathbf{0} & & & & \ddots \end{pmatrix}_{N\times N},$$

U 表示下列的 $N \times N$ 阶方阵

$$U = \begin{pmatrix} x_{10} & \mathrm{i}\,x_{11} & \cdots & \mathrm{i}\,x_{1n} & 0 & \cdots & 0 \\ x_{20} & \mathrm{i}\,x_{21} & \cdots & \mathrm{i}\,x_{2n} & 0 & \cdots & 0 \\ \cdots & \cdots & \cdots & \cdots & \cdots & \cdots & \cdots \\ \mathrm{i}\,y_{10} & y_{11} & \cdots & y_{1n} & 0 & \cdots & 0 \\ \mathrm{i}\,y_{20} & y_{21} & \cdots & y_{2n} & 0 & \cdots & 0 \\ \cdots & \cdots & \cdots & \cdots & \cdots & \cdots & \cdots \end{pmatrix}_{N\times N},$$

显然 $\operatorname{rank} U \leqslant n+1$, 由 (6.2.1), (6.2.3) 和 (6.2.4) 可得 $T^{-1}UU^{\tau}T^{-1} = (g_{ij})_{i,j=1}^{N}$, 由 $\operatorname{rank} T = N$, 所以 $\operatorname{rank}(T^{-1}UU^{\tau}T^{-1}) \leqslant n+1$, $\operatorname{rank}(g_{ij})_{i,j=1}^{N} \leqslant n+1$, 所以当 $N \geqslant n+2$ $(N > n+1)$ 时, $\det(g_{ij})_{i,j=1}^{N} = 0$, 即

$$\begin{vmatrix} g_{11} & g_{12} & \cdots & g_{1N} \\ g_{21} & g_{22} & \cdots & g_{2N} \\ \cdots & \cdots & \cdots & \cdots \\ g_{N1} & g_{N2} & \cdots & g_{NN} \end{vmatrix} = 0,$$

亦即当 $N > n+1$ 时, 有 $P(e_1, e_2, \cdots, e_N) = 0$. □

定义 7 等式 (6.2.6) 叫作 n 维双曲空间 $\mathbf{H}_r^n$ 中 N 元基本图形 $\sigma_N = \{e_1, e_2, \cdots, e_N\}$ 的度量方程.

设 $\mathscr{A}$ 为 n 维双曲空间 $\mathbf{H}_r^n$ 中的单形, 其顶点集为 $\{A_1, A_2, \cdots, A_{n+1}\}$, 顶点 A_i 与 A_j 之间的双曲距离为 $\operatorname{arcl}(A_iA_j) = a_{ij}$ $(1 \leqslant i,j \leqslant n+1)$, 又顶点 A_i 与 A_j 所对的二界面所夹的内二面角为 θ_{ij} $(1 \leqslant i,j \leqslant n+1)$, 记

$$\begin{cases} A = \begin{pmatrix} 1 & \cosh\frac{a_{12}}{r} & \cdots & \cosh\frac{a_{1,n+1}}{r} \\ \cosh\frac{a_{21}}{r} & 1 & \cdots & \cosh\frac{a_{2,n+1}}{r} \\ \cdots & \cdots & \cdots & \cdots \\ \cosh\frac{a_{n+1,1}}{r} & \cosh\frac{a_{n+1,2}}{r} & \cdots & 1 \end{pmatrix} \\ \Theta = \begin{pmatrix} 1 & -\cos\theta_{12} & \cdots & -\cos\theta_{1,n+1} \\ -\cos\theta_{21} & 1 & \cdots & -\cos_{2,n+1} \\ \cdots & \cdots & \cdots & \cdots \\ -\cos\theta_{n+1,1} & -\cos\theta_{n+1,2} & \cdots & 1 \end{pmatrix} \end{cases}, \tag{6.2.7}$$

若设 A_k 为 (6.2.7) 中 A 的 k 阶顺序主子式, 则由文 [16] 知

$$\operatorname{sign} A_k = (-1)^{k-1}, \quad (1 \leqslant k \leqslant n+1). \tag{6.2.8}$$

由文 [29] 知, 对于 (6.2.7) 中的矩阵 Θ 具有如下的性质:

(i) $\det \Theta < 0$;

(ii) 设 Θ 的 k 阶顺序主子式为 Θ_k, 则 $\Theta_k > 0$ $(1 \leqslant k \leqslant n)$;

(iii) 设 Θ_{ij} 为 Θ 的相应元素的代数余子式, 则 $\Theta_{ij} > 0$ $(1 \leqslant i, j \leqslant n+1)$.

定理 2 设 $\mathscr{A}$ 为 n 维双曲空间 $\mathbf{H}_r^n$ 中的单形, $\mathscr{A}$ 的顶点 A_i 到 A_i 所对的界面 f_i 上的高为 h_i $(1 \leqslant i \leqslant n+1)$, A_{ii} 为 A 中元素 a_{ii} 的代数余子式, 则

$$\sinh \frac{h_i}{r} = \sqrt{-\frac{\det A}{A_{ii}}}. \tag{6.2.9}$$

证 选取 $\mathbf{H}_r^n$ 中单形 $\mathscr{A}$ 的 $n+2$ 元基本图形为 $\sigma_{n+2} = \{A_1, A_2, \cdots, A_{n+1}, f_i\}$, 则由度量方程 (6.2.6) 可得

$$\begin{vmatrix} & & & & & & & 0 \\ & & & & & & & \vdots \\ & & & & & & & 0 \\ & & & A & & & & \mathrm{i} \cdot \sinh \frac{h_i}{r} \\ & & & & & & & 0 \\ & & & & & & & \vdots \\ & & & & & & & 0 \\ 0 & \cdots & 0 & \mathrm{i} \cdot \sinh \frac{h_i}{r} & 0 & \cdots & 0 & 1 \end{vmatrix} = 0,$$

将其展开便可得

$$\det A + A_{ii} \cdot \sinh^2 \frac{h_i}{r} = 0,$$

即

$$\sinh^2 \frac{h_i}{r} = -\frac{\det A}{A_{ii}}, \quad (1 \leqslant i \leqslant n+1),$$

由此立即得到 (6.2.9). □

若选取 $\mathbf{H}_r^n$ 中的 $n+2$ 元基本图形为 $\{f_1, f_2, \cdots, f_{n+1}, A_i\}$, 则由度量方程 (6.2.6) 可得

$$\begin{vmatrix} & & & & & & & 0 \\ & & & & & & & \vdots \\ & & & & & & & 0 \\ & & & \Theta & & & & \mathrm{i} \cdot \sinh \frac{h_i}{r} \\ & & & & & & & 0 \\ & & & & & & & \vdots \\ & & & & & & & 0 \\ 0 & \cdots & 0 & \mathrm{i} \cdot \sinh \frac{h_i}{r} & 0 & \cdots & 0 & 1 \end{vmatrix} = 0,$$

将此行列式展开便可得

$$\det \Theta + \Theta_{ii} \cdot \sinh^2 \frac{h_i}{r} = 0,$$

即

$$\sinh^2 \frac{h_i}{r} = -\frac{\det \Theta}{\Theta_{ii}}, \quad (1 \leqslant i \leqslant n+1),$$

由此可知, 双曲空间 $\mathbf{H}_r^n$ 中单形 $\mathscr{A}$ 的高也可以表示为

$$\sinh \frac{h_i}{r} = \sqrt{-\frac{\det \Theta}{\Theta_{ii}}}. \tag{6.2.10}$$

这样一来, 由 (6.2.9) 与 (6.2.10) 可得一个有趣的关系式 $\frac{\det A}{A_{ii}}=\frac{\det\Theta}{\Theta_{ii}}$. 而对于球面空间 $\mathbf{S}_r^n$ 来说, 也应有相类似的关系式, 只不过那里没有给出而已.

定理 3 设 $\mathscr{A}$ 为 n 维双曲空间 $\mathbf{H}_r^n$ 中的单形, 其顶点集为 $\{A_1,A_2,\cdots,A_{n+1}\}$, 顶点 A_i 与 A_j 所对的二界面 f_i 与 f_j 所夹的内二面角为 θ_{ij}, A_{ij} 为 (6.2.7) 中矩阵 A 的元素 a_{ij} $(1\leqslant i,j\leqslant n+1)$ 的代数余子式, 则有

$$\cos\theta_{ij}=(-1)^n\cdot\frac{A_{ij}}{\sqrt{A_{ii}A_{jj}}}. \tag{6.2.11}$$

证 考虑 $n+3$ 元基本图形 $\{A_1,A_2,\cdots,A_{n+1},f_i,f_j\}$, 由度量方程 (6.2.6) 与行列式恒等式 (6.1.12) 便可得到如下的

$$\begin{vmatrix} & & & & & & & 0\\ & & & & & & & \vdots\\ & & & & & & & 0\\ & & & A & & & & \mathrm{i}\cdot\sinh\frac{h_j}{r}\\ & & & & & & & 0\\ & & & & & & & \vdots\\ & & & & & & & 0\\ 0 & \cdots & 0 & \mathrm{i}\cdot\sinh\frac{h_i}{r} & 0 & \cdots & 0 & -\cos\theta_{ij} \end{vmatrix}=0.$$

将此行列式展开得

$$A_{ij}\cdot\sinh\frac{h_i}{r}\sinh\frac{h_j}{r}-\det A\cdot\cos\theta_{ij}=0,$$

所以由 (6.2.9) 并注意到 (6.2.8) 可得

$$\begin{aligned}\cos\theta_{ij} &= \frac{A_{ij}}{\det A}\cdot\sinh\frac{h_i}{r}\cdot\sinh\frac{h_j}{r}\\ &= \frac{A_{ij}}{\det A}\cdot\sqrt{-\frac{\det A}{A_{ii}}}\cdot\sqrt{-\frac{\det A}{A_{jj}}}\\ &= (-1)^n\cdot\frac{A_{ij}}{\sqrt{A_{ii}A_{jj}}},\end{aligned}$$

故定理 2 得证. □

值得一提的是, 有时候为了需要, 注意到 (6.2.8), 也可以将 (6.2.11) 表示为

$$\cos\theta_{ij} = (-1)^n\cdot\frac{A_{ij}}{\sqrt{(-1)^{n-1}A_{ii}}\cdot\sqrt{(-1)^{n-1}A_{jj}}}.$$

在 (6.2.11) 中, 取 $n=2$, $r=1$, $i=1$, $j=2$, 可得双曲平面上 $\triangle A_1A_2A_3$ 为 $\triangle ABC$, 且 $\mathrm{arcl}(BC)=a$, $\mathrm{arcl}(CA)=b$, $\mathrm{arcl}(AB)=c$, 则有

$$\begin{aligned}\cos C &= \frac{(-1)\cdot(\cosh c-\cosh a\cdot\cosh b)}{\sinh a\cdot\sinh b}\\ &= \frac{\cosh a\cdot\cosh b-\cosh c}{\sinh a\cdot\sinh b},\end{aligned}$$

此式称为双曲平面三角形中的余弦定理.

若选取这样的 $n+3$ 元基本图形 $\sigma_{n+3}=\{f_1,f_2,\cdots,f_{n+1},A_i,A_j\}$, 则由度量方程 (6.2.6) 和行列式恒等式

(6.1.12) 不难证得

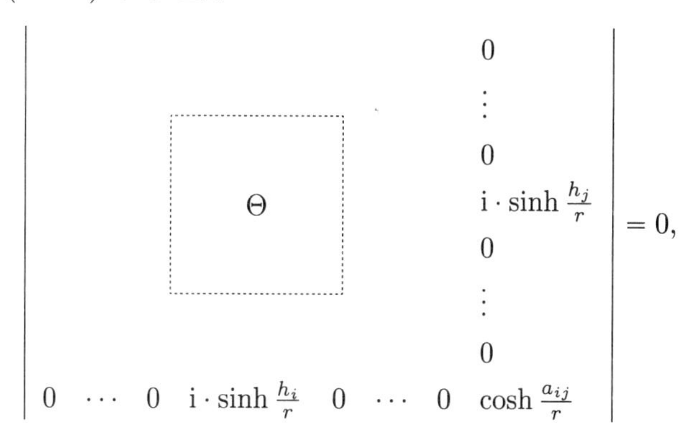

将此行列式展开可得

$$\det\Theta\cdot\cosh\frac{a_{ij}}{r}+\Theta_{ij}\cdot\sinh\frac{h_i}{r}\cdot\sinh\frac{h_j}{r}=0,$$

由此, 利用 (6.2.10) 并注意 $\det\Theta<0$ 可以得到

$$\begin{aligned}\cosh\frac{a_{ij}}{r}&=-\frac{\Theta_{ij}}{\det\Theta}\cdot\sinh\frac{h_i}{r}\cdot\sinh\frac{h_j}{r}\\&=\frac{\Theta_{ij}}{\det\Theta}\cdot\sqrt{-\frac{\det\Theta}{\Theta_{ii}}}\cdot\sqrt{-\frac{\det\Theta}{\Theta_{jj}}}\\&=\frac{\Theta_{ij}}{\sqrt{\Theta_{ii}\Theta_{jj}}},\end{aligned}$$

即

$$\cosh\frac{a_{ij}}{r}=\frac{\Theta_{ij}}{\sqrt{\Theta_{ii}\Theta_{jj}}}.\tag{6.2.12}$$

同样, 在 (6.2.12) 中取 $n=2,\ r=1,\ i=1,\ j=2$ 时, 可得如下双曲平面 $\triangle ABC$ 的余弦定理的对偶定理

$$\begin{aligned}\cosh c&=\frac{(-1)\cdot(-\cos C-\cos A\cos B)}{\sin A\sin B}\\&=\frac{\cos C+\cos A\cos B}{\sin A\sin B}.\end{aligned}$$

由此可知, (6.2.11) 和 6.2.12) 可分别叫作 n 维双曲空间 $\mathbf{H}_r^n$ 中的单形 $\mathscr{A}$ 的内二面角与棱的余弦定理.

定理 4 设 $\mathscr{A}$ 为 n 维双曲空间 $\mathbf{H}_r^n$ 中的单形, 若 $\mathscr{A}$ 的内切球半径为 ρ, 则有

$$\sinh\frac{\rho}{r}=\sqrt{\frac{\det\Theta}{\det\overline{\Theta}}},\tag{6.2.13}$$

其中

$$\overline{\Theta}=\begin{pmatrix}0&1&\cdots&1\\1&&&\\\vdots&&\boxed{\Theta}&\\1&&&\end{pmatrix}.$$

证 设 I 为单形 $\mathscr{A}$ 的内心, 今选取 n 维双曲空间 $\mathbf{H}_r^n$ 中单形 $\mathscr{A}$ 的 $n+2$ 元基本图形 $\sigma_{n+2}=\{I,f_1,f_2,\cdots,f_{n+1}\}$, 则由度量方程 (6.2.6) 可得

$$\begin{vmatrix}1&\mathrm{i}\cdot\sinh\frac{\rho}{r}&\cdots&\mathrm{i}\cdot\sinh\frac{\rho}{r}\\\mathrm{i}\cdot\sinh\frac{\rho}{r}&&&\\\vdots&&\boxed{\Theta}&\\\mathrm{i}\cdot\sinh\frac{\rho}{r}&&&\end{vmatrix}=0,$$

对此行列式的第 1 行与第 1 列均提取 $\mathrm{i}\cdot\sinh\frac{\rho}{r}$ 可得

$$\begin{vmatrix}-\frac{1}{\sinh^2\frac{\rho}{r}}&1&\cdots&1\\1&&&\\\vdots&&\boxed{\Theta}&\\1&&&\end{vmatrix}=0,$$

将此行列式展开可得 $-\frac{1}{\sinh^2\frac{\rho}{r}}\cdot\det\Theta+\det\overline{\Theta}=0$, 由此立即可得 (6.2.13). □

将 (6.2.11) 代入 (6.2.13)内, 并注意到 $\det A^*=(\det A)^n$ 便可得

$$\sinh\frac{\rho}{r}=\sqrt{(-1)^{n+1}\cdot\frac{(\det A)^n}{\det\overline{A^*}}}. \qquad (6.2.14)$$

其中

$$\overline{A^*}=\begin{pmatrix} 0 & \sqrt{(-1)^{n-1}A_{11}} & \cdots & \sqrt{(-1)^{n-1}A_{n+1,n+1}} \\ \sqrt{(-1)^{n-1}A_{11}} & & & \\ \sqrt{(-1)^{n-1}A_{22}} & & A^* & \\ \vdots & & & \\ \sqrt{(-1)^{n-1}A_{n+1,n+1}} & & & \end{pmatrix}.$$

定理 4 设 $\mathscr{A}$ 为 n 维双曲空间 $\mathbf{H}_r^n$ 中的单形, 若 $\mathscr{A}$ 的外接球半径为 R, 则

$$\cosh^2\frac{R}{r}=-\frac{\det A}{\det\overline{A}}, \qquad (6.2.15)$$

其中 $\overline{A}$ 为 A 的一个镶边矩阵, 即

$$\overline{A}=\begin{pmatrix} 0 & 1 & \cdots & 1 \\ 1 & & & \\ \vdots & & A & \\ 1 & & & \end{pmatrix}.$$

证 设 $\mathscr{A}$ 的顶点集为 $\{A_1, A_2, \cdots, A_{n+1}\}$, O 为 $\mathscr{A}$ 的外心, 考虑 $\mathbf{H}_r^n$ 中的单形 $\mathscr{A}$ 的 $n+2$ 元基本图形 $\sigma_{n+2} = \{O, A_1, A_2, \cdots, A_{n+1}\}$, 则由度量方程 (6.2.6) 可得

$$\begin{vmatrix} 1 & \cosh\frac{R}{r} & \cdots & \cosh\frac{R}{r} \\ \cosh\frac{R}{r} & & & \\ \vdots & & A & \\ \cosh\frac{R}{r} & & & \end{vmatrix} = 0,$$

对此行列式的第 1 行与第 1 列均提取 $\cosh\frac{R}{r}$ 后, 并将其展开可得

$$\frac{1}{\cosh^2\frac{R}{r}} \cdot \det A + \det \overline{A} = 0,$$

由此式立即可得 (6.2.15). □

另外, 对于上述的行列式中, 提取第 1 行与第 1 列里的 $\cosh\frac{R}{r}$ 之后, 利用恒等式 $\frac{1}{\cosh^2\frac{R}{r}} = 1 - \tanh^2\frac{R}{r}$ 可得

$$\begin{vmatrix} 1-\tanh^2\frac{R}{r} & 1 & \cdots & 1 \\ 1 & & & \\ \vdots & & A & \\ 1 & & & \end{vmatrix} = 0,$$

将此行列式展开, 并且若记

$$D = \begin{pmatrix} 0 & \sinh^2\frac{a_{12}}{2r} & \cdots & \sinh^2\frac{a_{1,n+1}}{2r} \\ \sinh^2\frac{a_{21}}{2r} & 0 & \cdots & \sinh^2\frac{a_{2,n+1}}{2r} \\ \cdots & \cdots & \cdots & \cdots \\ \sinh^2\frac{a_{n+1,1}}{2r} & \sinh^2\frac{a_{n+1,2}}{2r} & \cdots & 0 \end{pmatrix},$$

则有

$$\tanh^2\frac{R}{r}=\frac{2^{n+1}\cdot\det D}{\det A}. \tag{6.2.16}$$

在 (6.2.16) 中取 $n=2$, $r=1$, $i=1$, $j=2$ 时, 由于此时 $\det A>0$, 故可设 $\det A=4\triangle^2$, 且此时

$$\det D=2\sinh^2\frac{a}{2}\cdot\sinh^2\frac{b}{2}\cdot\sinh^2\frac{c}{2},$$

所以, 对于双曲平面上 $\triangle ABC$ 的外接圆半径 R 有

$$\tanh^2 R=\frac{4\sinh^2\frac{a}{2}\cdot\sinh^2\frac{b}{2}\cdot\sinh^2\frac{c}{2}}{\triangle^2},$$

或者表示为

$$\tanh R=\frac{2\sinh\frac{a}{2}\cdot\sinh\frac{b}{2}\cdot\sinh\frac{c}{2}}{\triangle}.$$

§6.3 球面空间中的度量和

在第5章中, 我们研究了 n 维欧氏空间 $\mathbf{E}^n$ 关于单形的度量和不等式, 对于 n 维球面型空间 $\mathbf{S}_r^n$ 中是否也存在相应的度量和不等式问题呢? 回答是正面的. 我们已经知道, 设 a_{ij}, b_{ij} 分别为欧氏空间 $\mathbf{E}^n$ 中单形 $\mathscr{A}$ 与 $\mathscr{B}$ 的棱长, 则以 $c_{ij}=\sqrt{a_{ij}^2+b_{ij}^2}$ 为棱长可以构成 $\mathbf{E}^n$ 中的另一个单形 $\mathscr{C}$, 那么, 在 $\mathbf{S}_r^n$ 中两个单形的棱长应满足什么样的条件时才能构成另一个单形呢? 这一问题将由如下的引理来回答.

以后, 对于 n 维球面型空间 $\mathbf{S}_r^n$ 我们就把它叫作 n 维球面空间 $\mathbf{S}_r^n$, 或球面空间 $\mathbf{S}_r^n$.

引理 设 $\mathscr{A}_1$, $\mathscr{A}_2$, $\cdots$, $\mathscr{A}_m$ 均为 n 维球面空间 $\mathbf{S}_r^n$ 中的单形, $\mathscr{A}_k$ 的顶点集为 $\{A_1^{(k)},A_2^{(k)},\cdots,A_{n+1}^{(k)}\}$, 顶点

$A_i^{(k)}$ 与 $A_j^{(k)}$ 之间的球面距离为 $\operatorname{arcl}(A_i^{(k)}A_j^{(k)})=a_{ij,k}$, $\alpha_1,\alpha_2,\cdots,\alpha_m$ 为一组正实数, 且 $\alpha_1+\alpha_2+\cdots+\alpha_m=1$, 则在 $\mathbf{S}_r^n$ 中存在一个单形 $\mathscr{A}$ 的顶点 A_i 与 A_j 之间的球面距离为 $\operatorname{arcl}(A_iA_j)=a_{ij}$, 使得如下的等式成立

$$\cos\frac{a_{ij}}{r}=\sum_{k=1}^{m}\alpha_k\cdot\cos\frac{a_{ij,k}}{r}. \tag{6.3.1}$$

证 设

$$A_k=\begin{pmatrix} 1 & \cos\frac{a_{12,k}}{r} & \cdots & \cos\frac{a_{1,n+1,k}}{r}\\ \cos\frac{a_{21,k}}{r} & 1 & \cdots & \cos\frac{a_{2,n+1,k}}{r}\\ \cdots & \cdots & \cdots & \cdots\\ \cos\frac{a_{n+1,1,k}}{r} & \cos\frac{a_{n+1,2,k}}{r} & \cdots & 1\end{pmatrix},$$

则 A_k 为正定的, 故 A_k 所对应的二次型也是正定的, 即

$$\varphi_k(x)=\sum_{i=1}^{n+1}\sum_{j=1}^{n+1}\cos\frac{a_{ij,k}}{r}\cdot x_ix_j, \tag{6.3.2}$$

是正定二次型, 故对于二次型

$$\begin{aligned}\varphi(x)&=\sum_{k=1}^{m}\alpha_k\varphi_k(x)\\ &=\sum_{k=1}^{m}\alpha_k\left(\sum_{i=1}^{n+1}\sum_{j=1}^{n+1}\cos\frac{a_{ij.k}}{r}\cdot x_ix_j\right)\\ &=\sum_{i=1}^{n+1}\sum_{j=1}^{n+1}\left(\sum_{k=1}^{m}\alpha_k\cos\frac{a_{ij,k}}{r}\right)x_ix_j\\ &=\sum_{i=1}^{n+1}\sum_{j=1}^{n+1}\cos\frac{a_{ij}}{r}\cdot x_ix_j\end{aligned}$$

仍是正定的, 即矩阵 $\left(\cos\frac{a_{ij}}{r}\right)_{i,j=1}^{n+1}$ 是正定的, 从而由文 [16] 知, 存在点集 $\{A_1, A_2, \cdots, A_{n+1}\}$ 等距嵌入于 $\mathbf{S}_r^n$ 中, 即在 $\mathbf{S}_r^n$ 空间中存在一个球面单形 $\mathscr{A}$, a_{ij} 为 $\mathscr{A}$ 的点 A_i 与 A_j 之间的球面距离, 使得

$$\cos\frac{a_{ij}}{r} = \sum_{k=1}^{m} \alpha_k \cos\frac{a_{ij,k}}{r}$$

成立. □

定义 1 由关系式 (6.3.1) 所确定的 n 维球面空间 $\mathbf{S}_r^n$ 中的单形 $\mathscr{A}$ 叫作 m 个单形 $\mathscr{A}_1, \mathscr{A}_2, \cdots, \mathscr{A}_m$ 关于正实数 $\alpha_1, \alpha_2, \cdots, \alpha_m$ 的广义度量平均.

设 $\mathscr{A}$ 为 n 维球面空间 $\mathbf{S}_r^n$ 中的单形, 其顶点集为 $\{A_1, A_2, \cdots, A_{n+1}\}$, 从顶点集中任取 $k+1$ 个顶点 $A_{i_1}, A_{i_2}, \cdots, A_{i_{k+1}}$ 所构成的 k 维子单形记为 $\mathscr{A}_{i_1 i_2 \cdots i_{k+1}}$, 并且 $\mathscr{A}_{i_1 i_2 \cdots i_{k+1}}$ 所对应的 (6.1.9) 中的 $k+1$ 阶方阵 A 为

$$A_{k+1,k+1} = \left(\cos\frac{a_{i_j i_l}}{r}\right)_{j,l=1}^{k+1}. \tag{6.3.3}$$

若记

$$\det\left(\cos\frac{a_{i_j i_l}}{r}\right)_{j,l=1}^{k+1} = k!^2 \cdot \sin^2\frac{V_{(k)}}{r},\ (0 \leqslant k \leqslant n), \tag{6.3.4}$$

则可以给出如下的:

定理 1 设 $\mathscr{A}_1, \mathscr{A}_2, \cdots, \mathscr{A}_m$ $\mathscr{A}$ 均为 n 维球面空间 S_r^n 中的单形, 且 $\mathscr{A}$ 为 $\mathscr{A}_1, \mathscr{A}_2, \cdots, \mathscr{A}_m$ 关于正实数 $\alpha_1, \alpha_2, \cdots, \alpha_m$ 的广义度量平均, 则

$$\left(\frac{\sin\frac{V}{r}}{\sin\frac{V_{(k)}}{r}}\right)^{\frac{2}{n-k}} \geqslant \sum_{i=1}^{m} \alpha_i \left(\frac{\sin\frac{V_{(n),i}}{r}}{\sin\frac{V_{(k),i}}{r}}\right)^{\frac{2}{n-k}},\ (0 \leqslant k \leqslant n-1), \tag{6.3.5}$$

当且仅当 $\mathscr{A}_1, \mathscr{A}_2, \cdots, \mathscr{A}_m$ 均全等时等号成立.

证 我们已经知道, (6.1.9) 中的 A 是正定 Hermite 矩阵, 故 A 的左上角的 $k+1$ 阶顺序主子式 $A_{i(11)}$ 也是正定的, 所以若设单形 $\mathscr{A}_i$ 所对应的 (6.1.9) 中的矩阵 A 为 A_i, 则由 (5.5.4) 以及 (6.3.4) 可得

$$\left(\frac{\det\left(\sum\limits_{i=1}^{m}\alpha_i A_i\right)}{\sum\limits_{i=1}^{m}\alpha_i A_{i(11)}}\right)^{\frac{1}{n-k}} \geqslant \sum_{i=1}^{m}\alpha_i\left(\frac{\det A_i}{A_{i(11)}}\right)^{\frac{1}{n-k}},$$

即

$$\left(\frac{\det A}{A_{(11)}}\right)^{\frac{1}{n-k}} \geqslant \sum_{i=1}^{m}\alpha_i\left(\frac{\det A_i}{A_{i(11)}}\right)^{\frac{1}{n-k}}, \tag{6.3.6}$$

当且仅当 m 个矩阵 $A_1, A_2, \cdots, A_m$ 中两两相似时等号成立.

不难看出, 将 (6.3.4) 代入 (6.3.6) 内经整理便得 (6.3.5). 另外, 由于非欧空间不是线形性空间, 所以不存在相似形, 故 m 个单形 $\mathscr{A}_1, \mathscr{A}_2, \cdots, \mathscr{A}_m$ 只能全等 (即 m 个矩阵 $A_1, A_2, \cdots, A_m$ 的相似比为 1). □

推论 1 设 h_i 为 n 维球面空间 S_r^n 中的单形 $\mathscr{A}$ 的顶点 A_i 到 A_i 所对的界面上的高, 其余条件与定理 1 中的相同, 则有

$$\sin^2\frac{h_i}{r} \geqslant \sum_{j=1}^{m}\alpha_j\cdot\sin^2\frac{h_{ij}}{r}, \tag{6.3.7}$$

当且仅当 m 个单形 $\mathscr{A}_1, \mathscr{A}_2, \cdots, \mathscr{A}_m$ 均全等时等号成立.

实际上, 只需在 (6.3.5) 中取 $k=n-1$ 时利用 (6.1.13) 便得 (6.3.7), 借助于这里的推导过程, 我们发现, 由 (6.3.4) 可以将 (6.1.13) 表示为类似于 n 维欧氏空间 $\mathbf{E}^n$ 中单形 $\mathscr{A}$ 的体积公式 (1.1.3) 的如下形式

$$\sin\frac{V}{r}=\frac{1}{n}\cdot\sin\frac{S_i}{r}\cdot\sin\frac{h_i}{r},\ (1\leqslant i\leqslant n+1),\qquad(6.3.8)$$

此处的 $\sin\frac{S_i}{r}=\sin\frac{V_{(n-1),i}}{r}$.

推论 2 条件与定理 1 中的相同, 则

$$\left(\sin\frac{V_{(n)}}{r}\right)^{\frac{2}{n}}\geqslant\sum_{i=1}^{m}\alpha_i\cdot\left(\sin\frac{V_{(n),i}}{r}\right)^{\frac{2}{n}},\qquad(6.3.9)$$

当且仅当 m 个单形 $\mathscr{A}_1,\ \mathscr{A}_2,\ \cdots,\ \mathscr{A}_m$ 均全等时等号成立.

定理 2 设 $\mathscr{A}_1,\ \mathscr{A}_2,\ \cdots,\ \mathscr{A}_m$ 为 n 维球面空间 S_r^n 中的 m 个单形, 并且 $\mathscr{A}$ 为 $\mathscr{A}_1,\ \mathscr{A}_2,\ \cdots,\ \mathscr{A}_m$ 关于正实数 $\alpha_1,\alpha_2,\cdots,\alpha_m$ 的广义度量平均, $\mathscr{A}_k$ 与 $\mathscr{A}$ 的外接球半径分别为 R_k 与 R, 则有

$$\sum_{k=1}^{m}\alpha_k\left(\tan\frac{R_k}{r}\cdot\sin\frac{V_{(n),k}}{r}\right)^{\frac{2}{n+1}}$$

$$\leqslant\left(\tan\frac{R}{r}\cdot\sin\frac{V_{(n)}}{r}\right)^{\frac{2}{n+1}},\qquad(6.3.10)$$

当且仅当 m 个单形 $\mathscr{A}_1,\ \mathscr{A}_2,\ \cdots,\ \mathscr{A}_m$ 均全等时等号成立.

证 由 (6.1.23) 和 (6.3.4) 知

$$(-1)^n\cdot\det D=\frac{n!^2\cdot\tan^2\frac{R}{r}\cdot\sin^2\frac{V}{r}}{2^{n+1}}.\qquad(6.3.11)$$

若设球面单形 $\mathscr{A}$ 的顶点 A_i 与 A_j 之间的欧氏距离为 d_{ij}, 则易知有

$$\sin\frac{a_{ij}}{2r}=\frac{d_{ij}}{2r}. \tag{6.3.12}$$

故若将 (6.3.12) 代入 (6.1.22) 内便知矩阵 D 有 $n+1$ 个特征值, 其中有 n 个是负的, 1 个是正的, 并且 1 个正的特征值等于 n 个是负特征值之和的相反数, 故若设 $\lambda_0,-\lambda_1,-\lambda_2,\cdots,-\lambda_n$ ($\lambda_i>0,\ i=0,\ 1,\ 2,\ \cdots,\ n$) 为 D 的 $n+1$ 个特征值, 则有

$$(-1)^n\cdot\det D=\lambda_0\lambda_1\lambda_2\cdots\lambda_n, \tag{6.3.13}$$

于是由 (5.8.5) 知

$$\left((-1)^n\cdot\det D\right)^{\frac{1}{n+1}}\geqslant\sum_{k=1}^{m}\alpha_k\left((-1)^n\det D_k\right)^{\frac{1}{n+1}}, \tag{6.3.14}$$

将 (6.3.11) 代入 (6.3.14) 内立即可得 (6.3.10). □

定理 3 设 $\mathscr{A}$, $\mathscr{B}$, $\mathscr{C}$ 均为 n 维球面空间 S_r^n 中的单形, 它们的外接球半径分别为 $R_{\mathscr{A}}$, $R_{\mathscr{B}}$, $R_{\mathscr{C}}$, 若 $\mathscr{C}$ 为 $\mathscr{A}$ 与 $\mathscr{B}$ 关于正实数 α 与 β 的广义度量平均, 则有

$$\cos^2\frac{R_{\mathscr{C}}}{r}\leqslant\alpha\cdot\cos^2\frac{R_{\mathscr{A}}}{r}+\beta\cdot\cos^2\frac{R_{\mathscr{B}}}{r}, \tag{6.3.15}$$

当且仅当 $\mathscr{A}\cong\mathscr{B}$ 时等号成立.

实际上, 由 (6.1.21) 可知, $\cos^2\frac{R}{r}=-\frac{\det A}{\det\overline{A}}$, 且此处的 $\overline{A}$ 为 A 的镶边矩阵, 故对于 (6.3.15) 的证明完全可以照搬 (5.3.10) 的证明过程进行, 所以 (6.3.15) 的证明此处从略.

当然, 利用数学归纳法可以证明:

推论 3 设 $\mathscr{A}_1,\mathscr{A}_2,\cdots,\mathscr{A}_m,\mathscr{A}$ 均为 n 维球面空间 $\mathbf{S}_r^n$ 中的单形, 它们的外接球半径分别为 $R_1,R_2,\cdots,R_m$, R, 若 $\mathscr{A}$ 为 $\mathscr{A}_1,\mathscr{A}_2,\cdots,\mathscr{A}_m$ 关于正实数 $\alpha_1,\alpha_2,\cdots,\alpha_m$ 的广义度量平均, 则有

$$\cos^2\frac{R}{r}\leqslant\sum_{i=1}^{m}\alpha_i\cdot\cos^2\frac{R_i}{r},\qquad(6.3.16)$$

当且仅当 $\mathscr{A}_1$, $\mathscr{A}_2$, $\cdots$, $\mathscr{A}_m$ 均全等时等号成立.

仿照证明 (6.3.6), 可类似地证明如下的结论:

定理 4 设 $\mathscr{A}_1$, $\mathscr{A}_2$, $\cdots$, $\mathscr{A}_m$, $\mathscr{A}$ 均为 n 维球面空间 $\mathbf{S}_r^n$ 中的单形, 它们所对应于 (6.1.9) 中的 Θ 依次为 $\Theta_1,\Theta_2,\cdots,\Theta_m,\Theta$, 并且 $\mathscr{A}$ 为 $\mathscr{A}_1$, $\mathscr{A}_2$, $\cdots$, $\mathscr{A}_m$ 关于正实数 $\alpha_1,\alpha_2,\cdots,\alpha_m$ 的广义度量平均, 则有

$$\left(\frac{\det\Theta}{\Theta_{(11)}}\right)^{\frac{1}{n-k}}\geqslant\sum_{i=1}^{m}\alpha_i\cdot\left(\frac{\det\Theta_i}{\Theta_{i(11)}}\right)^{\frac{1}{n-k}},\qquad(6.3.17)$$

(当且仅当 $\mathscr{A}_1$, $\mathscr{A}_2$, $\cdots$, $\mathscr{A}_m$ 均全等时等号成立) 其中 $\Theta_{(11)}$ 为 Θ 的左上角的 $k+1$ 阶主子式, $\Theta_{i(11)}$ 为 Θ_i 的左上角的 $k+1$ 阶主子式.

在 (6.3.17) 中取 $k=n-1$ 时, 利用 (6.1.17) 立即可得如下的:

推论 4 条件与定理 4 中的相同, h_i 为 $\mathscr{A}$ 的顶点 A_i 所对的 $n-1$ 维界面上的高, $h_{i,j}$ 为 $\mathscr{A}_j$ $(1\leqslant j\leqslant m)$ 的顶点 $A_i^{(j)}$ 所对的界面上的高, 则

$$\sin^2\frac{h_i}{r}\geqslant\sum_{j=1}^{m}\alpha_j\cdot\sin^2\frac{h_{i,j}}{r},\qquad(6.3.18)$$

当且仅当 $\mathscr{A}_1$, $\mathscr{A}_2$, $\cdots$, $\mathscr{A}_m$ 均全等时等号成立.

实际上, (6.3.18) 与 (6.3.7) 是等价的.

定义 设 $\mathscr{A}$ 与 $\mathscr{B}$ 均为 n 维球面空间 S_r^n 中的单形, 它们的顶点集分别为 $\{A_1, A_2, \cdots, A_{n+1}\}$ 和 $\{B_1, B_2, \cdots, B_{n+1}\}$, 单形 $\mathscr{A}$ 的顶点 A_i 与 A_j 所对的二界面所夹的内二角为 θ_{ij}, 又单形 $\mathscr{B}$ 的顶点 B_i 与 B_j 的球面距离为 $\mathrm{arcl}(B_iB_j) = b_{ij}$, 若 $\theta_{ij} + \frac{b_{ij}}{r} = \pi\ (1 \leqslant i, j \leqslant n+1)$, 则称 $\mathscr{B}$ 为 $\mathscr{A}$ 的对偶球面单形.

定理 5 设 $\mathscr{A}_1, \mathscr{A}_2, \cdots, \mathscr{A}_m, \mathscr{A}$ 均为 n 维球面空间 $\mathbf{S}_r^n$ 中的单形, 它们的内切球半径分别为 $\rho_1, \rho_2, \cdots, \rho_m, \rho$, 若 $\mathscr{A}$ 为 $\mathscr{A}_1, \mathscr{A}_2, \cdots, \mathscr{A}_m$ 关于正实数 $\alpha_1, \alpha_2, \cdots, \alpha_m$ 的广义度量平均, 若记 $\sin^2 A = \det\Theta$, $\sin^2 A_{(i)} = \det\Theta_i\ (1 \leqslant i \leqslant m)$, 则有

$$\left(\sin A \cdot \cot\frac{\rho}{r}\right)^{\frac{2}{n+1}} \geqslant \sum_{i=1}^{m} \alpha_i \cdot \left(\sin A_{(i)} \cdot \cot\frac{\rho_i}{r}\right)^{\frac{2}{n+1}}, \tag{6.3.19}$$

当且仅当 $\mathscr{A}_1, \mathscr{A}_2, \cdots, \mathscr{A}_m$ 均全等时等号成立.

证 由 (6.1.19) 的推导过程知

$$\begin{vmatrix} \cot^2\frac{\rho}{r}+1 & 1 & \cdots & 1 \\ 0+1 & & & \\ \vdots & & \Theta & \\ 0+1 & & & \end{vmatrix} = 0,$$

由此若设

$$\Theta_0 = \begin{pmatrix} 0 & \cos^2\frac{\theta_{12}}{2} & \cdots & \cos^2\frac{\theta_{1,n+1}}{2} \\ \cos^2\frac{\theta_{21}}{2} & 0 & \cdots & \cos^2\frac{\theta_{2,n+1}}{2} \\ \cdots & \cdots & \cdots & \cdots \\ \cos^2\frac{\theta_{n+1,1}}{2} & \cos^2\frac{\theta_{n+1,2}}{2} & \cdots & 0 \end{pmatrix}, \tag{6.3.20}$$

则容易得到

$$\det\Theta\cdot\cot^2\frac{\rho}{r}+(-1)^{n+1}\cdot 2^{n+1}\cdot\det\Theta_0=0, \quad (6.3.21)$$

由 (6.3.21) 可得

$$\cot^2\frac{\rho}{r}=\frac{(-1)^n\cdot 2^{n+1}\cdot\det\Theta_0}{\det\Theta}, \quad (6.3.22)$$

或

$$\sin^2 A\cdot\cot^2\frac{\rho}{r}=(-1)^n\cdot 2^{n+1}\cdot\det\Theta_0. \quad (6.3.23)$$

设 $\mathscr{B}$ 为 $\mathscr{A}$ 的对偶球面单形, 并且设 $\mathscr{B}$ 的顶点 B_i 与 B_j 之间的球面距离为 $\operatorname{arcl}(B_iB_j)=b_{ij}$, 则由 $\theta_{ij}+\frac{b_{ij}}{r}=\pi$ 可得

$$\cos^2\frac{\theta_{ij}}{2}=\cos^2\left(\frac{\pi}{2}-\frac{b_{ij}}{2r}\right)=\sin^2\frac{b_{ij}}{2r},$$

将此式代入 (6.3.20) 内可得

$$\Theta_0=\begin{pmatrix} 0 & \sin^2\frac{b_{12}}{2r} & \cdots & \sin^2\frac{b_{1,n+1}}{2r} \\ \sin^2\frac{b_{21}}{2r} & 0 & \cdots & \sin^2\frac{b_{2,n+1}}{2r} \\ \cdots & \cdots & \cdots & \cdots \\ \sin^2\frac{b_{n+1,1}}{2r} & \sin^2\frac{b_{n+1,2}}{2r} & \cdots & 0 \end{pmatrix}=D_0,$$

故 (6.3.23) 又可表示为

$$\sin^2 A\cdot\cot^2\frac{\alpha}{r}=(-1)^n\cdot 2^{n+1}\cdot\det D_0. \quad (6.3.24)$$

由等式 (6.3.12) 和 §4.2 中的引理可知, 若设 D_0 (或 Θ_0) 的 $n+1$ 个特征值为 $\lambda_0,-\lambda_1,-\lambda_2,\cdots,-\lambda_n$ ($\lambda_i>0,\ i=0,\ 1,\ 2,\cdots,n$), 则有

$$(-1)^n\cdot\det D_0=(-1)^n\cdot\det\Theta_0=\lambda_0\lambda_1\lambda_2\cdots\lambda_n, \quad (6.3.25)$$

于是若设单形 $\mathscr{A}_i$ 所对应的 (6.3.21) 中的 Θ_0 为 Θ_{0i} $(1 \leqslant i \leqslant m)$, 则由 (6.3.25) 以及 (5.8.5) 便可得

$$\left[(-1)^n \cdot \det\left(\sum_{i=1}^{m} \alpha_i \cdot \Theta_{0i}\right)\right]^{\frac{1}{n+1}}$$

$$\geqslant \sum_{i=1}^{m} \alpha_i \cdot ((-1)^n \cdot \det \Theta_{0i})^{\frac{1}{n+1}}, \tag{6.3.26}$$

当且仅当 $\Theta_{01}, \Theta_{02}, \cdots, \Theta_{0m}$ 中两两相似 (实际上它们的相似比均为 1) 时等号成立.

所以由 (6.3.23) 便立即可得 (6.3.19). □

另外, 由 (6.3.19) 并利用 Jensen 不等式, 容易得到如下的不等式

$$\left(\sin A \cdot \cot \frac{\rho}{r}\right)^{\frac{1}{n+1}} \geqslant \sum_{i=1}^{m} \alpha_i \cdot \left(\sin A_{(i)} \cdot \cot \frac{\rho_i}{r}\right)^{\frac{1}{n+1}}. \tag{6.3.27}$$

§6.4 双曲空间中的度量和

在第 5 章中我们详细地讨论了 n 维欧氏空间 $\mathbf{E}^n$ 中的度量和不等式, 而在上一节中又研究了 n 维球面空间 $\mathbf{S}_r^n$ 中的度量和问题, 本节将探讨 n 维双曲空间 $\mathbf{H}_r^n$ 中有关度量和的问题. 然而, 在研究度量和的问题时, 首要问题是给定两个单形如何能构作成第 3 个单形, 如下将解决这一问题.

引理 1[16] 设 $A_0, A_1, \cdots, A_n$ 为 n 维双曲空间 $\mathbf{H}_r^n$ 中的点, 则联结 A_0 与 A_i 的射线 A_0A_i $(i = 1, 2, \cdots, n)$ 可等角嵌入于 n 维欧氏空间 $\mathbf{E}^n$ 中.

引理 2 设 $\mathscr{A}$ 为 n 维双曲空间 H_r^n 中的单形, 其顶点集为 $\{A_0, A_1, \cdots, A_n\}$, $\triangle A_0A_iA_j$ 的双曲距离为 $\mathrm{arcl}(A_0A_i) = a_{0i}$, $\mathrm{arcl}(A_0A_j) = a_{0j}$, $\mathrm{arcl}(A_iA_j) = a_{ij}$, 则矩阵

$$Q = \begin{pmatrix} \cosh^2 \frac{a_{01}}{r} - 1 & \cosh \frac{a_{01}}{r} \cosh \frac{a_{02}}{r} - \cosh \frac{a_{12}}{r} & \cdots & \cosh \frac{a_{01}}{r} \cosh \frac{a_{0n}}{r} - \cosh \frac{a_{1n}}{r} \\ \cosh \frac{a_{02}}{r} \cosh \frac{a_{01}}{r} - \cosh \frac{a_{21}}{r} & \cosh^2 \frac{a_{02}}{r} - 1 & \cdots & \cosh \frac{a_{02}}{r} \cosh \frac{a_{0n}}{r} - \cosh \frac{a_{2n}}{r} \\ \cdots & \cdots & \cdots & \cdots \\ \cosh \frac{a_{0n}}{r} \cosh \frac{a_{01}}{r} - \cosh \frac{a_{n1}}{r} & \cosh \frac{a_{0n}}{r} \cosh \frac{a_{02}}{r} - \cosh \frac{a_{n2}}{r} & \cdots & \cosh^2 \frac{a_{0n}}{r} - 1 \end{pmatrix}$$

是正定的.

证 设 α_{ij} 为双曲单形 $\mathscr{A}$ 中的双曲 $\triangle A_0A_iA_j$ 的 $\angle A_iA_0A_j$, 则由引理 1 知, 它可等角嵌入于 n 维欧氏空间 $\mathbf{E}^n$ 中, 且

$$Q_1 = \begin{pmatrix} 1 & \cos\alpha_{12} & \cdots & \cos\alpha_{1n} \\ \cos\alpha_{21} & 1 & \cdots & \cos\alpha_{2n} \\ \cdots & \cdots & \cdots & \cdots \\ \cos\alpha_{n1} & \cos\alpha_{n2} & \cdots & 1 \end{pmatrix}$$

是正定的, 又在 6.2 中, 我们已经知道在双曲 $\triangle A_0A_iA_j$ 中, 有

$$\cos\alpha_{ij}=\frac{\cosh\frac{a_{0i}}{r}\cosh\frac{a_{0j}}{r}-\cosh\frac{a_{ij}}{r}}{\sinh\frac{a_{0i}}{r}\sinh\frac{a_{0j}}{r}},\tag{6.4.1}$$

将此式代入 Q_1 中并利用 $\sinh^2\frac{a_{0j}}{r}=\cosh^2\frac{a_{0j}}{r}-1$ 便可得

$$\det Q_1=\frac{1}{\prod\limits_{i=1}^{n}\sinh^2\frac{a_{0i}}{r}}\cdot\det Q,\tag{6.4.2}$$

由于 Q_1 是正定的, 所以 Q 是正定的. □

引理 3[30] 一个半度量 $N+1$ 点组 $A_0,A_1,\cdots,A_N$ $(N\geqslant n)$ 等距离嵌入于 n 维双曲空间 $\mathbf{H}_r^n$ 中和不等距离嵌入于 H_r^{n-1} 中的充要条件是 $Q=(g_{ij})_{i,j=1}^{N}$ 的秩为 n, 且 Q 是半正定的, 而矩阵 Q 中的元素 g_{ij} 为 $g_{ij}=\cosh\frac{a_{0i}}{r}\cosh\frac{a_{0j}}{r}-\cosh\frac{a_{ij}}{r}$ $(1\leqslant i,j\leqslant N)$.

引理 4 设 $\mathscr{A}_1,\mathscr{A}_2,\cdots,\mathscr{A}_m$, $\mathscr{A}$ 均为 n 维双曲空间 H_r^n 中的单形, $\mathscr{A}_k$ 的顶点集为 $\{A_0^{(k)},A_1^{(k)},\cdots,A_n^{(k)}\}$, 顶点 $A_i^{(k)}$ 与 $A_j^{(k)}$ 之间的双曲距离为 $\mathrm{arcl}(A_i^{(k)}A_j^{(k)})=a_{ij,k}$, 又 α_1, α_2, $\cdots$, α_m 为一组正实数, 且 $\alpha_1+\alpha_2+\cdots+\alpha_m=1$, 则在 $\mathbf{H}_r^n$ 中存在一个单形 $\mathscr{A}$ 的顶点 A_i 与 A_j 之间的双曲距离为 a_{ij}, 使得如下的等式成立

$$\cosh\frac{a_{ij}}{r}=\sum_{k=1}^{m}\alpha_k\cosh\frac{a_{ij,k}}{r}.\tag{6.4.3}$$

证 由引理 3 知, 设 $g_{ij,k}=\cosh\frac{a_{0i,k}}{r}\cosh\frac{a_{0j,k}}{r}-\cosh\frac{a_{ij,k}}{r}$, 记 $Q_k=(g_{ij,k})_{i,j=1}^{n}$, 则有半正定二次型

$$\varphi_k(x)=\sum_{i=1}^{n}\sum_{j=1}^{n}g_{ij,k}\,x_ix_j,\tag{6.4.4}$$

由此可得

$$\begin{aligned}\varphi(x) &= \sum_{k=1}^{m} \alpha_k \varphi_k(x) \\ &= \sum_{k=1}^{m} \alpha_k \sum_{i=1}^{n} \sum_{j=1}^{n} g_{ij,k} x_i x_j \\ &= \sum_{i=1}^{n} \sum_{j=1}^{n} \left(\sum_{k=1}^{m} \alpha_k g_{ij,k} \right) x_i x_j \\ &= \sum_{i=1}^{n} \sum_{j=1}^{n} g_{ij} x_i x_j,\end{aligned}$$

仍是正定的, 即矩阵 $Q = (g_{ij})_{i,j=1}^{n}$ 仍是正定的, 所以由引理 3 知, 在 $\mathbf{H}_r^n$ 中存在一个单形 $\mathscr{A}$, 使得 $\mathscr{A}$ 的顶点 $A_0, A_1, \cdots, A_n$ 之间的双曲距离满足引理 2 中的 Q, 从而比较 g_{ij} 与 $g_{ij,k}$ 中相应的项应有

$$\cosh \frac{a_{ij}}{r} = \sum_{k=1}^{m} \alpha_k \cosh \frac{a_{ij,k}}{r},$$

此式即为 (6.4.3) 式. □

易知由 (6.4.3) 所确定的 n 维双曲单形 $\mathscr{A}$ 是 $\mathscr{A}_1, \mathscr{A}_2, \cdots, \mathscr{A}_m$ 关于正实数 $\alpha_1, \alpha_2, \cdots, \alpha_m$ 的加权 (或广义) 度量平均.

引理 5 设 A 及 $\overline{A}$ 分别与 (6.2.15) 中的 A 及 $\overline{A}$ 相同, Q 与引理 2 中的 Q 相同, 并且令

$$\overline{Q} = \begin{pmatrix} 0 & 1-\cosh\frac{a_{01}}{r} & \cdots & 1-\cosh\frac{a_{0n}}{r} \\ 1-\cosh\frac{a_{10}}{r} & & & \\ \vdots & & Q & \\ 1-\cosh\frac{a_{n0}}{r} & & & \end{pmatrix},$$

则有

$$\det \overline{Q} = (-1)^{n+1} \cdot \left(\det A + \det \overline{A}\right), \tag{6.4.5}$$

$$\det Q = (-1)^{n} \cdot \det A. \tag{6.4.6}$$

证　首先将 $\overline{Q}$ 的第 1 行分别乘以 $\cosh \frac{a_{01}}{r}, \cosh \frac{a_{02}}{r}, \cdots, \cosh \frac{a_{0n}}{r}$ 后加到第 2, 第 3, $\cdots$, 第 $n+1$ 行上, 得

$$\begin{aligned}
&\det \overline{Q} \\
&= \begin{vmatrix} 0 & 1-\cosh\frac{a_{01}}{r} & \cdots & 1-\cosh\frac{a_{0n}}{r} \\ 1-\cosh\frac{a_{10}}{r} & & & \\ \vdots & & \boxed{\cosh\frac{a_{0j}}{r}-\cosh\frac{a_{ij}}{r}} & \\ 1-\cosh\frac{a_{n0}}{r} & & & \end{vmatrix} \\
&= \begin{vmatrix} 1 & 0 & 0 & \cdots & 0 \\ 1 & 0 & 1-\cosh\frac{a_{10}}{r} & \cdots & 1-\cosh\frac{a_{0n}}{r} \\ 1 & 1-\cosh\frac{a_{n0}}{r} & & & \\ \vdots & \vdots & & \boxed{\cosh\frac{a_{0j}}{r}-\cosh\frac{a_{ij}}{r}} & \\ 1 & 1-\cosh\frac{a_{n0}}{r} & & & \end{vmatrix} \\
&= \begin{vmatrix} 1 & -1 & \cdots & -1 \\ 1 & & & \\ \vdots & & \boxed{-\cosh\frac{a_{ij}}{r}} & \\ 1 & & & \end{vmatrix}.
\end{aligned}$$

由此立即可得

$$\det \overline{Q} = (-1)^{n+1} \cdot \left(\det A + \det \overline{A}\right).$$

又因为

$$\det Q=\begin{vmatrix} 1 & 0 & \cdots & 0 \\ \cosh\frac{a_{01}}{r} & & & \\ \vdots & & Q & \\ \cosh\frac{a_{0n}}{r} & & & \end{vmatrix},$$

用 $-\cosh\frac{a_{01}}{r},-\cosh\frac{a_{02}}{r},\cdots,-\cosh\frac{a_{0n}}{r}$ 分别乘以上述行列式的第 1 列后再加到第 $2,3,\cdots,n+1$ 列上, 并提取第 $2,3,\cdots,n+1$ 列中的 (-1) 便得

$$\det Q=(-1)^n\cdot\det A.$$

显然此式又是 (6.4.6) 式. □

定理 1 设 $\mathscr{A}$, $\mathscr{B}$, $\mathscr{C}$ 均为 n 维双曲空间 $\mathbf{H}_r^n$ 中的单形, 它们的外接球半径分别为 $R_{\mathscr{A}}$, $R_{\mathscr{B}}$, $R_{\mathscr{C}}$, 若 $\mathscr{C}$ 为 $\mathscr{A}$ 与 $\mathscr{B}$ 关于正实数 α, β 的广义度量平均, 则有

$$\coth^2\frac{R_{\mathscr{C}}}{r}\geqslant\alpha\cdot\coth^2\frac{R_{\mathscr{A}}}{r}+\beta\cdot\coth^2\frac{R_{\mathscr{B}}}{r},\qquad(6.4.7)$$

当且仅当 $\mathscr{A}\cong\mathscr{B}$ 时等号成立.

证 由 (6.2.15) 及 (6.4.5) 和 (6.4.6) 知

$$\cosh^2\frac{R}{r}=-\frac{\det A}{\det\overline{A}}=\frac{\det Q}{\det Q+\det\overline{Q}},$$

所以有

$$\coth^2\frac{R}{r}=-\frac{\det Q}{\det\overline{Q}}.\qquad(6.4.8)$$

由引理 2 知, Q 是正定的, 所以由 (5.3.8) 可得

$$\frac{\det\left(\alpha Q_{\mathscr{A}}+\beta Q_{\mathscr{B}}\right)}{det\left(\overline{\alpha Q_{\mathscr{A}}+\beta Q_{\mathscr{B}}}\right)}\leqslant\alpha\cdot\frac{\det Q_{\mathscr{A}}}{\det\overline{Q_{\mathscr{A}}}}+\beta\cdot\frac{\det Q_{\mathscr{B}}}{\det\overline{Q_{\mathscr{B}}}},\quad(6.4.9)$$

即

$$\frac{\det Q_{\mathscr{C}}}{\det \overline{Q_{\mathscr{C}}}} \leqslant \alpha \cdot \frac{\det Q_{\mathscr{A}}}{\det \overline{Q_{\mathscr{A}}}} + \beta \cdot \frac{\det Q_{\mathscr{B}}}{\det \overline{Q_{\mathscr{B}}}}, \tag{6.4.10}$$

故由 (6.4.8) 便立即可得 (6.4.7). □

推论 1　设 $\mathscr{A}_1$, $\mathscr{A}_2$, $\cdots$, $\mathscr{A}_m$, $\mathscr{A}$ 均为 n 维双曲空间 H_r^n 中的单形, 若它们的外接球半径分别为 R_1, R_2, $\cdots$, R_m, R, 且 $\mathscr{A}$ 为 $\mathscr{A}_1$, $\mathscr{A}_2$, $\cdots$, $\mathscr{A}_m$ 关于正实数 $\alpha_1,\alpha_2,\cdots,\alpha_m$ 的广义度量平均, 则有

$$\coth^2 \frac{R}{r} \geqslant \sum_{i=1}^{m} \alpha_i \cdot \coth^2 \frac{R_i}{r}, \tag{6.4.11}$$

当且仅当 $\mathscr{A}_1$, $\mathscr{A}_2$, $\cdots$, $\mathscr{A}_m$ 均全等时等号成立.

由 (6.4.6) 我们可设 Q 的 k 阶主子式为 $Q_{(k)}$, 并且记

$$\det Q_{(k)} = k!^2 \cdot \sinh^2 \frac{V_{(k)}}{r},\ (0 \leqslant k \leqslant n). \tag{6.4.12}$$

由上式, 显然有 $\det Q_{(n)} = \det Q = n!^2 \cdot \sinh^2 \frac{V_{(n)}}{r} = n!^2 \cdot \sinh^2 \frac{V}{r}$, 并且当 $k=0$ 时, 我们约定$\det Q_{(0)} = 1$.

定理 2　设 $\mathscr{A}_1$, $\mathscr{A}_2$, $\cdots$, $\mathscr{A}_m$, $\mathscr{A}$ 均为 n 维双曲空间 $\mathbf{H}_r^n$ 中的单形, 若 $\mathscr{A}$ 为 $\mathscr{A}_1$, $\mathscr{A}_2$, $\cdots$, $\mathscr{A}_m$, 关于正实数 $\alpha_1,\alpha_2,\cdots,\alpha_m$ 的广义度量平均, 则有

$$\left(\frac{\sinh \frac{V}{r}}{\sinh \frac{V_{(k)}}{r}}\right)^{\frac{2}{n-k}} \geqslant \sum_{i=1}^{m} \alpha_i \cdot \left(\frac{\sinh \frac{V_i}{r}}{\sinh \frac{V_{(k)i}}{r}}\right)^{\frac{2}{n-k}},\ (0 \leqslant k \leqslant n), \tag{6.4.13}$$

当且仅当 $\mathscr{A}_1$, $\mathscr{A}_2$, $\cdots$, $\mathscr{A}_m$ 均全等时等号成立.

证　因矩阵 Q 是正定的, 所以若设单形 $\mathscr{A}_i$ 所对应的 (6.2.7) 中矩阵 A_i 的相应矩阵为 Q_i, 且 Q_i 的左

上角的 k 阶顺序主子式为 $Q_{i(11)}$, 则由 (5.5.4) 可得

$$\left(\frac{\det Q}{\det Q_{(11)}}\right)^{\frac{1}{n-k}} \geqslant \sum_{i=1}^{m} \alpha_i \cdot \left(\frac{\det Q_i}{\det Q_{i(11)}}\right)^{\frac{1}{n-k}}, \quad (6.4.14)$$

当且仅当 $Q_1 = Q_2 = \cdots = Q_m$ 时等号成立.

将 (6.4.12) 代入 (6.4.14) 内立即可得 (6.4.13). □

推论 2 条件与定理 2 中的相同, 则有

$$\sinh^{\frac{2}{n}} \frac{V}{r} \geqslant \sum_{i=1}^{m} \alpha_i \cdot \sinh^{\frac{2}{n}} \frac{V_i}{r}, \quad (6.4.15)$$

当且仅当 $\mathscr{A}_1, \mathscr{A}_2, \cdots, \mathscr{A}_m$ 均全等时等号成立.

推论 3 条件与定理 2 中的相同, 若 $\mathscr{A}_1, \mathscr{A}_2, \cdots, \mathscr{A}_m$ 中 $\mathscr{A}_j$ 的第 i 个顶点所对界面上的高为 h_{ij} $(1 \leqslant j \leqslant m)$, 而 $\mathscr{A}$ 的第 i 个顶点所对的界面上的高为 h_i, 则有

$$\sinh^2 \frac{h_i}{r} \geqslant \sum_{j=1}^{m} \alpha_i \cdot \sinh^2 \frac{h_{ij}}{r}, \quad (6.4.16)$$

当且仅当 $\mathscr{A}_1, \mathscr{A}_2, \cdots, \mathscr{A}_m$ 均全等时等号成立.

实际上, 由于

$$\begin{aligned} \sinh^2 \frac{h_i}{r} &= -\frac{\det A}{A_{ii}} \\ &= (-1)^{n+1} \cdot \frac{\det Q}{(-1)^{n-1} \cdot Q_{ii}} \\ &= \frac{\det Q}{Q_{ii}}, \end{aligned}$$

即

$$\sinh^2 \frac{h_i}{r} = \frac{\det Q}{Q_{ii}}, \quad (6.4.17)$$

所以由 (6.4.17) 和 (6.4.12) 可得

$$\sinh\frac{V}{r}=\frac{1}{n}\cdot\sinh\frac{S_i}{r}\cdot\sinh\frac{h_i}{r},\tag{6.4.18}$$

所以, 只需在 (6.4.13) 中取 $k=n-1$, 再由 (6.4.18) 便可得 (6.4.16).

由 (6.4.6) 和 (6.4.12) 知

$$\det A=(-1)^n\cdot n!^2\cdot\sinh^2\frac{V}{r}.\tag{6.4.19}$$

根据 (6.4.19) 和 (6.2.16) 可得

$$\sinh^2\frac{V}{r}\cdot\tanh^2\frac{R}{r}=\frac{(-1)^n\cdot 2^{n+1}\cdot\det D}{n!^2},\tag{6.4.20}$$

由 (6.4.20), 完全可以照搬 (6.3.10) 的证明手法证得如下的:

定理 3　设 $\mathscr{A}_1$, $\mathscr{A}_2$, $\cdots$, $\mathscr{A}_m$, $\mathscr{A}$ 均为 n 维双曲空间 $\mathbf{H}_r^n$ 中的单形, 它们的外接球半径依次为 R_1, R_2, $\cdots$, R_m, R, 若 $\mathscr{A}$ 为 $\mathscr{A}_1$, $\mathscr{A}_2$, $\cdots$, $\mathscr{A}_m$ 关于正实数 $\alpha_1,\alpha_2,\cdots,\alpha_m$ 的加权度量和, 则有

$$\left(\sinh\frac{V}{r}\cdot\tanh\frac{R}{r}\right)^{\frac{2}{n+1}}\geqslant\sum_{i=1}^{m}\alpha_i\cdot\left(\sinh\frac{V_i}{r}\cdot\tanh\frac{R_i}{r}\right)^{\frac{2}{n+1}},\tag{6.4.21}$$

当且仅当 $\mathscr{A}_1$, $\mathscr{A}_2$, $\cdots$, $\mathscr{A}_m$ 均全等时等号成立.

设 $\mathscr{A}$ 为 n 维双曲空间 $\mathbf{H}_r^n$ 中的单形, 其顶点集 $\sigma=\{A_1,A_2,\cdots,A_{n+1}\}$, 若 $\mathscr{A}$ 的外接球半径为 R, 它的覆盖半径为 R^*, 则易知有 $R\geqslant R^*$, 对于度量和的覆盖半径有如下的:

定理 4　设 $\sigma_A=\{A_1,A_2,\cdots,A_N\}$, $\sigma_B=\{B_1,B_2,\cdots,B_N\}$, $\sigma_C=\{C_1,C_2,\cdots,C_N\}$ 为 n $(N>n)$ 维双

曲空间 $\mathbf{H}_r^n$ 中的三个有限点集, 它们的双曲距离分别为 $\mathrm{arcl}(A_iA_j) = a_{ij}$, $\mathrm{arcl}(B_iB_j) = b_{ij}$, $\mathrm{arcl}(C_iC_j) = c_{ij}$, $\lambda, \mu > 0$, 且 $\lambda + \mu = 1$, 若 $c_{ij} \leqslant \lambda\, a_{ij} + \mu\, b_{ij}$, 点集 σ_A, σ_B, σ_C 的覆盖半径分别为 R_A^*, R_B^*, R_C^*, 则有

$$\cosh^2 \frac{R_C^*}{r} \leqslant \lambda \cdot \cosh^2 \frac{R_A^*}{r} + \mu \cdot \cosh^2 \frac{R_B^*}{r}, \qquad (6.4.22)$$

当且仅当 $\sigma_A = \sigma_B$ 时等号成立.

证 我们仿照 (5.3.10) 的证明手法, 由于当 $x_i > 0$ 时, 有

$$\begin{aligned}
&\sum_{i=1}^{N}\sum_{j=1}^{N}\left(\cosh \frac{c_{ij}}{r}\right) x_i x_j \\
&\leqslant \sum_{i=1}^{N}\sum_{j=1}^{N}\left(\cosh \frac{\lambda a_{ij} + \mu b_{ij}}{r}\right) x_i x_j \\
&\leqslant \lambda \cdot \sum_{i=1}^{N}\sum_{j=1}^{N}\left(\cosh \frac{a_{ij}}{r}\right) x_i x_j + \mu \cdot \sum_{i=1}^{N}\sum_{j=1}^{N}\left(\cosh \frac{b_{ij}}{r}\right) x_i x_j.
\end{aligned}$$

在约束条件$x_i \geqslant 0$ $(1 \leqslant i \leqslant N)$, $\sum\limits_{i=1}^{N} x_i = 1$ 之下,

对此不等式的两端同时取最大值便得

$$\begin{aligned}
\cosh^2 \frac{R_C^*}{r} &= \max_{\sum\limits_{i=1}^{N} x_i=1} \sum_{i=1}^{N}\sum_{j=1}^{N}\left(\cosh\frac{c_{ij}}{r}\right) x_i x_j \\
&\leqslant \lambda \cdot \max_{\sum\limits_{i=1}^{N} x_i=1} \sum_{i=1}^{N}\sum_{j=1}^{N}\left(\cosh\frac{a_{ij}}{r}\right) x_i x_j \\
&\quad + \mu \cdot \max_{\sum\limits_{i=1}^{N} x_i=1} \sum_{i=1}^{N}\sum_{j=1}^{N}\left(\cosh\frac{a_{ij}}{r}\right) x_i x_j \\
&\leqslant \lambda \cdot \cosh^2 \frac{R_A^*}{r} + \mu \cdot \cosh^2 \frac{R_B^*}{r}.
\end{aligned}$$

从而定理 4 得证. □

在 (6.4.22) 中当取 $\lambda=\mu=\frac{1}{2}$ 时, 便是文 [30] 中的定理 5, 实际上, 沿用同样的证法, 可以证得如下的:

推论 4 设 $\sigma_k=\{A_1^{(k)}, A_2^{(k)}, \cdots, A_N^{(k)}\}$ $(k=1, 2, \cdots, m)$, $\sigma=\{A_1, A_2, \cdots, A_N\}$ 均为 n 维双曲空间 $\mathbf{H}_r^n$ 中的两个有限点集 $(N>n)$, 它们的覆盖半径分别为 R_k^* $(1\leqslant k\leqslant m)$ 和 R, 又点集中的双曲距离为 $\operatorname{arcl}(A_i^{(k)}A_j^{(k)})=a_{ij,k}$, $\operatorname{arcl}(A_iA_j)=a_{ij}$, 又 $\alpha_1, \alpha_2, \cdots, \alpha_m$ 为一组正实数, 且 $\sum\limits_{i=1}^{m}\alpha_i=1$, 若 $a_{ij}\leqslant \alpha_1 a_{ij,1}+\alpha_2 a_{ij,2}+\cdots+\alpha_m a_{ij,m}$, 则有

$$\cosh^2\frac{R^*}{r}\leqslant \sum_{i=1}^{m}\alpha_i\cdot\cosh^2\frac{R_i^*}{r}, \tag{6.4.23}$$

当且仅当 $\sigma_1=\sigma_2=\cdots=\sigma_m$ 时等号成立.

顺便提一下, 在 (6.4.21) 中, 当 $\sum\limits_{i=1}^{m} \alpha_i = 1$ 时, 有

$$\left(\sinh \frac{V}{r} \cdot \tanh \frac{R}{r}\right)^{\frac{2}{n+1}} \geqslant \sum_{i=1}^{m} \alpha_i \cdot \left(\sinh \frac{V_i}{r} \cdot \tanh \frac{R_i}{r}\right)^{\frac{2}{n+1}}, \tag{6.4.24}$$

当且仅当 $\mathscr{A}_1$, $\mathscr{A}_2$, $\cdots$, $\mathscr{A}_m$ 均全等时等号成立.

§6.5 常曲率空间中共球有限点集的不等式

关于有限点集中的几何不等式, 我们在第 4 章中专门研究了它, 同时也讨论了共球有限点集中的几何不等式, 在这一节中将专门探讨在常曲率空间中共球有限点集的一类几何不等式.

在 n 维球面空间 $\mathbf{S}_r^n$ 中, 我们已经知道 $\frac{1}{r^2}$ 为该空间的曲率, 现记为 $\frac{1}{r} = \sqrt{K}$ $(K > 0)$, 同样, 把 n 维双曲空间 $\mathbf{H}_r^n$ 中的曲率 $-\frac{1}{r^2}$ 记为 $-\frac{1}{r^2} = K$ $(K < 0)$, 由于 n 维欧氏空间 $\mathbf{E}^n$ 中的曲率为 $K = 0$, 故我们可以引进一种记号 "$\mathbf{C}^n(K)$" 分别表示曲率为 $K = 0$ 时的 n 维欧氏空间 $\mathbf{E}^n$, 曲率为 $K > 0$ 时的 n 维球面空间 $\mathbf{S}_r^n$, 曲率为 $K < 0$ 时的 n 维双曲空间 $\mathbf{H}_r^n$, 以后我们称 $\mathbf{C}^n(K)$ 为 n 维常曲率空间.

设 $\sigma = \{A_1, A_2, \cdots, A_N\}$ 为 n 维常曲率空间 $\mathbf{C}^n(K)$ 中的共球有限点集, 点 A_i 与 A_j 之间的欧氏距离和球面距离以及双曲距离均记为 a_{ij}, 在 $\mathbf{E}^n$ 中, 记 D 为如

下的矩阵

$$D_e = \begin{pmatrix} 0 & a_{12}^2 & \cdots & a_{1N}^2 \\ a_{21}^2 & 0 & \cdots & a_{2N}^2 \\ \cdots & \cdots & \cdots & \cdots \\ a_{N1}^2 & a_{N2}^2 & \cdots & 0 \end{pmatrix};$$

在 S_r^n 中, 记 D 为如下的矩阵

$$D_s = \begin{pmatrix} 0 & \sin^2 \frac{\sqrt{K}}{2} a_{12} & \cdots & \sin^2 \frac{\sqrt{K}}{2} a_{1N} \\ \sin^2 \frac{\sqrt{K}}{2} a_{21} & 0 & \cdots & \sin^2 \frac{\sqrt{K}}{2} a_{2N} \\ \cdots & \cdots & \cdots & \cdots \\ \sin^2 \frac{\sqrt{K}}{2} a_{N1} & \sin^2 \frac{\sqrt{K}}{2} a_{N2} & \cdots & 0 \end{pmatrix};$$

在 $\mathbf{H}_r^n$ 中, 记 D 为如下的矩阵

$$D_h = \begin{pmatrix} 0 & \sinh^2 \frac{\sqrt{-K}}{2} a_{12} & \cdots & \sinh^2 \frac{\sqrt{-K}}{2} a_{1N} \\ \sinh^2 \frac{\sqrt{-K}}{2} a_{21} & 0 & \cdots & \sinh^2 \frac{\sqrt{-K}}{2} a_{2N} \\ \cdots & \cdots & \cdots & \cdots \\ \sinh^2 \frac{\sqrt{-K}}{2} a_{N1} & \sinh^2 \frac{\sqrt{-K}}{2} a_{N2} & \cdots & 0 \end{pmatrix}.$$

引理 1 D_e, D_s, D_h 如上所定义, 则有

$$\operatorname{rank} D_e = \operatorname{rank} D_s = \operatorname{rank} D_h = n + 1. \tag{6.5.1}$$

证 由 4.2 中的引理知, $\operatorname{rank} D_e = n + 1$, 由于在 S_r^n 中, 若点 A_i 与 A_j 之间的欧氏距离为 d_{ij}, 则由

(6.3.12) 知

$$D_s = \frac{K}{4}\begin{pmatrix} 0 & d_{12}^2 & \cdots & d_{1N}^2 \\ d_{21}^2 & 0 & \cdots & d_{2N}^2 \\ \cdots & \cdots & \cdots & \cdots \\ d_{N1}^2 & d_{N2}^2 & \cdots & 0 \end{pmatrix},$$

于是由 $\mathbf{E}^n$ 中的 D_e 知, $\operatorname{rank} D_s = n+1$, 而对于 $\mathbf{H}_r^n$ 中的 D_h, 由于在 $\mathbf{E}^n$ 中存在点集 $\{P_1, P_2, \cdots, P_N\}$ 使得射线 OP_i 与 OP_j 之间的夹角 φ_{ij} 可以等角嵌入到 $\mathbf{H}_r^n$ 中, 所以不妨设 $\{P_1, P_2, \cdots, P_N\}$ 为 $\mathbf{H}_r^n$ 中的共球有限点集, 球心为 C, 半径为 R, 若设点 P_i 与 P_j 之间的欧氏距离为 $|P_iP_j| = p_{ij}\ (1 \leqslant i, j \leqslant N)$, $|CP_i| = |CP_j| = p$, 则由二维欧氏平面 $\mathbf{E}^2$ 中的余弦定理和二维双曲平面 $\mathbf{H}_r^2$ 中的余弦定理以及三角恒等式 $\cosh^2\alpha - \sinh^2\alpha = 1$ 与 $\cosh 2\alpha = 2\sinh^2\alpha + 1$ 可得

$$\begin{aligned} p_{ij}^2 &= 2p^2(1-\cos\varphi_{ij}) \\ &= 2p^2\left(1 - \frac{\cosh^2\sqrt{-K}\,R - \cosh\sqrt{-K}\,a_{ij}}{\sinh^2\sqrt{-K}\,R}\right) \\ &= 2p^2\cdot\frac{\cosh\sqrt{-K}\,a_{ij} - 1}{\sinh^2\sqrt{-K}\,R} \\ &= 4p^2\cdot\frac{\sinh^2\frac{\sqrt{-K}}{2}a_{ij}}{\sinh^2\sqrt{-K}\,R}, \end{aligned}$$

从而有

$$\sinh\frac{\sqrt{-K}}{2}a_{ij} = \frac{\sinh\sqrt{-K}\,R}{2p}\cdot p_{ij}. \tag{6.5.2}$$

将 (6.5.2) 代入 D_h 中可得

$$D_h = \frac{\sinh^2 \sqrt{-K}\, R}{4p^2} \cdot \begin{pmatrix} 0 & p_{12}^2 & \cdots & p_{1N}^2 \\ p_{21}^2 & 0 & \cdots & p_{2N}^2 \\ \cdots & \cdots & \cdots & \cdots \\ p_{N1}^2 & p_{N2}^2 & \cdots & 0 \end{pmatrix},$$

从而再由 $\mathbf{E}^n$ 中的 D_e 的秩便知 $\operatorname{rank} D_h = n+1$. □

设 a_{ij} 为 n 维常曲率空间 $\mathbf{C}^n(K)$ 中点 A_i 与 A_j 之间的距离, 又矩阵 $G=(g_{ij})$ 中的 g_{ij} 相对于空间 $\mathrm{E}^n, \mathrm{S}_r^n, \mathrm{H}_r^n$ 中的单形 $\mathscr{A}$ 时, 依次等于 $\frac{1}{2}\left(a_{i,n+1}^2 + a_{n+1,j}^2 - a_{ij}^2\right)(1 \leqslant i,j \leqslant n)$, $\cos\sqrt{K}a_{ij}$, $\cosh\sqrt{-K}a_{ij}$ $(1 \leqslant i,j \leqslant n+1)$, 同样 $D=(d_{ij})_{i,j=1}^{n+1}$ 中的 d_{ij} 相对于空间 $\mathrm{E}^n, \mathrm{S}_r^n, \mathrm{H}_r^n$ 分别为 a_{ij}^2, $\sin^2\frac{\sqrt{K}}{2}a_{ij}$, $\sinh^2\frac{\sqrt{-K}}{2}a_{ij}$, R 为单形 $\mathscr{A}$ 的外接球半径, 再用 $g(R)=\left(R,\ \tan\sqrt{K}R,\ \tanh\sqrt{-K}R\right)$ 表示 $g(R)$ 相对于三种空间 $\mathrm{E}^n, \mathrm{S}_r^n, \mathrm{H}_r^n$ 分别等于 R, $\tan\sqrt{K}R$, $\tanh\sqrt{-K}R$. 一般地, 用 $d=(a,\ b,\ c)$ 表示在三种空间 $\mathrm{E}^n, \mathrm{S}_r^n, \mathrm{H}_r^n$ 中依次有 $d=a$, $d=b$, $d=c$, 并且对于 b 中的 $K>0$, c 中的 $K<0$, 即, 在球面空间 $\mathbf{S}_r^n$ 中 $K>0$, 而在双曲空间 H_r^n 中 $K<0$, 关于这一点以后不再重申. 由此记号, 对于 n 维常曲率空间 $\mathbf{C}^n(K)$ 中的单形 $\mathscr{A}$, 令

$$\det G_n = \left(\det(g_{ij})_{i,j=1}^n, \det(g_{ij})_{i,j=1}^{n+1}, (-1)^n\det(g_{ij})_{i,j=1}^{n+1}\right), \tag{6.5.3}$$

由 (6.3.4) 和 (6.4.12), 并且令

$$\begin{aligned} f(V_{(k)}) &= \frac{1}{k!}\cdot\sqrt{\det G_k} \\ &= \left(V_{(k)},\ \sin\sqrt{K}V_{(k)},\ \sinh\sqrt{-K}V_{(k)}\right). \end{aligned} \tag{6.5.4}$$

定义 称 (6.5.4) 中的 $f(V_{(k)})$ 为 n 维常曲率空间 $\mathbf{C}^n(K)$ 中单形 $\mathscr{A}$ 的 k 维常曲体积.

如下的内容均为文 [31] 中的结论.

引理 2 对于 n 维常曲率空间 $\mathbf{C}^n(K)$ 中的单形 $\mathscr{A}$, 有

$$f^2(V)g^2(R)=\left(\frac{(-1)^n}{2^{n+1}\cdot n!^2}\cdot\det D,\ \frac{(-1)^n\cdot 2^{n+1}}{n!^2}\cdot\det D,\right.$$
$$\left.\frac{(-1)^n\cdot 2^{n+1}}{n!^2}\cdot\det D\right).\tag{6.5.5}$$

实际上, 对于 (6.5.5), 由 (1.1.6) 和 (6.3.11) 以及 (6.4.20) 便立即可得.

设 $\mathrm{S}^{n-1}(R)$ 表示 n 维常曲率空间 $\mathbf{C}^n(K)$ 中半径为 R 的 $n-1$ 维超球面 (当然, 对于 H_r^n 中这样的球面, 我们所考虑的是存在的情况), $\sigma=\{A_1,A_2,\cdots,A_N\}(N>n)$ 为包含于 $\mathrm{S}^{n-1}(R)$ 的有限点集, m_i 为点 $A_i\,(1\leqslant i\leqslant N)$ 所对应的正实数, 任取 σ 中的 $k+1$ 个点 $A_{i_1},A_{i_2},\cdots,A_{i_{k+1}}$, 将其所构成的 k 维子单形 $\mathscr{A}_{i_1i_2\cdots i_{k+1}}$ 所确定的 $f(V_{(k)})$ 与 $g(R)$ 相应地记为 $f(V_{i_1i_2\cdots i_{k+1}})$ 和 $g(R_{i_1i_2\cdots i_{k+1}})$. 再令

$$M_k=\sum_{1\leqslant i_1<i_2<\cdots<i_{k+1}\leqslant N}\sum\cdots\sum m_{i_1}m_{i_2}\cdots m_{i_{k+1}}$$
$$\times f^2(V_{(k),i_1i_2\cdots i_{k+1}})g^2(R_{i_1i_2\cdots i_{k+1}}),$$

(其中 $1\leqslant k\leqslant n$) 则对于 σ 的不变量 M_k 有如下的:

定理 设 $\sigma=\{A_1,A_2,\cdots,A_N\}$ 为 $n\,(N>n)$ 维常曲率空间 $\mathbf{C}^n(K)$ 中 $n-1$ 维超球面 $\mathrm{S}^{n-1}(R)$ 上的

一个有限点集, 则有

$$M_k^2 \geqslant \frac{(k+2)(n-k+1)}{(k-1)(n-k)} \cdot M_{k-1}M_{k+1}, \ (2 \leqslant k \leqslant n-1), \tag{6.5.6}$$

当且仅当矩阵 $B = \left(\sqrt{m_i m_j} d_{ij}\right)_{i,j=1}^N$ 中的 n 个负特征值相等时等号成立.

证 由于

$$\begin{aligned}
&\det B \\
&= \begin{vmatrix} 0 & \sqrt{m_1 m_2} d_{12} & \cdots & \sqrt{m_1 m_N} d_{1N} \\ \sqrt{m_2 m_1} d_{21} & 0 & \cdots & \sqrt{m_2 m_N} d_{2N} \\ \cdots & \cdots & \cdots & \cdots \\ \sqrt{m_N m_1} d_{N1} & \sqrt{m_N m_2} d_{N2} & \cdots & 0 \end{vmatrix} \\
&= (m_1 m_2 \cdots m_N) \cdot \begin{vmatrix} 0 & d_{12} & \cdots & d_{1N} \\ d_{21} & 0 & \cdots & d_{2N} \\ \cdots & \cdots & \cdots & \cdots \\ d_{N1} & d_{N2} & \cdots & 0 \end{vmatrix} \\
&= (m_1 m_2 \cdots m_N) \cdot \det D,
\end{aligned}$$

所以 $\operatorname{rank} B = \operatorname{rank} D = n+1$.

设 I 为 N 阶单位阵, 今考虑 B 的特征方程

$$|B - xI| = 0, \tag{6.5.7}$$

将 (6.5.7) 展开可得

$$\begin{aligned}
&x^{n+1} - 0 \cdot x^n + b_2 x^{n-1} - \cdots + (-1)^k b_k x^{n+1-k} + \\
&\cdots + (-1)^{n+1} b_{n+1} = 0.
\end{aligned} \tag{6.5.8}$$

若设 $B_i^{(k)}$ 为 B 的 k 阶主子阵 $(i=1,2,\cdots,\binom{N}{k})$, 则有

$$b_k=\sum_{i=1}^{\binom{N}{k}}\det B_i^{(k)}.$$

由于 $\operatorname{rank}B=n+1$, 且 B 的 $n+1$ 个特征值中有一个是正的, n 个负的, 由 $\operatorname{trace}B=0$ 知, 这 $n+1$ 个特征值中, 一个正特征值等于 n 个负特征值之和的相反数, 由此不妨设这 $n+1$ 个非零特征值依次为 $\lambda_0,-\lambda_1,-\lambda_2,\cdots,-\lambda_n$ $(\lambda_i>0,\ 0\leqslant i\leqslant n)$, 且 $\lambda_0=\sum\limits_{i=1}^{n}\lambda_i$, 设 σ_{k+1} 为它们的 $k+1$ 阶初等对称多项式, 则由矩阵特征方程的根与矩阵各阶主子式的关系可得

$$\begin{aligned}\sigma_{k+1}=(-1)^k&\left(\sum_{1\leqslant i_1<i_2<\cdots<i_k\leqslant n}\sum\cdots\sum\lambda_0\lambda_{i_1}\cdots\lambda_{i_k}\right.\\&\left.\qquad-\sum_{1\leqslant i_1<i_2<\cdots<i_{k+1}\leqslant n}\sum\cdots\sum\lambda_{i_1}\lambda_{i_2}\cdots\lambda_{i_{k+1}}\right)\\=&\sum_{i=1}^{\binom{N}{k+1}}\det B_i^{(k+1)},\end{aligned}$$

将 $\lambda_0=\sum\limits_{i=1}^{n}\lambda_i$ 代入 σ_{k+1} 内可得 $\sigma_{k+1}=(-1)^k\cdot p_{k+1}$, 其中

$$\begin{aligned}&p_{k+1}\\&=\sum_{1\leqslant i_1<i_2<\cdots<i_k\leqslant n}\sum\cdots\sum\lambda_{i_1}\lambda_{i_2}\cdots\lambda_{i_k}(\lambda_{i_1}+\lambda_{i_2}+\cdots+\lambda_{i_k})\\&\quad+k\cdot\sum_{1\leqslant i_1<i_2<\cdots<i_{k+1}\leqslant n}\sum\cdots\sum\lambda_{i_1}\lambda_{i_2}\cdots\lambda_{i_{k+1}},\end{aligned}\tag{6.5.9}$$

所以有

$$(-1)^k\sigma_{k+1}=p_{k+1}=(-1)^k\cdot\sum_{i=1}^{\binom{N}{k+1}}\det B_i^{(k+1)},$$

于是由 (6.5.5) 可得

$$p_{k+1}=\left(2^{k+1}\cdot k!^2\cdot M_k,\ \frac{k!^2}{2^{k+1}}\cdot M_k,\ \frac{k!^2}{2^{k+1}}\cdot M_k\right), \tag{6.5.10}$$

将 (6.5.10) 中的 p_{k+1} 代入到 (4.3.2) 内经整理立即得 (6.5.6), 至于等号成立的充要条件由 (4.3.2) 中等号成立的充要条件是显而易见的. □

若将 (6.5.10) 中的 p_{k+1} 代入到 (4.3.4) 内便可得如下的:

推论 1 条件与定理中的相同, 则有

$$\frac{M_k^{l+1}}{M_l^{k+1}}\geqslant\frac{\left(k\cdot\binom{n+1}{k+1}\right)^{l+1}\cdot l!^{2(k+1)}}{\left(l\cdot\binom{n+1}{l+1}\right)^{k+1}\cdot k!^{2(l+1)}},\ (1\leqslant k<l\leqslant n), \tag{6.5.11}$$

当且仅当矩阵 $B=\left(\sqrt{m_im_j}d_{ij}\right)_{N\times N}$ 中的 n 个负特征值均相等时等号成立.

(i) 在 $f(V_{(k),i_1i_2\cdots i_{k+1}})$ 中, 当 $k=n-2$ 以及 $k=n-1$ 和 $k=n$ 时, 相应地记为 $f(V_{(n-2),ij}),f(V_{(n-1),i}),f(V)$;

(ii) 在 $g(R_{i_1i_2\cdots i_{k+1}})$ 中, 当 $k=n-2$ 以及 $k=n-1$ 和 $k=n$ 时, 相应地记为 $g(R_{ij}),\ g(R_i),\ g(R)$.

从而若在 (6.5.6) 中取 $N=n+1$ 时便可得:

推论 2 对于 n 维常曲率空间中的单形 $\mathscr{A}$, 有

$$\left(\sum_{i=1}^{n+1}\frac{f^2(V_{(n-1),i})g^2(R_i)}{m_i}\right)^2\geqslant\frac{2(n+1)}{n-2}\cdot f^2(V)g^2(R)\times$$

$$\times \left(\sum_{1 \leqslant i < j \leqslant n+1} \frac{f^2(V_{(n-2),\, ij}) g^2(R_{ij})}{m_i m_j} \right), \qquad (6.5.12)$$

当且仅当矩阵 $B = \left(\sqrt{m_i m_j} d_{ij}\right)_{N \times N}$ 中的 n 个负特征值均相等时等号成立.

同样, 若在 (6.5.11) 中取 $N = n+1$, $k = n-1$, $l = n$ 时, 有:

推论 3 对于 n 维常曲率空间 $\mathbf{C}^n(K)$ 中的单形 $\mathscr{A}$, 有

$$\left(\prod_{i=1}^{n+1} m_i \right) \left(\sum_{i=1}^{n+1} \frac{f^2(V_{(n-1),i}) g^2(R_i)}{m_i} \right)^{n+1}$$

$$\geqslant \frac{n^n (n^2-1)^{n+1}}{(n-1)!^2} \cdot (f(V) g(R))^{2n}, \qquad (6.5.13)$$

当且仅当矩阵 $B = \left(\sqrt{m_i m_j} d_{ij}\right)_{(n+1) \times (n+1)}$ 中的 n 个负特征值均相等时等号成立.

特别地, 在 (6.5.13) 中取 $m_i = f^2(V_{(n-1),i}) g^2(R_i)$ $(1 \leqslant i \leqslant n+1)$, 则有:

推论 4 对于 n 维常曲率空间 $\mathbf{C}^n(K)$ 中的单形 $\mathscr{A}$, 有

$$\prod_{i=1}^{n+1} f(V_{(n-1),i}) g(R_i) \geqslant \frac{\sqrt{n^n (n-1)^{n+1}}}{(n-1)!} \cdot (f(V) g(R))^n, \qquad (6.5.14)$$

当且仅当 $n+1$ 阶矩阵 $\left(f(V_{(n-1),\, i}) f(V_{(n-1),j}) g(R_j) d_{ij}\right)$ 中的 n 个负特征值均相等时等号成立.

若记 $T_k = \prod_{i=1}^{\binom{N}{k+1}} \left(f(V_{(k),i}) g(R_{(k),i})\right)$ $(1 \leqslant k \leqslant n)$, 则可以给出如下的:

推论 5 对于 $\mathbf{C}^n(K)$ 中的有限点集 $\sigma=\{A_1, A_2, \cdots, A_N\}$, 则当 $1 \leqslant k < l \leqslant n$ 时, 有

$$\left(\frac{k!}{\sqrt{k}}\cdot T_k^{\frac{1}{\binom{N}{k+1}}}\right)^{\frac{1}{k+1}} \geqslant \left(\frac{l!}{\sqrt{l}}\cdot T_l^{\frac{1}{\binom{N}{l+1}}}\right)^{\frac{1}{l+1}}, \tag{6.5.15}$$

当且仅当所有的 $f(V_{(k),i})g(R_{(k),i})$ 与 $f(V_{(k),j})g(R_{(k),j})$ $(i \neq j, 1 \leqslant i, j \leqslant \binom{N}{k+1})$ 均相等时等号成立.

对于 (6.5.15) 的证明, 完全可以仿照 (4.3.13) 的证明进行, 所以此处就不再给出了, 请读者自己给出.

推论 6 设 $\{A_1, A_2, \cdots, A_{n+1}\}$ 为 n 维常曲率空间 $\mathbf{C}^n(K)$ 中单形 $\mathscr{A}$ 的顶点集, 若顶点 A_i 与 A_j 之间的常曲距离为 a_{ij}, 则有

$$\left(\prod_{1 \leqslant i<j \leqslant n+1} f\left(\frac{a_{ij}}{2}\right)\right)^{\frac{2}{n}} \geqslant \frac{n!}{\sqrt{2^{n+1}\cdot n}}\cdot f(V)g(R), \tag{6.5.16}$$

当且仅当矩阵 $B=(d_{ij})_{(n+1)\times(n+1)}$ 中的 n 个负特征值均相等时等号成立.

实际上, 只需在 (6.5.15) 中取 $N=n+1$, $k=1$, $l=n$ 即可得到 (6.5.16).

另外, 在 (6.5.15) 中, 当 $k=1$ 时等号成立的充要条件是所有的 a_{ij} 均相等, 所以 (6.5.16) 中等号成立的充要条件是 $\mathscr{A}$ 为正则单形.

§6.6 常曲率空间中单形的中面公式

在二维欧氏平面上三角形的中线公式是众所周知的, 但对于非欧空间中三角形的中线公式就鲜为人知

了, 然而, 对于高维常曲率空间中单形 $\mathscr{A}$ 来说, 迄今没有关于单形中面的计算公式, 本节将给出 n 维常曲率空间中单形的中面公式及相关的不等式.

定义 设 $\mathscr{A}$ 为 n 维常曲率空间 $\mathbf{C}^n(K)$ 中的单形, 其顶点集为 $\{A_1, A_2, \cdots, A_{n+1}\}$, 点 A_i 与 A_j 之间的常曲距离为 $\operatorname{arcl}(A_iA_j) = a_{ij}$ (即单形 $\mathscr{A}$ 的棱长), P_{ij} 为棱 a_{ij} 的中点, 则由顶点集 $\{A_1, A_2, \cdots, A_{i-1}, A_{i+1}, \cdots, A_{j-1}, A_{j+1}, \cdots, A_{n+1}, P_{ij}\}$ 所构成的 $n-1$ 维单形 π_{ij} 叫作过单形 $\mathscr{A}$ 的棱 A_iA_j 中点 P_{ij} 的中面.

采用 §6.5 中的记号, 此处仍用记号

$$f(V_{(k)}) = \left(V_{(k)},\ \sin\sqrt{K}V_{(k)},\ \sinh\sqrt{-K}V_{(k)}\right).$$

定理 1 设 $\mathscr{A}$ 为 n 维常曲率空间 $\mathbf{C}^n(K)$ 中的单形, 过 $\mathscr{A}$ 的棱 A_iA_j 的中点 P_{ij} 的 $n-1$ 维中面 π_{ij} 的度量为 $f(M_{ij})$, 又 $\mathscr{A}$ 的顶点 A_i 与 A_j 所对的二界面的内二面角为 θ_{ij}, 记

$$c_{ij} = \left(1,\ \cos\frac{\sqrt{K}}{2}a_{ij},\ \cosh\frac{\sqrt{-K}}{2}a_{ij}\right),$$

$$(1 \leqslant i, j \leqslant n+1, i \neq j),$$

则有

$$f^2(M_{ij}) = \frac{1}{4c_{ij}^2}\cdot\big(f^2(V_{(n-1),i}) + f^2(V_{(n-1),j})$$

$$+2f(V_{(n-1),i})f(V_{(n-1),j})\cdot\cos\theta_{ij}\big),\quad(6.6.1)$$

其中 $1 \leqslant i, j \leqslant n+1$, 且 $i \neq j$.

证 当 $\mathscr{A} \subset \mathbf{E}^n$ 时, 由 (1.3.11) 知

$$\sin\theta_{ij} = \frac{nV}{n-1} \cdot \frac{V_{(n-2),\,ij}}{V_{(n-1),\,i}V_{(n-1),\,j}}. \tag{6.6.2}$$

设中面 π_{ij} 将 θ_{ij} 分成的两部分为 $\theta_{1,ij}$ 与 $\theta_{2,ij}$, 即有 $\theta_{1,ij}+\theta_{2,ij} = \theta_{ij}$, 由于点 P_{ij} 为棱 a_{ij} 的中点, 故由顶点集 $\{A_1, A_2, \cdots, A_{i-1}, P_{ij}, A_{i+1}, \cdots, A_{n+1}\}$ 构成的单形的体积与由顶点集 $\{A_1, A_2, \cdots, A_{j-1}, P_{ij}, A_{j+1}, \cdots, A_{n+1}\}$ 构成的单形的体积相等, 且等于 $\frac{1}{2}V$, 所以对于 $k = 1, 2$, 由 (6.6.2) 容易得

$$\frac{1}{2}V \cdot V_{(n-2),\,ij} = \frac{n-1}{n} \cdot V_{(n-1),\,i} \cdot M_{ij} \cdot \sin\theta_{k,ij},$$

所以有

$$V_{(n-1),\,i}\sin\theta_{1,ij} - V_{(n-1),\,j}\sin\theta_{2,ij} = 0. \tag{6.6.3}$$

另一方面, 由射影定理容易得

$$V_{(n-1),\,i}\cos\theta_{1,ij} + V_{(n-1),\,j}\cos\theta_{2,ij} = 2M_{ij}, \tag{6.6.4}$$

$(6.6.3)^2 + (6.6.4)^2$ 可得

$$\begin{aligned}
4M_{ij}^2 &= (V_{(n-1),i}\sin\theta_{1,ij} - V_{(n-1),\,j}\sin\theta_{2,ij})^2 \\
&\quad + (V_{(n-1),i}\cos\theta_{2,ij} + V_{(n-1),j}\cos\theta_{2,ij})^2 \\
&= V_{(n-1),i}^2 + V_{(n-1),j}^2 + 2V_{(n-1),i}V_{(n-1),j} \\
&\quad \times (\cos\theta_{1,ij}\cos\theta_{2,ij} - \sin\theta_{1,ij}\sin\theta_{2,ij}) \\
&= V_{(n-1),i}^2 + V_{(n-1),j}^2 + 2V_{(n-1),i}V_{(n-1),j}\cos\theta_{ij},
\end{aligned}$$

即

$$M_{ij}^2 = \frac{1}{4}\left(V_{(n-1),i}^2 + V_{(n-1),j}^2 + 2V_{(n-1),i}V_{(n-1),j}\cos\theta_{ij}\right). \tag{6.6.5}$$

当 $\mathscr{A} \subset \mathbf{S}_r^n$ 时, 对于二维球面上的 $\triangle ABC$, 设 P 为 BC 的中点, 记球面距离 $\operatorname{arcl}(BC) = a, \operatorname{arcl}(CA) = b$, $\operatorname{arcl}(AB) = c$, $\operatorname{arcl}(AP) = m_a$, 则由 $\mathbf{E}^2$ 中的 $\triangle ABC$ 的 4 元基本图形 $\{A, B, C, P\}$ 可得

$$\begin{vmatrix} 1 & \cos\sqrt{K}c & \cos\sqrt{K}b & \cos\sqrt{K}m_a \\ \cos\sqrt{K}c & 1 & \cos\sqrt{K}a & \cos\frac{\sqrt{K}}{2}a \\ \cos\sqrt{K}b & \cos\sqrt{K}a & 1 & \cos\frac{\sqrt{K}}{2}a \\ \cos\sqrt{K}m_a & \cos\frac{\sqrt{K}}{2}a & \cos\frac{\sqrt{K}}{2}a & 1 \end{vmatrix} = 0,$$

将此行列式展开并解出 $\cos\sqrt{K}m_a$ 可得

$$\cos\sqrt{K}m_a = \frac{\cos\sqrt{K}b + \cos\sqrt{K}c}{2\cos\frac{\sqrt{K}}{2}a}. \tag{6.6.6}$$

今考虑 $\mathbf{S}_r^n$ 中单形 $\mathscr{A}$ 的中面 M_{ij}, 其顶点集为 $\{A_1, \cdots, A_{i-1}, A_{i+1}, \cdots, A_{j-1}, A_{j+1}, \cdots, A_{n+1}, P_{ij}\}$, 则有

$$Q_{ij} = \begin{vmatrix} \boxed{\cos\sqrt{K}a_{kl}} & \begin{matrix} \cos\sqrt{K}m_{1,ij} \\ \cos\sqrt{K}m_{2,ij} \\ \vdots \\ \cos\sqrt{K}m_{n+1,ij} \end{matrix} \\ \cos\sqrt{K}m_{1,ij} \quad \cos\sqrt{K}m_{2,ij} \quad \cdots \quad \cos\sqrt{K}m_{n+1,ij} & 1 \end{vmatrix},$$

其中 $k, l \neq i, j$.

设 A_{ij} 为 (6.1.9) 里矩阵 A 中元素 $\cos\frac{a_{ij}}{r}$ (即 $\cos\sqrt{K}a_{ij}$) 的代数余子式, 将中线公式 (6.6.6) 应用到 $\triangle A_kA_iA_j$ 的边 A_iA_j 上, 便有

$$\cos\sqrt{K}m_{k,ij}=\frac{\cos\sqrt{K}a_{ki}+\cos\sqrt{K}a_{kj}}{2\cos\frac{\sqrt{K}}{2}a_{ij}},$$

将此式代入 Q_{ij} 中, 再提取最后一行与最后一列中分母 $2\cos\frac{\sqrt{K}}{2}a_{ij}$, 若令行列式

$$D=\left|\begin{array}{ll}\boxed{\cos\sqrt{K}a_{kl}} & \\ \cos\sqrt{K}a_{1i}+\cos\sqrt{K}a_{1j} \quad \cos\sqrt{K}a_{2i}+\cos\sqrt{K}a_{2j} & \end{array}\right.$$

$$\left.\begin{array}{cc} & \cos\sqrt{K}a_{1i}+\cos\sqrt{K}a_{1j} \\ & \cos\sqrt{K}a_{2i}+\cos\sqrt{K}a_{2j} \\ & \vdots \\ & \cos\sqrt{K}a_{n+1,i}+\cos\sqrt{K}a_{n+1,j} \\ \cdots & 4\cos^2\frac{\sqrt{K}}{2}a_{ij}\end{array}\right|,$$

则有 $Q_{ij}=\frac{D}{4\cos^2\frac{\sqrt{K}}{2}a_{ij}}$. 又因为行列式

$$D=\left|\begin{array}{ll}\boxed{\cos\sqrt{K}a_{kl}} & \\ \cos\sqrt{K}a_{1i}+\cos\sqrt{K}a_{1j} \quad \cos\sqrt{K}a_{2i}+\cos\sqrt{K}a_{2j} & \end{array}\right.$$

$$
\begin{array}{l|}
\cos\sqrt{K}a_{1i}+\cos\sqrt{K}a_{1j}\\
\vdots\\
\cos\sqrt{K}a_{n+1,i}+\cos\sqrt{K}a_{n+1,j}\\
2+2
\end{array}
$$

$$
-4\sin^2\frac{\sqrt{K}}{2}a_{ij}\cdot\left|\begin{array}{c}\boxed{\cos\sqrt{K}a_{kl}}\end{array}\right|\quad(k,l\neq i,j)
$$

$$
=A_{ii}+A_{jj}
$$

$$
+2\cdot\left|\begin{array}{cccc}
 & \boxed{\cos\sqrt{K}a_{kl}} & & \\
\cos\sqrt{K}a_{j1} & \cos\sqrt{K}a_{j2} & \cdots & \cos\sqrt{K}a_{j,n+1}
\end{array}\right.
$$

$$
\left.\begin{array}{l}
\cos\sqrt{K}a_{1i}\\
\cos\sqrt{K}a_{2i}\\
\vdots\\
\cos\sqrt{K}a_{n+1,i}\\
1
\end{array}\right|
$$

$$
=A_{ii}+A_{jj}+2A_{\binom{i}{j}^\tau},
$$

所以有

$$
Q_{ij}=\frac{1}{4\cos^2\frac{\sqrt{K}}{2}a_{ij}}\cdot\left(A_{ii}+A_{jj}+2A_{\binom{i}{j}^\tau}\right).\tag{6.6.7}
$$

由 (6.1.14) 和 (6.3.4) 知

$$
\begin{aligned}
Q_{ij}&=(n-1)!^2\cdot\sin^2 M_{ij},\\
A_{ii}&=(n-1)!^2\cdot\sin^2\sqrt{K}\,V_{(n-1),\,i},
\end{aligned}
$$

$$A_{jj}=(n-1)!^2\cdot\sin^2\sqrt{K}\,V_{(n-1),\,j},$$

$$\begin{aligned}A_{\binom{i}{j}^\tau}&=\sqrt{A_{ii}A_{jj}}\cos\theta_{ij}\\&=(n-1)!^2\cdot\sin\sqrt{K}V_{(n-1),i}\sin\sqrt{K}V_{(n-1),j}\cos\theta_{ij},\end{aligned}$$

将这些式子代入 (6.6.7) 内立即可得 (6.6.1) 中 $\mathbf{S}_r^n$ 的情形.

当 $\mathscr{A}\subset\mathbf{H}_r^n$ 时, 首先仿照推导 (6.6.6) 的中线公式, 得到双曲平面上 $\triangle ABC$ 的边 BC 上的中线公式

$$\cosh\sqrt{-K}m_a=\frac{\cosh\sqrt{-K}\,b+\cosh\sqrt{-K}\,c}{2\cosh\frac{\sqrt{-K}}{2}a},\quad(6.6.8)$$

然后完全照搬上述步骤进行推导 $\mathscr{A}\subset\mathbf{H}_r^n$ 时的中面公式. □

推论 1 设 $\mathscr{A}$ 为 n 维常曲率空间 $\mathbf{C}^n(K)$ 中的单形, 记

$$2p=2c_{ij}f(M_{ij})+f(V_{(n-1),i})+f(V_{(n-1),\,j}),$$

$$(1\leqslant i,j\leqslant n+1),$$

则有

$$f(V_{(n)})=\frac{2(n-1)}{n\cdot f(V_{(n-2),\,ij})}\times$$

$$\sqrt{p(p-2c_{ij}f(M_{ij}))(p-f(V_{(n-1),\,i}))(p-f(V_{(n-1),\,j}))}.\quad(6.6.9)$$

实际上，对于单形 $\mathscr{A}\subset C^n(K)$, 容易证得如下的

$$\sin\theta_{ij}=\frac{n\cdot f(V_{(n)})}{n-1}\cdot\frac{f(V_{(n-1),\,ij})}{f(V_{(n-1),\,i})f(V_{(n-1),\,j})},\quad(6.6.10)$$

故由 (6.6.1) 和 (6.6.10) 利用恒等式 $\sin^2\theta_{ij}+\cos^2\theta_{ij}=1$ 便可得 (6.6.9).

定理 2 设 $\mathscr{A}$ 为 n 维常曲率空间 $\mathbf{C}^n(K)$ 中的单形, m_i 为 $\mathscr{A}$ 的顶点 A_i $(1\leqslant i\leqslant n+1)$ 所对应的正实数, 则当 $\mathscr{A}\subset\mathbf{E}^n$ 与 $\mathscr{A}\subset\mathbf{S}_r^n$ 时, 有

$$\left(\sum_{i=1}^{n+1}m_i\right)\left(\sum_{i=1}^{n+1}m_if^2(V_{(n-1),i})\right)$$

$$\geqslant 4\cdot\sum_{1\leqslant i<j\leqslant n+1}m_im_jc_{ij}^2f^2(M_{ij}),\tag{6.6.11}$$

当 $\mathscr{A}\subset\mathbf{E}^n$ 时, 当且仅当 $m_1=m_2=\cdots=m_{n+1}$ 时等号成立; 当 $\mathscr{A}\subset\mathbf{S}_r^n$ 时, (6.6.11) 为严格不等式. 当 $\mathscr{A}\subset\mathbf{H}_r^n$ 时, 有

$$\left(\sum_{\substack{i=1\\i\neq k}}^{n+1}m_i\right)\left(\sum_{\substack{i=1\\i\neq k}}^{n+1}m_if^2(V_{(n-1),i})\right)$$

$$\geqslant 4\cdot\sum_{\substack{1\leqslant i<j\leqslant n+1\\i,j\neq k}}m_im_jc_{ij}^2f^2(M_{ij}),\tag{6.6.12}$$

此时 (6.6.12) 为严格不等式.

证 设 θ_{ij} 为 n 维常曲率空间 $\mathbf{C}^n(K)$ 中的单形 $\mathscr{A}$ 的顶点 A_i 与 A_j 所对的二界面所夹的内二面角, 则矩阵 Θ 的秩为 $\operatorname{rank}\Theta=(n,n+1,n+1)$, 故 Θ 在 $\mathbf{E}^n$ 中是半正定的, 在 $\mathbf{S}_r^n$ 中是正定的, 而在 $\mathbf{H}_r^n$ 中我们已经知道, $\det\Theta<0$, 当 $1\leqslant k\leqslant n$ 时 Θ 的 k 阶主子式是正的, 即 $\det\Theta_k>0$ $(1\leqslant k\leqslant n)$. 故若设 $x_1,x_2,\cdots,x_{n+1}$ 是一组实数, 则由 Θ 所确定的二次型在 $\mathbf{E}^n$ 中是半正定

的, 在 $\mathbf{S}_r^n$ 中是正定的, 而在 $\mathbf{H}_r^n$ 中任意 $k\,(1\leqslant k\leqslant n)$ 阶是正定的, 即

$$\sum_{i=1}^{n+1}x_i^2\geqslant 2\sum_{1\leqslant i<j\leqslant n+1}x_ix_j\cos\theta_{ij},\tag{6.6.13}$$

当 $\mathscr{A}\subset\mathbf{E}^n$ 时, 当且仅当 $x_1:x_2:\cdots:x_{n+1}=V_{(n-1),1}:V_{(n-1),2}:\cdots:V_{(n-1),n+1}$ 时等号成立;

当 $\mathscr{A}\subset\mathbf{S}_r^n$, $\mathscr{A}\subset\mathbf{H}_r^n$ 时, 等号当且仅当 $x_1=x_2=\cdots=x_{n+1}=0$ 时成立.

将中面公式 (6.6.1) 中的 $\cos\theta_{ij}$ 解出来并代入不等式 (6.6.13) 内, 取 $x_i=m_if(V_{(n-1),\,i}),(1\leqslant i\leqslant n+1)$, 再利用恒等式

$$\begin{aligned}&\sum_{i=1}^{n+1}m_i^2f^2(V_{(n-1),\,i})\\&\quad+\sum_{1\leqslant i<j\leqslant n+1}m_im_j(f^2(V_{(n-1),\,i})+f^2(V_{(n-1),\,j}))\\&=\left(\sum_{i=1}^{n+1}m_i\right)\left(\sum_{i=1}^{n+1}m_if^2(V_{(n-1),\,i})\right),\end{aligned}$$

便得到 (6.6.11) (或 (6.6.12)), 至于等号成立的充要条件由 (6.6.13) 所得的方程组

$$\left\{\begin{array}{l}x_1-x_2\cos\theta_{12}-\cdots-x_{n+1}\cos\theta_{1,n+1}=0\\-x_1\cos\theta_{21}+x_2-\cdots-x_{n+1}\cos\theta_{2,n+1}=0\\\qquad\qquad\vdots\\-x_1\cos\theta_{n+1,1}-x_2\cos\theta_{n+1,2}-\cdots+x_{n+1}=0\end{array}\right.,$$

根据 $\operatorname{rank}\Theta=(n,n+1,n+1)$ 知, 此方程组在 n 维欧氏空间 $\mathbf{E}^n$ 中有非零解, 且不难求得为 $x_1:x_2:\cdots:$

$x_{n+1} = V_{(n-1),1} : V_{(n-1),2} : \cdots : V_{(n-1),n+1}$, 而在 S_r^n 与 $\mathbf{H}_r^n$ 中显然只有零解, 即 $x_1 = x_2 = \cdots = x_{n+1} = 0$. □

推论 2 条件与定理 2 中的相同, 则当 $\mathscr{A} \subset \mathbf{E}^n$ 与 $\mathscr{A} \subset \mathbf{S}_r^n$ 时, 有

$$\left(\sum_{i=1}^{n+1} m_i f(V_{(n-1),\,i})\right)\left(\sum_{i=1}^{n+1} \frac{m_i}{f(V_{(n-1),\,j})}\right)$$

$$\geqslant 4 \cdot \sum_{1 \leqslant i<j \leqslant n+1} m_i m_j \cdot \frac{c_{ij}^2 \cdot f^2(M_{ij})}{f(V_{(n-1),\,i}) f(V_{(n-1),\,j})}, \quad (6.6.14)$$

当 $\mathscr{A} \subset \mathbf{H}_r^n$ 时, 有

$$\left(\sum_{\substack{i=1\\ i\neq k}}^{n+1} m_i f(V_{(n-1),\,i})\right)\left(\sum_{\substack{i=1\\ i\neq k}}^{n+1} \frac{m_i}{f(V_{(n-1),\,i})}\right)$$

$$\geqslant 4 \cdot \sum_{\substack{1 \leqslant i<j \leqslant n+1\\ i,j\neq k}} m_i m_j \cdot \frac{c_{ij}^2 \cdot f^2(M_{ij})}{f(V_{(n-1),\,i}) f(V_{(n-1),\,j})}, \quad (6.6.15)$$

等号成立问题与定理 2 中的相同.

实际上, 只需在 (6.6.11) 中以 $\frac{m_i}{f(V_{(n-1),\,i})}$ 代 m_i $(1 \leqslant i \leqslant n+1)$ 便可得 (6.6.14).

利用 (6.6.1) 与 (2.1.9) 我们还容易得到如下的:

推论 3 设 $\mathscr{A}$ 与 $\mathscr{B}$ 为 $\mathbf{E}^n$ 中的两个单形, 它们的 n 维体积分别为 V 和 V', 过 $\mathscr{B}$ 的棱 B_iB_j 中点的中面的 $n-1$ 维体积为 M'_{ij}, $\mathscr{A}$ 的棱 $|A_iA_j| = a_{ij}$ $(1 \leqslant i,j \leqslant n+1)$, 若 $\mathscr{B}$ 顶点 B_i 所对的界面的 $n-1$ 维体积为 S'_i, 则有

$$\sum_{1 \leqslant i<j \leqslant n+1} a_{ij}^2 \left(4{M'_{ij}}^2 - ({S'_i}^2 + {S'_j}^2)\right) \geqslant 2n^3 V^{\frac{2}{n}} V'^{2\left(1-\frac{1}{n}\right)},$$

(6.6.16)

当且仅当 $\mathscr{A} \backsim \mathscr{B}$ 时等号成立.

利用 (1.5.25) 与 (6.6.5) 立即可得如下的:

推论 4 设 $\mathscr{A}$ 是顶点集为 $\mathfrak{A}=\{A_1,A_2,\cdots,A_{n+1}\}$ 的 n 维欧氏空间 $\mathbf{E}^n$ 中的单形, 过 $\mathscr{A}$ 的棱 $|A_iA_j|$ 的中点 P_{ij}, 且由顶点集 $\mathfrak{A}_{ij}=(\mathfrak{A}\backslash\{A_i,A_j\})\bigcup\{P_{ij}\}$ 所构成的 $n-1$ 维中面为 M_{ij}, 又顶点 A_i 所对界面的 $n-1$ 维体积为 S_i, 则有

$$\sum_{1\leqslant i<j\leqslant n+1} M_{ij}^2=\frac{n+1}{4}\cdot\sum_{i=1}^{n+1} S_i^2. \tag{6.6.17}$$

§6.7 正弦定理及其应用

我们在 §1.5 中讲述了 n 维欧氏空间 $\mathbf{E}^n$ 中单形 $\mathscr{A}$ 的余弦定理, 而在 §6.1 与 §6.2 中分别给出了 n 维球面空间 S_r^n 与 n 维双曲空间 $\mathbf{H}_r^n$ 中单形 $\mathscr{A}$ 的余弦定理, 在 §2.2 中又给出了 $\mathbf{E}^n$ 中单形 $\mathscr{A}$ 的正弦定理, 其推导方法主要是借助于 Grassmann 代数, 在这一节中我们将采用另一种手法推导 n 维常曲率空间 $\mathbf{C}^n(K)$ 中单形 $\mathscr{A}$ 的正弦定理并给出它的应用.

记

$$\sin^2\theta_{i_1i_2\cdots i_k}=\begin{vmatrix} 1 & -\cos\theta_{i_1i_2} & \cdots & -\cos\theta_{i_1i_k}\\ -\cos\theta_{i_2i_1} & 1 & \cdots & -\cos\theta_{i_2i_k}\\ \cdots & \cdots & \cdots & \cdots\\ -\cos\theta_{i_ki_1} & -\cos\theta_{i_ki_2} & \cdots & 1 \end{vmatrix}, \tag{6.7.1}$$

其中 $1\leqslant k\leqslant n$.

定理 1 设 $i_1 < i_2 < \cdots < i_k$, $j_1 < j_2 < \cdots < j_{n+1-k}$, 且 $\{i_1, i_2, \cdots, i_k\} \bigcup \{j_1, j_2, \cdots, j_{n+1-k}\} = \{1, 2, \cdots, n+1\}$, $\mathscr{A}$ 为 n 维常曲率空间 $\mathbf{C}^n(K)$ 中的单形, 则

$$\frac{f(V_{(n-k),\, j_1 j_2 \cdots j_{n+1-k}}) \cdot \prod_{t=1}^{n+1-k} f(V_{(n-1),\, j_t})}{\sin \theta_{i_1 i_2 \cdots i_k}}$$

$$= \frac{(n-1)! \cdot \prod_{i=1}^{n+1} f(V_{(n-1),\, i})}{(n-k)! \cdot (n \cdot f(V))^{k-1}}, \tag{6.7.2}$$

其中 $1 \leqslant k \leqslant n$.

证 当 $\mathscr{A} \subset \mathbf{E}^n$ 与 $\mathscr{A} \subset \mathbf{S}_r^n$ 时, 由于此时均有

$$\cos \theta_{ij} = -\frac{A_{ij}}{\sqrt{A_{ii} A_{jj}}}, \tag{6.7.3}$$

所以将 (6.7.3) 代入 (6.7.1) 内由 Jacobi 定理[32] 便得

$$\sin^2 \theta_{i_1 i_2 \cdots i_k}$$

$$= \begin{vmatrix} 1 & \frac{A_{i_1 i_2}}{\sqrt{A_{i_1 i_1} A_{i_2 i_2}}} & \cdots & \frac{A_{i_1 i_k}}{\sqrt{A_{i_1 i_1} A_{i_k i_k}}} \\ \frac{A_{i_2 i_1}}{\sqrt{A_{i_2 i_2} A_{i_1 i_1}}} & 1 & \cdots & \frac{A_{i_2 i_k}}{\sqrt{A_{i_2 i_2} A_{i_k i_k}}} \\ \cdots & \cdots & \cdots & \cdots \\ \frac{A_{i_k i_1}}{\sqrt{A_{i_k i_k} A_{i_1 i_1}}} & \frac{A_{i_k i_2}}{\sqrt{A_{i_k i_k} A_{i_2 i_2}}} & \cdots & 1 \end{vmatrix}$$

$$= \frac{1}{\prod_{j=1}^{k} A_{i_j i_j}} \cdot \begin{vmatrix} A_{i_1 i_1} & A_{i_1 i_2} & \cdots & A_{i_1 i_k} \\ A_{i_2 i_1} & A_{i_2 i_2} & \cdots & A_{i_2 i_k} \\ \cdots & \cdots & \cdots & \cdots \\ A_{i_k i_1} & A_{i_k i_2} & \cdots & A_{i_k i_k} \end{vmatrix}$$

$$= \frac{|A|^{k-1} \cdot |(-1)^s A_{n-k}|}{\prod_{t=1}^{k} |A_{i_j i_j}|}$$

$$= \frac{(n!\cdot f(V))^{2(k-1)}\cdot\left((n-k)!\cdot f(V_{(n-k),j_1j_2\cdots j_{n+1-k}})\right)^2}{\prod\limits_{t=1}^{k}\left((n-1)!\cdot f(V_{(n-1),i_t}\right)^2}$$

$$= \frac{(n-k)!^2\cdot(n\cdot f(V))^{2(k-1)}\cdot f^2(V_{(n-k),\,j_1j_2\cdots j_{n+1-k}})}{(n-1)!^2\cdot\prod\limits_{i=1}^{n+1}f^2(V_{(n-1),\,i})}$$

$$\times\prod_{t=1}^{n+1-k}f^2(V_{(n-1),\,j_t})$$

$$= \left(\frac{(n-k)!\cdot(n\cdot f(V))^{k-1}\cdot f(V_{(n-k),\,j_1j_2\cdots j_{n+1-k}})}{(n-1)!\cdot\prod\limits_{i=1}^{n+1}f(V_{(n-1),\,i})}\right)^2$$

$$\times\left(\prod_{t=1}^{n+1-k}f(V_{(n-1),\,j_t})\right)^2,$$

其中 $s=(i_1+i_2+\cdots+i_k)+(j_1+j_2+\cdots+j_k)$, 即

$$\sin\theta_{i_1i_2\cdots i_k} = \frac{(n-k)!\cdot(n\cdot f(V))^{k-1}}{(n-1)!\cdot\prod\limits_{i=1}^{n+1}f(V_{(n-1),\,i})}$$

$$\times f(V_{(n-k),\,j_1j_2\cdots j_{n+1-k}})\cdot\prod_{t=1}^{n+1-k}f(V_{(n-1),\,j_t}). \quad (6.7.4)$$

当 $\mathscr{A}\subset\mathbf{H}_r^n$ 时, 在 6.2 中, 我们已经知道 (6.2.11) 也可以表示为

$$\cos\theta_{ij} = (-1)^n\cdot\frac{A_{ij}}{\sqrt{(-1)^{n-1}A_{ii}}\cdot\sqrt{(-1)^{n-1}A_{jj}}}, \quad (6.7.5)$$

将 (6.7.5) 代入 (6.7.1)内, 同样由 Jacobi 定理可得

$$
\begin{aligned}
&\sin^2\theta_{i_1i_2\cdots i_k}\\
&=\frac{(-1)^{k(n-1)}}{\prod\limits_{j=1}^{k}(-1)^{n-1}A_{i_ji_j}}\cdot\begin{vmatrix} A_{i_1i_1} & A_{i_1i_2} & \cdots & A_{i_1i_k}\\ A_{i_2i_1} & A_{i_2i_2} & \cdots & A_{i_2i_k}\\ \cdots & \cdots & \cdots & \cdots\\ A_{i_ki_1} & A_{i_ki_2} & \cdots & A_{i_ki_k}\end{vmatrix}\\
&=\frac{((-1)^n\,|A|)^{k-1}\cdot(-1)^{n-k}\cdot|(-1)^sA_{n-k}|}{\prod\limits_{j=1}^{k}(-1)^{n-1}A_{i_ji_j}}\\
&=\frac{(n!\cdot f(V))^{2(k-1)}\cdot\left((n-k)!\cdot f(V_{(n-k),j_1j_2\cdots j_{n+1-k}})\right)^2}{\prod\limits_{t=1}^{k}\left((n-1)!\cdot f(V_{(n-1),i_t})\right)^2}\\
&=\frac{(n-k)!^2\cdot(n\cdot f(V))^{2(k-1)}\cdot f^2(V_{(n-k),\,j_1j_2\cdots j_{n+1-k}})}{(n-1)!^2\cdot\prod\limits_{i=1}^{n+1}f^2(V_{(n-1),\,i})}\\
&\quad\times\prod_{t=1}^{n+1-k}f^2(V_{(n-1),\,j_t}),
\end{aligned}
$$

由此式立即可得 (6.7.4), 而由 (6.7.4) 容易得到 (6.7.2).

□

作为特例, 在 (6.7.2) 中当 $k=n$ 时, 有如下的:

推论 1 对于 n 维常曲率空间 $\mathbf{C}^n(K)$ 中的单形 $\mathscr{A}$, 若记 $V_{(n-1),\,i}=S_i$, 且 $\sin\theta_{i_1i_2\cdots i_n}=\sin A_i$, 则有

$$
\frac{f(S_1)}{\sin A_1}=\frac{f(S_2)}{\sin A_2}=\cdots=\frac{f(S_{n+1})}{\sin A_{n+1}}=\frac{(n-1)!\cdot\prod\limits_{i=1}^{n+1}f(S_i)}{(n\cdot f(V))^{n-1}}.\tag{6.7.6}
$$

定义 关系式 (6.7.6) 称为 n 维常曲率空间 $\mathbf{C}^n(K)$ 中单形 $\mathscr{A}$ 的 n 维正弦定理, 而把关系式 (6.7.2) 称为 $\mathbf{C}^n(K)$ 中单形 $\mathscr{A}$ 的 k 维正弦定理.

记

$$\Theta(\lambda)=\begin{pmatrix}\lambda_1 & -\sqrt{\lambda_1\lambda_2}\cos\theta_{12} & \cdots & -\sqrt{\lambda_1\lambda_{n+1}}\cos\theta_{1,n+1}\\ -\sqrt{\lambda_2\lambda_1}\cos\theta_{21} & \lambda_2 & \cdots & -\sqrt{\lambda_2\lambda_{n+1}}\cos\theta_{2,n+1}\\ \cdots & \cdots & \cdots & \cdots\\ -\sqrt{\lambda_{n+1}\lambda_1}\cos\theta_{n+1,1} & -\sqrt{\lambda_{n+1}\lambda_2}\cos\theta_{n+1,2} & \cdots & \lambda_{n+1}\end{pmatrix}.$$

定理 2 设 $\lambda_1,\lambda_2,\cdots,\lambda_{n+1}$ 为一组正实数, $m=(n,n+1,n+1)$, $\theta_{i_1i_2\cdots i_k}$ 为 n 维常曲率空间 $\mathbf{C}^n(K)$ 中单形 $\mathscr{A}$ 的 k 维空间角, 则有

$$\sum\sum\cdots\sum_{1\leqslant i_1<i_2<\cdots<i_k\leqslant n+1}\lambda_{i_1}\lambda_{i_2}\cdots\lambda_{i_k}\cdot\sin^2\theta_{i_1i_2\cdots i_k}$$

$$\leqslant\binom{m}{k}\cdot\left(\frac{1}{m}\cdot\sum_{i=1}^{n+1}\lambda_i\right)^k, \tag{6.7.7}$$

当且仅当矩阵 $\Theta(\lambda)$ 的所有正特征值均相等时等号成立.

证 易知 $\operatorname{rank}\Theta(\lambda)=m$, 且 $\Theta(\lambda)$ 在 $\mathbf{E}^n$ 空间中有 n 个正特征值, 在 $\mathbf{S}_r^n$ 空间中有 $n+1$ 个正特征值, 而在 $\mathbf{H}_r^n$ 空间中有 n 个正特征值和 1 个负特征值.

设 I 为 $n+1$ 阶单位阵, 则 $\Theta(\lambda)$ 的特征方程为 $\det(\Theta(\lambda)-Ix)=0$, 将其展开可得

$$x^m - b_1x^{m-1} + \cdots + (-1)^k b_k x^{m-k} + \cdots + (-1)^m b_m = 0, \tag{6.7.8}$$

其中

$$b_k = \sum_{1\leqslant i_1<i_2<\cdots<i_k\leqslant n+1}\sum\cdots\sum \lambda_{i_1}\lambda_{i_2}\cdots\lambda_{i_k}\cdot\sin^2\theta_{i_1i_2\cdots i_k}, \tag{6.7.9}$$

当 $\mathscr{A}\subset\mathbf{S}_r^n$ 与 $\mathscr{A}\subset\mathbf{H}_r^n$ 时, 问题较简单, 当 $\mathscr{A}\subset\mathbf{E}^n$ 时可仿照 (2.3.6) 的证明进行, 但最终在三种空间 ($\mathbf{E}^n$, $\mathbf{S}_r^n$, $\mathbf{H}_r^n$) 中均具有 Maclaurin 不等式的形式

$$\left(\frac{b_k}{\binom{m}{k}}\right)^{\frac{1}{k}} \leqslant \left(\frac{b_l}{\binom{m}{l}}\right)^{\frac{1}{l}},\ (1\leqslant l<k\leqslant m), \tag{6.7.10}$$

将 (6.7.9) 代入 (6.7.10) 内, 并取 $l=1$ 便得不等式 (6.7.7), 而等号成立问题由 (6.7.10) 中等号成立的条件是不难看出的. □

推论 2 设 $\mathscr{A}$ 为 n 维常曲率空间 $\mathbf{C}^n(K)$ 中的单形, 则有

$$\frac{\prod_{i=1}^{n+1} f^2(S_i)}{\sum_{i=1}^{n+1} f^2(S_i)} \geqslant \frac{n^{2n}}{n!^2\cdot\binom{m}{n}}\cdot\left(\frac{m}{n+1}\right)^n\cdot(f(V))^{2(n-1)}, \tag{6.7.11}$$

当且仅当矩阵 Θ 的所有正特征值均相等时等号成立.

实际上, 只需在 (6.7.7) 中取 $k=n$, 且 $\lambda_1=\lambda_2=\cdots=\lambda_{n+1}=1$, 并将 (6.7.6) 代入此时的结论中经整理

便得 (6.7.11). 另外由于

$$\sum_{i=1}^{n+1} f^2(S_i) \geqslant (n+1) \cdot \left(\prod_{i=1}^{n+1} f^2(S_i)\right)^{\frac{1}{n+1}},$$

所以由 (6.7.11) 立即可得

$$f^2(V) \leqslant \left(\frac{n!^2 \cdot \binom{m}{n}}{n^{2n} \cdot (n+1)} \cdot \left(\frac{n+1}{m}\right)^n\right)^{\frac{1}{n-1}} \cdot \left(\prod_{i=1}^{n+1} f^2(S_i)\right)^{\frac{n}{n^2-1}}, \tag{6.7.12}$$

当且仅当 $\mathscr{A}$ 为正则时等号成立.

当然 (6.7.11) 的一般形式是:

推论 3 设 $\mathscr{A}$ 为 n 维常曲率空间 $\mathbf{C}^n(K)$ 中的单形, 则有

$$\frac{\left(\sum\limits_{i=1}^{n+1} \lambda_i\right)^n \cdot \prod\limits_{i=1}^{n+1} \frac{f^2(S_i)}{\lambda_i}}{\sum\limits_{i=1}^{n+1} \frac{f^2(S_i)}{\lambda_i}} \geqslant \frac{n^{2n} \cdot m^n}{n!^2 \cdot \binom{m}{n}} \cdot f^{2(n-1)}(V), \tag{6.7.13}$$

当且仅当矩阵 $\Theta(\lambda)$ 的所有正特征值均相等时等号成立.

特别地, 在 (6.7.13) 中取 $\sum\limits_{i=1}^{n+1} \lambda_i = 1$ 时, 便有

$$\prod_{i=1}^{n+1} \frac{f^2(S_i)}{\lambda_i} \geqslant \frac{n^{2n} \cdot m^n}{n!^2 \cdot \binom{m}{n}} \cdot \left(\sum_{i=1}^{n+1} \frac{f^2(S_i)}{\lambda_i}\right) \cdot f^{2(n-1)}(V).$$

推论 4 设 $\mathscr{A}$ 为 n 维常曲率空间 $\mathbf{C}^n(K)$ 中的单形, $m_1, m_2, \cdots, m_{n+1}$ 为一组正实数, 且 $0 < \theta \leqslant 1$, 若

记 $m=(n,n+1,n+1)$, 则有

$$\left(\sum_{i=1}^{n+1} m_i f^{2\theta}(S_i)\right)^n \geqslant d_0(n,\theta)\cdot\left(\sum_{i=1}^{n+1}\prod_{\substack{j=1\\ j\neq i}}^{n+1} m_j\right)\cdot f^{2(n-1)\theta}(V), \tag{6.7.14}$$

当 $\mathscr{A}$ 为正则且 $m_1=m_2=\cdots=m_{n+1}$ 时等号成立. 其中

$$d_0(n,\theta)=(n+1)^{(n-1)(1-\theta)}\cdot\left(\frac{n^{2n}\cdot m^n}{n!^2\cdot\binom{m}{n}}\right)^{\theta}.$$

证 由 Maclaurin 不等式和 (6.7.13) 以及 Hölder 不等式可得

$$\begin{aligned}
&\left(\sum_{i=1}^{n+1} m_i\right)^n\cdot\prod_{i=1}^{n+1} f^{2\theta}(S_i)\\
&=\left(\sum_{i=1}^{n+1} m_i\right)^{n(1-\theta)}\cdot\left[\left(\sum_{i=1}^{n+1} m_i\right)^n\cdot\prod_{i=1}^{n+1} f^2(S_i)\right]^{\theta}\\
&\geqslant (n+1)^{(n-1)(1-\theta)}\cdot\left(\sum_{i=1}^{n+1}\prod_{\substack{j=1\\ j\neq i}}^{n+1} m_j\right)^{1-\theta}\\
&\quad\times\left[\frac{n^{2n}\cdot m^n}{n!^2\cdot\binom{m}{n}}\cdot\left(\sum_{i=1}^{n+1}\frac{f^2(S_i)}{m_i}\right)\cdot\left(\prod_{i=1}^{n+1} m_i\right)\cdot f^{2(n-1)}(V)\right]^{\theta}\\
&=d_0(n,\theta)\cdot\left(\sum_{i=1}^{n+1}\prod_{\substack{j=1\\ j\neq i}}^{n+1} m_j\right)^{1-\theta}\cdot\left[\sum_{i=1}^{n+1}\left(\prod_{\substack{j=1\\ j\neq i}}^{n+1} m_j\right) f^2(S_i)\right]^{\theta}\\
&\quad\times f^{2(n-1)\theta}(V)\\
&\geqslant d_0(n,\theta)\cdot\left[\sum_{i=1}^{n+1}\left(\prod_{\substack{j=1\\ j\neq i}}^{n+1} m_j\right) f^{2\theta}(S_i)\right]\cdot f^{2(n-1)\theta}(V),
\end{aligned}$$

即

$$\left(\sum_{i=1}^{n+1} m_i\right)^n \cdot \prod_{i=1}^{n+1} f^{2\theta}(S_i)$$

$$\geqslant d_0(n,\theta)\cdot\left[\sum_{i=1}^{n+1}\left(\prod_{\substack{j=1\\ j\neq i}}^{n+1} m_j\right) f^{2\theta}(S_i)\right]\cdot f^{2(n-1)\theta}(V),$$

在此不等式中以 $m_i f^{2\theta}(S_i)$ 代 m_i $(1\leqslant i\leqslant n+1)$ 便得 (6.7.14), 至于等号成立的充要条件由上述证明过程是不难看出的. □

由 (6.7.14) 和 (2.3.5) 容易证明如下的:

推论 5 设 $\mathscr{A}$ 为 n 维常曲率空间 $\mathbf{C}^n(K)$ 中的单形, 则有

$$\sum_{i=1}^{n+1} f^{\theta}(S_i)\left(\sum_{j=1}^{n+1} f^{\theta}(S_j)-2f^{\theta}(S_i)\right)$$

$$\geqslant d_1(n,\theta)\cdot f^{\frac{2(n-1)\theta}{n}}(V), \tag{6.7.15}$$

当且仅当 $\mathscr{A}$ 为正则时等号成立.

其中

$$d_1(n,\theta)=(n^2-1)\cdot\left(\frac{n^{2n}\cdot m^n}{(n+1)^{n-1}\cdot n!^2\cdot\binom{m}{n}}\right)^{\frac{\theta}{n}}.$$

当然 (6.7.15) 也可以表示为如下的形式

$$\sum_{i=1}^{n+1} f^{2\theta}(S_i)\geqslant\frac{1}{n-1}\cdot\left(d_1(n,\theta)\cdot f^{\frac{2(n-1)\theta}{n}}(V)\right.$$

$$\left.+\sum_{1\leqslant i<j\leqslant n+1}\left(f^{\theta}(S_i)-f^{\theta}(S_j)\right)^2\right). \tag{6.7.16}$$

若记 $f(S)=\sum\limits_{i=1}^{n+1} f^{\theta}(S_i)$, $f(F)=\sum\limits_{i=1}^{n+1} f^{\theta}(F_i)$, 则可以仿照证明 (2.3.9) 的方法不难证得如下的:

定理 3 设 $\mathscr{A}$ 与 $\mathscr{B}$ 均为 n 维常曲率空间 $\mathbf{C}^n(K)$ 中的单形, 它们的顶点 A_i 与 B_i 所对的 $n-1$ 维界面的 $n-1$ 维常曲体积分别为 $f(S_i)$ 和 $f(F_i)$, 又 $\mathscr{A}$ 与 $\mathscr{B}$ 的 n 维常曲体积分别为 $f(V_1)$ 和 $f(V_2)$, 令 $0<\theta\leqslant 1$, 则有

$$\sum_{i=1}^{n+1} f^{\theta}(S_i)\left(\sum_{j=1}^{n+1} f^{\theta}(F_j)-2f^{\theta}(F_i)\right)\geqslant$$

$$\frac{1}{2}\cdot d_1(n,\theta)\cdot\left(\frac{f(F)}{f(S)}\cdot f^{\frac{2(n-1)\theta}{n}}(V_1)+\frac{f(S)}{f(F)}\cdot f^{\frac{2(n-1)\theta}{n}}(V_2)\right), \tag{6.7.17}$$

当 $\mathscr{A}$ 与 $\mathscr{B}$ 均为正则时等号成立.

由 (6.7.17) 立即可得:

推论 6 条件与定理 3 中的相同, 则有

$$\sum_{i=1}^{n+1} f^{\theta}(S_i)\left(\sum_{j=1}^{n+1} f^{\theta}(F_j)-2f^{\theta}(F_i)\right)$$

$$\geqslant d_1(n,\theta)\cdot\left(f(V_1)f(V_2)\right)^{\frac{(n-1)\theta}{n}}, \tag{6.7.18}$$

当 $\mathscr{A}$ 与 $\mathscr{B}$ 均为正则时等号成立.

定理 4 设 $\mathscr{A}$ 与 $\mathscr{B}$ 均为 n 维常曲率空间 $\mathbf{C}^n(K)$ 中的单形, $\lambda_1,\lambda_2,\cdots,\lambda_{n+1}$ 为一组正实数, 其余条件与定理 3 中的相同, 则有

$$\sum_{i=1}^{n+1}\frac{f(S_i)f(F_i)}{\lambda_i}\geqslant c\cdot\frac{\left(n^2 f(V_1)f(V_2)\right)^{(n-1)^2}}{\left((n-1)!^2\cdot\prod\limits_{i=1}^{n+1}\left(f(S_i)f(F_i)\right)\right)^{n-2}}$$

$$\times \left(\sum_{i=1}^{n+1} \frac{\lambda_i}{f(S_i)f(F_i)} \right), \tag{6.7.19}$$

当且仅当 $\mathscr{A}$ 与 $\mathscr{B}$ 均为正则时等号成立, 其中

$$c = \frac{(n+1)^{n-1} \cdot \left(\prod_{i=1}^{n+1} \lambda_i \right)^{n-2}}{\left[\binom{m}{n} \cdot \left(\frac{1}{m} \cdot \sum_{i=1}^{n+1} \lambda_i \right)^n \right]^{n-1}}.$$

证 在 (6.7.7) 中取 $k = n$ 可得

$$\sum_{i=1}^{n+1} \left(\prod_{\substack{j=1 \\ j \neq i}}^{n+1} \lambda_j \right) \sin^2 A_i \leqslant \binom{m}{n} \cdot \left(\frac{1}{m} \cdot \sum_{i=1}^{n+1} \lambda_i \right)^n, \tag{6.7.20}$$

当且仅当矩阵 $\Theta(\lambda)$ 中的所有正特征值均相等时等号成立.

由 (6.7.20) 并利用 Cauchy 不等式得

$$\begin{aligned}
&\sum_{i=1}^{n+1} \lambda_i \cdot \prod_{\substack{j=1 \\ j \neq i}}^{n+1} \sin A_j \sin B_j \\
&= \left(\prod_{i=1}^{n+1} \lambda_i \right) \cdot \sum_{i=1}^{n+1} \prod_{\substack{j=1 \\ j \neq i}}^{n+1} \frac{\sin A_j \sin B_j}{\lambda_j} \\
&\leqslant (n+1) \cdot \left(\prod_{i=1}^{n+1} \lambda_i \right) \cdot \left(\frac{1}{n+1} \cdot \sum_{i=1}^{n+1} \frac{\sin A_i \sin B_i}{\lambda_i} \right)^n \\
&= \frac{1}{(n+1)^{n-1}} \cdot \left(\prod_{i=1}^{n+1} \lambda_i \right) \cdot \left(\sum_{i=1}^{n+1} \frac{\sin A_i \sin B_i}{\lambda_i} \right)^{n-1} \\
&\quad \times \left(\sum_{i=1}^{n+1} \frac{\sin A_i \sin B_i}{\lambda_i} \right)
\end{aligned}$$

$$\leqslant \frac{\prod_{i=1}^{n+1}\lambda_i}{(n+1)^{n-1}}\cdot\left[\left(\sum_{i=1}^{n+1}\frac{\sin^2 A_i}{\lambda_i}\right)^{\frac{1}{2}}\cdot\left(\sum_{i=1}^{n+1}\frac{\sin^2 B_i}{\lambda_i}\right)^{\frac{1}{2}}\right]^{n-1}$$
$$\times\left(\sum_{i=1}^{n+1}\frac{\sin A_i\sin B_i}{\lambda_i}\right)$$
$$\leqslant \frac{\prod_{i=1}^{n+1}\lambda_i}{(n+1)}\cdot\frac{\left(\binom{m}{n}\right)^{n-1}}{\left(\prod_{i=1}^{n+1}\lambda_i\right)^{n-1}}\cdot\left(\frac{1}{m}\cdot\sum_{i=1}^{n+1}\lambda_i\right)^{n(n-1)}$$
$$\times\left(\sum_{i=1}^{n+1}\frac{\sin A_i\sin B_i}{\lambda_i}\right),$$

故有

$$\sum_{i=1}^{n+1}\frac{\sin A_i\sin B_i}{\lambda_i}\geqslant$$
$$\frac{(n+1)^{n-1}\cdot\left(\prod_{i=1}^{n+1}\lambda_i\right)^{n-1}}{\left[\binom{m}{n}\cdot\left(\frac{1}{m}\cdot\sum_{i=1}^{n+1}\lambda_i\right)^{n}\right]^{n-1}}\cdot\left(\sum_{i=1}^{n+1}\lambda_i\cdot\prod_{\substack{j=1\\j\neq i}}^{n+1}\sin A_j\sin B_j\right),\tag{6.7.21}$$

将 (6.7.6) 代入 (6.7.21) 内经整理便得 (6.7.19), 至于等号成立的充要条件是不难看出的. □

推论 7 设 $\mathscr{A}$ 与 $\mathscr{B}$ 均为 n 维常曲率空间 $\mathbf{C}^n(K)$ 中的单形, 它们的顶点集分别为 $\{A_1,A_2.\cdots,A_{n+1}\}$ 与 $\{B_1,B_2,\cdots,B_{n+1}\}$, 顶点 A_i 与 B_i 到所对的界面上的高为 $h_i^{(1)}$ 和 $h_i^{(2)}$, 其余条件与定理 4 中的相同, 则有

$$\sum_{i=1}^{n+1}\frac{f(S_i)f(F_i)}{\lambda_i}$$

$$\geqslant c\cdot\frac{\left[n^2 f(V_1)f(V_2)\right]^{n(n-2)}}{\left[(n-1)!^2\cdot\prod\limits_{i=1}^{n+1}(f(S_i)f(F_i))\right]^{n-2}}\times\left(\prod_{i=1}^{n+1}\lambda_i f(h_i^{(1)})f(h_i^{(2)})\right),\tag{6.7.22}$$

当且仅当 $\mathscr{A}$ 与 $\mathscr{B}$ 均为正则时等号成立.

实际上, 由 (1.1.3), (6.3.7) 和 (6.4.18) 知

$$\begin{cases} f(S_i)=\frac{n\cdot f(V_1)}{f(h_i^{(1)})},\\ \\ f(F_i)=\frac{n\cdot f(V_2)}{f(h_i^{(2)})},\end{cases}\tag{6.7.23}$$

从而由 (6.7.19) 和 (6.7.23) 可得 (6.7.22).

推论 8　在定理 4 的条件下, 有

$$\sum_{i=1}^{n+1}\frac{1}{\lambda_i f(h_i^{(1)})f(h_i^{(2)})}\geqslant$$

$$c\cdot\frac{\left(n^2 f(V_1)f(V_2)\right)^{n(n-2)}}{\left((n-1)!^2\cdot\prod\limits_{i=1}^{n+1}(f(S_i)f(F_i))\right)^{n-2}}\cdot\frac{\left(\sum\limits_{i=1}^{n+1}\lambda_i\right)^2}{\sum\limits_{i=1}^{n+1}\lambda_i f(S_i)f(F_i)},\tag{6.7.24}$$

当且仅当 $\mathscr{A}$ 与 $\mathscr{B}$ 均为正则时等号成立.

证　由 (6.7.23) 知

$$n^2 f(V_1)f(V_2)\cdot\sum_{i=1}^{n+1}\frac{1}{\lambda_i f(h_i^{(1)})f(h_i^{(2)})}=\sum_{i=1}^{n+1}\frac{f(S_i)f(F_i)}{\lambda_i},$$

将此式代入 (6.7.19) 内可得

$$\sum_{i=1}^{n+1}\frac{1}{\lambda_i f(h_i^{(1)})f(h_i^{(2)})}\geqslant$$

$$c\cdot\frac{\left(n^2f(V_1)f(V_2)\right)^{n(n-2)}}{\left((n-1)!^2\cdot\prod_{i=1}^{n+1}\left(f(S_i)f(F_i)\right)\right)^{n-2}}\cdot\left(\sum_{i=1}^{n+1}\frac{\lambda_i}{f(S_i)f(F_i)}\right),\tag{6.7.25}$$

再由 Cauchy 不等式知

$$\begin{aligned}\sum_{i=1}^{n+1}\frac{\lambda_i}{f(S_i)f(F_i)}&=\sum_{i=1}^{n+1}\frac{\lambda_i^2}{\lambda_if(S_i)f(F_i)}\\&\geqslant\frac{\left(\sum\limits_{i=1}^{n+1}\lambda_i\right)^2}{\sum\limits_{i=1}^{n+1}\lambda_if(S_i)f(F_i)},\end{aligned}$$

将此式代入 (6.7.25) 内经整理便得 (6.7.24). □

推论 9 在定理 4 的条件下, 有

$$\begin{aligned}&\left(\frac{1}{m}\cdot\sum_{i=1}^{n+1}f(S_i)f(F_i)\right)^n\\&\geqslant\frac{n+1}{\binom{m}{n}\cdot(n-1)!^{\frac{2(n-2)}{n-1}}}\cdot\left(n^2\cdot f(V_1)f(V_2)\right)^{n-1},\end{aligned}\tag{6.7.26}$$

当且仅当 $\mathscr{A}$ 与 $\mathscr{B}$ 均为正则时等号成立.

实际上, 在 (6.7.19) 中取 $\lambda_i=f(S_i)f(F_i)$ $(1\leqslant i\leqslant n+1)$ 可得

$$\begin{aligned}&\left[\binom{m}{n}\cdot\left(\frac{1}{m}\cdot\sum_{i=1}^{n+1}f(S_i)f(F_i)\right)^n\right]^{n-1}\\&\geqslant\frac{(n+1)^{n-1}}{(n-1)!^{2(n-2)}}\cdot\left(n^2\cdot f(V_1)f(V_2)\right)^{(n-1)^2},\end{aligned}$$

将此式整理后便得 (6.7.26).

§6.8 共球有限点集的一类几何不等式

设 S_R^{n-1} 表示半径为 R 的 $n-1$ 维球面, $\Omega = \{A_1, A_2, \cdots, A_N\}$ $(N > n)$ 为该球面上的一个有限点集, 在欧氏空间中, 点 A_i 与 A_j 之间的距离为 $|A_iA_j| = a_{ij}$ $(1 \leqslant i, j \leqslant N)$, m_i $(1 \leqslant i \leqslant N)$ 为正实数, 我们可以证明如下的结论

$$\sum_{1 \leqslant i < j \leqslant N} m_i m_j (4R^2 - a_{ij}^2) a_{ij}^2 \leqslant \frac{2(n-1)}{n} \cdot \left(\sum_{i=1}^{N} m_i \right)^2 R^4. \tag{6.8.1}$$

实际上, 我们还可以将 (6.8.1) 推广为一般的形式, 更一般地, 还可以将其推广为 n 维常曲率空间 $\mathbf{C}^n(K)$ 中的共球有限点集的情况, 为实现这一目标, 我们首先给出如下的结论.

定理 1 令 p_k 表示 n 个正实数 $a_1, a_2, \cdots, a_n$ 的 k 阶初等对称平均, $\alpha_1, \alpha_2, \cdots, \alpha_m$ 为一组非负实数, 且 $\sum\limits_{i=1}^{m} \alpha_i = 1$, 又 $k_0, k_1, k_2, \cdots, k_m$ 为自然数, 若 $\sum\limits_{i=1}^{m} \alpha_i k_i = k_0$, 则有

$$p_{k_0} \geqslant \prod_{i=1}^{m} p_{k_i}^{\alpha_i}, \tag{6.8.2}$$

当且仅当 $a_1 = a_2 = \cdots = a_n$ 时等号成立.

(6.8.2) 的证明见 §4.6 中的 (4.6.19), 实际上只需取那里的 $\alpha_0 = 1$ 即可.

推论 1 在定理 1 的条件下, 如果取 $\alpha_i = \frac{1}{m}$ $(1 \leqslant i \leqslant m)$, 且 $\sum\limits_{i=1}^{m} k_i = mk$ (k 为自然数), 则有

$$p_k^m \geqslant \prod_{i=1}^{m} p_{k_i}, \tag{6.8.3}$$

当且仅当 $a_1 = a_2 = \cdots = a_n$ 时等号成立.

不难看出, 在 (6.8.3) 中当 m 是偶数时,$a_1, a_2, \cdots, a_n$ 可以为任意实数, 并且当 $m = 2, k_1 = k-1, k_2 = k+1$ 时便得 Newton 不等式 (2.1.2), 从而又可得到 Maclaurin 不等式 (2.1.5), 由此知, (6.8.3) 可视为 Newton 不等式的推广.

这里我们设 S_R^{n-1} 为 n 维常曲率空间 $\mathbf{C}^n(K)$ 中半径为 R 的 $n-1$ 维球面, $\Omega = \{A_1, A_2, \cdots, A_N\}\,(N > n)$ 为一个有限点集, 且 $\Omega \subset \mathbf{S}_R^{n-1}$, 在欧氏空间中, 点 A_i 与 A_j 之间的距离仍为 $|A_iA_j| = a_{ij}$, 同样, 在球面空间与双曲空间中, 对于点 A_i 与 A_j 之间的球面距离与双曲距离均表示为 $\operatorname{arcl}(A_iA_j) = a_{ij}$, 令 $a_{ij} = (|A_iA_j|, \operatorname{arcl}(A_iA_j), \operatorname{arcl}(A_iA_j))$, 在双曲空间 $\mathbf{H}_r^n$ 中, 设 O' 为球 S_R^{n-1} 的球心, 记

$$\angle A_iO'A_j = \alpha_{ij},\ q_{ij} = \left(\cos\frac{a_{ij}}{R}, \cos\sqrt{K}a_{ij}, \cos\alpha_{ij}\right).$$

引理 1 设 S_R^{n-1} 为 n 维欧氏空间 $\mathbf{E}^n$ 中半径为 R 的 $n-1$ 维球面, $\Omega = \{A_1, A_2, \cdots, A_N\}\,(N > n)$ 是一个有限点集, 且 $\Omega \subset \mathbf{S}_R^{n-1}$, 从 Ω 中任意选取 $k+1$ 个顶点 $A_{i_0}, A_{i_1}, \cdots, A_{i_k}$ 所构成的 k 维子单形为 $\mathscr{A}_{i_0i_1\cdots i_k}$, 若 $\mathscr{A}_{i_0i_1\cdots i_k}$ 的 k 维体积与外接球半径分别为 $V_{i_0i_1\cdots i_k}$ 和 $R_{i_0i_1\cdots i_k}$, 则有

$$\begin{aligned}&\begin{vmatrix} 1 & \cos\frac{a_{i_0i_1}}{R} & \cdots & \cos\frac{a_{i_0i_k}}{R} \\ \cos\frac{a_{i_1i_0}}{R} & 1 & \cdots & \cos\frac{a_{i_1i_k}}{R} \\ \cdots & \cdots & \cdots & \cdots \\ \cos\frac{a_{i_ki_0}}{R} & \cos\frac{a_{i_ki_1}}{R} & \cdots & 1 \end{vmatrix} \\ &= \frac{k!^2}{R^{2(k+1)}} \cdot (R^2 - R_{i_0i_1\cdots i_k}^2) V_{i_0i_1\cdots i_k}^2. \end{aligned} \tag{6.8.4}$$

证 设 $\mathscr{A}_{i_0 i_1 \cdots i_k}$ 为 n 维欧氏空间 $\mathbf{E}^n$ 中单形 $\mathscr{A}$ 的 k 维子单形, 由单形的体积公式知

$$\det B_0 = \begin{vmatrix} 0 & a_{i_0 i_1}^2 & \cdots & a_{i_0 i_k}^2 \\ a_{i_1 i_0}^2 & 0 & \cdots & a_{i_1 i_k}^2 \\ \cdots & \cdots & \cdots & \cdots \\ a_{i_k i_0}^2 & a_{i_k i_1}^2 & \cdots & 0 \end{vmatrix} = (-1)^k 2^k k!^2 \cdot R_{i_0 i_1 \cdots i_k}^2 V_{i_0 i_1 \cdots i_k}^2,$$

$$\begin{vmatrix} 0 & 1 & \cdots & 1 \\ 1 & & & \\ \vdots & & B_0 & \\ 1 & & & \end{vmatrix} = (-1)^{k+1} 2^{k+1} k!^2 \cdot V_{i_0 i_1 \cdots i_k}^2,$$

所以由 2 维平面上的余弦定理可得

$$\begin{vmatrix} 1 & \cos\frac{a_{i_0 i_1}}{R} & \cdots & \cos\frac{a_{i_0 i_k}}{R} \\ \cos\frac{a_{i_1 i_0}}{R} & 1 & \cdots & \cos\frac{a_{i_1 i_k}}{R} \\ \cdots & \cdots & \cdots & \cdots \\ \cos\frac{a_{i_k i_0}}{R} & \cos\frac{a_{i_k i_1}}{R} & \cdots & 1 \end{vmatrix}$$

$$= \begin{vmatrix} 1 & 1-\frac{a_{i_0 i_1}^2}{2R^2} & \cdots & 1-\frac{a_{i_0 i_k}^2}{2R^2} \\ 1-\frac{a_{i_1 i_0}^2}{2R^2} & 1 & \cdots & 1-\frac{a_{i_1 i_k}^2}{2R^2} \\ \cdots & \cdots & \cdots & \cdots \\ 1-\frac{a_{i_k i_0}^2}{2R^2} & 1-\frac{a_{i_k i_1}^2}{2R^2} & \cdots & 1 \end{vmatrix}$$

$$= \begin{vmatrix} 1 & -1 & \cdots & -1 \\ 1 & & & \\ \vdots & & -\frac{a_{i_j i_l}^2}{2R^2} & \\ 1 & & & \end{vmatrix}$$

$$= \begin{vmatrix} 0 & -1 & \cdots & -1 \\ 1 & & & \\ \vdots & & \boxed{-\frac{a_{i_j i_l}^2}{2R^2}} & \\ 1 & & & \end{vmatrix} + \begin{vmatrix} 0 & -\frac{a_{i_0 i_1}^2}{2R^2} & \cdots & -\frac{a_{i_0 i_k}^2}{2R^2} \\ -\frac{a_{i_1 i_0}^2}{2R^2} & 0 & \cdots & -\frac{a_{i_1 i_k}^2}{2R^2} \\ \cdots & \cdots & \cdots & \cdots \\ -\frac{a_{i_k i_0}^2}{2R^2} & -\frac{a_{i_k i_1}^2}{2R^2} & \cdots & 0 \end{vmatrix}$$

$$= \frac{(-1)^{k+1}}{(2R^2)^k} \cdot \begin{vmatrix} 0 & 1 & \cdots & 1 \\ 1 & & & \\ \vdots & & \boxed{a_{i_j i_l}^2} & \\ 1 & & & \end{vmatrix}$$

$$+ \frac{(-1)^{k+1}}{(2R^2)^{k+1}} \cdot \begin{vmatrix} 0 & a_{i_0 i_1}^2 & \cdots & a_{i_0 i_k}^2 \\ a_{i_1 i_0}^2 & 0 & \cdots & a_{i_1 i_k}^2 \\ \cdots & \cdots & \cdots & \cdots \\ a_{i_k i_0}^2 & a_{i_k i_1}^2 & \cdots & 0 \end{vmatrix}$$

$$= \frac{k!^2}{R^{2(k+1)}} \cdot \left(R^2 - R_{i_0 i_1 \cdots i_k}^2\right) V_{i_0 i_1 \cdots i_k}^2.$$

此即为 (6.8.4) 式. □

引理 2 设 $\Omega = \{A_1, A_2, \cdots, A_N\}\,(N > n)$ 为 n 维球面空间 $\mathbf{S}_r^n$ 中的有限点集, 从 Ω 中任取 $k+1$ 个顶点 $A_{i_0}, A_{i_1}, \cdots, A_{i_k}$ 所构成的 k 维子单形为 $\mathscr{A}_{i_0 i_1 \cdots i_k}$, 又 $\mathscr{A}_{i_0 i_1 \cdots i_k}$ 的 k 维欧氏体积与外接球半径分别为 $V_{i_0 i_1 \cdots i_k}$ 和 $\rho_{i_0 i_1 \cdots i_k}$, 则有

$$\begin{vmatrix} 1 & \cos\sqrt{K} a_{i_0 i_1} & \cdots & \cos\sqrt{K} a_{i_0 i_k} \\ \cos\sqrt{K} a_{i_1 i_0} & 1 & \cdots & \cos\sqrt{K} a_{i_1 i_k} \\ \cdots & \cdots & \cdots & \cdots \\ \cos\sqrt{K} a_{i_k i_0} & \cos\sqrt{K} a_{i_k i_1} & \cdots & 1 \end{vmatrix}$$

$$= \frac{k!^2}{R^{2k}} \cdot \cos^2(\sqrt{K}\rho_{i_0 i_1 \cdots i_k}) \cdot V_{i_0 i_1 \cdots i_k}^2. \tag{6.8.5}$$

证 设 $A_1, A_2, \cdots, A_{n+1}$ 为 n 维球面空间 S_r^n 中的 $n+1$ 个点, ρ 是由这 $n+1$ 个点所构成的单形的外接球半径, 则由 (6.1.21) 知

$$\cos^2\sqrt{K}\rho = -\frac{\det A}{\det \overline{A}}, \tag{6.8.6}$$

所以有

$$\begin{aligned}
&\begin{vmatrix} 1 & \cos\sqrt{K}a_{i_0i_1} & \cdots & \cos\sqrt{K}a_{i_0i_k} \\ \cos\sqrt{K}a_{i_1i_0} & 1 & \cdots & \cos\sqrt{K}a_{i_1i_k} \\ \cdots & \cdots & \cdots & \cdots \\ \cos\sqrt{K}a_{i_ki_0} & \cos\sqrt{K}a_{i_ki_1} & \cdots & 1 \end{vmatrix} \\
&= -\cos^2\sqrt{K}\rho_{i_0i_1\cdots i_k} \cdot \begin{vmatrix} 0 & 1 & \cdots & 1 \\ 1 & & & \\ \vdots & & \cos\sqrt{K}a_{i_ji_l} & \\ 1 & & & \end{vmatrix} \\
&= \frac{(-1)^{k+1}\cos^2\sqrt{K}\rho_{i_0i_1\cdots i_k}}{(2R^2)^k} \cdot \begin{vmatrix} 0 & 1 & \cdots & 1 \\ 1 & & & \\ \vdots & & a_{i_ji_l}^2 & \\ 1 & & & \end{vmatrix} \\
&= \frac{(-1)^{k+1}}{(2R^2)^k} \cdot \cos^2\sqrt{K}\rho_{i_0i_1\cdots i_k} \cdot (-1)^{k+1}2^k k!^2 V_{i_0i_1\cdots i_k}^2 \\
&= \frac{k!^2}{R^{2k}} \cdot \cos^2\sqrt{K}\rho_{i_0i_1\cdots i_k} \cdot V_{i_0i_1\cdots i_k}^2,
\end{aligned}$$

故引理 2 得证. □

引理 3 设 S_R^{n-1} 表示半径为 R 的 $n-1$ 维球面, $\Omega = \{A_1, A_2, \cdots, A_N\}\,(N > n)$ 是 n 维双曲空间 $\mathbf{H}_r^n$ 中的一个有限点集, 若从 Ω 中任取 $k+1$ 个顶点

$A_{i_0}, A_{i_1}, \cdots, A_{i_k}$ 所构成的 k 维子单形为 $\mathscr{A}_{i_0 i_1 \cdots i_k}$，且 $\mathscr{A}_{i_0 i_1 \cdots i_k}$ 的外接球半径为 $R_{i_0 i_1 \cdots i_k}$，则有

$$\begin{vmatrix} 1 & \cos\alpha_{i_0 i_1} & \cdots & \cos\alpha_{i_0 i_k} \\ \cos\alpha_{i_1 i_0} & 1 & \cdots & \cos\alpha_{i_1 i_k} \\ \cdots & \cdots & \cdots & \cdots \\ \cos\alpha_{i_k i_0} & \cos\alpha_{i_k i_1} & \cdots & 1 \end{vmatrix}$$

$$= \frac{\cosh^2\sqrt{-K}R - \cosh^2\sqrt{-K}R_{i_0 i_1 \cdots i_k}}{(\sinh^2\sqrt{-K}R)^{k+1} \cdot \cosh^2\sqrt{-K}R_{i_0 i_1 \cdots i_k}} \times k!^2 \cdot \sinh^2\sqrt{-K}V_{i_0 i_1 \cdots i_k}. \quad (6.8.7)$$

证 由 2 维双曲平面上的余弦定理以及 (6.2.15) 可得(如下表示行列式阶数的下标 $(k+1)\times(k+1)$ 表为 $(k+1)^{(2)}$)

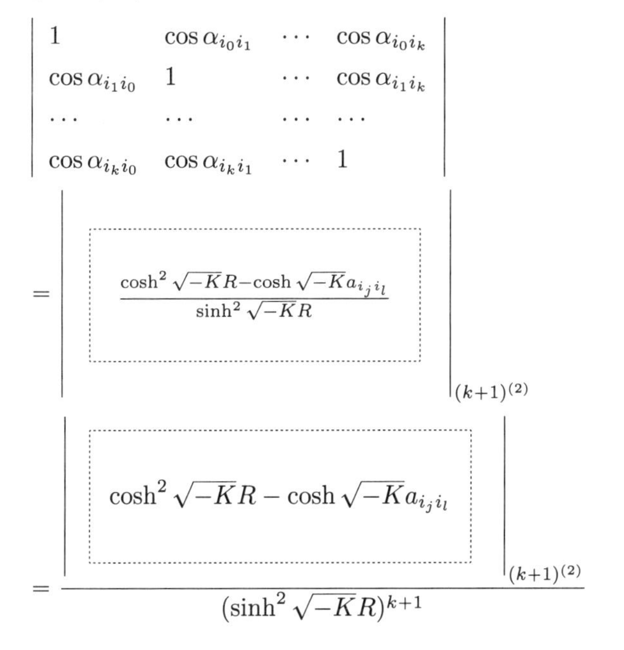

$$\begin{vmatrix} 1 & \cos\alpha_{i_0 i_1} & \cdots & \cos\alpha_{i_0 i_k} \\ \cos\alpha_{i_1 i_0} & 1 & \cdots & \cos\alpha_{i_1 i_k} \\ \cdots & \cdots & \cdots & \cdots \\ \cos\alpha_{i_k i_0} & \cos\alpha_{i_k i_1} & \cdots & 1 \end{vmatrix}$$

$$= \left| \frac{\cosh^2\sqrt{-K}R - \cosh\sqrt{-K}a_{i_j i_l}}{\sinh^2\sqrt{-K}R} \right|_{(k+1)^{(2)}}$$

$$= \frac{\left| \cosh^2\sqrt{-K}R - \cosh\sqrt{-K}a_{i_j i_l} \right|_{(k+1)^{(2)}}}{(\sinh^2\sqrt{-K}R)^{k+1}}$$

$$
= \frac{\begin{vmatrix} 1 & -\cosh^2\sqrt{-K}R & \cdots & -\cosh^2\sqrt{-K}R \\ 1 & & & \\ \vdots & & \cosh\sqrt{-K}a_{i_j i_l} & \\ 1 & & & \end{vmatrix}_{(k+2)^{(2)}}}{(\sinh^2\sqrt{-K}R)^{k+1}}
$$

$$
= \frac{(-1)^{k+1}\cosh^2\sqrt{-K}R}{(\sinh^2\sqrt{-K}R)^{k+1}}
$$

$$
\times \begin{vmatrix} 0 & 1 & \cdots & 1 \\ 1 & & & \\ \vdots & & \cosh\sqrt{-K}a_{i_j i_l} & \\ 1 & & & \end{vmatrix}_{(k+2)^{(2)}}
$$

$$
+ \frac{(-1)^{k+1}}{(\sinh^2\sqrt{-K}R)^{k+1}}
$$

$$
\times \begin{vmatrix} -\cosh\sqrt{-K}a_{i_j i_l} \end{vmatrix}_{(k+1)^{(2)}}
$$

$$
= \frac{\cosh^2\sqrt{-K}R - \cosh^2\sqrt{-K}R_{i_0 i_1 \cdots i_k}}{(\sinh^2\sqrt{-K}R)^{k+1}\cdot\cosh^2\sqrt{-K}R_{i_0 i_1 \cdots i_k}}
$$

$$
\times k!^2\cdot\sinh^2\sqrt{-K}V_{i_0 i_1 \cdots i_k},
$$

显然我们已经证得了 (6.8.7). □

对于 n 维常曲率空间 $\mathbf{C}^n(K)$ 中的有限点集 $\Omega = \{A_1, A_2, \cdots, A_N\}\,(N > n)$, 设 m_i 为 Ω 中的点 $A_i\ (1 \leqslant i \leqslant N)$ 所对应的正实数, 并且令

$$
N_{e,k+1} = \sum\sum\cdots\sum_{1\leqslant i_0<i_1<\cdots<i_k\leqslant N} m_{i_0}m_{i_1}\cdots m_{i_k}
$$

$$
\times (R^2 - R^2_{i_0 i_1 \cdots i_k})\,V^2_{i_0 i_1 \cdots i_k};
$$

$$N_{s,k+1} = R^2 \cdot \sum_{1\leqslant i_0<i_1<\cdots<i_k\leqslant N}\sum\cdots\sum m_{i_0}m_{i_1}\cdots m_{i_k} \times \cos^2\sqrt{K}\rho_{i_0i_1\cdots i_k}\,V^2_{i_0i_1\cdots i_k};$$

$$N_{h,k+1} = \sum_{1\leqslant i_0<i_1<\cdots<i_k\leqslant N}\sum\cdots\sum m_{i_0}m_{i_1}\cdots m_{i_k} \times h(V_{i_0i_1\cdots i_k}, R, R_{i_0i_1\cdots i_k}),$$

其中

$$h(V_{i_0i_1\cdots i_k}, R, R_{i_0i_1\cdots i_k}) = \frac{\cosh^2\sqrt{-K}R - \cosh^2\sqrt{-K}R_{i_0i_1\cdots i_k}}{\cosh^2\sqrt{-K}R_{i_0i_1\cdots i_k}} \times \sinh^2\sqrt{-K}V_{i_0i_1\cdots i_k}.$$

显然当 $k=0$ 时, 有

$$N_{e,1} = R^2\cdot\sum_{i=1}^{N}m_i;\ N_{s,1} = R^2\cdot\sum_{i=1}^{N}m_i;$$

$$N_{h,1} = \sinh^2\sqrt{-K}R\cdot\sum_{i=1}^{N}m_i,$$

记

$$N_{k+1} = (N_{e,k+1},\ N_{s,k+1},\ N_{h,k+1}),$$

$$f(R) = \left(R,\ R,\ \sinh\sqrt{-K}R\right),$$

$$Q = \left(\sqrt{m_im_j}\,q_{ij}\right)_{N\times N},\quad \mathrm{rank}Q = r.$$

定理 2 设 $\Omega = \{A_1, A_2, \cdots, A_N\}\,(N > n)$ 为 n 维常曲率空间 $\mathbf{C}^n(K)$ 中的一个有限点集, m_i 为点 A_i $(1\leqslant i\leqslant N)$ 所对应的正实数, $\alpha_1, \alpha_2, \cdots, \alpha_m$ 是一

组非负实数, 且 $\alpha_1+\alpha_2+\cdots+\alpha_m=1$, 又 $k_0,k_1,\cdots,k_m$ 为自然数, 若 $\alpha_1k_1+\alpha_2k_2+\cdots+\alpha_mk_m=k_0$, 则有

$$N_{k_0+1}\geqslant\varphi(\alpha,k)\cdot\prod_{i=1}^{m}N_{k_i+1}^{\alpha_i},\tag{6.8.8}$$

当且仅当矩阵 Q 的 r 个非零特征值均相等时等号成立, 其中

$$\varphi(\alpha,k)=\frac{\binom{r}{k_0+1}}{k_0!^2}\cdot\prod_{i=1}^{m}\left(\frac{k_i!^2}{\binom{r}{k_i+1}}\right)^{\alpha_i}.$$

证 易知 $Q=\left(\sqrt{m_im_j}\,q_{ij}\right)_{N\times N}$ 是一个半正定矩阵, 且 $r=(n,n+1,n+1)$, 设 I 为 N 阶单位阵, 则矩阵 Q 的特征方程为 $\det(Q-Ix)=0$, 将其展开并去掉 $N-r$ 个零根便有

$$x^r-a_1x^{r-1}+\cdots+(-1)^ka_kx^{r-k}+\cdots+(-1)^ra_r=0.\tag{6.8.9}$$

由矩阵的特征方程的系数与矩阵的各阶主子式之间的关系以及 (6.8.4), (6.8.5) 和 (6.8.7) 可得

$$a_k=\frac{(k-1)!^2}{(f(R))^{2k}}\cdot N_k,\ (1\leqslant k\leqslant r),$$

因此有

$$a_{k+1}=\frac{k!^2}{(f(R))^{2(k+1)}}\cdot N_{k+1},\ (0\leqslant k\leqslant r-1),\tag{6.8.10}$$

由 Vieta 定理和 (6.8.2)得

$$\frac{\frac{k_0!^2}{(f(R))^{2(k+1)}}\cdot N_{k_0+1}}{\binom{r}{k_0+1}}\geqslant\prod_{i=1}^{m}\left(\frac{\frac{k_i!^2}{(f(R))^{2(k_i+1)}}\cdot N_{k_i+1}}{\binom{r}{k_i+1}}\right)^{\alpha_i},\tag{6.8.11}$$

将此式整理便得 (6.8.8), 而等号成立问题是不难看出的. □

推论 2 在定理 2 的条件下, 如果取 $\alpha_i = \frac{1}{m}$ $(1 \leqslant i \leqslant m)$, 且 $\sum\limits_{i=1}^{m} k_i = mk$, 则有

$$N_{k+1}^{m} \geqslant \varphi(k) \cdot \prod_{i=1}^{m} N_{k_i+1}, \tag{6.8.12}$$

当且仅当矩阵 Q 的 r 个非零特征值均相等时等号成立, 其中

$$\varphi(k) = \left(\frac{\binom{r}{k+1}}{k!^2}\right)^{m} \cdot \prod_{i=1}^{m} \frac{k_i!^2}{\binom{r}{k_i+1}}.$$

在 (6.8.2) 中, 当 m 为偶数时, 易知 m_i $(1 \leqslant i \leqslant N)$ 可以为任意实数.

推论 3 在定理 2 的条件下, 有

$$\frac{N_{k+1}^{l+1}}{N_{l+1}^{k+1}} \geqslant \left(\frac{l!^2}{\binom{r}{l+1}}\right)^{k+1} \left(\frac{\binom{r}{k+1}}{k!^2}\right)^{l+1}, \quad (0 \leqslant k < l \leqslant r-1), \tag{6.8.13}$$

当且仅当矩阵 $Q = \left(\sqrt{m_i m_j}\, q_{ij}\right)_{N\times N}$ 的 r 个非零特征值均相等时等号成立.

在 (6.8.13) 中, 当有限点集 $\Omega = \{A_1, A_2, \cdots, A_N\}$ $(N > n)$ 为 n 维欧氏空间 $\mathbf{E}^n$ 中的有限点集时, 取 $k = 0$, $l = 1$, 并且注意到此时 $R_{ij} = \frac{a_{ij}}{2}$, 由此立即可得 (6.8.1), 所以 (6.8.13) 是 (6.8.1) 在 n 维常曲率空间 $\mathbf{C}^n(K)$ 中的推广.

§6.9 再论有限点集中的几何不等式

关于有限点集中的几何不等式我们在前面已经研究了好多, 这里将进一步研究 §6.5 和 §4.6 中的有关结论.

这里仍采用 §6.5 中的记号, 并且记

$$M_k = \sum\sum_{1\leqslant i_1<i_2<\cdots<i_{k+1}\leqslant N}\cdots\sum m_{i_1}m_{i_2}\cdots m_{i_{k+1}}$$

$$\times f^2(V_{(k),i_1i_2\cdots i_{k+1}})g^2(R_{i_1i_2\cdots i_{k+1}}),$$

其中 $(1\leqslant k\leqslant n)$

$$B=\begin{pmatrix} 0 & \sqrt{m_1m_2}\,d_{12} & \cdots & \sqrt{m_1m_N}\,d_{1N} \\ \sqrt{m_2m_1}\,d_{21} & 0 & \cdots & \sqrt{m_2m_N}\,d_{2N} \\ \cdots & \cdots & \cdots & \cdots \\ \sqrt{m_Nm_1}\,d_{N1} & \sqrt{m_Nm_2}\,d_{N2} & \cdots & 0 \end{pmatrix}.$$

定理 1 设 $\Omega=\{A_1,A_2,\cdots,A_N\}$ $(N>n)$ 为 n 维常曲率空间 $\mathbf{C}^n(K)$ 中 $n-1$ 维超球面 S_r^{n-1} 上的一个有限点集, $\alpha_0,\alpha_1,\cdots,\alpha_s$ 为一组非负实数, 且 $\alpha_1+\alpha_2+\cdots+\alpha_s=\alpha_0$, 又 $k_0,k_1,\cdots,k_s$ 为一组自然数, 若 $\alpha_1k_1+\alpha_2k_2+\cdots+\alpha_sk_s=\alpha_0k_0$, 则对于有限点集 Ω 的不变量 M_k 有

$$M_{k_0}^{\alpha_0}\geqslant\varphi_0(n,\alpha,k)\cdot\prod_{i=1}^{s}M_{k_i}^{\alpha_i},\qquad(6.9.1)$$

当且仅当矩阵 $B=\left(\sqrt{m_im_j}d_{ij}\right)_{N\times N}$ 中的 n 个负特征值均相等时等号成立.

在 (6.9.1) 中的

$$\varphi_0(n,\alpha,k)=\left(\frac{k_0\cdot\binom{n+1}{k_0+1}}{k_0!^2}\right)^{\alpha_0}\cdot\prod_{i=1}^{s}\left(\frac{k_i!^2}{k_i\cdot\binom{n+1}{k_i+1}}\right)^{\alpha_i}.$$

证 对于矩阵 B 来说, 我们考虑它的特征方程, 由 (6.5.6) 的证明过程知, 此处应有

$$q_{k+1}=\left(2^{k+1}\cdot k!^2\cdot M_k,\ \ \frac{k!^2}{2^{k+1}}\cdot M_k,\ \ \frac{k!^2}{2^{k+1}}\cdot M_k\right),\tag{6.9.2}$$

将 (6.9.2) 代入 (4.6.20) 内可得

$$\left(\frac{k_0\cdot\binom{n+1}{k_0+1}}{k_0!^2}\cdot M_{k_0}\right)^{\alpha_0}\geqslant\prod_{i=1}^{s}\left(\frac{k_i!^2}{k_i\cdot\binom{n+1}{k_i+1}}\cdot M_{k_i}\right)^{\alpha_i},\tag{6.9.3}$$

当且仅当矩阵 $B=\left(\sqrt{m_im_j}d_{ij}\right)_{N\times N}$ 中的 n 个负特征值均相等时等号成立, 所以再将 (6.9.3) 整理之便得 (6.9.1). □

推论 1 在定理 1 的条件下, 若取 $\alpha_0=1$, 则对于 n 维常曲率空间 $\mathbf{C}^n(K)$ 中的共球 S_r^{n-1} 有限点集 Ω 的不变量 M_k 有

$$M_{k_0}\geqslant\varphi_1(n,\alpha,k)\cdot\prod_{i=1}^{s}M_{k_i}^{\alpha_i},\tag{6.9.4}$$

当且仅当矩阵 $B=\left(\sqrt{m_im_j}d_{ij}\right)_{N\times N}$ 中的 n 个负特征值均相等时等号成立, 易知其中

$$\varphi_1(n,\alpha,k)=\frac{k_0\cdot\binom{n+1}{k_0+1}}{k_0!^2}\cdot\prod_{i=1}^{s}\left(\frac{k_i!^2}{k_i\cdot\binom{n+1}{k_i+1}}\right)^{\alpha_i}.$$

若 α_0 为偶数时, 易知 (6.9.1) 中的所有 $m_1,m_2,\cdots,m_N$ 可以为任意实数. 在 (6.9.4) 中, 特别地取 $\alpha_1=$

$\alpha_2 = \cdots = \alpha_s = \frac{1}{s}$ (s 为自然数) 时, 便有

$$M_{k_0}^s \geqslant \varphi(n,k) \cdot \prod_{i=1}^{s} M_{k_i}, \tag{6.9.5}$$

当且仅当矩阵 $B = \left(\sqrt{m_i m_j} d_{ij}\right)_{N \times N}$ 中的 n 个负特征值均相等时等号成立, 其中

$$\varphi(n,k) = \left(\frac{k_0 \cdot \binom{n+1}{k_0+1}}{k_0!^2}\right)^s \cdot \prod_{i=1}^{s} \frac{k_i!^2}{k_i \cdot \binom{n+1}{k_i+1}}.$$

设 $\Omega_1 = \{A_1, A_2, \cdots, A_N\}$ 和 $\Omega_2 = \{B_1, B_2, \cdots, B_N\}$ 均为 n 维常曲率空间 $\mathbf{C}^n(K)$ 中的两个有限点集, 设 d_{ij} 为该空间中 A_i 和 B_j 之间的距离, $G = (g_{ij})$ 中的元素 g_{ij} 相对于空间 $\mathrm{E}^n, \mathrm{S}_r^n, \mathrm{H}_r^n$ 如同 §6.5 中的那样, 分别为 $\frac{1}{2}(d_{i,n+1}^2 + d_{n+1,j}^2 - d_{ij}^2)$ $(1 \leqslant i,j \leqslant n)$, $\cos\sqrt{K} d_{ij}, \cosh\sqrt{-K} d_{ij}$ $(1 \leqslant i,j \leqslant n+1)$, 而矩阵 $D = (\delta_{ij})$ 中的 δ_{ij} 依次为 $d_{ij}^2, \sin^2\frac{\sqrt{K}}{2} d_{ij}, \sinh^2\frac{\sqrt{-K}}{2} d_{ij}$, 显然当 $\Omega_1 = \Omega_2$ 时, 有 $d_{ii} = 0$, $d_{ij} = d_{ji}$ $(j \neq i)$.

令

$$\begin{aligned}
&\det G_k = \\
&\left(\det(g_{ij})_{i,j=1}^{k},\ \det(g_{ij})_{i,j=1}^{k+1},\ (-1)^k \det(g_{ij})_{i,j=1}^{k+1}\right), \\
&f(V_{(k)}) = \frac{1}{k!} \cdot \sqrt{|\det G_k|} \\
&\qquad\quad = \left(V_{(k)},\ \sin\sqrt{K} V_{(k)},\ \sinh\sqrt{-K} V_{(k)}\right).
\end{aligned}$$

定理 2 设 $\mathscr{A}_1$ 和 $\mathscr{A}_2$ 为 n 维常曲率空间 $\mathbf{C}^n(K)$ 中的两个单形, 则有

$$f(V_1) f(V_2) = f^2(V_{12}). \tag{6.9.6}$$

证 当 $\mathscr{A}_1$ 和 $\mathscr{A}_2$ 为 n 维欧氏空间 $\mathbf{E}^n$ 中的单形时, 令 $x_i=(x_{i1},x_{i2},\cdots,x_{in})$ 和 $y_i=(y_{i1},y_{i2},\cdots,y_{in})$ 分别为单形 $\mathscr{A}_1$ 和 $\mathscr{A}_2$ 的顶点 A_i 和 B_i 的直角坐标, 记 $x_i^*=(x_{i1},x_{i2},\cdots,x_{in},1)$, $y_i^*=(y_{i1},y_{i2},\cdots,y_{in},1)$, $x=(x_1^*,x_2^*,\cdots,x_{n+1}^*)$, $y=(y_1^*,y_2^*,\cdots,y_{n+1}^*)$. 当 $\mathscr{A}_1$ 和 $\mathscr{A}_2$ 为 n 维球面空间 S_r^n 中的单形时, 设单形 $\mathscr{A}_1$ 的顶点 A_i 的直角坐标为 $A_i(x_{i1},x_{i2},\cdots,x_{i,n+1})$, 单形 $\mathscr{A}_2$ 的顶点 B_i 的直角坐标为 $B_i(y_{i1},y_{i2},\cdots,y_{i,n+1})$, 显然有

$$x_{i1}^2+x_{i2}^2+\cdots+x_{i,n+1}^2=r^2,$$

$$y_{i1}^2+y_{i2}^2+\cdots+y_{i,n+1}^2=r^2.$$

同样, 当 $\mathscr{A}_1$ 和 $\mathscr{A}_2$ 为 n 维双曲空间 H_r^n 中的单形时, 单形 $\mathscr{A}_1$ 和 $\mathscr{A}_2$ 的顶点 A_i 和 B_i 的直角坐标分别为 $A_i(x_{i1},x_{i2},\cdots,x_{i,n+1})$, $B_i(y_{i1},y_{i2},\cdots,y_{i,n+1})$. 记 $x_i=(x_{i1},x_{i2},\cdots,x_{i,n+1})$, $y_i=(y_{i1},y_{i2},\cdots,y_{i,n+1})$, 显然有

$$x_{i,n+1}^2-(x_{i1}^2+x_{i2}^2+\cdots+x_{in}^2)=r^2,$$

$$y_{i,n+1}^2-(y_{i1}^2+y_{i2}^2+\cdots+y_{in}^2)=r^2,$$

对于 S_r^n 与 H_r^n 的单形 $\mathscr{A}_1$ 和 $\mathscr{A}_2$, 记

$$x=(x_1,x_2,\cdots,x_{n+1}),\ y=(y_1,y_2,\cdots,y_{n+1}),$$

因此对于 $\mathbf{C}^n(K)$ 中的两个单形 $\mathscr{A}_1$ 和 $\mathscr{A}_2$, 若记 y^τ 表示 y 转置, 则有

$$\begin{aligned}
&n!f(V_1)f(V_2)=xy^\tau\\
&=\left(\det(g_{ij})_{i,j=1}^n,\ \det(g_{ij})_{i,j=1}^{n+1},\ (-1)^n\det(g_{ij})_{i,j=1}^{n+1}\right)\\
&=\det G_n=\det G.
\end{aligned}$$

所以

$$n!^2 \cdot f(V_1)f(V_2) = |\det G_n| = n!^2 \cdot f^2(V_{12}).$$

由此我们证得了定理 2. □

利用数学归纳法容易证得如下的结论.

推论 2 设 $\mathscr{A}_1, \mathscr{A}_2, \cdots, \mathscr{A}_m$ 为 n 维常曲率空间 $\mathbf{C}^n(K)$ 中的 m 个单形, 若记 $f(V_{m,m+1}) = f(V_{m,1})$, 则有

$$\prod_{i=1}^{m} f(V_i) = \prod_{i=1}^{m} f(V_{i,i+1}). \tag{6.9.7}$$

设 R_1 与 R_2 分别为 $\mathbf{C}^n(K)$ 中的两个单形 $\mathscr{A}_1$ 和 $\mathscr{A}_2$ 的外接球半径, d 为 $\mathscr{A}_1$ 和 $\mathscr{A}_2$ 的外接球球心 O_1 与 O_2 之间的距离, 记

$$\begin{aligned}&\varphi(R_1, R_2, d)\\&= \left(R_1^2 + R_2^2 - d^2,\ \frac{\cos\sqrt{K}d}{\cos\sqrt{K}R_1 \cdot \cos\sqrt{K}R_2} - 1,\right.\\&\qquad\left. 1 - \frac{\cosh\sqrt{-K}d}{\cosh\sqrt{-K}R_1 \cdot \cosh\sqrt{-K}R_2}\right).\end{aligned}$$

由此记号我们可以给出如下的:

推论 3 对于 n 维常曲率空间 $\mathbf{C}^n(K)$ 中的两个单形 $\mathscr{A}_1$ 和 $\mathscr{A}_2$, 有如下的几何恒等式成立

$$\begin{aligned}&f(V_1)f(V_2)\varphi(R_1, R_2, d)\\&= \left(\frac{(-1)^n}{2^n \cdot n!^2} \cdot \det D,\ \frac{(-1)^n \cdot 2^{n+1}}{n!^2} \cdot \det D,\right.\\&\qquad\left. \frac{(-1)^n \cdot 2^{n+1}}{n!^2} \cdot \det D\right).\end{aligned} \tag{6.9.8}$$

证 对于 (6.9.8) 中 n 维欧氏空间 $\mathbf{E}^n$ 的情形可由 (4.6.17) 而得, 所以, 这里我们只证明球面空间 S_r^n 和双曲空间 H_r^n 的情况.

首先, 当 $\mathscr{A}_1, \mathscr{A}_2 \subset \mathbf{S}_r^n$ 时, 设 $\{A_1, A_2, \cdots, A_{n+1}\}$ 和 $\{B_1, B_2, \cdots, B_{n+1}\}$ 分别为它们的顶点集, 并且设 $\mathscr{A}_1$ 和 $\mathscr{A}_2$ 的外心为 O_1 与 O_2, 今取两个点集 $A = \{O_2, A_1, A_2, \cdots, A_{n+1}\}$, $B = \{O_1, B_1, B_2, \cdots, B_{n+1}\}$, 则由度量方程 (6.1.7) 可得

$$\begin{vmatrix} \cos\sqrt{K}d & \cos\sqrt{K}R_2 & \cdots & \cos\sqrt{K}R_2 \\ \cos\sqrt{K}R_1 & & & \\ \vdots & & \boxed{\cos\sqrt{K}d_{ij}} & \\ \cos\sqrt{K}R_1 & & & \end{vmatrix} = 0. \tag{6.9.9}$$

在 (6.9.9) 的行列式中, 对第 1 行提取 $\cos\sqrt{K}R_2$, 第 1 列提取 $\cos\sqrt{K}R_1$, 则有

$$\begin{vmatrix} \left(\frac{\cos\sqrt{K}d}{\cos\sqrt{K}R_1 \cdot \cos\sqrt{K}R_2} - 1\right) + 1 & 1 & \cdots & 1 \\ 0+1 & & & \\ \vdots & & \boxed{\cos\sqrt{K}d_{ij}} & \\ 0+1 & & & \end{vmatrix} = 0,$$

由此得

$$\left(\frac{\cos\sqrt{K}d}{\cos\sqrt{K}R_1 \cdot \cos\sqrt{K}R_2} - 1\right) \cdot \begin{vmatrix} \boxed{\cos\sqrt{K}d_{ij}} \end{vmatrix}$$

$$+\begin{vmatrix} 1 & 1 & \cdots & 1 \\ 1 & & & \\ \vdots & & \cos\sqrt{K}d_{ij} & \\ 1 & & & \end{vmatrix} = 0, \tag{6.9.10}$$

由于

$$\begin{vmatrix} \cos\sqrt{K}d_{ij} \end{vmatrix} = n!^2 \cdot \sin\sqrt{K}V_1 \cdot \sin\sqrt{K}V_2, \tag{6.9.11}$$

$$\begin{vmatrix} 1 & 1 & \cdots & 1 \\ 1 & & & \\ \vdots & & \cos\sqrt{K}d_{ij} & \\ 1 & & & \end{vmatrix} = (-1)^{n+1} \cdot 2^{n+1} \cdot \det D. \tag{6.9.12}$$

将 (6.9.11) 和 (6.9.12) 代入 (6.9.10) 内经整理便得 (6.9.8) 中球面空间 S_r^n 的情形.

当 $\mathscr{A}_1, \mathscr{A}_2 \subset \mathbf{H}_r^n$ 时, 可以得到与 (6.9.9) 相对应的式子

$$\begin{vmatrix} \cosh\sqrt{-K}d & \cosh\sqrt{-K}R_2 & \cdots & \cosh\sqrt{-K}R_2 \\ \cosh\sqrt{-K}R_1 & & & \\ \vdots & & \cosh\sqrt{-K}d_{ij} & \\ \cosh\sqrt{-K}R_1 & & & \end{vmatrix} = 0,$$

对此行列式的第 1 行提取 $\cosh\sqrt{-K}R_2$, 第 1 列提取

$\cosh\sqrt{-K}R_1$, 则有

$$\begin{vmatrix} 1-\left(1-\frac{\cosh\sqrt{-K}d}{\cosh\sqrt{-K}R_1\cdot\cosh\sqrt{-K}R_2}\right) & 1 & \cdots & 1 \\ 1+0 & & & \\ \vdots & & \cosh\sqrt{-K}d_{ij} & \\ 1+0 & & & \end{vmatrix}=0.$$

另外再利用双曲三角公式 $\cosh\alpha-1=2\sinh^2\frac{\alpha}{2}$ 其余的过程与当 $\mathscr{A}_1$, $\mathscr{A}_2\subset\mathbf{S}_r^n$ 时的完全一致, 所以对于 H_r^n 中情况的证明便从略. □

设 $m_1,m_2,\cdots,m_N$ 为一组正实数, 并且令

$$H_k=\sum_{1\leqslant i_1<i_2<\cdots<i_{k+1}\leqslant N}\sum\cdots\sum m_{i_1}m_{i_2}\cdots m_{i_{k+1}}$$
$$\times f(V_{1,i_1i_2\cdots i_{k+1}})f(V_{2,i_1i_2\cdots i_{k+1}}).$$

定理 3 设 $\Omega_1=\{A_1,A_2,\cdots,A_N\}$ 和 $\Omega_2=\{B_1,B_2,\cdots,B_N\}$ 均为 n 维常曲率空间 $\mathbf{C}^n(K)$ 中的两个有限点集, $\alpha_0,\alpha_1,\cdots,\alpha_s$ 为一组正实数, α_0 为偶数, 且 $\alpha_1+\alpha_2+\cdots+\alpha_s=\alpha_0$, $k_0,k_1,\cdots,k_s$ 为一组自然数, 若$\alpha_1k_1+\alpha_2k_2+\cdots+\alpha_sk_s=\alpha_0k_0$, 则有

$$H_{k_0}^{\alpha_0}\geqslant\psi(m,\alpha,k)\cdot\prod_{i=1}^{s}H_{k_i}^{\alpha_i},\tag{6.9.13}$$

当且仅当矩阵 $\left(\sqrt{m_im_j}g_{ij}\right)_{N\times N}$ 的所有非零特征值均相等时等号成立, 其中

$$\psi(m,\alpha,k)=\left(\frac{\binom{m}{k_0}}{k_0!^2}\right)^{\alpha_0}\cdot\prod_{i=1}^{s}\left(\frac{k_i!^2}{\binom{m}{k_i}}\right)^{\alpha_i},$$

$$m=(n,n+1,n+1).$$

证 易知 $\operatorname{rank}\left(\sqrt{m_i m_j} g_{ij}\right)_{N\times N} = (n,\ n+1,\ n+1) = m$, 设 I 为 N 阶单位阵, 则矩阵 $\left(\sqrt{m_i m_j} g_{ij}\right)_{N\times N}$ 的特征方程为

$$\det\left(\left(\sqrt{m_i m_j} g_{ij}\right)_{N\times N} - Ix\right) = 0,$$

将其展开并约去 $N-m$ 个零根可得

$$x^m - b_1 x^{m-1} + \cdots + (-1)^k b_k x^{m-k} + \cdots + (-1)^m b_m = 0,$$

易知此处的

$$b_k = \left(2^k \cdot k!^2 \cdot H_k,\ \ k!^2 \cdot H_k,\ \ k!^2 \cdot H_k\right),$$

因此有

$$p_k = \left(\frac{2^k \cdot k!^2}{\binom{n}{k}} \cdot H_k,\ \ \frac{k!^2}{\binom{n+1}{k}} \cdot H_k,\ \ \frac{k!^2}{\binom{n+1}{k}} \cdot H_k\right),$$

将此处的 p_k 代入 (4.6.19) 内经整理便得 (6.9.13), 至于等号成立的充要条件由 (4.6.19) 中等号成立的充要条件是容易得到的. □

在 (6.9.13) 中, 当 $\Omega_1 = \Omega_2$ 时, 取 $s=2$, $\alpha_1 = \alpha_2 = \frac{1}{2}$, $k_1 = k-1$, $k_2 = k+1$, $k_0 = k$, 则此时可得 (4.1.4).

记

$$\varphi_{i_1 i_2 \cdots i_{k+1}} = \varphi\left(R_{1,i_1 i_2 \cdots ,i_{k+1}}, R_{2,i_1 i_2 \cdots ,i_{k+1}}, d_{i_1 i_2 \cdots ,i_{k+1}}\right),$$

$$Q_k = \sum_{1\leqslant i_1 < i_2 < \cdots < i_{k+1} \leqslant N} \sum \cdots \sum m_{i_1} m_{i_2} \cdots m_{i_{k+1}} f(V_{1,\, i_1 i_2 \cdots i_{k+1}}) \times f(V_{2,\, i_1 i_2 \cdots i_{k+1}}) \varphi_{i_1 i_2 \cdots i_{k+1}}.$$

定理 4 设 $\alpha_0,\alpha_1,\cdots,\alpha_s$ 为一组正实数, α_0 为偶数, $\alpha_1+\alpha_2+\cdots+\alpha_s=\alpha_0$, $k_0,k_1,\cdots,k_s$ 为一组自然数, 且 $\alpha_1k_1+\alpha_2k_2+\cdots+\alpha_sk_s=\alpha_0k_0$, 对于 n 维常曲率空间 $\mathbf{C}^n(K)$ 中的两个有限点集 $\Omega_1=\{A_1,A_2,\cdots,A_N\}$ 和 $\Omega_2=\{B_1,B_2,\cdots,B_N\}$ $(N>n+1)$ 的不变量 Q_k 有

$$Q_{k_0}^{\alpha_0}\geqslant\psi_1(n,\alpha,k)\cdot\prod_{i=1}^{s}Q_{k_i}^{\alpha_i},\tag{6.9.14}$$

当且仅当矩阵 $\left(\sqrt{m_im_j}\delta_{ij}\right)_{N\times N}$ 的所有非零特征值均相等时等号成立.

其中

$$\psi_1(n,\alpha,k)=\left(\frac{\binom{n+2}{k_0}}{k_0!^2}\right)^{\alpha_0}\cdot\prod_{i=1}^{s}\left(\frac{k_i!^2}{\binom{n+2}{k_i}}\right)^{\alpha_i}.$$

证 不难求得 $\operatorname{rank}\left(\sqrt{m_im_j}\delta_{ij}\right)_{N\times N}=n+2$, 将矩阵 $\left(\sqrt{m_im_j}\delta_{ij}\right)_{N\times N}$ 的特征方程

$$\det\left(\left(\sqrt{m_im_j}\delta_{ij}\right)_{N\times N}-Ix\right)=0$$

展开, 便可得

$$x^{n+2}-c_1x^{n+1}+\cdots+(-1)^kc_kx^{n+2-k}+\cdots$$
$$+(-1)^{n+2}c_{n+2}=0,$$

此处

$$c_k=\left(2^k\cdot k!^2\cdot Q_k,\ \ \frac{k!^2}{2^{k+1}}\cdot Q_k,\ \ \frac{k!^2}{2^{k+1}}\cdot Q_k\right),$$

故有

$$p_k=\left(\frac{2^k\cdot k!^2}{\binom{n+2}{k}}\cdot Q_k,\frac{k!^2}{2^{k+1}\cdot\binom{n+2}{k}}\cdot Q_k,\frac{k!^2}{2^{k+1}\cdot\binom{n+2}{k}}\cdot Q_k\right).$$

将此处的 p_k 代入 (4.6.19) 内经整理立即可得 (6.9.14).

□

在定理 4 的条件下, 当 $\Omega_2 = \Omega_1$ 时, 我们知道 $d_{ii} = 0$, $d_{ij} = d_{ji}$ $(i \neq j)$, 此时矩阵 $\left(\sqrt{m_i m_j}\delta_{ij}\right)_{N\times N}$ 的秩为 $n+1$, 并且此时 (6.9.14) 将变成 (6.9.1).

当 Ω_1 与 Ω_2 为同一个球面 S_R^{n-1} 上的两个有限点集时, 若记

$$g^2(R) = \left(R^2,\ \tan^2\sqrt{K}R,\ \tanh^2\sqrt{-K}R\right),$$

则 (6.9.8) 将变为

$$f(V_1)f(V_2)g^2(R) = \left(\frac{(-1)^n}{2^{n+1}\cdot n!^2}\cdot\det D, \frac{(-1)^n\cdot 2^{n+1}}{n!^2}\cdot\det D, \frac{2^{n+1}}{n!^2}\cdot\det D\right). \tag{6.9.15}$$

关于 (6.9.15) 的证明可仿照 (6.9.8) 的证明进行.

又当 Ω_1 与 Ω_2 为同一个球面 S_R^{n-1} 上的两个有限点集时, 在 (6.9.14) 中的 Q_k, 只有当 $k = n$ 时, 才有

$$Q_n = m_1 m_2 \cdots m_{n+1}\cdot f(V_1)f(V_2)g^2(R),$$

而在一般情况下的 k

$$\varphi\left(R_{1,\, i_1 i_2\cdots,i_{k+1}},\ \ R_{2,\, i_1 i_2\cdots,i_{k+1}},\ \ d_{i_1 i_2\cdots,i_{k+1}}\right) \neq g^2(R_{i_1 i_2\cdots i_{k+1}}).$$

推论 4 设 $\Omega_1 = \{A_1, A_2, \cdots, A_N\}$ 和 $\Omega_2 = \{B_1, B_2, \cdots, B_N\}$ 均为 n 维常曲率空间 $\mathrm{C}^n(K)$ $(N > n+1)$ 中同一个球面 S_R^{n-1} 上的有限点集, 则有

$$\frac{Q_k^l}{Q_l^k} \geqslant \frac{l!^{2k}\cdot\left(\binom{n+1}{k}\right)^l}{k!^{2l}\cdot\left(\binom{n+1}{l}\right)^k}, \tag{6.9.16}$$

当且仅当矩阵 $\left(\sqrt{m_i m_j}\delta_{ij}\right)_{N\times N}$ 的所有非零特征值均相等时等号成立.

实际上, 在 (6.9.16) 中, 由于 Ω_1 与 Ω_2 均为同一个球面 S_R^{n-1} 上的两个有限点集, 所以不难求得

$$\operatorname{rank}\left(\sqrt{m_i m_j}\delta_{ij}\right)_{N\times N}=n+1,$$

故有

$$p_k=\left(\frac{2^k\cdot k!^2}{\binom{n+1}{k}}\cdot Q_k,\frac{k!^2}{2^{k+1}\cdot\binom{n+1}{k}}\cdot Q_k,\frac{k!^2}{2^{k+1}\cdot\binom{n+1}{k}}\cdot Q_k\right),$$

从而再将此时的 p_k 代入 Maclaurin 不等式 (2.1.5) 内经整理容易得到 (6.9.16).

如果 Ω_1 与 Ω_2 不是 $\mathbf{C}^n(K)$ 中的有限点集, 而是具有有限质量的区域时, 设质量分布函数为 $m(x)(x\in\mathscr{W})$, 若定义

$$\begin{aligned}H_k=&\int\int\cdots\int m(x_1)m(x_2)\cdots m(x_{k+1})\\&\times f(V_1(x_1,x_2,\cdots,x_{k+1}))\cdot f(V_2(x_1,x_2,\cdots,x_{k+1}))\\&\qquad\mathrm{d}x_1\mathrm{d}x_2\cdots\mathrm{d}x_{k+1}\\=&\overset{(k)}{\int_{\mathscr{W}}}M_{(k)}(x)f(V_1(x))f(V_2(x))\mathrm{d}x,\end{aligned}$$

则有

$$\left(\overset{(k_0)}{\int_{\mathscr{W}}}M_{(k_0)}(x)f(V_1(x))f(V_2(x))\mathrm{d}x\right)^{\alpha_0}$$

$$\geqslant \psi(m,\alpha,k)\cdot\prod_{i=1}^{s}\left(\int\limits_{\mathscr{W}}^{(k_i)} M_{(k_i)}(x)f(V_1(x))f(V_2(x))\mathrm{d}x\right)^{\alpha_i}, \tag{6.9.17}$$

如果再令

$$\begin{aligned}Q_k &= \int\int\cdots\int m(x_1)m(x_2)\cdots m(x_{k+1})\\&\quad\times f(V_1(x_1,x_2,\cdots,x_{k+1}))f(V_2(x_1,x_2,\cdots,x_{k+1}))\\&\quad\times \varphi(x_1,x_2,\cdots,x_{k+1})\mathrm{d}x_1\mathrm{d}x_2\cdots\mathrm{d}x_{k+1}\\&=\int\limits_{\mathscr{W}}^{(k)} M_{(k)}(x)f(V_1(x))f(V_2(x))\varphi(x)\mathrm{d}x,\end{aligned}$$

则对于 (6.9.14) 相应的有

$$\begin{aligned}&\left(\int\limits_{\mathscr{W}}^{(k_0)} M_{(k_0)}(x)f(V_1(x))f(V_2(x))\varphi(x)\mathrm{d}x\right)^{\alpha_0} \geqslant \psi_1(n,\alpha,k)\\&\times\prod_{i=1}^{s}\left(\int\limits_{\mathscr{W}}^{(k_i)} M_{(k_i)}(x)f(V_1(x))f(V_2(x))\varphi(x)\mathrm{d}x\right)^{\alpha_i},\end{aligned} \tag{6.9.18}$$

特别地, 在 (6.9.17) 中当 $\Omega_2=\Omega_1$ 时有

$$\begin{aligned}&\left(\int\limits_{\mathscr{W}}^{(k_0)} M_{(k_0)}(x)f^2(V(x))\mathrm{d}x\right)^{\alpha_0}\\&\geqslant \psi(m,\alpha,k)\cdot\prod_{i=1}^{s}\left(\int\limits_{\mathscr{W}}^{(k_i)} M_{(k_i)}(x)f^2(V(x))\mathrm{d}x\right)^{\alpha_i}.\end{aligned} \tag{6.9.19}$$

如果再令

$$M_k = \int\int\cdots\int m_{i_1}m_{i_2}\cdots m_{i_{k+1}}f^2(V_{(k),i_1i_2\cdots i_{k+1}}) \times g^2(R_{i_1i_2\cdots i_{k+1}})\mathrm{d}x_1\mathrm{d}x_2\cdots\mathrm{d}x_{k+1}$$

$$= \int_{\mathscr{W}}^{(k)} M_{(k)}(x)f^2(V_{(k)}(x)g^2(R(x))\mathrm{d}x,$$

则对于 (6.9.1) 和 (6.5.6) 相应地有

$$\left(\int_{\mathscr{W}}^{(k_0)} M_{(k)}(x)f^2(V_{(k)}(x))g^2(R(x))\mathrm{d}x\right)^{\alpha_0} \geqslant \varphi_0(n,\alpha,k) \times \prod_{i=1}^{s}\left(\int_{\mathscr{W}}^{(k_i)} M_{(k)}(x)f^2(V_{(k)}(x))g^2(R(x))\mathrm{d}x\right)^{\alpha_i}, \tag{6.9.20}$$

$$\left(\int_{\mathscr{W}}^{(k)} M_{(k)}(x)f^2(V_{(k)}(x)g^2(R(x))\mathrm{d}x\right)^2 \geqslant \frac{(k+2)(n-k+1)}{(k-1)(n-k)} \times \left(\int_{\mathscr{W}}^{(k-1)} M_{(k-1)}(x)f^2(V_{(k)}(x)g^2(R(x))\mathrm{d}x\right) \times \left(\int_{\mathscr{W}}^{(k+1)} M_{(k+1)}(x)f^2(V_{(k)}(x)g^2(R(x))\mathrm{d}x\right). \tag{6.9.21}$$

§6.10 联系两个单形的一类不等式

谈到联系两个三角形的不等式问题时，最具代表性的莫过于是 Neuberg - Pedoe 不等式 (2.1.1), 同样, 在提及联系两个单形的不等式时, 不得不想到 Neuberg - Pedoe 不等式的高维推广, 关于联系两个单形的不等式的问题, 前面我们已经讲了好多, 在这一节中将继续研究关于两个单形的不等式问题.

设 $\mathscr{A}$ 为 n 维欧氏空间 $\mathbf{E}^n$ 中的单形, 其顶点集为 $\{A_1, A_2, \cdots, A_{n+1}\}$, 且棱长为 $|A_iA_j| = a_{ij}$, 并且记 $\alpha_{ij} = a_{i,n+1}^2 + a_{n+1,j}^2 - a_{ij}^2$, 同样, 对于 $\mathbf{E}^n$ 中的单形 $\mathscr{B}$, 其顶点集为 $\{B_1, B_2, \cdots, B_{n+1}\}$, 其棱长为 $|B_iB_j| = b_{ij}$, 记 $\beta_{ij} = b_{i,n+1}^2 + b_{n+1,j}^2 - b_{ij}^2$, 令

$$A_e = \begin{pmatrix} \alpha_{11} & \alpha_{12} & \cdots & \alpha_{1n} \\ \alpha_{21} & \alpha_{22} & \cdots & \alpha_{2n} \\ \cdots & \cdots & \cdots & \cdots \\ \alpha_{n1} & \alpha_{n2} & \cdots & \alpha_{nn} \end{pmatrix},$$

$$B_e = \begin{pmatrix} \beta_{11} & \beta_{12} & \cdots & \beta_{1n} \\ \beta_{21} & \beta_{22} & \cdots & \beta_{2n} \\ \cdots & \cdots & \cdots & \cdots \\ \beta_{n1} & \beta_{n2} & \cdots & \beta_{nn} \end{pmatrix}.$$

设 $\mathscr{A}$ 与 $\mathscr{B}$ 均为 n 维球面空间 S_r^n 中的两个单形, 它们的顶点集分别为 $\{A_1, A_2, \cdots, A_{n+1}\}$ 和 $\{B_1, B_2, \cdots, B_{n+1}\}$, 顶点 A_i 与 A_j 之间的球面距离为 $\mathrm{arcl}(A_iA_j) = a_{ij}$, 同样, 顶点 B_i 与 B_j 之间的球面距离为 $\mathrm{arcl}(B_iB_j)$

$= b_{ij}$, 记

$$A_s = \begin{pmatrix} 1 & \cos\sqrt{K}a_{12} & \cdots & \cos\sqrt{K}a_{1,n+1} \\ \cos\sqrt{K}a_{21} & 1 & \cdots & \cos\sqrt{K}a_{2,n+1} \\ \cdots & \cdots & \cdots & \cdots \\ \cos\sqrt{K}a_{n+1,1} & \cos\sqrt{K}a_{n+1,2} & \cdots & 1 \end{pmatrix},$$

$$B_s = \begin{pmatrix} 1 & \cos\sqrt{K}b_{12} & \cdots & \cos\sqrt{K}b_{1,n+1} \\ \cos\sqrt{K}b_{21} & 1 & \cdots & \cos\sqrt{K}b_{2,n+1} \\ \cdots & \cdots & \cdots & \cdots \\ \cos\sqrt{K}b_{n+1,1} & \cos\sqrt{K}b_{n+1,2} & \cdots & 1 \end{pmatrix}.$$

又若 $\mathscr{A}$ 与 $\mathscr{B}$ 为 n 维双曲空间 H_r^n 中的两个单形, 它们的顶点集分别为 $\{A_1, A_2, \cdots, A_{n+1}\}$ 和 $\{B_1, B_2, \cdots, B_{n+1}\}$. 双曲单形 $\mathscr{A}$ 的顶点 A_i 与 A_j 之间的双曲距离为 $\mathrm{arcl}(A_iA_j) = a_{ij}$, 同样双曲单形 $\mathscr{B}$ 的顶点 B_i 与 B_j 之间的双曲距离为 $\mathrm{arcl}(B_iB_j) = b_{ij}$, 记

$$A_h = \begin{pmatrix} 1 & \cosh\sqrt{-K}a_{12} & \cdots & \cosh\sqrt{-K}a_{1,n+1} \\ \cosh\sqrt{-K}a_{21} & 1 & \cdots & \cosh\sqrt{-K}a_{2,n+1} \\ \cdots & \cdots & \cdots & \cdots \\ \cosh\sqrt{-K}a_{n+1,1} & \cosh\sqrt{-K}a_{n+1,2} & \cdots & 1 \end{pmatrix},$$

$$B_h = \begin{pmatrix} 1 & \cosh\sqrt{-K}b_{12} & \cdots & \cosh\sqrt{-K}b_{1,n+1} \\ \cosh\sqrt{-K}b_{21} & 1 & \cdots & \cosh\sqrt{-K}b_{2,n+1} \\ \cdots & \cdots & \cdots & \cdots \\ \cosh\sqrt{-K}b_{n+1,1} & \cosh\sqrt{-K}b_{n+1,2} & \cdots & 1 \end{pmatrix}.$$

设 $A_c=(A_e,A_s,A_h)$, $B_c=(B_e,B_s,B_h)$, $Q_{i_1i_2\cdots i_k}$ 为矩阵 B_c 中的第 $i_1,i_2,\cdots,i_k$ 列被矩阵 A_c 中同序的列代替后所得的矩阵. 令

$$U_k=\sum_{i_1,i_2,\cdots,i_k}\sum\cdots\sum\det Q_{i_1i_2\cdots i_k},\ (0\leqslant k\leqslant n+1).$$

定理 1 设 $\mathscr{A}$ 与 $\mathscr{B}$ 为 n 维常曲率空间 $\mathbf{C}^n(K)$ 中的两个单形, $\alpha_0,\alpha_1,\cdots,\alpha_s$ 为一组正实数, 又 α_0 为偶数, 且 $\alpha_1+\alpha_2+\cdots+\alpha_s=\alpha_0$, $k_0,k_1,\cdots,k_s$ 为一组自然数, 若 $\alpha_1k_1+\alpha_2k_2+\cdots+\alpha_sk_s=\alpha_0k$, 令 $m=(n,n+1,n+1)$, 则对于不变量 U_k 有

$$U_{k_0}^{\alpha_0}\geqslant\frac{\left(\binom{m}{k_0}\right)^{\alpha_0}}{\prod\limits_{i=1}^{s}\left(\binom{m}{k_i}\right)^{\alpha_i}}\cdot\prod_{i=1}^{s}U_{k_i}^{\alpha_i},\tag{6.10.1}$$

等号成立的充要条件是当 $\mathscr{A},\mathscr{B}\subset\mathbf{E}^n$ 时 $\mathscr{A}\backsim\mathscr{B}$; 当 $\mathscr{A},\mathscr{B}\subset\mathbf{S}_r^n$ 及 $\mathscr{A},\mathscr{B}\subset\mathbf{H}_r^n$ 时 $\mathscr{A}\cong\mathscr{B}$.

证 由于 $\operatorname{rank}A_c=\operatorname{rank}B_c=(n,n+1,n+1)=m$, 今考虑矩阵 A_c 与 B_c 的广义特征方程 $\det(A_c-$

$xB_c) = 0$, 将其展开可得

$$d_0x^m - d_1x^{m-1} + \cdots + (-1)^k d_k x^{m-k} + \cdots + (-1)^m d_m = 0,$$

由广义特征方程的系数与矩阵之间的关系知, 此处

$$d_k = \sum_{i_1, i_2, \cdots, i_k} \sum \cdots \sum \det Q_{i_1 i_2 \cdots i_k}, \ (0 \leqslant k \leqslant m),$$

由此得

$$p_k = \frac{d_k}{d_0 \cdot \binom{m}{k}} = \frac{U_k}{U_0 \cdot \binom{m}{k}}, \ (1 \leqslant k \leqslant m), \qquad (6.10.2)$$

将 (6.10.2) 代入 (4.6.19) 内得

$$\left(\frac{U_{k_0}}{U_0 \cdot \binom{m}{k_0}} \right)^{\alpha_0} \geqslant \prod_{i=1}^{s} \left(\frac{U_{k_i}}{U_0 \cdot \binom{m}{k_i}} \right)^{\alpha_i}.$$

由于 $\alpha_1 + \alpha_2 + \cdots + \alpha_s = \alpha_0$, 所以将此式整理一下便可得到 (6.10.1), 等号成立的充要条件是不难看出的. □

若记 $Q_k = \sum_{i_1, i_2, \cdots, i_k} \sum \cdots \sum \det Q_{i_1 i_2 \cdots i_k}$, 则由 (6.10.2) 利用 Maclaurin 不等式 (2.1.5) 可得如下的:

推论 1 设 $\mathscr{A}$ 与 $\mathscr{B}$ 为 n 维常曲率空间 $\mathbf{C}^n(K)$ 中的两个单形, 则对于不变量 Q_k 有

$$\frac{Q_k^l}{Q_l^k} \geqslant \frac{(\binom{m}{k})^l}{(\binom{m}{l})^k} \cdot Q_0^{l-k}, \ (1 \leqslant k < l \leqslant m), \qquad (6.10.3)$$

等号成立的充要条件是当 $\mathscr{A}, \mathscr{B} \subset E^n$ 时 $\mathscr{A} \backsim \mathscr{B}$; 而当 $\mathscr{A}, \mathscr{B} \subset \mathbf{S}_r^n$ 及 $\mathscr{A}, \mathscr{B} \subset \mathbf{H}_r^n$ 时 $\mathscr{A} \cong \mathscr{B}$.

特别地, 在 (6.10.3) 中取 $l = m$ 时, 便有

$$Q_k \geqslant \binom{m}{k} Q_m^{\frac{k}{m}} Q_0^{1-\frac{k}{m}}, \qquad (6.10.4)$$

等号成立的充要条件与 (6.10.3) 中的相同.

在 (6.10.4) 中, 当 $\mathscr{A}$, $\mathscr{B}\subset\mathbf{E}^n$ 时, 若取 $k=1$, 则所得的结论为 (2.1.6), 而当 $\mathscr{A}$, $\mathscr{B}\subset\mathbf{S}_r^n$ 或 $\mathscr{A}$, $\mathscr{B}\subset\mathbf{H}_r^n$ 时, 有

$$Q_k\geqslant m!^2\cdot\binom{m}{k}\cdot f^{\frac{2k}{m}}(V_{\mathscr{A}})f^{2\left(1-\frac{k}{m}\right)}(V_{\mathscr{B}}).$$

设

$$d_{ij}=\left(a_{ij}^2,\ \sin^2\frac{\sqrt{K}}{2}a_{ij},\ \sinh^2\frac{\sqrt{-K}}{2}a_{ij}\right),$$

$$\delta_{ij}=\left(b_{ij}^2,\ \sin^2\frac{\sqrt{K}}{2}b_{ij},\ \sinh^2\frac{\sqrt{-K}}{2}b_{ij}\right),$$

记

$$D_{\mathscr{A}}=\begin{pmatrix}0 & d_{12} & \cdots & d_{1,n+1}\\ d_{21} & 0 & \cdots & d_{2,n+1}\\ \cdots & \cdots & \cdots & \cdots\\ d_{n+1,1} & d_{n+1,2} & \cdots & 0\end{pmatrix},$$

$$D_{\mathscr{B}}=\begin{pmatrix}0 & \delta_{12} & \cdots & \delta_{1,n+1}\\ \delta_{21} & 0 & \cdots & \delta_{2,n+1}\\ \cdots & \cdots & \cdots & \cdots\\ \delta_{n+1,1} & \delta_{n+1,2} & \cdots & 0\end{pmatrix},$$

设 $W_{i_1i_2\cdots i_k}$ 表示矩阵 $D_{\mathscr{B}}$ 的第 $i_1,i_2,\cdots,i_k$ 列被矩阵 $D_{\mathscr{A}}$ 中同序的列代替后所得的矩阵, 记

$$W_k=\sum_{i_1,i_2,\cdots,i_k}\sum\cdots\sum\det W_{i_1i_2\cdots i_k},\ (0\leqslant k\leqslant n+1).$$

定理 2 设 $\mathscr{A}$ 与 $\mathscr{B}$ 为 n 维常曲率空间 $\mathbf{C}^n(K)$ 中的两个单形, $\alpha_0, \alpha_1, \cdots, \alpha_s$ 为一组正实数, 又 α_0 为偶数, 且 $\alpha_1+\alpha_2+\cdots+\alpha_s=\alpha_0$, 又 $k_0, k_1, \cdots, k_s$ 为一组自然数, 若 $\alpha_1 k_1+\alpha_2 k_2+\cdots+\alpha_s k_s=\alpha_0 k_0$, 令 $m=(n,\ n+1,\ n+1)$, 则对于不变量 W_k 有

$$W_{k_0}^{\alpha_0} \geqslant \frac{\left(\binom{n+1}{k_0}\right)^{\alpha_0}}{\prod\limits_{i=1}^{s}\left(\binom{n+1}{k_i}\right)^{\alpha_i}} \cdot \prod_{i=1}^{s} W_{k_i}^{\alpha_i}, \tag{6.10.5}$$

等号成立的充要条件是当 $\mathscr{A}, \mathscr{B} \subset \mathbf{E}^n$ 时 $\mathscr{A} \backsim \mathscr{B}$; 而当 $\mathscr{A}, \mathscr{B} \subset \mathbf{S}_r^n$ 及 $\mathscr{A}, \mathscr{B} \subset \mathbf{H}_r^n$ 时 $\mathscr{A} \cong \mathscr{B}$.

证 我们考虑二矩阵 $D_{\mathscr{A}}$ 与 $D_{\mathscr{B}}$ 的广义特征方程 $\det(D_{\mathscr{A}}-xD_{\mathscr{B}})=0$, 由于 $\operatorname{rank} D_{\mathscr{A}}=\operatorname{rank} D_{\mathscr{B}}=n+1$, 所以若将 $\det(D_{\mathscr{A}}-xD_{\mathscr{B}})=0$ 展开, 便可得

$$a_0x^{n+1}-a_1x^n+\cdots+(-1)^k a_k x^{n+1-k}+\cdots$$
$$+(-1)^{n+1}a_{n+1}=0,$$

易知此处的 $a_k=W_k=\sum\sum\cdots\sum\limits_{i_1,i_2,\cdots,i_k}\det W_{i_1 i_2\cdots i_k}$, 由于

$$p_k=\frac{a_k}{a_0\cdot\binom{n+1}{k}}=\frac{W_k}{W_0\cdot\binom{n+1}{k}},$$

将此式代入 (4.6.19) 内得

$$\left(\frac{W_{k_0}}{W_0\cdot\binom{n+1}{k_0}}\right)^{\alpha_0} \geqslant \prod_{i=1}^{s}\left(\frac{W_{k_i}}{W_0\cdot\binom{n+1}{k_i}}\right)^{\alpha_i},$$

由此不等式立即可得 (6.10.5). □

记 $Z_k=\sum\sum\cdots\sum\limits_{i_1,i_2,\cdots,i_k}\det W_{i_1 i_2\cdots i_k}$, 由 Maclaurin 不等式可得

推论 2 对于 n 维常曲率空间 $\mathbf{C}^n(K)$ 中单形 $\mathscr{A}$ 与 $\mathscr{B}$ 的不变量 Z_k, 有

$$\frac{Z_k^l}{Z_l^k} \geqslant \frac{(\binom{n+1}{k})^l}{(\binom{n+1}{l})^k} \cdot Z_0^{l-k}, \ (1 \leqslant k < l \leqslant n+1), \quad (6.10.6)$$

等号成立的充要条件与 (6.10.5) 中的相同.

在 (6.10.6) 中, 若取 $l = n+1$, 则有

$$Z_k \geqslant \binom{n+1}{k} \cdot Z_{n+1}^{\frac{k}{n+1}} \cdot Z_0^{1-\frac{k}{n+1}}, \quad (6.10.7)$$

由于 $Z_0 = \det D_{\mathscr{B}}$, $Z_{n+1} = \det D_{\mathscr{A}}$, 故有

$$Z_k \geqslant \binom{n+1}{k} \cdot (\det D_{\mathscr{B}})^{\frac{k}{n+1}} \cdot (\det D_{\mathscr{A}})^{1-\frac{k}{n+1}}. \quad (6.10.8)$$

在 (6.10.8) 中, 当 $\mathscr{A}, \mathscr{B} \subset \mathbf{E}^n$ 时, 有

$$Z_k \geqslant \binom{n+1}{k} \cdot 2^{n+1} \cdot n!^2 \cdot (V_{\mathscr{A}} R_{\mathscr{A}})^{2\left(1-\frac{k}{n+1}\right)} (V_{\mathscr{B}} R_{\mathscr{B}})^{\frac{2k}{n+1}}, \quad (6.10.9)$$

当且仅当 $\mathscr{A} \backsim \mathscr{B}$ 时等号成立.

如果在 (6.10.9) 中, 再取 $n=3$, $k=1$, 则对于两个四面体 $\mathscr{A} = A_1A_2A_3A_4$ 和 $\mathscr{B} = B_1B_2B_3B_4$ 便有

$$\begin{aligned}
&(a_{12}^2 b_{34}^2 + a_{34}^2 b_{12}^2)(-b_{12}^2 b_{34}^2 + b_{13}^2 b_{24}^2 + b_{14}^2 b_{23}^2) \\
&\quad + (a_{13}^2 b_{24}^2 + a_{24}^2 b_{13}^2)(b_{12}^2 b_{34}^2 - b_{13}^2 b_{24}^2 + b_{14}^2 b_{23}^2) \\
&\quad + (a_{14}^2 b_{23}^2 + a_{23}^2 b_{14}^2)(b_{12}^2 b_{34}^2 + b_{13}^2 b_{24}^2 - b_{14}^2 b_{23}^2) \\
&\geqslant 1152 (V_{\mathscr{A}} R_{\mathscr{A}})^{\frac{3}{2}} (V_{\mathscr{B}} R_{\mathscr{B}})^{\frac{1}{2}}, \quad (6.10.10)
\end{aligned}$$

当且仅当两个四面体相似时等号成立.

§6.11 球面空间中单形的中线公式

在前面的 §6.6 中, 我们介绍了常曲率空间中单形的中面公式, 在这一节中将介绍球面空间中单形的中线和赋质中线的概念, 然后给出赋质中线公式进而给出中线公式, 同时还给出了与赋质中线及中线相关的一些问题.

定义 1 设 $\mathfrak{A}=\{A_1,A_2,\cdots,A_{n+1}\}$ 为 n 维球面空间 $\mathbf{S}^n(K)$ 中的球面单形 $\mathscr{A}$ 的顶点集, B_k 为顶点 A_k 所对的 $n-1$ 维单形的重心, $\mathrm{arcl}(A_kB_k)=m_k$, 则把 m_k 叫作 $n-1$ 维底面 $\mathfrak{A}_k=\mathfrak{A}\backslash A_k=\{A_1,\cdots,A_{k-1},A_{k+1},\cdots,A_{n+1}\}$ 上的中线.

定义 2 设 $\mathfrak{A}=\{A_1,A_2,\cdots,A_{n+1}\}$ 为 n 维球面空间 $\mathbf{S}^n(K)$ 中的球面单形 $\mathscr{A}$ 的顶点集, 设在顶点 A_i 上赋予质量 λ_i, 记 $\mathfrak{A}(\lambda)=\{A_1(\lambda_1),A_2(\lambda_2),\cdots,A_{n+1}(\lambda_{n+1})\}$, B_k 为 $\mathscr{A}$ 的顶点 A_k 所对的 $n-1$ 维球面单形的质心, 同样记 $\mathrm{arcl}(A_kB_k)=m_k$, 则把此处的 m_k 叫作单形 $\mathscr{A}$ 的 $n-1$ 维底面 $\mathfrak{A}_k(\lambda)=\mathfrak{A}(\lambda)\backslash A_k(\lambda)$ 上的赋质中线.

不难看出, 当单形 $\mathscr{A}$ 所有顶点上所赋的质量均相等, 即 $\lambda_i=1\ (1\leqslant i\leqslant n+1)$ 时, 赋质中线就是通常的中线.

定理 1 设 $\mathfrak{A}=\{A_1,A_2,\cdots,A_{n+1}\}$ 为 n 维球面空间 $\mathrm{S}^n(K)$ 中球面单形 $\mathscr{A}$ 的顶点集, 顶点 A_i 赋予质量 $\lambda_i\,(\lambda_i>0,\ 1\leqslant i\leqslant n+1)$, 记 $\mathrm{arcl}(A_iA_j)=a_{ij}$, 则 $n-1$ 维底面 $\mathfrak{A}_k(\lambda)=\mathfrak{A}(\lambda)\backslash A_k(\lambda_k)$ 上的赋质中线 m_k

$(1 \leqslant k \leqslant n+1)$ 为

$$\cos(\sqrt{K}m_k) = \frac{\sum\limits_{\substack{i=1\\i\neq k}}^{n+1} \lambda_i \cos(\sqrt{K}a_{ik})}{\sqrt{\sum\limits_{\substack{i=1\\i\neq k}}^{n+1} \lambda_i^2 + 2\cdot \sum\limits_{\substack{1\leqslant i<j\leqslant n+1\\i,j\neq k}} \lambda_i\lambda_j \cos(\sqrt{K}a_{ij})}}. \tag{6.11.1}$$

证 易知 $\mathfrak{A}_k(\lambda)$ 的球面质心 $B_k(\lambda)$ 与欧氏空间的质心 (即, $\mathfrak{A}_k(\lambda)$ 在 $n-1$ 维欧氏空间 $\mathbf{E}^{n-1}$ 中的质心) $G_k(\lambda)$ 以及球心 O 是共线的, 记 $|OG_k| = r_k$, 则易知有 $(r-r_k)\overrightarrow{OG_k} = r_k\ \overrightarrow{G_kB_k}$, 即 $(r-r_k)\ \overrightarrow{OG_k} = r_k\,(\overrightarrow{OB_k} - \overrightarrow{OG_k})$, 由此可得

$$\overrightarrow{OB_k} = \frac{r}{r_k}\,\overrightarrow{OG_k}, \tag{6.11.2}$$

若记 $\overrightarrow{OA_i} = a_i\ (1\leqslant i\leqslant n+1)$, $\Lambda_0 = \lambda_1+\lambda_2+\cdots+\lambda_{n+1}$, 则在 $\mathbf{E}^n$ 中有

$$\begin{aligned}
&(\Lambda_0-\lambda_k)\,\overrightarrow{OG_k}\\
&=\lambda_1\overrightarrow{OA_1}+\cdots+\lambda_{k-1}\overrightarrow{OA_{k-1}}+\lambda_{k+1}\overrightarrow{OA_{k+1}}+\cdots\\
&\qquad\qquad\qquad\qquad+\lambda_{n+1}\overrightarrow{OA_{n+1}}\\
&=\lambda_1a_1+\cdots+\lambda_{k-1}a_{k-1}+\lambda_{k+1}a_{k+1}+\cdots+\lambda_{n+1}a_{n+1}\\
&=\sum_{\substack{i=1\\i\neq k}}^{n+1}\lambda_ia_i,
\end{aligned}$$

即

$$(\Lambda_0-\lambda_k)\,\overrightarrow{OG_k} = \sum_{\substack{i=1\\i\neq k}}^{n+1}\lambda_ia_i, \tag{6.11.3}$$

由此可得

$$
\begin{aligned}
r_k^2 =&|\overrightarrow{OG_k}|^2 = \frac{1}{(\Lambda_0-\lambda_k)^2}\cdot\left(\sum_{\substack{i=1\\i\neq k}}^{n+1}\lambda_i a_i\right)^2\\
=&\frac{1}{(\Lambda_0-\lambda_k)^2}\cdot\left(\sum_{\substack{i=1\\i\neq k}}^{n+1}\lambda_i^2 a_i^2+2\cdot\sum_{\substack{1\leqslant i<j\leqslant n+1\\i,j\neq k}}\lambda_i\lambda_j a_i a_j\right)\\
=&\frac{r^2}{(\Lambda_0-\lambda_k)^2}\cdot\left(\sum_{\substack{i=1\\i\neq k}}^{n+1}\lambda_i^2+2\cdot\sum_{\substack{1\leqslant i<j\leqslant n+1\\i,j\neq k}}\lambda_i\lambda_j\cos(\sqrt{K}\,a_{ij})\right),
\end{aligned}
$$

即

$$
r_k=\frac{r}{\Lambda_0-\lambda_k}\cdot\sqrt{\sum_{\substack{i=1\\i\neq k}}^{n+1}\lambda_i^2+2\cdot\sum_{\substack{1\leqslant i<j\leqslant n+1\\i,j\neq k}}\lambda_i\lambda_j\cos(\sqrt{K}\,a_{ij})}\,, \tag{6.11.4}
$$

由 $\overrightarrow{OA_k}\cdot\overrightarrow{OB_k}=r^2\cdot\cos(\sqrt{K}m_k)$ 以及 (6.11.2) 可得

$$
\begin{aligned}
r^2\cdot\cos(\sqrt{K}m_k) =&\overrightarrow{OA_k}\cdot\overrightarrow{OB_k}\\
=&\overrightarrow{OA_k}\cdot\left(\frac{r}{r_k}\cdot\overrightarrow{OG_k}\right)\\
=&\frac{r}{r_k}\cdot\frac{1}{\Lambda_0-\lambda_k}a_k\cdot\sum_{\substack{i=1\\i\neq k}}^{n+1}\lambda_i a_i\\
=&\frac{r}{r_k}\cdot\frac{r^2}{\Lambda_0-\lambda_k}\cdot\sum_{\substack{i=1\\i\neq k}}^{n+1}\lambda_i\cos(\sqrt{K}\,a_{ik}),
\end{aligned}
$$

即

$$\cos(\sqrt{K}m_k) = \frac{r}{r_k} \cdot \frac{1}{\Lambda_0 - \lambda_k} \cdot \sum_{\substack{i=1 \\ i \neq k}}^{n+1} \lambda_i \cos(\sqrt{K}a_{ik}), \tag{6.11.5}$$

将 (6.11.4) 代入 (6.11.5) 内立即可得 (6.11.1). □

推论 1 条件与定理 1 中的相同, 则球面单形 $\mathscr{A}$ 的 $n-1$ 维底面 $\mathfrak{A}_k$ 上的中线长为

$$\cos(\sqrt{K}\, m_k) = \frac{\sum\limits_{\substack{i=1 \\ i \neq k}}^{n+1} \cos(\sqrt{K} a_{ik})}{\sqrt{n + 2 \cdot \sum\limits_{\substack{1 \leqslant i < j \leqslant n+1 \\ i,j \neq k}} \cos(\sqrt{K}\, a_{ij})}}. \tag{6.11.6}$$

在 (6.11.6) 中当 $n=2$ 时, 便是前面所述的球面三角形中的中线公式 (6.6.6).

推论 2 条件与定理 1 中的相同, 则有

$$\sum_{k=1}^{n+1} \lambda_k^2 \cos^2(\sqrt{K}m_k) \geqslant \frac{4\left(\sum\limits_{1 \leqslant i<j \leqslant n+1} \lambda_i \lambda_j \cos(\sqrt{K}a_{ij})\right)^2}{n \cdot \sum\limits_{i=1}^{n+1} \lambda_i^2 + 2(n-1) \cdot \sum\limits_{1 \leqslant i<j \leqslant n+1} \lambda_i \lambda_j \cos(\sqrt{K}a_{ij})}, \tag{6.11.7}$$

当且仅当对于所有的 $k = 1, 2, \cdots, n+1$

$$\frac{\lambda_k \cos(\sqrt{K}m_k)}{\sqrt{\sum\limits_{\substack{i=1 \\ i \neq k}}^{n+1} \lambda_i^2 + 2 \cdot \sum\limits_{\substack{1 \leqslant i<j \leqslant n+1 \\ i,j \neq k}} \lambda_i \lambda_j \cos(\sqrt{K}a_{ij})}} = \text{const.}$$

时等号成立.

证 由 (6.11.1) 可得

$$\sum_{k=1}^{n+1}\lambda_k\left(\sum_{\substack{i=1\\i\neq k}}^{n+1}\lambda_i\cos(\sqrt{K}a_{ik})\right)$$
$$=\sum_{k=1}^{n+1}\lambda_k\cos(\sqrt{K}m_k)$$
$$\times\sqrt{\sum_{\substack{i=1\\i\neq k}}^{n+1}\lambda_i^2+2\cdot\sum_{\substack{1\leqslant i<j\leqslant n+1\\i,j\neq k}}\lambda_i\lambda_j\cos(\sqrt{K}a_{ij})},$$

即

$$2\cdot\sum_{1\leqslant i<j\leqslant n+1}\lambda_i\lambda_j\cos(\sqrt{K}a_{ij})=\sum_{k=1}^{n+1}\lambda_k\cos(\sqrt{K}m_k)$$
$$\times\sqrt{\sum_{\substack{i=1\\i\neq k}}^{n+1}\lambda_i^2+2\cdot\sum_{\substack{1\leqslant i<j\leqslant n+1\\i,j\neq k}}\lambda_i\lambda_j\cos(\sqrt{K}a_{ij})},\qquad(6.11.8)$$

又因为

$$\sum_{k=1}^{n+1}\lambda_k\cos(\sqrt{K}m_k)$$
$$\times\sqrt{\sum_{\substack{i=1\\i\neq k}}^{n+1}\lambda_i^2+2\cdot\sum_{\substack{1\leqslant i<j\leqslant n+1\\i,j\neq k}}\lambda_i\lambda_j\cos(\sqrt{K}a_{ij})}$$
$$\leqslant\sqrt{\sum_{k=1}^{n+1}\lambda_k^2\cos^2(\sqrt{K}m_k)}\times$$

$$\times\sqrt{n\cdot\sum_{i=1}^{n+1}\lambda_i^2+2(n-1)\cdot\sum_{1\leqslant i<j\leqslant n+1}\lambda_i\lambda_j\cos(\sqrt{K}a_{ij})},$$

所以有

$$\begin{aligned}&4\left(\sum_{1\leqslant i<j\leqslant n+1}\lambda_i\lambda_j\cos(\sqrt{K}a_{ij})\right)^2\\&\leqslant\left(\sum_{k=1}^{n+1}\lambda_k^2\cos^2(\sqrt{K}m_k)\right)\\&\quad\times\left(n\cdot\sum_{i=1}^{n+1}\lambda_i^2+2(n-1)\cdot\sum_{1\leqslant i<j\leqslant n+1}\lambda_i\lambda_j\cos(\sqrt{K}a_{ij})\right),\end{aligned}$$

由此立即可得 (6.11.7). □

定理 2 设 $\mathfrak{A}(\lambda)=\{A(\lambda_1),A(\lambda_2),\cdots,A(\lambda_N)\}$ ($N\geqslant n+1$, $\lambda_i>0$) 表示曲率为 K 的 n 维球面空间 $\mathbf{S}^n(K)$ 中的共球有限质点系, 其质心为 G_s, 点 P 为 $\mathbf{S}^n(K)$ 中的任意一点, 又顶点 A_i 到顶点 A_j 的球面距离为 a_{ij}, 即 $\operatorname{arcl}(A_iA_j)=a_{ij}$, 则

$$\cos(\sqrt{K}PG_s)=\frac{\sum_{i=1}^{N}\lambda_i\cos(\sqrt{K}PA_i)}{\sqrt{\sum_{i=1}^{N}\lambda_i^2+2\cdot\sum_{1\leqslant i<j\leqslant N}\lambda_i\lambda_j\cos\left(\sqrt{K}a_{ij}\right)}},\tag{6.11.9}$$

证 设 G_e 表示 n 维欧氏空间 $\mathbf{E}^n$ 中有限质点系 $\{A(\lambda_1),A(\lambda_2),\cdots,A(\lambda_N)\}$ 的质心, 则有

$$\overrightarrow{OG_s}=\frac{r}{r_e}\,\overrightarrow{OG_e},\tag{6.11.10}$$

其中 $r=\left|\overrightarrow{OG_s}\right|,r_e=\left|\overrightarrow{OG_e}\right|$.

设 $\overrightarrow{OA_i}=a_i$, 再记 $\Lambda_0=\sum\limits_{i=1}^{N}\lambda_i\neq 0$, 则 $\Lambda_0(\overrightarrow{OG_e})=\sum\limits_{i=1}^{N}\lambda_i\overrightarrow{OA_i}=\sum\limits_{i=1}^{N}\lambda_i a_i$, 所以有

$$\Lambda_0^2 r_e^2=\sum_{i=1}^{N}\lambda_i^2 a_i^2+2\cdot\sum_{1\leqslant i<j\leqslant N}\lambda_i\lambda_j a_i a_j,$$

即

$$r_e=\frac{r}{\Lambda_0}\cdot\sqrt{\sum_{i=1}^{N}\lambda_i^2+2\cdot\sum_{1\leqslant i<j\leqslant N}\lambda_i\lambda_j\cos(\sqrt{K}a_{ij})},\tag{6.11.11}$$

另外, 由于 P 为球面空间 $\mathrm{S}^n(K)$ 中的任意一点, 则易知有

$$\overrightarrow{OP}\,\overrightarrow{OG_s}=r^2\cdot\cos(\sqrt{K}PG_s),$$

$$\begin{aligned}\overrightarrow{OP}\,\overrightarrow{OG_s}&=\frac{r}{r_e}(\overrightarrow{OP})(\overrightarrow{OG_e})\\&=\frac{r}{\Lambda_0 r_e}(\overrightarrow{OP})\left(\sum_{i=1}^{N}\lambda_i a_i\right)\\&=\frac{r}{\Lambda_0 r_e}\cdot r^2\cdot\sum_{i=1}^{N}\lambda_i\cos(\sqrt{K}PA_i),\end{aligned}$$

所以有

$$\cos(\sqrt{K}PG_s)=\frac{r}{\Lambda_0 r_e}\cdot\sum_{i=1}^{N}\lambda_i\cos(\sqrt{K}PA_i),\tag{6.11.12}$$

将 (6.11.11) 代入 (6.11.12) 内可立即得到 (6.11.9). □

推论 3 在定理 2 的条件下, 若设有限质点系 $\mathfrak{A}(\lambda)=\{A(\lambda_1),A(\lambda_2),\cdots,A(\lambda_N)\}$ $(\lambda_i>0,1\leqslant i\leqslant N)$ 的外

接球半径为 R, 则有

$$\sum_{1\leqslant i<j\leqslant N}\lambda_i\lambda_j\sin^2\frac{\sqrt{K}a_{ij}}{2}\leqslant\frac{\Lambda_0^2}{4}\cdot\sin^2(\sqrt{K}R),\quad(6.11.13)$$

当且仅当 $\mathfrak{A}(\lambda)$ 的外心 O' 与其质心 G_s 重合时等号成立.

证 由于 P 是动点, 故 $\cos(\sqrt{K}PG_s)\leqslant 1$, 再由 (6.11.9) 有

$$\sum_{i=1}^N\lambda_i^2+2\cdot\sum_{1\leqslant i<j\leqslant N}\lambda_i\lambda_j\cos(\sqrt{K}a_{ij})$$
$$\geqslant\left(\sum_{i=1}^N\lambda_i\cos(\sqrt{K}PA_i)\right)^2,\qquad(6.11.14)$$

当且仅当动点 P 与 G_s 重合时等号成立.

在 (6.11.14) 中, 若取动点 P 为 $\mathfrak{A}(\lambda)$ 的球心 O' 时, 则有

$$\sum_{i=1}^N\lambda_i^2+2\cdot\sum_{1\leqslant i<j\leqslant N}\lambda_i\lambda_j\cos(\sqrt{K}a_{ij})\geqslant\Lambda_0^2\cdot\cos^2(\sqrt{K}R),$$

由于 $\cos(\sqrt{K}a_{ij})=1-2\sin^2\frac{\sqrt{K}a_{ij}}{2}$, 所以有

$$\Lambda_0^2-\Lambda_0^2\cdot\cos^2(\sqrt{K}R)\geqslant 4\cdot\sum_{1\leqslant i<j\leqslant N}\lambda_i\lambda_j\sin^2\frac{\sqrt{K}a_{ij}}{2},$$

由此立即可得 (6.11.13). □

推论 4 在定理 2 的题设下, 记 $\operatorname{arcl}(G_sA_i)=\rho_i$ $(1\leqslant i\leqslant N)$, 便有

$$\sum_{1\leqslant i<j\leqslant N}\lambda_i\lambda_j\sin^2\frac{\sqrt{K}a_{ij}}{2}\geqslant\left(\frac{1}{2}\cdot\sum_{i=1}^N\lambda_i\sin(\sqrt{K}\,\rho_i)\right)^2,$$
$$(6.11.15)$$

当且仅当 $\tan\frac{\sqrt{K}\rho_i}{2}=\tan\frac{\sqrt{K}\rho_j}{2}$ $(i\neq j,1\leqslant i,j\leqslant N)$ 时等号成立.

证 在 (6.11.9) 中取 $P=G_s$, 则有

$$\sum_{i=1}^{N}\lambda_i^2+2\cdot\sum_{1\leqslant i<j\leqslant N}\lambda_i\lambda_j\cos(\sqrt{K}a_{ij})=\left(\sum_{i=1}^{N}\cos(\sqrt{K}\rho_i)\right)^2, \tag{6.11.16}$$

由于 $\cos(\sqrt{K}a_{ij})=1-2\sin^2\frac{\sqrt{K}a_{ij}}{2}$, 故有

$$\begin{aligned}&\left(\sum_{i=1}^{N}\lambda_i\right)^2-4\cdot\sum_{1\leqslant i<j\leqslant N}\lambda_i\lambda_j\sin^2\frac{\sqrt{K}a_{ij}}{2}\\&=\left(\sum_{i=1}^{N}\cos(\sqrt{K}\rho_i)\right)^2,\end{aligned}$$

即

$$\left(\sum_{i=1}^{N}\lambda_i\right)^2-\left(\sum_{i=1}^{N}\cos(\sqrt{K}\rho_i)\right)^2=4\cdot\sum_{1\leqslant i<j\leqslant N}\lambda_i\lambda_j\sin^2\frac{\sqrt{K}a_{ij}}{2},$$

从而由 Cauchy 不等式可得

$$\begin{aligned}&4\cdot\sum_{1\leqslant i<j\leqslant N}\lambda_i\lambda_j\sin^2\frac{\sqrt{K}a_{ij}}{2}\\&=\left(\sum_{i=1}^{N}\lambda_i(1-\cos(\sqrt{K}\rho_i))\right)\left(\sum_{i=1}^{N}\lambda_i(1+\cos(\sqrt{K}\rho_i))\right)\\&=4\left(\sum_{i=1}^{N}\lambda_i\sin^2\frac{\sqrt{K}\rho_i}{2}\right)\left(\sum_{i=1}^{N}\lambda_i\cos^2\frac{\sqrt{K}\rho_i}{2}\right)\\&\geqslant 4\left(\frac{1}{2}\cdot\sum_{i=1}^{N}\lambda_i\sin(\sqrt{K}\rho_i)\right)^2,\end{aligned}$$

等号成立的充要条件是显然的. □

推论 5 若取 $\lambda_i = \frac{\mu_i}{\sin(\sqrt{K}\rho_i)}$ $(\mu_i > 0)$, 其余条件与推论 4 中的相同, 则有

$$\sum_{1\leqslant i<j\leqslant N} \frac{\mu_i\mu_j \cdot \sin^2 \frac{\sqrt{K}a_{ij}}{2}}{\sin(\sqrt{K}\rho_i)\sin(\sqrt{K}\rho_j)} \geqslant \left(\frac{1}{2}\cdot\sum_{i=1}^{N}\mu_i\right)^2, \tag{6.11.17}$$

当且仅当 $\tan\frac{\sqrt{K}\rho_i}{2} = \tan\frac{\sqrt{K}\rho_j}{2}$ $(i \neq j, 1 \leqslant i, j \leqslant N)$ 时等号成立.

推论 6 条件与推论 4 中的相同, 若取 $\mu_i = 1$ $(1 \leqslant i \leqslant N)$, 则可得类似于欧氏平面上三角形中 Janić 不等式型的如下不等式

$$\sum_{1\leqslant i<j\leqslant N} \frac{\sin^2 \frac{\sqrt{K}a_{ij}}{2}}{\sin(\sqrt{K}\rho_i)\sin(\sqrt{K}\rho_j)} \geqslant \frac{N^2}{4}, \tag{6.11.18}$$

当且仅当 $\tan\frac{\sqrt{K}\rho_i}{2} = \tan\frac{\sqrt{K}\rho_j}{2}$ $(i \neq j, 1 \leqslant i, j \leqslant N)$ 时等号成立.

§6.12 正多边形与正则单形的两个定值问题

设 $\triangle ABC$ 是球面 S_1^2 上的正三角形, R 是 $\triangle ABC$ 的外接圆半径, 若 P 是该外接圆上的任意一点, 则有

$$\cos(PA) + \cos(PB) + \cos(PC) = 3\cos^2 R, \tag{6.12.1}$$

若再设上述的正 $\triangle ABC$ 的边长为 a, 则又有

$$\cos^2(PA) + \cos^2(PB) + \cos^2(PC) = 1 + 2\cos^2 a, \tag{6.12.2}$$

当然, (6.12.2) 也可以表为与其等价的形式

$$\sin^2(PA)+\sin^2(PB)+\sin^2(PC)=2\sin^2 a. \quad (6.12.3)$$

同样, 设 $\triangle ABC$ 是双曲平面 $\mathbf{H}_1^2$ 上的正三角形, 且外接圆半径为 R, 若 P 是 $\triangle ABC$ 外接圆上的任意一点, 则有

$$\cosh(PA)+\cosh(PB)+\cosh(PC)=3\cosh^2 R. \quad (6.12.4)$$

若再设 $\triangle ABC$ 是边长为 a 的双曲平面 $\mathbf{H}_1^2$ 上的正三角形, 则与 (6.12.2) 所对应的关系式为

$$\cosh^2(PA)+\cosh^2(PB)+\cosh^2(PC)=1+2\cosh^2 a, \quad (6.12.5)$$

与 (6.12.3) 一样, (6.12.5) 也可以表示为与其等价的形式

$$\sinh^2(PA)+\sinh^2(PB)+\sinh^2(PC)=2\sinh^2 a. \quad (6.12.6)$$

显然 (6.12.1) 至 (6.12.6) 均是揭示二维非欧平面上边长为 a 的正三角形与其外接圆上的任意一点的一种定值问题.

由此我们提出如下两个问题 能否将上述的问题推广到二维非欧平面上的正多边形以及高维非欧空间中正则单形的情况呢? 从而又使得我们回想起在 §3.10 中所证明的徐道老师在文 [54] 中所提出关于正则单形的猜想问题. 因此, 上述问题能否推广到非欧空间 k 维子单形的情况? 这里我们可以给出肯定的回答.

引理 1 设 $\alpha > 0$, m 为自然数, 且 $m \geqslant 3$, 则

$$\sum_{k=1}^{m} \cos\left(\alpha + \frac{2(k-1)\pi}{m}\right) = 0. \tag{6.12.7}$$

证 因为 $\cos\alpha\sin\beta = \frac{1}{2}\left(\sin(\alpha+\beta) - \sin(\alpha-\beta)\right)$, 所以有

$$\begin{aligned}
&\sum_{k=1}^{m} \cos\left(\alpha + \frac{2(k-1)\pi}{m}\right)\sin\frac{\pi}{m}\\
&= \frac{1}{2}\cdot\sum_{k=1}^{m}\left[\sin\left(\alpha + \frac{2(k-1)\pi}{m} + \frac{\pi}{m}\right)\right.\\
&\qquad\qquad\qquad \left. - \sin\left(\alpha + \frac{2(k-1)\pi}{m} - \frac{\pi}{m}\right)\right]\\
&= \frac{1}{2}\cdot\left[\left(\sin\left(\alpha + \frac{\pi}{m}\right) - \sin\left(\alpha - \frac{\pi}{m}\right)\right)\right.\\
&\qquad\qquad\qquad + \left(\sin\left(\alpha + \frac{3\pi}{m}\right) - \sin\left(\alpha + \frac{\pi}{m}\right)\right)\\
&\quad + \left(\sin\left(\alpha + \frac{5\pi}{m}\right) - \sin\left(\alpha + \frac{3\pi}{m}\right)\right) + \cdots\\
&\quad + \left(\sin\left(\alpha + \frac{2(m-1)\pi}{m} + \frac{\pi}{m}\right)\right.\\
&\qquad\qquad\qquad \left.\left. - \sin\left(\alpha + \frac{2(m-1)\pi}{m} - \frac{\pi}{m}\right)\right)\right]\\
&= \frac{1}{2}\cdot\left[\sin\left(\alpha + \frac{2(m-1)\pi}{m} + \frac{\pi}{m}\right) - \sin\left(\alpha - \frac{\pi}{m}\right)\right]\\
&= \frac{1}{2}\cdot\left[\sin\left(\alpha + 2\pi - \frac{\pi}{m}\right) - \sin\left(\alpha - \frac{\pi}{m}\right)\right]\\
&= \frac{1}{2}\cdot\left[\sin\left(\alpha - \frac{\pi}{m}\right) - \sin\left(\alpha - \frac{\pi}{m}\right)\right] = 0,
\end{aligned}$$

即

$$\sum_{k=1}^{m} \cos\left(\alpha + \frac{2(k-1)\pi}{m}\right)\sin\frac{\pi}{m} = 0,$$

所以有

$$\sum_{k=1}^{m}\cos\left(\alpha+\frac{2(k-1)\pi}{m}\right)=0. \qquad \square$$

定理 1 设 $\mathscr{P}$ 为 $\mathrm{C}^2(K)$ 中的正 m $(m\geqslant 3)$ 边形, 又 $\mathscr{P}$ 的外接圆半径为 R, 且顶点集为 $\{A_1,A_2,\cdots,A_m\}$, P 为 $\mathscr{P}$ 的外接圆上任意一点, 若记 $|PA_i|=p_i$ $(1\leqslant i\leqslant m)$, 则:

(i) 当 $\mathscr{P}\subset\mathbf{E}^2$ 时, 有

$$\sum_{k=1}^{m}p_k^2=2mR^2; \tag{6.12.8}$$

(ii) 当 $\mathscr{P}\subset\mathbf{S}^2(K)$ 时, 有

$$\sum_{i=1}^{m}\cos\sqrt{K}p_i=m\cdot\cos^2\sqrt{K}R; \tag{6.12.9}$$

(iii) 当 $\mathscr{P}\subset\mathbf{H}^2(K)$ $(K<0)$ 时, 有

$$\sum_{i=1}^{m}\cosh\sqrt{-K}p_i=m\cdot\cosh^2\sqrt{-K}R. \tag{6.12.10}$$

证 设 O 为正多边形 $\mathscr{P}$ 的外心, 由于 $\mathscr{P}$ 的顶点集为 $\{A_1,A_2,\cdots,A_m\}$, 故不妨设点 P 在 $\mathscr{P}$ 的外接圆的圆弧 $\widehat{A_1A_m}$ 上, 若记 $\angle POA_1=\alpha$, 则有 $\alpha_i=\angle POA_i=\alpha+\frac{2(i-1)\pi}{m}$ $(1\leqslant i\leqslant m)$.

当正多边形 $\mathscr{P}\subset\mathbf{E}^2$ 时, 由欧氏平面上的余弦定理知

$$p_i^2=|PA_i|^2=2R^2-2R^2\cos\left(\alpha+\frac{2(i-1)\pi}{m}\right),$$

故由引理 1 可得

$$\sum_{i=1}^{m} p_i^2 = 2mR^2 - 2R^2 \cdot \sum_{i=1}^{m} \cos\left(\alpha + \frac{2(i-1)\pi}{m}\right) = 2mR^2.$$

当正多边形 $\mathscr{P} \subset \mathbf{S}^2(K)$ 及 $\mathscr{P} \subset \mathbf{H}^2(K)$ $(K<0)$ 时, 因为对于非欧空间中 $\triangle A_iOP$ 的 $\angle POA_i = \alpha_i$ $(1 \leqslant i \leqslant m)$ 可等角嵌入于欧氏空间 $\mathbf{E}^2$ 之中, 所以利用二维非欧平面上的余弦定理可得

$$\cos\sqrt{K}p_i = \cos^2\sqrt{K}R + \sin^2\sqrt{K}R \cdot \cos\alpha_i,$$

$$\cosh\sqrt{-K}p_i = \cosh^2\sqrt{-K}R - \sinh^2\sqrt{-K}R \cdot \cos\alpha_i,$$

当然第二式中的 $K<0$, 并且对此二式关于 i 从 1 到 m 求和, 并利用引理 1 立即可得 (6.12.9) 与 (6.12.10). □

如下引进一个函数 $\varphi(x)$, 当单形 $\mathscr{A} \subset \mathbf{S}^n(K)$ 时, $\varphi(x) = \cos\sqrt{K}x$, 而当单形 $\mathscr{A} \subset \mathbf{H}^n(K)$ 时, $\varphi(x) = \cosh\sqrt{-K}x$ $(K<0)$, 即 $\varphi(x) = (\cos\sqrt{K}x, \cosh\sqrt{-K}x)$.

引理 2 设 $\mathscr{A}$ 为 n 维非欧空间 $\mathbf{S}^n(K)$ 与 $\mathbf{H}^n(K)$ 中棱长为 a 的正则单形, P 为 $\mathscr{A}$ 的外接球面上的任意一点, 又 $\mathscr{A}$ 的顶点集为 $\{A_1, A_2, \cdots, A_{n+1}\}$, 记 $|PA_i| = p_i$, 若 $\mathscr{A}$ 的外接球半径为 R, 则有

$$\sum_{i=1}^{n+1} \varphi(p_i) = (n+1) \cdot \varphi^2(R), \tag{6.12.11}$$

或

$$\sum_{i=1}^{n+1} \varphi(p_i) = 1 + n \cdot \varphi(a), \tag{6.12.12}$$

证 对于 n 维非欧空间 $\mathrm{S}^n(K)$ 与 $\mathbf{H}^n(K)$ $(K<0)$ 中棱长为 a 的正则单形 $\mathscr{A}$, 利用 (6.1.21) 与 (6.2.15) 容

易推得

$$(n+1)\cdot\varphi^2(R)=1+n\cdot\varphi(a). \tag{6.12.13}$$

设 $\angle POA_i=\beta_i$, $\angle A_iOA_j=\alpha_{ij}$, 则易知有

$$\begin{vmatrix} 1 & \cos\beta_1 & \cos\beta_2 & \cdots & \cos\beta_{n+1} \\ \cos\beta_1 & 1 & \cos\alpha_{12} & \cdots & \cos\alpha_{1,n+1} \\ \cos\beta_2 & \cos\alpha_{21} & 1 & \cdots & \cos\alpha_{2,n+1} \\ \cdots & \cdots & \cdots & \cdots & \cdots \\ \cos\beta_{n+1} & \cos\alpha_{n+1,1} & \cos\alpha_{n+1,2} & \cdots & 1 \end{vmatrix}=0, \tag{6.12.14}$$

由于当 $\mathscr{A}\subset\mathbf{S}^n(K)$ 时, 有

$$\begin{cases} \cos\beta_i=\frac{\cos\sqrt{K}p_i-\cos^2\sqrt{K}R}{\sin^2\sqrt{K}R}, \\ \cos\alpha_{ij}=\frac{\cos\sqrt{K}a-\cos^2\sqrt{K}R}{\sin^2\sqrt{K}R}, \end{cases} \tag{6.12.15}$$

而当 $\mathscr{A}\subset\mathbf{H}^n(K)$ $(K<0)$ 时, 有

$$\begin{cases} \cos\beta_i=\frac{\cosh^2\sqrt{-K}R-\cosh\sqrt{-K}p_i}{\sinh^2\sqrt{-K}R}, \\ \cos\alpha_{ij}=\frac{\cosh^2\sqrt{-K}R-\cosh\sqrt{-K}a}{\sinh^2\sqrt{-K}R}, \end{cases} \tag{6.12.16}$$

利用行列式 (6.12.14), 并由 (6.12.15) 与 (6.12.16) 可得

$$\begin{vmatrix} 0 & -\left(\varphi^2(R)-\varphi(a)\right)\left(\sum\limits_{i=1}^{n+1}\varphi(p_i)-(n+1)\varphi^2(R)\right) \\ \sum\limits_{i=1}^{n+1}\varphi(p_i)-(n+1)\varphi^2(R) & (1-\varphi^2(R))(1-\varphi(a))-\sum\limits_{i=1}^{n+1}\left(\varphi(p_i)-\varphi^2(R)\right)^2 \end{vmatrix}=0,$$

由于在正则单形中容易证明 $\varphi^2(R)-\varphi(a)\neq 0$, 所以有 $\sum\limits_{i=1}^{n+1}\varphi(p_i)=(n+1)\cdot\varphi^2(R)$, 从而再由 (6.12.13) 便又可得到 (6.12.12). □

引理 3 设 $\mathscr{A}$ 为 n 维非欧空间 $\mathbf{S}^n(K)$ 与 $\mathbf{H}^n(K)$ ($K<0$) 中棱长为 a 的正则单形, P 为 $\mathscr{A}$ 的外接球面上的任意一点, 又 $\mathscr{A}$ 的顶点集为 $\{A_1,A_2,\cdots,A_{n+1}\}$, 若记 $|PA_i|=p_i$, 则有

$$\begin{aligned}&(1+n\varphi(a))\cdot\sum_{i=1}^{n+1}\varphi^2(p_i)-\varphi(a)\cdot\left(\sum_{i=1}^{n+1}\varphi(p_i)\right)^2\\&=(1+n\varphi(a))(1-\varphi(a)).\end{aligned}\tag{6.12.17}$$

证 这里取非欧空间 $\mathbf{S}^n(K)$ 与 $\mathbf{H}^n(K)$ ($K<0$) 中的 $n+2$ 元基本图形, 即取 $n+2$ 个点所构成的点集 $\{P,A_1,A_2,\cdots,A_{n+1}\}$, 则由度量方程 (6.1.7) 与 (6.2.6) 有

$$\begin{vmatrix}1&\varphi(p_1)&\varphi(p_2)&\cdots&\varphi(p_{n+1})\\\varphi(p_1)&1&\varphi(a)&\cdots&\varphi(a)\\\varphi(p_2)&\varphi(a)&1&\cdots&\varphi(a)\\\cdots&\cdots&\cdots&\cdots&\cdots\\\varphi(p_{n+1})&\varphi(a)&\varphi(a)&\cdots&1\end{vmatrix}=0,$$

可将此行列式化为

$$\begin{vmatrix}1+n\varphi(a)&\varphi(a)\cdot\sum\limits_{i=1}^{n+1}\varphi(p_i)\\-\sum\limits_{i=1}^{n+1}\varphi(p_i)&1-\varphi(a)-\sum\limits_{i=1}^{n+1}\varphi^2(p_i)\end{vmatrix}=0,$$

由此立即可得 (6.12.17). □

推论 1 条件与引理 3 中的相同, 则有

$$\sum_{i=1}^{n+1} \varphi^2(p_i) = 1 + n \cdot \varphi^2(a). \tag{6.12.18}$$

实际上, 将 (6.12.12) 代入 (6.12.17) 内便可得到 (6.12.18).

推论 2 设 $\mathscr{A}$ 为 n 维常曲率空间 $\mathbf{C}^n(K)$ 中棱长为 a 的正则单形, 且 $\mathscr{A}$ 的顶点集为 $\{A_1, A_2, \cdots, A_{n+1}\}$, P 为 $\mathscr{A}$ 的外接球面上的任意一点, 若记 $|PA_i| = p_i$, 则有

$$\sum_{i=1}^{n+1} f^2(p_i) = n \cdot f^2(a). \tag{6.12.19}$$

证 当 $\mathscr{A} \subset \mathbf{S}^n(K)$ 时, 由推论 1 并利用关系式 $\cos^2\alpha + \sin^2\alpha = 1$ 立即可得 (6.12.19), 而当 $\mathscr{A} \subset \mathbf{H}^n(K)$ 时, 同样由推论 1 并利用关系式 $\cosh^2\alpha - \sinh^2\alpha = 1$ 立即可得 (6.12.19). 如下证明当 $\mathscr{A} \subset \mathbf{E}^n$ 时的情形.

由于 $\mathscr{A} \subset \mathbf{E}^n$, 故此时有 $\cos\beta_i = \frac{2R^2 - p_i^2}{2R^2}$, $\cos\alpha_{ij} = \frac{2R^2 - a^2}{2R^2}$, 于是利用 (6.12.14) 可得

$$\frac{1}{(2R^2)^{n+2}} \cdot \begin{vmatrix} 2R^2 & 2R^2 - p_1^2 & 2R^2 - p_2^2 \\ 2R^2 - p_1^2 & 2R^2 & 2R^2 - a^2 \\ 2R^2 - p_2^2 & 2R^2 - a^2 & 2R^2 \\ \cdots & \cdots & \cdots \\ 2R^2 - p_{n+1}^2 & 2R^2 - a^2 & 2R^2 - a^2 \end{vmatrix}$$

$$\begin{vmatrix} \cdots & 2R^2 - p_{n+1}^2 \\ \cdots & 2R^2 - a^2 \\ \cdots & 2R^2 - a^2 \\ \cdots & \cdots \\ \cdots & 2R^2 \end{vmatrix} = 0,$$

由此可得

$$\frac{(a^2)^{n-1}}{(2R^2)^{n+2}} \cdot \begin{vmatrix} 2(n+1)R^2 - na^2 & -(2R^2-a^2)\left(\sum\limits_{i=1}^{n+1} p_i^2 - 2(n+1)R^2\right) \\ \sum\limits_{i=1}^{n+1} p_i^2 - 2(n+1)R^2 & 2R^2a^2 - \sum\limits_{i=1}^{n+1}(2R^2-p_i^2)^2 \end{vmatrix} = 0,$$

由于在 n 维欧氏空间 $\mathbf{E}^n$ 中, 棱长为 a 的正则单形 $\mathscr{A}$ 的外接球半径 R 与棱长之间有关系式 $2(n+1)R^2 - na^2 = 0$ 成立, 所以由上面的二阶行列式可得

$$\sum_{i=1}^{n+1} p_i^2 = 2(n+1)R^2, \tag{6.12.20}$$

即

$$\sum_{i=1}^{n+1} p_i^2 = na^2. \qquad \square$$

由 (6.12.12) 与 (6.12.18) 可得如下的结论:

推论 3 条件与引理 3 相同, 则有

$$\sum_{1\leqslant i<j\leqslant n+1} \varphi(p_i)\varphi(p_j) = \frac{1}{2} \cdot n\varphi(a)(2 + (n-1)\varphi(a)). \tag{6.12.21}$$

定理 2 设 $\mathscr{A}$ 为 n 维非欧空间 $\mathbf{C}^n(K)$ 与 $\mathbf{H}^n(K)$ $(K<0)$ 中棱长为 a 的正则单形, P 是 $\mathscr{A}$ 的外接球面上的任意一点, $d_{i_1i_2\cdots i_k}$ 表示点 P 到 $\mathscr{A}$ 的 $k-1$ 维子单形 $\mathscr{A}_{i_1i_2\cdots i_k}=\{A_{i_1},A_{i_2},\cdots,A_{i_k}\}$ 的距离, 则有

$$\sum\sum\cdots\sum_{1\leqslant i_1<i_2<\cdots<i_k\leqslant n+1} f^2(d_{i_1i_2\cdots i_k})$$

$$=\frac{(n+1-k)\binom{n+1}{k}}{n+1}\cdot\frac{f^2(a)(1+k\varphi(a))}{(1+\varphi(a)(1+(k-1)\varphi(a))},\tag{6.12.22}$$

其中函数 "f" 相对于空间 $\mathbf{C}^n(K)$ 与 $\mathbf{H}^n(K)$ $(K<0)$ 仍然是 "sin" 与 "sinh".

证 由公式 (6.1.13) 与 (6.2.9) 知, 我们引进一个符号 s 用来表示 "1" 与 "-1", 并且当 $\mathscr{A}\subset\mathbf{S}^n(K)$ 时, $s=1$, 而当 $\mathscr{A}\subset\mathbf{H}^n(K)$ $(K<0)$ 时, $s=-1$.

如下考虑 k 维单形 $\mathscr{A}_{(k),P}=\{P,A_{i_1},A_{i_2},\cdots,A_{i_k}\}$ 所对应的 $k+1$ 阶行列式

$$\det A_{(k),P}=\begin{vmatrix}1&\varphi(p_1)&\varphi(p_2)&\cdots&\varphi(p_k)\\\varphi(p_1)&1&\varphi(a)&\cdots&\varphi(a)\\\varphi(p_2)&\varphi(a)&1&\cdots&\varphi(a)\\\cdots&\cdots&\cdots&\cdots&\cdots\\\varphi(p_k)&\varphi(a)&\varphi(a)&\cdots&1\end{vmatrix},$$

而且不难求得

$$\det A_{(k),P}=(1-\varphi(a))^{k-2}$$

$$\times\Bigg[(1-\varphi(a))(1+(k-1)\varphi(a))+2\varphi(a)\cdot\sum_{1\leqslant i<j\leqslant k}\varphi(p_i)\varphi(p_j)$$

$$-(1+(k-2)\varphi(a))\cdot\sum_{i=1}^{k}\varphi^2(p_i)\Bigg],$$

同样, 容易求得 k 维单形 $\mathscr{A}_{(k),P}$ 的顶点 P 所对的 $k-1$ 维底面 $\{A_{i_1},A_{i_2},\cdots,A_{i_k}\}$ 所对应的 k 阶行列式

$$\det A_{(k)}=\begin{vmatrix}1&\varphi(a)&\varphi(a)&\cdots&\varphi(a)\\\varphi(a)&1&\varphi(a)&\cdots&\varphi(a)\\\varphi(a)&\varphi(a)&1&\cdots&\varphi(a)\\\cdots&\cdots&\cdots&\cdots&\cdots\\\varphi(a)&\varphi(a)&\varphi(a)&\cdots&1\end{vmatrix}_{k\times k}$$
$$=(1-\varphi(a))^{k-1}(1+(k-1)\varphi(a)),$$

所以有

$$f^2(d_{i_1i_2\cdots i_k})=s\cdot\frac{\det A_{(k),P}}{\det A_{(k)}}.\qquad(6.12.23)$$

利用表达式 (6.12.18) 与 (6.12.21) 可得

$$\sum\sum\cdots\sum_{1\leqslant i_1<i_2<\cdots<i_k\leqslant n+1}f^2(d_{i_1i_2\cdots i_k})$$
$$=s\cdot\binom{n+1}{k}+\frac{s}{(1-\varphi(a))(1+(k-1)\varphi(a))}$$
$$\times\sum\sum\cdots\sum_{1\leqslant i_1<i_2<\cdots<i_k\leqslant n+1}\Bigg[2\varphi(a)\cdot\sum_{1\leqslant i_j<i_l\leqslant k}$$
$$\varphi(p_{i_j})\varphi(p_{i_l})-(1+(k-2)\varphi(a))\cdot\sum_{j=1}^{k}\varphi^2(p_{i_j})\Bigg]$$
$$=s\cdot\binom{n+1}{k}+\frac{s}{(1-\varphi(a))(1+(k-1)\varphi(a))}$$

$$\times\left[2\binom{n-1}{k-2}\varphi(a)\cdot\sum_{1\leqslant i<j\leqslant n+1}\varphi(p_i)\varphi(p_j)\right.$$

$$\left.-\binom{n}{k-1}(1+(k-2)\varphi(a))\cdot\sum_{i=1}^{n+1}\varphi^2(p_i)\right]$$

$$=s\cdot\binom{n+1}{k}+\frac{s\cdot\binom{n}{k-1}}{(1-\varphi(a))(1+(k-1)\varphi(a))}$$

$$\times\left[\frac{k-1}{n}\cdot 2\varphi(a)\cdot\frac{n}{2}\varphi(a)(2+(n-1)\varphi(a))\right.$$

$$\left.-(1+(k-2)\varphi(a))\cdot(1+n\varphi^2(a))\right]$$

$$=\frac{s\cdot\binom{n}{k-1}(n+1-k)}{k\cdot(1+(k-1)\varphi(a))}\cdot(1-\varphi(a))(1+k\varphi(a)),$$

为了去掉上式中的符号“s”, 可利用关系式 $s\cdot(1-\varphi(a))(1+\varphi(a))=f^2(a)$, 即 $s\cdot(1-\varphi(a))=\frac{f^2(a)}{(1+\varphi(a))}$, 将此式代入上式后便立即可得 (6.12.22). □

作为定理 2 的特例, 在 (6.12.22) 中, 当 $k=1$ 时, 即为 (6.12.19), 而当 $k=n$ 时便是如下的结论:

推论 4 条件与定理 2 中的相同, 则有

$$\sum\sum_{1\leqslant i_1<i_2<\cdots<i_n\leqslant n+1}\cdots\sum f^2(d_{i_1i_2\cdots i_n})$$

$$=\frac{f^2(a)\cdot(1+n\varphi(a))}{(1+\varphi(a))(1+(n-1)\varphi(a))}.\tag{6.12.24}$$

设 h 为正则单形 $\mathscr{A}$ 的任意一个顶点 A_i 所对的 $n-1$ 维界面 f_i $(1\leqslant i\leqslant n+1)$ 上的高, 由于

$$f^2(h)=\frac{s(1-\varphi(a))(1+n\varphi(a))}{1+(n-1)\varphi(a)},\tag{6.12.25}$$

所以, (6.12.24) 也可以表示为

$$\sum\sum\cdots\sum_{1\leqslant i_1<i_2<\cdots<i_n\leqslant n+1} f^2(d_{i_1i_2\cdots i_n}) = f^2(h). \qquad (6.12.26)$$

第 7 章　距离几何中的稳定性

由于几何不等式的稳定性 (stability) 在数学诸多领域的重要性, 所以它一直被许多数学家所关注, 而稳定性有时又被称为稳定性版本或稳定性形式 (stability version)[56, 57]. 对于几何不等式的稳定性来说, 它主要来自于凸几何分析, 比如等周不等式的稳定性就是其中具有代表性的问题之一. 本章我们将研究欧氏空间与非欧空间中一些几何不等式的稳定性问题.

§7.1　Cosnita - Turtoiu 不等式的稳定性

设 $\triangle ABC$ 的三边 a,b,c 所对应的高分别为 h_a,h_b, h_c, 又三角形内切圆的半径为 r, 在文 [33] 中建立了下面关于 $\triangle ABC$ 的高和内切圆半径的不等式

$$\frac{h_a+r}{h_a-r}+\frac{h_b+r}{h_b-r}+\frac{h_c+r}{h_c-r}\geqslant 6. \tag{7.1.1}$$

若再设 r_a,r_b,r_c 分别为 $\triangle ABC$ 的三边 a,b,c 的旁切圆半径, 则有

$$\frac{h_a-r_a}{h_a+r_a}+\frac{h_b-r_b}{h_b+r_b}+\frac{h_c-r_c}{h_c+r_c}\leqslant 0, \tag{7.1.2}$$

等式成立当且仅当 $\triangle ABC$ 为正三角形.

实际上, 对于 $\triangle ABC$ 来说, 还有如下的结论成立

$$\frac{h_a-r_a}{h_a+2r_a}+\frac{h_b-r_b}{h_b+2r_b}+\frac{h_c-r_c}{h_c+2r_c}=0. \tag{7.1.3}$$

$$\frac{h_a-r_a}{h_a+3r_a}+\frac{h_b-r_b}{h_b+3r_b}+\frac{h_c-r_c}{h_c+3r_c}\geqslant 0. \tag{7.1.4}$$

通常称 (7.1.1) 与 (7.1.2) 为三角形中的 Cosnita-Turtoiu 不等式.

本节的主要目的是将 Cosnita-Turtoiu 不等式推广到 n 维欧氏空间 $\mathbf{E}^n$ 中单形的情况, 并对表达式作系数上的推广, 同时讨论它们的稳定性, 为此, 首先介绍一下相关的概念.

定义 1　设 $\mathscr{A}$ 为 n 维欧氏空间 $\mathbf{E}^n$ 中的单形, 若 $\mathscr{A}$ 为 $n-1$ $(n \geqslant 3)$ 维等面单形, 则称 $\mathscr{A}$ 为等面单形.

由此容易看出, 正则单形一定是等面单形, 但是, 等面单形不一定是正则单形, 例如, 四个顶点分别位于三度棱互不相等的长方体的四个顶点上的四面体, 此四面体的四个面是全等的三角形, 即它是一个等面四面体, 但它不是一个正则四面体.

定义 2　设 $\{A_1,\ A_2,\ \cdots,\ A_{n+1}\}$ 为 n 维欧氏空间 $\mathbf{E}^n$ 中单形 $\mathscr{A}$ 的顶点集, 其棱长为 $|A_iA_j| = a_{ij}$, 令 $\overline{a_0} = \frac{2}{n(n+1)} \cdot \sum\limits_{1 \leqslant i<j \leqslant n+1} a_{ij}$, 所有棱长都等于 $\overline{a_0}$ 的正则单形记为 $\mathscr{A}_0$, 称

$$\delta(\mathscr{A},\ \mathscr{A}_0)_r = \sum_{1 \leqslant i<j \leqslant n+1} (a_{ij} - \overline{a_0})^2$$

为单形 $\mathscr{A}$ 与正则单形 $\mathscr{A}_0$ 的偏差度量, 或简称为偏正度量[34].

定义 3　设 $\{A_1,\ A_2,\ \cdots,\ A_{n+1}\}$ 为 n 维欧氏空间 $\mathbf{E}^n$ 中单形 $\mathscr{A}$ 的顶点集, 顶点 A_i 所对的 $n-1$ 维界面的 $n-1$ 维体积为 S_i, 令 $\overline{S_0} = \frac{1}{n+1} \cdot \sum\limits_{i=1}^{n+1} S_i$, $\mathscr{A}_0$ 为

所有 $n-1$ 维体积均等于 $\overline{S_0}$ 的等面单形, 称

$$\delta(\mathscr{A},\ \mathscr{A}_0)_e=\sum_{i=1}^{n+1}\left(S_i-\overline{S_0}\right)^2$$

为单形 $\mathscr{A}$ 与等面单形 $\mathscr{A}_0$ 的偏差度量, 简称为偏等度量.

容易证明上述定义 2 与定义 3 中的偏正度量与偏等度量均可以构成度量空间, 并且偏正度量一定是偏等度量, 但反之不然.

引理 1[49] 设 $a_1,\ a_2,\ \cdots,\ a_m$ 为 m 个正实数, 则有

$$\sum_{1\leqslant i<j\leqslant m}\frac{(a_i-a_j)^2}{a_ia_j}\geqslant\frac{4(m-1)}{\left(\sum\limits_{i=1}^{m}a_i\right)^2}\cdot\sum_{1\leqslant i<j\leqslant m}(a_i-a_j)^2,\tag{7.1.5}$$

当且仅当 $a_1=a_2=\cdots=a_m$ 或某一个 $a_i=\frac{a}{2}$ 其余的 $m-1$ 个 $a_j=\frac{a}{2(m-1)}\,(j\neq i)$ 时等号成立, 其中 $a=a_1+a_2+\cdots+a_m$.

实际上, 也可以由文 [35] 中的不等式

$$\sum_{i=1}^{m}a_i\cdot\sum_{i=1}^{m}\frac{1}{a_i}\geqslant m^2+\frac{4(m-1)\cdot\sum\limits_{1\leqslant i<j\leqslant m}(a_i-a_j)^2}{\left(\sum\limits_{i=1}^{m}a_i\right)^2},\tag{7.1.6}$$

等号成立的充要条件与 (7.1.5) 中的相同, 与恒等式

$$\sum_{i=1}^{m}a_i\cdot\sum_{i=1}^{m}\frac{1}{a_i}=m^2+\sum_{1\leqslant i<j\leqslant m}\frac{(a_i-a_j)^2}{a_ia_j},\tag{7.1.7}$$

而得到 (7.1.5).

定理 1 设 $\mathfrak{A}=\{A_1,A_2,\cdots,A_{n+1}\}$ 为 n 维欧氏空间 $\mathbf{E}^n$ 中单形 $\mathscr{A}$ 的顶点集, 顶点 A_i 所对的 $n-1$ 维界面 S_i 上的高为 h_i, r 为 $\mathscr{A}$ 的内切球半径, λ 与 μ 均为正实数, 且 $n+1-\mu>0$, 则有

$$\sum_{i=1}^{n+1}\frac{h_i+\lambda r}{h_i-\mu r}\geqslant\frac{(n+1)(n+1+\lambda)}{n+1-\mu}$$

$$+\frac{\mu(\lambda+\mu)}{n+1-\mu}\cdot\sum_{1\leqslant i<j\leqslant n+1}\left(\frac{r}{h_i}-\frac{r}{h_j}\right)^2,\qquad(7.1.8)$$

当且仅当 $S_1=S_2=\cdots=S_{n+1}$ (即 $\mathscr{A}$ 为等面单形) 时等号成立.

证 设单形 $\mathscr{A}$ 的 n 维体积为 V, 由 $\mathscr{A}$ 的顶点集 $\mathfrak{A}\backslash\{A_i\}$ 所支撑的 $n-1$ 维子单形的 $n-1$ 维体积为 S_i, 进一步设 $\mathscr{A}$ 的 $n-1$ 维表面积为 S, 即 $S=S_1+S_2+\cdots+S_{n+1}$, 由 (1.1.3) 与 (1.1.4), 若令

$$x_i=\frac{r}{h_i}=\frac{nV}{S}\cdot\frac{S_i}{nV}=\frac{S_i}{S},\ (1\leqslant i\leqslant n+1),$$

则易知此处有 $x_1+x_2+\cdots+x_{n+1}=1$, 故由 $\sum\limits_{i=1}^{n+1}(1-\mu x_i)=n+1-\mu$ 以及 Lagrange 恒等式

$$\left(\sum_{i=1}^m a_i^2\right)\left(\sum_{i=1}^m b_i^2\right)=\left(\sum_{i=1}^m a_ib_i\right)^2+\sum_{1\leqslant i<j\leqslant m}(a_ib_j-a_jb_i)^2,\qquad(7.1.9)$$

可得

$$\begin{aligned}
&\sum_{i=1}^{n+1}\frac{h_i+\lambda r}{h_i-\mu r}\\
&=\sum_{i=1}^{n+1}\frac{1+\lambda x_i}{1-\mu x_i}\\
&=\sum_{i=1}^{n+1}\frac{1-\mu x_i+(\lambda+\mu)x_i}{1-\mu x_i}\\
&=(n+1)+(\lambda+\mu)\cdot\sum_{i=1}^{n+1}\frac{x_i}{1-\mu x_i}\\
&=(n+1)+\frac{\lambda+\mu}{\mu}\cdot\sum_{i=1}^{n+1}\frac{1-(1-\mu x_i)}{1-\mu x_i}\\
&=(n+1)+\frac{\lambda+\mu}{\mu}\cdot\sum_{i=1}^{n+1}\frac{1}{1-\mu x_i}-\frac{(\lambda+\mu)(n+1)}{\mu}\\
&=\frac{\lambda+\mu}{\mu}\cdot\sum_{i=1}^{n+1}\frac{1}{1-\mu x_i}-\frac{\lambda(n+1)}{\mu}\\
&=\frac{\lambda+\mu}{\mu\,(n+1-\mu)}\cdot\left(\sum_{i=1}^{n+1}(1-\mu x_i)\right)\left(\sum_{i=1}^{n+1}\frac{1}{1-\mu x_i}\right)\\
&\qquad-\frac{\lambda(n+1)}{\mu}\\
&=\frac{\lambda+\mu}{\mu\,(n+1-\mu)}\\
&\quad\times\left[(n+1)^2+\sum_{1\leqslant i<j\leqslant n+1}\left(\sqrt{\frac{1-\mu x_i}{1-\mu x_j}}-\sqrt{\frac{1-\mu x_j}{1-\mu x_i}}\right)^2\right]\\
&\qquad-\frac{\lambda(n+1)}{\mu}\\
&=\frac{(n+1)\,(n+1+\lambda)}{n+1-\mu}+\frac{\mu\,(\lambda+\mu)}{n+1-\mu}\\
&\quad\times\sum_{1\leqslant i<j\leqslant n+1}\frac{1}{(1-\mu x_i)\,(1-\mu x_j)}\cdot(x_i-x_j)^2,
\end{aligned}$$

故由引理 1 可得

$$\sum_{i=1}^{n+1}\frac{h_i+\lambda r}{h_i-\mu r}\geqslant\frac{(n+1)(n+1+\lambda)}{n+1-\mu}$$
$$+\frac{4n\mu(\lambda+\mu)}{(n+1-\mu)^3}\cdot\sum_{1\leqslant i<j\leqslant n+1}\left(\frac{r}{h_i}-\frac{r}{h_j}\right)^2,$$

当且仅当 $\mathscr{A}$ 为等面单形时等号成立. □

推论 1 在定理 1 的题设下, 有

$$\sum_{i=1}^{n+1}\frac{h_i+\lambda r}{h_i-\mu r}\geqslant\frac{(n+1)(n+1+\lambda)}{n+1-\mu},\tag{7.1.10}$$

当且仅当 $\mathscr{A}$ 为等面单形时等号成立.

推论 2 设单形 $\mathscr{A}$ 的 n 维体积为 V, 顶点 A_i 所对的界面的 $n-1$ 维体积为 S_i, 设 $S=S_1+S_2+\cdots+S_{n+1}$, 即 $\mathscr{A}$ 的 $n-1$ 维表面积为 S, 则有

$$\sum_{i=1}^{n+1}\frac{h_i+\lambda r}{h_i-\mu r}\geqslant\frac{(n+1)(n+1+\lambda)}{n+1-\mu}$$
$$+\frac{4\mu(\lambda+\mu)}{n(n+1-\mu)^3}\cdot\frac{r^2}{V^2}\cdot\sum_{1\leqslant i<j\leqslant n+1}(S_i-S_j)^2,\tag{7.1.11}$$

当且仅当 $\mathscr{A}$ 为等面单形时等号成立.

事实上, 在不等式 (7.1.11) 中, 等号成立的充要条件不可能取某一个 $S_i=\frac{1}{2}S$, 其余的 n 个 $S_j=\frac{1}{2n}S$ 的情况, 因为当 $S_i=\frac{1}{2}S$ 时, n 维单形 $\mathscr{A}$ 将退化成 $n-1$ 维的复形了.

推论 3 条件与推论 2 中的相同, 则有

$$\sum_{i=1}^{n+1}\frac{S+\lambda S_i}{S-\mu S_i}\geqslant\frac{(n+1)(n+1+\lambda)}{n+1-\mu},\tag{7.1.12}$$

当且仅当 $\mathscr{A}$ 为等面单形时等号成立.

事实上, (7.1.12) 也可以由推论 1 利用 $nV = S_i h_i$, $nV = Sr$ 而得到.

定义 4 称 $D = a - b$ 为不等式 $a \geqslant b$ 的亏量.

定义 5 设 D 是不等式 I_1 的亏量, 对于任意给定的 $\varepsilon \geqslant 0$, 存在 $\delta \geqslant 0$, 当 $D \leqslant \varepsilon$ 时, 有使得不等式 $I_2:\ \delta \leqslant k \cdot \varepsilon\ (k > 0)$ 成立, 则称不等式 I_1 是稳定的, 或称不等式 I_1 具有稳定性.

推论 4 条件与推论 2 中的相同, 对于任意给定的 $\varepsilon \geqslant 0$, 当

$$\sum_{i=1}^{n+1} \frac{S + \lambda S_i}{S - \mu S_i} - \frac{(n+1)(n+1+\lambda)}{n+1-\mu} \leqslant \varepsilon \qquad (7.1.13)$$

时, 对于偏等度量 $\delta(\mathscr{A},\ \mathscr{A}_0)_e$, 有

$$\delta(\mathscr{A},\ \mathscr{A}_0)_e \leqslant \frac{n(n+1-\mu)^3 \cdot V^2}{4(n+1)(\lambda+\mu)\mu \cdot r^2} \cdot \varepsilon. \qquad (7.1.14)$$

易知推论 1 是 Cosnita-Turtoiu 不等式 (7.1.1) 在 n 维欧氏空间 $\mathbf{E}^n$ 中的一种推广, 而不等式 (7.1.12) 又是不等式 (7.1.10) 的另一种表示形式, 所以, 推论 4 也说明了 Cosnita-Turtoiu 不等式 (7.1.1) 在 $\mathbf{E}^n$ 中的一种推广也是稳定的. 另外, 值得一提的是, 由于不等式 $a \geqslant b$ 的亏量 D 可以为零, 所以本书中的 ε 并非是 $\varepsilon > 0$, 而是 $\varepsilon \geqslant 0$.

引理 2 设 $\mathscr{A}$ 为 n 维欧氏空间 $\mathbf{E}^n$ 中的单形, 其 n 维体积为 V, $\mathscr{A}$ 的顶点集为 $\mathfrak{A} = \{A_1, A_2, \cdots, A_{n+1}\}$, 顶点 A_i 所对的 $n-1$ 维界面的 $n-1$ 维体积为 S_i,

$S=S_1+S_2+\cdots+S_{n+1}$, 其旁切球半径为 r_i, 则[36]

$$r_i=\frac{nV}{S-2S_i}. \tag{7.1.15}$$

定理 2 设 $\mathscr{A}$ 为 n 维欧氏空间 $\mathbf{E}^n$ 中的单形, $\mathfrak{A}=\{A_1,A_2,\cdots,A_{n+1}\}$ 为 $\mathscr{A}$ 的顶点集, 又顶点 A_i 所对的 $n-1$ 维界面上的高及其旁切球半径分别为 h_i 与 r_i, λ 与 μ 均为正实数, 且 $\mu>2$, 则对于任意给定的 $\varepsilon\geqslant 0$, 当

$$\sum_{i=1}^{n+1}\frac{h_i-\lambda r_i}{h_i+\mu r_i}-\frac{(n+1)(n-1-\lambda)}{n-1+\mu}\leqslant\varepsilon \tag{7.1.16}$$

时, 有

$$\delta(\mathscr{A},\ \mathscr{A}_0)_e\leqslant\frac{(n-1+\mu)^3\cdot S^2}{4n(n+1)(\lambda+\mu)(\mu-2)}\cdot\varepsilon. \tag{7.1.17}$$

证 利用单形的体积公式 $nV=S_ih_i$ 与引理 2 可得

$$\begin{aligned}
&\sum_{i=1}^{n+1}\frac{h_i-\lambda r_i}{h_i+\mu r_i}\\
=&\sum_{i=1}^{n+1}\frac{S-(\lambda+2)S_i}{S+(\mu-2)S_i}\\
=&\sum_{i=1}^{n+1}\frac{S}{S+(\mu-2)S_i}-\frac{\lambda+2}{\mu-2}\cdot\sum_{i=1}^{n+1}\frac{S+(\mu-2)S_i-S}{S+(\mu-2)S_i}\\
=&\frac{(\lambda+\mu)S}{\mu-2}\cdot\sum_{i=1}^{n+1}\frac{1}{S+(\mu-2)S_i}-\frac{(n+1)(\lambda+2)}{\mu-2},
\end{aligned}$$

又因为 $\sum\limits_{i=1}^{n+1}(S+(\mu-2)S_i)=(n-1+\mu)S$, 故有

$$\begin{aligned}&\sum_{i=1}^{n+1}\frac{h_i-\lambda r_i}{h_i+\mu r_i}\\&=\frac{(\lambda+\mu)}{(\mu-2)(n-1+\mu)}\cdot\left(\sum_{i=1}^{n+1}(S+(\mu-2)S_i)\right)\\&\quad\times\left(\sum_{i=1}^{n+1}\frac{1}{S+(\mu-2)S_i}\right)-\frac{(n+1)(\lambda+2)}{\mu-2}\\&=\frac{(n+1)(n-1-\lambda)}{n-1+\mu}+\frac{(\lambda+\mu)(\mu-2)}{n-1+\mu}\\&\quad\times\sum_{1\leqslant i<j\leqslant n+1}\frac{(S_i-S_j)^2}{(S+(\mu-2)S_i)(S+(\mu-2)S_j)}.\end{aligned}$$

由上述推导过程容易看出:

(i) 当 $\mu=2$ 时, 有

$$\sum_{i=1}^{n+1}\frac{h_i-\lambda r_i}{h_i+2r_i}=n-1-\lambda. \tag{7.1.18}$$

(ii) 当 $0<\mu<2$ 时, 由 (7.1.5) 可得

$$\begin{aligned}\sum_{i=1}^{n+1}\frac{h_i-\lambda r_i}{h_i+\mu r_i}&\leqslant\frac{(n+1)(n-1-\lambda)}{n-1+\mu}\\&+\frac{4n(\lambda+\mu)(\mu-2)}{(n-1+\mu)^3\cdot S^2}\cdot\sum_{1\leqslant i<j\leqslant n+1}(S_i-S_j)^2,\end{aligned}\tag{7.1.19}$$

当且仅当 $\mathscr{A}$ 为等面单形时等号成立.

(iii) 当 $\mu>2$ 时, 由 (7.1.5) 可得

$$\sum_{i=1}^{n+1}\frac{h_i-\lambda r_i}{h_i+\mu r_i}\geqslant\frac{(n+1)(n-1-\lambda)}{n-1+\mu}+$$

$$+\frac{4n(\lambda+\mu)(\mu-2)}{(n-1+\mu)^3\cdot S^2}\cdot\sum_{1\leqslant i<j\leqslant n+1}\left(S_i-S_j\right)^2,\quad(7.1.20)$$

当且仅当 $\mathscr{A}$ 为等面单形时等号成立.

由于

$$\sum_{1\leqslant i<j\leqslant n+1}(S_i-S_j)^2=(n+1)\cdot\sum_{i=1}^{n+1}\left(S_i-\overline{S_0}\right)^2,$$

故 (7.1.20) 也可表为

$$\sum_{i=1}^{n+1}\frac{h_i-\lambda r_i}{h_i+\mu r_i}\geqslant\frac{(n+1)(n-1-\lambda)}{n-1+\mu}$$

$$+\frac{4n(n+1)(\lambda+\mu)(\mu-2)}{(n-1+\mu)^3\cdot S^2}\cdot\sum_{i=1}^{n+1}\left(S_i-\overline{S_0}\right)^2,\quad(7.1.21)$$

所以由 (7.1.21) 知, 在 $\mu>2$ 的情况下, 当

$$\sum_{i=1}^{n+1}\frac{h_i-\lambda r_i}{h_i+\mu r_i}-\frac{(n+1)(n-1-\lambda)}{n-1+\mu}\leqslant\varepsilon$$

时, 有

$$\delta(\mathscr{A},\ \mathscr{A}_0)_e\leqslant\frac{(n-1+\mu)^3\cdot S^2}{4n(n+1)(\lambda+\mu)(\mu-2)}\cdot\varepsilon,$$

由此知, 定理 2 得到了证明. □

由 (7.1.20) 可得如下的:

推论 5 条件与定理 2 中的相同, 则有

$$\sum_{i=1}^{n+1}\frac{h_i-\lambda r_i}{h_i+\mu r_i}\geqslant\frac{(n+1)(n-1-\lambda)}{n-1+\mu},\quad(7.1.22)$$

当且仅当 $\mathscr{A}$ 为等面单形时等号成立.

这样一来, 由定理 2 可知不等式 (7.1.22) 是稳定的.

实际上, (7.1.22) 也可以表示为如下的形式

$$\sum_{i=1}^{n+1}\frac{S-(\lambda+2)S_i}{S+(\mu-2)S_i}\geqslant\frac{(n+1)(n-1-\lambda)}{n-1+\mu},\tag{7.1.23}$$

当且仅当 $S_1=S_2=\cdots=S_{n+1}$ 时等号成立.

推论 6 设 h_i 为单形 $\mathscr{A}$ 的顶点 A_i 所对的 $n-1$ 维界面 S_i 上的高, 又 $\mathscr{A}$ 的内切球半径为 r, 其余条件与定理 2 中的相同, 则有

$$\sum_{i=1}^{n+1}\frac{h_i-(\lambda+2)r}{h_i+(\mu-2)r}\geqslant\frac{(n+1)(n-1-\lambda)}{n-1+\mu}$$
$$+\frac{4n(n+1)(\lambda+\mu)(\mu-2)}{(n-1+\mu)^3\cdot S^2}\cdot\sum_{i=1}^{n+1}\left(S_i-\overline{S_0}\right)^2,\tag{7.1.24}$$

当且仅当 $\mathscr{A}$ 为等面单形时等号成立.

实际上, 由 $nV=(S-2S_i)r_i$, $nV=S_ih_i$, $nV=Sr$ 可得

$$r_i=\frac{rh_i}{h_i-2r},\tag{7.1.25}$$

再将 (7.1.25) 代入 (7.1.21) 的不等号的左端内便可得到 (7.1.24).

另外, 在 (7.1.18) 中, 如果再取 $\lambda=n-1$, 则可得到如下的一个结论

$$\sum_{i=1}^{n+1}\frac{h_i-(n-1)r_i}{h_i+2r_i}=0.\tag{7.1.26}$$

在 (7.1.26) 中, 当 $n=2$ 时便是 (7.1.3), 所以 (7.1.26) 是 (7.1.3) 在 n 维空间的一种推广.

引理 3 设 x_1, x_2, $\cdots$, x_{n+1} 是 $n+1$ 个正实数, 且 $x_1+x_2+\cdots+x_{n+1}=1$, $\alpha\geqslant 1$, $\mu>0$, 当 $1-\mu x_i^\alpha>0$ 时, 有

$$\left(\sum_{i=1}^{n+1}(1-\mu x_i^\alpha)\right)\left(\sum_{i=1}^{n+1}\frac{1}{1-\mu x_i^\alpha}\right)$$

$$\geqslant (n+1)^2+\varphi(n,\alpha,\mu)\cdot\left(\sum_{1\leqslant i<j\leqslant n+1}(x_i-x_j)^2\right)^\alpha, \tag{7.1.27}$$

当且仅当 $x_1=x_2=\cdots=x_{n+1}$ 时等号成立, 其中

$$\varphi(n,\alpha,\mu)=\frac{2^{\alpha+1}\mu^2(n+1)^{\alpha-1}}{n^{\alpha-2}((n+1)^{\alpha-1}-\mu)^2}.$$

证 由 Lagrange 恒等式 (7.1.9) 与 (7.1.5) 可得

$$\begin{aligned}
&\left(\sum_{i=1}^{n+1}(1-\mu x_i^\alpha)\right)\left(\sum_{i=1}^{n+1}\frac{1}{1-\mu x_i^\alpha}\right)\\
&=(n+1)^2+\mu^2\cdot\sum_{1\leqslant i<j\leqslant n+1}\frac{(x_i^\alpha-x_j^\alpha)^2}{(1-\mu x_i^\alpha)(1-\mu x_j^\alpha)}\\
&\geqslant (n+1)^2+\mu^2\cdot\frac{4n}{\left(1-\mu\cdot\sum\limits_{i=1}^{n+1}x_i^\alpha\right)^2}\cdot\sum_{1\leqslant i<j\leqslant n+1}(x_i^\alpha-x_j^\alpha)^2\\
&\geqslant (n+1)^2+\mu^2\cdot\frac{4n\cdot\sum\limits_{1\leqslant i<j\leqslant n+1}(x_i^\alpha-x_j^\alpha)^2}{\left(1-\mu\cdot\frac{1}{(n+1)^{\alpha-1}}\cdot\left(\sum\limits_{i=1}^{n+1}x_i\right)^\alpha\right)^2}
\end{aligned}$$

$$= (n+1)^2 + \mu^2 \cdot \frac{4n \cdot \sum\limits_{1 \leqslant i < j \leqslant n+1} (x_i^\alpha - x_j^\alpha)^2}{\left(1 - \mu \cdot \frac{1}{(n+1)^{\alpha-1}}\right)^2}$$

$$= (n+1)^2 + \mu^2 \cdot \frac{4n \cdot (n+1)^{2(\alpha-1)}}{((n+1)^{\alpha-1} - \mu)^2} \cdot \sum_{1 \leqslant i < j \leqslant n+1} (x_i^\alpha - x_j^\alpha)^2,$$

由文 [37] 可知, 当 $\alpha \geqslant 1$, a, $b > 0$ 时, 有

$$|a^\alpha - b^\alpha|^{\frac{1}{\alpha}} \geqslant |a - b|, \tag{7.1.28}$$

当且仅当 $a = b$ 时等号成立.

这样一来, 再由当 $\alpha \geqslant 1$ 时的凸函数性质可得

$$\begin{aligned} &\sum_{1 \leqslant i < j \leqslant n+1} (x_i^\alpha - x_j^\alpha)^2 \\ &\geqslant \sum_{1 \leqslant i < j \leqslant n+1} (x_i - x_j)^{2\alpha} \\ &\geqslant \left(\frac{2}{n(n+1)}\right)^{\alpha-1} \cdot \left(\sum_{1 \leqslant i < j \leqslant n+1} (x_i - x_j)^2\right)^\alpha, \end{aligned}$$

于是有

$$\begin{aligned} &\left(\sum_{i=1}^{n+1} (1 - \mu x_i^\alpha)\right) \left(\sum_{i=1}^{n+1} \frac{1}{1 - \mu x_i^\alpha}\right) \geqslant (n+1)^2 \\ &+ \frac{2^{\alpha+1} \mu^2 (n+1)^{\alpha-1}}{n^{\alpha-2}((n+1)^{\alpha-1} - \mu)^2} \cdot \left(\sum_{1 \leqslant i < j \leqslant n+1} (x_i - x_j)^2\right)^\alpha, \end{aligned}$$

这样一来我们便获得了不等式 (7.1.27). □

在引理 3 的题设下, 容易证明如下的代数不等式

$$\sum_{i=1}^{n+1} (1 - \mu x_i^\alpha) \leqslant \frac{(n+1)^\alpha - \mu}{(n+1)^{\alpha-1}}, \tag{7.1.29}$$

当且仅当 $x_1 = x_2 = \cdots = x_{n+1}$ 时等号成立.

定理 3 设 $\mathscr{A}$ 为 n 维欧氏空间 $\mathbf{E}^n$ 中的一个单形, $\mathfrak{A} = \{A_1, A_2, \cdots, A_{n+1}\}$ 为其顶点集, 若顶点 A_i 所对的 $n-1$ 维界面上的高为 h_i, P 为 $\mathscr{A}$ 内部的任意一点, 又点 P 到 A_i 所对的 $n-1$ 维界面的距离为 d_i, λ, $\mu > 0$, $\alpha \geqslant 1$, 令 $\delta(\mathscr{A}, \mathscr{A}_0) = \sum\limits_{i=1}^{n+1}\left(\frac{d_i}{h_i} - \frac{1}{n+1}\right)^2$, 则对于任意给定的 $\varepsilon \geqslant 0$, 当

$$\sum_{i=1}^{n+1}\frac{h_i^\alpha + \lambda d_i^\alpha}{h_i^\alpha - \mu d_i^\alpha} - \frac{(n+1)((n+1)^\alpha + \lambda)}{(n+1)^\alpha - \mu} \leqslant \varepsilon \quad (7.1.30)$$

时, 有

$$\delta(\mathscr{A}, \mathscr{A}_0) \leqslant \left(\frac{n^{\alpha-2}((n+1)^\alpha - \mu)((n+1)^{\alpha-1} - \mu)^2}{2^{\alpha+1}(n+1)^{3\alpha-2}\mu(\lambda+\mu)}\right)^{\frac{1}{\alpha}} \cdot \varepsilon^{\frac{1}{\alpha}}. \quad (7.1.31)$$

证 若令 $x_i = \frac{d_i}{h_i}$, 易知此处有 $\sum\limits_{i=1}^{n+1} x_i = 1$, 所以有

$$\begin{aligned}\sum_{i=1}^{n+1}\frac{h_i^\alpha + \lambda d_i^\alpha}{h_i^\alpha - \mu d_i^\alpha} &= \frac{1}{\mu}\cdot\sum_{i=1}^{n+1}\frac{(\lambda+\mu)h_i^\alpha - \lambda(h_i^\alpha - \mu d_i^\alpha)}{h_i^\alpha - \mu d_i^\alpha} \\ &= \frac{\lambda+\mu}{\mu}\cdot\sum_{i=1}^{n+1}\frac{h_i^\alpha}{h_i^\alpha - \mu d_i^\alpha} - \frac{(n+1)\lambda}{\mu} \\ &= \frac{\lambda+\mu}{\mu}\cdot\sum_{i=1}^{n+1}\frac{1}{1-\mu x_i^\alpha} - \frac{(n+1)\lambda}{\mu},\end{aligned}$$

即

$$\sum_{i=1}^{n+1}\frac{h_i^\alpha + \lambda d_i^\alpha}{h_i^\alpha - \mu d_i^\alpha} = \frac{\lambda+\mu}{\mu}\cdot\sum_{i=1}^{n+1}\frac{1}{1-\mu x_i^\alpha} - \frac{(n+1)\lambda}{\mu}. \quad (7.1.32)$$

由 (7.1.29) 和 (7.1.27) 可得

$$\begin{aligned}
&\sum_{i=1}^{n+1}\frac{h_i^\alpha+\lambda d_i^\alpha}{h_i^\alpha-\mu d_i^\alpha}\\
&=\frac{\lambda+\mu}{\mu}\cdot\frac{(n+1)^{\alpha-1}}{(n+1)^\alpha-\mu}\cdot\frac{(n+1)^\alpha-\mu}{(n+1)^{\alpha-1}}\cdot\sum_{i=1}^{n+1}\frac{1}{1-\mu x_i^\alpha}\\
&\qquad-\frac{(n+1)\lambda}{\mu}\\
&\geqslant\frac{(n+1)^{\alpha-1}(\lambda+\mu)}{\mu((n+1)^\alpha-\mu)}\cdot\left(\sum_{i=1}^{n+1}(1-\mu x_i^\alpha)\right)\left(\sum_{i=1}^{n+1}\frac{1}{1-\mu x_i^\alpha}\right)\\
&\qquad-\frac{(n+1)\lambda}{\mu}\\
&\geqslant\frac{(n+1)((n+1)^\alpha+\lambda)}{(n+1)^\alpha-\mu}\\
&\quad+\frac{2^{\alpha+1}(n+1)^{3\alpha-2}\mu(\lambda+\mu)}{n^{\alpha-2}((n+1)^\alpha-\mu)((n+1)^{\alpha-1}-\mu)^2}\cdot\delta^\alpha(\mathscr{A},\ \mathscr{A}_0),
\end{aligned}$$

由此立即可得, 当

$$\sum_{i=1}^{n+1}\frac{h_i^\alpha+\lambda d_i^\alpha}{h_i^\alpha-\mu d_i^\alpha}-\frac{(n+1)((n+1)^\alpha+\lambda)}{(n+1)^\alpha-\mu}\leqslant\varepsilon$$

时, 有

$$\begin{aligned}
&\delta(\mathscr{A},\ \mathscr{A}_0)\leqslant\\
&\left(\frac{n^{\alpha-2}((n+1)^\alpha-\mu)((n+1)^{\alpha-1}-\mu)^2}{2^{\alpha+1}(n+1)^{3\alpha-2}\mu(\lambda+\mu)}\right)^{\frac{1}{\alpha}}\cdot\varepsilon^{\frac{1}{\alpha}}.
\end{aligned}$$

至此定理 3 得证. □

由定理 3 的证明过程容易看出有如下的结论成立:

推论 7 条件与定理 3 中的相同, 则有

$$\sum_{i=1}^{n+1}\frac{h_i^\alpha+\lambda d_i^\alpha}{h_i^\alpha-\mu d_i^\alpha}\geqslant\frac{(n+1)((n+1)^\alpha+\lambda)}{(n+1)^\alpha-\mu},\qquad(7.1.33)$$

当且仅当点 P 为 $\mathscr{A}$ 的重心时等号成立.

由定理 3 易知不等式 (7.1.33) 是稳定的, 另外, 不难看出, 不等式 (7.1.8) 是定理 3 中当点 P 是单形 $\mathscr{A}$ 的内心 I 且 $\alpha=1$ 时的特殊情况.

§7.2 Janić 不等式的稳定性

设 a, b, c 为 $\triangle ABC$ 的三条边, r_a, r_b, r_c 分别为三边 a, b, c 所对应的旁切圆半径, 则有如下著名的 Janić 不等式[33]成立

$$\frac{a^2}{r_br_c}+\frac{b^2}{r_cr_a}+\frac{c^2}{r_ar_b}\geqslant 4,\qquad(7.2.1)$$

当且仅当 $\triangle ABC$ 为正三角形时等号成立.

本节我们将讨论 Janić 不等式 (7.2.1) 在 n 维欧氏空间 $\mathbf{E}^n$ 中的稳定性, 为此, 我们根据 §4.7 的内容, 首先给出如下的结论:

引理 1 设 $\{A_1, A_2, \cdots, A_N\}$ 为 n 维欧氏空间 $\mathbf{E}^n$ 中的一个有限点集, 记 $|A_iA_j|=a_{ij}$, 在点 A_i 上赋予质量 λ_i (λ_i 为实数, $1\leqslant i\leqslant N$), 点 G 为有限质点组 $\mathscr{A}=\{A_1(\lambda_1), A_2(\lambda_2), \cdots, A_N(\lambda_N)\}$ 的质心, P 为 $\mathbf{E}^n$ 空间中的任意一点, 若再记 $\Lambda_0=\lambda_1+\lambda_2+\cdots+\lambda_N$, 则有

$$\Lambda_0\cdot\left(\sum_{i=1}^{N}\lambda_i|PA_i|^2\right)=\sum_{1\leqslant i<j\leqslant N}\lambda_i\lambda_ja_{ij}^2+\Lambda_0^2\cdot|PG|^2.\qquad(7.2.2)$$

推论 1 在引理 1 的条件下, 当点 P 为质点组的质心 G 时, 有

$$\sum_{1\leqslant i<j\leqslant N}\lambda_i\lambda_j a_{ij}^2=\Lambda_0\cdot\left(\sum_{i=1}^{N}\lambda_i|GA_i|^2\right). \qquad (7.2.3)$$

推论 2 设 $\mathscr{A}=\{A_1(\lambda_1),A_2(\lambda_2),\cdots,\ A_N(\lambda_N)\}$ 为共球有限质点组, 该球的球心和半径分别为 O 与 R, 其余条件与引理 1 中的相同, 则有

$$\sum_{1\leqslant i<j\leqslant N}\lambda_i\lambda_j a_{ij}^2=\Lambda_0^2\cdot\left(R^2-|OG|^2\right). \qquad (7.2.4)$$

推论 3 条件与引理 1 中的相同, 则有

$$\Lambda_0\cdot\left(\sum_{i=1}^{N}\lambda_i|PA_i|^2\right)\geqslant\sum_{1\leqslant i<j\leqslant N}\lambda_i\lambda_j a_{ij}^2, \qquad (7.2.5)$$

当且仅当点 P 为质点组 $\mathscr{A}$ 的质心 G 时等号成立.

引理 2 令 $\mathscr{A}=\{A_1(\lambda_1),A_2(\lambda_2),\cdots,\ A_N(\lambda_N)\}$ 与 $\mathscr{B}=\{B_1(\lambda_1'),B_2(\lambda_2'),\cdots,B_N(\lambda_N')\}$ 均表示 n 维欧氏空间 $\mathbf{E}^n$ 中的有限质点组, G' 为 $\mathscr{B}$ 的质心, $|B_iB_j|=b_{ij}$, 记 $\Lambda_0'=\lambda_1'+\lambda_2'+\cdots+\lambda_N'$, 其余条件与引理 1 中的相同, 则有

$$\Lambda_0\Lambda_0'\cdot\left(\sum_{i=1}^{N}\sum_{j=1}^{N}\lambda_i\lambda_j'|A_iB_j|^2\right)$$

$$={\Lambda_0'}^2\cdot W_1+\Lambda_0^2\cdot W_2+(\Lambda_0\Lambda_0'|GG'|)^2, \qquad (7.2.6)$$

其中

$$W_1=\sum_{1\leqslant i<j\leqslant N}\lambda_i\lambda_j a_{ij}^2,\quad W_2=\sum_{1\leqslant i<j\leqslant N}\lambda_i'\lambda_j' b_{ij}^2.$$

证 取 (7.2.2) 中的点 P 为质点组 $\mathscr{B}$ 的质心 G', 则可得

$$\Lambda_0\cdot\left(\sum_{i=1}^{N}\lambda_i|G'A_i|^2\right)=\sum_{1\leqslant i<j\leqslant N}\lambda_i\lambda_j a_{ij}^2+\Lambda_0^2\cdot|G'G|^2, \tag{7.2.7}$$

由引理 1, 对于质点组 $\mathscr{B}$ 来说, 有

$$\Lambda_0'\cdot\left(\sum_{i=1}^{N}\lambda_i'|PB_i|^2\right)=\sum_{1\leqslant i<j\leqslant N}\lambda_i'\lambda_j' b_{ij}^2+{\Lambda_0'}^2\cdot|PG'|^2, \tag{7.2.8}$$

在 (7.2.8) 中, 取点 P 为质点组 $\mathscr{A}$ 的顶点 A_k, 则有

$$\Lambda_0'\cdot\left(\sum_{i=1}^{N}\lambda_i'|A_kB_i|^2\right)=\sum_{1\leqslant i<j\leqslant N}\lambda_i'\lambda_j' b_{ij}^2+{\Lambda_0'}^2\cdot|A_kG'|^2,$$

在此等式的两端同乘以 λ_k 并求和可得

$$\Lambda_0'\cdot\left(\sum_{i=1}^{N}\sum_{j=1}^{N}\lambda_i\lambda_j'|A_iB_j|^2\right)$$

$$=\Lambda_0\cdot\sum_{1\leqslant i<j\leqslant N}\lambda_i'\lambda_j' b_{ij}^2+{\Lambda_0'}^2\cdot\left(\sum_{i=1}^{N}\lambda_i|A_iG'|^2\right), \tag{7.2.9}$$

将 (7.2.7) 代入 (7.2.9) 内, 可得

$$\Lambda_0'\cdot\left(\sum_{i=1}^{N}\sum_{j=1}^{N}\lambda_i\lambda_j'|A_iB_j|^2\right)=\Lambda_0\cdot\sum_{1\leqslant i<j\leqslant N}\lambda_i'\lambda_j' b_{ij}^2$$

$$+\frac{{\Lambda_0'}^2}{\Lambda_0}\cdot\sum_{1\leqslant i<j\leqslant N}\lambda_i\lambda_j a_{ij}^2+{\Lambda_0'}^2\Lambda_0\cdot|GG'|^2, \tag{7.2.10}$$

即

$$\Lambda_0'\cdot\left(\sum_{i=1}^{N}\sum_{j=1}^{N}\lambda_i\lambda_j'|A_iB_j|^2\right)$$

$$=\Lambda_0\cdot W_2+\frac{{\Lambda_0'}^2}{\Lambda_0}\cdot W_1+{\Lambda_0'}^2\Lambda_0\cdot|GG'|^2,$$

由此立即可以得到 (7.2.6). □

推论 4 在引理 2 的题设下, 如果两个有限质点组有相同的质心, 则有

$$\Lambda_0\Lambda_0'\cdot\left(\sum_{i=1}^{N}\sum_{j=1}^{N}\lambda_i\lambda_j'|A_iB_j|^2\right)={\Lambda_0'}^2\cdot W_1+\Lambda_0^2\cdot W_2. \tag{7.2.11}$$

推论 5 在引理 2 的题设下, 设 $\mathscr{A}$ 为共球 $O_1(R_1)$ 有限质点组, 同样 $\mathscr{B}$ 也是共球 $O_2(R_2)$ 有限质点组, 再记 $\mathscr{A}$ 与 $\mathscr{B}$ 的质心分别为 G_1 与 G_2, 则有

$$\sum_{i=1}^{N}\sum_{j=1}^{N}\lambda_i\lambda_j'|A_iB_j|^2=$$

$$(\Lambda_0\Lambda_0')\cdot(R_1^2+R_2^2+|G_1G_2|^2-|O_1G_1|^2-|O_2G_2|^2). \tag{7.2.12}$$

推论 6 在引理 2 的题设下, 有

$$\sum_{i=1}^{N}\sum_{j=1}^{N}\lambda_i\lambda_j'|A_iB_j|^2\geqslant\frac{\Lambda_0'}{\Lambda_0}\cdot W_1+\frac{\Lambda_0}{\Lambda_0'}\cdot W_2, \tag{7.2.13}$$

当且仅当 G_1 与 G_2 相互重合时等号成立.

由 (7.2.3) 与 (7.2.13) 可得如下的:

推论 7 在引理 2 的题设下, 有

$$\sum_{i=1}^{N}\sum_{j=1}^{N}\lambda_i\lambda_j'|A_iB_j|^2 \geqslant \Lambda_0'\cdot\sum_{i=1}^{N}\lambda_i|GA_i|^2+\Lambda_0\cdot\sum_{i=1}^{N}\lambda_i'|G'B_i|^2, \tag{7.2.14}$$

当且仅当 G_1 与 G_2 相互重合时等号成立.

如下所采用的记号 $\overline{S_0}$ 和 $\mathscr{A}_0$ 的含义与 §7.1 中的相同.

定理 1 设 $\{A_1, A_2, \cdots, A_{n+1}\}$ 为 n 维欧氏空间 $\mathbf{E}^n$ 中单形 $\mathscr{A}$ 的顶点集, 顶点 A_i 所对的 $n-1$ 维界面的旁切球的半径为 r_i, $\mathscr{A}$ 的棱长为 $|A_iA_j| = a_{ij}$, 顶点 A_i 所对的 $n-1$ 维界面的 $n-1$ 维体积为 S_i, 记 $S = S_1 + S_2 + \cdots + S_{n+1}$, 则对于任意给定的 $\varepsilon \geqslant 0$, 当

$$\sum_{1\leqslant i<j\leqslant n+1}\frac{a_{ij}^2}{r_ir_j} - (n(n-1))^2 \leqslant \varepsilon \tag{7.2.15}$$

时, 有

$$\delta(\mathscr{A},\ \mathscr{A}_0)_e \leqslant \frac{S^2}{8n^3(n-1)}\cdot\varepsilon. \tag{7.2.16}$$

证 取引理 1 中的 $N = n+1$, 则可设 $\mathscr{A}$ 的顶点 A_i 所对的 $n-1$ 维界面上的高为 h_i, 且该界面的 $n-1$ 维单形的重心为 G_i, 则称 $m_i = |A_iG_i|$ 为该界面上的中线, 易知此处有 $m_i \geqslant h_i$, 并且取 (7.2.3) 中的 $\lambda_i = \frac{1}{r_i}$, 则有

$$\sum_{1\leqslant i<j\leqslant n+1}\frac{a_{ij}^2}{r_ir_j} = \left(\sum_{i=1}^{n+1}\frac{1}{r_i}\right)\left(\sum_{i=1}^{n+1}\frac{|GA_i|^2}{r_i}\right). \tag{7.2.17}$$

若设单形 $\mathscr{A}$ 的内切球半径为 r, 则由 (7.1.15) 和 $nV=Sr$ 容易得到

$$\sum_{i=1}^{n+1}\frac{1}{r_i}=\frac{n-1}{r}. \tag{7.2.18}$$

由于 $|GA_i|=\frac{n}{n+1}\cdot|G_iA_i|=\frac{n}{n+1}\cdot m_i$, 故 (7.2.17) 又可以表为

$$\sum_{1\leqslant i<j\leqslant n+1}\frac{a_{ij}^2}{r_ir_j}=\left(\frac{n}{n+1}\right)^2\cdot\frac{n-1}{r}\cdot\left(\sum_{i=1}^{n+1}\frac{m_i^2}{r_i}\right), \tag{7.2.19}$$

再次利用 (7.1.15) 便可得

$$\sum_{1\leqslant i<j\leqslant n+1}\frac{a_{ij}^2}{r_ir_j}=\frac{n(n-1)}{(n+1)^2}\cdot\frac{1}{rV}\cdot\left(\sum_{i=1}^{n+1}(S-2S_i)\cdot m_i^2\right), \tag{7.2.20}$$

由 (7.2.20) 利用 Cauchy 不等式可得

$$\begin{aligned}&\sum_{1\leqslant i<j\leqslant n+1}\frac{a_{ij}^2}{r_ir_j}\\&=\frac{n(n-1)}{(n+1)^2}\cdot\frac{1}{rV}\cdot\left(\sum_{i=1}^{n+1}\frac{((S-2S_i)\cdot m_i)^2}{(S-2S_i)}\right)\\&\geqslant\frac{n(n-1)}{(n+1)^2}\cdot\frac{1}{rV}\cdot\frac{\left(\sum\limits_{i=1}^{n+1}(S-2S_i)\cdot m_i\right)^2}{\sum\limits_{i=1}^{n+1}(S-2S_i)}\\&=\frac{n}{(n+1)^2}\cdot\frac{1}{(Sr)V}\cdot\left(\sum_{i=1}^{n+1}(S-2S_i)\cdot m_i\right)^2\end{aligned}$$

$$= \frac{1}{(n+1)^2 V^2} \cdot \left(\sum_{i=1}^{n+1} (S - 2S_i) \cdot m_i \right)^2$$

$$\geqslant \frac{1}{(n+1)^2 V^2} \cdot \left(\sum_{i=1}^{n+1} (S - 2S_i) \cdot h_i \right)^2$$

$$= \left(\frac{n}{n+1} \right)^2 \cdot \left(S \cdot \sum_{i=1}^{n+1} \frac{1}{S_i} - 2(n+1) \right)^2$$

$$= \left(\frac{n}{n+1} \right)^2 \cdot \left(\left(\sum_{i=1}^{n+1} S_i \right) \cdot \left(\sum_{i=1}^{n+1} \frac{1}{S_i} \right) - 2(n+1) \right)^2,$$

即

$$\sum_{1 \leqslant i < j \leqslant n+1} \frac{a_{ij}^2}{r_i r_j} \geqslant$$

$$\left(\frac{n}{n+1} \right)^2 \cdot \left(\left(\sum_{i=1}^{n+1} S_i \right) \cdot \left(\sum_{i=1}^{n+1} \frac{1}{S_i} \right) - 2(n+1) \right)^2, \tag{7.2.21}$$

因为

$$\left(\sum_{i=1}^{n+1} S_i \right) \cdot \left(\sum_{i=1}^{n+1} \frac{1}{S_i} \right)$$

$$= (n+1)^2 + \sum_{1 \leqslant i < j \leqslant n+1} \frac{1}{S_i S_j} \cdot (S_i - S_j)^2, \tag{7.2.22}$$

所以有

$$\sum_{1 \leqslant i < j \leqslant n+1} \frac{a_{ij}^2}{r_i r_j} \geqslant$$

$$\left(n(n-1) + \frac{n}{n+1} \cdot \sum_{1 \leqslant i < j \leqslant n+1} \frac{1}{S_i S_j} \cdot (S_i - S_j)^2 \right)^2,$$

由 (7.1.5) 和

$$\sum_{1\leqslant i<j\leqslant n+1}(S_i-S_j)^2=(n+1)\cdot\sum_{i=1}^{n+1}(S_i-\overline{S_0})^2, \quad (7.2.23)$$

上式便可表为

$$\sum_{1\leqslant i<j\leqslant n+1}\frac{a_{ij}^2}{r_ir_j}\geqslant\left(n(n-1)+\frac{4n^2}{S^2}\cdot\sum_{i=1}^{n+1}(S_i-\overline{S_0})^2\right)^2, \quad (7.2.24)$$

由于

$$\begin{aligned}&\left(n(n-1)+\frac{4n^2}{S^2}\cdot\sum_{i=1}^{n+1}(S_i-\overline{S_0})^2\right)^2\\&=(n(n-1))^2+2n(n-1)\cdot\frac{4n^2}{S^2}\cdot\sum_{i=1}^{n+1}(S_i-\overline{S_0})^2\\&\quad+\left(\frac{4n^2}{S^2}\cdot\sum_{i=1}^{n+1}(S_i-\overline{S_0})^2\right)^2\\&\geqslant(n(n-1))^2+\frac{8n^3(n-1)}{S^2}\cdot\sum_{i=1}^{n+1}(S_i-\overline{S_0})^2,\end{aligned}$$

所以有

$$\sum_{1\leqslant i<j\leqslant n+1}\frac{a_{ij}^2}{r_ir_j}\geqslant$$

$$(n(n-1))^2+\frac{8n^3(n-1)}{S^2}\cdot\sum_{i=1}^{n+1}(S_i-\overline{S_0})^2, \quad (7.2.25)$$

当且仅当 $S_1=S_2=\cdots=S_{n+1}$ 时等号成立.

由 (7.2.25) 立即可得

$$\sum_{1\leqslant i<j\leqslant n+1}\frac{a_{ij}^2}{r_ir_j}\geqslant(n(n-1))^2, \quad (7.2.26)$$

当且仅当 $S_1 = S_2 = \cdots = S_{n+1}$ 时等号成立.

所以, 由 (7.2.25) 易知, 对于任意给定的 $\varepsilon \geqslant 0$, 当

$$\sum_{1 \leqslant i < j \leqslant n+1} \frac{a_{ij}^2}{r_i r_j} - (n(n-1))^2 \leqslant \varepsilon$$

时, 立即得到

$$\delta(\mathscr{A},\ \mathscr{A}_0)_e \leqslant \frac{S^2}{8n^3(n-1)} \cdot \varepsilon,$$

这样一来我们便证明了定理 1. □

由定理 1 我们知道, 有如下的结论成立:

推论 8 Janić 不等式 (7.2.1) 推广到 n 维欧氏空间 $\mathbf{E}^n$ 中单形 $\mathscr{A}$ 的情形时所得到的不等式 (7.2.26) 是稳定的.

定理 2 设 $\mathscr{A}$ 为 n 维欧氏空间 $\mathbf{E}^n$ 中的一个单形, 其顶点集为 $\{A_1, A_2, \cdots, A_{n+1}\}$, 顶点 A_i 所对的 $n-1$ 维界面上的中线为 m_i, 又 $\mathscr{A}$ 的棱长为 $|A_iA_j| = a_{ij}$, 记 $m = m_1 + m_2 + \cdots + m_{n+1}$, $\overline{m_0} = \frac{m}{n+1}$, 所有中线长均等于 $\overline{m_0}$ 时的单形记为 $\mathscr{A}_0$, 若令

$$\delta(\mathscr{A},\ \mathscr{A}_0)_m = \sum_{i=1}^{n+1} (m_i - \overline{m_0})^2,$$

则对于任意给定的 $\varepsilon \geqslant 0$, 当

$$\sum_{i=1}^{n+1} \frac{a_{ij}^2}{m_i m_j} - n^2 \leqslant \varepsilon \tag{7.2.27}$$

时, 有

$$\delta(\mathscr{A},\ \mathscr{A}_0)_m \leqslant \frac{n+1}{4n^3} \cdot m^2 \cdot \varepsilon. \tag{7.2.28}$$

证 在 (7.2.3) 中, 取 $\lambda_i = \frac{1}{m_i}$, 利用 $|GA_i| = \frac{n}{n+1} \cdot m_i$ 可得

$$\sum_{1 \leqslant i<j \leqslant n+1} \frac{a_{ij}^2}{m_i m_j} = \left(\frac{n}{n+1}\right)^2 \cdot \left(\sum_{i=1}^{n+1} \frac{1}{m_i}\right)\left(\sum_{i=1}^{n+1} m_i\right), \tag{7.2.29}$$

由 Lagrange 恒等式及 (7.1.5) 可得

$$\begin{aligned}
&\sum_{1 \leqslant i<j \leqslant n+1} \frac{a_{ij}^2}{m_i m_j} = \\
&\left(\frac{n}{n+1}\right)^2 \cdot \left((n+1)^2 + \sum_{1 \leqslant i<j \leqslant n+1} \frac{1}{m_i m_j} \cdot (m_i - m_j)^2\right) \\
&\geqslant n^2 + \frac{4n^3}{(n+1)^2 m^2} \cdot \sum_{1 \leqslant i<j \leqslant n+1} (m_i - m_j)^2 \\
&= n^2 + \frac{4n^3}{(n+1) m^2} \cdot \sum_{i=1}^{n+1} (m_i - \overline{m_0})^2,
\end{aligned}$$

即

$$\sum_{1 \leqslant i<j \leqslant n+1} \frac{a_{ij}^2}{m_i m_j} \geqslant n^2 + \frac{4n^3}{(n+1) \cdot m^2} \cdot \sum_{i=1}^{n+1} (m_i - \overline{m_0})^2, \tag{7.2.30}$$

当且仅当 $\mathscr{A}$ 的所有中线均相等时等号成立.

由此立即可知, 对于任意给定的非负数 ε, 当

$$\sum_{i=1}^{n+1} \frac{a_{ij}^2}{m_i m_j} - n^2 \leqslant \varepsilon$$

时, 有

$$\delta(\mathscr{A},\ \mathscr{A}_0)_m \leqslant \frac{n+1}{4n^3} \cdot m^2 \cdot \varepsilon,$$

由此知, 定理 2 得到证明. □

由 (7.2.30) 容易得到如下的:

推论 9　条件与定理 2 中的相同, 则有

$$\sum_{1\leqslant i<j\leqslant n+1}\frac{a_{ij}^2}{m_i m_j}\geqslant n^2, \tag{7.2.31}$$

当且仅当 $m_1=m_2=\cdots=m_{n+1}$ 时等号成立.

由定理 2 我们知道, 不等式 (7.2.31) 是稳定的. 而 (7.2.31) 正是张垚教授在文 [38] 中所提出的猜想.

下面我们来研究关于两个单形的一个几何不等式的稳定性问题, 为此设 $\mathscr{A}$ 与 $\mathscr{B}$ 为 n 维欧氏空间 $\mathbf{E}^n$ 中的两个单形, 它们的顶点集分别为 $\{A_1,A_2,\cdots,A_{n+1}\}$ 与 $\{B_1,B_2,\cdots,B_{n+1}\}$, 且 $|A_iA_j|=a_{ij}$, $|B_iB_j|=b_{ij}$, $|A_iB_j|=d_{ij}$, $\mathscr{A}$ 的顶点 A_i 所对的 $n-1$ 维界面的 $n-1$ 维体积为 S_i, 而 $\mathscr{B}$ 的顶点 B_i 所对的 $n-1$ 维界面的 $n-1$ 维体积为 F_i, 且 $S=\sum\limits_{i=1}^{n+1}S_i$, $F=\sum\limits_{i=1}^{n+1}F_i$, 再记 $\overline{S_0}=\frac{1}{n+1}\cdot S$, $\overline{F_0}=\frac{1}{n+1}\cdot F$, 相对于单形 $\mathscr{A}$ 的等面单形记为 $\mathscr{A}_0$, 而相对于单形 $\mathscr{B}$ 的等面单形记为 $\mathscr{B}_0$, $\delta_1(\mathscr{A},\ \mathscr{A}_0)_e=\sum\limits_{i=1}^{n+1}\left(S_i-\overline{S_0}\right)^2$, $\delta_2(\mathscr{B},\ \mathscr{B}_0)_e=\sum\limits_{i=1}^{n+1}\left(F_i-\overline{F_0}\right)^2$. 有了这些记号, 我们可以给出如下的定理.

定理 3　设 $\mathscr{A}$ 与 $\mathscr{B}$ 为 n 维欧氏空间 $\mathbf{E}^n$ 中的两个单形, 且 $\mathscr{A}$ 与 $\mathscr{B}$ 的顶点 A_i 与 B_i 所对的 $n-1$ 维界面的旁切球半径分别为 r_i 与 ρ_i, $\mathscr{A}$ 与 $\mathscr{B}$ 的 $n-1$

维表面积分别为 S 与 F, 则对于任意给定的 $\varepsilon \geqslant 0$, 当

$$\sum_{i=1}^{n+1}\sum_{j=1}^{n+1}\frac{d_{ij}^2}{r_i\rho_j}-2(n(n-1))^2\leqslant\varepsilon \tag{7.2.32}$$

时, 有

$$\delta_1(\mathscr{A},\ \mathscr{A}_0)_e\cdot\delta_2(\mathscr{B},\ \mathscr{B}_0)_e\leqslant\left(\frac{SF}{16n^3(n-1)}\right)^2\cdot\varepsilon^2. \tag{7.2.33}$$

证 若在 (7.2.13) 中取 $\lambda_i=\frac{1}{r_i}$, $\lambda_j'=\frac{1}{\rho_j}$, 并且设 $\mathscr{A}$ 与 $\mathscr{B}$ 的内切球半径分别为 r 与 ρ, 则有

$$\sum_{i=1}^{n+1}\frac{1}{r_i}=\frac{n-1}{r},\quad \sum_{i=1}^{n+1}\frac{1}{\rho_i}=\frac{n-1}{\rho},$$

故有

$$\begin{aligned}
&\sum_{i=1}^{n+1}\sum_{j=1}^{n+1}\frac{d_{ij}^2}{r_i\rho_j}\\
&\geqslant\frac{r}{\rho}\cdot\sum_{j=1}^{n+1}\frac{a_{ij}^2}{r_ir_j}+\frac{\rho}{r}\cdot\sum_{j=1}^{n+1}\frac{b_{ij}^2}{\rho_i\rho_j}\\
&\geqslant\frac{r}{\rho}\cdot\left((n(n-1))^2+\frac{8n^3(n-1)}{S^2}\cdot\sum_{i=1}^{n+1}\left(S_i-\overline{S_0}\right)^2\right)\\
&\quad+\frac{\rho}{r}\cdot\left((n(n-1))^2+\frac{8n^3(n-1)}{F^2}\cdot\sum_{i=1}^{n+1}\left(F_i-\overline{F_0}\right)^2\right)\\
&=\left(\frac{r}{\rho}+\frac{\rho}{r}\right)\cdot(n(n-1))^2+8n^3(n-1)\\
&\quad\times\left(\frac{r}{\rho}\cdot\frac{1}{S^2}\cdot\delta_1(\mathscr{A},\ \mathscr{A}_0)_e+\frac{\rho}{r}\cdot\frac{1}{F^2}\cdot\delta_2(\mathscr{B},\ \mathscr{B}_0)_e\right)\\
&\geqslant 2(n(n-1))^2+
\end{aligned}$$

$$+\frac{16n^3(n-1)}{SF}\cdot\sqrt{\delta_1(\mathscr{A},\ \mathscr{A}_0)_e\cdot\delta_2(\mathscr{B},\ \mathscr{B}_0)_e}\,,$$

即

$$\sum_{i=1}^{n+1}\sum_{j=1}^{n+1}\frac{d_{ij}^2}{r_i\rho_j}\geqslant 2(n(n-1))^2$$

$$+\frac{16n^3(n-1)}{SF}\cdot\sqrt{\delta_1(\mathscr{A},\ \mathscr{A}_0)_e\cdot\delta_2(\mathscr{B},\ \mathscr{B}_0)_e}\,,\quad(7.2.34)$$

由此可得

$$\sum_{i=1}^{n+1}\sum_{j=1}^{n+1}\frac{d_{ij}^2}{r_i\rho_j}\geqslant 2(n(n-1))^2,\qquad(7.2.35)$$

其实, (7.2.34) 也可表示为

$$\frac{16n^3(n-1)}{SF}\cdot\sqrt{\delta_1(\mathscr{A},\ \mathscr{A}_0)_e\cdot\delta_2(\mathscr{B},\ \mathscr{B}_0)_e}$$
$$\leqslant\sum_{i=1}^{n+1}\sum_{j=1}^{n+1}\frac{d_{ij}^2}{r_i\rho_j}-2(n(n-1))^2,$$

所以, 当

$$\sum_{i=1}^{n+1}\sum_{j=1}^{n+1}\frac{d_{ij}^2}{r_i\rho_j}-2(n(n-1))^2\leqslant\varepsilon$$

时, 有

$$\delta_1(\mathscr{A},\ \mathscr{A}_0)_e\cdot\delta_2(\mathscr{B},\ \mathscr{B}_0)_e\leqslant\left(\frac{SF}{16n^3(n-1)}\right)^2\cdot\varepsilon^2,$$

由上述的证明可以看出, 定理 3 已得到证明. □

不难看出, 在定理 3 中, 当 $\mathscr{B}\cong\mathscr{A}$ 时, 此时定理 3 中的内容实际上就是定理 1 中的内容.

§7.3 一个内切球半径不等式的稳定性

前两节我们所讨论的内容大多是涉及旁切球或内切球半径的几何不等式的稳定性, 这一节我们将讨论 n 维单形的内切球半径以及该单形的所有 $n-1$ 维子单形的内切球半径的一个几何不等式的稳定性.

设 $\mathscr{A}$ 为 n 维欧氏空间 $\mathbf{E}^n$ 中的单形, 其顶点集为 $\{A_1, A_2, \cdots, A_{n+1}\}$, r 是 $\mathscr{A}$ 的内切球半径, r_i 为 $\mathscr{A}$ 的顶点 A_i 所对的 $n-1$ 维界面的内切球半径, 冷岗松教授与唐立华老师在文 [39] 中给出了如下的一个几何不等式

$$\frac{n-1}{r^2} \geqslant \sum_{i=1}^{n+1} \frac{1}{r_i^2}, \tag{7.3.1}$$

当且仅当 $\mathscr{A}$ 是正则单形时等号成立.

为了研究 (7.3.1) 的稳定性, 首先给出如下的记号:

设 $\{A_1, A_2, \cdots, A_{n+1}\}$ 为 n 维欧氏空间 $\mathbf{E}^n$ 中单形 $\mathscr{A}$ 的顶点集, 顶点 A_i 与顶点 A_j 所对的二 $n-1$ 维界面所夹的内二面角为 θ_{ij}, 记

$$\sin\theta_{0i} = \frac{1}{n}\cdot\sum_{\substack{j=1\\ j\neq i}}^{n+1}\sin\theta_{ij}, \overline{\sin\theta_0} = \frac{2}{n(n+1)}\cdot\sum_{1\leqslant i<j\leqslant n+1}\sin\theta_{ij},$$

$$\cos\theta_{0i} = \frac{1}{n}\cdot\sum_{\substack{j=1\\ j\neq i}}^{n+1}\cos\theta_{ij}, \overline{\cos\theta_0} = \frac{2}{n(n+1)}\cdot\sum_{1\leqslant i<j\leqslant n+1}\cos\theta_{ij}.$$

下面再给出关于等正弦与等余弦单形的概念:

定义 1 设 $\{A_1, A_2, \cdots, A_{n+1}\}$ 为 n 维欧氏空间 $\mathbf{E}^n$ 中单形 $\mathscr{A}$ 的顶点集, 顶点 A_i 与顶点 A_j 所对的

二 $n-1$ 维界面所夹的内二面角为 θ_{ij}, 令

$$\theta_0=\arcsin\left(\frac{2}{n(n+1)}\cdot\sum_{1\leqslant i<j\leqslant n+1}\sin\theta_{ij}\right),$$

又 $\mathscr{A}_s$ 是所有内二面角都等于 θ_0 的单形, 则称 $\mathscr{A}_s$ 为等二面角正弦单形, 或简称等正弦单形, 并且称

$$\delta(\mathscr{A},\ \mathscr{A}_s)=\sum_{i=1}^{n+1}\left(\sin\theta_{0i}-\overline{\sin\theta_0}\right)^2$$

为单形 $\mathscr{A}$ 与等正弦单形 $\mathscr{A}_s$ 的偏差度量, 或简称偏等正弦度量.

定义 2 设 $\{A_1,A_2,\cdots,A_{n+1}\}$ 为 n 维欧氏空间 $\mathbf{E}^n$ 中单形 $\mathscr{A}$ 的顶点集, 顶点 A_i 与顶点 A_j 所对的二 $n-1$ 维界面所夹的内二面角为 θ_{ij}, 令

$$\theta_0=\arccos\left(\frac{2}{n(n+1)}\cdot\sum_{1\leqslant i<j\leqslant n+1}\cos\theta_{ij}\right),$$

又 $\mathscr{A}_c$ 是所有内二面角都等于 θ_0 的单形, 则称 $\mathscr{A}_c$ 为等二面角余弦单形, 或简称等余弦单形, 并且称

$$\delta(\mathscr{A},\ \mathscr{A}_c)=\sum_{i=1}^{n+1}\left(\cos\theta_{0i}-\overline{\cos\theta_0}\right)^2$$

为单形 $\mathscr{A}$ 与等余弦单形 $\mathscr{A}_c$ 的偏差度量, 或简称偏等余弦度量.

定理 1 设 $\{A_1,A_2,\cdots,A_{n+1}\}$ 为 n 维欧氏空间 $\mathbf{E}^n$ 中单形 $\mathscr{A}$ 的顶点集, 顶点 A_i 所对 $n-1$ 维界面上的高为 h_i, 记 $h=\sum\limits_{i=1}^{n+1}h_i$, 则对于任意给定的 $\varepsilon\geqslant 0$, 当

$$\frac{n-1}{r^2}-\sum_{i=1}^{n+1}\frac{1}{r_i^2}\leqslant\varepsilon \tag{7.3.2}$$

时, 有

$$\delta(\mathscr{A},\ \mathscr{A}_s) \leqslant \frac{h^2}{4(n-1)(n+1)^2} \cdot \varepsilon. \tag{7.3.3}$$

证 设由单形 $\mathscr{A}$ 的 $n-1$ 个顶点所构成的顶点集为 $\{A_1, \cdots, A_{i-1}, A_{i+1}, \cdots, A_{j-1}, A_{j+1}, \cdots, A_{n+1}\}$, 且该顶点集所支撑的 $n-2$ 维子单形的体积为 S_{ij}, 又顶点 A_i 所对的 $n-1$ 维界面的 $n-1$ 维体积为 S_i, r_i 表示 S_i 的旁切球半径, r 为 $\mathscr{A}$ 的内切球半径, 记 $S_{i0} = \sum\limits_{\substack{j=1\\j\neq i}}^{n+1} S_{ij}$, $S = \sum\limits_{i=1}^{n+1} S_i$, 若再设 V 为单形 $\mathscr{A}$ 的 n 维体积, 则有 $nV = Sr$, $(n-1)S_i = S_{i0}r_i$, 因此, 由 (1.3.11) 可得

$$nV \cdot \sum_{\substack{j=1\\j\neq i}}^{n+1} S_{ij} = (n-1)S_i \cdot \sum_{\substack{j=1\\j\neq i}}^{n+1} S_j \sin\theta_{ij},$$

即

$$nV \cdot S_{i0} = (n-1)S_i \cdot \sum_{\substack{j=1\\j\neq i}}^{n+1} \sqrt{S_j^2(1-\cos^2\theta_{ij})},$$

故利用 $(n-1)S_i = S_{i0}r_i$ 可得

$$\frac{nV}{r_i} = \sum_{\substack{j=1\\j\neq i}}^{n+1} \sqrt{S_j^2(1-\cos^2\theta_{ij})},$$

上式也可以表示为

$$\frac{nV}{r_i} = \sum_{\substack{j=1\\j\neq i}}^{n+1} \sqrt{(S_j + S_j\cos\theta_{ij})(S_j - S_j\cos\theta_{ij})}, \tag{7.3.4}$$

若记

$$\varphi_i = \sum_{\substack{1\leqslant j<k\leqslant n+1 \\ j,k\neq i}} S_j S_k \left(\sqrt{(1+\cos\theta_{ij})(1-\cos\theta_{ik})}\right.$$
$$\left.-\sqrt{(1+\cos\theta_{ik})(1-\cos\theta_{ij})}\right)^2,$$

则将 (7.3.4) 的两端平方并由 Lagrange 恒等式 (7.1.9), 再注意到一个熟知的几何事实 $S_i = \sum\limits_{\substack{j=1 \\ j\neq i}}^{n+1} S_j \cos\theta_{ij}$ 便可得

$$\left(\frac{nV}{r_i}\right)^2 = S(S-2S_i) - \varphi_i, \tag{7.3.5}$$

由于

$$\left(\sqrt{(1+\cos\theta_{ij})(1-\cos\theta_{ik})}\right.$$
$$\left.-\sqrt{(1+\cos\theta_{ik})(1-\cos\theta_{ij})}\right)^2$$
$$= (\cos\theta_{ij}-\cos\theta_{ik})^2 + (\sin\theta_{ij}-\sin\theta_{ik})^2,$$

所以有

$$\varphi_i \geqslant \sum_{\substack{1\leqslant j<k\leqslant n+1 \\ j,k\neq i}} S_j S_k (\sin\theta_{ij}-\sin\theta_{ik})^2, \tag{7.3.6}$$

$$\varphi_i \geqslant \sum_{\substack{1\leqslant j<k\leqslant n+1 \\ j,k\neq i}} S_j S_k (\cos\theta_{ij}-\cos\theta_{ik})^2, \tag{7.3.7}$$

当且仅当 $\mathscr{A}$ 的所有内二面角均相等时 (7.3.6) 与 (7.3.7) 中的等号成立.

实际上, (7.3.5) 也可以表示为

$$\frac{S(S-2S_i)}{(nV)^2}=\frac{1}{r_i^2}+\frac{1}{(nV)^2}\cdot\varphi_i, \tag{7.3.8}$$

故若将 (7.3.6) 代入 (7.3.8) 内便可得

$$\frac{S(S-2S_i)}{(nV)^2}\geqslant\frac{1}{r_i^2}+$$

$$\frac{1}{(nV)^2}\cdot\sum_{\substack{1\leqslant j<k\leqslant n+1\\ j,k\neq i}}S_jS_k(\sin\theta_{ij}-\sin\theta_{ik})^2, \tag{7.3.9}$$

对 (7.3.9) 的两端关于 i 进行求和, 并利用等式 $nV=Sr$ 以及 $nV=S_ih_i$ 便可得到

$$\frac{n-1}{r^2}\geqslant\sum_{i=1}^{n+1}\frac{1}{r_i^2}+\sum_{i=1}^{n+1}\sum_{\substack{1\leqslant j<k\leqslant n+1\\ j,k\neq i}}\frac{1}{h_jh_k}\cdot(\sin\theta_{ij}-\sin\theta_{ik})^2, \tag{7.3.10}$$

易知有

$$\begin{aligned}
&\sum_{i=1}^{n+1}\sum_{\substack{1\leqslant j<k\leqslant n+1\\ j,k\neq i}}\frac{1}{h_jh_k}\cdot(\sin\theta_{ij}-\sin\theta_{ik})^2\\
\geqslant&\sum_{i=1}^{n+1}\sum_{\substack{1\leqslant j<k\leqslant n+1\\ j,k\neq i}}\frac{4}{(h_j+h_k)^2}\cdot(\sin\theta_{ij}-\sin\theta_{ik})^2\\
\geqslant&\sum_{i=1}^{n+1}\frac{4}{(h-h_i)^2}\cdot\sum_{\substack{1\leqslant j<k\leqslant n+1\\ j,k\neq i}}(\sin\theta_{ij}-\sin\theta_{ik})^2,
\end{aligned}$$

所以有

$$\begin{aligned}
&\sum_{i=1}^{n+1}\sum_{\substack{1\leqslant j<k\leqslant n+1\\ j,k\neq i}}\frac{1}{h_jh_k}\cdot(\sin\theta_{ij}-\sin\theta_{ik})^2\\
\geqslant&\ \frac{2n}{h^2}\cdot\sum_{i=1}^{n+1}\sum_{\substack{j=1\\ j\neq i}}^{n+1}\left(\sin\theta_{ij}-\frac{1}{n}\cdot\sum_{\substack{k=1\\ k\neq i}}^{n+1}\sin\theta_{ik}\right)^2\\
=&\ \frac{2n}{h^2}\cdot\sum_{i=1}^{n+1}\sum_{\substack{j=1\\ j\neq i}}^{n+1}(\sin\theta_{ij}-\sin\theta_{i0})^2\\
=&\ \frac{2n}{h^2}\cdot\sum_{j=1}^{n+1}\sum_{\substack{i=1\\ i\neq j}}^{n+1}(\sin\theta_{ij}-\sin\theta_{i0})^2\\
\geqslant&\ \frac{2}{h^2}\cdot\sum_{j=1}^{n+1}\left(\sum_{\substack{i=1\\ i\neq j}}^{n+1}\sin\theta_{ij}-\sum_{\substack{i=1\\ i\neq j}}^{n+1}\sin\theta_{i0}\right)^2\\
=&\ \frac{2}{h^2}\cdot\sum_{j=1}^{n+1}\left(n\cdot\sin\theta_{0j}-n\cdot\left(\overline{\sin\theta_{i0}}\right)_{i\neq j}\right)^2,
\end{aligned}$$

这里由于 $\sin\theta_{j0}=\sin\theta_{0j}$, 故

$$\begin{aligned}
n\cdot\left(\overline{\sin\theta_{i0}}\right)_{i\neq j}&=\sum_{i=1}^{n+1}\sin\theta_{i0}-\sin\theta_{j0}\\
&=\frac{1}{n}\cdot\sum_{i=1}^{n+1}\sum_{\substack{j=1\\ j\neq i}}^{n+1}\sin\theta_{ij}-\sin\theta_{j0}\\
&=\frac{2}{n}\cdot\sum_{1\leqslant i<j\leqslant n+1}\sin\theta_{ij}-\sin\theta_{j0}\\
&=(n+1)\cdot\overline{\sin\theta_0}-\sin\theta_{0j},
\end{aligned}$$

即

$$n\cdot\left(\overline{\sin\theta_{i0}}\right)_{i\neq j}=(n+1)\cdot\overline{\sin\theta_0}-\sin\theta_{0j},\qquad(7.3.11)$$

由此可得

$$\sum_{i=1}^{n+1}\sum_{\substack{1\leqslant j<k\leqslant n+1\\ j,k\neq i}}\frac{1}{h_jh_k}\cdot(\sin\theta_{ij}-\sin\theta_{ik})^2$$

$$\geqslant\frac{2(n+1)^2}{h^2}\cdot\sum_{j=1}^{n+1}\left(\sin\theta_{0j}-\overline{\sin\theta_0}\right)^2,\qquad(7.3.12)$$

将 (7.3.12) 代入 (7.3.10) 内可得

$$\frac{n-1}{r^2}\geqslant\sum_{i=1}^{n+1}\frac{1}{r_i^2}+\frac{2(n+1)^2}{h^2}\cdot\sum_{j=1}^{n+1}\left(\sin\theta_{0j}-\overline{\sin\theta_0}\right)^2,\qquad(7.3.13)$$

所以, 由 (7.3.13) 可知, 对于任意给定的 $\varepsilon\geqslant 0$, 当 $\frac{n-1}{r^2}-\sum_{i=1}^{n+1}\frac{1}{r_i^2}\leqslant\varepsilon$ 时, 有 $\delta(\mathscr{A},\ \mathscr{A}_s)\leqslant\frac{h^2}{4(n-1)(n+1)^2}\cdot\varepsilon$, 即不等式 (7.3.1) 是稳定的, 所以定理 1 便得到了证明. □

推论 1 在定理 1 的条件下, 若设 m_i 为 $\mathscr{A}$ 的顶点 A_i 到它所对的 $n-1$ 维界面的重心 G_i 的线段 (即 $\mathscr{A}$ 的顶点 A_i 的重心线或叫作中线), 并且记 $m_1+m_2+\cdots+m_{n+1}=m$, 则有

$$\frac{n-1}{r^2}\geqslant\sum_{i=1}^{n+1}\frac{1}{r_i^2}+\frac{2(n+1)^2}{m^2}\cdot\sum_{j=1}^{n+1}\left(\sin\theta_{0j}-\overline{\sin\theta_0}\right)^2.\qquad(7.3.14)$$

若令

$$P_k=\left(\frac{1}{\binom{n+1}{k}}\cdot\sum\sum_{1\leqslant i_1<i_2<\cdots<i_k\leqslant n+1}\cdots\sum\frac{1}{r_{i_1}^2r_{i_2}^2\cdots r_{i_k}^2}\right)^{\frac{1}{k}},$$

$$(1 \leqslant k \leqslant n+1),$$

则由 (2.1.5) 与定理 1 可得:

推论 2 在定理 1 的条件下, 则有

$$\frac{n-1}{r^2} \geqslant (n+1) \cdot P_k + \frac{2(n+1)^2}{h^2} \cdot \sum_{j=1}^{n+1} \left(\sin\theta_{0j} - \overline{\sin\theta_0}\right)^2. \tag{7.3.15}$$

特别的是, 在 (7.3.15) 中, 当 $k=n+1$ 时, 有

$$\frac{n-1}{r^2} \geqslant \frac{n+1}{\left(\prod_{i=1}^{n+1} r_i\right)^{\frac{2}{n+1}}} + \frac{2(n+1)^2}{h^2} \cdot \sum_{j=1}^{n+1} \left(\sin\theta_{0j} - \overline{\sin\theta_0}\right)^2, \tag{7.3.16}$$

(7.3.16) 说明了不等式

$$\left(\prod_{i=1}^{n+1} r_i\right)^{\frac{1}{n+1}} \geqslant \sqrt{\frac{n+1}{n-1}} \cdot r, \tag{7.3.17}$$

经过变形后是稳定的.

利用证明定理 1 的方法可以证得如下的结论:

定理 2 在定理 1 的条件下, 则对于任意给定的 $\varepsilon \geqslant 0$, 当

$$\frac{n-1}{r^2} - \sum_{i=1}^{n+1} \frac{1}{r_i^2} \leqslant \varepsilon \tag{7.3.18}$$

时, 有

$$\delta(\mathscr{A},\ \mathscr{A}_c) \leqslant \frac{h^2}{2(n+1)^2} \cdot \varepsilon. \tag{7.3.19}$$

实际上, (7.3.18) 与 (7.3.19) 也可以表示为

$$\frac{n-1}{r^2} \geqslant \sum_{i=1}^{n+1} \frac{1}{r_i^2} + \frac{2(n+1)^2}{h^2} \cdot \sum_{j=1}^{n+1} \left(\cos\theta_{0j} - \overline{\cos\theta_0}\right)^2. \tag{7.3.20}$$

推论 3 条件与推论 2 中的相同, 设 m 为 $\mathscr{A}$ 的所有中线长的和, 则有

$$\frac{n-1}{r^2} \geqslant \sum_{i=1}^{n+1} \frac{1}{r_i^2} + \frac{2(n+1)^2}{m^2} \cdot \sum_{j=1}^{n+1} \left(\cos\theta_{0j} - \overline{\cos\theta_0}\right)^2, \tag{7.3.21}$$

由 (7.3.20) 可以得到如下的结论:

推论 4 条件与推论 2 中的相同, 则有

$$\frac{n-1}{r^2} \geqslant (n+1) \cdot P_k + \frac{2(n+1)^2}{h^2} \cdot \sum_{j=1}^{n+1} \left(\cos\theta_{0j} - \overline{\cos\theta_0}\right)^2. \tag{7.3.22}$$

另外, 我们还可以给出如下更为一般的结论:

推论 5 设 $B_1, B_2, \cdots, B_{n+1}$ 分别为单形 $\mathscr{A}$ 的顶点 $A_1, A_2, \cdots, A_{n+1}$ 所对的 $n-1$ 维界面上的点, 若记 $|A_iB_i| = l_i$, 且 $l = \sum\limits_{i=1}^{n+1} l_i$, 则对于任意给定的非负数 ε, 当

$$\frac{n-1}{r^2} - \sum_{i=1}^{n+1} \frac{1}{r_i^2} \leqslant \varepsilon \tag{7.3.23}$$

时, 有

$$\delta(\mathscr{A}, \mathscr{A}_c) \leqslant \frac{l^2}{2(n-1)(n+1)^2} \cdot \varepsilon. \tag{7.3.24}$$

§7.4 与高线相关的一类几何不等式的稳定性

设 a, b, c 为 $\triangle ABC$ 的三条边, h_a, h_b, h_c 分别为三边 a, b, c 上的高, 又 S 为 $\triangle ABC$ 的面积, 则有

$$a(-h_a+h_b+h_c)+b(h_a-h_b+h_c)+c(h_a+h_b-h_c) \geqslant 6S, \tag{7.4.1}$$

当且仅当 $\triangle ABC$ 为正三角形时等号成立.

实际上, 若设 $\lambda,\ \mu>0$, 则 (7.4.1) 可以推广为

$$(h_a,\ h_b,\ h_c)\begin{pmatrix} -\mu & \lambda & \lambda \\ \lambda & -\mu & \lambda \\ \lambda & \lambda & -\mu \end{pmatrix}\begin{pmatrix} a \\ b \\ c \end{pmatrix} \geqslant 6(2\lambda-\mu)S, \tag{7.4.2}$$

当且仅当 $\triangle ABC$ 为正三角形时等号成立.

我们可以证明不等式 (7.4.1) 是稳定的, 同样也可以证明不等式 (7.4.2) 是稳定的, 本节我们将进一步证明 (7.4.2) 在 n 维欧氏空间 $\mathbf{E}^n$ 中单形 $\mathscr{A}$ 的情形也具有稳定性.

定理 1 设 $\mathscr{A}$ 为 n 维欧氏空间 $\mathbf{E}^n$ 中的单形, $\mathscr{A}$ 的顶点 A_i 所对的 $n-1$ 维界面的 $n-1$ 维体积为 S_i, 且该界面上的高为 h_i, λ 与 μ 均为正实数, 又 $\alpha\geqslant 1$, 令

$$H=\left(h_1^\alpha,\ h_2^\alpha,\ \cdots,\ h_{n+1}^\alpha\right),\quad W=\left(S_1^\alpha,\ S_2^\alpha,\ \cdots,\ S_{n+1}^\alpha\right),$$

$$\Lambda=\begin{pmatrix} -\mu & \lambda & \cdots & \lambda \\ \lambda & -\mu & \cdots & \lambda \\ \cdots & \cdots & \cdots & \cdots \\ \lambda & \lambda & \cdots & -\mu \end{pmatrix},$$

若 W^τ 表示 W的转置, 则对于任意给定的 $\varepsilon\geqslant 0$, 当

$$H\Lambda W^\tau-(n+1)(n\lambda-(\lambda+\mu))\cdot(nV)^\alpha\leqslant\varepsilon \tag{7.4.3}$$

时, 有

$$\delta(\mathscr{A},\ \mathscr{A}_0)_e\leqslant\frac{S^2}{8nV}\cdot\left(\frac{2}{n(n+1)\lambda}\right)^{\frac{1}{\alpha}}\cdot\varepsilon^{\frac{1}{\alpha}}. \tag{7.4.4}$$

证 如下记 $\varphi(V)=(n+1)(n\lambda-\mu)\cdot(nV)^{\alpha}$, 并且利用单形的体积公式及 Lagrange 恒等式 (7.1.9) 以及不等式 (7.1.28) 与凸函数的 Jensen 不等式可得

$$
\begin{aligned}
& H\Lambda W^{\tau} \\
&= \sum_{i=1}^{n+1} S_i^{\alpha}\left(\lambda\cdot\sum_{j=1}^{n+1} h_j^{\alpha}-(\lambda+\mu)\cdot h_i^{\alpha}\right) \\
&= \lambda\cdot\left(\sum_{i=1}^{n+1} S_i^{\alpha}\right)\left(\sum_{i=1}^{n+1} h_i^{\alpha}\right)-(\lambda+\mu)\cdot\sum_{i=1}^{n+1}(S_ih_i)^{\alpha} \\
&= \lambda\cdot\left(\sum_{i=1}^{n+1}(S_ih_i)^{\alpha/2}\right)^2-(n+1)(\lambda+\mu)(nV)^{\alpha} \\
&\quad +\lambda\cdot\sum_{1\leqslant i<j\leqslant n+1}\left((S_ih_j)^{\frac{\alpha}{2}}-(S_jh_i)^{\frac{\alpha}{2}}\right)^2 \\
&= \varphi(V)+\lambda\cdot(nV)^{\alpha}\cdot\sum_{1\leqslant i<j\leqslant n+1}\left(\frac{1}{S_iS_j}\cdot(S_i-S_j)^2\right)^{\alpha} \\
&\geqslant \varphi(V)+\frac{\lambda\cdot(nV)^{\alpha}}{\left(\frac{n(n+1)}{2}\right)^{\alpha-1}}\cdot\left(\sum_{1\leqslant i<j\leqslant n+1}\frac{(S_i-S_j)^2}{S_iS_j}\right)^{\alpha} \\
&\geqslant \varphi(V)+\frac{\lambda\cdot(4n)^{\alpha}(nV)^{\alpha}}{\left(\frac{n(n+1)}{2}\right)^{\alpha-1}\cdot S^{2\alpha}}\cdot\left(\sum_{1\leqslant i<j\leqslant n+1}(S_i-S_j)^2\right)^{\alpha} \\
&= \varphi(V)+\frac{\lambda\cdot(4n)^{\alpha}(n+1)^{\alpha}(nV)^{\alpha}}{\left(\frac{n(n+1)}{2}\right)^{\alpha-1}\cdot S^{2\alpha}}\cdot\left(\sum_{i=1}^{n+1}\left(S_i-\overline{S_0}\right)^2\right)^{\alpha},
\end{aligned}
$$

即

$$
\sum_{i=1}^{n+1} S_i^{\alpha}\left(\lambda\cdot\sum_{j=1}^{n+1} h_j^{\alpha}-(\lambda+\mu)\cdot h_i^{\alpha}\right)-\varphi(V)\geqslant
$$

$$\geqslant \frac{\lambda \cdot n(n+1) \cdot 2^{3\alpha-1} \cdot (nV)^{\alpha}}{S^{2\alpha}} \cdot \left(\sum_{i=1}^{n+1} \left(S_i - \overline{S_0}\right)^2\right)^{\alpha}, \tag{7.4.5}$$

当且仅当 $\mathscr{A}$ 为等面单形时等号成立.

由 (7.4.5) 立即可得

$$\sum_{i=1}^{n+1} S_i^{\alpha} \left(\lambda \cdot \sum_{j=1}^{n+1} h_j^{\alpha} - (\lambda+\mu) \cdot h_i^{\alpha}\right)$$

$$\geqslant (n+1)(n\lambda-\mu) \cdot (nV)^{\alpha}, \tag{7.4.6}$$

当且仅当 $\mathscr{A}$ 为等面单形时等号成立.

由不等式 (7.4.5) 可知, 对于任意给定的非负数 ε, 当不等式 (7.4.6) 的亏量 $D \leqslant \varepsilon$ 时, 便有

$$\delta(\mathscr{A},\ \mathscr{A}_0)_e \leqslant \frac{S^2}{8nV} \cdot \left(\frac{2}{n(n+1)\cdot\lambda}\right)^{\frac{1}{\alpha}} \cdot \varepsilon^{\frac{1}{\alpha}},$$

此也即说明了不等式 (7.4.6) 是稳定的. □

推论 1 设 r 为 $\mathscr{A}$ 的内切球半径, 其余的条件与定理 1 中的相同, 若记 $\varphi(V) = (n+1)(n\lambda-\mu)\cdot(nV)^{\alpha}$, 则有

$$\sum_{i=1}^{n+1} S_i^{\alpha} \left(\lambda \cdot \sum_{j=1}^{n+1} h_j^{\alpha} - (\lambda+\mu) \cdot h_i^{\alpha}\right) - \varphi(V)$$

$$\geqslant \frac{\lambda \cdot n(n+1) \cdot 2^{3\alpha-1} \cdot r^{\alpha}}{S^{\alpha}} \cdot \left(\sum_{i=1}^{n+1} \left(S_i - \overline{S_0}\right)^2\right)^{\alpha}, \tag{7.4.7}$$

当且仅当 $\mathscr{A}$ 为等面单形时等号成立.

如果令 $M = \left(m_1^{\alpha},\ m_2^{\alpha},\ \cdots,\ m_{n+1}^{\alpha}\right)$, 由于矩阵 Λ

是对称的, 则有

$$\begin{aligned}M\Lambda W^{\tau} &= W\Lambda M^{\tau}\\ &= \sum_{i=1}^{n+1} m_i^{\alpha}\left(\lambda\cdot\sum_{j=1}^{n+1} S_j^{\alpha}-(\lambda+\mu)\cdot S_i^{\alpha}\right),\end{aligned}$$

为了利用定理 1, 这里需要将中线 m_i 缩小为高线 h_i, 所以就必须使得

$$\lambda\cdot\sum_{j=1}^{n+1} S_j^{\alpha}-(\lambda+\mu)\cdot S_i^{\alpha}>0,$$

但是在一般情况下这一条件是保证不了的, 因此这里我们取 $\alpha=1$ 与 $\lambda=\mu=1$, 在此情况下, 我们可以得到如下的结论:

推论 2 设 $m_1,\ m_2,\ \cdots,\ m_{n+1}$ 为单形 $\mathscr{A}$ 的 $n+1$ 条中线, 其余条件与定理 1 中的相同, 则有

$$\begin{aligned}&\sum_{i=1}^{n+1} S_i\left(\sum_{j=1}^{n+1} m_j-2m_i\right)\geqslant n(n^2-1)\cdot V\\ &\quad+\frac{4n^2(n+1)V}{S^2}\cdot\sum_{i=1}^{n+1}\left(S_i-\overline{S_0}\right)^2,\end{aligned}\tag{7.4.8}$$

当且仅当 $\mathscr{A}$ 为等面单形且 $m_i=h_i\ (1\leqslant i\leqslant n+1)$ 时等号成立.

当然 (7.4.8) 也可以表示为与 (7.4.7) 含有单形 $\mathscr{A}$ 的内切球半径 r 那样, 即:

推论 3 设 $m_1,\ m_2,\ \cdots,\ m_{n+1}$ 为单形 $\mathscr{A}$ 的 $n+1$ 条中线, 设 r 为 $\mathscr{A}$ 的内切球半径, 其余的条件与定理

1 中的相同, 则有

$$\sum_{i=1}^{n+1} S_i \left(\sum_{j=1}^{n+1} m_j - 2m_i\right) \geqslant n(n^2-1)\cdot V$$

$$+\frac{4n(n+1)\cdot r}{S}\cdot\sum_{i=1}^{n+1}\left(S_i-\overline{S_0}\right)^2, \qquad (7.4.9)$$

当且仅当 $\mathscr{A}$ 为等面单形且 $m_i = h_i\ (1 \leqslant i \leqslant n+1)$ 时等号成立.

由 (7.4.8) 或 (7.4.9) 易知, 不等式

$$\sum_{i=1}^{n+1} S_i \left(\sum_{j=1}^{n+1} m_j - 2m_i\right) \geqslant n(n^2-1)\cdot V, \qquad (7.4.10)$$

是稳定的.

实际上, 由推论 2 或推论 3 可得如下的结论:

推论 4 设 A_i 为单形 $\mathscr{A}$ 的顶点, B_i 为 A_i 所对的 $n-1$ 维界面上的任意一点, 若记 $|A_iB_i| = l_i$, 则有

$$\sum_{i=1}^{n+1} S_i \left(\sum_{j=1}^{n+1} l_j - 2l_i\right) \geqslant n(n^2-1)\cdot V$$

$$+\frac{4n(n+1)\cdot r}{S}\cdot\sum_{i=1}^{n+1}\left(S_i-\overline{S_0}\right)^2, \qquad (7.4.11)$$

当且仅当 $\mathscr{A}$ 为等面单形且 $l_i = h_i\ (1 \leqslant i \leqslant n+1)$ 时等号成立.

定理 2 设 $\mathscr{A}$ 与 $\mathscr{B}$ 为 n 维欧氏空间 $\mathbf{E}^n$ 中的两个单形, 且它们的 n 维体积分别为 V_1 与 V_2, $\mathscr{A}$ 的顶点 A_i 所对的 $n-1$ 维界面的 $n-1$ 维体积为 S_i, 且相应的该界面上的高为 h_i, $\mathscr{B}$ 的顶点 B_i 所对的 $n-1$

维界面的 $n-1$ 维体积为 F_i, 相应的该界面上的高为 d_i, λ 与 μ 均为正实数, $\alpha \geqslant 1$, 则有

$$\sum_{i=1}^{n+1} \frac{S_i^\alpha}{F_i^\alpha}\left(\lambda \cdot \sum_{j=1}^{n+1} \frac{h_j^\alpha}{d_j^\alpha}-(\lambda+\mu) \cdot \frac{h_i^\alpha}{d_i^\alpha}\right)-(n+1)(n\lambda-\mu) \cdot \frac{V_1^\alpha}{V_2^\alpha}$$

$$\geqslant\left(\frac{2}{n(n+1)}\right)^{\alpha-1} \cdot \frac{(4n)^\alpha \cdot \lambda}{\left(\sum\limits_{i=1}^{n+1} \frac{S_i}{F_i}\right)^{2\alpha}} \cdot \frac{V_1^\alpha}{V_2^\alpha}$$

$$\times\left[\sum_{1 \leqslant i<j \leqslant n+1}\left(\frac{S_i}{F_i}-\frac{S_j}{F_j}\right)^2\right]^\alpha, \tag{7.4.12}$$

当且仅当 $\frac{S_1}{F_1}=\frac{S_2}{F_2}=\cdots=\frac{S_{n+1}}{F_{n+1}}$ 时等号成立.

证 利用单形的体积公式与 Lagrange 恒等式可得

$$\sum_{i=1}^{n+1} \frac{S_i^\alpha}{F_i^\alpha}\left(\lambda \cdot \sum_{j=1}^{n+1} \frac{h_j^\alpha}{d_j^\alpha}-(\lambda+\mu) \cdot \frac{h_i^\alpha}{d_i^\alpha}\right)$$

$$=\lambda \cdot\left(\sum_{i=1}^{n+1} \frac{S_i^\alpha}{F_i^\alpha}\right)\left(\sum_{j=1}^{n+1} \frac{h_i^\alpha}{d_i^\alpha}\right)-(\lambda+\mu) \cdot \sum_{i=1}^{n+1} \frac{(S_i h_i)^\alpha}{(F_i d_i)^\alpha}$$

$$=\lambda \cdot\left(\sum_{i=1}^{n+1} \frac{S_i^\alpha}{F_i^\alpha}\right)\left(\sum_{j=1}^{n+1} \frac{h_i^\alpha}{d_i^\alpha}\right)-(\lambda+\mu) \cdot(n+1) \cdot \frac{V_1^\alpha}{V_2^\alpha}$$

$$=(n+1)(n\lambda-\mu) \cdot \frac{V_1^\alpha}{V_2^\alpha}+\lambda \cdot \frac{V_1^\alpha}{V_2^\alpha}$$

$$\times \sum_{1 \leqslant i<j \leqslant n+1}\left[\left(\frac{S_i/F_i}{S_j/F_j}\right)^{\alpha/2}-\left(\frac{S_j/F_j}{S_i/F_i}\right)^{\alpha/2}\right]^2$$

$$=(n+1)(n\lambda-\mu) \cdot \frac{V_1^\alpha}{V_2^\alpha}+\lambda \cdot \frac{V_1^\alpha}{V_2^\alpha}$$

$$\times \sum_{1 \leqslant i<j \leqslant n+1} \frac{\left((S_i/F_i)^\alpha-(S_j/F_j)^\alpha\right)^2}{(S_i/F_i \cdot S_j/F_j)^\alpha},$$

即

$$\sum_{i=1}^{n+1}\frac{S_i^\alpha}{F_i^\alpha}\left(\lambda\cdot\sum_{j=1}^{n+1}\frac{h_j^\alpha}{d_j^\alpha}-(\lambda+\mu)\cdot\frac{h_i^\alpha}{d_i^\alpha}\right)-(n+1)(n\lambda-\mu)\cdot\frac{V_1^\alpha}{V_2^\alpha}$$

$$=\lambda\cdot\frac{V_1^\alpha}{V_2^\alpha}\cdot\sum_{1\leqslant i<j\leqslant n+1}\frac{((S_i/F_i)^\alpha-(S_j/F_j)^\alpha)^2}{(S_i/F_i\cdot S_j/F_j)^\alpha},\tag{7.4.13}$$

因为 $\alpha\geqslant 1$, 所以由 (7.1.28) 和凸函数的 Jensen 不等式以及 (7.1.5) 得

$$\sum_{1\leqslant i<j\leqslant n+1}\frac{((S_i/F_i)^\alpha-(S_j/F_j)^\alpha)^2}{(S_i/F_i\cdot S_j/F_j)^\alpha}$$

$$\geqslant\left(\frac{2}{n(n+1)}\right)^{\alpha-1}\cdot\left(\sum_{1\leqslant i<j\leqslant n+1}\frac{((S_i/F_i)-(S_j/F_j))^2}{(S_i/F_i\cdot S_j/F_j)}\right)^\alpha$$

$$\geqslant\left(\frac{2}{n(n+1)}\right)^{\alpha-1}\cdot\frac{(4n)^\alpha}{\left(\sum\limits_{i=1}^{n+1}\frac{S_i}{F_i}\right)^{2\alpha}}$$

$$\times\left[\sum_{1\leqslant i<j\leqslant n+1}\left(\frac{S_i}{F_i}-\frac{S_j}{F_j}\right)^2\right]^\alpha,$$

将此不等式代入到 (7.4.13) 内便立即得到 (7.4.12). □

由 (7.4.12) 立即得到:

推论 5 条件与定理 2 中的相同, 则有

$$\sum_{i=1}^{n+1}\frac{S_i^\alpha}{F_i^\alpha}\left(\lambda\cdot\sum_{j=1}^{n+1}\frac{h_j^\alpha}{d_j^\alpha}-(\lambda+\mu)\cdot\frac{h_i^\alpha}{d_i^\alpha}\right)$$

$$\geqslant(n+1)(n\lambda-\mu)\cdot\frac{V_1^\alpha}{V_2^\alpha},\tag{7.4.14}$$

当且仅当 $\frac{S_1}{F_1}=\frac{S_2}{F_2}=\cdots=\frac{S_{n+1}}{F_{n+1}}$ 时等号成立.

由此可以看出, (7.4.12) 是 (7.4.14) 的一种加强, 实际上, 也可以说不等式 (7.4.14) 是稳定的.

完全可以照搬定理 2 的证明方法来给出下面的定理 3 的证明.

定理 3 设 $\mathscr{A}_i$ 的 n 维体积为 V_{1i}, $\mathscr{A}_i$ 的顶点 A_j 所对的 $n-1$ 维界面的 $n-1$ 维体积为 S_{ij}, 且该界面上的高为 h_{ij}, $\mathscr{B}_i$ 的 n 维体积为 V_{2i}, $\mathscr{B}_i$ 的顶点 B_j 所对的 $n-1$ 维界面的 $n-1$ 维体积为 F_{ij}, 且该界面上的高为 d_{ij} $(1\leqslant i\leqslant m,\ 1\leqslant j\leqslant n+1)$, λ 与 μ 均为正实数, $\alpha\geqslant 1$, 则有

$$\sum_{i=1}^{n+1}\prod_{k=1}^{m}\frac{S_{ki}^{\alpha}}{F_{ki}^{\alpha}}\left(\lambda\cdot\sum_{j=1}^{n+1}\prod_{k=1}^{m}\frac{S_{kj}^{\alpha}}{F_{kj}^{\alpha}}-(\lambda+\mu)\cdot\prod_{k=1}^{m}\frac{S_{ki}^{\alpha}}{F_{ki}^{\alpha}}\right)-(n+1)(n\lambda-\mu)\cdot\prod_{i=1}^{m}\frac{V_{1i}^{\alpha}}{V_{2i}^{\alpha}}$$

$$\geqslant\frac{2^{3\alpha-1}n\cdot\lambda\cdot\prod\limits_{k=1}^{m}\frac{V_{1k}^{\alpha}}{V_{2k}^{\alpha}}}{(n+1)^{\alpha-1}\left(\sum\limits_{i=1}^{n+1}\prod\limits_{k=1}^{m}\frac{S_{ki}}{F_{ki}}\right)^{2\alpha}}\times\left[\sum_{1\leqslant i<j\leqslant n+1}\left(\prod_{k=1}^{m}\frac{S_{ki}}{F_{ki}}-\prod_{k=1}^{m}\frac{S_{kj}}{F_{kj}}\right)^2\right]^{\alpha},\qquad(7.4.15)$$

当且仅当 $\prod\limits_{k=1}^{m}\frac{S_{k1}}{F_{k1}}=\prod\limits_{k=1}^{m}\frac{S_{k2}}{F_{k2}}=\cdots=\prod\limits_{k=1}^{m}\frac{S_{k(n+1)}}{F_{k(n+1)}}$ 时等号成立.

推论 6 条件与定理 3 中的相同, 则有

$$\sum_{i=1}^{n+1}\prod_{k=1}^{m}\frac{S_{ki}^{\alpha}}{F_{ki}^{\alpha}}\left(\lambda\cdot\sum_{j=1}^{n+1}\prod_{k=1}^{m}\frac{S_{kj}^{\alpha}}{F_{kj}^{\alpha}}-(\lambda+\mu)\cdot\prod_{k=1}^{m}\frac{S_{ki}^{\alpha}}{F_{ki}^{\alpha}}\right)$$

$$\geqslant (n+1)(n\lambda-\mu)\cdot\prod_{i=1}^{m}\frac{V_{1i}^{\alpha}}{V_{2i}^{\alpha}}, \tag{7.4.16}$$

当且仅当 $\prod\limits_{k=1}^{m}\frac{S_{k1}}{F_{k1}}=\prod\limits_{k=1}^{m}\frac{S_{k2}}{F_{k2}}=\cdots=\prod\limits_{k=1}^{m}\frac{S_{k(n+1)}}{F_{k(n+1)}}$ 时等号成立.

§7.5 Demir - Marsh 不等式的推广及其稳定性

设 $\triangle ABC$ 的三边 $BC=a$, $CA=b$, $AB=c$ 上的高分别为 h_a, h_b, h_c, 又三边 a, b, c 的旁切圆半径分别为 r_a, r_b, r_c, 在文 [33] 中给出了如下的 Demir H.-Marsh D. C. B. 不等式

$$\frac{r_a}{h_a}+\frac{r_b}{h_b}+\frac{r_c}{h_c}\geqslant 3, \tag{7.5.1}$$

当且仅当 $\triangle ABC$ 为正三角形时等号成立.

实际上, 我们还可以引入一个参数 μ, 当 $-1<\mu<2$ 时, 有如下的不等式成立

$$\frac{r_a}{\mu\cdot r_a+h_a}+\frac{r_b}{\mu\cdot r_b+h_b}+\frac{r_c}{\mu\cdot r_c+h_c}\geqslant\frac{3}{\mu+1}, \tag{7.5.2}$$

当且仅当 $\triangle ABC$ 为正三角形时等号成立.

我们还可以给出如下一个比 Demir - Marsh 不等式 (1) 更强的不等式

$$\frac{r_ar_b}{h_ah_b}+\frac{r_br_c}{h_bh_c}+\frac{r_cr_a}{h_ch_a}\geqslant 3, \tag{7.5.3}$$

当且仅当 $\triangle ABC$ 为正三角形时等号成立.

当然, 我们仍然可以再引入一个参数 ν, 当 $\nu \leqslant \frac{1}{2}$ 时, 有如下的不等式成立

$$\frac{r_a r_b}{(\nu \cdot r_a + h_a)(\nu \cdot r_b + h_b)} + \frac{r_b r_c}{(\nu \cdot r_b + h_b)(\nu \cdot r_c + h_c)}$$

$$+\frac{r_c r_a}{(\nu \cdot r_c + h_c)(\nu \cdot r_a + h_a)} \geqslant \frac{3}{(\nu+1)^2}, \tag{7.5.4}$$

当且仅当 $\triangle ABC$ 为正三角形时等号成立.

容易看出, 在 (7.5.2) 中, 当 $\mu = 0$ 时便得到 (7.5.1), 同样在 (7.5.4) 中, 当 $\nu = 0$ 时便得到 (7.5.3), 所以, 在某种意义上来说, (7.5.2) 与 (7.5.4) 分别是 (7.5.1) 与 (7.5.3) 的一种推广. 那么, 对于上述的不等式 (7.5.1) 至 (7.5.4) 来说, 它们在 n 维欧氏空间 $\mathbf{E}^n$ 中是否也有类似的结论成立呢? 另外, 它们是否具有稳定性呢? 本节主要就是解决这些问题的 (可参看文献 [50]), 为此, 如下首先给出几条引理.

为给出 Demir-Marsh 不等式的推广及其稳定性, 如下首先给出几条引理:

引理 1 设 $\lambda \in R$, $k, m \in N$, 且 $\lambda \neq 1$, $\lambda \neq -(m-1)$, 则有

$$\frac{1}{(\lambda-1)^k} \cdot \left(\sum_{l=0}^{k} \frac{(-1)^l \cdot \binom{m}{l}\binom{m-l}{k-l}}{(\lambda+m-1)^l} \cdot m^l \right) = \frac{\binom{m}{k}}{(\lambda+m-1)^k}. \tag{7.5.5}$$

证 因为

$$\binom{m}{l}\binom{m-l}{k-l} = \binom{k}{l}\binom{m}{k},$$

所以

$$\begin{aligned}
&\sum_{l=0}^{k}\frac{(-1)^l\cdot\binom{m}{l}\binom{m-l}{k-l}}{(\lambda+m-1)^l}\cdot m^l\\
&=\binom{m}{k}\cdot\sum_{l=0}^{k}\frac{(-1)^l\binom{k}{l}}{(\lambda+m-1)^l}\cdot m^l\\
&=\frac{\binom{m}{k}}{(\lambda+m-1)^k}\cdot\sum_{l=0}^{k}\binom{k}{l}\cdot(-m)^l(\lambda+m-1)^{k-l}\\
&=\frac{\binom{m}{k}}{(\lambda+m-1)^k}\cdot(\lambda-1)^k,
\end{aligned}$$

由此立即得到 (7.5.5). □

引理 2 设 $a_i>0\ (1\leqslant i\leqslant m)$, 则当 $1\leqslant k\leqslant m-1$ 时, 有

$$\left(\sum\sum_{1\leqslant i_1<i_2<\cdots<i_k\leqslant m}\cdots\sum\frac{1}{a_{i_1}a_{i_2}\cdots a_{i_k}}\right)\left(\sum_{i=1}^{m}a_i\right)^k$$

$$\geqslant\binom{m}{k}\cdot m^k+\frac{m^k}{\binom{m}{k}}\cdot\sum_{1\leqslant i<j\leqslant m}\frac{(a_i-a_j)^2}{a_ia_j},\tag{7.5.6}$$

在 $k\geqslant 2$ 的情况下, 当且仅当 $a_1=a_2=\cdots=a_m$ 时等号成立.

证 我们知道, 当 $k=1$ 时, (7.5.6) 是一个恒等式

$$\left(\sum_{i=1}^{m}\frac{1}{a_i}\right)\left(\sum_{i=1}^{m}a_i\right)=m^2+\sum_{1\leqslant i<j\leqslant m}\frac{(a_i-a_j)^2}{a_ia_j}.\tag{7.5.7}$$

另外, 由 Maclaurin 不等式可得

$$\left(\sum_{i=1}^{m}a_i\right)^k\geqslant\frac{m^k}{\binom{m}{k}}\cdot\left(\sum\sum_{1\leqslant i_1<i_2<\cdots<i_k\leqslant m}\cdots\sum a_{i_1}a_{i_2}\cdots a_{i_k}\right),\tag{7.5.8}$$

当且仅当 $a_1=a_2=\cdots=a_m$ 时等号成立.

所以, 当 $1\leqslant k\leqslant m-1$ 时, 再利用 (7.5.8) 可得

$$\begin{aligned}
&\left(\sum\sum\cdots\sum_{1\leqslant i_1<i_2<\cdots<i_k\leqslant m}\frac{1}{a_{i_1}a_{i_2}\cdots a_{i_k}}\right)\left(\sum_{i=1}^m a_i\right)^k\\
\geqslant&\frac{m^k}{\binom{m}{k}}\cdot\left(\sum\sum\cdots\sum_{1\leqslant i_1<i_2<\cdots<i_k\leqslant m}\frac{1}{a_{i_1}a_{i_2}\cdots a_{i_k}}\right)\\
&\times\left(\sum\sum\cdots\sum_{1\leqslant i_1<i_2<\cdots<i_k\leqslant m}a_{i_1}a_{i_2}\cdots a_{i_k}\right)\\
=&\frac{m^k}{\binom{m}{k}}\cdot\left[\binom{m}{k}^2+\sum_{1\leqslant i<j\leqslant\binom{m}{k}}\frac{\left(\prod\limits_{t=1}^k a_{i_t}-\prod\limits_{t=1}^k a_{j_t}\right)^2}{\left(\prod\limits_{t=1}^k a_{i_t}\right)\left(\prod\limits_{t=1}^k a_{j_t}\right)}\right]\\
\geqslant&\binom{m}{k}\cdot m^k+\frac{m^k}{\binom{m}{k}}\cdot\sum_{1\leqslant i<j\leqslant m}\frac{(a_i-a_j)^2}{a_ia_j},
\end{aligned}$$

由此立即可得 (7.5.6). □

引理 3 设 $a_i>0\ (1\leqslant i\leqslant m)$, 则当 $2\leqslant k\leqslant m$ 时, 有

$$\left(\sum_{i=1}^m a_i\right)^m\geqslant m^m p_k^{\frac{m}{k}}+\frac{m^{m-1}}{2(m-1)}\cdot p_k^{\frac{m-2}{k}}\cdot\sum_{1\leqslant i<j\leqslant m}(a_i-a_j)^2,\tag{7.5.9}$$

当且仅当 $a_1=a_2=\cdots=a_m$ 时等号成立, 其中

$$p_k=\frac{1}{\binom{m}{k}}\cdot\sum\sum\cdots\sum_{1\leqslant i_1<i_2<\cdots<i_k\leqslant m}a_{i_1}a_{i_2}\cdots a_{i_k},\quad(2\leqslant k\leqslant m).\tag{7.5.10}$$

证 因为

$$(m-1)\cdot\sum_{i=1}^{m}a_i^2=2\cdot\sum_{1\leqslant i<j\leqslant m}a_ia_j+\sum_{1\leqslant i<j\leqslant m}(a_i-a_j)^2,$$

所以

$$\begin{aligned}&\left(\sum_{i=1}^{m}a_i\right)^2\\&=\sum_{i=1}^{m}a_i^2+2\cdot\sum_{1\leqslant i<j\leqslant m}a_ia_j\\&=\frac{2}{m-1}\cdot\sum_{1\leqslant i<j\leqslant m}a_ia_j+\frac{1}{m-1}\cdot\sum_{1\leqslant i<j\leqslant m}(a_i-a_j)^2\\&\quad+2\cdot\sum_{1\leqslant i<j\leqslant m}a_ia_j\\&=\frac{2m}{m-1}\cdot\sum_{1\leqslant i<j\leqslant m}a_ia_j+\frac{1}{m-1}\cdot\sum_{1\leqslant i<j\leqslant m}(a_i-a_j)^2,\end{aligned}$$

即

$$\left(\sum_{i=1}^{m}a_i\right)^2=\frac{2m}{m-1}\cdot\sum_{1\leqslant i<j\leqslant m}a_ia_j+\frac{1}{m-1}\sum_{1\leqslant i<j\leqslant m}(a_i-a_j)^2,\tag{7.5.11}$$

亦即

$$p_1^2=p_2+\frac{1}{m^2(m-1)}\cdot\sum_{1\leqslant i<j\leqslant m}(a_i-a_j)^2,\tag{7.5.12}$$

由于

$$|p_2|>\left|\frac{1}{m^2(m-1)}\cdot\sum_{1\leqslant i<j\leqslant m}(a_i-a_j)^2\right|,$$

并且 $\sum\limits_{1\leqslant i<j\leqslant m}(a_i-a_j)^2\geqslant 0$, 所以由幂级数的展开式可得

$$\begin{aligned}p_1^m&=\left(p_2+\frac{1}{m^2(m-1)}\cdot\sum_{1\leqslant i<j\leqslant m}(a_i-a_j)^2\right)^{\frac{m}{2}}\\&=p_2^{\frac{m}{2}}+\frac{1}{2m(m-1)}\cdot p_2^{\frac{m}{2}-1}\cdot\sum_{1\leqslant i<j\leqslant m}(a_i-a_j)^2+\cdots\\&\geqslant p_2^{\frac{m}{2}}+\frac{1}{2m(m-1)}\cdot p_2^{\frac{m}{2}-1}\cdot\sum_{1\leqslant i<j\leqslant m}(a_i-a_j)^2,\end{aligned}$$

所以, 当 $2\leqslant k\leqslant m$ 时, 由 Maclaurin 不等式可得

$$p_1^m\geqslant p_k^{\frac{m}{k}}+\frac{1}{2m(m-1)}\cdot p_k^{\frac{m-2}{k}}\cdot\sum_{1\leqslant i<j\leqslant m}(a_i-a_j)^2,\tag{7.5.13}$$

由 (7.5.13) 立即可得 (7.5.9), 至于等号成立的充要条件由上述证明的过程是容易看出的. □

推论 1 设 $a_i>0\ (1\leqslant i\leqslant m)$, 则有

$$\frac{\left(\sum\limits_{i=1}^m a_i\right)^m}{\prod\limits_{i=1}^m a_i}\geqslant m^m+\frac{m^{m+1}}{2(m-1)\left(\sum\limits_{i=1}^m a_i\right)^2}\cdot\sum_{1\leqslant i<j\leqslant m}(a_i-a_j)^2,\tag{7.5.14}$$

当且仅当 $a_1=a_2=\cdots=a_m$ 时等号成立.

实际上, 在 (7.5.9) 中取 $k=m$ 可得

$$\frac{\left(\sum\limits_{i=1}^m a_i\right)^m}{\prod\limits_{i=1}^m a_i}\geqslant m^m+\frac{m^{m-1}}{2(m-1)\left(\prod\limits_{i=1}^m a_i\right)^{\frac{2}{m}}}\cdot\sum_{1\leqslant i<j\leqslant m}(a_i-a_j)^2,\tag{7.5.15}$$

由 (7.5.15) 立即可得 (7.5.14), 并且等号成立的充要条件是显然的.

引理 4[49,50] 设 $a_i > 0\ (1 \leqslant i \leqslant m)$, 则有

$$\sum_{1\leqslant i<j\leqslant m} \frac{(a_i - a_j)^2}{a_i a_j} \geqslant \frac{4(m-1)}{\left(\sum\limits_{i=1}^{m} a_i\right)^2} \cdot \sum_{1\leqslant i<j\leqslant m} (a_i - a_j)^2, \tag{7.5.16}$$

当且仅当 $a_1 = a_2 = \cdots = a_m$ 或某一个 $a_i = \frac{a}{2}$ 其余的 $m-1$ 个 $a_j = \frac{a}{2(m-1)}\ (j \neq i)$ 时等号成立, 其中 $a = a_1 + a_2 + \cdots + a_m$.

证 由文 [35] 中的不等式

$$\sum_{i=1}^{m} a_i \cdot \sum_{i=1}^{m} \frac{1}{a_i} \geqslant m^2 + \frac{4(m-1) \cdot \sum\limits_{1\leqslant i<j\leqslant m} (a_i - a_j)^2}{\left(\sum\limits_{i=1}^{m} a_i\right)^2}, \tag{7.5.17}$$

当且仅当 $a_1 = a_2 = \cdots = a_m$ 或某一个 $a_i = \frac{a}{2}$ 其余的 $m-1$ 个 $a_j = \frac{a}{2(m-1)}$ 时等号成立, 其中 $a = a_1 + a_2 + \cdots + a_m$.

对于 (7.5.17) 的左端, 利用恒等式

$$\sum_{i=1}^{m} a_i \cdot \sum_{i=1}^{m} \frac{1}{a_i} = m^2 + \sum_{1\leqslant i<j\leqslant m} \frac{(a_i - a_j)^2}{a_i a_j},$$

便立即可得 (7.5.16). □

注 实际上, 不等式 (7.5.16) 就是前面的 (7.1.5).

定理 1 设 $x_i, \lambda \in \mathbf{R}$, 记 $x = x_1 + x_2 + \cdots + x_m$, 若 $(\lambda - 1)x_i + x > 0$, 则:

(i) 当 $-(m-1)<\lambda<1$ 时, 有

$$\sum_{i=1}^{m}\frac{x_i}{(\lambda-1)x_i+x}\geqslant\frac{m}{\lambda+m-1}-w_1\cdot\frac{1}{x^2}\cdot\sum_{1\leqslant i<j\leqslant m}(x_i-x_j)^2,\tag{7.5.18}$$

(ii) 当 $\lambda<-(m-1)$ 或 $\lambda>1$ 时, 有

$$\sum_{i=1}^{m}\frac{x_i}{(\lambda-1)x_i+x}\leqslant\frac{m}{\lambda+m-1}-w_1\cdot\frac{1}{x^2}\cdot\sum_{1\leqslant i<j\leqslant m}(x_i-x_j)^2,\tag{7.5.19}$$

当且仅当 $x_1=x_2=\cdots=x_m$ 时等号成立, 其中

$$w_1=\frac{4(m-1)(\lambda-1)}{(\lambda+m-1)^3}.$$

证 设 $a_i=(\lambda-1)x_i+x$, 则易知此处的 $a_i>0$, 若再记 $a=a_1+a_2+\cdots+a_m$, 则有 $a=(\lambda+m-1)x$, 由此可知, 当 $\lambda\neq1$ 及 $\lambda+m-1\neq0$ 时, 有 $x_i=\frac{a_i}{\lambda-1}-\frac{a}{(\lambda-1)(\lambda+m-1)}$, 故有

$$\begin{aligned}
&\sum_{i=1}^{m}\frac{x_i}{(\lambda-1)x_i+x}\\
&=\sum_{i=1}^{m}\left(\frac{1}{\lambda-1}-\frac{1}{(\lambda-1)(\lambda+m-1)}\cdot\frac{a}{a_i}\right)\\
&=\frac{m}{\lambda-1}-\frac{1}{(\lambda-1)(\lambda+m-1)}\cdot\left(\sum_{i=1}^{m}\frac{1}{a_i}\right)\left(\sum_{i=1}^{m}a_i\right)\\
&=\frac{m}{\lambda-1}-\frac{1}{(\lambda-1)(\lambda+m-1)}\\
&\quad\times\left(m^2+\sum_{1\leqslant i<j\leqslant m}\frac{(a_i-a_j)^2}{a_ia_j}\right)\\
&=\frac{m}{\lambda+m-1}-\frac{1}{(\lambda-1)(\lambda+m-1)}\cdot\sum_{1\leqslant i<j\leqslant m}\frac{(a_i-a_j)^2}{a_ia_j},
\end{aligned}$$

即

$$\sum_{i=1}^{m}\frac{x_i}{(\lambda-1)x_i+x}=$$

$$\frac{m}{\lambda+m-1}-\frac{1}{(\lambda-1)(\lambda+m-1)}\cdot\sum_{1\leqslant i<j\leqslant m}\frac{(a_i-a_j)^2}{a_ia_j},\tag{7.5.20}$$

由此我们可以得到如下的两种情况:

(i) 当 $-(m-1)<\lambda<1$ 时, 显然有 $(\lambda-1)(\lambda+m-1)<0$, 再由引理 4 可得

$$\sum_{i=1}^{m}\frac{x_i}{(\lambda-1)x_i+x}\geqslant\frac{m}{\lambda+m-1}$$
$$-\frac{4(m-1)}{(\lambda-1)(\lambda+m-1)\cdot a^2}\cdot\sum_{1\leqslant i<j\leqslant m}(a_i-a_j)^2,\tag{7.5.21}$$

再将 $a_i=(\lambda-1)x_i+x$ 与 $a=(\lambda+m-1)x$ 代入 (7.5.21) 内便得 (7.5.18).

(ii) 当 $\lambda<-(m-1)$ 或 $\lambda>1$ 时, $(\lambda-1)(\lambda+m-1)>0$, 从而由 (7.5.20) 有

$$\sum_{i=1}^{m}\frac{x_i}{(\lambda-1)x_i+x}\leqslant\frac{m}{\lambda+m-1}$$
$$-\frac{4(m-1)}{(\lambda-1)(\lambda+m-1)\cdot a^2}\cdot\sum_{1\leqslant i<j\leqslant m}(a_i-a_j)^2,$$

同样再将 $a_i=(\lambda-1)x_i+x$ 与 $a=(\lambda+m-1)x$ 代入 (7.5.21) 内便得 (7.5.19).

至于 (7.5.18) 与 (7.5.19) 中等号成立的充要条件由上述的证明过程是容易看出的. □

定理 2 设 $x_i \in R$, 记 $x = x_1 + x_2 + \cdots + x_m$, 若 $(\lambda-1)x_i + x > 0$, 则当 $\lambda \leqslant -(m-1) + \frac{2m}{(m-1)^2}$ 且 $\lambda \neq -(m-1)$ 时, 有

$$\sum_{1\leqslant i<j\leqslant m} \frac{x_i x_j}{((\lambda-1)x_i + x)((\lambda-1)x_j + x)}$$

$$\geqslant \frac{\binom{m}{2}}{(\lambda+m-1)^2} - w_2 \cdot \frac{1}{x^2} \cdot \sum_{1\leqslant i<j\leqslant m} (x_i - x_j)^2, \quad (7.5.22)$$

当且仅当 $x_1 = x_2 = \cdots = x_m$ 时等号成立, 其中

$$w_2 = \frac{4((m-1)^2\lambda + (m-1)^3 - 2m)}{(\lambda+m-1)^4}.$$

证 与定理 1 的证明过程相同, 这里再设 $a_i = (\lambda-1)x_i + x$, 易知此处的 $a_i > 0$, 若再记 $a = a_1 + a_2 + \cdots + a_m$, 则有 $a = (\lambda+m-1)x$, 由此可知, 当 $\lambda \neq 1$ 及 $\lambda+m-1 \neq 0$ 时, 有 $x_i = \frac{a_i}{\lambda-1} - \frac{a}{(\lambda-1)(\lambda+m-1)}$, 故由引理 1 与引理 2 可得

$$\sum_{1\leqslant i<j\leqslant m} \frac{x_i x_j}{((\lambda-1)x_i + x)((\lambda-1)x_j + x)}$$

$$= \frac{1}{(\lambda-1)^2} \cdot \sum_{1\leqslant i<j\leqslant m} \left(1 - \frac{1}{\lambda+m-1} \cdot \frac{a}{a_i}\right)$$

$$\times \left(1 - \frac{1}{\lambda+m-1} \cdot \frac{a}{a_j}\right)$$

$$= \frac{1}{(\lambda-1)^2} \cdot \sum_{1\leqslant i<j\leqslant m} \left[1 - \frac{1}{\lambda+m-1} \cdot \left(\frac{1}{a_i} + \frac{1}{a_j}\right) \cdot a\right.$$

$$\left. + \frac{1}{(\lambda+m-1)^2} \cdot \frac{1}{a_i a_j} \cdot a^2\right]$$

$$
\begin{aligned}
&= \frac{1}{(\lambda-1)^2}\cdot\left[\binom{m}{2} - \frac{m-1}{\lambda+m-1}\cdot\left(\sum_{i=1}^{m}\frac{1}{a_i}\right)\cdot a\right.\\
&\quad\left. + \frac{1}{(\lambda+m-1)^2}\cdot\left(\sum_{1\leqslant i<j\leqslant m}\frac{1}{a_ia_j}\right)\cdot a^2\right]\\
&\geqslant \frac{\binom{m}{2}}{(\lambda+m-1)^2} - \frac{(m-1)^2\cdot(\lambda+m-1)-2m}{(m-1)(\lambda-1)^2(\lambda+m-1)^2}\\
&\qquad\qquad\times\sum_{1\leqslant i<j\leqslant m}\frac{(a_i-a_j)^2}{a_ia_j},
\end{aligned}
$$

由此知, 当 $\lambda\leqslant-(m-1)+\frac{2m}{(m-1)^2}$ 时, 利用引理 4 可得

$$
\begin{aligned}
&\sum_{1\leqslant i<j\leqslant m}\frac{x_ix_j}{((\lambda-1)x_i+x)((\lambda-1)x_j+x)}\\
&\geqslant \frac{\binom{m}{2}}{(\lambda+m-1)^2} - \frac{w_2}{(\lambda-1)^2x^2}\cdot\sum_{1\leqslant i<j\leqslant m}(a_i-a_j)^2,
\end{aligned}
\tag{7.5.23}
$$

将 $a_i=(\lambda-1)x_i+x$ 代入 (7.5.23) 的右端内立即可得 (7.5.22), 至于等号成立的充要条件由上述的证明过程是不难看出的. □

定理 3　设 $x_i\in\mathbf{R}$, $\lambda<-(m-1)$, 记 $x=x_1+x_2+\cdots+x_m$, 若 $(\lambda-1)x_i+x>0$, 则:

(i) 当 k 为大于 1 小于 m 的奇数时, 有

$$
\begin{aligned}
&\sum\sum\cdots\sum_{1\leqslant i_1<i_2<\cdots<i_k\leqslant m}\prod_{j=1}^{k}\frac{x_{i_j}}{(\lambda-1)\cdot x_{i_j}+x}\\
&\leqslant \frac{\binom{m}{k}}{(\lambda+m-1)^k} - w_k\cdot\frac{1}{x^2}\cdot\sum_{1\leqslant i<j\leqslant m}(x_i-x_j)^2,
\end{aligned}
\tag{7.5.24}
$$

(ii) 当 k 为小于 m 的偶数时, 有

$$\sum\sum\cdots\sum_{1\leqslant i_1<i_2<\cdots<i_k\leqslant m}\prod_{j=1}^{k}\frac{x_{i_j}}{(\lambda-1)\cdot x_{i_j}+x}$$

$$\geqslant\frac{\binom{m}{k}}{(\lambda+m-1)^k}-w_k\cdot\frac{1}{x^2}\cdot\sum_{1\leqslant i<j\leqslant m}(x_i-x_j)^2,\quad(7.5.25)$$

当且仅当 $x_1=x_2=\cdots=x_m$ 时等号成立, 其中

$$w_k=\frac{4(m-1)}{(\lambda-1)^{k-2}\cdot(\lambda+m-1)^2}\times\left(\sum_{p=1}^{k}\frac{(-1)^p\cdot\binom{m-p}{k-p}}{\binom{m}{p}\cdot(\lambda+m-1)^p}\cdot m^p\right),$$

$$(1\leqslant k\leqslant m-1).$$

证 这里仍然设 $a_i=(\lambda-1)x_i+x$, 且 $a=\sum_{i=1}^{m}a_i$, 则有 $a=(\lambda+m-1)x$, 故当 $\lambda\neq1$ 以及 $\lambda\neq-(m-1)$ 时, 为方便起见, 如下临时记 $t=\frac{a}{\lambda+m-1}$, 利用引理 1 与引理 2 和引理 4 可得

$$\sum\sum\cdots\sum_{1\leqslant i_1<i_2<\cdots<i_k\leqslant m}\prod_{j=1}^{k}\frac{x_{i_j}}{(\lambda-1)\cdot x_{i_j}+x}$$

$$=\frac{1}{(\lambda-1)^k}\cdot\sum\sum\cdots\sum_{1\leqslant i_1<i_2<\cdots<i_k\leqslant m}\prod_{j=1}^{k}\left(1-\frac{1}{\lambda+m-1}\cdot\frac{a}{a_{i_j}}\right)$$

$$=\frac{1}{(\lambda-1)^k}\cdot\sum\sum\cdots\sum_{1\leqslant i_1<i_2<\cdots<i_k\leqslant m}\left[1-t\cdot\sum_{j=1}^{k}\frac{1}{a_{i_j}}\right.$$

$$\left.+t^2\cdot\sum_{1\leqslant j<l\leqslant k}\frac{1}{a_{i_j}a_{i_l}}+\cdots+t^k\cdot\frac{(-1)^k}{a_{i_1}a_{i_2}\cdots a_{i_k}}\right]$$

$$
\begin{aligned}
&= \frac{1}{(\lambda-1)^k} \cdot \left[\sum_{p=0}^{k} \frac{(-1)^p \cdot \binom{m-p}{k-p}}{(\lambda+m-1)^p} \right. \\
&\qquad \left. \times \left(\sum\sum\cdots\sum_{1\leqslant i_1<i_2<\cdots<i_p\leqslant m} \frac{1}{a_{i_1}a_{i_2}\cdots a_{i_p}} \right) \cdot \left(\sum_{i=1}^{m} a_i \right)^p \right].
\end{aligned} \tag{7.5.26}
$$

(i) 在 (7.5.26) 中, 当 $k \leqslant m-1$, 且 k 为奇数时, 在 $\lambda < -(m-1)$ 或 $\lambda > 1$ 的情况下, 有 $(\lambda-1)(\lambda+m-1) > 0$, 所以, 此时对于 p 为奇数的一些项小于 0. 另一方面, 当 $k \leqslant m-1$, 且 k 为奇数时, 在 $\lambda < 1$ 的情况下, 对应于 p 为偶数的一些项也小于 0, 所以, 当 $\lambda < -(m-1)$ 时, 有

$$
\begin{aligned}
&\sum\sum\cdots\sum_{1\leqslant i_1<i_2<\cdots<i_k\leqslant m} \prod_{j=1}^{k} \frac{x_{i_j}}{(\lambda-1)\cdot x_{i_j}+x} \\
&\leqslant \frac{1}{(\lambda-1)^k} \cdot \left(\sum_{p=0}^{k} \frac{(-1)^p \cdot \binom{m-p}{k-p}}{(\lambda+m-1)^p} \cdot m^p \right) \\
&\quad + \frac{1}{(\lambda-1)^k} \cdot \left(\sum_{p=1}^{k} \frac{(-1)^p \cdot \binom{m-p}{k-p}}{(\lambda+m-1)^p} \cdot \frac{m^p}{\binom{m}{p}} \right) \\
&\qquad\qquad\qquad \times \sum_{1\leqslant i<j\leqslant m} \frac{(a_i-a_j)^2}{a_i a_j} \\
&\leqslant \frac{\binom{m}{k}}{(\lambda+m-1)^k} + \frac{4(m-1)}{(\lambda-1)^k \cdot a^2} \\
&\quad \times \left(\sum_{p=1}^{k} \frac{(-1)^p \cdot \binom{m-p}{k-p}}{\binom{m}{p} \cdot (\lambda+m-1)^p} \right) \cdot \sum_{1\leqslant i<j\leqslant m} (a_i-a_j)^2 \\
&= \frac{\binom{m}{k}}{(\lambda+m-1)^k} + \frac{4(m-1)}{(\lambda-1)^{k-2} \cdot x^2} \times
\end{aligned}
$$

$$\times\left(\sum_{p=1}^{k}\frac{(-1)^p\cdot\binom{m-p}{k-p}}{\binom{m}{p}\cdot(\lambda+m-1)^{p+2}}\right)\cdot\sum_{1\leqslant i<j\leqslant m}(x_i-x_j)^2$$

$$=\frac{\binom{m}{k}}{(\lambda+m-1)^k}+w_k\cdot\frac{1}{x^2}\cdot\sum_{1\leqslant i<j\leqslant m}(x_i-x_j)^2,$$

由此可知, (7.5.24) 得证.

(ii) 在 (7.5.26) 中, 设 k 为偶数, 当 $\lambda<-(m-1)$ 时, 对应于 p 为奇数的一些项此时大于 0, 而对应于 p 为偶数的一些项只要 $\lambda\neq-(m-1)$ 都是大于 0 的, 所以, 在这种情况下, 根据上面 (i) 的证明过程, 显然有

$$\sum\sum_{1\leqslant i_1<i_2<\cdots<i_k\leqslant m}\cdots\sum\prod_{j=1}^{k}\frac{x_{i_j}}{(\lambda-1)\cdot x_{i_j}+x}$$

$$\geqslant\frac{\binom{m}{k}}{(\lambda+m-1)^k}+w_k\cdot\frac{1}{x^2}\cdot\sum_{1\leqslant i<j\leqslant m}(x_i-x_j)^2,$$

综上知, 定理 3 得证. □

沿用定理 3 的证明方法, 并注意到取 $k=m$ 时的展开式中必须要利用引理 3 中的推论 1 的结论, 我们同样可以证明如下的结论:

定理 4 设 $x_i\in R$, $\lambda<-(m-1)$, 记 $x=x_1+x_2+\cdots+x_m$, 若 $(\lambda-1)x_i+x>0$, 则:

(i) 当 m 为奇数时, 有

$$\prod_{i=1}^{m}\frac{x_i}{(\lambda-1)x_i+x}\leqslant$$

$$\frac{1}{(\lambda+m-1)^m}-w_m\cdot\frac{1}{x^2}\cdot\sum_{1\leqslant i<j\leqslant m}(x_i-x_j)^2,\quad(7.5.27)$$

(ii) 当 m 为偶数时, 有

$$\prod_{i=1}^{m}\frac{x_i}{(\lambda-1)x_i+x}\geqslant$$

$$\frac{1}{(\lambda+m-1)^m}-w_m\cdot\frac{1}{x^2}\cdot\sum_{1\leqslant i<j\leqslant m}(x_i-x_j)^2, \quad (7.5.28)$$

当且仅当 $x_1=x_2=\cdots=x_m$ 时等号成立, 其中

$$w_m=\frac{4(m-1)}{(\lambda-1)^{m-2}\cdot(\lambda+m-1)^2}\cdot\sum_{p=1}^{m-1}\frac{(-1)^p\cdot m^p}{\binom{m}{p}(\lambda+m-1)^p}$$
$$+\frac{(-1)^m\cdot m^{m+1}}{2(m-1)\cdot(\lambda-1)^{m-2}\cdot(\lambda+m-1)^{m+2}}.$$

定理 5 设 $\{A_1,A_2,\cdots,A_{n+1}\}$ 为 n 维欧氏空间 $\mathbf{E}^n$ 中单形 $\mathscr{A}$ 的顶点集, 顶点 A_i 所对的 $n-1$ 维界面的 $n-1$ 维体积为 S_i, 该 $n-1$ 维界面上的高为 h_i, 旁切球半径为 r_i, S 为 $\mathscr{A}$ 的 $n-1$ 维表面积, 即 $S=\sum\limits_{i=1}^{n+1}S_i$,

(i) 若 $-(n-1)<\mu<2$, 则对于任意给定的 $\varepsilon\geqslant 0$, 当

$$\sum_{i=1}^{n+1}\frac{r_i}{\mu\cdot r_i+h_i}-\frac{n+1}{\mu+n-1}\leqslant\varepsilon \quad (7.5.29)$$

时, 有

$$\delta(\mathscr{A},\ \mathscr{A}_0)_e\leqslant\frac{(\mu+n-1)^3\cdot S^2}{4n(n+1)(2-\mu)}\cdot\varepsilon, \quad (7.5.30)$$

(ii) 若 $\mu<-(n-1)$ 或 $\mu>2$, 则对于任意给定的 $\varepsilon\geqslant 0$, 当

$$\sum_{i=1}^{n+1}\frac{h_i}{\mu\cdot r_i+h_i}-\frac{(n+1)(n-1)}{\mu+n-1}\leqslant\varepsilon \quad (7.5.31)$$

时, 有

$$\delta(\mathscr{A},\ \mathscr{A}_0)_e \leqslant \frac{(\mu+n-1)^3\cdot S^2}{4n(n+1)\mu(\mu-2)}\cdot\varepsilon. \tag{7.5.32}$$

证 若设 V 为单形 $\mathscr{A}$ 的 n 维体积, 则由 (7.1.15) 知 $r_i=\frac{nV}{S-2S_i}$, 另外, 我们知道 $V=\frac{1}{n}S_ih_i$, 由此容易得到

$$S_i=\frac{Sr_i}{2r_i+h_i}, \tag{7.5.33}$$

在定理 1 中取 $m=n+1$, $x_i=S_i$, 则 $x=S$, 再令 $\lambda=\mu-1$, 则有

$$\begin{aligned}\sum_{i=1}^{n+1}\frac{S_i}{(\lambda-1)\cdot S_i+S}&=\sum_{i=1}^{n+1}\frac{\frac{Sr_i}{2r_i+h_i}}{(\lambda-1)\cdot\frac{Sr_i}{2r_i+h_i}+S}\\&=\sum_{i=1}^{n+1}\frac{r_i}{(\lambda+1)\cdot r_i+h_i}\\&=\sum_{i=1}^{n+1}\frac{r_i}{\mu\cdot r_i+h_i},\end{aligned}$$

从而由定理 1 中的 (i), 当 $-n<\lambda<1$, 即 $-(n-1)<\mu<2$ 时, 有

$$\begin{aligned}&\sum_{i=1}^{n+1}\frac{r_i}{\mu\cdot r_i+h_i}\\&=\sum_{i=1}^{n+1}\frac{S_i}{(\lambda-1)\cdot S_i+S}\\&\geqslant\frac{n+1}{\mu+n-1}+\frac{4n(2-\mu)}{(\mu+n-1)^3\cdot S^2}\cdot\sum_{1\leqslant i<j\leqslant n+1}(S_i-S_j)^2\\&=\frac{n+1}{\mu+n-1}+\frac{4n(n+1)(2-\mu)}{(\mu+n-1)^3\cdot S^2}\cdot\sum_{i=1}^{n+1}\left(S_i-\overline{S_0}\right)^2\end{aligned}$$

$$= \frac{n+1}{\mu+n-1} + \frac{4n(n+1)(2-\mu)}{(\mu+n-1)^3 \cdot S^2} \cdot \delta(\mathscr{A},\ \mathscr{A}_0)_e,$$

即

$$\sum_{i=1}^{n+1} \frac{r_i}{\mu \cdot r_i + h_i} \geqslant$$

$$\frac{n+1}{\mu+n-1} + \frac{4n(n+1)(2-\mu)}{(\mu+n-1)^3 \cdot S^2} \cdot \sum_{i=1}^{n+1} \left(S_i - \overline{S_0}\right)^2, \quad (7.5.34)$$

实际上, (7.5.34) 也可以表示为

$$\sum_{i=1}^{n+1} \frac{r_i}{\mu \cdot r_i + h_i} - \frac{n+1}{\mu+n-1}$$

$$\geqslant \frac{4n(n+1)(2-\mu)}{(\mu+n-1)^3 \cdot S^2} \cdot \delta(\mathscr{A},\ \mathscr{A}_0)_e, \quad (7.5.35)$$

由 (7.5.35) 可知, 当

$$\sum_{i=1}^{n+1} \frac{r_i}{\mu \cdot r_i + h_i} - \frac{n+1}{\mu+n-1} \leqslant \varepsilon$$

时, 有

$$\delta(\mathscr{A},\ \mathscr{A}_0)_e \leqslant \frac{(\mu+n-1)^3 \cdot S^2}{4n(n+1)(2-\mu)} \cdot \varepsilon.$$

这样一来, 定理 5 中的 (i) 得到了证明.

如下再来证明定理 5 的第 (ii) 部分, 由第 (i) 部分的证明过程可知, 若 $\mu < -(n-1)$ 或 $\mu > 2$, 则有

$$\sum_{i=1}^{n+1} \frac{r_i}{\mu \cdot r_i + h_i} \leqslant$$

$$\frac{n+1}{\mu+n-1} + \frac{4n(n+1)(2-\mu)}{(\mu+n-1)^3 \cdot S^2} \cdot \sum_{i=1}^{n+1} \left(S_i - \overline{S_0}\right)^2, \quad (7.5.36)$$

又因为

$$\sum_{i=1}^{n+1}\frac{r_i}{\mu\cdot r_i+h_i}=\frac{n+1}{\mu}-\frac{1}{\mu}\cdot\sum_{i=1}^{n+1}\frac{h_i}{\mu\cdot r_i+h_i},$$

将此式代入 (7.5.36) 内便得

$$\sum_{i=1}^{n+1}\frac{h_i}{\mu\cdot r_i+h_i}\geqslant\frac{(n+1)(n-1)}{\mu+n-1}$$
$$+\frac{4n(n+1)\mu(\mu-2)}{(\mu+n-1)^3\cdot S^2}\cdot\sum_{i=1}^{n+1}\left(S_i-\overline{S_0}\right)^2, \tag{7.5.37}$$

实际上, (7.5.37) 也可以表示为

$$\sum_{i=1}^{n+1}\frac{h_i}{\mu\cdot r_i+h_i}-\frac{(n+1)(n-1)}{\mu+n-1}$$
$$\geqslant\frac{4n(n+1)\mu(\mu-2)}{(\mu+n-1)^3\cdot S^2}\cdot\delta\left(\mathscr{A},\ \mathscr{A}_0\right)_e, \tag{7.5.38}$$

由 (7.5.38) 可知, 当

$$\sum_{i=1}^{n+1}\frac{h_i}{\mu\cdot r_i+h_i}-\frac{(n+1)(n-1)}{\mu+n-1}\leqslant\varepsilon$$

时, 有

$$\delta\left(\mathscr{A},\ \mathscr{A}_0\right)_e\leqslant\frac{(\mu+n-1)^3\cdot S^2}{4n(n+1)\mu(\mu-2)}\cdot\varepsilon,$$

由此便知定理 5 中的第 (ii) 部分也得证. □

由 (7.5.32) 立即可得:

推论 2 在定理 5 的条件下,

(i) 若 $-(n-1)<\mu<2$, 则有

$$\sum_{i=1}^{n+1}\frac{r_i}{\mu\cdot r_i+h_i}\geqslant\frac{n+1}{\mu+n-1}, \tag{7.5.39}$$

(ii) 若 $\mu < -(n-1)$ 或 $\mu > 2$, 则有

$$\sum_{i=1}^{n+1} \frac{h_i}{\mu \cdot r_i + h_i} \geqslant \frac{(n+1)(n-1)}{\mu(\mu+n-1)}, \tag{7.5.40}$$

当且仅当 $\mathscr{A}$ 为等面单形时等号成立.

由定理 5 知, 不等式 (7.5.34) 是稳定的. 若记 (7.5.39) 与 (7.5.40) 的亏量[46]分别为 D_1 与 D_2, 即

$$D_1 = \sum_{i=1}^{n+1} \frac{r_i}{\mu \cdot r_i + h_i} - \frac{n+1}{\mu+n-1},$$

$$D_2 = \sum_{i=1}^{n+1} \frac{h_i}{\mu \cdot r_i + h_i} - \frac{(n+1)(n-1)}{\mu(\mu+n-1)}.$$

对于不等式 (7.5.39) 的亏量 D_1 与不等式 (7.5.40) 的亏量 D_2 中的“**亏量**”一词[46], 在文 [45] 中也称为“**亏格**”. 故 (7.5.35) 与 (7.5.38) 也可分别表为

$$D_1 \geqslant \frac{4n(n+1)(2-\mu)}{(\mu+n-1)^3 \cdot S^2} \cdot \delta\left(\mathscr{A},\ \mathscr{A}_0\right)_e,$$

$$D_2 \geqslant \frac{4n(n+1)(\mu-2)}{(\mu+n-1)^3 \cdot S^2} \cdot \delta\left(\mathscr{A},\ \mathscr{A}_0\right)_e.$$

另外, 在 (7.5.39) 中, 当 $\mu = 0$ 时, 便得到

$$\sum_{i=1}^{n+1} \frac{r_i}{h_i} \geqslant \frac{n+1}{n-1}, \tag{7.5.41}$$

当且仅当 $\mathscr{A}$ 为等面单形时等号成立.

显然, (7.5.41) 是 Demir - Marsh 不等式 (7.5.1) 在 n 维欧氏空间 $\mathbf{E}^n$ 中的一种推广, 且具有稳定性.

定理 6 条件与定理 5 中的相同, 若 $\mu \leqslant -(n-1)+\frac{2(n+1)}{n^2}$, 且 $\mu \neq -(n-1)$, 则对于任意给定的非负数 ε, 当

$$\sum_{1\leqslant i<j\leqslant n+1}\frac{r_ir_j}{(\mu\cdot r_i+h_i)(\mu\cdot r_j+h_j)}-\frac{\binom{n+1}{2}}{(\mu+n-1)^2}\leqslant\varepsilon \tag{7.5.42}$$

时, 有

$$\delta(\mathscr{A},\ \mathscr{A}_0)_e\leqslant\frac{(\mu+n-1)^4\cdot S^2}{4(n+1)[2(n+1)-n^2\mu-n^2(n-1)]}\cdot\varepsilon. \tag{7.5.43}$$

证 在定理 2 中取 $m=n+1, x_i=S_i$, 则 $x=S$, 再令 $\lambda=\mu-1$, 实际上, 由定理 5 的证明我们知道有如下的关系式

$$\frac{x_i}{(\lambda-1)\cdot x_i+x}=\frac{S_i}{(\lambda-1)\cdot S_i+S}=\frac{r_i}{\mu\cdot r_i+h_i}, \tag{7.5.44}$$

所以, 由定理 2 可知, 若 $\mu\leqslant-(n-1)+\frac{2(n+1)}{n^2}$, 且 $\mu\neq-(n-1)$, 则有

$$\sum_{1\leqslant i<j\leqslant n+1}\frac{r_ir_j}{(\mu\cdot r_i+h_i)(\mu\cdot r_j+h_j)}$$

$$\geqslant\frac{\binom{n+1}{2}}{(\mu+n-1)^2}+\frac{c_2(n,\mu)}{S^2}\cdot\sum_{i=1}^{n+1}\left(S_i-\overline{S_0}\right)^2, \tag{7.5.45}$$

其中

$$c_2(n,\mu)=\frac{4(n+1)(-n^2\mu-n^2(n-1)+2(n+1))}{(\mu+n-1)^4},$$

(7.5.45) 也可表为

$$\sum_{1\leqslant i<j\leqslant n+1}\frac{r_ir_j}{(\mu\cdot r_i+h_i)(\mu\cdot r_j+h_j)}-\frac{\binom{n+1}{2}}{(\mu+n-1)^2}$$

$$\geqslant \frac{c_2(n,\mu)}{S^2}\cdot\delta\,(\mathscr{A},\ \mathscr{A}_0)_e\,, \tag{7.5.46}$$

由此立即可得到定理 6 的证明. □

推论 3 在定理 6 的题设下, 若 $\mu \leqslant -(n-1)+\frac{2(n+1)}{n^2}$, 且 $\mu \neq -(n-1)$, 则有

$$\sum_{1\leqslant i<j\leqslant n+1}\frac{r_ir_j}{(\mu\cdot r_i+h_i)(\mu\cdot r_j+h_j)}\geqslant\frac{\binom{n+1}{2}}{(\mu+n-1)^2}, \tag{7.5.47}$$

当且仅当 $\mathscr{A}$ 为等面单形时等号成立.

由 (7.5.45) 可知, 不等式 (7.5.47) 是稳定的. 另外, 在 (7.5.47) 中, 当 $n=2$ 时, 此时可取 $\mu=0$, 则此时便是本节前面所述的 (7.5.3), 故 (7.5.47) 是不等式 (7.5.4) 在 n 维欧氏空间 $\mathbf{E}^n$ 中的一种推广.

有了关系式 (7.5.44) 我们可以给出与前面定理 3 与定理 4 相对应的结论:

定理 7 题设与定理 5 中的相同, 若 $\mu<-(n-1)$, 则:

(i) 当 k 为大于 1 小于 $n+1$ 的奇数时, 有

$$\sum\sum\cdots\sum_{1\leqslant i_1<i_2<\cdots<i_k\leqslant n+1}\prod_{j=1}^{k}\frac{r_{i_j}}{\mu\cdot r_{i_j}+h_{i_j}}$$

$$\leqslant\frac{\binom{n+1}{k}}{(\mu+n-1)^k}-c_k(n,\mu)\cdot\frac{1}{S^2}\cdot\sum_{i=1}^{n+1}(S_i-\overline{S_0})^2, \tag{7.5.48}$$

(ii) 当 k 为小于 $n+1$ 的偶数时, 有

$$\sum\sum\cdots\sum_{1\leqslant i_1<i_2<\cdots<i_k\leqslant n+1}\prod_{j=1}^{k}\frac{r_{i_j}}{\mu\cdot r_{i_j}+h_{i_j}}$$

$$\geqslant \frac{\binom{n+1}{k}}{(\mu+n-1)^k} - c_k(n,\mu) \cdot \frac{1}{S^2} \cdot \sum_{i=1}^{n+1} (S_i - \overline{S_0})^2, \quad (7.5.49)$$

当且仅当 $\mathscr{A}$ 为等面单形时等号成立, 其中

$$c_k(n,\mu) = \frac{4n(n+1)}{(\mu-2)^{k-2} \cdot (\mu+n-1)^2} \times \left(\sum_{p=1}^{k} \frac{(-1)^p \cdot \binom{n+1-p}{k-p}}{\binom{n+1}{p} \cdot (\mu+n-1)^p} \cdot (n+1)^p \right).$$

定理 8　在定理 5 的题设下, 若 $\mu < -(n-1)$, 则:
(i) 当 n 为偶数时, 有

$$\prod_{i=1}^{n+1} \frac{r_i}{\mu \cdot r_i + h_i} \leqslant \frac{1}{(\mu+n-1)^{n+1}} - c_{n+1}(n,\mu) \cdot \frac{1}{S^2} \cdot \sum_{i=1}^{n+1} (S_i - \overline{S_0})^2, \quad (7.5.50)$$

(ii) 当 n 为奇数时, 有

$$\prod_{i=1}^{n+1} \frac{r_i}{\mu \cdot r_i + h_i} \geqslant \frac{1}{(\mu+n-1)^{n+1}} - c_{n+1}(n,\mu) \cdot \frac{1}{S^2} \cdot \sum_{i=1}^{n+1} (S_i - \overline{S_0})^2, \quad (7.5.51)$$

当且仅当 $\mathscr{A}$ 为等面单形时等号成立, 其中

$$c_{n+1}(n,\mu) = \frac{4n(n+1)}{(\mu-2)^{n-1} \cdot (\mu+n-1)^2} \times \sum_{p=1}^{n} \frac{(-1)^p \cdot (n+1)^p}{\binom{n+1}{p} \cdot (\mu+n-1)^p} + \frac{(-1)^{n+1} \cdot (n+1)^{n+2}}{2n(\mu-2)^{n-1} \cdot (\mu+n-1)^{n+3}}.$$

§7.6 常曲率空间中 k-n 型 Neuberg - Pedoe 不等式的稳定性

前面几节我们讨论的都是欧氏空间中一些几何不等式的稳定性问题, 从这一节开始, 我们将讨论常曲率空间中一些几何不等式的稳定性.

在 §2.1 中首先给出了平面上的 Neuberg - Pedoe 不等式 (2.1.1), 然后又给出了它的 n 维欧氏空间 $\mathbf{E}^n$ 中的形式 (2.1.6), 这里我们将给出形如 (2.1.1) 形式的如下不等式:

设 $\triangle ABC$ 与 $\triangle A'B'C'$ 的边长分别为 a, b, c 和 a', b', c', 它们的面积分别是 $\triangle$ 和 $\triangle'$, 则

$$a(-a'+b'+c')+b(a'-b'+c')+c(a'+b'-c') \geqslant 4\sqrt{3}\sqrt{\triangle\triangle'}, \tag{7.6.1}$$

当且仅当 $\triangle ABC$ 与 $\triangle A'B'C'$ 均为正三角形时等号成立.

我们把 (2.1.1) 与 (7.6.1) 都称为 Neuberg - Pedoe 型不等式, 有时候也称为 N-P 不等式.

实际上, 可以证明存在两个正实数 λ 与 μ, 且 $\lambda\mu = 1$, 使得如下比 (7.6.1) 更强的一个不等式成立

$$a(-a'+b'+c')+b(a'-b'+c')+c(a'+b'-c')$$

$$\geqslant 4\sqrt{3}\sqrt{\triangle\triangle'}+(\lambda a-\mu b')^2+(\lambda a-\mu c')^2+(\lambda b-\mu c')^2, \tag{7.6.2}$$

当且仅当 $\triangle ABC$ 与 $\triangle A'B'C'$ 均为正三角形时等号成立.

本节我们将讨论 (7.6.1) 在 n 维常曲率空间 $\mathbf{C}^n(K)$

中的一种推广并研究它的稳定性问题, 为此如下首先给出一些设定.

设 $\mathscr{A}$ 为 n 维常曲率空间 $\mathbf{C}^n(K)$ 中的单形, 由 $\mathscr{A}$ 的 $k+1$ 个顶点 A_{i_1}, A_{i_2}, $\cdots$, $A_{i_{k+1}}$ 所支撑的 k 维子单形记为 $\mathscr{A}_{(k)}$.

(i) 当 $\mathscr{A}\subset\mathbf{E}^n$ 时, $\mathscr{A}_{(k)}$ 的度量矩阵为 $A_{i_{k+1}}^{(e)}$, 且 $\mathscr{A}_{(k)}$ 的 k 维体积为

$$\det A_{i_{k+1}}^{(e)}=(-1)^{k+1}\cdot 2^k\cdot k!^2\cdot V_{(k),\,i}^2,\ (1\leqslant k\leqslant n);\tag{7.6.3}$$

(ii) 当 $\mathscr{A}\subset\mathbf{S}^n(K)$ $(K>0)$ 时, $\mathscr{A}_{(k)}$ 的度量矩阵为 $A_{i_{k+1}}^{(s)}$, 且 $\mathscr{A}_{(k)}$ 的 k 维常曲体积为

$$\det A_{i_{k+1}}^{(s)}=k!^2\cdot\sin^2\sqrt{K}\,V_{(k),\,i},\ (K>0,\ 1\leqslant k\leqslant n);\tag{7.6.4}$$

(iii) 当 $\mathscr{A}\subset\mathbf{H}^n(K)$ $(K<0)$ 时, $\mathscr{A}_{(k)}$ 的度量矩阵为 $A_{i_{k+1}}^{(h)}$, 且 $\mathscr{A}_{(k)}$ 的 k 维常曲体积为

$$\det A_{i_{k+1}}^{(h)}=k!^2\cdot\sinh^2\sqrt{-K}\,V_{(k),\,i},\ (K<0,\ 1\leqslant k\leqslant n),\tag{7.6.5}$$

类似于 (6.5.3) 与 (6.5.4), 记

$$\det G_k=\left(\frac{(-1)^{k+1}}{2^k}\cdot\det A_{i_{k+1}}^{(e)},\ \det A_{i_{k+1}}^{(s)},\ (-1)^k\cdot\det A_{i_{k+1}}^{(h)}\right),\tag{7.6.6}$$

$$f(V_{(k),\,i})=\frac{1}{k!}\cdot\sqrt{\det G_k}=\left(V_{(k),\,i},\ \sin\sqrt{K}\,V_{(k),\,i},\sinh\sqrt{-K}V_{(k),\,i}\right),\tag{7.6.7}$$

在 (7.6.7) 中, 当 $k=n-1$ 与 $k=n$ 时, 分别记为

$$f(V_{(n-1),\,i})=f(S_i),\quad f(V_{(n),\,i})=f(V).$$

为了给出 (7.6.1) 在 n 维常曲率空间 $\mathbf{C}^n(K)$ 中的稳定性问题, 如下先来给出 $\mathbf{C}^n(K)$ 中的几条定义:

定义 1 设 $\mathscr{A}$ 是 n 维常曲率空间 $\mathbf{C}^n(K)$ 中的单形, 如果对于任意的 i 与 j, 都有 $f(V_{(k),\,i}) = f(V_{(k),\,j})$, 则当 $k=1$ 时, 称 $\mathscr{A}$ 为正则单形, 当 $k \geqslant 2$ 时, 称 $\mathscr{A}$ 为 k 维界面的 k 维常曲体积相等的单形, 简称为 k 维等面单形, 当 $k=n-1$ $(n \geqslant 3)$ 时, 简称 $\mathscr{A}$ 为等面单形.

定义 2 设 λ 与 μ 为两个正实数, $0<\theta \leqslant 1$, $\mu_{(n,\,k)} = \binom{n+1}{k+1}$, 再设 $f(V_{(k),1,\,i})$ 与 $f(V_{(k),2,\,i})$ 分别为 n 维常曲率空间 $\mathbf{C}^n(K)$ 中单形 $\mathscr{A}$ 与 $\mathscr{B}$ 的 k 维常曲体积, 则称

$$\delta(\mathscr{A},\ \mathscr{B})_{(\lambda,\ \mu,\ \theta)} = \sum_{i=1}^{\mu_{(n,\,k)}} \left(\lambda f^{\theta}(V_{(k),1,i}) - \mu f^{\theta}(V_{(k),2,i})\right)^2$$

为单形 $\mathscr{A}$ 与 $\mathscr{B}$ 的 k 维常曲体积关于权系数 λ 与 μ 及指数 θ 的偏差度量, 或简称为单形 $\mathscr{A}$ 与 $\mathscr{B}$ 的 k 维权指偏差度量.

定义 3 在定义 2 的前提下, 如果对于正实数 λ 与 μ 均等于 1, 则称

$$\delta(\mathscr{A},\ \mathscr{B})_{\theta} = \sum_{i=1}^{\mu_{(n,\,k)}} \left(f^{\theta}(V_{(k),1,i}) - f^{\theta}(V_{(k),2,i})\right)^2$$

为单形 $\mathscr{A}$ 与 $\mathscr{B}$ 的 k 维指数偏差度量.

定义 4 设 $\mathscr{A}$ 是 n 维常曲率空间 $\mathbf{C}^n(K)$ 中的单形, $0<\theta \leqslant 1$, 又 $\mathscr{A}$ 的 $k+1$ 个顶点 $A_{i_1}, A_{i_2}, \cdots, A_{i_{k+1}}$ 所支撑的 k 维子单形的 k 维常曲体积为 $f(V_{(k),\,i})$, 又

$\mathscr{A}_0$ 是每一个 k 维常曲体积都等于

$$f(V_{(k)}) = \left(\frac{1}{\mu_{(n,\,k)}} \cdot \sum_{i=1}^{\mu_{(n,\,k)}} f^{\theta}(V_{(k),\,i})\right)^{\frac{1}{\theta}}$$

的单形, 则称 $\mathscr{A}_0$ 为 $\mathscr{A}$ 的 k 维指数等面单形, 简称为 k 维指数等面单形.

定义 5 设 $\mathscr{A}_0$ 为 $\mathscr{A}$ 的 k 维指数等面单形, $0 < \theta \leqslant 1$, 记

$$\overline{f^{\theta}(V_{(k)})} = \frac{1}{\mu_{(n,\,k)}} \cdot \sum_{i=1}^{\mu_{(n,\,k)}} f^{\theta}(V_{(k),\,i}),$$

则称

$$\delta(\mathscr{A},\ \mathscr{A}_0)_{\theta} = \sum_{i=1}^{\mu_{(n,\,k)}} \left(f^{\theta}(V_{(k),\,i}) - \overline{f^{\theta}(V_{(k)})}\right)^2$$

为单形 $\mathscr{A}$ 与 k 维指数等面单形 $\mathscr{A}_0$ 的偏差度量.

引理 1 设 $\mathscr{A}$ 是 n 维常曲率空间 $\mathbf{C}^n(K)$ 中的单形, 其顶点 A_i 所对的 $n-1$ 维界面的 $n-1$ 维常曲体积为 $f(S_i)$, 又 $0 < \theta \leqslant 1$, 若 $m = (n,\ n+1,\ n+1)$, 则有

$$\sum_{i=1}^{n+1} f^{\theta}(S_i)\left(\sum_{j=1}^{n+1} f^{\theta}(S_j) - 2f^{\theta}(S_i)\right) \geqslant d_1(n,\theta) \cdot (f(V))^{\frac{2(n-1)\theta}{n}}, \tag{7.6.8}$$

其中

$$d_1(n,\theta) = (n^2-1) \cdot \left(\frac{n^{2n} \cdot m^n}{(n+1)^{n-1} \cdot n!^2 \cdot \binom{m}{n}}\right)^{\frac{\theta}{n}},$$

当且仅当 $\mathscr{A}$ 为等面单形时等号成立.

证 在 (2.3.5) 中以 $n+1$ 代 n, 并取 $k=n$, $m=2$, 则有

$$\sum_{i=1}^{n+1}\prod_{\substack{j=1\\ j\neq i}}^{n+1}\left(\frac{1}{x_j}-2\right)\geqslant (n+1)\cdot(n-1)^n, \tag{7.6.9}$$

当且仅当 $x_1=x_2=\cdots=x_{n+1}$ 时等号成立.

在 (7.6.9) 中取 $x_i=\frac{f^\theta(S_i)}{\sum\limits_{j=1}^{n+1}f^\theta(S_j)}$, 而在 (6.7.14) 中取

$$m_i=\frac{1}{f^\theta(S_i)}\cdot\left(\sum_{j=1}^{n+1}f^\theta(S_j)-2f^\theta(S_i)\right),$$

并且令

$$d_0(n,\theta)=(n+1)^{(n-1)(1-\theta)}\cdot\left(\frac{n^{2n}\cdot m^n}{n!^2\cdot\binom{m}{n}}\right)^\theta,$$

则有

$$\begin{aligned}&\left(\sum_{i=1}^{n+1}f^\theta(S_i)\left(\sum_{j=1}^{n+1}f^\theta(S_j)-2f^\theta(S_i)\right)\right)^n\\ &\geqslant d_0(n,\theta)\cdot\sum_{i=1}^{n+1}\prod_{\substack{j=1\\ j\neq i}}^{n+1}\left(\frac{1}{f^\theta(S_i)}\cdot\left(\sum_{j=1}^{n+1}f^\theta(S_j)-2f^\theta(S_i)\right)\right)\\ &\quad\times(f(V))^{2(n-1)\theta}\\ &=d_0(n,\theta)\cdot\sum_{i=1}^{n+1}\prod_{\substack{j=1\\ j\neq i}}^{n+1}\left(\frac{1}{x_j}-2\right)\cdot(f(V))^{2(n-1)\theta}\\ &\geqslant d_1^n(n,\theta)\cdot(f(V))^{2(n-1)\theta},\end{aligned}$$

由此知引理 1 得证. □

在 (7.6.8) 中, 当 $\theta=1$ 时, 有

$$\sum_{i=1}^{n+1} f(S_i)\left(\sum_{j=1}^{n+1} f(S_j)-2f(S_i)\right) \geqslant d_1(n)\cdot(f(V))^{\frac{2(n-1)}{n}}, \tag{7.6.10}$$

当且仅当 $\mathscr{A}$ 为等面单形时等号成立, 其中

$$d_1(n)=(n^2-1)\cdot\left(\frac{n^{2n}\cdot m^n}{(n+1)^{n-1}\cdot n!^2\cdot\binom{m}{n}}\right)^{\frac{1}{n}}.$$

引理 2 设 $\mathscr{A}$ 为 n 维常曲率空间 $\mathbf{C}^n(K)$ 中的单形, 则有

$$(\alpha(l)\cdot M_l)^{\frac{1}{l}} \leqslant (\alpha(k)\cdot M_k)^{\frac{1}{k}}, (1\leqslant k<l\leqslant n), \tag{7.6.11}$$

当且仅当对于任意的 i 与 j 均有 $f(V_{(k),i})=f(V_{(k),j})$ 时等号成立, 其中

$$\alpha(k)=\left(\frac{k!}{\sqrt{k+1}}, k!, k!\right),\ M_k=\left(\prod_{i=1}^{\mu_{(n,k)}} f(V_{(k),i})\right)^{\frac{1}{\mu_{(n,k)}}}.$$

证 实际上, 由 (6.7.12) 可得

$$\left(\prod_{i=1}^{n+1} f(S_i)\right)^{\frac{1}{n^2-1}} \geqslant \frac{\alpha^{\frac{1}{n}}(n)}{\alpha^{\frac{1}{n-1}}(n-1)}\cdot f^{\frac{1}{n}}(V), \tag{7.6.12}$$

当且仅当 $f(S_1)=f(S_2)=\cdots=f(S_{n+1})$ 时等号成立.

将不等式 (7.6.12) 应用于单形 $\mathscr{A}$ 的第 i 个 k 维子单形 $\mathscr{A}_{(k),i}$, 则有

$$\left(\alpha(k-1)\cdot\left(\prod_{j=1}^{k+1} f(V_{(k-1),i,j})\right)^{\frac{1}{k+1}}\right)^{\frac{1}{k-1}}$$

$$\geqslant \left(\alpha(k)\cdot f(V_{(k),\,i})\right)^{\frac{1}{k}}, \tag{7.6.13}$$

由此可得

$$\begin{aligned}
&\prod_{i=1}^{\mu_{(n,\,k)}}\left(\alpha(k)\cdot f(V_{(k),\,i})\right)^{\frac{1}{k}}\\
\leqslant&\prod_{i=1}^{\mu_{(n,\,k)}}\left(\alpha(k-1)\cdot\left(\prod_{j=1}^{k+1}f(V_{(k-1),\,i,j})\right)^{\frac{1}{k+1}}\right)^{\frac{1}{k-1}}\\
=&\left(\alpha(k-1)\cdot\left(\prod_{i=1}^{\mu_{(n,\,k-1)}}f(V_{(k-1),\,i})\right)^{\frac{1}{\mu_{(n,\,k-1)}}}\right)^{\frac{\mu_{(n,\,k)}}{k-1}},
\end{aligned}$$

即

$$(\alpha(k)\cdot M_k)^{\frac{1}{k}}\leqslant(\alpha(k-1)\cdot M_{k-1})^{\frac{1}{k-1}}, \tag{7.6.14}$$

当且仅当对于所有的 $f(V_{(k-1),\,i})$ 均相等时等号成立.

由递推不等式 (7.6.14) 立即可得

$$\begin{aligned}
&(\alpha(n)\cdot M_n)^{\frac{1}{n}}\leqslant(\alpha(n-1)\cdot M_{n-1})^{\frac{1}{n-1}}\leqslant\cdots\\
&\leqslant(\alpha(2)\cdot M_2)^{\frac{1}{2}}\leqslant(\alpha(1)\cdot M_1),
\end{aligned} \tag{7.6.15}$$

由 (7.6.15) 立即得到 (7.6.11). □

定理 1 设 $\mathscr{A}$ 与 $\mathscr{B}$ 均为 n 维常曲率空间 $\mathbf{C}^n(K)$ 中的单形, 令 $f(V_{(k),1,i})$ 与 $f(V_{(k),2,\,i})$ 分别为 $\mathscr{A}$ 与 $\mathscr{B}$ 的第 i 个 k 维常曲体积, 则有

$$P_{(k,\theta)}(\mathscr{A},\ \mathscr{B})\geqslant\varphi_0(n,k,\theta)\cdot(f(V_1)f(V_2))^{\frac{k\theta}{n}}, \tag{7.6.16}$$

当且仅当 $\mathscr{A}$ 与 $\mathscr{B}$ 的所有 k 维常曲体积均相等时等号成立, 其中

$$P_{(k,\theta)}(\mathscr{A},\ \mathscr{B})=\sum_{i=1}^{\mu_{(n,\,k)}}f^{\theta}(V_{(k),1,i})$$

$$\times\left(\sum_{j=1}^{\mu_{(n,\,k)}} f^{\theta}(V_{(k),2,j})-(n+1-k)f^{\theta}(V_{(k),2,i})\right),$$

$$\varphi_0(n,k,\theta)=\mu_{(n,\,k)}\cdot\frac{\alpha^{\frac{2k\theta}{n}}(n)}{\alpha^{2\theta}(k)}.$$

证 设由 $\mathscr{A}$ 的 $k+2$ 个顶点 $A_{i_1},A_{i_2},\cdots,A_{i_{k+2}}$ 所支撑的 $k+1$ 维子单形为 $\mathscr{A}_{(k+1),\,i}$, 将 (7.6.8) 应用到 $\mathscr{A}_{(k+1),\,i}$ 上, 则可得

$$\sum_{i=1}^{k+2} f^{\theta}(V_{(k),\,i})\left(\sum_{j=1}^{n+1} f^{\theta}(V_{(k),j})-2f^{\theta}(V_{(k),i})\right)$$

$$\geqslant c(k,\theta)\cdot(f(V_{(k+1)}))^{\frac{2k\theta}{k+1}},\tag{7.6.17}$$

其中

$$c(k,\theta)=k(k+2)\cdot\frac{\alpha^{\frac{2k\theta}{k+1}}(k+1)}{\alpha^{2\theta}(k)}.$$

设 $\{A_{i_1},A_{i_2},\cdots,A_{i_{k+1}}\}$ 与 $\{A_{j_1},A_{j_2},\cdots,A_{j_{k+1}}\}$ 分别为 $k+1$ 维单形 $\mathscr{A}_{(k+1),\,i}$ 的两个 k 维子单形 $\mathscr{A}_{(k),\,i}$ 与 $\mathscr{A}_{(k),\,j}$ 的顶点集, 并且它们的交集是空集, 即 $\{A_{i_1},A_{i_2},\cdots,A_{i_{k+1}}\}\bigcap\{A_{j_1},A_{j_2},\cdots,A_{j_{k+1}}\}=\varnothing$, 它们的 k 维体积的乘积为 $f^{\theta}(V_{(k),\,i_l})f^{\theta}(V_{(k),\,j_l})$ $(1\leqslant l\leqslant\mu_{(n,\,k)})$, 如下记

$$u(n,\ k)=\mu_{(n,\,k)}\cdot(\mu_{(n,\,k)}-1-(k+1)(n-k)),$$

$$P=\frac{u(n,\ k)}{\mu_{(n,\,k)}}\cdot\left(\sum_{l=1}^{\mu_{(n,\,k)}} f^{\theta}(V_{(k),\,i_l})f^{\theta}(V_{(k),\,j_l})\right),\tag{7.6.18}$$

因此有

$$P\geqslant u(n,\ k)\cdot\left(\prod_{l=1}^{\mu_{(n,\,k)}} f(V_{(k),\,i_l})\right)^{\frac{2\theta}{\mu_{(n,\,k)}}},\tag{7.6.19}$$

当且仅当所有的 $f(V_{(k),\,i_l})$ 均相等时等号成立.

另一方面, 如果记 $\varphi_2(n,k,\theta)=(\mu_{(n,\,k)}-(n+1-k))\cdot\varphi_0(n,k,\theta)$, 则由引理 2 可得

$$\sum_{i=1}^{\mu_{(n,\,k)}} f^\theta(V_{(k),i})\left(\sum_{j=1}^{\mu_{(n,\,k)}} f^\theta(V_{(k),j})-(n+1-k)f^\theta(V_{(k),i})\right)$$

$$=\sum_{l=1}^{\mu_{(n,\,k+1)}}\left[\sum_{i=1}^{k+2} f^\theta(V_{(k),\,i_l})\times\left(\sum_{j=1}^{n+1} f^\theta(V_{(k),j_l})-2f^\theta(V_{(k),i_l})\right)\right]+P$$

$$\geqslant c(k,\theta)\cdot\sum_{i=1}^{\mu_{(n,\,k+1)}}\left(f^\theta(V_{(k),\,i})\right)^{\frac{2k\theta}{k+1}}+u(n,k)\cdot\left(\prod_{l=1}^{\mu_{(n,\,k)}} f(V_{(k),\,i_l})\right)^{\frac{2\theta}{\mu_{(n,\,k)}}}$$

$$\geqslant\varphi_2(n,k,\theta)\cdot(f(V))^{\frac{2k\theta}{n}},$$

即

$$\sum_{i=1}^{\mu_{(n,\,k)}} f^\theta(V_{(k),i})\left(\sum_{j=1}^{\mu_{(n,\,k)}} f^\theta(V_{(k),j})-(n+1-k)f^\theta(V_{(k),i})\right)\geqslant\varphi_2(n,k,\theta)\cdot(f(V))^{\frac{2k\theta}{n}},\tag{7.6.20}$$

当且仅当所有的 $f(V_{(k),\,i})$ 均相等 (即 $\mathscr{A}$ 为 k 维等面单形) 时等号成立.

事实上，如果记

$$N_{(k,\theta)}(\mathscr{A},\ \mathscr{B})=\varphi_0(n,k,\theta)\cdot(f(V_1)f(V_2))^{\frac{k\theta}{n}}+(n+1-k)\cdot\sum_{i=1}^{\mu_{(n,\,k)}} f^\theta(V_{(k),\,1,i})f^\theta(V_{(k),\,2,i}),$$

则由 (7.6.20) 可得

$$\left(\sum_{i=1}^{\mu_{(n,\,k)}} f^{\theta}(V_{(k),1,i})\right)^2 \geqslant N_{(k,\theta)}(\mathscr{A},\ \mathscr{A}), \tag{7.6.21}$$

当且仅当所有的 $f(V_{(k),1,\,i})$ 均相等 (即 $\mathscr{A}$ 为 k 维等面单形) 时等号成立.

因此, 利用 Cauchy 不等式可得

$$N_{(k,\theta)}(\mathscr{A},\ \mathscr{A})\cdot N_{(k,\theta)}(\mathscr{B},\ \mathscr{B}) \geqslant N^2_{(k,\theta)}(\mathscr{A},\ \mathscr{B}), \tag{7.6.22}$$

再由 (7.6.21) 便得到

$$\left(\sum_{i=1}^{\mu_{(n,\,k)}} f^{\theta}(V_{(k),1,i})\right)\left(\sum_{i=1}^{\mu_{(n,\,k)}} f^{\theta}(V_{(k),2,i})\right) \geqslant N_{(k,\theta)}(\mathscr{A},\ \mathscr{B}), \tag{7.6.23}$$

将此整理之便得 (7.6.16). □

由于不等式 (7.6.16) 所涉及的是 k 维与 n 维的常曲体积, 所以我们不妨称它为 k - n 型 Neuberg-Pedoe 不等式.

实际上, 不等式 (7.6.20) 可以表示为

$$\left(\sum_{i=1}^{\mu_{(n,\,k)}} f^{\theta}(V_{(k),i})\right)^2 - (n+1-k)\cdot\left(\sum_{i=1}^{\mu_{(n,\,k)}} f^{2\theta}(V_{(k),\,i})\right)$$

$$\geqslant \varphi_2(n,k,\theta)\cdot(f(V))^{\frac{2k\theta}{n}}, \tag{7.6.24}$$

因为

$$\left(\sum_{i=1}^{\mu_{(n,\,k)}} f^{\theta}(V_{(k),i})\right)^{2} - (n+1-k)\cdot\left(\sum_{i=1}^{\mu_{(n,\,k)}} f^{2\theta}(V_{(k),\,i})\right)$$
$$= 2\cdot \sum_{1\leqslant i<j\leqslant \mu_{(n,\,k)}} f^{\theta}(V_{(k),\,i})f^{\theta}(V_{(k),\,j})$$
$$- (n-k)\cdot \sum_{i=1}^{\mu_{(n,\,k)}} f^{2\theta}(V_{(k),\,i})$$
$$= \sum_{1\leqslant i<j\leqslant \mu_{(n,\,k)}} \Big[f^{2\theta}(V_{(k),\,i}) + f^{2\theta}(V_{(k),\,j}) -$$
$$\left(f^{\theta}(V_{(k),\,i}) - f^{\theta}(V_{(k),\,j})\right)^{2}\Big] - (n-k)\cdot\sum_{i=1}^{\mu_{(n,\,k)}} f^{2\theta}(V_{(k),\,i})$$
$$= \left(\mu_{(n,\,k)} - (n+1-k)\right)\cdot\left(\sum_{i=1}^{\mu_{(n,\,k)}} f^{2\theta}(V_{(k),\,i})\right)$$
$$- \sum_{1\leqslant i<j\leqslant \mu_{(n,\,k)}} \left(f^{\theta}(V_{(k),\,i}) - f^{\theta}(V_{(k),\,j})\right)^{2},$$

所以有

$$\left(\mu_{(n,\,k)} - (n+1-k)\right)\cdot\left(\sum_{i=1}^{\mu_{(n,\,k)}} f^{2\theta}(V_{(k),\,i})\right)$$
$$\geqslant \varphi_2(n,k,\theta)\cdot(f(V))^{\frac{2k\theta}{n}}$$
$$+ \sum_{1\leqslant i<j\leqslant \mu_{(n,\,k)}} \left(f^{\theta}(V_{(k),\,i}) - f^{\theta}(V_{(k),\,j})\right)^{2}, \qquad (7.6.25)$$

由此得

$$\sum_{i=1}^{\mu_{(n,\,k)}} f^{2\theta}(V_{(k),i}) \geqslant \varphi_0(n,k,\theta)\cdot(f(V))^{\frac{2k\theta}{n}}$$

$$+u_1(n,\ k)\cdot\sum_{i=1}^{\mu_{(n,\,k)}}\left(f^{\theta}(V_{(k),\,i})-\overline{f^{\theta}(V_{(k)})}\right)^2,\quad(7.6.26)$$

其中

$$u_1(n,\ k)=\frac{\mu_{(n,\,k)}}{\mu_{(n,\,k)}-(n+1-k)}.$$

由 (7.6.26) 可得

$$\sum_{i=1}^{\mu_{(n,\,k)}}f^{2\theta}(V_{(k),i})\geqslant\varphi_0(n,k,\theta)\cdot(f(V))^{\frac{2k\theta}{n}},\quad(7.6.27)$$

当且仅当 $\mathscr{A}$ 为等面单形时等号成立.

至此可得如下的:

推论 设 $\mathscr{A}$ 为 n 维常曲率空间 $\mathbf{C}^n(K)$ 中的单形, 且 $\mathscr{A}$ 的 n 维常曲体积为 $f(V)$, 由 $\mathscr{A}$ 的 $k+1$ 个顶点 $A_{i_1},A_{i_2},\cdots,A_{i_{k+1}}$ 所支撑的 k 维子单形的 k 维常曲体积为 $f(V_{(k),\,i})$, $0<\theta\leqslant 1$, $\mathscr{A}_0$ 为 $\mathscr{A}$ 的 k 维指数等面单形, 则对于任意给定的非负数 ε, 当

$$\sum_{i=1}^{\mu_{(n,\,k)}}f^{2\theta}(V_{(k),i})-\varphi_0(n,k,\theta)\cdot(f(V))^{\frac{2k\theta}{n}}\leqslant\varepsilon$$

时, 有

$$\delta(\mathscr{A},\ \mathscr{A}_0)_\theta\leqslant\frac{\mu_{(n,\,k)}-(n+1-k)}{\mu_{(n,\,k)}}\cdot\varepsilon.$$

不等式 (7.6.27) 称为 n 维常曲率空间 $\mathbf{C}^n(K)$ 中单形 $\mathscr{A}$ 的 k-n 型 Weitzenböck 不等式. 当然 (7.6.26) 是 (7.6.27) 的一种加强形式.

定理 2 设 $\mathscr{A}$ 与 $\mathscr{B}$ 为 n 维常曲率空间 $\mathbf{C}^n(K)$ 中的两个单形, λ 与 μ 为两个正实数, 且 $\lambda\mu=1$, $0<$

$\theta \leqslant 1$, $\delta(\mathscr{A},\ \mathscr{B})_{(\lambda,\ \mu,\ \theta)}$ 为单形 $\mathscr{A}$ 与 $\mathscr{B}$ 的 k 维权指偏差度量, 则对于任意给定的 $\varepsilon \geqslant 0$, 当

$$P_{(k,\theta)}(\mathscr{A},\ \mathscr{B})-\varphi_0(n,k,\theta)\cdot(f(V_1)f(V_2))^{\frac{k\theta}{n}} \leqslant \varepsilon \quad (7.6.28)$$

时, 有

$$\delta(\mathscr{A},\ \mathscr{B})_{(\lambda,\ \mu,\ \theta)} \leqslant \frac{2}{n+1-k}\cdot\varepsilon. \quad (7.6.29)$$

证 这里我们记

$$P_1(k,\theta)=\sum_{i=1}^{\mu_{(n,\ k)}} f^{\theta}(V_{(k),\,1,i}),\ P_2(k,\theta)=\sum_{i=1}^{\mu_{(n,\ k)}} f^{\theta}(V_{(k),\,2,i}),$$

并且我们取

$$\lambda=\sqrt{\frac{P_2(k,\theta)}{P_1(k,\theta)}},\quad \mu=\sqrt{\frac{P_1(k,\theta)}{P_2(k,\theta)}},$$

此处的 λ 与 μ 显然满足定理 2 中所述的条件.

根据 (7.6.20) 有

$$\begin{aligned}
&P_{(k,\theta)}(\mathscr{A},\ \mathscr{B})-\varphi_0(n,k,\theta)\cdot(f(V_1)f(V_2))^{\frac{k\theta}{n}}\\
&=P_{(k,\theta)}(\mathscr{A},\ \mathscr{B})-\varphi_0(n,k,\theta)\cdot\left(\lambda\cdot(f(V_1))^{\frac{k\theta}{n}}\right)\\
&\qquad\qquad\times\left(\mu\cdot(f(V_2))^{\frac{k\theta}{n}}\right)\\
&\geqslant P_{(k,\theta)}(\mathscr{A},\ \mathscr{B})-\frac{\varphi_0(n,k,\theta)}{2}\cdot\left(\lambda^2\cdot(f(V_1))^{\frac{2k\theta}{n}}\right)\\
&\qquad\qquad-\frac{\varphi_0(n,k,\theta)}{2}\cdot\left(\mu^2\cdot(f(V_2))^{\frac{2k\theta}{n}}\right)
\end{aligned}$$

$$\geqslant P_{(k,\theta)}(\mathscr{A},\ \mathscr{B})-\frac{1}{2}\cdot\lambda^2\cdot P_{(k,\theta)}(\mathscr{A},\ \mathscr{B})-\frac{1}{2}\cdot\mu^2\cdot P_{(k,\theta)}(\mathscr{A},\ \mathscr{B})$$

$$\geqslant P_1(k,\theta)\cdot P_2(k,\theta)-(n+1-k)\cdot\sum_{i=1}^{\mu_{(n,\,k)}}f^{\theta}(V_{(k),\,1,i})f^{\theta}(V_{(k),\,2,i})$$
$$-\frac{1}{2}\cdot\lambda^2\cdot\left(P_1^2(k,\theta)-(n+1-k)\cdot\sum_{i=1}^{\mu_{(n,\,k)}}f^{2\theta}(V_{(k),\,1,i})\right)$$
$$-\frac{1}{2}\cdot\mu^2\cdot\left(P_2^2(k,\theta)-(n+1-k)\cdot\sum_{i=1}^{\mu_{(n,\,k)}}f^{2\theta}(V_{(k),\,2,i})\right)$$
$$=\frac{n+1-k}{2}\cdot\left(\sum_{i=1}^{\mu_{(n,\,k)}}\left(\lambda f^{\theta}(V_{(k),\,1,i})-\mu f^{\theta}(V_{(k),\,2,i})\right)^2\right)$$
$$=\frac{n+1-k}{2}\cdot\delta(\mathscr{A},\ \mathscr{B})_{(\lambda,\ \mu,\ \theta)},$$

即

$$P_{(k,\theta)}(\mathscr{A},\ \mathscr{B})-\varphi_0(n,k,\theta)\cdot(f(V_1)f(V_2))^{\frac{k\theta}{n}}\geqslant\frac{n+1-k}{2}\cdot\delta(\mathscr{A},\ \mathscr{B})_{(\lambda,\ \mu,\ \theta)},\tag{7.6.30}$$

所以, 对于任意的 $\varepsilon\geqslant 0$, 当

$$P_{(k,\theta)}(\mathscr{A},\ \mathscr{B})-\varphi_0(n,k,\theta)\cdot(f(V_1)f(V_2))^{\frac{k\theta}{n}}\leqslant\varepsilon$$

时, 必有 $\delta(\mathscr{A},\ \mathscr{B})_{(\lambda,\ \mu,\ \theta)}\leqslant\frac{2}{n+1-k}\cdot\varepsilon$. □

由定理 1 与定理 2 可知, 不等式 (7.6.16) 是稳定的.

§7.7 常曲率空间中 k 级 Veljan - Korchmáros 不等式的稳定性

设 $\{A_1, A_2, \cdots, A_{n+1}\}$ 为 n 维欧氏空间 $\mathbf{E}^n$ 中单形 $\mathscr{A}$ 的顶点集, 又 V 为 $\mathscr{A}$ 的 n 维体积, $\mathscr{A}$ 的棱长为 $|A_iA_j| = a_{ij}$, Korchmáros[40] 于 1974 年证明了 Veljan 于 1970 年提出关于单形 $\mathscr{A}$ 的如下猜想

$$\left(\prod_{1\leqslant i<j\leqslant n+1} a_{ij}\right)^{\frac{2}{n+1}} \geqslant n!\cdot\sqrt{\frac{2^n}{n+1}}\cdot V, \tag{7.7.1}$$

当且仅当 $\mathscr{A}$ 为正则单形时等号成立.

通常 (7.7.1) 称为 Veljan - Korchmáros 不等式, 如果再设 $\mathscr{A}$ 的顶点 A_i 所对的界面的 $n-1$ 维体积为 S_i, 则该不等式在文 [17] 中又被推广为

$$\left(\prod_{i=1}^{n+1} S_i\right)^{\frac{n}{n^2-1}} \geqslant \frac{1}{\sqrt{n+1}}\cdot\left(\frac{n^{3n}}{n!^2}\right)^{\frac{1}{2(n-1)}}\cdot V, \tag{7.7.2}$$

当 $\mathscr{A}$ 为正则单形时等号成立.

当然 (7.7.2) 可由 (4.1.11) 得到, 而对于 (7.7.2) 来说通常又称为张景中 – 杨路不等式, 或简称为张 – 杨不等式, 在文 [41] 中讨论了它的稳定性, 实际上, 在文 [42, 43, 44] 中也同时研究了不等式 (7.7.1) 与 (7.7.2) 的稳定性问题.

本节将讨论 (7.7.1) 与 (7.7.2) 的一般形式在 n 维常曲率空间 $\mathbf{C}^n(K)$ 中的稳定性问题.

为了叙述方便起见, 如下将给出 (7.6.11) 中的特殊情况:

引理 1 设 $\{A_1, A_2, \cdots, A_{n+1}\}$ 为 n 维常曲率空间 $\mathbf{C}^n(K)$ 中单形 $\mathscr{A}$ 的顶点集, 由 $\mathscr{A}$ 的任意 $k+1$ 个顶点 $A_{i_1}, A_{i_2}, \cdots, A_{i_{k+1}}$ 所支撑的 k 维子单形的 k 维常曲体积为 $f(V_{(k),i})$, 又 $f(V)$ 是 $\mathscr{A}$ 的 n 维常曲体积, 则有

$$(\alpha(k)\cdot M_k)^{\frac{1}{k}} \geqslant (\alpha(n)\cdot f(V))^{\frac{1}{n}}, \quad (1 \leqslant k \leqslant n-1), \quad (7.7.3)$$

当且仅当对于任意的 i 与 j 均有 $f(V_{(k),i}) = f(V_{(k),j})$ (即 $\mathscr{A}$ 为 k 维等面单形) 时等号成立.

定义 1 由 (7.7.3) 所确定的不等式称为 n 维常曲率空间 $\mathbf{C}^n(K)$ 中单形 $\mathscr{A}$ 的 k 级 Veljan - Korchmáros 不等式.

定义 2 设 $\mathscr{A}$ 为 n 维常曲率空间 $\mathbf{C}^n(K)$ 中的单形, $f(V_{(k),i})$ 是 $\mathscr{A}$ 的 $k+1$ 个顶点 $A_{i_1}, A_{i_2}, \cdots, A_{i_{k+1}}$ 所支撑的 k 维子单形的 k 维常曲体积, 令 $\overline{f(V_{(k)})} = \frac{1}{\mu_{(n,k)}} \cdot \sum\limits_{i=1}^{\mu_{(n,k)}} f(V_{(k),i})$, $\mathscr{A}_0$ 是每一个 k 维常曲体积均等于 $\overline{f(V_{(k)})}$ 的 k 维等面单形, 则称

$$\delta(\mathscr{A}, \mathscr{A}_0)_{(k,e)} = \sum_{i=1}^{\mu_{(n,k)}} \left(f(V_{(k),i}) - \overline{f(V_{(k)})}\right)^2$$

为单形 $\mathscr{A}$ 与 k 维等面单形 $\mathscr{A}_0$ 的偏差度量, 也称 k 维偏等度量.

引理 2 设 $N \geqslant 3$, $x \in [0, 1]$, $0 < \alpha < 1$, 则有

$$(1 + N \cdot x)^{\alpha} \geqslant 1 + \alpha \cdot x, \quad (7.7.4)$$

当且仅当 $x = 0$ 时等号成立.

证 考虑函数

$$f(x)=1+N\cdot x-(1+\alpha\cdot x)^{\frac{1}{\alpha}},$$

则

$$\begin{aligned}f'(x)&=N-(1+\alpha\cdot x)^{\frac{1}{\alpha}-1}\\&=N-\frac{1}{1+\alpha\cdot x}\cdot(1+\alpha\cdot x)^{\frac{1}{\alpha}}\\&\geqslant N-(1+\alpha\cdot x)^{\frac{1}{\alpha}}\\&\geqslant N-\mathrm{e}^{x}>0,\end{aligned}$$

所以, $f(x)$ 是单调递增非负函数, 由此知不等式 (7.7.4) 成立, 至于等号成立的充要条件是显而易见的. □

定理 设 $\delta(\mathscr{A},\ \mathscr{A}_0)_{(k,\ e)}$ 是单形 $\mathscr{A}$ 与 $\mathscr{A}_0$ 的 k 维偏等度量, 则在 n 维常曲率空间 $\mathbf{C}^n(K)$ 中单形 $\mathscr{A}$ 的 k 级 Veljan - Korchmáros 不等式是稳定的.

证 在 (6.7.2) 中以 $n-k$ 代 k, 则有

$$\begin{aligned}\frac{f(V_{(k),\,j_1j_2\cdots j_{k+1}})\cdot\prod\limits_{t=1}^{k+1}f(S_{j_t})}{\sin\theta_{i_1i_2\cdots i_{n-k}}}&=\frac{(n-1)!\cdot\prod\limits_{i=1}^{n+1}f(S_i)}{k!\cdot(n\cdot f(V))^{n-k-1}}\\&=I_{(n-k)}.\end{aligned}\tag{7.7.5}$$

由 (7.7.5) 可得

$$f(V_{(k),j_1j_2\cdots j_{k+1}})=\frac{I_{(n-k)}}{\prod\limits_{i=1}^{n+1}f(S_i)}\cdot\prod_{t=1}^{n-k}f(S_{i_t})\cdot\sin\theta_{i_1i_2\cdots i_{n-k}},\tag{7.7.6}$$

则由 (7.7.6), (6.7.7), (6.7.11) 可得

$$\sum\sum\cdots\sum_{1\leqslant j_1<j_2<\cdots<j_{k+1}\leqslant n+1}f^2(V_{(k),j_1j_2\cdots j_{k+1}})$$

$$= \left(\frac{I_{(n-k)}}{\prod_{i=1}^{n+1} f(S_i)} \right)^2 \cdot \sum\sum\cdots\sum_{1 \leqslant i_1 < i_2 < \cdots < i_{n-k} \leqslant n+1} f^2(S_{i_1}) f^2(S_{i_2}) \cdots f^2(S_{i_{n-k}}) \cdot \sin^2 \theta_{i_1 i_2 \cdots i_{n-k}}$$

$$\leqslant \left(\frac{I_{(n-k)}}{\prod_{i=1}^{n+1} f(S_i)} \right)^2 \cdot \binom{m}{n-k} \cdot \left(\frac{1}{m} \cdot \sum_{i=1}^{n+1} f^2(S_i) \right)^{n-k}$$

$$\leqslant \left(\frac{I_{(n-k)}}{\prod_{i=1}^{n+1} f(S_i)} \right)^2 \cdot \binom{m}{n-k} \times \left(\frac{1}{m} \cdot \frac{n!^2 \cdot \binom{m}{n}}{n^{2n}} \cdot \left(\frac{n+1}{m} \right)^n \cdot \frac{\prod_{i=1}^{n+1} f^2(S_i)}{(f(V))^{2(n-1)}} \right)^{n-k}$$

即

$$\left(\prod_{i=1}^{n+1} f(S_i) \right)^{2(n-k)} \geqslant \varphi_1(n,k) \cdot (f(V))^{2(n(n-k)-1)} \cdot \left(\sum_{i=1}^{\mu(n,k)} f^2(V_{(k),i}) \right), \quad (7.7.7)$$

其中

$$\varphi_1(n,k) = \frac{k!^2 \cdot n^{2(n+1)(n-k)}}{(n!)^{2(n-k+1)} \cdot \binom{m}{n-k}} \cdot \left(\frac{m \cdot \left(\frac{m}{n+1} \right)^n}{\binom{m}{n}} \right)^{n-k}.$$

另外, 由 (7.6.11) 可得

$$\prod_{i=1}^{n+1} f(S_i) \leqslant \left(\frac{\alpha^{\frac{1}{k}}(k)}{\alpha^{\frac{1}{n-1}}(n-1)}\right)^{n^2-1} \cdot M_k^{\frac{n^2-1}{k}}, \quad (7.7.8)$$

将 (7.7.8) 代入 (7.7.7) 内, 并记

$$\varphi_2(n,k) = \varphi_1(n,k) \cdot \left(\alpha^{\frac{1}{n-1}}(n-1)\right)^{2(n^2-1)(n-k)},$$

则有

$$(\alpha(k) \cdot M_k)^{\frac{2(n^2-1)(n-k)}{k}} \geqslant$$

$$\varphi_2(n,k) \cdot (f(V))^{2(n(n-k)-1)} \cdot \left(\sum_{i=1}^{\mu_{n,k}} f^2(V_{(k),i})\right), \quad (7.7.9)$$

利用 Lagrange 恒等式 (7.1.9) 可得

$$\begin{aligned}
\mu_{(n,\,k)} \cdot \sum_{i=1}^{\mu_{(n,\,k)}} f^2(V_{(k),\,i}) &= \left(\sum_{i=1}^{\mu_{(n,\,k)}} f(V_{(k),\,i})\right)^2 \\
&\quad + \sum_{1\leqslant i<j\leqslant \mu_{(n,\,k)}} \left(f(V_{(k),\,i}) - f(V_{(k),\,j})\right)^2 \\
&= \left(\sum_{i=1}^{\mu_{(n,\,k)}} f(V_{(k),\,i})\right)^2 \\
&\quad + \mu_{(n,\,k)} \cdot \sum_{i=1}^{\mu_{(n,\,k)}} \left(f(V_{(k),\,i}) - \overline{f(V_{(k)})}\right)^2,
\end{aligned}$$

即

$$\sum_{i=1}^{\mu_{(n,\,k)}} f^2(V_{(k),\,i}) = \frac{1}{\mu_{(n,\,k)}} \cdot \left(\sum_{i=1}^{\mu_{(n,\,k)}} f(V_{(k),\,i})\right)^2$$

$$+\delta(\mathscr{A},\ \mathscr{A}_0)_{(k,\ e)}, \tag{7.7.10}$$

将 (7.7.10) 代入 (7.7.9) 内可得

$$(\alpha(k)\cdot M_k)^{\frac{2(n^2-1)(n-k)}{k}} \geqslant \frac{\varphi_2(n,k)\cdot f(V)^{2(n(n-k)-1)}}{\mu_{(n,k)}}$$
$$\times\left[\left(\sum_{i=1}^{\mu_{(n,\ k)}} f(V_{(k),\ i})\right)^2 + \mu_{(n,\ k)}\cdot\delta(\mathscr{A},\ \mathscr{A}_0)_{(k,\ e)}\right],$$

若记

$$x = \frac{\delta(\mathscr{A},\ \mathscr{A}_0)_{(k,\ e)}}{\left(\sum_{i=1}^{\mu_{(n,\ k)}} f(V_{(k),\ i})\right)^2},$$

则易知此处的 $0\leqslant x\leqslant 1$, 所以有

$$(\alpha(k)\cdot M_k)^{\frac{2(n^2-1)(n-k)}{k}} \geqslant \frac{\varphi_2(n,k)\cdot f(V)^{2(n(n-k)-1)}}{\mu_{(n,k)}}$$
$$\times\left(\sum_{i=1}^{\mu_{(n,\ k)}} f(V_{(k),\ i})\right)^2\cdot(1+\mu_{(n,k)}\cdot x). \tag{7.7.11}$$

在不等式 (7.7.11) 的两边同时取 $\frac{1}{2(n^2-1)(n-k)}$ 次幂, 由引理 2 与 (7.6.27) 中当 $\theta=1$ 时可得

$$(\alpha(k)\cdot M_k)^{\frac{1}{k}} \geqslant (\alpha(n)\cdot M_n)^{\frac{1}{n}} + \varphi_3\cdot\delta(\mathscr{A},\ \mathscr{A}_0)_{(k,\ e)}, \tag{7.7.12}$$

其中

$$\varphi_3 = \frac{\varphi_2(n,k)\cdot f(V)^{2(n(n-k)-1)}}{\mu_{(n,k)}\cdot 2(n^2-1)(n-k)\cdot\left(\sum_{i=1}^{\mu_{(n,\ k)}} f(V_{(k),\ i})\right)^{p(n,k)}},$$

这里 $p(n,k)=2-\frac{1}{(n^2-1)(n-k)}$.

所以, 对于任意给定的 $\varepsilon \geqslant 0$, 当

$$(\alpha(k)\cdot M_k)^{\frac{1}{k}} - (\alpha(n)\cdot M_n)^{\frac{1}{n}} \leqslant \varepsilon \tag{7.7.13}$$

时, 有

$$\delta(\mathscr{A},\ \mathscr{A}_0)_{(k,\ e)} \leqslant \frac{\varepsilon}{\varphi_3}, \tag{7.7.14}$$

因此不等式

$$(\alpha(k)\cdot M_k)^{\frac{1}{k}} \geqslant (\alpha(n)\cdot M_n)^{\frac{1}{n}},$$

是稳定的, 所以, 在 n 维常曲率空间 $\mathbf{C}^n(K)$ 中 k 级 Veljan - Korchmáros 不等式 (7.7.3) 是稳定的. □

容易看出, 如果 $\mathbf{C}^n(K)=\mathbf{E}^n$, 则在定理中当 $k=1$ 时, 即为 Veljan - Korchmáros 不等式 (7.7.1) 的稳定性, 而当 $k=n-1$ 时即为张 – 杨不等式 (7.7.2) 的稳定性问题.

这里, 我们为了得到一个较为理想的不等式, 将 (7.7.7) 中的 k 替换成 l, 则有

$$\left(\prod_{i=1}^{n+1} f(S_i)\right)^{2(n-l)} \geqslant$$
$$\varphi_{1(l)}(n,l)\cdot(f(V))^{2(n(n-l)-1)}\cdot\left(\sum_{i=1}^{\mu(n,l)} f^2(V_{(l),i})\right), \tag{7.7.15}$$

其中

$$\varphi_{1(l)}(n,l) = \frac{l!^2\cdot n^{2(n+1)(n-l)}}{(n!)^{2(n-l+1)}\cdot\binom{m}{n-l}}\cdot\left(\frac{m\cdot\left(\frac{m}{n+1}\right)^n}{\binom{m}{n}}\right)^{n-l}.$$

再将 (7.7.8) 代入 (7.7.15) 内可得如下的不等式

$$M_k^{\frac{2(n^2-1)(n-l)}{k}} \geqslant \varphi_4(n,l,k)\cdot(f(V))^{2(n(n-l)-1)} \times\left(\sum_{i=1}^{\mu(n,l)} f^2(V_{(l),i})\right), \tag{7.7.16}$$

其中

$$\varphi_4(n,l,k)=\varphi_{1(l)}(n,l)\cdot\left(\frac{\alpha^{\frac{1}{n-1}}(n-1)}{\alpha^{\frac{1}{k}}(k)}\right)^{n^2-1},$$

$$\begin{pmatrix} 1\leqslant k\leqslant n-1 \\ 1\leqslant l\leqslant n-1 \end{pmatrix}.$$

利用不等式 $A_n(a)\geqslant G_n(a)$ 与 (7.7.16) 可得下列的不等式

$$M_k^{\frac{(n^2-1)(n-l)}{k}} \geqslant \sqrt{\varphi(n,l,k)\cdot\mu(n,l)}\cdot(f(V))^{(n^2-nl-1)}\cdot M_l, \tag{7.7.17}$$

$$\left(\sum_{i=1}^{\mu(n,k)} f^2(V_{(k),i})\right)^{\frac{(n^2-1)(n-l)}{k}} \geqslant \varphi_4(n,l,k) \times(f(V))^{2(n^2-nl-1)}\cdot\left(\sum_{i=1}^{\mu(n,l)} f^2(V_{(l),i})\right). \tag{7.7.18}$$

对于不等式 (7.7.16), (7.7.17), (7.7.18) 来说, 它们涉及了同一个单形 $\mathscr{A}$ 中的 3 个维数 k, l, n, 是十分有趣的三个不等式.

另外, 在 (7.7.16) 中, 当 $k=l=n-1$ 时, 显然此时正是不等式 (6.7.11).

§7.8 常曲率空间中 Gerber 不等式的稳定性

设 $\mathscr{A}$ 为 n 维欧氏空间 $\mathbf{E}^n$ 中的单形, 其顶点集为 $\{A_1, A_2, \cdots, A_{n+1}\}$, P 为 $\mathscr{A}$ 内部的任意一点, 且点 P 到顶点 A_i 所对的界面的距离为 d_i, 又 $\mathscr{A}$ 的 n 维体积为 V, 关于这样的问题, 在 §3.3 中我们给出了 Gerber 不等式的推广 (3.3.13), 如果在 (3.3.13) 中取 $\lambda = 1$ 便可得到著名的 Gerber 不等式

$$V \geqslant \frac{\sqrt{n^n(n+1)^{n+1}}}{n!} \cdot \left(\prod_{i=1}^{n+1} d_i\right)^{\frac{n}{n+1}}, \tag{7.8.1}$$

当且仅当点 P 为正则单形 $\mathscr{A}$ 的重心时等号成立.

同样, 在 §3.3 的 (3.3.9) 中, 当点 B_i 是点 P 在单形 $\mathscr{A}$ 的顶点 A_i 所对的界面 f_i $(1 \leqslant i \leqslant n+1)$ 上的射影且 $\lambda = 1$ 时, 可得 Gerber 不等式 (7.8.1) 的加强形式

$$V \geqslant \frac{\sqrt{n^n(n+1)^{n+1}}}{(n+1)!} \cdot \sum_{1 \leqslant i_1 < i_2 < \cdots < i_n \leqslant n+1} \sum \cdots \sum d_{i_1} d_{i_2} \cdots d_{i_n}, \tag{7.8.2}$$

当且仅当点 P 为正则单形 $\mathscr{A}$ 的重心时等号成立.

在文献 [12, 47, 48] 中也都分别获得了 Gerber 不等式的加强形式 (7.8.2). 现在我们说 Gerber 不等式 (7.8.1) 是否具有稳定性? 进而不等式 (7.8.2) 是否具有稳定性? 更一般的, 不等式 (7.8.2) 在 n 维常曲率空间 $\mathbf{C}^n(K)$ 中是否具有稳定性? 为了能够对此问题给出肯定的回答, 我们首先给出如下的概念:

定义 1 设 $\mathscr{A}_1$, $\mathscr{A}_2$, $\cdots$, $\mathscr{A}_p$ 为 n 维常曲率空间 $\mathbf{C}^n(K)$ 中的 p 个单形, 单形 $\mathscr{A}_k$ 的顶点 $A_{k,i}$ 所对的

$n-1$ 维界面的 $n-1$ 维常曲体积为 $f(S_{k,i})$ $(1 \leqslant k \leqslant p,\ 1 \leqslant i \leqslant n+1)$, $\theta \in (0,\ 1]$, 记

$$f(S_0)=\left[\frac{1}{n+1}\cdot\sum_{i=1}^{n+1}\left(\prod_{k=1}^{p} f^{\theta}(S_{k,i})\right)^{\frac{1}{p}}\right]^{\frac{1}{\theta}},$$

所有 $n-1$ 维常曲体积都等于 $f(S_0)$ 的单形 $\mathscr{A}_{(0,\,\theta)}$ 称为 p 个单形 $\mathscr{A}_1,\mathscr{A}_2,\cdots,\mathscr{A}_p$ 的几何均值指数等面单形.

定义 2 在定义 1 的设定下, 称

$$\delta(\mathscr{A},\ \mathscr{A}_0)_{(e,\,p,\,\theta)}=\sum_{i=1}^{n+1}\left(\prod_{k=1}^{p} f^{\frac{\theta}{p}}(S_{k,i})-f^{\theta}(S_0)\right)^2$$

为 p 个单形 $\mathscr{A}_1,\mathscr{A}_2,\cdots,\mathscr{A}_p$ 与它们的几何均值指数等面单形 $\mathscr{A}_{(0,\,\theta)}$ 的偏等度量.

引理 1 设 $\lambda_{(k)}=\lambda_{k,1}+\lambda_{k,2}+\cdots+\lambda_{k,n+1}$ $(1 \leqslant k \leqslant p)$, 则有

$$\left(\prod_{k=1}^{p}\lambda_{(k)}\right)^{n} \geqslant (n+1)^{(n-1)p}\cdot\left(\prod_{k=1}^{p}\prod_{i=1}^{n+1}\lambda_{k,i}\right) \times\left(\sum_{i=1}^{n+1}\frac{1}{\left(\prod\limits_{k=1}^{p}\lambda_{k,i}\right)^{\frac{1}{p}}}\right)^{p}, \tag{7.8.3}$$

当且仅当对于所有的 $\lambda_{k,i}$ 均相等时等号成立.

证 由 Maclaurin 不等式 (2.1.5) 可得

$$\sum_{i=1}^{n+1}\lambda_{k,i} \geqslant (n+1)\cdot\left(\frac{1}{n+1}\cdot\sum\sum_{1\leqslant i_1<i_2<\cdots<i_n\leqslant n+1}\cdots\sum\lambda_{k,i_1}\lambda_{k,i_2}\cdots\lambda_{k,i_n}\right)^{\frac{1}{n}}$$

$$= (n+1)^{1-\frac{1}{n}} \cdot \left(\sum\sum\cdots\sum_{1\leqslant i_1<i_2<\cdots<i_n\leqslant n+1} \lambda_{k,i_1}\lambda_{k,i_2}\cdots\lambda_{k,i_n} \right)^{\frac{1}{n}},$$

所以有

$$\lambda_{(k)}^n \geqslant (n+1)^{n-1} \cdot \left(\sum\sum\cdots\sum_{1\leqslant i_1<i_2<\cdots<i_n\leqslant n+1} \lambda_{k,i_1}\lambda_{k,i_2}\cdots\lambda_{k,i_n} \right), \tag{7.8.4}$$

当且仅当 $\lambda_{k,1} = \lambda_{k,2} = \cdots = \lambda_{k,n+1}$ 时等号成立.

再由 Hölder 不等式可得

$$\begin{aligned}\left(\prod_{k=1}^{p} \lambda_{(k)}\right)^n &\geqslant (n+1)^{(n-1)p} \\ &\quad \times \prod_{k=1}^{p} \left(\sum\sum\cdots\sum_{1\leqslant i_1<i_2<\cdots<i_n\leqslant n+1} \lambda_{k,i_1}\lambda_{k,i_2}\cdots\lambda_{k,i_n} \right) \\ &= (n+1)^{(n-1)p} \\ &\quad \times \prod_{k=1}^{p} \left(\sum\sum\cdots\sum_{1\leqslant i_1<i_2<\cdots<i_n\leqslant n+1} \left((\lambda_{k,i_1}\lambda_{k,i_2}\cdots\lambda_{k,i_n})^{\frac{1}{p}} \right)^p \right) \\ &\geqslant (n+1)^{(n-1)p} \\ &\quad \times \left(\sum\sum\cdots\sum_{1\leqslant i_1<i_2<\cdots<i_n\leqslant n+1} \prod_{k=1}^{p} (\lambda_{k,i_1}\lambda_{k,i_2}\cdots\lambda_{k,i_n})^{\frac{1}{p}} \right)^p,\end{aligned}$$

由此立即可得 (7.8.3), 至于等号成立的充要条件是不难看出的. □

引理 2 设 P_k 为 n 维常曲率空间 $\mathbf{C}^n(K)$ 中单形 $\mathscr{A}_k$ 内部的任意一点, 点 P_k 到 $\mathscr{A}_k$ 的顶点 $A_{k,i}$ 所对的 $n-1$ 维界面的距离为 $d_{k,i}$, 又顶点 $A_{k,i}$ 所对的 $n-1$ 维界面上的高为 $h_{k,i}$, $\theta \in (0,\ 1]$, 若令 $f^{\theta}(d_{k,i}) =$

$\lambda_{k,i} \cdot f^{\theta}(h_{k,i})$, 再设 $\mu_i > 0$, 且记 $\sum\limits_{i=1}^{n+1} \lambda_{k,i}\mu_i = \xi_{(k)}$, 又 $\mathscr{A}_k$ 的 n 维常曲体积为 $f(V_k)$, 则有

$$\left(\prod_{k=1}^{p} \xi_{(k)}\right)^n \cdot \left(\prod_{k=1}^{p} f(V_k)\right)^{2\theta} \geqslant$$

$$\varphi_0^p \cdot \left(\prod_{k=1}^{p}\prod_{i=1}^{n+1} \frac{f^{2\theta}(d_{k,i})\mu_i}{\lambda_{k,i}}\right) \cdot \left(\sum_{i=1}^{n+1}\left(\prod_{k=1}^{p} \frac{\lambda_{k,i}}{f^{2\theta}(d_{k,i})\mu_i}\right)^{\frac{1}{p}}\right)^p, \tag{7.8.5}$$

当且仅当对于所有的 k, 点 P_k 为单形 $\mathscr{A}_k$ 的重心时等号成立, 其中

$$\varphi_0 = (n+1)^{(n-1)(1-\theta)} \cdot \left(\frac{m^n}{n!^2 \cdot \binom{m}{n}}\right)^{\theta}.$$

证 对于单形 $\mathscr{A}_k$, 由 (6.7.14) 可得

$$\left(\sum_{i=1}^{n+1} x_i\right)^n \geqslant d_0(n,\theta) \cdot \left(\prod_{i=1}^{n+1} \frac{x_i}{f^{2\theta}(S_{k,i})}\right)$$
$$\times \left(\sum_{i=1}^{n+1} \frac{f^{2\theta}(S_{k,i})}{x_i}\right) \cdot f^{2(n-1)\theta}(V_k), \tag{7.8.6}$$

其中

$$d_0(n,\theta) = (n+1)^{(n-1)(1-\theta)} \cdot \left(\frac{n^{2n} \cdot m^n}{n!^2 \cdot \binom{m}{n}}\right)^{\theta}.$$

另外, 由 (1.1.3), (6.3.8), (6.4.18) 我们知道, 对于单形 $\mathscr{A}$ 的常曲体积来说, 有如下的关系式

$$f(V) = \frac{1}{n} f(S) f(h). \tag{7.8.7}$$

在 (7.8.6) 中, 令 $x_i = \frac{f^\theta(d_{k,i})}{f^\theta(h_{k,i})} \cdot \mu_i$, 则利用常曲体积公式 (7.8.7) 便有

$$\left(\sum_{i=1}^{n+1} \frac{f^\theta(d_{k,i})}{f^\theta(h_{k,i})} \cdot \mu_i\right)^n \cdot f^{2\theta}(V_k)$$

$$\geqslant \varphi_0 \cdot \left(\prod_{i=1}^{n+1} f^\theta(d_{k,i}) f^\theta(h_{k,i}) \mu_i\right)\left(\sum_{i=1}^{n+1} \frac{1}{f^\theta(d_{k,i}) f^\theta(h_{k,i}) \mu_i}\right), \tag{7.8.8}$$

又因为 $\frac{f^\theta(d_{k,i})}{f^\theta(h_{k,i})} = \lambda_{k,i}$, 所以 (7.8.8) 又可表示为

$$\left(\sum_{i=1}^{n+1} \lambda_{k,i}\mu_i\right)^n \cdot f^{2\theta}(V_k) \geqslant$$

$$\varphi_0 \cdot \left(\prod_{i=1}^{n+1} \frac{f^{2\theta}(d_{k,i})\mu_i}{\lambda_{k,i}}\right) \cdot \left(\sum_{i=1}^{n+1} \frac{\lambda_{k,i}}{f^{2\theta}(d_{k,i})\mu_i}\right). \tag{7.8.9}$$

在 (7.8.9) 中, 由于 $\sum_{i=1}^{n+1} \lambda_{k,i}\mu_i = \xi_{(k)}$, 则对 k 进行求积可得

$$\left(\prod_{k=1}^{p} \xi_{(k)}\right)^n \cdot \left(\prod_{k=1}^{p} f(V_k)\right)^{2\theta} \geqslant$$

$$\geqslant \varphi_0^p \cdot \prod_{k=1}^{p} \left[\left(\prod_{i=1}^{n+1} \frac{f^{2\theta}(d_{k,i})\mu_i}{\lambda_{k,i}}\right)\left(\sum_{i=1}^{n+1} \frac{\lambda_{k,i}}{f^{2\theta}(d_{k,i})\mu_i}\right)\right],$$

利用 Hölder 不等式可得

$$\prod_{k=1}^{p}\left(\sum_{i=1}^{n+1} \frac{\lambda_{k,i}}{f^{2\theta}(d_{k,i})\mu_i}\right) \geqslant \left(\sum_{i=1}^{n+1}\left(\prod_{k=1}^{p} \frac{\lambda_{k,i}}{f^{2\theta}(d_{k,i})\mu_i}\right)^{\frac{1}{p}}\right)^p,$$

由此二式便可得 (7.8.5), 至于等号成立的充要条件由证明的过程是不难看出的. □

定理 在引理 2 的题设下, 对于任意给定的 $\varepsilon \geqslant 0$, 当

$$\left(\prod_{k=1}^{p}\xi_{(k)}^{n}f^{\theta}(V_k)\right)^{\frac{2}{p}}-\varphi_1\cdot\left(\sum_{i=1}^{n+1}\prod_{k=1}^{p}\prod_{\substack{j=1\\ j\neq i}}^{n+1}(f^{\theta}(d_{k,j})\mu_j)^{\frac{1}{p}}\right)^{2}\leqslant\varepsilon \tag{7.8.10}$$

时, 有

$$\delta(\mathscr{A},\ \mathscr{A}_0)_{(e,p,\theta)}$$

$$\leqslant\frac{n^{2\theta}}{4(n+1)\cdot\varphi_1}\cdot\prod_{k=1}^{p}\left(\frac{\xi_{(k)}\cdot f^{\theta}(V_k)}{\prod\limits_{i=1}^{n+1}f^{\theta}(d_{k,i})\mu_i}\right)^{\frac{2}{p}}\cdot\varepsilon, \tag{7.8.11}$$

其中 $\varphi_1=(n+1)^{(n-1)(2-\theta)}\cdot\left(\frac{m^n}{n!^2\cdot\binom{m}{n}}\right)^{\theta}$.

证 在引理 1 中以 $\lambda_{k,i}\mu_i$ 代 $\lambda_{k,i}$, 由于此时的引理 1 与引理 2 中的两个不等式的右端均是正的, 故可将两个不等式相乘并在不等式的两端同时取 $\frac{1}{p}$ 次幂, 由此可得如下的不等式

$$\left(\prod_{k=1}^{p}\xi_{(k)}^{n}f^{\theta}(V_k)\right)^{\frac{2}{p}}$$

$$\geqslant\varphi_1\cdot\left(\prod_{k=1}^{p}\prod_{i=1}^{n+1}\left(f^{\theta}(d_{k,i})\mu_i\right)^{\frac{1}{p}}\right)^{2}\left(\sum_{i=1}^{n+1}\frac{1}{\prod\limits_{k=1}^{p}(\lambda_{k,i}\mu_i)^{\frac{1}{p}}}\right)$$

$$\times\left(\sum_{i=1}^{n+1}\prod_{k=1}^{p}\left(\frac{\lambda_{k,i}}{f^{2\theta}(d_{k,i})\mu_i}\right)^{\frac{1}{p}}\right). \tag{7.8.12}$$

于是再由 $\frac{f^{\theta}(d_{k,i})}{f^{\theta}(h_{k,i})}=\lambda_{k,i}$ 和 (7.8.7) 可得

$$\begin{aligned}
&\sum_{1\leqslant i<j\leqslant n+1}\left(\sqrt{\prod_{k=1}^{p}\left(\frac{\lambda_{k,j}}{f^{2\theta}(d_{k,j})\mu_i\mu_j\lambda_{k,i}}\right)^{\frac{1}{p}}}\right.\\
&\left.-\sqrt{\prod_{k=1}^{p}\left(\frac{\lambda_{k,i}}{f^{2\theta}(d_{k,i})\mu_i\mu_j\lambda_{k,j}}\right)^{\frac{1}{p}}}\right)^2\\
=&\sum_{1\leqslant<i<j\leqslant n+1}\frac{1}{\prod\limits_{k=1}^{p}(\mu_i\mu_j\lambda_{k,i}\lambda_{k,j})^{\frac{1}{p}}}\\
&\times\left(\prod_{k=1}^{p}\left(\frac{1}{f^{\theta}(h_{k,j})}\right)^{\frac{1}{p}}-\prod_{k=1}^{p}\left(\frac{1}{f^{\theta}(h_{k,i})}\right)^{\frac{1}{p}}\right)^2\\
=&\frac{1}{\prod\limits_{k=1}^{p}(n\cdot f(V_k))^{\frac{2\theta}{p}}}\cdot\sum_{1\leqslant i<j\leqslant n+1}\frac{1}{\prod\limits_{k=1}^{p}(\mu_i\mu_j\lambda_{k,i}\lambda_{k,j})^{\frac{1}{p}}}\\
&\times\left(\prod_{k=1}^{p}f^{\frac{\theta}{p}}(S_{k,i})-\prod_{k=1}^{p}f^{\frac{\theta}{p}}(S_{k,j})\right)^2\\
\geqslant&\frac{4}{n^{2\theta}\cdot\prod\limits_{k=1}^{p}\left(\xi_{(k)}f^{\theta}(V_k)\right)^{\frac{2}{p}}}\\
&\times\sum_{1\leqslant i<j\leqslant n+1}\left(\prod_{k=1}^{p}f^{\frac{\theta}{p}}(S_{k,i})-\prod_{k=1}^{p}f^{\frac{\theta}{p}}(S_{k,j})\right)^2,
\end{aligned}$$

由此不等式, 对于 (7.8.12) 中最后两个括号中的表达式的乘积, 再利用 Lagrange 恒等式可得

$$\left(\sum_{i=1}^{n+1}\frac{1}{\prod\limits_{k=1}^{p}(\lambda_{k,i}\mu_i)^{\frac{1}{p}}}\right)\left(\sum_{i=1}^{n+1}\prod_{k=1}^{p}\left(\frac{\lambda_{k,i}}{f^{2\theta}(d_{k,i})\mu_i}\right)^{\frac{1}{p}}\right)$$

$$-\left(\sum_{i=1}^{n+1}\frac{1}{\prod\limits_{k=1}^{p}\left(f^{\theta}(d_{k,i})\mu_i\right)^{\frac{1}{p}}}\right)^2$$

$$=\frac{1}{\prod\limits_{k=1}^{p}\left(n\cdot f(V_k)\right)^{\frac{2\theta}{p}}}\cdot\sum_{1\leqslant i<j\leqslant n+1}\frac{1}{\prod\limits_{k=1}^{p}\left(\mu_i\mu_j\lambda_{k,i}\lambda_{k,j}\right)^{\frac{1}{p}}}$$

$$\times\left(\prod_{k=1}^{p}f^{\frac{\theta}{p}}(S_{k,i})-\prod_{k=1}^{p}f^{\frac{\theta}{p}}(S_{k,j})\right)^2$$

$$\geqslant\frac{4}{n^{2\theta}\cdot\prod\limits_{k=1}^{p}\left(\xi_{(k)}f^{\theta}(V_k)\right)^{\frac{2}{p}}}$$

$$\times\sum_{1\leqslant i<j\leqslant n+1}\left(\prod_{k=1}^{p}f^{\frac{\theta}{p}}(S_{k,i})-\prod_{k=1}^{p}f^{\frac{\theta}{p}}(S_{k,j})\right)^2,$$

即

$$\left(\sum_{i=1}^{n+1}\frac{1}{\prod\limits_{k=1}^{p}\left(\lambda_{k,i}\mu_i\right)^{\frac{1}{p}}}\right)\left(\sum_{i=1}^{n+1}\prod_{k=1}^{p}\left(\frac{\lambda_{k,i}}{f^{2\theta}(d_{k,i})\mu_i}\right)^{\frac{1}{p}}\right)$$

$$-\left(\sum_{i=1}^{n+1}\frac{1}{\prod\limits_{k=1}^{p}\left(f^{\theta}(d_{k,i})\mu_i\right)^{\frac{1}{p}}}\right)^2$$

$$\geqslant\frac{4}{n^{2\theta}\cdot\prod\limits_{k=1}^{p}\left(\xi_{(k)}f^{\theta}(V_k)\right)^{\frac{2}{p}}}$$

$$\times\sum_{1\leqslant i<j\leqslant n+1}\left(\prod_{k=1}^{p}f^{\frac{\theta}{p}}(S_{k,i})-\prod_{k=1}^{p}f^{\frac{\theta}{p}}(S_{k,j})\right)^2,\tag{7.8.13}$$

将 (7.8.13) 代入 (7.8.12) 内有

$$\left(\prod_{k=1}^{p}\xi_{(k)}^{n}\cdot f^{\theta}(V_k)\right)^{\frac{2}{p}}-\varphi_1\cdot\left(\sum_{i=1}^{n+1}\prod_{k=1}^{p}\prod_{\substack{j=1\\j\neq i}}^{n+1}\left(f^{\theta}(d_{k,j})\mu_j\right)^{\frac{1}{p}}\right)^2$$

$$\geqslant\frac{4\cdot\varphi_1}{n^{2\theta}}\cdot\prod_{k=1}^{p}\left(\frac{\prod\limits_{i=1}^{n+1}f^{\theta}(d_{k,i})\mu_i}{\xi_{(k)}\cdot f^{\theta}(V_k)}\right)^{\frac{2}{p}}$$

$$\times\sum_{1\leqslant i<j\leqslant n+1}\left(\prod_{k=1}^{p}f^{\frac{\theta}{p}}(S_{k,i})-\prod_{k=1}^{p}f^{\frac{\theta}{p}}(S_{k,j})\right)^2,\tag{7.8.14}$$

即

$$\left(\prod_{k=1}^{p}\xi_{(k)}^{n}\cdot f^{\theta}(V_k)\right)^{\frac{2}{p}}-\varphi_1\cdot\left(\sum_{i=1}^{n+1}\prod_{k=1}^{p}\prod_{\substack{j=1\\j\neq i}}^{n+1}\left(f^{\theta}(d_{k,j})\mu_j\right)^{\frac{1}{p}}\right)^2$$

$$\geqslant\frac{4(n+1)\cdot\varphi_1}{n^{2\theta}}\cdot\prod_{k=1}^{p}\left(\frac{\prod\limits_{i=1}^{n+1}f^{\theta}(d_{k,i})\mu_i}{\xi_{(k)}\cdot f^{\theta}(V_k)}\right)^{\frac{2}{p}}\cdot\delta(\mathscr{A},\mathscr{A}_0)_{(e,p,\theta)}.\tag{7.8.15}$$

由 (7.8.14) 立即可得

$$\left(\prod_{k=1}^{p}\xi_{(k)}^{n}f^{\theta}(V_k)\right)^{\frac{2}{p}}\geqslant\varphi_1\cdot\left(\sum_{i=1}^{n+1}\prod_{k=1}^{p}\prod_{\substack{j=1\\j\neq i}}^{n+1}\left(f^{\theta}(d_{k,j})\mu_j\right)^{\frac{1}{p}}\right)^2,\tag{7.8.16}$$

由 (7.8.15) 知, 当

$$\left(\prod_{k=1}^{p}\xi_{(k)}^{n}f^{\theta}(V_k)\right)^{\frac{2}{p}}-\varphi_1\cdot\left(\sum_{i=1}^{n+1}\prod_{k=1}^{p}\prod_{\substack{j=1\\j\neq i}}^{n+1}(f^{\theta}(d_{k,j})\mu_j)^{\frac{1}{p}}\right)^2\leqslant\varepsilon$$

时, 有

$$\frac{4(n+1)\cdot\varphi_1}{n^{2\theta}}\cdot\prod_{k=1}^{p}\left(\frac{\prod\limits_{i=1}^{n+1}f^{\theta}(d_{k,i})\mu_i}{\xi_{(k)}\cdot f^{\theta}(V_k)}\right)^{\frac{2}{p}}\cdot\delta(\mathscr{A},\mathscr{A}_0)_{(e,p,\theta)}\leqslant\varepsilon,$$

即

$$\delta(\mathscr{A},\mathscr{A}_0)_{(e,p,\theta)}\leqslant\frac{n^{2\theta}}{4(n+1)\cdot\varphi_1}\cdot\prod_{k=1}^{p}\left(\frac{\xi_{(k)}\cdot f^{\theta}(V_k)}{\prod\limits_{i=1}^{n+1}f^{\theta}(d_{k,i})\mu_i}\right)^{\frac{2}{p}}\cdot\varepsilon,$$

这样一来我们便证明了定理. □

由此容易看出, 不等式 (7.8.16) 是稳定的.

值得一提的是, 在上述的引理 2 与定理中, 当 $\theta=1$ 时, 我们知道, 在欧氏空间中有关系式 $\lambda_{k,1}+\lambda_{k,2}+\cdots+\lambda_{k,n+1}=1$ 成立, 但由于非欧空间是非线性的, 故在非欧空间中, $\lambda_{k,1}+\lambda_{k,2}+\cdots+\lambda_{k,n+1}\neq 1$.

推论 1 在引理 2 及定理的题设下, 若 $\mu_i=\frac{f^{\theta}(h_{k,i})}{f^{\theta}(d_{k,i})}$ $(1\leqslant k\leqslant p)$, 则对于任意给定的 $\varepsilon\geqslant 0$, 当

$$\left(\prod_{k=1}^{p}f^{\theta}(V_k)\right)^{\frac{2}{p}}-\frac{\varphi_1}{(n+1)^{2n}}\cdot\left(\sum_{i=1}^{n+1}\prod_{\substack{j=1\\j\neq i}}^{n+1}\left(\prod_{k=1}^{p}f^{\theta}(h_{k,j})\right)^{\frac{1}{p}}\right)^2$$

$$\leqslant \varepsilon \tag{7.8.17}$$

时, 有

$$\delta(\mathscr{A},\ \mathscr{A}_0)_{(e,\,p,\,\theta)}$$

$$\leqslant \frac{n^{2\theta}\cdot(n+1)^{2n+1}}{4\varphi_1}\cdot\prod_{k=1}^{p}\left(\frac{f^{\theta}(V_k)}{\prod\limits_{i=1}^{n+1}f^{\theta}(h_{k,i})}\right)^{\frac{2}{p}}\cdot\varepsilon. \tag{7.8.18}$$

推论 2 在引理 2 的题设下, 若取 $p=1,\ \theta=1$, 且 $\lambda_1\mu_1+\lambda_2\mu_2+\cdots+\lambda_{n+1}\mu_{n+1}=n+1$, 则对于所给定的非负数 ε, 当

$$f^2(V)-\frac{m^n}{(n+1)^{n+1}n!^2\cdot\binom{m}{n}}\cdot\left(\sum_{i=1}^{n+1}\prod_{\substack{j=1\\ j\neq i}}^{n+1}f(h_j)\right)^2\leqslant\varepsilon \tag{7.8.19}$$

时, 有

$$\delta(\mathscr{A},\ \mathscr{A}_0)_e\leqslant\frac{n^2(n+1)^{n+2}n!^2\cdot\binom{m}{n}}{4m^n}\cdot\frac{f^2(V)}{\prod\limits_{i=1}^{n+1}f^2(h_i)}\cdot\varepsilon\,. \tag{7.8.20}$$

由此知, 不等式

$$f^2(V)\geqslant\frac{m^n}{(n+1)^{n+1}n!^2\cdot\binom{m}{n}}\cdot\left(\sum_{i=1}^{n+1}\prod_{\substack{j=1\\ j\neq i}}^{n+1}f(h_j)\right)^2, \tag{7.8.21}$$

是稳定的.

推论 3 设 $\mathscr{A}$ 是曲率为 K 的球面空间 $\mathbf{C}^n(K)$ 中的单形, 其外接球半径为 R, 其余条件与引理 2 中的相同, 则对于任意给定的 $\varepsilon \geqslant 0$, 当

$$\sin^2(\sqrt{K}V) - \frac{(n+1)^{2(n-1)}}{n!^2} \cdot \cos^{2n}(\sqrt{K}R)$$

$$\times \left(\sum_{i=1}^{n+1} \prod_{\substack{j=1 \\ j\neq i}}^{n+1} \sin(\sqrt{K}d_i) \right)^2 \leqslant \varepsilon \tag{7.8.22}$$

时, 有

$$\delta(\mathscr{A}, \mathscr{A}_0)_e \leqslant \frac{n!^2 \cdot n^2}{4(n+1)^{2n-1}}$$

$$\times \frac{\sin^2(\sqrt{K}V)}{\cos^{2(n+1)}(\sqrt{K}R) \cdot \prod\limits_{i=1}^{n+1} \sin^2(\sqrt{K}d_i)} \cdot \varepsilon. \tag{7.8.23}$$

证 设 P 为球面单形 $\mathscr{A}$ 内部的任意一点, $f_1, f_2, \cdots, f_{n+1}$ 为 $\mathscr{A}$ 的 $n+1$ 个界面, θ_{ij} 为 f_i 与 f_j 所夹的内角, d_i 为点 P 到 f_i 的球面距离, 则对于基本元素集 $\{f_1, f_2, \cdots, f_{n+1}, P\}$ 可得

$$\begin{vmatrix} 1 & -\cos\theta_{12} & \cdots \\ -\cos\theta_{21} & 1 & \cdots \\ \cdots & \cdots & \cdots \\ -\cos\theta_{n+1,1} & -\cos\theta_{n+1,2} & \cdots \\ \sin(\sqrt{K}d_1) & \sin(\sqrt{K}d_2) & \cdots \end{vmatrix}$$

$$\begin{vmatrix} -\cos\theta_{1,n+1} & \sin(\sqrt{K}d_1) \\ -\cos\theta_{2,n+1} & \sin(\sqrt{K}d_2) \\ \cdots & \cdots \\ 1 & \sin(\sqrt{K}d_{n+1}) \\ \sin(\sqrt{K}d_{n+1}) & 1 \end{vmatrix} = 0,$$

对此行列式按最后一行与最后一列将其展开, 并设 Θ_{ij} 为 (6.1.9) 中 Θ 的代数余子式, 则有

$$\det\Theta = \sum_{i=1}^{n+1} \sin^2(\sqrt{K}d_i)\cdot\Theta_{ii}$$

$$+2\cdot\sum_{1\leqslant i<j\leqslant n+1} \sin(\sqrt{K}d_i)\sin(\sqrt{K}d_j)\cdot\Theta_{ij}, \tag{7.8.24}$$

由 (6.1.16) 的证明过程中可以看出

$$\Theta_{ii} = \frac{\det\Theta}{\sin^2(\sqrt{K}h_i)},$$

$$\Theta_{ij} = \frac{\det\Theta}{\sin(\sqrt{K}h_i)\sin(\sqrt{K}h_j)}\cdot\cos(\sqrt{K}a_{ij}). \tag{7.8.25}$$

将 (7.8.25) 代入 (7.8.24) 内可得

$$\sum_{i=1}^{n+1}\frac{\sin^2(\sqrt{K}d_i)}{\sin^2(\sqrt{K}h_i)} + 2\cdot\sum_{1\leqslant i<j\leqslant n+1}\frac{\sin(\sqrt{K}d_i)\sin(\sqrt{K}d_j)}{\sin(\sqrt{K}h_i)\sin(\sqrt{K}h_j)}$$

$$\times\cos(\sqrt{K}a_{ij}) = 1, \tag{7.8.26}$$

由于 $\cos(\sqrt{K}a_{ij}) = 1 - 2\sin^2(\frac{\sqrt{K}a_{ij}}{2})$, 故有

$$\left(\sum_{i=1}^{n+1}\frac{\sin(\sqrt{K}d_i)}{\sin(\sqrt{K}h_i)}\right)^2 - 4\cdot\sum_{1\leqslant i<j\leqslant n+1}\frac{\sin(\sqrt{K}d_i)\sin(\sqrt{K}d_j)}{\sin(\sqrt{K}h_i)\sin(\sqrt{K}h_j)}$$

$$\times \sin^2 \frac{\sqrt{K}a_{ij}}{2} = 1, \tag{7.8.27}$$

由 (6.11.13) 可得

$$\left(\sum_{i=1}^{n+1} \frac{\sin(\sqrt{K}d_i)}{\sin(\sqrt{K}h_i)}\right)^2 \cdot \cos^2(\sqrt{K}R) \leqslant 1,$$

即

$$\sum_{i=1}^{n+1} \frac{\sin(\sqrt{K}d_i)}{\sin(\sqrt{K}h_i)} \leqslant \frac{1}{\cos(\sqrt{K}R)}, \tag{7.8.28}$$

当且仅当点 P 与单形 $\mathscr{A}$ 的外心 O 和质心 G 重合时等号成立.

在 (7.8.15) 中, 取 $p=1, \theta=1, \mu_i=1$ 并注意到 $\xi_{(1)} = \sum_{i=1}^{n+1} \frac{\sin(\sqrt{K}d_i)}{\sin(\sqrt{K}h_i)} \leqslant \frac{1}{\cos(\sqrt{K}R)}$ (需要指出, 在双曲空间 $\mathbf{H}^n(K)$ $(K<0)$ 中, $\xi_{(1)} = \sum_{i=1}^{n+1} \frac{\sinh\sqrt{-K}d_i}{\sinh\sqrt{-K}h_i} \geqslant \frac{1}{\cosh\sqrt{-K}R}$) 便可得

$$\sin^2(\sqrt{K}V) - \frac{(n+1)^{2(n-1)}}{n!^2} \cdot \cos^{2n}(\sqrt{K}R)$$

$$\times \left(\sum_{i=1}^{n+1} \prod_{\substack{j=1 \\ j\neq i}}^{n+1} \sin(\sqrt{K}d_i)\right)^2$$

$$\geqslant \frac{4(n+1)^{2n-1}}{n!^2 \cdot n^2} \cdot \frac{(\cos(\sqrt{K}R))^{2(n+1)} \cdot \prod_{i=1}^{n+1} \sin^2(\sqrt{K}d_i)}{\sin^2(\sqrt{K}V)}$$

$$\times \delta(\mathscr{A}, \mathscr{A}_0)_e. \tag{7.8.29}$$

由此知, 对于任意给定的 $\varepsilon \geqslant 0$, 若

$$\varepsilon \geqslant \sin^2(\sqrt{K}V) - \frac{(n+1)^{2(n-1)}}{n!^2} \cdot \cos^{2n}(\sqrt{K}R) \times \left(\sum_{i=1}^{n+1} \prod_{\substack{j=1 \\ j \neq i}}^{n+1} \sin(\sqrt{K}d_i)\right)^2$$

$$\geqslant \frac{4(n+1)^{2n-1}}{n!^2 \cdot n^2} \cdot \frac{(\cos(\sqrt{K}R))^{2(n+1)} \cdot \prod_{i=1}^{n+1} \sin^2(\sqrt{K}d_i)}{\sin^2(\sqrt{K}V)} \times \delta(\mathscr{A}, \mathscr{A}_0)_e,$$

则推论 3 立即得证. □

作为推论 3 的特例, 取点 P 为球面单形 $\mathscr{A}$ 的内心 I 时, 则有:

推论 4 设 ρ 为球面单形 $\mathscr{A}$ 的内切球半径, $\varepsilon \geqslant 0$, 则当

$$\sin^2(\sqrt{K}V) - \frac{(n+1)^{2n}}{n!^2} \cdot \Big(\cos(\sqrt{K}R)\sin(\sqrt{K}\rho)\Big)^{2n} \leqslant \varepsilon$$

时, 有

$$\delta(\mathscr{A}, \mathscr{A}_0)_e \leqslant \frac{n!^2 \cdot n^2}{4(n+1)^{2n-1}} \cdot \frac{\sin^2(\sqrt{K}V)}{(\cos(\sqrt{K}R)\sin(\sqrt{K}\rho))^{2(n+1)}} \cdot \varepsilon.$$

由推论 4 立即可得

$$\sin(\sqrt{K}V) \geqslant \frac{(n+1)^n}{n!} \cdot \Big(\cos(\sqrt{K}R)\sin(\sqrt{K}\rho)\Big)^n. \tag{7.8.30}$$

当且仅当单形 $\mathscr{A}$ 的内心与外心及重心重合时等号成立.

推论 5 设 R 与 ρ 分别为球面空间 $\mathbf{C}^n(K)$ 中球面单形 $\mathscr{A}$ 的外接球半径与内切球半径, 则对于任意给定的 $\varepsilon \geqslant 0$, 当

$$\cos^2(\sqrt{K}R)\cdot\tan^{2n}(\sqrt{K}R)-(n+1)^{n-1}\cdot n^n\cdot\sin^{2n}(\sqrt{K}\rho)$$

$$\leqslant \varepsilon \tag{7.8.31}$$

时, 有

$$\delta(\mathscr{A},\mathscr{A}_0)_e \leqslant \frac{1}{4(n+1)^{n-2}n^{n-2}}$$

$$\times\frac{\sin^2(\sqrt{K}V)}{\cos^2(\sqrt{K}R)\cdot\big(\sin(\sqrt{K}\rho)\big)^{2(n+1)}}\cdot\varepsilon. \tag{7.8.32}$$

证 在 (6.11.13) 中取 $\lambda_i=1\ (1\leqslant i\leqslant n+1)$, 有

$$\sum_{1\leqslant i<j\leqslant n+1}\sin^2\frac{\sqrt{K}\,a_{ij}}{2}\leqslant\frac{(n+1)^2}{4}\cdot\sin^2(\sqrt{K}R), \tag{7.8.33}$$

当且仅当 $\mathscr{A}$ 为正则单形时等号成立.

由 (7.8.33), 并利用不等式 $A_n(a)\geqslant G_n(a)$ 立即可得如下的不等式

$$\big(\sin(\sqrt{K}R)\big)^{n+1}\geqslant\left(\frac{2n}{n+1}\right)^{\frac{n+1}{2}}\cdot\left(\prod_{1\leqslant i<j\leqslant n+1}\sin\frac{\sqrt{K}a_{ij}}{2}\right)^{\frac{2}{n}}, \tag{7.8.34}$$

当且仅当 $\mathscr{A}$ 为正则时等号成立.

结合 (6.5.16) 与 (7.8.34) 容易得到

$$\cos^2(\sqrt{K}R)\cdot\big(\sin(\sqrt{K}R)\big)^{2n}\geqslant\frac{n!^2\cdot n^n}{(n+1)^{n+1}}\cdot\sin^2(\sqrt{K}V), \tag{7.8.35}$$

由此再利用引理 4 便可得

$$\begin{aligned}&\cos^2(\sqrt{K}R)\cdot\sin^{2n}(\sqrt{K}R)\\&\quad-(n+1)^{n-1}\cdot n^n\cdot\Big(\cos(\sqrt{K}R)\cdot\sin(\sqrt{K}\rho)\Big)^{2n}\\&\geqslant 4(n+1)^{n-2}\cdot n^{n-2}\cdot\frac{\Big(\cos(\sqrt{K}R)\cdot\sin(\sqrt{K}\rho)\Big)^{2(n+1)}}{\sin^2(\sqrt{K}V)}\\&\quad\times\delta(\mathscr{A},\mathscr{A}_0)_e,\end{aligned}$$

即

$$\begin{aligned}&\cos^2(\sqrt{K}R)\cdot\tan^{2n}(\sqrt{K}R)-(n+1)^{n-1}\cdot n^n\cdot\sin^{2n}(\sqrt{K}\rho)\\&\geqslant 4(n+1)^{n-2}\cdot n^{n-2}\cdot\frac{\cos^2(\sqrt{K}R)\cdot\Big(\sin(\sqrt{K}\rho)\Big)^{2(n+1)}}{\sin^2(\sqrt{K}V)}\\&\quad\times\delta(\mathscr{A},\mathscr{A}_0)_e,\end{aligned}$$

实际上, 这已经证明了推论 5. □

由推论 5 立即得到如下的不等式

$$\cos(\sqrt{K}R)\cdot\tan^n(\sqrt{K}R)\geqslant\sqrt{(n+1)^{n-1}\cdot n^n}\cdot\sin^n(\sqrt{K}\rho).\tag{7.8.36}$$

附录一　非欧距离可以构成度量空间

在 §6.1 中的定义 2 里, 交代了在 n 维球面 S_r^n 上所定义的距离 d_{xy} 可以构成一个度量空间; 同样, 在 §6.2 中的定义 1 里, 也交代了在 n 维双曲面 H_r^n 上所定义的距离 d_{xy} 可以构成一个度量空间. 在那里均没有给出严格证明, 只是交代它们能够构成度量空间, 这里将给出它们的证明.

定义　在曲率半径为 r 的 n 维球面型空间 $\mathbf{S}_r^n$ 中, 点 P 与 Q 为该 n 维球面上的两点, 若 $\widehat{PQ}=\pi r$, 则称点 P 与 Q 是互为对径点.

定理 1　设 $x(x_1,x_2,\cdots,x_{n+1})$ 和 $y(y_1,y_2,\cdots,y_{n+1})$ 为 n 维球面 S_r^n 上的两个点, 且 x 与 y 之间的球面距离为 $d_{xy}\in[0,\ \pi r]$, 若 x 与 y 满足等式

$$\cos\frac{d_{xy}}{r}=\frac{x_1y_1+x_2y_2+\cdots+x_{n+1}y_{n+1}}{r^2},\qquad (F.1.1)$$

则 $\mathbf{S}_r^n$ 上的这个距离 d_{xy} 可以构成一个度量空间.

证　实际上, 只需验证如下三条即可:

(i) $d_{xy}\geqslant 0$, 当且仅当 $x=y$ 时等号成立 (即 $d_{xy}=0$);

(ii) $d_{xy}=d_{yx}$;

(iii) $d_{xz}+d_{zy}\geqslant d_{xy}$.

对于 (i) 与 (ii) 两条较显然, 故如下只需验证第 (iii) 条即可.

由 Chauchy 不等式知

$$(a \wedge b) \cdot (c \wedge d) \leqslant |a \wedge b||c \wedge d|, \tag{F.1.2}$$

当且仅当

$$\lambda(a \wedge b) = \mu(c \wedge d), \quad (a \wedge b) \cdot (c \wedge d) \geqslant 0 \tag{F.1.3}$$

时等号成立.

实际上, 由于

$$(a \wedge b) \cdot (c \wedge d) = \begin{vmatrix} a \cdot c & a \cdot d \\ b \cdot c & b \cdot d \end{vmatrix},$$

于是 (F.1.2) 可表为

$$\begin{vmatrix} a \cdot c & a \cdot d \\ b \cdot c & b \cdot d \end{vmatrix} \leqslant |a \wedge b||c \wedge d|. \tag{F.1.4}$$

在 (F.1.4) 中令 $a = \frac{x}{r}$, $b = c = \frac{z}{r}$, $d = \frac{y}{r}$, 则有

$$\begin{vmatrix} \frac{x}{r} \cdot \frac{z}{r} & \frac{x}{r} \cdot \frac{y}{r} \\ \frac{z}{r} \cdot \frac{z}{r} & \frac{z}{r} \cdot \frac{y}{r} \end{vmatrix} \leqslant \left|\frac{x}{r} \wedge \frac{z}{r}\right|\left|\frac{z}{r} \wedge \frac{y}{r}\right|. \tag{F.1.5}$$

由于 $x, y, z \in \mathbf{S}_r^n$, 故有

$$\frac{x}{r} \cdot \frac{z}{r} = \cos\frac{d_{xz}}{r}, \quad \frac{x}{r} \cdot \frac{y}{r} = \cos\frac{d_{xy}}{r}, \quad \frac{z}{r} \cdot \frac{z}{r} = 1,$$

$$\frac{z}{r} \cdot \frac{y}{r} = \cos\frac{d_{zy}}{r}, \left|\frac{x}{r} \wedge \frac{z}{r}\right| = \sin\frac{d_{xz}}{r}, \quad \left|\frac{z}{r} \wedge \frac{y}{r}\right| = \sin\frac{d_{zy}}{r},$$

从而 (F.1.5) 又可以表示为

$$\begin{vmatrix} \cos\frac{d_{xz}}{r} & \cos\frac{d_{xy}}{r} \\ 1 & \cos\frac{d_{zy}}{r} \end{vmatrix} \leqslant \sin\frac{d_{xz}}{r} \sin\frac{d_{zy}}{r}, \tag{F.1.6}$$

亦即 $\cos\frac{d_{xz}}{r}\cos\frac{d_{zy}}{r}-\cos\frac{d_{xy}}{r}\leqslant\sin\frac{d_{xz}}{r}\sin\frac{d_{zy}}{r}$，于是有

$$\cos\left(\frac{d_{xz}}{r}+\frac{d_{zy}}{r}\right)\leqslant\cos\frac{d_{xy}}{r}. \tag{F.1.7}$$

因为 $\frac{d_{xz}}{r},\frac{d_{zy}}{r},\frac{d_{xy}}{r}\in[0,\pi]$, 所以 $\frac{d_{xz}}{r}+\frac{d_{zy}}{r}\in[0,2\pi]$.

(i) 当 $\frac{d_{xz}}{r}+\frac{d_{zy}}{r}\leqslant\pi$ 时, 由于此时的余弦函数单调递减, 故有 $\frac{d_{xz}}{r}+\frac{d_{zy}}{r}\geqslant\frac{d_{xy}}{r}$, 即 $d_{xz}+d_{zy}\geqslant d_{xy}$;

(ii) 当 $\frac{d_{xz}}{r}+\frac{d_{zy}}{r}>\pi$ 时, 此时可取点 z' 使得 $d_{zz'}=\pi r$, 即点 z' 是点 z 的对径点, 这时在球面 $\triangle xz'y$ 中, 显然有 $\frac{d_{xz'}}{r}+\frac{d_{z'y}}{r}\leqslant\pi$, 所以由第 (i) 种情况可知 $d_{xz'}+d_{z'y}\geqslant d_{xy}$. 又因为 $d_{xz}\geqslant d_{xz'}$, $d_{zy}\geqslant d_{z'y}$, 故此时同样得到 $d_{xz}+d_{zy}\geqslant d_{xy}$. □

定理 2 设 $x(x_0,x_1,x_2,\cdots,x_n)$ 与 $y(y_0,y_1,y_2,\cdots,y_n)$ 为 n 维双曲面 H_r^n 上的两个点, 且 x 与 y 之间的双曲面距离为 d_{xy}, 若 x 与 y 满足关系

$$\cosh\frac{d_{xy}}{r}=\frac{x_0y_0-x_1y_1-x_2y_2-\cdots-x_ny_n}{r^2}, \tag{F.1.8}$$

则这样所定义的双曲面距离 d_{xy} 可以构成一个度量空间.

证 对于度量空间所需满足的三条公理中, 前两条 $d_{ij}\geqslant0$ 与 $d_{xy}=d_{yx}$ 是较显然的, 所以, 只需验证第 (iii) 条即可.

在不等式 $(F.1.4)$ 中, 令 $a=\frac{z}{r}$, $b=\frac{x}{r}$, $c=\frac{z}{r}$, $d=\frac{y}{r}$, 则有

$$\begin{vmatrix}1 & \cosh\frac{d_{zy}}{r}\\ \cosh\frac{d_{xz}}{r} & \cosh\frac{d_{xy}}{r}\end{vmatrix}\leqslant\left|\sinh\frac{d_{zx}}{r}\right|\cdot\left|\sinh\frac{d_{zy}}{r}\right|,$$

由于

$$\left|\sinh\frac{d_{zx}}{r}\right|\cdot\left|\sinh\frac{d_{zy}}{r}\right|=\sinh\frac{d_{xz}}{r}\cdot\sinh\frac{d_{zy}}{r},$$

故有

$$\cosh\frac{d_{xy}}{r}-\cosh\frac{d_{xz}}{r}\cosh\frac{d_{zy}}{r}\leqslant\sinh\frac{d_{xz}}{r}\sinh\frac{d_{zy}}{r},$$

亦即

$$\cosh\frac{d_{xz}}{r}\cosh\frac{d_{zy}}{r}+\sinh\frac{d_{xz}}{r}\sinh\frac{d_{zy}}{r}\geqslant\cosh\frac{d_{xy}}{r},\tag{F.1.9}$$

由两角和与差的双曲余弦公式

$$\cosh(\alpha\pm\beta)=\cosh\alpha\cosh\beta\pm\sinh\alpha\sinh\beta$$

立即得到

$$\cosh\frac{d_{xz}+d_{zy}}{r}\geqslant\cosh\frac{d_{xy}}{r},\tag{F.1.10}$$

因为函数 $f(x)=\cosh x$ 在区间 $[0,+\infty)$ 上是单调递增的, 所以 $d_{xz}+d_{zy}\geqslant d_{xy}$. □

附录二　两个内切球半径公式与一个常曲体积公式

在 §6.1 与 §6.2 中, 我们曾给出了关于球面单形与双曲单形的内切球半径的两个公式, 即 (6.1.20) 与 (6.2.14), 在这个附录中, 我们将给出这两个公式的另外表示形式, 同时也将给出单形的体积公式 (1.1.2) 在常曲率空间中的统一形式.

对于 (6.1.20) 来说, 虽然它的表达式比较简捷, 但是对公式中等号右端的 $\det \overline{A^*}$ 进行具体计算时, 感觉确实比较麻烦, 为此我们将 (6.1.20) 表示为如下便于计算的形式:

定理 1　设 $\{A_1, A_2, \cdots, A_{n+1}\}$ 为 n 维球面空间 S_r^n 中单形 $\mathscr{A}$ 的顶点集, 顶点 A_i 与 A_j 之间的球面距离为 $\operatorname{arcl}(A_iA_j) = a_{ij}$, A 表示球面单形 $\mathscr{A}$ 所对应的 (6.1.9) 中的矩阵 A, A_{ij} 为 A 中相应元素的代数余子式, 若 $\mathscr{A}$ 的内切球半径为 ρ, 则有

$$\sin^2\frac{\rho}{r} = \frac{\det A}{\sum\limits_{i=1}^{n+1} A_{ii} + 2\cdot\sum\limits_{1\leqslant i<j\leqslant n+1}\sqrt{A_{ii}A_{jj}}\cdot\cos\frac{a_{ij}}{r}}. \tag{F.2.1}$$

证　若记 $x_i = \sum\limits_{j=1}^{n+1}\sqrt{A_{jj}}\cdot\cos\frac{a_{ij}}{r}$ $(i = 1,\ 2,\ \cdots,\ n+$

1), 则有

$$
\begin{aligned}
&\det A\cdot\det\overline{A^*}\\
&=\begin{vmatrix}
1 & 0 & 0 & \cdots & 0\\
0 & 1 & \cos\frac{a_{12}}{r} & \cdots & \cos\frac{a_{1,n+1}}{r}\\
0 & \cos\frac{a_{21}}{r} & 1 & \cdots & \cos\frac{a_{2,n+1}}{r}\\
\cdots & \cdots & \cdots & \cdots & \cdots\\
0 & \cos\frac{a_{n+1,1}}{r} & \cos\frac{a_{n+1,2}}{r} & \cdots & 1
\end{vmatrix}\\
&\quad\times\begin{vmatrix}
0 & \sqrt{A_{11}} & \sqrt{A_{22}} & \cdots & \sqrt{A_{n+1,n+1}}\\
\sqrt{A_{11}} & A_{11} & A_{12} & \cdots & A_{1,n+1}\\
\sqrt{A_{22}} & A_{21} & A_{22} & \cdots & A_{2,n+1}\\
\cdots & \cdots & \cdots & \cdots & \cdots\\
\sqrt{A_{n+1,n+1}} & A_{n+1,1} & A_{n+1,2} & \cdots & A_{n+1,n+1}
\end{vmatrix}\\
&=\begin{vmatrix}
0 & \sqrt{A_{11}} & \sqrt{A_{22}} & \cdots & \sqrt{A_{n+1,n+1}}\\
x_1 & \det A & 0 & \cdots & 0\\
x_2 & 0 & \det A & \cdots & 0\\
\cdots & \cdots & \cdots & \cdots & \cdots\\
x_{n+1} & 0 & 0 & \cdots & \det A
\end{vmatrix}\\
&=-(\det A)^n\left(\sum_{i=1}^{n+1}A_{ii}+2\cdot\sum_{1\leqslant i<j\leqslant n+1}\sqrt{A_{ii}A_{jj}}\cdot\cos\frac{a_{ij}}{r}\right),
\end{aligned}
$$

所以有

$$
\begin{aligned}
&\det\overline{A^*}=\\
&-(\det A)^{n-1}\left(\sum_{i=1}^{n+1}A_{ii}+2\cdot\sum_{1\leqslant i<j\leqslant n+1}\sqrt{A_{ii}A_{jj}}\cdot\cos\frac{a_{ij}}{r}\right),
\end{aligned}
$$

将此式代入 (6.1.20) 内便可得到 $(F.2.1)$. □

实际上, 若令 $D = \left(\sqrt{A_{11}}, \sqrt{A_{22}}, \cdots, \sqrt{A_{n+1,n+1}}\right)$, 用 D^τ 表示 D 的转置, 则 $(F.1.1)$ 可简捷地表示为

$$\sin^2 \frac{\rho}{r} = \frac{\det A}{DAD^\tau}. \tag{F.2.2}$$

另外, 若记 $\frac{1}{r} = \sqrt{K}$, 则由 (6.3.4) 与 (6.3.8), 上式也可表示为

$$\frac{1}{\sin^2 \sqrt{K}\rho} = \sum_{i=1}^{n+1} \frac{1}{\sin^2 \sqrt{K} h_i} + 2 \cdot \sum_{1 \leqslant i < j \leqslant n+1} \frac{\cos \sqrt{K} a_{ij}}{\sin \sqrt{K} h_i \cdot \sin \sqrt{K} h_j}. \tag{F.2.3}$$

同样, 对于 (6.2.14) 来说, 虽然它的表达式比较简捷, 但是公式中等号右端的 $\det \overline{A^*}$ 计算确实比较麻烦, 为此我们将 (6.2.14) 表示为如下便于计算的形式:

定理 2 设 $\{A_1, A_2, \cdots, A_{n+1}\}$ 为 n 维双曲空间 H_r^n 中单形 $\mathscr{A}$ 的顶点集, 且顶点 A_i 与 A_j 之间的双曲距离为 $\mathrm{arcl}(A_iA_j) = a_{ij}$, 又 A 表示双曲单形 $\mathscr{A}$ 所对应的 (6.2.7) 中的矩阵 A, A_{ij} 为 A 中相应元素的代数余子式, 若 $\mathscr{A}$ 的内切球半径为 ρ, 则有

$$\sinh^2 \frac{\rho}{r} = \frac{(-1)^n \det A}{\sum\limits_{i=1}^{n+1} (-1)^{n-1} A_{ii} + 2 \cdot \sum\limits_{1 \leqslant i < j \leqslant n+1} \sqrt{A_{ii} A_{jj}} \cdot \cosh \frac{a_{ij}}{r}}. \tag{F.2.4}$$

证 若记 $x_i = \sum\limits_{j=1}^{n+1} \sqrt{(-1)^{n-1} A_{jj}} \cdot \cosh \frac{a_{ij}}{r}$ $(i =$

1, 2, $\cdots$, $n+1$), 则有

$$\det A \cdot \det \overline{A^*}$$

$$= \begin{vmatrix} 1 & 0 & 0 & \cdots & 0 \\ 0 & 1 & \cosh \frac{a_{12}}{r} & \cdots & \cosh \frac{a_{1,n+1}}{r} \\ 0 & \cosh \frac{a_{21}}{r} & 1 & \cdots & \cosh \frac{a_{2,n+1}}{r} \\ \cdots & \cdots & \cdots & \cdots & \cdots \\ 0 & \cosh \frac{a_{n+1,1}}{r} & \cosh \frac{a_{n+1,2}}{r} & \cdots & 1 \end{vmatrix}$$

$$\times \begin{vmatrix} 0 & \sqrt{(-1)^{n-1}A_{11}} & \cdots & \sqrt{(-1)^{n-1}A_{n+1,n+1}} \\ \sqrt{(-1)^{n-1}A_{11}} & A_{11} & \cdots & A_{1,n+1} \\ \cdots & \cdots & \cdots & \cdots \\ \sqrt{(-1)^{n-1}A_{n+1,n+1}} & A_{n+1,1} & \cdots & A_{n+1,n+1} \end{vmatrix}$$

$$= \begin{vmatrix} 0 & \sqrt{(-1)^{n-1}A_{11}} & \sqrt{(-1)^{n-1}A_{22}} & \cdots & \sqrt{(-1)^{n-1}A_{n+1,n+1}} \\ x_1 & \det A & 0 & \cdots & 0 \\ x_2 & 0 & \det A & \cdots & 0 \\ \cdots & \cdots & \cdots & \cdots & \cdots \\ x_{n+1} & 0 & 0 & \cdots & \det A \end{vmatrix}$$

$$= -(\det A)^n \times$$

$$\left(\sum_{i=1}^{n+1}(-1)^{n-1}A_{ii}+2\cdot\sum_{1\leqslant i<j\leqslant n+1}\sqrt{A_{ii}A_{jj}}\cdot\cosh\frac{a_{ij}}{r}\right),$$

所以有

$$\det\overline{A^*}=-(\det A)^{n-1}\times$$
$$\left(\sum_{i=1}^{n+1}(-1)^{n-1}A_{ii}+2\cdot\sum_{1\leqslant i<j\leqslant n+1}\sqrt{A_{ii}A_{jj}}\cdot\cosh\frac{a_{ij}}{r}\right),$$

将此式代入 (6.2.14) 内便可得到 (F.2.4). □

这里, 若再记

$$H=\left(\sqrt{(-1)^{n-1}A_{11}},\ \sqrt{(-1)^{n-1}A_{22}},\ \cdots,\sqrt{(-1)^{n-1}A_{n+1,n+1}}\right),$$

用 H^τ 表示 H 的转置, 则 (F.2.4) 也可表示为

$$\sin^2\frac{\rho}{r}=\frac{\det A}{HAH^\tau}. \qquad (F.2.5)$$

若记 $\frac{1}{r}=\sqrt{-K}$ $(K<0)$, 利用 (6.4.12) 与 (6.4.18), 上式也可表示为

$$\frac{1}{\sinh^2\sqrt{-K}\rho}=\sum_{i=1}^{n+1}\frac{1}{\sinh^2\sqrt{-K}h_i}+2\cdot\sum_{1\leqslant i<j\leqslant n+1}\frac{\cosh\sqrt{-K}a_{ij}}{\sinh\sqrt{-K}h_i\cdot\sinh\sqrt{-K}h_j}. \qquad (F.2.6)$$

如下再来给出在常曲率空间 $\mathbf{C}^n(K)$ 中涉及单形 $\mathscr{A}$ 的棱顶角的一个常曲体积公式.

定理 3 设 $\{A_1,A_2,\cdots,A_{n+1}\}$ 为 n 维常曲率空间 $\mathbf{C}^n(K)$ 中单形 $\mathscr{A}$ 的顶点集, 顶点 A_{n+1} 到顶点

$A_i\ (1 \leqslant i \leqslant n)$ 的常曲距离为 $f(a_i)$, 又 $\angle A_i A_{n+1} A_j = \alpha_{ij}$, 若 $\mathscr{A}$ 的 n 维常曲体积为 $f(V)$, 则有

$$f(V) = \frac{1}{n!} \cdot \left(\prod_{i=1}^{n} f(a_i) \right) \cdot \sqrt{Q_n}\,, \qquad (F.2.7)$$

其中 Q_n 与 (1.1.2) 中的相同.

证 作为 $\mathscr{A}$ 是 n 维欧氏空间 $\mathbf{E}^n$ 中的单形时, 已由 (1.1.2) 给出了, 所以如下将对非欧空间的情形来给出证明.

首先, 当 $\mathscr{A} \subset \mathbf{S}^n(K)$ 时, 在 $\triangle A_i A_{n+1} A_j$ 中, 利用 $\mathbf{C}^n(K)$ 中三角形的余弦定理可得

$$\begin{aligned}\cos(\sqrt{K} a_{ij}) = {} & \sin(\sqrt{K} a_i) \sin(\sqrt{K} a_j) \cdot \cos\alpha_{ij} \\ & + \cos(\sqrt{K} a_i) \cos(\sqrt{K} a_j), \end{aligned} \qquad (F.2.8)$$

由此, 若将 (F.2.8) 代入 $\det A$ 内, 并将每一列分别减去最后一列的 $\cos\sqrt{K}a_1, \cos\sqrt{K}a_2, \cdots, \cos\sqrt{K}a_n$ 倍便可得

$$\det A = \begin{vmatrix} \multicolumn{4}{c}{\boxed{\sin(\sqrt{K} a_i) \sin(\sqrt{K} a_j) \cdot \cos\alpha_{ij}}} & \begin{matrix} \cos(\sqrt{K} a_1) \\ \cos(\sqrt{K} a_2) \\ \vdots \\ \cos(\sqrt{K} a_n) \end{matrix} \\ 0 & 0 & \cdots & 0 & 1 \end{vmatrix}$$

$$= \left(\prod_{i=1}^{n} \sin(\sqrt{K} a_i) \right)^2 \cdot Q_n,$$

由此立即得到

$$\sin(\sqrt{K}V) = \frac{1}{n!} \cdot \left(\prod_{i=1}^{n} \sin(\sqrt{K}a_i)\right) \cdot \sqrt{Q_n}. \quad (F.2.9)$$

其次, 当 $\mathscr{A} \subset \mathbf{H}^n(K)$ $(K < 0)$ 时, 在 $\triangle A_i A_{n+1} A_j$ 中, 利用 $\mathbf{H}^n(K)$ 中三角形的余弦定理可得

$$\cosh(\sqrt{-K}a_{ij}) = \cosh(\sqrt{-K}a_i)\cosh(\sqrt{-K}a_j)$$

$$-\sinh(\sqrt{-K}a_i)\sinh(\sqrt{-K}a_j) \cdot \cos\alpha_{ij}, \quad (F.2.10)$$

再将 $(F.2.10)$ 代入 (6.2.7) 的矩阵 A 中, 然后再对 $(-1)^n\cdot$

$\det A$ 进行与上述同样的步骤便可得

$$\sinh(\sqrt{-K}V) = \frac{1}{n!} \cdot \left(\prod_{i=1}^{n} \sinh(\sqrt{-K}a_i)\right) \cdot \sqrt{Q_n}, \quad (F.2.11)$$

这样一来, 结合 (1.1.2), $(F.2.9)$, $(F.2.11)$ 便可得到定理 3 中的 $(F.2.7)$. □

附录三　一些常用的不等式

定义 1　设 $a=(a_1,a_2,\cdots,a_n)$ 是一个正实数序列, 则数 $a_1,a_2,\cdots,a_n$ 的算术平均为

$$A_n(a)=\frac{a_1+a_2+\cdots+a_n}{n}.$$

定义 2　设 $a=(a_1,a_2,\cdots,a_n)$ 是一个正实数序列, 则数 $a_1,a_2,\cdots,a_n$ 的几何平均为

$$G_n(a)=(a_1a_2\cdots a_n)^{\frac{1}{n}}.$$

定义 3　设 $a=(a_1,a_2,\cdots,a_n)$ 是一个正实数序列, 则数 $a_1,a_2,\cdots,a_n$ 的调和平均为

$$H_n(a)=\frac{n}{\frac{1}{a_1}+\frac{1}{a_2}+\cdots+\frac{1}{a_n}}.$$

算术－几何－调和平均不等式　对于任意有限正数序列 $a=(a_1,a_2,\cdots,a_n)$, 有

$$A_n(a)\geqslant G_n(a)\geqslant H_n(a), \tag{F.3.1}$$

当且仅当 $a_1=a_2=\cdots=a_n$ 时等号成立.

Cauchy 不等式　设 $a=(a_1,a_2,\cdots,a_n)$, $b=(b_1,b_2,\cdots,b_n)$ 是两个实数序列, 则有

$$\left(\sum_{i=1}^{n}a_i^2\right)\left(\sum_{i=1}^{n}b_i^2\right)\geqslant\left(\sum_{i=1}^{n}a_ib_i\right)^2, \tag{F.3.2}$$

当且仅当 $\frac{a_1}{b_1}=\frac{a_2}{b_2}=\cdots=\frac{a_n}{b_n}$ 时等号成立.

Hölder 不等式 1 若 $a_i \geqslant 0, b_i \geqslant 0\ (1 \leqslant i \leqslant n)$, 且 $\frac{1}{p}+\frac{1}{q}=1\ (p>1)$, 则有

$$\left(\sum_{i=1}^{n} a_i^p\right)^{\frac{1}{p}}\left(\sum_{i=1}^{n} b_i^q\right)^{\frac{1}{q}} \geqslant \sum_{i=1}^{n} a_i b_i, \tag{F.3.3}$$

当且仅当 $\frac{a_1^p}{b_1^q}=\frac{a_2^p}{b_2^q}=\cdots=\frac{a_n^p}{b_n^q}$ 时等号成立.

Hölder 不等式 2 若 $a_i \geqslant 0, b_i \geqslant 0\ (1 \leqslant i \leqslant n)$, 且 $\frac{1}{p}+\frac{1}{q}=1$, 其中 $p<0$ (或 $q<0$), 则有

$$\left(\sum_{i=1}^{n} a_i^p\right)^{\frac{1}{p}}\left(\sum_{i=1}^{n} b_i^q\right)^{\frac{1}{q}} \leqslant \sum_{i=1}^{n} a_i b_i, \tag{F.3.4}$$

当且仅当 $\frac{a_1^p}{b_1^q}=\frac{a_2^p}{b_2^q}=\cdots=\frac{a_n^p}{b_n^q}$ 时等号成立.

一个初等不等式 设 $a=(a_1,a_2,\cdots,a_n)$ 和 $b=(b_1,b_2,\cdots,b_n)$ 是两个正数序列, $\alpha,\beta \in \mathbf{R}^+$, 且 $\alpha\beta \geqslant 0$, $\alpha-\beta \leqslant \gamma$, 则

$$\left(\sum_{i=1}^{n} \frac{a_i^\alpha}{b_i^\beta}\right)^{\gamma} \geqslant \frac{\left(\sum\limits_{i=1}^{n} a_i^\gamma\right)^{\alpha}}{\left(\sum\limits_{i=1}^{n} b_i^\gamma\right)^{\beta}}, \tag{F.3.5}$$

当且仅当 $\frac{a_1}{b_1}=\frac{a_2}{b_2}=\cdots=\frac{a_n}{b_n}$ 且 $\alpha-\beta=\gamma$ 时等号成立.

在 $(F.3.5)$ 中, 若取 $\gamma=1$, 则可得到如下一个更为常用的不等式

$$\sum_{i=1}^{n} \frac{a_i^\alpha}{b_i^\beta} \geqslant \frac{\left(\sum\limits_{i=1}^{n} a_i\right)^{\alpha}}{\left(\sum\limits_{i=1}^{n} b_i\right)^{\beta}}, \tag{F.3.6}$$

当且仅当 $\frac{a_1}{b_1}=\frac{a_2}{b_2}=\cdots=\frac{a_n}{b_n}$ 且 $\alpha-\beta=1$ 时等号成立.

Minkowski 不等式 1 设 $a=(a_1,a_2,\cdots,a_n)$ 与 $b=(b_1,b_2,\cdots,b_n)$ 是两个非负实数序列, 若 $p>1$, 则有

$$\left(\sum_{i=1}^{n}a_i^p\right)^{\frac{1}{p}}+\left(\sum_{i=1}^{n}b_i^p\right)^{\frac{1}{p}}\geqslant\left(\sum_{i=1}^{n}(a_i+b_i)^p\right)^{\frac{1}{p}}, \quad (F.3.7)$$

当且仅当二序列 $a=(a_1^p,a_2^p,\cdots,a_n^p)$ 与 $b=(b_1^p,b_2^p,\cdots,b_n^p)$ 成比例时等号成立.

Minkowski 不等式 2 设 $a=(a_1,a_2,\cdots,a_n)$ 与 $b=(b_1,b_2,\cdots,b_n)$ 是两个非负实数序列, 若 $p<0$ 或 $0<p<1$, 则有

$$\left(\sum_{i=1}^{n}a_i^p\right)^{\frac{1}{p}}+\left(\sum_{i=1}^{n}b_i^p\right)^{\frac{1}{p}}\leqslant\left(\sum_{i=1}^{n}(a_i+b_i)^p\right)^{\frac{1}{p}}, \quad (F.3.8)$$

当且仅当二序列 $a=(a_1^p,a_2^p,\cdots,a_n^p)$ 与 $b=(b_1^p,b_2^p,\cdots,b_n^p)$ 成比例时等号成立.

Chebyshev 不等式 1 设 $a=(a_1,a_2,\cdots,a_n)$ 和 $b=(b_1,b_2,\cdots,b_n)$ 是两个实数序列, 并且二序列同向单调, 则有

$$\frac{1}{n}\cdot\sum_{i=1}^{n}a_ib_i\geqslant\left(\frac{1}{n}\cdot\sum_{i=1}^{n}a_i\right)\left(\frac{1}{n}\cdot\sum_{i=1}^{n}b_i\right), \quad (F.3.9)$$

当且仅当 $(a_i-a_j)(b_i-b_j)=0\,(1\leqslant i<j\leqslant n)$ 时等号成立.

Chebyshev 不等式 2 设 $a=(a_1,a_2,\cdots,a_n)$ 和 $b=(b_1,b_2,\cdots,b_n)$ 是两个实数序列, 并且二序列异向

单调, 则有

$$\frac{1}{n}\cdot\sum_{i=1}^{n}a_ib_i\leqslant\left(\frac{1}{n}\cdot\sum_{i=1}^{n}a_i\right)\left(\frac{1}{n}\cdot\sum_{i=1}^{n}b_i\right),\qquad(F.3.10)$$

当且仅当 $(a_i-a_j)(b_i-b_j)=0\,(1\leqslant i<j\leqslant n)$ 时等号成立.

Newton 不等式 设 p_k 为 n 个实数 $a_1,a_2,\cdots,a_n$ 的 k 次初等对称平均, 则有

$$p_k^2\geqslant p_{k-1}p_{k+1},\ (1\leqslant k\leqslant n-1),\qquad(F.3.11)$$

当且仅当 $a_1=a_2=\cdots=a_n$ 时等号成立.

Maclaurin 不等式 设 p_k 为 n 个正实数 $a_1,a_2,\cdots,a_n$ 的 k 次初等对称平均, 则有

$$p_k^{\frac{1}{k}}\geqslant p_l^{\frac{1}{l}},\ (1\leqslant k<l\leqslant n),\qquad(F.3.12)$$

当且仅当 $a_1=a_2=\cdots=a_n$ 时等号成立.

矩阵不等式 1 设 $A_1,\ A_2,\ \cdots,\ A_m\ (m\geqslant 2)$ 是 m 个正定 (n 阶) Hermite 矩阵, 且 $\alpha_1,\ \alpha_2,\ \cdots,\ \alpha_m$ 均为正实数, 则有

$$\left|\sum_{k=1}^{m}\alpha_kA_k\right|^{\frac{1}{n}}\geqslant\sum_{k=1}^{m}\alpha_k|A_k|^{\frac{1}{n}},\qquad(F.3.13)$$

当且仅当 $A_i=c_jA_j\ (c_j>0)$ 时等号成立.

矩阵不等式 2 设 $A_1,\ A_2,\ \cdots,\ A_m\ (m\geqslant 2)$ 是 m 个正定 (n 阶) 的 Hermite 矩阵, $A_{i(11)}$ 为 A_i 的左上角 $k\ (0\leqslant k<n)$ 阶主子阵, 且 $A_{i(11)}>0\ (1\leqslant i\leqslant$

m), λ_1, λ_2, $\cdots$, λ_m 为一组正实数, 则有

$$\left(\frac{\left|\sum_{i=1}^{m}\lambda_i A_i\right|}{\left|\sum_{i=1}^{m}\lambda_i A_{i(11)}\right|}\right)^{\frac{1}{n-k}} \geqslant \sum_{i=1}^{m}\lambda_i\cdot\left(\frac{|A_i|}{|A_{i(11)}|}\right)^{\frac{1}{n-k}}, \tag{F.3.14}$$

当且仅当 m 个矩阵 $A_1, A_2, \cdots, A_m$ 中两两相似时等号成立.

参考文献

[1] MITRINOVIC D S. 解析不等式[M]. 张小萍, 王 龙, 译. 北京: 科学出版社, 1987.

[2] 张晗方. 一个初等不等式及其应用[J]. 数学的实践与认识, 1986, 16(1): 64-74.

[3] 张晗方. Menelaus 定理的高维推广[J]. 数学通报, 1983, 22(6): 27-29.

[4] 张晗方. Ceva 定理的高维推广[J]. 徐州师范大学学报, 1997, 15(1): 20-22.

[5] 杨 路, 张景中. 单纯形构造定理的一个证明[J]. 数学的实践与认识, 1980, 10(1): 43-45.

[6] BECKENBACH E F, BELLMAN R. Inequalities[M]. Germany: Berlin Heidelberg New York Tokyo, 1983.

[7] 杨 路, 张景中. Neuberg-Pedoe 不等式的高维推广及其应用[J]. 数学学报, 1981, 24(3): 401-408.

[8] 冷岗松, 唐立华. 再论 Pedoe 不等式的高维推广及其应用[J]. 数学学报, 1997, 40(1): 14-21.

[9] 续铁权. 一个不等式的再推广[J]. 不等式研究通讯, 2001(1): 11-13.

[10] 苏化明. 关于单形的一个不等式[J]. 数学通报, 1985, 24(5): 43-46.

[11] 张 垚. 关于垂足单形的一个猜想[J]. 系统科学与数学, 1992, 12(4): 71-375.

[12] 张晗方. $\mathbf{E}^n$ 中的一个几何恒等式及其应用[M]. 单 墫. 几何不等式在中国. 南京: 江苏教育出版社, 1996, 248-252.

[13] ZHANG H F. Again Sharpening of a Negative Exponent Geometric Inequality in the Space[J]. Chinese Quarterly Journal of Mathematics, 1997, 12(2): 86-89.

[14] ZHANG H F. Further Improvement of Klamkin Inequality[J]. Chinese Quarterly Journal of Mathematics, 2001, 16(3): 55-60.

[15] 杨 路, 张景中. 关于有限点集的一类几何不等式[J]. 数学学报, 1980, 23(5), 740-749.

[16] BLUMENTHAL L M. Theory and Applications of Distance Geometry[M]. England Oxford, 1953.

[17] 张景中, 杨 路. 关于质点组的一类几何不等式[J]. 中国科学技术大学学报, 1981, 11(2): 1-8.

[18] 杨世国. 共超球质点系的一个结果及其应用[J]. 数学杂志, 1994(1): 97-100.

[19] 苏化明. 共球有限点集的一类几何不等式[J]. 数学年刊, 1994, 15A(1): 46-49.

[20] 苏化明. 一个几何不等式的一般形式[J]. 数学的实践与认识, 2001, 31(6): 725-726.

[21] 张晗方. 共球有限点集的一个性质及其应用[J]. 徐州师范大学学报, 2000, 20(2): 1-4.

[22] 杨 路, 张景中. 关于 Alexander 的一个猜想[J]. 科学通报, 1982, 27(1), 1-3.

[23] 杨 路, 张景中. 高维度量几何的两个不等式[J]. 成都科技大学学报, 1981(4): 63-70.

[24] 张晗方. Hölder 不等式的推广及杨–张不等式的隔离[J]. 应用数学学报, 1998, 21(3): 423-427.

[25] 王松桂, 贾忠贞. 矩阵论中的不等式[M]. 合肥: 安徽教育出版社, 1994.

[26] 张晗方. 再谈 Alexander 的一个猜想[J]. 数学研究与评论, 2000, 20(1): 84-88.

[27] 张晗方. 关于度量和的一个不等式的推广[J]. 数学研究与评论, 2002, 22(3): 487-492.

[28] 刘小华. 关于 Hölder 不等式[J]. 数学的实践与认识, 1990(1): 84-88.

[29] 杨 路, 张景中. 非欧双曲几何的若干度量问题 I 等角嵌入和度量方程[J]. 中国科学技术大学学报 (数学专辑), 1983: 123-134.

[30] 杨 路, 张景中. 双曲型空间紧致集的覆盖半径[J]. 中国科学, 1982, 12(8): 683-692.

[31] 张晗方. 常曲率空间中共球有限点集的一类几何不等式[J]. 数学学报, 1999, 42(5): 859-862.

[32] 史明仁. 线性代数六百证明题详解[M]. 北京: 北京科学技术出版社, 1985.

[33] BOTTEMA O. 几何不等式[M]. 单 墫, 译. 北京: 北京大学出版社, 1991 年.

[34] 何斌吾. 几何分析中的极值问题与稳定性研究[D]. 上海大学, 2004.

[35] 杨学枝. 数学奥林匹克不等式研究[M]. 哈尔滨: 哈尔滨工业大学出版社, 2009: 195-196.

[36] 张晗方. 单形中的一类不等式[J]. 数学的时间与认识, 1984, 14(3): 39-48.

[37] GARDNER R J. Stability of inequalities in the dual Brunn-Minkowski theory [J]. Journal of Mathematical analysis and applications, 1999(231): 568-587.

[38] 张 垚. 高维单形的 Janić R. R. 型不等式的加强形式[J]. 吉首大学学报, 2005, 26(3): 72-75.

[39] LENG G S, TANG L H. Some inequalities on the inradii of a simplex and of its faces[J]. Geometriae Dadicata, 1996, 61: 43-49.

[40] KORCHMÁROS G. Unalim itazione peril volume diun simplesson dimensional avente spigolidid ate lunghezze[J]. atti, Accad. Naz. Lincei Rend. CI. Sci. Fis. Mat. Naturs., 1974, 56(6): 876-879.

[41] 张 垚. N 维单形中张–杨不等式的稳定性及应用[J]. 湖南文理学院学报, 2007, 19(2): 12-15.

[42] 马统一. 单形中 Weitzenböck 不等式的稳定性[J]. 西南大学学报, 2007, 29(2): 27-31.

[43] 马统一. Veljan-Korchmáros 型不等式的稳定性[J]. 数学年刊, 2008, 29(3): 399-412.

[44] 马统一. Veljan-Korchmáros 型不等式的稳定性[J]. 数学学报, 2008, 51(5): 979-992.

[45] 任德麟. 积分几何学引论[M]. 上海: 上海科学技术出版社, 1988 年.

[46] SANTALO L A. 积分几何与几何概率[M]. 吴大任, 译. 天津: 南开大学出版社, 1991.

[47] LENG G S, QIAN X Z. Inequalities for any point and two simplices[J]. Discrete Mathematics, 1999(202): 163-172.

[48] YANG S G. Geometric inequalities for a simplex[J]. Mathematical Inequaliyies & Applications, 2005, 8(4): 727-733.

[49] 张晗方. 混合质点系的一类几何恒等式及其应用[J]. 数学的实践与认识, 2013, 43(12): 226-234.

[50] 张晗方. Demir-Marsh 不等式的推广及其稳定性[J]. 江苏师范大学学报, 2013, 31(3): 13-20.

[51] 常庚哲. 匹窦 (Pedoe) 定理的复数证明[J]. 中学理科教学, 1979, 2: 31-32.

[52] 苏化明. 关于单形的一个不等式[J]. 数学通报, 1985, 24(5): 43-46.

[53] 冷岗松, 唐立华. Klamkin M S. 不等式的高维推广[M]. 杨学枝. 不等式研究 (第一辑), 拉萨: 西藏人民出版社, 2000: 89-92.

[54] 徐 道. m 维欧氏空间中正则单形的不变量[J]. 许昌学院学报, 2003, 22(2): 21-24.

[55] ANTONIO MUCHERINO • CARLILE LAVOR, LEO LIBERTI • NELSON MACULAN. Distance Geometry (Theory, Methods, and Applications)[M]. Germany: Springer Press, 2013.

[56] ROLF SCHNEIDER. Convex Bodies: The Brunn-Minkowski Theory. Second Expanded Edition[M]. Cambridge: Cambridge University Press, 2013.

[57] RICHARD J. GARDNER. Geometric Tomography (Second Edition)[M]. Cambridge: Cambridge University Press, 2006.

名词索引

(按拼音字母排序)

Z